人的意识

Consciousness:
An Introduction

Third Edition
原著第三版

［英］Susan Blackmore，Emily T. Troscianko 著

张昶 译

中国轻工业出版社

图书在版编目(CIP)数据

人的意识／(英)苏珊·布莱克莫尔(Susan Blackmore)，(英)埃米莉·T.特罗西安科(Emily T. Troscianko)著；张昶译. —北京：中国轻工业出版社，2021.9

ISBN 978-7-5184-3200-4

Ⅰ.①人… Ⅱ.①苏…②埃…③张… Ⅲ.①意识-教材 Ⅳ.①B842.7

中国版本图书馆CIP数据核字(2020)第183958号

版权声明

Copyright © 2018 Susan Blackmore and Emily T. Troscianko.
First published 2018 by Routledge.
Authorized translation from English language edition published by Routledge, an imprint of Taylor & Francis Group.
All Rights Reserved.

本书原版由Taylor & Francis出版集团旗下Routledge出版公司出版，并经其授权翻译出版。版权所有，侵权必究。

China Light Industry Press Ltd.／Beijing Multi-Million New Era Culture and Media Company, Ltd. is authorized to publish and distribute exclusively the Chinese (Simplified Characters) language edition. This edition is authorized for sale throughout Mainland of China. No part of the publication may be reproduced or distributed by any means, or stored in a database or retrieval system, without the prior written permission of the publisher.

本书简体中文版由中国轻工业出版社有限公司／北京万千新文化传媒有限公司独家出版并限在中国大陆地区销售。未经出版者书面许可，不得以任何方式复制或发行本书的任何部分。

Copies of this book sold without a Taylor & Francis sticker on the cover are unauthorized and illegal.

本书封面贴有Taylor & Francis公司防伪标签，无标签者不得销售。

总 策 划：石　铁
策划编辑：孙蔚雯　　　责任终审：腾炎福　　　责任校对：万　众
责任编辑：孙蔚雯　　　责任监印：刘志颖

出版发行：中国轻工业出版社(北京东长安街6号，邮编：100740)
印　　刷：三河市鑫金马印装有限公司
经　　销：各地新华书店
版　　次：2021年9月第1版第1次印刷
开　　本：850×1092　1/16　印张：37　插图：4
字　　数：456千字
书　　号：ISBN 978-7-5184-3200-4　定价：148.00元

读者热线：010-65181109，65262933
发行电话：010-85119832　传真：010-85113293
网　　址：http://www.chlip.com.cn　http://www.wqedu.com
电子信箱：1012305542@qq.com
如发现图书残缺请拨打读者热线联系调换
180594Y2X101ZYW

图 3.7（彩） 一片黄色甜甜圈区域。闭上右眼，用左眼看着靠近图片中央的小白点。当书页距你的脸有 15～22 厘米时，一个甜甜圈会正好落在你左眼的盲点上。因为甜甜圈中间的黑洞比你的盲点略小，它应该会消失，而盲点会被甜甜圈的黄色感受质"填充"，于是你就看见了一个黄色圆盘，而不是一个圈。注意，圆盘会明显从圆圈的背景中"凸现"出来。自相矛盾的是，你用自己的盲点让一个图形变得更加明显。（Ramachandran and Blakeslee, 1998, p.236）

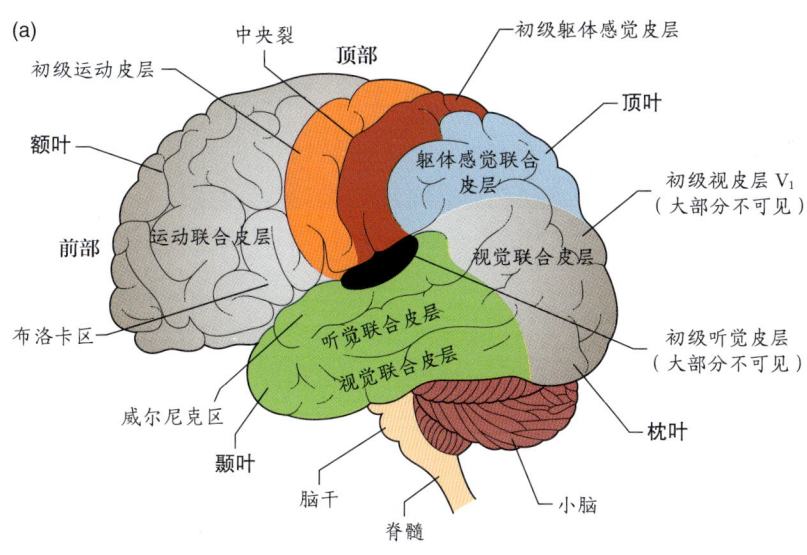

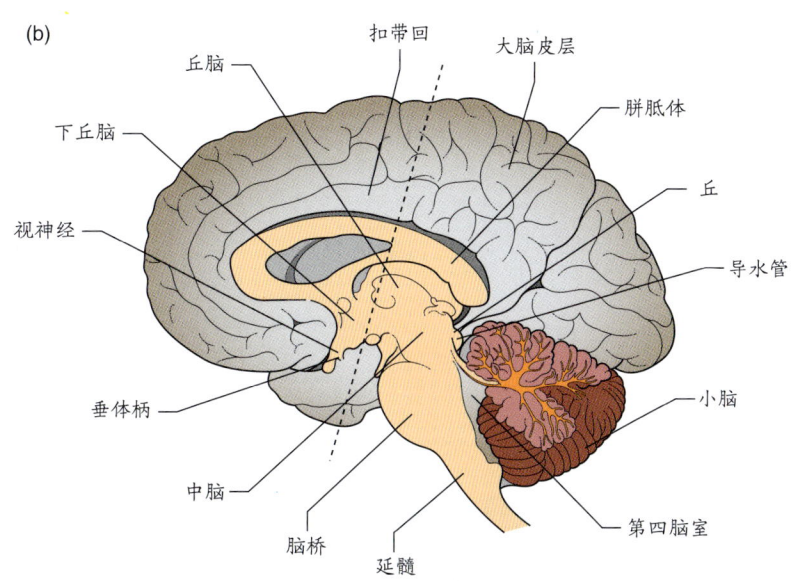

图 4.1（彩） 人类大脑原理示意图。(a) 左半球的外侧面（即从外部一侧观察大脑）显示了皮层的四个叶，以及各种感觉区和联合区。(b) 右半球的内侧面（即大脑半球的内侧切面，仿佛大脑被沿中线切开了一般）。连接两半球的胼胝体拥有超过 2 亿个神经轴突。丘脑和中脑的结构也有展示。

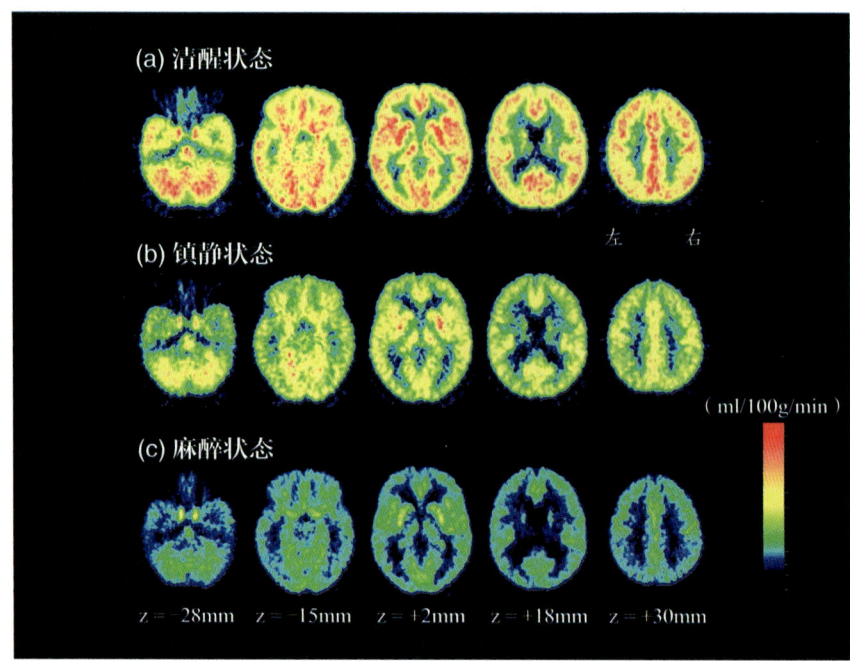

图 4.6（彩） 重度抑郁症患者在三种状态下颅内血流平均 PET 影像对比：清醒、镇静（低剂量异丙酚导致昏睡）以及完全异丙酚麻醉。尽管部分研究者认为麻醉剂可以选择性地抑制与意识相关的特定脑部区域，但许多实验表明，活动抑制区布满了整个大脑（Ogawa et al.，2003）。

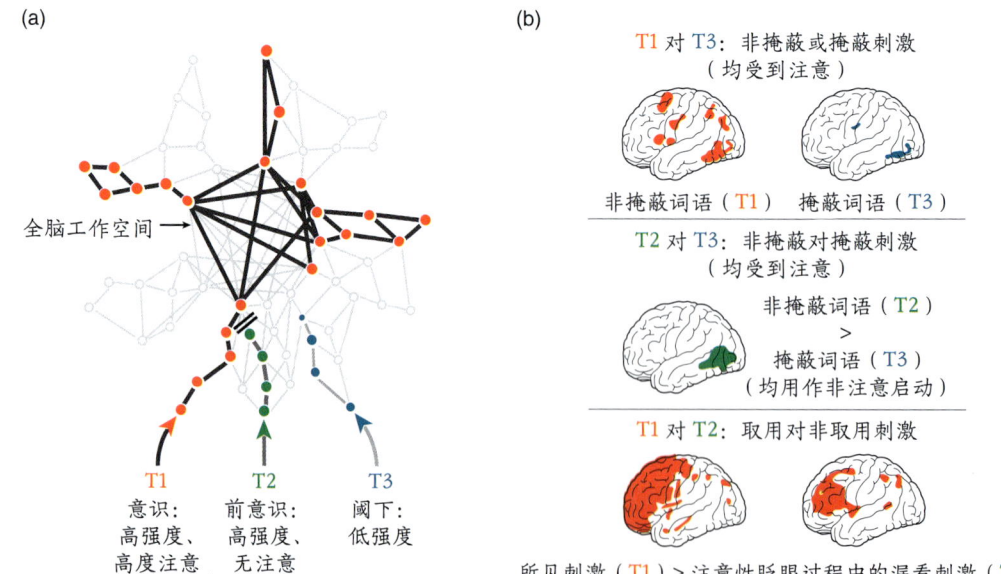

图 5.7（彩） （a）Dehaene 及其同事的示意图，显示了刺激物不能进入神经元全脑工作空间的两种情形。（b）神经影像实验在此架构内的重新解读（after Dehaene et al.，2006）。

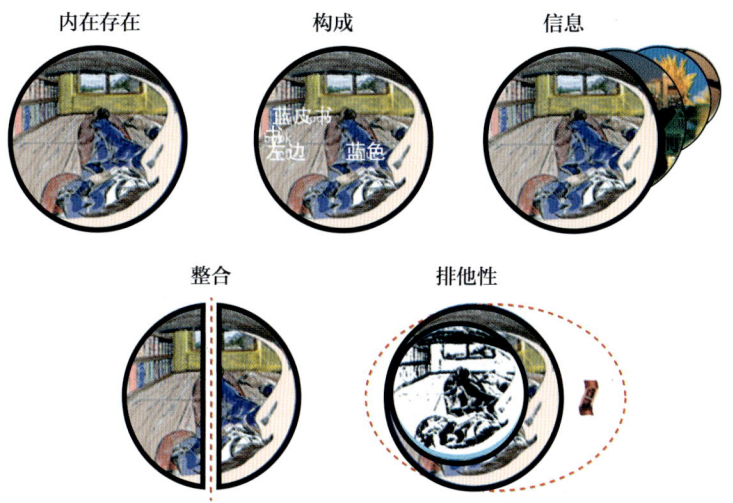

图 6.4（彩） 有关整合信息理论的若干关键特征（Tononi，2015）。示意图是 Ernst Mach 的"左眼的景象"的彩色版本。

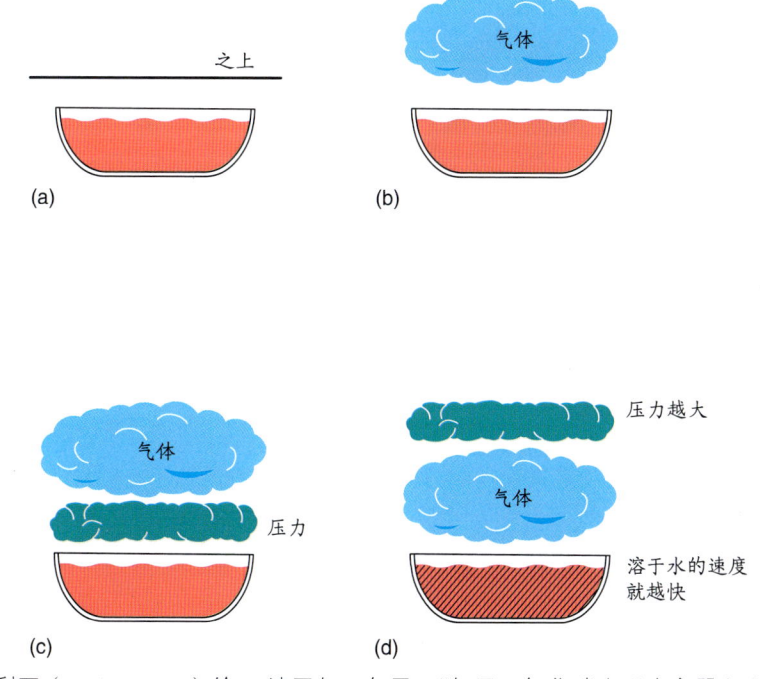

图 6.6（彩） 鲁利亚（Luria，1968）给 S. 读了如下句子："如果二氧化碳出现在容器之上，它的压力越大，就越容易溶入水。"S. 被与每个词语关联的心理图像严重地分了心，结果他无法理解这个简单的规则。

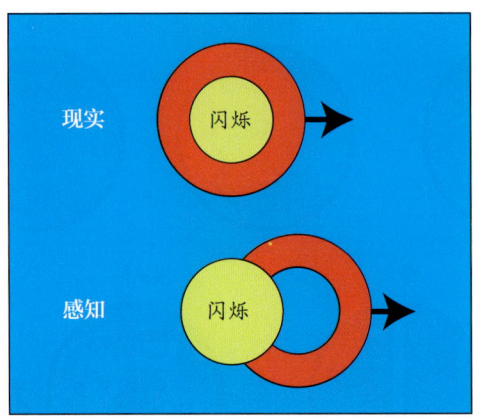

图 6.15（彩） 闪烁错觉。若同一位置同时出现闪烁和移动物体，它们会显示出彼此之间有位移。在这个版本中，闪烁显得比移动的圆圈滞后。

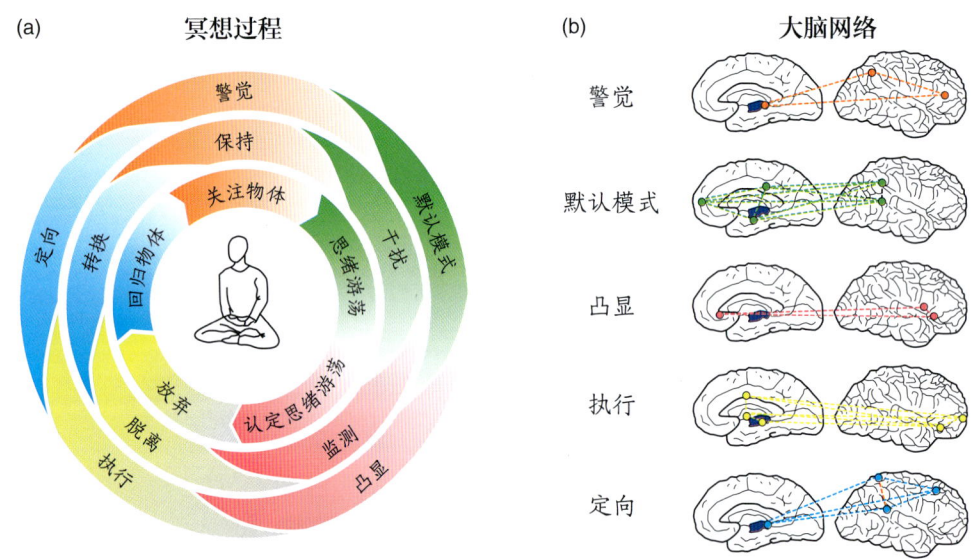

图 7.9（彩） 冥想期间付出的努力注意调节。（a）提供了一个冥想过程的图片式表达。内圈勾勒出了现象层，呈现了冥想者将会经历的典型顺序（顺时针）。中圈关联了注意过程之下的东西，而外圈代表了执行这些功能所涉及的不同大脑网络。不同的注意过程和大脑网络被表示为部分重叠，以指示在许多情况下会涉及多于一个过程/网络。（b）勾画了涉及五大网络的每一个主要的脑部区域。正念训练似乎也可以减少非注意视盲（Malinowski，2013，p.4）。

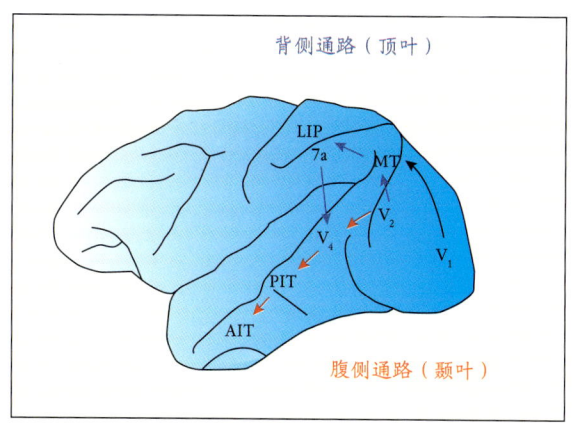

图 8.6（彩） 腹侧和背侧视觉通路。Ungerleider 和 Mishkin 将它们称为"什么"和"哪里"通路。Milner 和 Goodale 提出，是它们分别执行了感知视觉和动作视觉（或视觉运动控制）（Milner and Goodale，1995，p.22）。

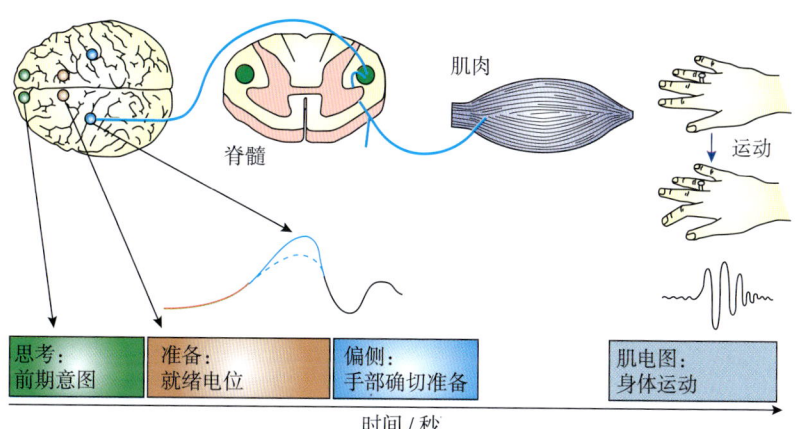

图 9.1（彩） 大脑活动优先于右手的随意动作。额极皮层（绿色表示）形成并思考长期计划和意图。预补充运动区域（橙色显示）开始为行动做准备；它与其他预运动区域一道生成准备就绪电位信号（橙色轨迹线），可由头皮处记录。就在行动发生前的一瞬间，M1（蓝色表示）活跃起来。在准备的后期阶段，对侧半球比同侧半球更活跃；这一点通过记录大脑两个半球之间的准备电位偏侧差异来反映（蓝色实线和虚线）。最好，神经信号离开 M1 去往脊髓以及对向的手部肌肉。肌肉收缩被作为电信号测量，即肌电图（Haggard，2008）。

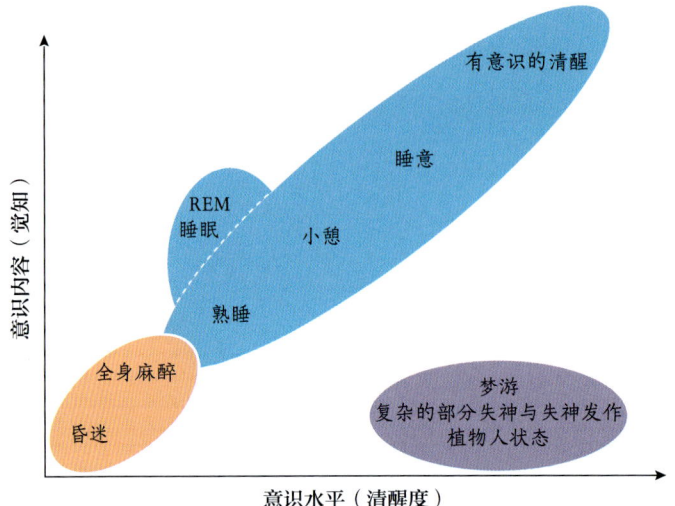

图 13.4（彩） 意识的两大主要元素的极简示意图：意识水平（即清醒度或觉醒度）和意识内容（即觉知或体验）。在正常的生理状态（蓝色）下，水平和内容是正相关的（除了快速眼动睡眠中的做梦行为）。病理性或药理性昏迷（即全身麻醉）的患者没有意识，因为他们不能被唤醒（橙色）。意识的解离状态（即患者看起来清醒但没有任何"随意"或"意志"行为的证据），例如植物人状态，或更为短暂的同等状态，如意识缺失和复杂的部分癫痫发作以及梦游（紫色），提供了一个研究意识的神经关联的独特机会（Laureys，2005，p.556）。

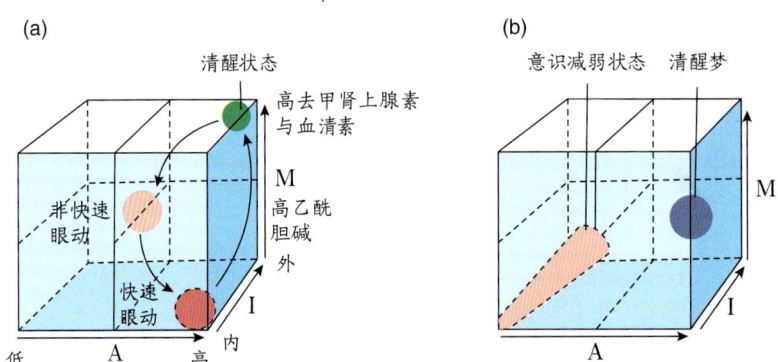

图 15.3（彩） 大脑－心智状态控制的 AIM 模型。(a) AIM 状态空间模型的三个维度，显示了从清醒到非快速眼动睡眠再到快速眼动睡眠的 AIM 状态空间内部的正常转化。X 轴代表激活（A），Y 轴代表模式（M），而 Z 轴则代表输入－输出阀门（I）。(b) 疾病，比如那些可以导致昏迷和最低意识状态的疾病，占据了空间的左半部，因为它们有较低的活性值。清醒梦是一种同时拥有清醒和做梦特征的混合状态，位于 AIM 状态空间的最右侧的中央，介于清醒和快速眼动睡眠之间（after Hobson，2009，p.808）。

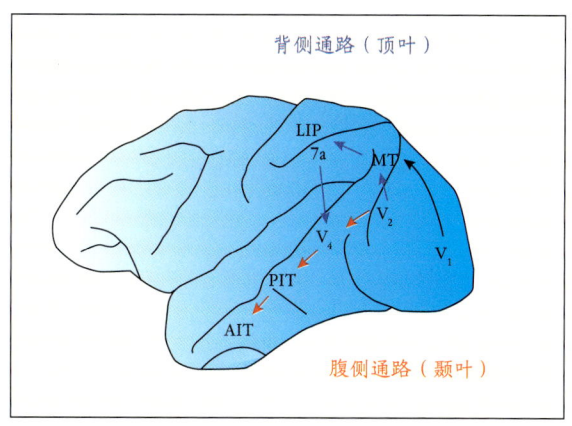

图 8.6（彩） 腹侧和背侧视觉通路。Ungerleider 和 Mishkin 将它们称为"什么"和"哪里"通路。Milner 和 Goodale 提出，是它们分别执行了感知视觉和动作视觉（或视觉运动控制）（Milner and Goodale，1995，p.22）。

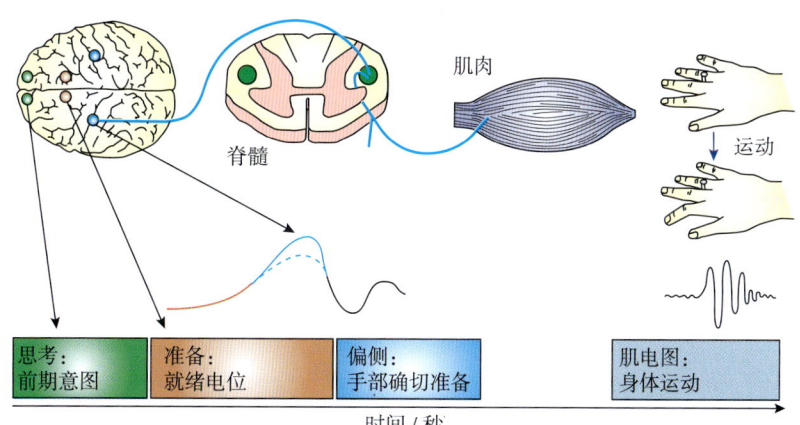

图 9.1（彩） 大脑活动优先于右手的随意动作。额极皮层（绿色表示）形成并思考长期计划和意图。预补充运动区域（橙色显示）开始为行动做准备；它与其他预运动区域一道生成准备就绪电位信号（橙色轨迹线），可由头皮处记录。就在行动发生前的一瞬间，M1（蓝色表示）活跃起来。在准备的后期阶段，对侧半球比同侧半球更活跃；这一点通过记录大脑两个半球之间的准备电位偏侧差异来反映（蓝色实线和虚线）。最好，神经信号离开 M1 去往脊髓以及对向的手部肌肉。肌肉收缩被作为电信号测量，即肌电图（Haggard，2008）。

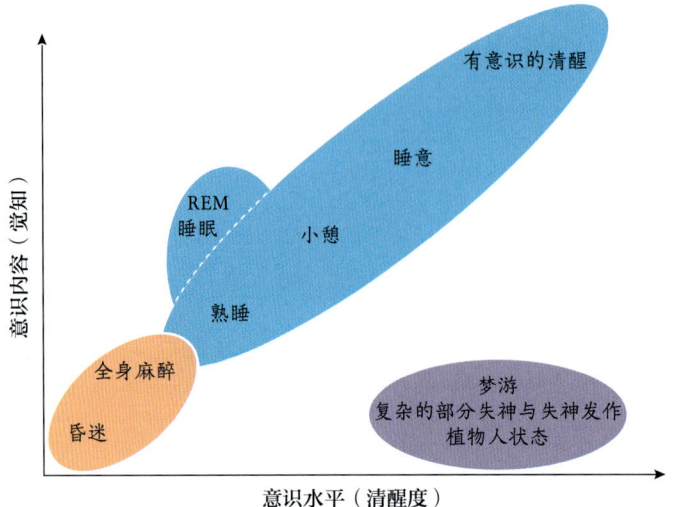

图 13.4（彩） 意识的两大主要元素的极简示意图：意识水平（即清醒度或觉醒度）和意识内容（即觉知或体验）。在正常的生理状态（蓝色）下，水平和内容是正相关的（除了快速眼动睡眠中的做梦行为）。病理性或药理性昏迷（即全身麻醉）的患者没有意识，因为他们不能被唤醒（橙色）。意识的解离状态（即患者看起来清醒但没有任何"随意"或"意志"行为的证据），例如植物人状态，或更为短暂的同等状态，如意识缺失和复杂的部分癫痫发作以及梦游（紫色），提供了一个研究意识的神经关联的独特机会（Laureys，2005，p.556）。

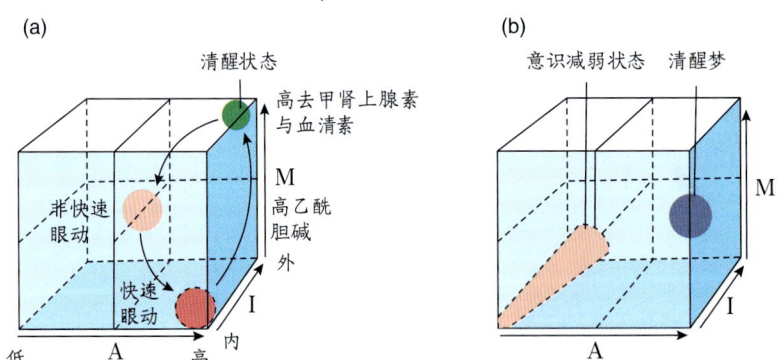

图 15.3（彩） 大脑–心智状态控制的 AIM 模型。（a）AIM 状态空间模型的三个维度，显示了从清醒到非快速眼动睡眠再到快速眼动睡眠的 AIM 状态空间内部的正常转化。X 轴代表激活（A），Y 轴代表模式（M），而 Z 轴则代表输入–输出阀门（I）。（b）疾病，比如那些可以导致昏迷和最低意识状态的疾病，占据了空间的左半部，因为它们有较低的活性值。清醒梦是一种同时拥有清醒和做梦特征的混合状态，位于 AIM 状态空间的最右侧的中央，介于清醒和快速眼动睡眠之间（after Hobson，2009，p.808）。

译者序

人,无疑是地球上最复杂、最难以理解的生物。经过千万年的进化,我们摆脱了生而为食、食而为生的基本生存需求的束缚和局限,掌握了工具,发明了文字,创立了文明,创建了文化,建立了民族和国家,创造了历史;我们进化、发展,建立起复杂多彩却又矛盾重重、令人疑窦丛生的人类社会。我们也许从未摆脱过与生俱来的困惑:我是谁?从哪里来?到哪里去?我们的生命有何意义?我们有思想、有意识,但对自身与世界的疑问,却一天比一天多;我们发明了哲学,却陷入了谁也说服不了谁的口舌之争;我们拥有了前所未有的经验,却依然难以刺破未知的迷雾;我们了解的东西越来越多,但理解的好像越来越少……

意识,神秘而难以捉摸;仿佛与生俱来,却不可名状。它明明应该是我们自身的产物或者附属品,却是那么的难以理解。千百年来,它一直在人类发展的道路上徘徊,从"玄之又玄"的唯心概念,进化为现代科学的研究对象;从神学宗教的精神体验,发展为一门独立的科学,跨越心理学、哲学和神经科学等多个领域。如今,它被视为"科学最后的谜团",这个富有争议的研究领域受到了前所未有的关注。然而,对它的研究依然任重道远。

本书第一作者苏珊·布莱克莫尔(Susan Blackmore),是一位充满探索精神的女士。她的兴趣广泛而有趣,她的经历丰富而多彩,她的思想富于思辨且充满挑战,她的研究直指人心。从早期的模因研究,到后来的超心理学,苏珊·布莱克莫尔女士对心灵相关事物的强烈兴趣,让她数十年来保持旺盛的探索欲;而她自身的经历,也很好地反映出意识研究曲折而有趣的进程。第二作者埃米莉·T. 特罗西安科（Emily T. Troscianko）是她的女儿，其本人致力于人文和文化研究；她为本书引入了许多人文内容，尤其是大量的文学作品元素，极大地丰富了原本枯燥乏味的研究过程。而本书原著从2003年的第一版，到2010年的第二版，再到2018年的第三版，从内容上看，几乎可以算是重写，因为在这十多年中，科学和理论研究的发展远超人类历史上的任何时期。新技术、新理论的大量涌现，极大地丰富并扩展了意识研究的范围、深度和方法。意识研究进入了一个崭新的阶段。

能将这样有趣而富有挑战的研究话题介绍给国内的读者，无疑是有趣而令人鼓舞的。中国轻工业出版社"万千心理"又一次走在了行业的前列，早在2008年就翻译出版了本书的第一版，延请的译者是北京大学心理学系耿海燕教授和她的研究生团队。译作在当年就引起了强烈的反响，其影响一直延续至今。

唯其如此，就更能想象本人在接到翻译邀约时的惶恐与不安了。一方面，能得到国内出版社的翻译邀约，荣幸之至；另一方面，专业内容的严肃、艰深和涉猎广泛，着实让人望而生畏。万幸有"万千心理"责任编辑的鼓励与专业支持，有耿海燕教授珠玉在前的借鉴，有互联网丰富资源的补益，敬畏怀心，勉力精进，寒暑再历，终成此稿。

本书所涵盖的意识研究范围，从神经科学和心理学，到量子理论和哲学理论，涉猎之广、程度之深、内容之繁、体例之杂，远远超过了译者之前接触过的范畴。唯其如此，不足之处应在所难免，还请读者海涵并不吝赐教、及时指正。设若能对诸位的研究、工作、课业或兴趣有所裨益，实属译者之幸。

己亥六月廿一，大暑
老拉于北京望京

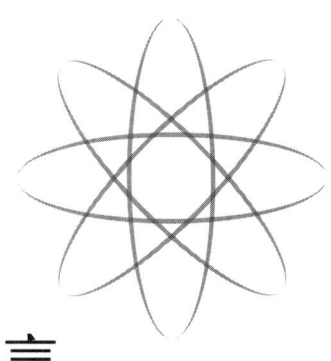

序　言

第三版序

苏珊

甫一接到被邀请来撰写本书的第三版，我就知道这本书的整个结构都得变。真的，早在2009年诚惶诚恐又热情万分地写作第二版时，我就知道了。那时候，正值神经科学真正开始大发展，但我还是成功地左支右绌，把所有的新酒装进了旧瓶子里。到了2016年，这一招可玩不转了；令人激动的新研究成果多到介绍不过来；可我又能怎么办呢？我是一个独行侠，基本上跟别人不来往，而且我喜欢待在家里，一个人安静地工作。就算我想找一个共事的人，那会是谁、在哪儿呢？我们又该怎么来一起撰写这样一本复杂的书呢？

有一天，我和女儿埃米莉都在牛津，我跟她提起这个大难题，结果我们俩异口同声地说，"你愿不愿意考虑……？" "我可以做呀。"我们都笑了，于是开始共事。说是"共事"，实际上是埃米莉承担了大多数的烦琐工作，才让这本书得以与时俱进。我提供建议，对她的成果进行审读和编辑，也亲自撰写一些小段的内容；但绝大多数新内容都是她的心血。她对语言的兴趣，为意识研究的概览增加了新的维度；她对饮食紊乱的深入了解，为我们奉献了丰富的心理治疗知识；而她的文学研究背景，又促使我们在每一章里都包含了文学引言。我自己完全想不到要这么做，结果发现很多节选都很打动人——还很发人深省。

家人间相互合作,也许会困难重重,但这次没有。我丈夫亚当·哈特–戴维斯(Adam Hart-Davis)自始至终支持我们。原以为我们之间巨大的学术背景差异会是一个障碍,结果却成了助推器;尽管我们看待意识研究的角度大不一样,但我们的世界观似乎相同:难题分散了我们的注意;意识不是我们其他行为的附加物;而我们的错误直觉是回避二元论的主要障碍。

我真得多谢埃米莉,她不仅让第三版得以成形,还使之成了最好的一版。

埃米莉

苏[1]提到过好几次,出版社要她撰写本书的第三版,但她没把握能再受得了一遍折腾。说不上来是什么原因,当她第三次还是第四次提起这件事的时候,大概是2014年的夏天吧,我明白过来了,我可以帮忙啊。我的学术背景,既不是心理学也不是神经学,甚至不是哲学,而是文学研究。但除了我在少年时期可以预见的对身为心理学家的父母的反抗之外,在攻读博士学位期间,我通过研究阅读卡夫卡的经历发现自己又回到了科学领域,接触到了苏所致力研究的大量概念——甚至经常引用她的言论。从那时起,我觉得自己一直在众多学科的边缘地带徘徊——其中有好几门学科,是构成这本书的基础。

我一直认为这本书精彩纷呈,超越现实地野心勃勃,所以我讨厌它会慢慢过时的想法。但要是我早知道第三版会牵扯我那么多的时间和精力,或者这项任务动不动就让我感到那么绝望的话,我可真说不好当时还会不会提出来要帮忙。合作撰写一本书的过程本就是一种漫长的学习过程,更别说是跟我母亲合作,还要在她家住好一阵子,更别说还得想尽办法体现过去6年间意识研究涵盖的所有领域的发展状况,还不能增加太多的文字。当然,我们的合作还是很愉快的;而苏放手让我把她的宝贝疙瘩撕碎揉烂,然后再一块一块地拼回去,也是够勇敢的——而现在,3年之后,在即将大功告成之际,我为我们的成绩感到骄傲:让一本我认为已经很伟大的书变得更加出色。

---

[1] 苏珊的昵称。——译者注

第二版序

在过去的七八年间，意识研究领域发生的事情太多了！于是更新本书就成了真正的挑战。尽管出现了一些新的哲学概念，取得了一些理论进展，但真正引发改变的动力来自神经科学。哪怕仅仅是几年前，有很多问题都还无法得到实证，如今却频繁地在实验中得以解决。

我最喜欢的一个例子是出体体验（out-of-body experience，OBE）。传统上，它遭到实验心理学家的反对，被认为是荒诞的奇谈怪论，甚至是装神弄鬼；因而，出体体验行为感觉上缺乏理论支持。回溯到20世纪80年代，在我研究这些奇怪体验的时候，多数科学家都认为，没有什么东西真的离开了人的躯体，但是除了模糊的猜测之外，给不出别的可信解释。在本书第一版中，我曾在叙述中暗示过，这种体验也许跟脑颞叶的某个部位有关联。如今，到了第二版，我可以描述许多既能通过脑仿真也能通过虚拟现实的方法得以实现的可重复实验了，其中就包括出体体验。理论取得了大幅进步，我们现在能够理解了，大脑中与构建和更新躯体形象有关的机制一旦出现失能，就会产生出体体验之类的体验。情况往往就是这样，了解事情是如何失败的，常常会启发我们正确地理解它是如何正常发挥功能的——在本例中就是我们对身体自我的感觉。

对自我的理解也有了其他新进展。不仅有更多的哲学家开始了解神经科学，并将这两个学科更紧密地结合在一起；更有对之前的边缘地带——冥想——提供了令人惊喜的新见解。从长期冥想者的脑部扫描结果中可以看到，经过长期训练，注意机制是如何变化的；还有，所谓的自我意识脱离肉体，极有可能存在可见的脑部变化。

机器意识研究方面的进展通过更多脚踏实地的方式，为我们研究大脑工作机制提供了新的约束条件。软件和机器人工程师致力让他们的系统来完成人类很容易就能完成的任务，并在此过程中发现哪些内在模式、哪些外部世界的具身化（embodiment）和互动是必需的，哪些不是。我们看似像机器一样构建起种种理解世界的方式，别人是完全插不进来的——这也许能为我们提供理解主观性的本质、表面上的隐私和不可言说的资格的线索。所有这些发现，滋养了各式各样的理论，越来越意味着可以对这些理论进行检验。

还有，就是对意识的神经关联进行的大搜索。我个人认为，这一高度活跃而流行的方法注定以失败收场，因为它倚仗的概念是：某些神经过程是有意识的，其他的则不是。我认为这就是胡说八道。但我属于势单力薄的少数派。重要的是，这类工作终将不可避免地揭示哪种方法才是正确的。过去数年间的快速发展步伐预示着答案可能很快就能揭晓，接下来的数年将十分令人期待。

我自己也变了。自本书第一版之后，我又写了一本《极简意识导论》（*Very Short Introduction to Consciousness*）；与这本教科书不同，那本书里刻意加入了我自己关于意识的理念。我挺享受被要求解释为什么我认为意识就是一种幻觉的过程。之后，为了我的另一本书《对话意识》（*Conversations on Consciousness*），我又采访了 20 位顶尖的科学家和哲学家，了解到凯文·奥里甘（Kevin O' Regan）[1]在很小的时候就认为自己是一台机器；内德·布洛克（Ned Block）[2]觉得奥里甘和丹尼特（Dennett）根本就不理解现象论；丹尼尔·丹尼特（Daniel Dennett）[3]时常另辟蹊径，好好体验一把僵尸直觉，只为练习怎么来抛弃它；还有克里斯托弗·科克（Christof Koch）[4]，因为对意识思考得过多，结果遇见甲虫再也不踩了；而丹·韦格纳（Dan Wegner）[5]接受了意识意志是幻觉的概念，说自己从此找到了生命的平静。但与此形成强烈对比的是，当被问及"你有自由意志吗？"，我采访过的大多数专家都说有，或者即便是没有，他们也活得如同有一般；对此，我感觉自己已经再也无力做到了。

意识是一个令人激动的话题——可能是在神经科学可以为我们提供如此众多的新工具的当下，最令人激动的不解之谜了。我完全不清楚自己会不会再来更新本书。即便只过了短短几年，这件事也变得令人生畏；再过几年，一些现在看起来重要的领域也许就完全变样了。但我们应该等等看。与此同时，我希望你能享受与伟大的谜团做斗争的乐趣。

---

[1] 法国最有影响力的实验心理学实验室之一的主任，被认为是知觉运动方法的鼻祖。——译者注

[2] 美国著名哲学家，纽约大学哲学和心理学系白银教授，美国艺术与科学院院士，心灵哲学领域享誉世界的著名学者。——译者注

[3] 美国著名哲学家，认知科学家，美国艺术与科学院院士，全球 50 位最具影响力的健在哲学家之一。——译者注

[4] 西雅图艾伦脑科学研究所主席兼首席科学家。——译者注

[5] 哈佛大学已故心理学教授，美国心理学协会 2011 年杰出科学贡献奖获得者，美国心理科学协会 2011 年威廉·詹姆斯奖获得者，实验社会心理学 2011 年杰出科学家奖获得者。——译者注

第一版序

我很享受写这本书的过程。多年来，身为一名教师，我好像一直都没有充裕的时间来阅读、思考或是做我真正想做的工作。总算在 2000 年 9 月，我辞了工作，投入了广阔且不断扩展的意识研究世界。写这本书意味着在 2 年多的时间里，我大多独自在家，不停地阅读、思考和写作，这是真正的快乐。

我能像这样工作，是因为有三样东西。首先是有那么多的专业会议，我得以会见其他科学家和哲学家，分享看法，共同争论。其次是有电子邮件，使我不用离开书桌，就可以随时跟世界各地的同人保持联系。最后是有互联网，从我开始想写这本书算起，没有几年的工夫，它就蓬勃发展得让人认不出来了。那么多人如此慷慨地献出他们的时间和精力，让自己和他人的工作成果为大众免费使用，这让我一直以来都激动不已。

此外，如果没有我可爱的家人，我也不可能如此享受在家工作的乐趣：我的丈夫亚当·哈特－戴维斯，跟我的两个孩子埃米莉和乔利恩（Jolyon）。让乔利恩帮这本书画注解漫画就像打仗，她跟我争论不休，自我到底是像蜡烛、雨滴还是墨角藻？还有，如果笛卡尔剧院存在，会是一个什么样子？我感谢他们所有人。

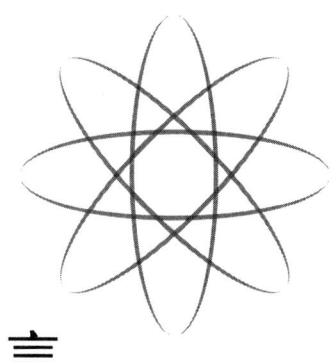

前　言

欢迎感到困惑

如果你觉得可以解决意识的问题，那你根本就没有理解这个问题。当然，严格地讲，这么说也不对。也许你就是一个天才，找到了真正的解决之道；或者头脑十分清醒，明白为什么这压根儿就不是一个问题。当然，更有可能是，你陷入了几个诱人的陷阱，结果一叶障目，看不到真正的问题。

美国哲学家托马斯·内格尔（Thomas Nagel）曾经观察到，"特定形式的困惑——比如对自由、知识和生命意义的困惑——于我而言，比任何试图解决那些问题的答案，都更发人深省"（1986，p.4）。意识问题可能也是如此。说实在的，疑惑不解本来就是乐趣的一部分，正如哲学家科林·麦金（Colin McGinn）所指出的："我们越挣扎，就越感觉深陷困惑之中。我为所有的锤炼和悸动心存感激"（1999，p.xiii）。

你如果想来思考意识，疑惑是必不可少的：难以置信，损神伤脑；我受够了，再也没法去想这个愚蠢的问题了！为此目的，本书的一大部分是为了增加你的困惑，而不是减少它。所以，如果你不希望大伤脑筋（当然严格地说，大脑是不会感到疼痛的，因为它没有痛觉受体——当然，再想想呢，如果你的脚趾头疼，它可是有痛觉受体的，那又真的是你的脚趾头感觉到疼了吗？），你现在就别看这本书了，另选一个容易的问题研究吧。

我们希望激发困惑的动机，不是出于残忍或找别扭，也不是错误地笃信冗

小传 0.1

苏珊·布莱克莫尔（Susan Blackmore，1951 年生）

在牛津大学求学时，苏珊·布莱克莫尔在阅读生理学和心理学书籍的过程中，有过一次戏剧性的出体体验；这让她相信，意识可以离开躯体，也让她不顾他人的建议，决心研究超心理学。于是，她学会了解读塔罗牌，与灵媒来往，受训成为一名女巫；但在她 1979 年的博士论文中，罗列的不过是一系列有关超感官和念动力实验的失败案例。她对超自然事件的怀疑与日俱增，于是开始研究催生超自然信仰的体验，包括濒死体验、睡眠麻痹和梦；最终得出结论，任何想通过超心理学来了解意识的企图都是徒劳的；事实证明，冥想有用得多，而她从 20 世纪 80 年代早期就开始禅修。她进行了最早一批的变化视盲实验，她的著作包括充满争议的畅销书《模因机器》(The Meme Machine)，以及关于出体体验、濒死体验、冥想和意识方面的书籍。在布里斯特尔的西英格兰大学期间，她所教授的意识课程成了本书的基础。但最终她认定，要真正学习更多的意识知识，唯一的办法是辞去教职，撰写本书。自那以后，她一直是自由作家和讲师，目前（又）在忙于出体体验、技模（技术模因），还有（不成功的）童书。她在一个桑巴乐队中演奏，喜爱绘画、独木舟和园艺，正在学习举重。她是普利茅斯大学心理学系的客座教授。

长的词句和艰难的辩论能让自己显得聪明伶俐或有学术价值。其实，我们想的恰恰相反：问题越是困难，就越要尽可能用最简单的词句来解释。所以，我们在加工这个本质上很难对付的问题时，会尽量保持论点清晰而简单。

部分问题是，"意识"没有能被广泛接受的科学或哲学上的定义，尽管人们已经无数次尝试过定义它（Nunn，2009）。这个词本身是再平常不过的大白话，但被用在不同的方面。举个例子，"意识"经常被当作"无意识"的反义词，也多少被等同于"有反应的"或是"清醒的"。"意识"也被用来表示知道某事、关注某事或对事物有知觉的同等意思，比如"她没有意识到自己引起了尴尬"，或者"他没意识到桌子下面悄悄爬行的老鼠"。不同的理论，强调了"意识"一词不同层面的含义，但这个术语最广泛的用途，是表述"主观性"或者个人体验的同等意义。这也是本书使用这一词语的基本含义。

另一个问题是，意识研究比较新，而且是深度跨学科的主题。这意味着我们可以从神经学、哲学、心理学、生物学和其他领域获取丰富的灵感；但同时，这也会让事情变得难办，因为这些来自不同学科的人，有时在以完全不同的方式使用相同的词语。本书的主要读者是心理学专业的学生，但我们也尝试覆盖意识研究中的所有主要方法，包括心理学、哲学、人工智能、神经学，以及第一和第二人称方法，同时还有注重精神层面或意识"改变状态（altered states）"方面的"非传统"方式。我们也加入了小说、故事、诗歌、日记和信件的节选，以便让更多伟大的作家和思想家来帮助你探索意识问题。我们的重点是研究基于实证发现和可测量理论的意识科学，但科学也可以有多种面目。在本书的从头至尾，我们都会不断遭到质问：意识的本质（其本体）与获取其知识的可能性（认识论）有何关联？跟我们采用的方式（方法论）又有什么关系？我们难以轻易作答，只能不断地提醒你（和我们自己），世上不存在中立的问题或方法。即便是我们思考时所使用的普普通通的语言，也从一开始就把我们推向了一个或另一个方向。

在现存的众多意识研究方法中，没有一种可以回答所有问题。因为大脑是人体最复杂的器官，我们很容易就会认为，它一定有解开意识谜团的答案。可只要人们想把意识问题齐整地套进脑科学研究的惯常方法中，就会发现办不到。这说明我们一定是在这个过程中犯了什么根本性错误，或者采用了什么错误的假设。想要消除人们先前已有的假设？这可不容易，而且很痛苦。但如果我们想把意识问题搞明白，也许这就是我们要做的。

本书的组织形式

本书分为相对独立的六个部分，各含三章。每个部分自成一体，以便用于单个或多个讲座，或者作为该领域的概论进行独立阅读。然而，所有部分均构建于第一部分描述的内容之上。因此，如果你只想阅读本书的局部，我们推荐从第一部分入手，它是问题的根本。

每章不仅包含了核心文本，还包含了精选人物的小传、重要概念的释义、自我练习，还有可以小组展开的活动和讨论建议。

每章的末尾有一个建议阅读书单，带有简要描述。所选的书都比较薄，容易找到，读者对每个话题都能快速上手。对那些以本书为基础设立课程的教师们而言，这个书单可以作为课后阅读作业。我们在每一章的阅读文献中都设计了至少一个延伸阅读书目，可针对一个话题提供多种视角，譬如同行对某篇文章的评论、关于某个问题或内容的一套见解或者是案例分析。这些可作为专题研讨的基础。

每章中包含一段或多段文学作品节选（设为苏新诗柳楷体）。其中多段来自著名作家，你可能已经熟知某些段落。我们希望这些选段可以达到两个目的：一方面，我们即将遇到的围绕意识问题常有的奇思怪想可以丰富你的认识；另一方面，增强你对我们所引述的作者和作品的理解，方法是揭示这些作者长久以来探索的理念，与当代心理学、哲学和神经学依然面对的难题，以及这两者之间的联系。许多引言来自非英语语言，我们尽力提供了最忠实原文的翻译。这本身也可以帮助你思考，不同的语言如何为思考意识问题提供了工具。

我们也在页面留白处列出了更加简短的引言，常常是对正文的复述。我们的建议是，记住那些吸引你的句子。如果你没有这个习惯，会觉得死记硬背比

小传 0.2

埃米莉·T. 特罗西安科（Emily T. Troscianko，1982 年生）

埃米莉是苏的女儿，有很多（多数是有趣的）童年回忆是关于苏对超自然、外星人绑架和模因所进行的奇怪探索，还有清晨上学前一起上过的冥想课。埃米莉本科时在牛津大学学习法语和德语，其后留校攻读佛朗茨·卡夫卡（Franz Kafka）著作研究的博士学位。因为常爱问"为什么卡夫卡的写作如此有力？"的问题，而开始了对幻觉、想象和情感的理论研究，也开始自己做实验，研究读者对不同类型虚构文字的反应。从 16 岁至 26 岁，她饱受厌食症的折磨；后来，她开始把自己对精神健康的兴趣与对文学阅读的理解结合起来，着手探索阅读虚构内容对精神疾病可能产生的作用及其反作用。目前，她的工作结合了文学认知和医学人文学研究，还为众多非学术届人士进行各种写作。跟苏一样，她也像是放弃了工作来纂写本书。不写作的时候，人们常会看见她开着自己那辆奶牛纹饰的宿营车，在英国到处转悠；或者沿着泰晤士河，开着自己的运河小船；或者在举重馆里（有时是跟苏一起）练习举重。

较难，但熟能生巧，越练习就越容易。脑子里记上些名人名言，写论文和考试时自然就会令人敬佩，但更重要的是，它提供了一种奇妙的思考工具。比如你正在路上散步，或是夜里躺在床上，想弄明白到底存不存在一个所谓的"难题（hard problem）"，要是你能马上想起查默斯（Chalmers）对问题（the problem）的定义，或是他的主要批评者的准确词句，会为你的思考增色不少。通常，你只需要一句话就能抓住论点的要害，一语中的，直指其非：它背后的假设是什么？它究竟能帮助你更好地理解什么？

上手练习

意识问题，跟其他任何话题都不一样。当下，这一刻，你可能相信自己是有意识的，相信自己有对世界的个人体验，相信自己对周遭的事物以及个人内心状态和想法都有清醒的认识，相信自己占据着自己私密的认知世界，相信作为你自己有种特殊的感觉。这就是"有意识"的意思。意识是我们对世界的第一人称观感。

大多数科学和学术研究关心的是第三人称的观感，即能被他人验证并为众人所认同（或不予认同）的事物。但是，意识问题很有意思，它无法像这样被认同。它看起来很个人，它看起来像是人们内心的东西。我不可能知道作为你是什么感觉，而你也不清楚作为我是什么感受。

那么，作为你到底是什么感觉呢？你现在到底意识到了什么？

嗯……？那就来看看吧，真的，好好看看，试着回答一下这个问题："我现在到底意识到了什么？"

有答案了吗？如果有了答案，你应该能看得见。你应该能告诉别人，或者至少自己知道，你现在意识到了什么。现在呢？现在呢？——你的意识流"里"有什么？如果答不出来，那我们的困惑一定很深，因为感觉上实在是应该有一个答案的——我现在真的有意识，而且我意识到了某些事情，而不是其他的事情。如果答不出来，那我们至少应该能够理解为什么感觉上好像应该能答上来。

那就好好看看，首先确定一下，到底能不能答上来。你做得到吗？你可能会确定：你现在真的有意识，而且意识到了某些事情，而不是其他事情——只是弄清楚到底是怎么回事，会有点费劲，因为这感觉老是在变。每次你刚看过一眼，情况就变化了。刚才意识到的窗外的敲击声还在响，但已经变化了。一只鸟从窗前掠过，在窗台上短暂地投下一个影子。噢，但这算数吗？等你问出"我现在意识到了什么？"的问题时，鸟和影子都没了，只剩下记忆。但你对记忆有意识，对吧？所以，也许这个可以算得上是"我现在意识到了什么"（抑或，我刚才意识到了什么）。

> 早晨挺热，阅读练习让她的头脑紧一阵、松一阵，仿佛钟表的主发条，又如中午的细微噪声，浑不知为何，依着固定的节奏跳动。一切都很真实，很大，很没有人情味；一会儿，她开始抬起食指，让它落在椅子扶手上，好让自己有些许存在的意识。然后她又被一个无法言喻的怪诞事实征服了，她应该是坐在一把扶手椅子里，在早晨，在世界的中央。在屋子里走来走去的是些什么人？——把东西从一个地方挪到另一个地方？而生命，又是什么？就是掠过表面就消失了的一束光；如同她自己，也终究会消逝，虽然屋里的家具一直都在。她完全消融了，再也无法抬起手指，定定地坐着，一动不动，一直听着、看着同一个点。越来越怪异。她对万物当充满敬畏……她忘了自己还有指头要抬起来……存在过的东西是如此巨大、如此凄凉……她不断地意识到这些物质的巨大体量，很久很久；广漠的寂静之中，钟仍在嘀嗒作响。
>
> ——弗吉尼亚·伍尔夫（Virginia Woolf）
> 《远航》（*The Voyage Out*，1915）

你有可能发现，如果你尝试回答第一个问题，会有更多的问题冒出来。你可能发现自己在问"'现在'有多长啊？""我提出问题之前有意识吗？""谁在问问题？""'向内''审视'是什么意思？"的确，你可能这辈子的多数时间都在问这些问题。少年们常常问自己这些困难的问题，但找不到轻松的答案。有些人坚持不懈，成了科学家、哲学家或冥想者，以自己的方式追寻答案。更多的人放弃了，因为得不到鼓励，或是因为这事太难了。无论如何，这些问题恰恰都与意识研究息息相关。因而，本书的每一章都包含一项"练习"任务，在你阅读的过程中，留个问题给你解答。

每个问题、每项练习，只涉及意识问题的一个方面。有一些——包括我们在本节提出的问题——可能对你没什么帮助。但我们希望，通过日积月累，这些问题终会对你有益。作者之一，苏珊，一直坚持每天都提出很多这样的问题，坚持了大约30年，每次通常持续好几个小时。她也曾教过十多年的意识心理学课程，鼓励她的学生们练习提出这些问题。在这些年里，她认识到了哪些效果最好，哪些又太难，以怎样的顺序提问最容易获得解答，以及如何帮助那些深陷其中、茫然不解的学生。而埃米莉是从不同的起点开始苦苦思索意识谜题的——从我们如何体验虚构世界，到精神健不健康是什么意思等问题。我们鼓励你，不仅在学习科学上、更要在自己的个人练习方面多多努力，一个人也好，跟其他发问的人一起也罢。

保持最佳的平衡

本书的很多内容与所谓第三人称视角观点有关。你会学到许多神经学实验、哲学发问和心理学理论。你将学会对意识理论进行批判，还有许多使用一种理论检验另一种的方法。但这一切的基础是第一人称视角，这才是重中之重。有些科学家和哲学家想把二者联系起来；有些通过思考"第二人称"或者别人怎样塑造"我的"体验，来在第一和第三人称之间架起桥梁。但是，意识研究的更多理论和更多个人方式之间的区别依然存在，你必须在两者之间取得平衡。

这种平衡，对每个人而言都不一样。有些人会享受自我检验，而觉得科学和哲学很难。其他人学起科学来轻而易举，但会觉得自我发问困难重重或是琐碎不堪。但为了你自己，记住，这两者都是需要的，而你必须找到自己在它们中间的平衡点。对那些抗议说自我发问是浪费时间，甚或是"幼稚"的人，我们只能说：既然我们是在研究主观体验，我们就得有熟知主观体验的勇气。

等你熟悉了不断发展的意识研究文化，并且成功地在观察自我体验和解释体验之间找到了平衡，你就能分辨那些没找到平衡的作者了。处在一个极端的是理论家，他们说自己正在谈论意识，其实不然。他们可能听上去很聪明，但你很快就会发现，他们根本就没有关注过自身体验。他们说了半天，就是说不到点上。处在另外一个极端的，是一些人在胡扯内心世界的意义或是难以言表的意识力量，殊不知他们已经掉进了最明显不过的逻辑陷阱——你可以马上分辨出来并躲开的陷阱。一旦你能辨别这两种类型了，你就能节省很多时间，而不必再纠缠于这些人的文章。关于意识问题，要读的文章太多了，要找到合适的来折磨自己，那可是一门艺术。我们希望这本书会帮助你找到值得阅读的文章，并且避开浪费时间的垃圾。我们无法保证完全的客观公正，但我们会尽力当好你在这一棘手领域的怀疑一切的向导，来帮你找到自己的出路。

警 告

研究意识问题会改变你的人生。至少，如果你研究得够深、够彻底，会是这样的。正如美国哲学家丹尼尔·丹尼特（Daniel Dennett）所言："等我们理解了意识——等谜题不复存在——意识就不一样了"（1991，p.25）。我们之中，没人能指望彻底"理解意识"；甚至连这意味着什么，都还不是很清楚。不管怎样，我们清楚的是，只要人们真的努力研究这个课题，他们就会发现，他们的自身体验和自我感觉会在这一过程中发生改变。

"最美的体验是神秘。它是所有真艺术和科学之源。"

（Einstein，1930）

这些改变可能令人不适。比如，你会发现，在真与非真之间，或者自我与他人之间，或者人与其他动物或机器人之间，或者现在的你和一个昏迷中的人之间，那些曾经坚固的界限，开始变得不那么坚固了。你可能发现你的笃定——关于外部世界，或了解它的方式——看起来没那么笃定了。你甚至可能发现，你开始怀疑自己的存在了。了解这一点也许有帮助，在你之前，许多人都曾经有过这样的疑虑和困惑，而且都挺过来了。

> 别人一定觉得难以置信，我跟人交谈的困难，是来自一个事实，即我的思考，或者说是我意识的内容，十分模糊不清；若仅仅与我自己有关，我还能毫不费力地应付，有时甚至很自满；但那人类的对话要求有棱角、稳定性和持续的连贯性，这些我都不具备。没人愿意跟我一起沉浸在云山雾罩当中；就算有人愿意，我也无法把云雾赶出自己的脑海；两人之间，诸事俱化，归于虚无。
>
> ——弗兰兹·卡夫卡（Franz Kafka，1990）
>
> 摘自日记（1915年1月24日）

的确，很多人会说，扔掉那些在人生路上很容易遇到就捡起来的虚幻假设，生活会容易得多、快乐得多。但这得由你自己决定。如果你遇到困难，我们希望你能从同事、老师或其他专业人员那里得到适当的帮助。如果你使用本书来教授课程，你应当做好准备来帮助别人——或是寻求帮助——或能给学生提出建议，告诉他们如何在需要时寻找帮助。

在苏珊教过的班级里，有几个班曾有过信仰宗教或信奉上帝的学生。他们通常会发现，这些信仰会遭受课程的严重挑战。一部分人觉得难以接受，比如因为信仰在家庭纽带和友情方面的重要性；或者因为他们在遭遇苦难和死亡时，信仰给了他们慰藉；或者因为在谈论精神或灵魂时，宗教提供了一个思考自我、意识和道德的框架。所以，如果你有此类信仰，你应该做好准备，你会质疑它们的。要研究自我和意识的本质，就不可能对神灵、灵魂、精神或死后来生"存而不论"。

每年开授意识课程时，苏珊都会给学生同样的警告——亲自口头通知，外加书面告知。每年迟早都会有一个学生来找她，说："你没跟我说过会这样……"令人高兴的是，多数的改变最终是积极的，而学生们很高兴经历了这些改变。即便如此，我们也只能重复我们的警告，希望你认真对待。**研究意识改终生**！祝开心。

"警告——研究意识将改变你的生活"。

目　录

第一部分　问题

第一章　问题是什么？ ……………… 003
- 世界是由什么构成的？ ……………… 003
- 哲学中的意识 ……………… 007
- 心理学中的意识 ……………… 013
- 神秘的沟壑 ……………… 020
- 语境中的意识 ……………… 023

第二章　做……是什么感觉？ ……………… 027
- 做一个 ……………… 027
- 主观性和感受质 ……………… 031
- 色彩科学家玛丽 ……………… 034
- 哲学家的僵尸 ……………… 037
- 难题真的存在吗？ ……………… 041

第三章　宏大的错觉 ……………… 051
- 填充空隙 ……………… 057
- 变化视盲 ……………… 064
- 非注意视盲 ……………… 067
- 视觉意识理论的含义 ……………… 070

第二部分　人的大脑

第四章　神经科学与意识的关联 ……………… 079
- 人的大脑 ……………… 080
- 先于因果的关联 ……………… 083
- 有意识的视觉 ……………… 086
- 争抢意识 ……………… 091
- 无意识与大脑 ……………… 095
- 疼痛 ……………… 099

第五章　心灵的剧院 ……………… 107
- 在心灵的剧院里 ……………… 108
- 意识发生的地方 ……………… 111
- 心理屏幕 ……………… 113
- 非笛卡尔式剧院 ……………… 117
- 没有剧院的理论 ……………… 123
- 多重草稿理论 ……………… 128

第六章　意识的统一 ……………… 135
- 绑定问题 ……………… 138
- 同步绑定 ……………… 140

微观意识 ······················· 143
　　多感官整合 ····················· 145
　　整合信息理论 ··················· 146
　　行动的统一性 ··················· 150
　　统一的错觉 ····················· 151
　　超级统一与分裂 ················· 152
　　时间的统一 ····················· 164

第三部分　身体与世界

第七章　注意 ····················· 171
　　引导注意 ······················· 173
　　注意理论 ······················· 178
　　意识与注意 ····················· 182
　　冥想与注意 ····················· 189

第八章　有意识和无意识 ··········· 201
　　无意识知觉 ····················· 203
　　情绪效应与社会效应 ············· 208
　　有意识与无意识行为 ············· 210
　　各种理论 ······················· 212
　　意识的因果效用 ················· 216
　　意识在熟练动作中的作用 ········· 218
　　无意识的动作与有意识的感知 ····· 220
　　盲视 ··························· 223
　　直觉与创造力 ··················· 229
　　结果 ··························· 232

第九章　能动性与自由意志 ········· 237
　　意志力的神经解剖 ··············· 241
　　意识中的半秒延迟 ··············· 244
　　意识意志在随意动作中的作用 ····· 249

　　意愿的体验 ····················· 257

第四部分　进化

第十章　进化与动物心理 ··········· 273
　　无心的设计 ····················· 273
　　定向进化论 ····················· 276
　　自私的复制器 ··················· 279
　　动物的心灵 ····················· 281
　　不同的世界 ····················· 284
　　物理和行为标准 ················· 286
　　自我识别 ······················· 289
　　了解其他类型心理的存在 ········· 293
　　模仿 ··························· 297
　　语言 ··························· 299
　　章鱼 ··························· 301

第十一章　意识的功能 ············· 303
　　进化中的意识 ··················· 303
　　僵尸的进化 ····················· 309
　　当意识进化时 ··················· 311
　　意识有一种适应性功能 ··········· 315
　　意识没有独立功能 ··············· 322
　　错觉的进化 ····················· 324
　　通用达尔文主义 ················· 325
　　模因与心理 ····················· 328

第十二章　机器的进化 ············· 333
　　心灵与机器 ····················· 333
　　机器般的心灵 ··················· 334
　　心灵般的机器 ··················· 335
　　计算的发展 ····················· 339

图灵测试 …………………… 346	清醒梦 …………………… 460
机器会有意识吗？ ………… 350	出体体验 ………………… 466
有意识的机器是不可能的 … 353	濒死体验 ………………… 475
中文屋 …………………… 359	
如何建造一台有意识的机器 … 362	

第六部分　自我与他人

第十六章　自我、绑定与自我理论 ………… 483

- 它们已经有意识了 ……… 362
- 我确信它喜欢我 ………… 371

多重人格 ………………… 487
自我的思想实验 ………… 493
思想本身就是思想者 …… 496

第五部分　边缘地带

第十三章　意识的改变状态 …………… 379

自我的神经科学模型 …… 499
环、隧道和丝线串起的珍珠 … 502
自我与身体、世界以及其他人 … 506

定义意识改变状态 ……… 380
在意识改变状态中，有什么被改变了？ … 382
映射意识状态 …………… 384
药物诱导状态 …………… 387
冥想 ……………………… 400
心理疾病 ………………… 403
意识的状态 ……………… 408

叙事重心的中心 ………… 508
未来的自我 ……………… 511
网络空间中的自我 ……… 514

第十七章　内部视角？ …………………… 517

A 和 B 的争斗 …………… 520
现象学 …………………… 525
神经现象学 ……………… 527
一种反思模型 …………… 531
第二人称神经科学 ……… 535
异质现象学 ……………… 537

第十四章　现实与想象 ……………… 411

对现实的判别 …………… 413
幻觉 ……………………… 416
超感知觉 ………………… 428
想象其他的世界 ………… 433
但它是真实的吗？ ……… 437

第十八章　觉醒 …………………… 545

科学中的佛学 …………… 547
转化与治疗 ……………… 551
自发觉醒 ………………… 554
觉悟 ……………………… 558
幻觉、无我、不二 ……… 561

第十五章　梦里梦外 ………………… 441

苏醒与睡眠 ……………… 442
从生理学到体验 ………… 446
梦是不是体验？ ………… 452
睡眠的边界 ……………… 455
奇怪的梦 ………………… 458

参考文献 ……………………………………… 569

PART ONE

第一部分 问题

第一章 CHAPTER
问题是什么?

世界是由什么构成的?

意识的问题,与哲学中若干最古老的问题有关:世界是由什么构成的?它是怎么发展到今天的?我是谁或者是什么?万事万物有何意义?意识的问题尤其与身心问题有关,即身体与心灵之间有何关系?

21世纪初,许多人都会在日常生活中随意地使用"意识"这个词来指代其个人的体验或感知。它不再是"心灵"的代名词,后者有很多其他的意义和用途,而且不再显得那么神秘。这主要是因为,我们正在迅速了解大脑的工作机制。我们了解了脑损伤与药物所带来的影响,认识了神经递质与神经调质,知道脑细胞放电的变化会改变人的体验,而这一切跟神经系统和身体的其余部分有怎样的关联。我们本来指望,有了诸多的知识,就足以厘清意识知觉的本质与成因,结果却并非如此。意识仍旧是一个谜。

在众多其他科学领域,知识的增加让一些古老的哲学问题显得陈旧过时。比如,现在不会有人再为了"生命是什么?"的问题而苦恼。一旦你理解了生

> "我们所知的一切,亲密无过意识体验,但也没有比它更难解释的了。"
> (Chalmers, 1995, p.200)

图 1.1

物进程如何从非生命物质中创造了生命,那么有关"生命力(vital spirit)"或"生命冲动(élan vital)"的陈旧理论就显得多余(见图 1.1)。正如丹尼尔·丹尼特所说:"DNA 复制机制的递归复杂性,使得'生命力'理论如同超人所畏惧的氪石一般有趣"(1991,p.25)。关键不是说我们现在已经知道"生命力"是什么了,而是我们不需要知道了,因为我们知道它是子虚乌有的。"热素流(caloric fluid)"也是如此,从前我们需要用它来解释热的性质。如今,我们把热归为能量的一种形态,而且知道不同能量形态之间是如何转化的,于是我们就清楚了,所谓"热素流"并不代表任何实际存在的东西。

这种状况会不会在意识问题上重演呢?美国哲学家帕特里夏·丘奇兰德(Patricia Churchland)做如是观,她宣称,随着我们用来理解意识的理论架构的进步,意识"大约会步'热素流'或'生命力'的后尘"(1988,p.301)。也许会吧,但目前还没有。而澳大利亚哲学家戴维·查默斯(David Chalmers)说,要真有此预期,就是愚蠢,因为"生命力"的提出是为了解释别的事情(物质如何创造生命),所以当我们找到更好的解释时,就应该抛弃它;而意识需要对其本身做出解释。"体验并非解释性的推断,其本身就是一种解释,因而不会像这类概念一样消亡"(1995,p.209)。所以当我们说起意识时,不该做这种挖补式修复的期待。的确,我们对大脑和行为了解得越多,理解意识问题的困难程度就越发明显。

从本质上来说,是这样的。在日常语言或者科学和哲学思考中,无论我们试图以哪种方式规避这个问题,都会遭遇某种无解的二元论。不管它是精神的还是物质的、是思维上的还是大脑里的、是内在的还是外在的,是主观的还是客观的,我们最终都仿佛在讨论两个互不相容的事物。也许我们都是"天生的二元论者"(Bloom,2004,p.xiii),对心灵与物质具有无可逃避的"独特直觉"(Papineau,2002)。但你可能对此并不认同。比如,你可能会说自己是一个唯物主义者——你认为世上只存在客观事物，而意识不过是对客观事物的反映。看吧，问题解决了。然而，如果你顺着这条思路走下去，或者采用其他某种流行的方式来解决这一问题，你将会发现，只要一想到意识问题，二元论就会在别的某个地方冒出头来。我们来举个例子。

"现存对意识的定义，无一可以接受。"（Dietrich，2007，p.5）

从身边的物品中挑出一个来，然后仔细观察。你也许会挑中一把椅子、一张桌子、一只蜷在写字台上的猫或是一本书。什么都行。我们就选一支铅笔吧。你可以把它拿起来，在眼前转个圈，把玩一下，写写字，然后放在面前。现在，问自己几个简单的问题。你觉得它是由什么构成的？如果你把笔拿起来，举到距地面半米高的空中，再放开手，会发生什么？如果你离开房间再回来，它还会在那儿吗？

现在，再来想想你对铅笔的体验。你也许碰到过它尖尖的头，感觉过它的质地，削铅笔时闻到了它独特的气味，看见了它的颜色和形状，还拿它写过字。这些体验都是你自己独有的。你握着铅笔伸直胳膊时，是在从自己独特的视角看铅笔。别人谁也没有跟你现在一模一样的观察铅笔的体验。那颜色呢？你怎么知道你看黄色涂料的感觉，跟别人是一样的呢？你不知道。这就是我们所说的意识。它是你的体验，别人谁都不知道它是什么样的，也没人能把它从你这里拿走。你可以试着进行描述，但词句永远不能完全抓住你拿着那支铅笔时的感受。

那么这会把我们引向何处呢？这会迫使我们以截然不同的两种方式思考世界。一方面，当然是你拿着铅笔时个人的亲身体验；另一方面，是世界上的那支真实存在的铅笔。你的感官是怎样跟空间中真实存在的物体产生关联的呢？是你大脑中的视觉皮层引发了你观察铅笔的体验吗？如果是，那是怎么引发的？又是什么让你闻到了这种气味的呢？

可能每个人对此都有不同的症结。对苏珊而言，是这样的：我觉得我得既相信主观体验（因为我似乎毫无疑问地拥有这些体验），又相信客观世界（否则我就无法解释为什么我刚放开手，铅笔就会往下掉；为什么我回来时它还在那里；或者你和我为什么都觉得铅笔有点儿钝，得削削了）。对艾米莉来说，是这样的：到底有什么东西可以让人产生一种手握铅笔的体验，而不是表皮细胞、神经末梢和肌肉收缩恰好握成了铅笔的样子——"里面一片黑"？就算我们对大脑与身体其他部位的运作方式已经相当了解了，我们还是无法理解这不可言传、只可意会的主观意识，是怎么从真实的铅笔和鲜活的脑细胞的客观世界中萌生的。主观的世界和客观的世界看起来全然不同，根本毫无关联。这些是我们自己对意识的疑问——我们自己的症结。你应该紧盯着铅笔看，找出自己的症结在哪里。

练习 1.1
我现在有意识吗？

这是第一个练习，我们会给你更详细的指导，以后的练习就不会了。其他所有的练习都建立在同样的基础上，所以如果你经常做这个练习，就会发现其他练习也变得容易了。

任务很简单，就像这样。

每天问自己："*我现在有意识吗？*"多问几遍，多多益善。

提问的目的不只是一天回答 20 遍或 100 遍"是"，而是让你开始审视自己的头脑。你在什么时候会回答"是"，在什么时候会回答"不是"？你的答案是什么意思？

在你发问之后，等一会儿再答复，先观察一下当下的有意识状态。既然本书是有关意识的，这个练习就只是想让你观察、感受、聆听、嗅闻以及品尝意识是什么，并从理性的角度思辨何为意识。

这听起来容易，其实不然，你试试看就知道了。练习一整天后——或者如果你正在通读本书，就在看下一章之前——记录以下要点：

你做了几遍练习？

发生了什么？

你发现自己问其他问题了吗？有的话，都是些什么问题？

要记着做这个练习有困难吗？有的话，你觉得是因为什么？

你可能发现，你本来是想做练习的，结果总是会忘记。如果你需要提醒，可以试试这些简单的技巧：

无论在何时，只要一听到或读到"意识"这个词，就问自己。

一上洗手间就问自己。

把问题写在便利贴上，并在家里或办公室的各处都贴上便利贴。

在手机上设个提醒。

找个朋友结成对子，互相帮忙提醒。

这些窍门也许能帮上忙，但你可能还是会忘记，那就怪了，因为没有什么好借口了。毕竟，这个小练习不会占用你本可用来写篇论文、看张报纸或进行艰难辩论的宝贵时间。你可以在做任何一件诸如此类的事情时问自己那个问题；可以在走路或等公交车的时候问，可以在洗漱或做饭的时候问，可以在刷牙或听音乐的时候问。只要能坚持就好，把问题摆出来，再观察一会儿。

> 你能看这本书,肯定是对意识感兴趣的。那为什么单是观察一下自己的意识就那么难呢?
>
> 你现在有意识吗?

可能看起来并不太像,但这些症结对我们面临的一些最困难的问题而言至关重要,比如:如果有人既动不了,也不能对别人的话做出响应,那要不要撤掉生命维持系统?该如何对待非人类的动物、未出生的胎儿和人工智能?让人们为自己的行为负道义责任,到底有没有意义?药物致幻体验与精神疾病之间有什么共同之处(如果有的话)?如何从事科学工作?你的症结,对一切你问过或没问过的你之所以是你的问题而言,都至关重要。

哲学中的意识

数千年来,哲学家们就意识问题的不同版本争论不休。他们的结论可大致分为一元论(该结论声称世上只有一种元素)和二元论(该结论认为有两种元素)。

对多数人而言,二元论是起点。我们谈论自己时用到的许多自然表述——从"我得管着点儿自己",到"我差点儿灵魂出窍"——都是对二元论的默认。寻常语言免不了要从"我身"甚或"我心"中拆分出一个神秘的自我来:毕竟,如果它们是我的,我就不会是它们。

最为人熟知的二元论是17世纪法国哲学家勒内·笛卡尔(René Descartes)的版本,因此它被称为笛卡尔二元论。笛卡尔只希望将其哲学建立在毫无疑问的坚实基础上。如果是他握着你的铅笔,他可能会让自己想象铅笔不存在,是他的感觉在欺骗自己,或者是他在做梦而已;甚至是一个恶魔在做张做致,想要愚弄他。但是,他又在《方法论》(*Discourse on*

小传 1.1

勒内·笛卡尔(René Descartes,1596—1650)

笛卡尔出生于法国图尔市附近,受教于耶稣会大学,坚定地信仰全能、仁慈的上帝。1619年11月11日,一系列梦境激发了他的想法,提出了一套基于机械原理的全新的哲学和科学系统。他不仅是伟大的哲学家——常被称为"现代哲学之父";还是物理学家、生理学家以及数学家。他是图形绘制第一人,并发明了笛卡尔坐标系——至今仍是数学的核心内容之一。他最为人熟知的是他的名言——"我思,故我在",这句话是他通过"怀疑的方法"想出来的。他试图拒绝任何可以怀疑的事物,只接受毫无疑问的事物,这让他认识到了一个事实,即他——他自己——正在怀疑。他将人体整体描述为一架由"增量物质"(拉丁语是 res extensa)构成的机器,但总结说,思想、精神或灵魂(他叫它 animus)必是一个分离的实体,由非空而不可见的"思考物质(res cogitans)"构成。这两种物质由松果体连接在一起。这一理论后来以笛卡尔二元论闻名于世,现在常与物质二元论相提并论——后者是指任何假定根本不同的物、物质和非物质之间存在因果互动关系的理论。在生命中的最后20年里,笛卡尔主要定居于荷兰。1650年,他因肺炎死于瑞典。

Method，1637/1649）的著名段落中宣称，纵然我们怀疑一切，世间仍有事物留存。他——笛卡尔——在对此进行思考的事实，就是他——思想者——存在的实证。由此，他得出了著名的结论："我思，故我在"。他称之为"吾求索而得之哲学第一原理"（pp.51-52）。在他后来的《第一哲学冥想录》（Meditations on First Philosophy，简称《冥想录》，1641）一书中，笛卡尔总结说，这种思考本身不具备物质性，不会像物理的躯体那样四处机械运动并占据空间。在他看来，世界由两种元素构成：构成物理躯体的延展元素，和构成思维的非延展思考元素。笛卡尔的理论属于物质二元论的一种；它可与属性二元论或两面论（这两者有时被认为是"反常的一元论"的两种形式）形成鲜明的对比。按属性二元论的说法，世界仅由一种物质组成（物理意义上的），但可以用心理术语或物理术语进行描述，尽管一种描述不可受限于另一种。所以，打个比方，假如你正经历疼痛，这一事实可用心理术语加以描述，比如你感觉如何；或者用物理术语描述，比如是哪些种类的神经元在你神经系统里的哪些地方进行放电。这种理论规避了对两种不同物质的需要，但在物理和心理属性之间的关系上留下了许多疑问，因而以多种版本存在。

物质二元论无法回避的问题是，当精神和肉体由两种不同的物质构成时，它们之间是如何产生作用的。这整个理论要想成立，它们的作用就必须是双向的。世间的物理事件与大脑一起，必然会以某种方式引发对这个世界的体验——产生思想、影像、决定、渴望以及我们精神生活的一切其他内容。在另一方向上，思想和感情又必须能对物理元素产生影响。那么这两种情形又是怎样实现的呢？笛卡尔假设，这两者通过大脑中央的松果体发生相互作用（见图 1.2）；但他仅指出了相互作用发生的部位，还是没能解开谜团。如果思想可以影响脑细胞，那它们要么是假借魔法发挥影响的，要么就得借助某种能量或物质来发挥作用。如此一来，它们也成了物理元素，而非纯粹的精神元素。

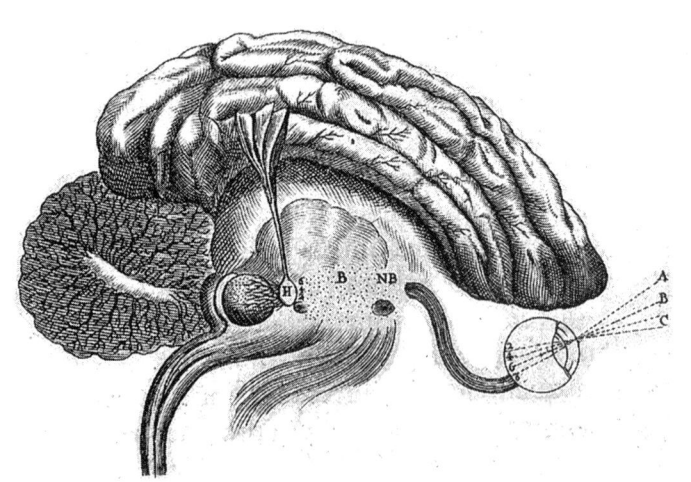

图 1.2 按笛卡尔的说法，大脑通过脑腔中的动物精神流进行工作。非物质的灵魂通过位于大脑中线的松果体（H 处）与身体和大脑相连。

你看见这颗蛋了吗？借着它，你可以颠覆所有神学教派，地球上的所有庙宇。这颗蛋是何物？……先是一个点颤动着，一条线伸展开来，染了颜色，组织形成了；接着，喙、翼尖、眼睛、脚爪相继出现；一团黄色物质化解开来，生出了肚肠；它是一只动物。这只动物活动着，翻腾着，叫出声来；透过那蛋壳，我听到它的呼喊；它给自己裹上绒毛；它能看见……你所有的疾痛，它都有；你所有的行为，它都能做。你会跟笛卡尔一样，宣称它是一台纯想象的机器吗？那样小孩子也会嘲笑你；哲学家们会答复说，如果这是一台机器，那你也是。如果你承认，动物和你之间除了组织方式不同之外，并无区别，那你就展现了良好的知觉和理智，你就是诚实的；但人们会由此得出反驳你的结论：以特定方式排列的惰性物质，与其他惰性物质浸染一体，假以热能和动能，即可产出诸项能力：感知、生命、记忆、意识、激情和思想。

——德尼·狄德罗（Denis Diderot）
《达朗贝尔和狄德罗的对话录》（*Entretien entre a'Alembert et Diderot*，1769）

几乎所有的当代科学家和哲学家都同意，物质二元论行不通。1949年，英国哲学家吉尔伯特·赖尔（Gilbert Ryle）戏称二元论为"机械里的幽灵学说"（p.26）；这句话后来成为了日常用语（见图1.3）。他说，我们应该避免使用诸如"脑子里"或者"思想上"之类的词句，因为这会让我们觉得思想是"古怪的'地方'，彼处的居民都是身份特殊的幻象"（1949，p.40）。赖尔受了维特根斯坦（Wittgenstein）"平常语言哲学论"的影响——该理论认为，许多哲学问题都是因为语言使用不当而造成的。赖尔声称，因为我们不知道该如何谈论思想，所以才会经常使用否定式的描述性语言来谈论物质的因果关系：我们会说，"思想不是钟表零件，它们只是一些非钟表类碎片"（p.9）。我们这么做就犯了一个范畴错误：我们把思想归入了错误的种类，赋予了非物质事物某些属性，而这些属性从逻辑上和语法上都只能用于物质事物。赖尔没有把心理过程归纳为物理过程；他尝试在二元论和行为主义之间——在两种错误的说法（比如，把说话当作一种事物，而把思考当作另一种事物）之间，或者认为两者根本就是同一件事的两种说法——寻找一条中间道路。对赖尔来说，行为不是由神秘的心理状态引起的；而对许多心理状态而言，把它们理解为行为的特性再好不过。

许多关于思想与自我的现代学说，都明显秉持思想是做而不是在的观点："思想就是大脑的功能"（Minsky，1986，p.287）；"'思想'就是大脑

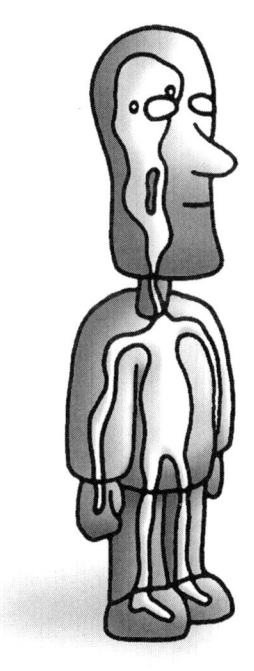

图1.3 吉尔伯特·赖尔（Gilbert Ryle，1949）所绘的笛卡尔的心灵观——"机器里的幽灵学说"。

所运行之功能的设计师语言"（Claxton，1994，p.37）；而自我"不是大脑是什么，而是大脑做什么"（Feinberg，2009，p.xxi）。这类学说让人们有了谈论某些心理活动和心理能力的可能性，而不必假设存在单独的思想。这也许就是如今大多数心理学家和神经学家对"思想"的看法；他们才不会为"思想"到底是什么而苦恼呢。

有些心理学家和哲学家，尤其是那些对大脑中心论的局限性感兴趣的人，小心翼翼地避免将思想活动仅仅简化为神经活动。还有一些人，像美国哲学家Alva Noë，对意识本身也如此对待："意识不是发生在我们身体内的事情；它是我们所做的事情"（2009，p.160）。对意识的认同总体上要少得多，原因可能是许多过去用来诘问心灵与自我（甚或是灵魂）的问题，现在被拿来诘问"意识"了。但我们以后会发现，如何思考这三个问题中的任何一个，都会对我们如何看待其他两个问题产生重要影响。所有问题的中心就是那个关于心灵与物质是什么关系的尖锐问题。

20世纪中期，有过两次企图确立二元论的尝试，值得注意。1977年，科学哲学家卡尔·波普尔（Karl Popper）和神经生理学家约翰·埃克尔斯（John Eccles）提出了二元互动交感论。他们声称，因为大脑神经元突触的关键过程非常细致平衡，因此思考和感觉的非实体自我是可以对其产生影响的；所以自我真的可以控制大脑（Eccles，1994）。那么到底如何实现呢？他们承认，这还是个谜。生理学家本杰明·里贝特（Benjamin Libet，2004）提出，主观体验和自由意志的统一和持续是由一个非实体的"意识心理场"负责的。有点像物理学的力学场，产生于大脑活动，但可以在大脑皮层内部进行交流，而不必使用神经连接和通路。但他没有解释这个场是如何工作的。

在时间上，离我们更近的是澳大利亚哲学家戴维·查默斯，他提出了一种"自然主义二元论"，他称之为"纯朴的二元论，完全符合世界的科学观"（2007，p.360）。它没有反驳物理学原理，而是以精神物理学原理的形式提出需要用新的"桥接原理"来解释为什么物理过程可以产生体验，尽管物理世界是因果闭合的。这种理论是属性二元论或双面论的一个变种，中心思想是信息拥有现象和实体的双重形式。然而，如同二元论的其他变种一样，这座桥也没能跨越那道沟壑。

"[我的观点]是一种纯朴的二元论，完全符合世界的科学观。"
（Chalmers，2007，p.360）

虽然已经没什么人愿意承认自己是二元论者了，但二元论仍然难以避开，正因为如此，哲学家丹尼尔·丹尼特（Daniel Dennett，1991）创造了"笛卡尔二元论"一词，来形容表面上假装是唯物主义者，实际上却在依靠二元论内容行事的观点——尤其是那个各种元素在大脑内部可确定的时间和地点汇聚一处，于是"意识产生了"的说法。赖尔是丹尼特的博士导师，丹尼特也认同赖尔关于需要密切注意语言使用的重要性的观点，因为我们使用的词语是我们的思维方式的一部分。对丹尼特而言，举例来说，只要你说出有什么事物"进入了意识"，或者"抵达了意识的界限"——你只要稍加留意就会发现神经科学的意识研究文献中，充斥着此类词语——你就是在创造一个"笛卡尔剧院"。你在想象着有意识的状态——享受那种现在作为我的异常丰富而统一的感觉——就像是在一个特殊的心理剧院（赖尔幽灵的另一个版本）中，担任舞台演出的观众。我们会在第五章回顾这个说法，但现在，重要的是在脑子里记着，关于意识的诸多理论和宣言，很可能或明或暗地以唯物主义的面目出现；而等你深挖一下就会发现，它们其实是另外的东西。丹尼特说过"接受二元论就是放弃"（1991，p.37）。但要避开它，也不太容易。

"接受二元论就是放弃。"
（Dennett，1991，p.37）

一元论试图回避这个困境，有些宣称心理世界是基础，其他的则宣称实体世界是基础。比如，你可能会怀疑真的铅笔是否存在，然后决定只有铅笔的想法或概念是存在的——你就成了心灵主义者或理想主义者。这倒是消除了尴尬的分类，但是很难解释为什么实体物品好像具有大家都认可的持久品质——或者科学怎么会有可能的呢？即便如此，还是有过很多这一类的哲学理论。比如，英国体验主义者乔治·伯克利（George Berkeley）用心理感觉代替了物质。

另一个极端是唯物主义者，他们认为只有物质存在（或物理主义者，既涵盖了能量，也涵盖了物质），而实体宇宙是因果闭合的。也就是说，掌管物质与能量互动的原理，消耗了宇宙的全部力量，所以就没有非实体的心灵或意识插手的余地了。唯物主义包含了同一性理论（它将心理状态与大脑状态归为一体）和机能主义（它将心理状态等同于机能状态）。在这些理论中，不存在独立于物质之外的心灵或心理力量。

有人认为，唯物主义作为一种意识理论没有吸引力，因为它恰恰排除了它想要解释的现象：主观体验，特别是我们对意识决定引发行为的强烈感受，被简化为仅仅是物理的因果关系。还有一个问题是，很难理解为什么思维和感觉以及心理表象看起来如此不同，却真的都是物质。唯物主义很难找到适合的方式来讨论意识问题，而又能不丧失其感觉的准确性。

然而，唯物主义并未暗示意识可以被简化为物理特性。例如，意识跟物理特性也许并非一摸一样，但无论如何，它依靠的正是物理特性而不是别的——也就是说，它是附于物理特性之上的。这意味着，如果物理上没多少区别，就不会有精神上的区别：意识如有不同，必然伴随大脑的不同，但反过来就不对。因此，两种不同的大脑状态，是有可能产生同样的意识体验的。尽管随附性能够让我们规避唯物主义的某些问题，但它还是没有将意识是如何依附于实体之上的确切方式具体化（Francescotti，2016）：这种依附到底是逻辑上的、因果上的还是构成上的，或者其实就是一个同一性问题？

"副现象论"学说的概念是，心理状态是由物理事件产生的，但没有因果关系。换句话说，物理事件导致或产生了心理事件，但心理事件对物理事件不发生作用。这个概念有时会被认为是朱利安·奥夫鲁瓦·德·拉美特利（Julien Offray de La Mettrie，1748）所倡导的，他的著作《人型机器》（*L'homme machine*）吓坏了18世纪的法国读者。他宣称，像其他动物一样，人的身体是聪明的机器，"灵魂的不同状态总是和身体的不同状态相关联"。他将这种关联性叫依赖性，我们"虚弱的理解力"还不能解释它的因果关系（p.8）。但后来他也使用同一性来描述心身联系，这让他的立场介于副现象论和唯物主义之间："既然灵魂所有的能力都如此依赖大脑和整个身体的特定组织，显然这些能力不是别的，就是这些组织本身。机器得到了完美的解释！（p.22）"英国生物学家和古生物学家托马斯·亨利·赫胥黎（Thomas Henry Huxley）为推广达尔文的自然选择进化论贡献良多，他就是最著名的副现象论者之一。他不否认意识或主观体验的存在，但否认它们能产生因果作用。它们无力影响人类大脑和身体的机制，如同火车头的汽笛声影响不了它的机械装置，影子影响不了投下它的人一样。他将动物——包括人类——称作"有意识的自动装置"。

副现象论的一个问题是这样的：假如意识体验对任何东西都没有作用，那我们不应该知道它们的存在或是能够来谈论它们，因为这意味着它们还是能发生作用的。另一个困难是，如果心灵是实体世界的副产品或副作用，但它自身不是实体的，那么副现象论实质上就是一种二元论。无论如何，科学或方法学行为主义就建立在这种想法的一个版本上：这想法认同心理状态的存在，但不能（或不需要）使用科学方法来探测它的作用。

既要避免唯物主义和理想主义的极端，又不能落入二元论的窠臼，于是就出现了各式各样的"中性一元论"；它们宣称，世上万物都由一种元素构成，但这种元素既不能归类为心灵的，也不是实体的。威廉·詹姆斯（William James）首先提出"这个设想，即世界上只有一种主要元素或物质，万物皆由此元素构成"（1904，p.477）。为避免将心灵简化为物质，或与物质一起消灭，他建议不要设想一个实体物体的世界，而要设想一个可能而真实的、由感觉数据构成的世界；在这里，现在由"纯粹的体验"构成，此时意识和内容还没有被回顾性地彼此剥离开。他说："研究心灵与大脑关系的科学，必须能说清楚前者的基本成分是如何匹配后者的基本机能的"（1890，i，p.28），但他并没有低估这个任务的难度。完善一套这个理论赖以成立的中性元素的详细说辞，难度不小；加上它"既不吸引那些认为心理是现实的基本特征的人，也不吸引那些整天梦想着物理学壮观场面的人"（Ludwig，2002，p.21），这两者叠加在一起，让它成了一个基本上不受欢迎的观点。

还有一种方法试图绕开这个问题，就是万有精神论，这种观点认为所有物质的事物都有自觉性或心理属性，不管它有多原始。查默斯说，如果唯物主义是主题，二元论就是其对立面，而万有精神论则是这两者的聚合物（Chalmers，2017）。它的某些版本宣称世间万物皆有意识，包括电子、云彩、河流和蟑螂。这种"纯粹的"万有精神论（Strawson，2006，2008）可以设想为：对通常的实体事物（物质和能量）不可体验的定义方式进行"全脑性替代"，将它们定义为也是可以体验的（Strawson，2011，p.271）。这种论调保留了目前物理学所解释的一切事物。而在其他版本中，体验和物质与能量一样，是另一种需要加诸我们对世界的理解之中的基本特性。

万有精神论引发了诸多难题。石头有知觉吗？如果有，它的每一个分子是不是都有知觉呢？石头边缘松散的部分，是在晃晃悠悠地挂在那里的时候有了知觉，还是在完全掉落的时候才分别有了知觉？简单如电子一样的东西有心灵属性，会是什么样的概念？除了这些困难之外，一些近期流行的意识理论，包括整合信息理论（第五章），都被认为是万有精神论的不同形式（Tononi and Koch，2015）。

想要世界大同是困难的，所以尽管二元论有它的问题，却一直很流行，也就不足为奇了。想想那些我们还没真正开始谈论心灵与物质就已经产生了的难题，整个心理学领域对意识的概念曾经百般刁难的情形，也就不足为奇了。

心理学中的意识

"心理学"一词首先出现于18世纪，用来描述有关心理生活的哲学，但直到将近19世纪末期，心理学才变成一门主要基于体验数据的科学，从哲学中独立出来。在那个时期，出现了好几种研究心灵的方法；有些更关注生理机能，并视心理学为一门客观科学；有些则更关注对主观体验的研究。但两者至今没

> **活动 1.1**
> 定义意识
>
> 意识至今还没有一个可以被广泛接受的定义，这也是我们为什么没有在这里给出定义的原因。看看你能不能自己创造一个。
>
> 首先，结成对子。一个人提出一个意识的定义，然后另一个人找出它的错误。别害羞或想太久——就算是最愚蠢的提议也很好玩。就扔出一个概念，然后等着被毙掉，再交换顺序，接着来。尽可能快地轮换操作，直到每人都轮过几次。
>
> 然后一起回到大组里，看看你们各自找出了哪些反对意见。
>
> 为什么我们都觉得自己知道意识是什么，但想要定义它如此之难呢？

有什么大的分别。

威廉·詹姆斯的经典文章《心理学原理》(*The Principles of Psychology*，可能是心理学历史上最著名的著作)开宗明义："心理学就是心灵生活的科学，既包括其现象，也包含其状态"(1890, i, p.1)。詹姆斯将感情、欲望、认知、推理和意志归类于心理现象，换句话说，也就是意识的诸元素。来自詹姆斯同时代的另一本教科书将意识——或称"心灵科学（Mental Science）"——定义为：

> 研究并解释心理现象或人类意识体验内在世界的科学。这些现象，包括喜悦和悲伤、爱等［……］感受、我们的意识冲动和意志，以及我们对外界物体认知的心理活动，诸如此类。
>
> （Sully, 1892, i, p.1）

詹姆斯通过其一元论的方法摒弃了二元论者关于灵魂或是"心灵元素"的概念，并迅速指出意识可以被大脑的损伤摧毁，并被"哪怕是几盎司[1]的酒精、鸦片或印度大麻"所改变（1890, i, p.4）。于是他假设，一部分大脑生理机能必须被纳入心理学范畴。不管怎样，意识是他的心理学的中心；是他引发了"意识流"一词的流行［该短语可能是由英国哲学家沙德沃思·霍奇森（Shadworth Hodgson）在 1865 年首次使用；参见 Billig, 2012］，该短语用于描述显然是在不断变化和流动着的、连续不断的思绪、想法、影像和感受。因此，他的生理学就是一门高度整合了心理生活的科学；意识是其中心，但既没有脱离注意、记忆和感觉实验的结果，也没有脱离对大脑与神经系统生理机能的研究。他的弟弟，小说家亨利·詹姆斯（Henry James）实验了后来成为现代文学重要组成部分的"意识流"式写作，让读者只能通过中心角色的意识，进入不同的地点、事件和角色。

---

[1] 1 盎司等于 28.4 克。——译者注

他走之后，她靠在椅子上，闭上了眼睛；静静地坐在客厅里，陷入沉思，久久不绝，融入夜色之中，愈深愈远。[……]先前，她只见过他一半的本性，如同见到被地球阴影遮挡住一部分的月面。如今，她见到满月了——她看到了这个男人的全部。……火熄了很久，她还在无声的沙龙里踟躅不去。她一点儿也感觉不到寒冷的危险，她在发着热呢。

——亨利·詹姆斯（Henry James）
《贵妇画像》（*The Portrait of a Lady*，1881）

威廉·詹姆斯得以在大量的解剖学、生理学和心理物理学研究的基础之上展开他的工作。心理物理学研究的是物体刺激和可诉感觉之间的关系——或者你可以说是事件和体验的关系。心理物理学家，如恩斯特·韦伯（Ernst Weber）和古斯塔夫·费希纳（Gustav Fechner），研究的是物理亮度与感知亮度、重量与沉重感，以及声压与响度之间的关系。由此研究诞生了著名的韦伯－费希纳定律，将感觉与刺激的强度联系到了一起。费希纳还想把感觉和脑内神经兴奋联系起来，但在他的时代，这根本做不到。

>
> ## 小传 1.2
> 威廉·詹姆斯（William James, 1842—1910）
>
>
>
> 威廉·詹姆斯生于纽约，是五个孩子中的老大；有一个弟弟是小说家亨利·詹姆斯。小时候，富有的父亲带着他们全家游遍了整个欧洲，期间断断续续地对他们进行教育。詹姆斯在一生中的大多数时间里继续着跨越大西洋的旅行；他能流利地说好几种语言，结识了那个时代很多重要的学者和科学家。18岁时，他想成为画家；但在长期的绝望和压抑之后，他去了哈佛研究医学，最终在那里教授生理学、心理学和哲学。他于1878年结婚，是一个顾家的男人。他在12年反省式研究的基础上撰写了《心理学原理》（1890）一书，被誉为"心理学领域最知名的著作"（Gregory, 1986, p.395）。书里的术语，如"意识流（the stream of consciousness）"和"似是而非的现在（the specious present）"，让他声名鹊起。他还著有《宗教体验的多样性》（*The Varieties of Religious Experience*，1902）和《实用主义》（*Pragmatism*，1907）等书。他坚信自由意志和自我精神力量。最后，他因心脏病在美国新罕布什尔州的暑期住宅中去世。

如果说詹姆斯的《心理学原理》帮助人们在北美建立了现代心理科学，那在德国进行的实验工作就在大西洋另一岸引发了类似的运动。1850年，赫尔曼·冯·赫尔姆霍兹（Hermann von Helmholtz）首次测量了神经信号的传导速度；这通常被称为"思想的速度（velocity of thought）"，尽管他实际上测量的是周围突（peripheral processes）及其反应时，并宣称意识思维以及实体和心理的交互过程都发生在脑内。他对视错觉和感官的把戏尤其感兴趣，并提出了一个新奇的想法：我们的视力之所见，不是视网膜所受刺激的表征，而是由推理和预期所决定的。

赫尔姆霍兹等人的体验主义论调为欧洲意识心理学历史上另外一个重要的趋势——现象学——奠定了基础。现象学打通了我们对哲学和心理学的清晰分界，因为它既是哲学，又是基于主观体验为先的心理学。德国哲学家埃德蒙德·胡塞尔（Edmund Husserl）声称要回到"事物的本真"。这个说法的意思是，我们要回到事物在体验中真实呈现的方式，而不是体验主义者研究的客观实体当中。他提出的是对直接意识体验的系统探询法。这种探询不能先入为主，要暂时抛开或"排除"任何关于世界的科学和逻辑推断。他将这种暂时的抛弃判断称为现象推理或悬搁（见第十七章）。

> 我现在有意识吗？

胡塞尔的现象学建立在弗朗兹·布伦塔诺（Franz Brentano）的早期成果之上，后者的意识理论基础是：每个主观体验都是一种参考行为。意识体验是关于物体或事件的，而实体物体与任何东西无关。比如，我可能对马有一种信念，但这匹马本身跟任何东西都无关。这种"相关性"，他称之为"意向性（intentionality）"。

最重要的是了解这个尴尬的单词被用在许多不同的意义上。大致来说，哲学家将它用于布伦塔诺式的意义，即参考性或相关性的意思。在心理学中（以及在日常语言当中提到的时候），意向性通常是"有意向"、有计划、有目标或有目的的意思。如果你看到这个词，问问自己它要表达的是哪个意思，免得被搞糊涂，还能去看看那些纠缠不清的人的笑话。

所有体验都与某种事物相关的概念本身也有问题。有人声称，拥有"纯粹意识"是可能的，就是不必意识到任何东西的意识（第十八章）。我们或许可以提出疑问，是不是所有情绪或感觉（快乐、热）都与物相关或有关呢？如果是，它们和意识之间到底有何关联？我意识到一种情绪，那我意识到的东西是不是本身已经跟什么事情有关了呢？

另有一种研究主观体验的方式使用的是基于内省或称自我观察的方法，由德国生理学家威廉·冯特（Wilhelm Wundt）开发。冯特于1879年建立了第一个实验心理学实验室，为此，他常被称为实验心理学之父。他受业的心理物理学是"由外及内"地研究生物系统，而他则想要建立一套"由内及外"的心理学研究系统——换言之，以内省为基础。跟胡塞尔一样，他坚持内省研究必须是系统而严密的，所以他训练人们对自身体验进行准确、可靠的观察。后来的研究者，比如冯特的学生爱德华·铁钦纳（Edward Titchener），探讨了其他将内省用于科学的方法，主要用于对感觉和注意的研究。

冯特宣称他发现有两种"心理要素"：（1）感觉要素，或称为简单感觉，如音调、热或是光；（2）影响要素，或称为简单感情，比如可能伴随简单感觉而生的快乐或不快。每种意识体验都以这两者的结合为基础。像同时代的许多人一样，他也希望建立一门意识科学，方法是了解那些合成了复杂化合物，从而构成了"心理体验的真正内容"（1897，p.29）的单元或原子，即一种原子论的意识研究方法，这种方法遭到威廉·詹姆斯的坚决反对。

尽管现象学和内省理论都在直接研究体验（或者至少是人们谈论的体验），但它们依然面临巨大难题。例如，冯特让实验者必须看着一种颜色或是听着嘀嗒作响的节拍器，然后叙述他们的思绪和感情；但叙述本身会干扰思绪和感情，而且有些人描述感情有困难，或者不真诚——这一点，若没有客观测量又很难发现。这就是内省主义逐渐失宠而行为主义大获成功的部分原因，虽然在欧洲不如在美国明显。

行为主义的创立者——美国心理学家约翰·B. 华生（John B. Watson）——于1913年写道："心理学，在行为学家看来，就是一个纯粹客观而有实验性的自然科学分支，好比化学和物理学这两门科学；它对内省的需要少之又少"（p.158）。他提出，要摒弃内省和意识这样的胡言乱语，而建立以预测和控制行为为目标的心理学。这个新方法的一个优点是，相比内省，对行为的测量可靠得多。另外，人类心理学可以建立在对其他动物行为的大量研究之上。如华生所标榜的，行为主义"认为人和兽之间没有分界线"（p.158）。

尽管华生因为把意识从心理学中驱逐出去而饱受赞誉或饱受诟病，但类似的观点在很久以前就落地生根了。1890年，詹姆斯写道："我听一个最聪明的生物学家说过，'现在，科学人士抗议在科学调查中承认任何诸如意识之类的东西，正当其时'"（James，1890，i，p.134）。华生也夸大了"内省主义"作为一项科学运动的主导地位以及冯特对内省方法理解上的幼稚，好让自己的"革命"看起来更加引人瞩目（Costall，2006）。

华生的许多观点来源于伊万·巴甫洛夫（Ivan Pavlov）的成果，就是那位因研究反射和经典条件作用而闻名的俄国生理学家。巴甫洛夫研究发现，重复可以增加做出各种行为的可能性，并假设我们所做的绝大多数事情——包括语言和说话——都是这么学会的。由此，行为学的重点转移到了对操作进行制约的研究上，像斯金纳（B. F. Skinner）对大鼠和信鸽的研究，这些动物通过自身行为受到奖赏或惩罚来进行学习（见图1.4）。在斯金纳看来，人类的行为形成于强化史，

图1.4 大鼠按下控制杆，就可能得到一块食物或一口水。大鼠、信鸽和许多其他动物很容易学会按动特定的次数，或者按到绿灯亮起或铃声响起为止。这就是所谓的操作式条件反射。某些行为学家相信，研究动物的学习过程，是理解人类心理的最佳途径。

因而他相信，通过适合的强化程序就可以实现人类乌托邦（Skinner，1984）。至于意识，他相信，它只是一个附带现象，研究它不是心理学的任务。用华生的传记作家戴维·科恩（David Cohen）的话来说，"行为主义就是对意识的自我意识革命"（1987，p.72）。

行为主义非常成功地解释了某些行为，特别是学习和记忆领域的行为；但它多少还是抛弃了意识的心理学研究，甚至连使用"意识"一词都不能接受。另外，行为主义虽然可能带来了对证据、行为和客观性本质的宝贵反响，但它抛弃了威廉·詹姆斯的"心灵生活的科学"里那种更公平不倚、心身合一的方法。而像莫里斯·梅洛-庞蒂（Maurice Merleau-Ponty）这样的思想家，尽管对知觉与具身化（embodiment）进行了详细研究，本应逐渐将现象学拉近心理学，但在20世纪初，现象学还是被行为主义所主导的主流心理学边缘化了。这一切导致异常狭隘的心理学存在了半个世纪。

到了20世纪60年代，行为主义的实力和影响力开始下降，重点研究内部表征和信息加工的认知心理学开始大行其道；但"意识"仍然是一种"肮脏"的词语。约翰·米勒（George Miller）在其被广为阅读的历史书籍《心理学：心灵生活的科学》（*Psychology: The Science of Mental Life*）一书中警告：

> 意识是一个被无数舌头嚼烂了的词。按所选比喻的不同，它可以是一种存在的状态、一种物质、一个过程、一个地方、一种附带现象、事物的新生面，或是唯一真实的现实。也许我们该把这个词禁用一二十年，直到我们创造出更准确的术语，来描述"意识"现在说不清道不明的几种用途。

（1962，p.40）

"也许我们应该把这个词禁用一二十年。"
（Miller，1962，p.40）

"小心翼翼地避开意识［……］感觉就像踮着脚尖走路，以免惊醒哥特式小说中关在阁楼上的疯婆娘。"
（Banks，1993，p.257）

没人极端到真的把它禁用了，但心理学界重新开始接受"意识"这个词确实是十多年之后的事情了。引起这一变化的部分原因是，人们对超出日常和个人范畴的体验——灵修体验、药物诱导状态、心理疾病、催眠以及超自然事件——进行大拷问的兴趣越来越浓。这类兴趣的探索途径之一是遵循威廉·詹姆斯写于1902年的著作《宗教体验的多样性》（*The Varieties of Religious Experience*）；这本书后来启发诞生了其他书籍，如《迷幻体验的多样性》（*The Varieties of Psychedelic Experience*，Masters and Houston，1967），以及《科学体验的多样性》（*The Varieties of Scientific Experience*，Sagan，2006）。詹姆斯在其职业生涯中逐渐发展出了一种新的哲学，叫作激进经验主义，它坚称：体验必须始终处于哲学探索的中心，而且体验一定要理解为在根本上是关于意义的，而不是关于实体数据的。詹姆斯、卡尔·荣格（Carl Jung）和其他人的成果引起了对超个人心理学中的灵性与超越问题的显著关注；这一点，加上20世纪60年代反文化运动的兴起，为意识缓慢重返学术界铺平了道路。在20世纪70年代，对心理表象（见第五章）和类似睡眠与药物诱导状态等意识状态变化（见第五部分）的研究，加上计算机科学开始普及（见第十二章），使得局面被进一步打开了。但直到将近30年之后，对意识的兴趣才在20世纪90年代出现井喷。

从差不多20世纪50年代起，到20世纪90年代为止，"第一代"认知科学门类以抽象、类语言表征的形式对心理进行了构想（Lakoff and Johnson，1999，pp.77-78），并严重依赖数字计算机类比；但渐渐地，人们开始更多地使用与时俱进的互联网络的形式进行思考。从这种联结主义方法中，诞生了神经网络的概念，引发了对人工智能的研究和创立（见第十二章）革命。这场运动，加上梅洛-庞蒂的体验哲学，催生了"第二代"认知科学门类；它们承认，大脑总存在于身体之内，身体总存在于环境之中——在物理学和社会学意义上都是如此。

比起认知论的计算分支，以"4E"（Menary，2010）——具身（embodied）、动性（enactive）、内嵌（embedded）和延伸（extended，即将其他物体和人引入环境）——来思考认知，更能为体验研究打开一片新天地。如同《具身心智》（*The Embodied Mind*）的作者所言：在具身范式中，"认知和意识——特别是自我意识——从属同一范畴。认知论的结论则与此恰恰相反［……］对认知论者而言，不可割裂的是认知和意向（表征），而不是认知和意识"（Varela et al.，1991，p.173）。想想来自一个拥有特别感觉和机动能力的身体的种种体验，再想想来自这些技能和环境之间的反馈的体验，为我们提供了另一种仅通过神经细胞来尝试揭开意识之谜的方法。

有一种方法，既坚持研究大脑、身体和外部世界之间的反馈，又坚持以大脑功能为基础，这就是预测加工；它的概念是，大脑在本质上就是一台预测机，它不断尝试用自身的预期或预测来匹配涌入的感觉输入（Clark，2013）。这其实就是赫尔姆霍兹的"无意识推理"观点，以及英国心理学家理查德·格里高利（Richard Gregory，1966/1997）比他晚了很多时间的一个理念——感知就是对世界的猜测或假设——的一个变种。不同之处在于，随着神经科学和计算技术的进步，我们可以开始研究具身的大脑是如何建立预测来适应身体对外界的

"思想不在头脑之内。"

（Varela，1999，p.72）

反应的。

这样的动态基础范式，给了我们充满挑战性的全新方法，来思考大脑状态与心灵和意识的关系；第三章会再讨论。从原则上讲，它们也与其他强调意识语境的理论有联系，比如社会构建论，一个建立在苏联心理学家利维·维果茨基（Lev Vygotsky）的发展心理学之上的运动，诞生于20世纪30年代；这个理论探讨了我们所知的现实是如何通过社会互动创建起来的。理所当然地，这些方法开始在以认知方法研究文化的圈子里引起共鸣（Caracciolo and Kukkonen, 2014）。但从实践上看，4E与预测加工的方法和问题尚未延伸到语言、历史和文化的研究中。

即便是现在，在经历了几个世纪对哲学和心理学的探索之后，我们对行为和"内省"与意识的关系还有很多地方需要完善（Costall, 2006），连形成一个人人都可以接受的对意识的定义都那么遥不可及（Dietrich, 2007）。但至少我们现在被允许谈论这个话题了。

在本书中，我们使用"意识"来表达主观体验的意思。我们使用"知觉"一词来表达同样的意思，还会经常使用"像什么样子"的句子来表述它带给你的感觉（见第二章）。我们试图了解的是你对那支铅笔——或任何其他事物——的体验本质和来源。

神秘的沟壑

> "人的意识堪称最后的未解之谜。"
> （Dennett, 1991, p.21）

"人的意识堪称最后的未解之谜"，丹尼特宣告（Dennett, 1991, p.21）。他将这个谜团描述为一种现象，人们目前还不知道该怎样去思考解决。从前，宇宙的起源、生命的本质、宇宙设计的本原以及空间与时间的本质是谜团；现在，尽管对与这些现象有关的问题还没有答案，但我们已经知道了该如何去思考这些问题，以及到哪里去寻找答案。然而，说起意识，我们仍然处在那种绝望——或愉快——的神秘阶段。我们对意识的理解就是一片混沌。

那种神秘化的起因，如同我们在意识史速览中所见到的一样，仿佛一条沟壑（见图1.5）。但那是一条什么样的沟壑呢？

"'运动变成了感觉！'——我们能说出的句子没有一个像这句话这般缺乏明确的意义。"威廉·詹姆斯这样形容他称之为"内在与外在世界之间的'鸿沟'"（James, 1890, i, p.146）。在他之前，英国物理学家丁达尔（Tyndall）曾有过著名的论断："难以想象，大脑的物理属性是如何传导转化为对应的意识事实的"（James，1890，i，p.147）。在《神经系统与心灵》（*The Nervous System and the Mind*）一书中，查尔斯·默西埃（Charles Mercier）指其为"分隔心灵与物质的无底深渊"，但同时也建议心理学学生玩味一个事实，即大脑若无变化就不会产生意识，而大脑的变化也从来都离不开意识的变化。

> 在牢固掌握了这两个概念，即心灵与物质的绝对分离概念以及心理变化和身体变化的恒定共存概念后，学生们再来研究心理学就事半功倍了。
>
> （Mercier，1888，p.11）

图 1.5　无底的深渊

"我宁可称之为半途而废。"詹姆斯评论道："因为这所谓的'绝对分离'之中的'共生共存'概念完全不可理喻"（James，1890，i，p.136）。他引用英国哲学家赫伯特·斯宾塞（Herbert Spencer）的话说：

> 假设已经很清楚了：意识的冲击和分子的运动是同一事物的主观和客观两面。但我们一直无法最终将两者结合，因而不得不接受它们是对立的两面的事实。
>
> （1890，i，p.147）

对詹姆斯而言，意识与其永远相伴的事件毫无关系的概念是难以想象的。他敦促读者们对副现象论/唯物自动装置论和二元"心灵元素"理论通通予以反对，并以神经一元论的形式思考生理学和意识之间的如何和为何的问题（James，1904）。

如我们所见，自动装置理论站稳了脚跟，而行为主义——因它对意识的完全拒绝——在半个世纪甚至更长的时间里，被绝大多数的心理学理论边缘化了。行为主义者不必担心那巨大的鸿沟，因为他们根本就避免提及意识、主观体验和内心世界。直到这个时期将近结束的时候，问题才再一次明朗起来。1983年，美国哲学家约瑟夫·莱文（Joseph Levine）创造了"释义的沟壑"一词，将其描述为"物理现象与意识体验之间形而上学的沟壑"（Levine，2001，p.78）。意识被允许重返科学界之后不久，这神秘的沟壑又再次被打开。

接着在1994年，一位年轻的哲学家——戴维·查默斯——在美国亚利桑那州塔克森举办的首届"向着意识的科学迈进"研讨会上发表了一篇论文。他在还没有展开反对简化论的论证细节之前，想先澄清一个他认为显而易见的观点：关于意识的许多问题都可以分为"容易"的问题和真正的"难题"。出乎他的意料，他的"难题（the hard problem）"一词一石激起千层浪，很快引起了无数争议，并促使新创刊的《意识研究学报》（Journal of Consciousness Studies）连发了4期特刊（Shear，1997）。

> "难题……就是大脑里的物理过程如何引发了主观体验。"
> （Chalmers，1995b，p.63）

按查默斯的观点，容易的问题是指那些对标准认知科学方法反应敏感、可以通过例如对所涉及的计算或神经机制的理解而解决的问题。它们包括注意和行为控制机制，以及睡眠—清醒循环。此类现象在某些方面与意识的观点有关联，但是它们还算不上很神秘。从原则上看（就算它可能并不是那么"容易"），我们知道该如何从科学的角度回答这些问题。恰恰相反，真正的难题就是体验：作为有机物是什么感觉？或是处在特定的心理状态之下去体会深蓝的特质或者中央C是什么感觉？"如果有什么问题可以称得上是那个意识的问题，"查默斯说道：

> 那就是这个问题。[……]即便我们已经解释了体验周边所有的认知和行为功能的表现——感性分别、分类、内部访问、口头汇报——仍然还有一个答不上来的问题：为什么这些功能的表现都伴随体验？[……]为什么所有这些信息加工都不是"在暗中"进行、不带任何体内感觉的呢？换言之，"为什么物理加工过程能够产生如此丰富的内心生活呢？"
>
> （Chalmers，1995a，pp.201-203）

> "色彩鲜明的现象学怎么会产生于湿乎乎的脑灰质呢？"
> （McGinn，1991，p.1）

用最简练的话说："难题[……]就是大脑的物理过程是如何引发主观体验的"（Chalmers，1995b，p.63）。或如英国哲学家科林·麦金（Colin McGinn，1991，p.1）所言："色彩鲜明的现象学怎么会产生于湿乎乎的脑灰质呢？"这是神秘沟壑的最新化身。

语境中的意识

意识的谜团如此难解又让人忍不住与之纠缠不休,原因之一就在于它跟作为我的意义关系紧密:提出"我现在有意识吗?"或者"现在作为我是什么感觉?"的疑问,自然会引向"我是什么?""谁在提问?"以及"我在做什么?"的一系列问题(Blackmore,2011);而一旦我们开始玩味这些,就会发现自己在面对自我和自由意志的概念。等我们探讨完注意机制和具身行动如何促进我们在世间的能动感之后,我们将在第九章直面自由意志的问题。我们在进行的过程中会遇到各种语境下的自我,但我们会等到最后一部分再对它进行彻底研究;届时,我们将从与之相关的许多不同领域收集证据,然后再提问:从概念上讲它有何作用,又有何陷阱。

支撑意识、自我和自由意志的是一个看起来像是它们的黑暗反面的理念:无意识。无意识的历史颇为坎坷。神经系统内发生的一切都是无意识的,而我们的意识体验取决于无意识的加工的概念,对今天的我们来说再自然不过了。但对许

概念 1.1

难题

难题就是解释大脑的物理过程如何引发主观体验的问题。这个词由戴维·查默斯于1994年首创,他将其与意识的"容易的问题"区分开来。容易的问题包括区分的能力、分类以及应激反应,或报告心理状态、集中注意力或是控制行为;认知系统对信息的集成;以及苏醒与睡眠的区别。相反,难题跟体验自身——即主观性,或"作为……是什么样的?"——有关。

难题可视为传统的心−身问题的现代变种或其某个方面。它就是如何跨越"深不可测的沟壑"或"深渊"的问题,或是如何在大脑的客观物质和体验的主观世界之间架起一座跨越"释义的沟壑"的桥梁问题。

有人可能会说,解决难题需要新的物理原理。神秘主义者相信它永不可解;幻想家则认为它也是幻想,一如"意识本身";而许多神经科学家相信,一旦我们解决了容易的问题,难题将不复存在。

多19世纪的科学家而言,这太令人不安了,因为他们假设推理与思考——一如伦理道德——都需要意识。对他们来说,无须意识就能思考的想法会毁了"人"的道德或精神优越感。这意味着发源于当时的生理研究——比如,赫尔姆霍兹的感知就是"无意识的推理",以及詹姆斯(James,1902)的"无意识思考"论调——的无意识概念着实令人震惊。

弗洛伊德(Sigmund Freud)开发的无意识概念是其关于有意识与无意识的力量如何互动,从而产生个性和动机的"心理动力"理论的重要组成部分。在弗洛伊德的理论中,无意识(其早期著作也称为潜意识)包含了"身份"的冲动,包括生理欲望和需求、"自我"的保护机制与神经质过程,以及受到"超级自我"压制的所有不想要或不可接受的东西——也就是通过孩提时代所受教

育而获得的一部分心理，也是良心和罪恶的来源。所有这些无意识的感觉、影像和被禁止的愿望或本能，可能会在梦境中重现，或者引发神经质症状（比如Freud，1915，1923/1927）。尽管弗洛伊德学的是神经学，而且经常称自己的工作是一门"新科学"，但他的理论几乎全部源自精神病患者的病历，以及他的自我分析，而且大部分不可验证。精神分析的若干理论没能经得起时间的考验，而弗洛伊德与其患者互动的伦理也令人生疑，特别是涉及"重现"他们儿童时期性虐待"记忆"的部分。但无论如何，他的工作的确长久地影响了关于无意识的本质和作用的概念。

> 那晚他做了一个可怕的梦 [……]。开始时是恐惧，恐惧和欲望，还有对将要来临之事的恐怖的好奇感。那是晚上，他的感官都很警醒，因为从很远的地方，有一种动荡不安、一声怒吼、一堆混杂的噪声慢慢地迫近 [……]。但他知道有个词，黑暗但足以揭示来的是什么："异域的神！" [……] 碎裂的光线之下，从郁郁葱葱的山坡之上，自树干和长满苔藓的巨石之间，它向着地面而来，翻滚着、摧枯拉朽，犹如旋涡：人、动物，一大群愤怒的乌合之众，山坡上满是身体、火焰、骚动不安，迷狂的舞蹈 [……] 他憎恶到了极点，害怕到了极点，他的愿望殊可敬佩，想要从那异端、那清醒而自尊的心理之敌手里，保护自己所剩无几的所有。但是那喧嚣、嚎叫，经了绝壁的放大，愈来愈响亮，占据了上风，弥漫成一片令人迷醉的疯狂。[……] 他的心脏如擂鼓般咚咚地响跳，大脑抽搐不停，愤怒紧抓住他不放，盲目、致命的情欲，他的灵魂渴望融入那神的舞蹈。那淫邪的象征，一根巨木，揭露而出，高高举起：接着，以一阵更激烈的暴乱，他们喊出了口号。
>
> ——托马斯·曼（Thomas Mann）
> 《死于威尼斯》（*Der Tod in Venedig*，1912）

到20世纪后期，弗洛伊德的无意识论基本上被可进行阈下知觉和涉及多种无意识的思考、学习和记忆的"认知无意识"（Kihlstrom，1987）观点所取代；之后又被有时称为"新无意识论"的理论所取代，新理论扩展了这个概念，以强调情绪、动机和控制（Hassin et al.，2005）。

后面会看到，倘若不做出事物处于意识之"内"或之"外"——事物是否"到达了意识"或处于"可为意识所用"的状态——之间存在"神奇的不同"的假设，想要思考无意识何其之难。广泛的证据（第四章和第八章将专门讨论）

表明，我们应该拒绝任何诸如此类的区分，但关于意识的普通知觉又对这种区分如此依赖。这是一个熟悉的境地，意识问题为何如此令人困惑又多了一重原因。神奇的区别的概念，是我们要紧抓不放的线索，如此才能在充满期许、有望帮助我们理解意识的众多理论与直觉的迷宫中，找到一条通路。

阅读文献

Bayne, T., Cleeremans, A., and Wilken, P. (2009). *The Oxford companion to consciousness.* Oxford: Oxford University Press.

超过200位作者的数百段短词目，内容涵盖从意识入门到僵尸的一切；提供了一个意识研究范围的概念。

Chalmers, D. J. (1995b). The puzzle of conscious experience. *Scientific American*, December, 62-68.

查默斯"难题"的最容易版本。欲了解更多细节，请阅读Chalmers（1995a and 1996）。

Dennett, D. C. (1991). Explaining consciousness. *Consciousness explained* (pp.21-42). Boston, MA: Little, Brown.

关于意识的谜题和二元论的相关问题。

Gregory, R. L. (2004). *The Oxford companion to the mind.* Oxford: Oxford University Press.

多数作者和观点，并有一个关于意识的多作者部分，均以短词目予以展示。对非哲学家查阅哲学概念会有帮助。

第二章
做……是什么感觉？

做一个……

做一只蝙蝠是什么感觉？这是意识研究史上问过的最著名的问题之一，随着1974年美国哲学家托马斯·内格尔的一篇同名论文开始引人注目。他认为，理解神经元如何在大脑内激发产生心理状态，跟理解 H_2O 如何成为水或者DNA如何成为基因，是全然不同的问题。他说道："意识把心–身问题变得非常棘手"（Nagel，1974，p.435；1979，p.165）。他所说的意识指的是主观性。为说明这一点，他问道："做一只蝙蝠是什么感觉？"

你觉得你的猫有意识吗？外面街上飞的鸟呢？也许你相信马匹有意识而虫子没有，或者生物有意识但石头没有。我们会回顾这些问题（在第四部分），但在此时此地，让我们来思考一下，说另一个生物有意识是什么意思？如果你说石头没意识，你的意思可能是说它既没有体验也没有观点，即没有做一块石头的感觉。如果你相信邻居家新生的小猫或者你脚底下差点儿踩瘪的木虱是有意识的，你的意思可能是说它们都有观点；做它们是会有某种感觉的。

用内格尔的话讲，我们说另一个生物有意识的时候，我们的意思是说"做那个生物是有些特别之处的……作为那个生物的那种感觉"（Nagel，1974，p.436）；"相信蝙蝠有体验的核心意思是，作为蝙蝠是有其特别之处的"（Nagel，1974，p.438）。目前人们还未就如何定义意识达成一致（Dietrich，2007；Nunn，2009；Vimal，2009），所以这可能是我们所知的最近似于定义的东西，即意识就是主观性，或者"做……是什么感觉？"

在这里，我们必须慎重对待"……是什么感觉"这句话。不幸的是，当我们用语言问起什么事物是什么样的时候，可能至少会有两个意思。想想这句陈述："这冰激凌吃起来味同嚼蜡"，或者"他的目光像利刃刺穿了她的身体"。在本例中，我们在把不同事物做对比、做分析，或者讲述它们像什么。这可不是内格尔的本意。另一层意思与身份而非对比有关，常见于诸如"在麦当劳工作怎么样？能在（钢琴）键盘上即兴发挥（演奏）是什么感觉？成为比自己聪明很多的人是什么感觉？成为一个分子、一个微生物、一只蚊子、一只蚂蚁或者一个蚁群是什么感觉？"（参见 Hofstadter and Dennett，1981，pp.404-405，了解更多的此类气人问题。）英国社会心理学家 Guy Saunders（2014，p.146）则偏爱更含混一点的语句："做……是什么感觉？"还有"你感觉像什么？"在使用更常用的词句时，记住我们是要表征这个意思："内心"感觉是怎样的？

现在假设你是一只蝙蝠。蝙蝠的体验一定与我们不同，所以内格尔才会为他著名的问题选择了蝙蝠（见图2.1）。对于它们的大脑、生活方式和感官系统，我们都很了解（Dawkins，1986；Akins，1993）。它们多数使用声音或超声波来做回声定位；会发出快速的高频咔嗒声，被附近物体反射后，通过计算回声返回的时间来探测物体。自然选择法为回声定位引发的诸多问题提供了奇妙的解决方法。有些蝙蝠在飞行时，发出咔嗒声的频率很慢，以节省体力；但当它们围捕猎物或接近潜在危险时，咔嗒声就急促起来了。很多蝙蝠都有耳部保护机制，可以在每次发出响亮的咔嗒声时护住耳朵，随即又张开以捕捉微弱的回声。有些蝙蝠会使用多普勒频移（想象一下过

图2.1 叶鼻蝙蝠使用声纳导航，发出短促的声波，然后分析回声，来躲避障碍物、发现水果和其他食物，并寻找同伴。做这种蝙蝠是什么感觉？

路警车警笛频率的变化），来计算它们与猎物或其他物体的相对速度。另一些蝙蝠能分辨混杂在一起的不同物体的回声，方法是发出向下俯冲的声音。远处的物体回声返回的时间长，因此比近处物体的回声音调高。由此可以想象，整个蝙蝠世界建立的基础就是高音调的声音代表远处的物体，而低音调的声音意味着物体比较近。

这会是什么感觉呢？按照牛津生物学家理查德·道金斯（Richard Dawkins，1986）的理解，这可能跟我们看东西类似。人类一般不知道或不关心色彩与光的波长有关，或者运动检测是由视觉皮层来完成的。我们就看见物体在那儿了，有体积、有色彩。类似的，蝙蝠会只感知到物体在那儿，有体积，也许还会有某种蝙蝠式的、声纳式的色彩。生活在这种结构的世界里，就应该是做蝙蝠的感觉吧。

但是我们真会知道做蝙蝠的真实感觉吗？正如内格尔指出的那样，仅仅想象你是一只蝙蝠，是回答不了这个问题的；这行不通。在黑暗的房间里头朝下挂着，舌头啧啧有声，挥动着胳膊如同搧动翅膀，这些都没什么用。也许，如果你能神奇地化身为一只蝙蝠，你就会明白、就能将感受报告出来？但是不行，即使这样也没用。因为如果你是一只蝙蝠，那问题中的蝙蝠就不再是一只普通的蝙蝠了——它会带着你的记忆和你对意识问题的兴趣。如果你现在不做你自己了，而是变成了一只普通的蝙蝠，那这只蝙蝠就不懂语言，就没能力去问什么意识的问题，也就不能告诉任何人那是什么感觉了，就算它可能知道也没用。所以，人类是不可能知道做一只蝙蝠是什么感觉的，即便我们相信蝙蝠应该会有些什么感觉。

内格尔的问题澄清了"意识"一词的中心含义。这就是美国哲学家内德·布洛克（Ned Block）所谓的"现象意识（phenomenal consciousness）"、P意识或现象性（phenomenality）。他解释道："现象意识就是体验；让某种状态具有现象意识的，就是该状态存在某种'感觉像什么'的东西。"他把这种意识与"取用意识（access consciousness）"或A意识区分开，后者是指"用于说理以及理性指导言辞和行为的可用性"（Block，1995，p.227）。布洛克提出了"现象意识是否包括可报告性的认知可取用性（accessibility）"问题（Block，2007，p.481）。换句话说，我们讲述体验的能力是意识体验所固有的，还是说体验可以和可取用性分离开？

乍一看，这样的区分似乎不是十分必要，因为我们肯定是想要了解现象性，而不是可取用性。然而，无论我们什么时候研究现象性，都得听听大家的叙述，或者换句话说，使用他们对意识体验的报告。甚至有人建议过，可报告性应该成为我们对意识定义的一部分："主要出于务实的原因，如果'意识'的默认意义能变成类似'可报告的心理内容'这样的描述，可能会是一个好主意"（Nunn，2009，pp.7-8）。这个想法为语言的作用及使用语言的交流场景赋予了巨大的意义。但它也让我们发问：这些可取用的因而也是可报告的"内容"是不是意识的全部？还是当我们依赖这种证言时，忽略了什么重要的东西？

现象体验的内容比可取用和报告的内容多，这种直觉很容易唤起。现在，你可以四下观望，把周围的色彩、感觉和声音吸收进来，然后试着跟自己描述一下。你可能会清楚地感觉到，你的意识体验比你能描述的内容多得多。你可能觉得，不管你是大声跟别人讲述你的体验，还是只跟自己描述体验，甚至只是回想一下这些体验，有些内容就丢失了。布洛克的"取用意识"类别的一个分支部分叫"反思意识（reflective consciousness）"，即关于意识的高阶反思，或者叫对思考的思考。任何形式的"取用"，无论是否完全通过语言，都给我们留下了只是触及表面或者只要一想去抓住它就会违背现实的印象。

> 仿佛丰沛的灵魂不曾从最隐蔽的比喻中溢出，然则无人得能精确度量他们的需求，遑论想法与痛苦；而人类的言语，如同破裂的鼎镬，我们借以敲出旋律，驱熊而舞，实则我们只想融化星辰。
>
> ——福楼拜（Gustave Flaubert）
> 《包法利夫人》（*Madame Bovary*，1856）

然而，即便是我们最坚定的本能，也会错得离谱，将我们引向歧途。那么，到底是真的有两种意识，还是只有一种？很多理论家拒绝进行区分（比如Baars，1998；Dennett，2005；Carruthers，2015）；有些说只有一种可报告的东西（比如Nunn，2009）；还有一些则同意布洛克的观点，认为有两种不同类型的意识（比如Alter，2010；Raffone and Pantani，2010）。我们在后面会回顾这种区分（见第八章和第十七章），来尝试对其进行实验性研究，但就目前而言，"现象意识"就是本书讨论的全部内容。

那么，现在作为你是什么感觉呢？到目前为止，我们所说的一切都毫无疑义地表明，现在作为你是有特殊感觉的——只有当你开始尝试用语言来准确描述作为你的感觉，或者询问作为别人或别的物体是什么感觉的时候，才会遇到问题。但是这样对吗？绝对怀疑论的做法会是对哪怕最明显的起点都要进行诘问：你自己的自我感觉。我们会敦促你进行本章的"练习"，从而更加熟悉作为你的感觉。

练习 2.1
现在作为我是什么感觉？

每天尽可能多地问自己："现在作为我是什么感觉？"如果你做过练习 1.1"我现在有意识吗？"，你会习惯记住任务，而且头脑可能会开放一点，来观察自己的觉知。

这个新问题很重要，因为那么多的争论都假设我们毫无疑问地清楚自己的体验，假设我们直接了解自己的感受性，当然也就知道现在作为"我"是什么感觉了。想要对这一重要问题有充分了解，唯一的办法就是仔细观察。现在，作为你的真实感觉如何呢？

主观性和感受质

假设你现在正闻到从厨房飘过来的绝对不会搞错的新鲜的咖啡香味。这种香味可能是化学物质进入你的鼻子后由嗅觉细胞反应引起的，但对你而言，这种体验与化学物质毫无关系。它就是一个……欸？它到底是什么呢？你可能都没法跟自己描述清楚。它就是新鲜咖啡该有的味道。这种体验是个人的，难以言说，自有其特点。这些特点在哲学中称为感受质（qualia）。你骑在自行车上，风掠过面颊的感觉是一种感受质；日落时，粉蓝色天空上的景象是一种感受质；你每次听见小调和弦时那种无法描摹的愉快的寒战也是一种感受质。

这个术语由美国哲学家和逻辑学家查尔斯·桑德斯·皮尔斯（Charles Sanders Pierce）在 1866 年首次用于这种意义，其后又在 1929 年被威廉·詹姆斯的学生克拉伦斯·欧文·刘易斯（Clarence Irving Lewis）采用，他将感受质定义为构建特定感官体验的基石——一个保留至今的偏颇之词（Keeley, 2009）。感受质的概念陷入了深深的困惑，但其基本想法是十分清楚的。这个词来自拉丁语的 Qualis（意为属于某种类型或具备某种特质），用以强调品质：不再谈论实体的属性或描述，转而直接指向体验本身。感受质就是什么东西是什么样的（从以上解释过的意义上来说）。意识体验可以想象为感受质的集合，另外"意识问题与感受质问题毫无二致，因为意识状态在本质上就是性质状态。拿走了感受质，就没剩下什么东西了"（Searle, 1998, p.21）。因而意识问题可

"你走过一家餐馆闻到的香料的味道、巧克力的滋味、跳进冰爽的泳池或是在热气腾腾的浴缸里放松的感觉。"
（Andrade, 2012, p.579）

以重新表述为：感受质是如何与实体世界产生关联的，或者客观的大脑和身体是如何产生主观的感受质的。对这样的问题，有很多种可能的方式可以给出一个答案。物质二元论者相信，感受质（比如咖啡的香味）是实体事物（比如一罐罐的咖啡，或是一个个的大脑）之外单独存在的心理世界的一部分。副现象论者认为感受质是存在的，但没有因果属性。理想主义者坚信一切事物最终都是感受质。而消除唯物主义者（eliminative materialist）则否认感受质的存在，如此等等，不一而足。

你也许觉得感受质毫无疑问是存在的。毕竟你现在正在体验着气味、声音和视像，而这些都是你无法言表的感受质，对吧？许多理论家都会跟你有同感，但其他许多人就不会。分歧的原因部分在于人们对这个词的定义不同：他们也许用它来指代（众多事物当中）普遍的体验特性或者特别的感官体验特性、区分独特而难以磨灭的体验，或是指代体验对象绝不会弄错的难以言表的特性。

> "感受质……从未真实存在过……没有所谓的意识的原子、意识的金块。"
>
> （Metzinger，2009，pp.50-51）

丹尼尔·丹尼特在他的论文"Quining Qualia"[1]中，开始着手"说服人们不存在所谓的感受质这样的属性"（1988，p.42），而他反对的是对这个词的最后一种用法。英国心理学家杰弗里·格雷（Jeffrey Gray）评论丹尼特"把感受质的婴儿和洗澡水一块倒掉了"（2004，p.153）。然而，丹尼特并没有否认意识体验是有属性的事物这一现实，也不否认我们会对自己的体验品头论足。他否认的是那种不可描述、天生自带、纯属个人、直观理解的"原始感觉"的存在，他声称人们谈论感受质时一般指的是这种感觉。

丹尼特提供了很多种"直觉泵"（他给那些设计用来将直觉引至表面的思想实验起的名字）来破坏这种自然的思考习惯。这里举个简单的例子。资深的啤酒饮者会说啤酒是一种后天获得的滋味。他第一次尝试喝啤酒时，很讨厌那个味道，但现在他已经爱上它了（见图2.2）。那么他现在爱上的到底是哪一种味道呢？没有人会爱上那第一口的味道——那可真是可怕的味道。因此，他一定爱的是新味道，但是有什么东西变了呢？如果你认为这里有两种不同的东西，也就是真实的感受质（他品尝到的真实味道）和他对

图2.2 这是一个不可言说的感受质吗？

---

[1] Quine 是一个计算机术语，指一个程序输出的是自己的源代码。——译者注

味道的意见，那你就必须能做出判断，是哪一个发生变化了。但是你能判断清楚吗？如果你承认意见可以对实际的味道产生影响，实际的味道就失去了人们所认为的感受质传统上会具有的个体化的自足性。丹尼特声称，我们一般会以一种充满疑惑、自生自发的方式来思考我们对事物的印象，而感受质的概念让这件事雪上加霜。也许就像很多哲学家们所说的，要否认感受质的存在很困难，但我们应该尝试这样做，因为"跟第一眼看上去的显而易见的情形恰恰相反，其实根本就没有感受质这回事"（1988，p.74）。

对丹尼特的论点，最常见的答复之一就是，他创造了一个稻草人版的感受质，反正没人相信。说到感受质，一个老生常谈的问题是：人们信任的是哪个版本呢？很少有人能就这个词的含义或者为什么需要它达成共识，因而它的用途更多的是让人迷惑，而非廓清迷雾。也许我们费尽九牛二虎之力想要赋予词语的特性更像是我们体验到的事物的特性（风、天空、小调和弦），而不是我们的体验本身（Harman，1990）。也许感受质给出的正是一个用哲学上可以接受的方式来谈论"感觉如何"的好办法。麻烦的是，这也会诱惑我们产生一个想法，那就是听起来令人印象十分深刻的感受质比它的真实情况更特别、更神秘，也更完全地远离了实体事物。

等到下一次，你在有关意识的辩论中碰到"感受质"这个词，仔细看看它是如何被使用的。是给出了一个定义，还是对其意义想当然？如果它被定义了，这个定义是真的有帮助呢，还是更像一个本身就能自圆其说的引申的含义？还有，这个定义是如何支持或破坏正在进行的辩论的？

就算我们能够达成一致，给感受质一个准确而可行并且比它更平凡的变式（即主观体验，就是那个"感觉如何"）更讨人喜欢的定义，我们又怎样才能断定感受质是不是真的存在呢？我们没法拿感受质做实验，起码在抓住一个感受质并在实验室里摆弄它的简单意义上不行。而感受质的全部意义就在于此，它就是体验的原始感觉和特性：它们没有可以测量的物理属性。但是，咱们可以做一做思想实验。

思想实验，跟它的名字所体现的一样，就是给思想做实验。重要的是要搞清它的目的。在普通实验中，你摆弄某种事物，以便得到一个关于这个世界的答案。如果你的实验做得恰当，就可能获得一个可靠的答案，可以进行广泛的应用，并有助于在两种对立的理论中做出决断。但思想实验的设计不是用来摆弄世界或提供肯定答案的，而是用来摆弄思想、澄清思考的。

爱因斯坦做出了闻名天下的"骑在一束光波之上"的想象，并由此生发出关于相对论和光速的某些理论。多数的思想实验都与此类似，无法实施，但随着科技革新，有一些就变成了真正的实验。大多数哲学上的思想实验就是这种不可能类型的，没人做过，也没法做，永远没法做，也不需要做。它们的作用就是让你思考。

此类思想实验中最为知名的一个直抵意识问题的核心。主观体验是不是跟大脑分离的东西？它们会引起什么变化？意识在其赖以存身的神经信号和其他心理状态之上和之外，是否还包含了别的信息呢？玛丽也许能帮上忙。

> 现在作为我是什么感觉？

色彩科学家玛丽

玛丽是一位来自遥远未来的聪明的科学家。她

> 专攻色彩视觉神经心理学，而且我们这么说吧，还获得了所有能够获得的关于"当我们看见熟透的西红柿或者天空时，实际上发生了什么"的物理学信息，并且使用像"红色""蓝色"这样的词语。
>
> （Jackson，1982，p.130）

她知道所有关于色彩感知机制、眼睛光学原理、世间有色彩的物体的各种属性，以及视觉系统加工色彩信息所需要知道的一切。她精确地知道特定波长的光线如何刺激视网膜并沿着视神经传导至外侧膝状体，然后到达初级视觉皮层和其他视觉相关区域，最终产生声带收缩、排出空气，导致有人说出一句"天空是蓝的"。但玛丽一辈子都在一间黑白的房间里长大，通过一台黑白电视监视器观察世界。她从没看见过任何色彩。

一天，玛丽被领出了黑白房间，第一次看见了各种色彩。会发生什么情况呢？她是会惊喜地猛吸一口气，说，"哇！我从没想到红色是这个样子的"呢？还是只会耸耸肩，说，"那是红色，那是绿色，当然了，没什么新鲜的"呢？在继续阅读之前，你可能要想想自己的答案，或者完成小组活动（见图2.3）。

图 2.3　玛丽最终从她的黑白房间里走出来时说了些什么？

哲学家弗兰克·杰克逊（Frank Jackson，1982）设计了玛丽的思想实验，来支持被称为反物理主义的"知识辩论"活动。他承认自己是一个"感受质狂"，辩称当玛丽走出房间时，她显然了解到了一个全新的东西——红色是什么样的。现在她就既有了对色彩的感受质，又了解关于色彩的物理事实。正如查默斯所言，任何有关物理事实的充沛知识或理性推论都无法让她做好心理准备来迎接看见蓝天或绿草的强烈感受的冲击。换句话说，关于世界的物理事实的了解不是全部，因此唯物主义一定是错的。用这种讲述玛丽故事的方法，戴维·洛奇（David Lodge）用自己的方式在他的小说《想……》（Thinks...）里进行了有力的刻画……

> 天终于亮了——管他天亮是什么样子——而现在是第十一个钟点了。分针摆动向前，朝着十二点的方向。钟开始敲响了。玛丽觉得自己的心跳响过了那钟声；她情绪激动时，总是容易心悸。她听见门的另一侧，门闩被打开的声音。她从椅子上站起身来，戴着手套的一只手不自觉地紧紧捂住胸口。
>
> ——戴维·洛奇（David Lodge）
> 《想……》（Thinks...，2001，p.157）

（继续阅读《想……》，看看洛奇想象中的玛丽接下来会遭遇什么。）

如果你认为玛丽会感到惊讶，那你会不会被迫反对唯物主义而接受二元论呢？查默斯就这样做了。但对这一结论，有太多人反对；而其他利用思想实验的方法也层出不穷。打个比方，有人辩称，玛丽是用了新方法或是从一个新角度了解了旧事实，抑或是用新方法关联了旧事实，又或者她学到了新技能，而不是了解了新事实（请参阅 Chalmers，1996，了解这一哲学概论）。这种类型的辩论能让你思考玛丽出屋时的确经历了令其惊奇的事情，但不是因为世上存在不可复原的主观事实。

活动 2.1
色彩科学家玛丽

当玛丽从黑白房间走出来时，她会学到新东西吗？她会对色彩的感觉感到惊奇吗？还是她已经知道了？在课堂上演出这个故事应该可以帮你做出判断。

找两个志愿者扮演玛丽，把教室的一角尽可能布置成黑白的。可以给她们一块白桌布、一本黑皮书、一只灰色动物玩具或者一具人脑模型。可以让她们穿上白色实验大褂——手头有什么就用什么。让两个玛丽沉浸在一个知晓关于大脑、视觉系统和色彩所需要知晓的一切物理属性的未来色彩科学家的角色里。

现在，让两个玛丽轮流给出表演。"惊讶的玛丽"对她看到的东西非常惊奇，看见悦目的色彩就猛吸一口气。"无所不知的玛丽"解释了她为什么根本不惊讶——她是如何事先了解了一切的。扮演无所不知的玛丽难得多，所以最好选一个熟悉论点的人来扮演。本书作者苏珊曾经在一次图森（Tucson）研讨会上尝试过，结果发现自告奋勇扮演无所不知的玛丽的居然是迈克尔·比顿（Michael Beaton），"机械丹尼特"思想实验的发明者——难忘的表演，尤其是他代表的正是他自己反对的观点。

然后，每个人都可以问这个"玛丽"问题，讨论各自的回答，自己做决定。写下你的答案。你可能会发现，随着你对意识本质的了解逐渐深入，你的判断会有所改变。

另一种选择是否认玛丽会感到惊讶。哲学家克里斯托弗·马洛尼（Christopher Maloney, 1985）建议做一个简单测试。挑一种色彩（比如漂亮的淡紫色），然后给玛丽做一个详细的神经心理学描述，描述所有与看见这种色彩相关的心理状态。如果玛丽真的理解了与色彩视觉物理本质相关的一切，那她一定能完美地想象出看见那个特定的淡紫色是什么样的感受。然后再把一系列色彩样品摆到她面前，让她把想象中的淡紫色挑选出来。马洛尼相信她能通过这个测试。保罗·丘奇兰德（Paul Churchland）提出了一个关联测试：给玛丽适当的刺激，在她脑中引发相应的状态，"来看看她能不能仅仅凭借内省的根据就正确地认定诸如'一个90赫兹的频率：西红柿能产生的那种'"（1985，p.26）。他也认为玛丽很可能通过测试。丹尼特以类似的言语辩称，这个思想实验故事并不像看上去那样好，它其实是一个误导性的直觉泵，引诱我们（如作家洛奇一般）生动地想象玛丽从屋子里出来这件事，并鼓励我们对其前提做出错误理解。我们压根儿就没有按照指令行事——我们没让玛丽了解她需要了解的一切关于色彩的物理属性——因为指令告诉我们要去想象一个无比荒谬的事物。

丹尼特给出了故事的另一个结局。玛丽的看守们把她放了，来到这个多彩的世界，然后耍了一个鬼把戏，给了她一根蓝香蕉。玛丽根本没上当。"嘿！你想骗我！香蕉是黄色的，但这根是蓝色的！（1991，p.399）"她接着解释说，因为她知道色彩视觉的所有物理因果关系，她已经准确地了解黄色和蓝色物体会给她的神经系统带来什么样的感受了，以及这会给她带来怎样的想法。这只不过是知晓所有色彩视觉的物理信息该有的样子。我们之所以想当然地认为玛丽会感到惊讶，是因为我们没有按照指令行事，因为仅仅是想象绝对知晓一切事物的物理特性就已经难乎其难了。于是，我们就在"哲学家综合征"——误把失败的想象当成对必要性的洞察——面前俯首称臣了（Dennett, 1991, p.401）。

为了让我们更容易地想象玛丽知晓所有的物理事实，丹尼特（Dennett, 2005）发明了"一个标准的Mark19型机器人"，其硬件配备彩色视觉功能，但只装了一台黑白摄像机，而不是彩色摄像机。在等待为她更换摄像机时，机械玛丽学习了关于Mark19型的色彩视觉的所有物理信息：

> 她刻苦学习了那个色彩视觉系统的所有知识，但无法用来调校自己的硬件，以便保持与其同类的配置一致。但这一点儿也没有干扰她。她用了几个TB的冗余（非专用）RAM建立了自己的模型，并且从外部——跟她要为一个别的物种的色彩视觉建立模型一样——就搞

清楚了如何对每个可能的色彩环境做出反应。

（Dennett，2005，p.126）

如此，丹尼特就演示了"机械玛丽所知道的"不会让她感到惊吓、高兴或惊讶。

英国哲学家迈克尔·比顿（Michael Beaton）用"机械丹尼特仍然不知道的东西"予以还击。比顿辩称，机械玛丽不可能建立一个完美的自身模型，如同机械丹尼特也不能一样。就算她能做到，那只是在为作为模型的一个状态的"知道是什么感觉"的状态建立模型，而不是为她自己建立模型。自身的客观知识不太可能被用来模仿自身，而知晓自己会说什么以及如何反应的一切事实，并不等同于知晓那是什么感觉的所有事实。就算物理主义是对的，玛丽走出屋子时还是能了解到新东西（Beaton，2005）。

虚构的玛丽引发了许多诸如此类的哲学争论（参见如 Ludlow et al.，2004），而在这个过程中，她的发明者甚至改变了反对物理主义的想法，建议说，当我们确信玛丽将会学习新东西时，我们就是在受自身体验的错觉影响（Jackson，1998）。玛丽没有学到任何新东西，只是发现自己处在一个与之前不同的表征状态而已，也就是说，她现在有了辨认、想象和记忆看见这个色彩的状态的能力（Jackson，2003）。

有些人会得出结论，这个思想实验跟其他许多实验一样，如此牵强地依赖语言的咬文嚼字——什么算是"知道"或者"了解"呢？"物理信息"或者"所有"又是什么意思呢？我们从中得到的结果不过是我们之前输入的东西罢了。其他人声称玛丽的用处在于让棘手的二分法更容易被理解了。如果你相信玛丽出屋时感到惊讶了，那你可能也相信意识、主观体验或者感受质是实体世界知识之外的东西。如果你相信她不会感到惊讶，那你很可能相信了解所有的物理事实会告诉你需要知道的一切——包括体验什么东西是什么感觉。

"意识状态完全是质的状态。没有感受质，就什么也没有了。"
（Searle，1998，p.21）

哲学家的僵尸

想象一下，有个人跟你长得一样，动作一样，说话一样，并在每个可探测的方面都跟你一模一样，但他没有意识。这个概念的早期形式叫"僵尸复制人"，就是人的一个一模一样的实体复制品，"它只具备物理描述及其代表的一切"（Kirk and Squires，1974，p.141），行为就是其代表的一个方面（Kirk，

"僵尸和我在外表上是一样的，但它没有任何意识——它的内心是黑暗的。"
（Chalmers，1996，p.96）

小传 2.1

戴维·查默斯（David Chalmers，1966年生）

戴维·查默斯出生于澳大利亚，原本希望成为一名数学家，但在去牛津大学接受罗德奖学金的路上，他花了6个月时间，搭便车周游了欧洲各国，而在其中的大多数时间里，他都在思考意识问题。这吸引他加入了 Douglas Hofstadter 的研究小组，并取得了哲学和认知科学博士学位。他提出了关于意识的"容易的问题"和"难题"的区别，而他是一个少见的人：一个自命的二元论者。在他的帮助下，意识科学得以从头建立；同时，他的其他兴趣包括人工智能和计算、关于意义和可能性的哲学事宜以及认知科学的基础。在亚利桑那州图森工作多年后，他设立了"向意识的科学迈进"系列研讨会。他现在担任澳大利亚国立大学意识中心哲学杰出教授及中心主任，同时也担任纽约大学思想、脑和意识研究中心的哲学教授和联席主任。

2005）。这一观点有许多种变体，但我们只讨论由查默斯（Chalmers，1996）提出的流行版本，一个无法与其有意识的本体区分开的生物。作为这个生物没有任何感觉。它的内心没有观念，没有意识，没有感受质。这个东西——不是来自《僵尸世界大战》（*World War Z*）或《行尸走肉》（*The Walking Dead*）里的东西——就是哲学家的僵尸。

这个僵尸比玛丽造成了更多的麻烦。多数人都认可想象出一个僵尸很容易，但是从逻辑上或物理学上讲是可能的吗？

查默斯是这么想的："僵尸的逻辑可能性……对我来说是显而易见的。一个僵尸，就是物理上跟我一模一样的东西，但它没有意识体验——它的内心一片黑暗。"他接着说道："我感觉不到内在的不相关性；当我想象僵尸的时候，我很清楚自己在想象什么"（Chalmers，1996，pp.96，99）。查默斯声称，他的僵尸孪生体生活在僵尸地球上，很好想象（见图2.4）。他建议我们想象一个硅基查默斯，它跟这位真的哲学家在组织上一模一样，行为也跟他一样，只是在长着真的神经元的地方装的是硅芯片。许多人会认为这样一个生物没有意识（不管它应该有还是没有）。然后，他建议把硅芯片替换成神经元，你就得到了我的僵尸孪生体——跟真的哲学家完全分不清楚，但完全没有作为他的任何感觉。他声称这样是可行的，因为不管是硅还是生物化学，都无法从概念上表示意识的意义。

但如果你认为意识有作用或功能，你就不会同意查默斯的观点。举个例子，如果你相信我们需要有意识才能思考、说话或者做出困难的决定，那没有意识的生物就做不了这些事情。这意味着它不能与有意识的人区分开，所以僵尸是不可能存在的。换一种方式来表征这个意思就是，如果僵尸是可

图 2.4　哪个是哪个？你能说出来吗？他们可以吗？

能的，那么意识一定是多余的，就是一种偶然现象，存在但无所作为。这就是"意识无谓论"的观点。

想象一下僵尸地球：一个跟我们的行星一样的星球，挤满了跟我们的行为一模一样的生物，但它们都是僵尸。生活在僵尸地球上毫无感觉可言。在《与僵尸的对话》（Conberstations with Zombies）一书中，哲学家托德·穆迪（Todd Moody，1994）使用了下列思想实验，其设计初衷是为了反对意识无谓论。他设想整个僵尸地球遍布"人口"，它们使用思考、想象、做梦、相信或理解这样的词，但不会按照我们的方式来理解这些词，因为它们没有意识体验。举例来说，它们也许能讨论睡眠和做梦，因为它们学会了如何正确使用这些词语，但它们不会像我们一样真正体验过做梦。最多就是它们可能会在醒来后遭遇某种"觉得即将记起"的情形，它们已经学会了称这种情形为做梦。

穆迪声称，在这样的地球上，僵尸们兴许还可以使用我们的语言得过且过，但僵尸哲学家会被我们这些有意识生物所担心的一些东西严重困扰。别人的思想或者是我们对感受质和意识的忧虑，对它们来说毫无意义。它们不会自发提出类似意识或做梦的概念，所以僵尸哲学最终会跟我们的哲学很不一样。由此出发，他声称，尽管僵尸从个体角度上无法与有意识的生物区分开，但在文化的层次上，它们还是会显露出僵尸的印记。在这个层次上，意识不是可有可无的——它带来了不同。

穆迪的思想实验引发了哲学家、心理学家和计算机科学家的（Sutherland，1995）一大波抗议和反对风潮。主要的反对意见之一就是穆迪破坏了思想实验的规定。那我们就有必要提醒自己一下，那些规定都是些什么。

查默斯的核心定义关乎物理特征："某人或某物在物理上跟我（或跟其他任何有意识的生物）一模一样，但整体缺乏意识体验"（1996，p.94）。但这也意味着行为认定："我的僵尸孪生体从定义上讲终其一生都跟我在外形上一模一样，因而他当然会产生无法分别的行为"（1996，p.120）。这句话的意思就是，僵尸地球上的"人们"，其全部行动也一定是真正的完全无法区分的。如果它们的哲学或者是它们发明的词语不一样，那么它们就能与我们区分开了，那就不能算是僵尸了。如果你真是遵守规则，有意识的人类和僵尸之间就不能有任何不同。

话又说回来，也许穆迪的论点正好做到了思想实验应该做到的事：帮助我们看清楚一些原本不是很明显的事。如果你想象着一个体形上完全一样的僵尸，然后问自己僵尸文化会是什么样的，就是不能想象它会跟我们的文化一模一样；也许这就告诉你了一点什么。

> 当我想象僵尸时，我很清楚我在想象什么。
> （Chalmers，1996，p.99）

有些哲学家认为这整场辩论都偏离了方向。帕特里夏·丘奇兰德将其称为"证明思想实验可行性的演练"（Churchland, 1996, p.404）。丹尼特认为它的基础是想象出来的虚假壮举。如同他们所指出的，仅仅是能把你想象出来的东西说出来，没有任何意义。如果你不懂科学，你可能会说你能想象水不是 H_2O 构成的，或者炽热气体的分子没有在做快速运动。但这只是更显示了你的无知，跟真实世界没多大关系。查默斯（Chalmers, 2010）不同意，他辩称，可以想象一种情形（比如一个双地球世界），在那里，水还是 H_2O，但还有一种水样物质，却不是 H_2O。形而上学地讲，双地球是可能的，可以通过想象实现。他澄清了各种想象和可能性之间的不同，辩护了使用其中一个来指导另一个的合法性。

> "我把这次辩论当成一次证明思想实验可行性的演练。"
> （Churchland, 1996, p.404）

> "如果没有概念不一致性，人们就会产生 H_2O 不是水的这种'不可能'的想法了。"
> （Papineau, 2003a, p.361）

这个辩论触及了我们如何实施思想实验及其原因的核心。但就算是丹尼特这样对摒弃想象性、拥抱可能性和必要性持怀疑态度的人，仍然会觉得思想实验是一个有诱惑性的工具。为帮助我们更清楚地思考僵尸，丹尼特引入了"Zimbo"的概念。设想一个简单的僵尸：某种可以四处走动、能以适合其需要的简单方式做出行为的生物（生物的或是人工的）。现在再来设想一种更复杂的僵尸。除了上述内容外，这种复杂僵尸还可以

> "哲学家们关于僵尸的辩论其实就是感受质的战争。"
> （Sutherland 1995, p.312）

用一种无限上升自反性螺旋的方式监测自身活动，甚至包括自己的内心活动。我将这样的反思实体称为 Zimbo。Zimbo 就是一个僵尸，因为自我监测的缘故，（无意识地）具有了关于其他低阶信息状态的高阶信息状态。

（Dennett, 1991, p.310）

想象一下跟这样一个 Zimbo 的对话。打个比方，我们可以问问 Zimbo 它的心理图画，或者它的梦想、感情或信仰。因为它可以监测自己的活动，所以它是能够回答这些问题的——其实，它会以在我们看来十分自然的方式回答，并且建议它自己和我们一样是有意识的。就像丹尼特总结的那样："这 Zimbo 会（无意识地）相信它有过不同的心理状态——就是那些如果我们向它提问，它就会身处其中、准备好向我们报告的准确的心理状态。它会认为自己是有意识的，即便它真的没有！（p.311）"丹尼特就这样得出了他著名的结论："我们都是僵尸。没人是有意识的——没有一个系统而神秘的方式，可以支持像副现象论这样的理论！（p.406）"他的意思是，我们都是复杂的自我监测的僵尸——一

群 Zimbo——它们能够交谈，思考心理图画、梦想和感情；它们能赞叹日出的美丽，或者树林里弥散的光。但是如果我们认为有意识是一种与这一切分开存在的东西，我们就错了。在这一点上，现象意识和取用意识之间没有根本的不同（Dennett，1995a）。

用最简单的话讲，僵尸辩论是这样的：一方面，如果你相信僵尸可能存在，你就会相信意识可以独立于肉体而存在，而且是行为的不必要的额外选择（这就是副现象论或者意识无谓论）。我们做任何事情可以有它，也可以没有它，不会有明显的区别。所以我们为什么会有意识根本就是一个谜。另一方面，如果你相信僵尸是不可能存在的，你也许就是一个二元论者，相信我们在有一个身体的同时，还需要一个灵魂或者非实体的心灵。但如果你想避开二元论，就必须得出一个结论：所有样子跟我们一样、行为也跟我们一样的东西必然是有意识的。这种情形的神秘之处不在于为什么我们居然会有意识，而在于意识为什么会出现在像我们这样的生物身上，又是怎样出现的？每一个派别里都有许多不同的论调（参见 Kirk，2015，阅读评论），但这一点是最主要的分别。

难题真的存在吗？

现在，有了更多可用的心理工具，我们可以回看查默斯的难题了。意识问题的难易之别都与内格尔的"做一只蝙蝠是什么感觉？"的问题直接相关，并涉及刚刚描述过的两个思想实验："为什么我们都不是僵尸呢？"以及"玛丽从她的黑白房间里出来时获得了什么？"人们对这些思想实验的反应跟他们如何应对意识的难题密切相关。

概念 2.1

哲学家的僵尸

最常见的两种形式的哲学家的僵尸，经由两个陈述来定义：

1. 僵尸从物理上和行为上与有意识的人类无法区分开。
2. 作为僵尸没有感觉。也就是说，僵尸没有意识。

设想僵尸的时候，如果你让你的僵尸做了我们永远不会做的事情，或者做出我们不会做出的行为（那样就不符合陈述1），那就是欺骗。同样，你的僵尸也不能有一丁点的内在体验或者意识流（那样就不符合陈述2）。多数人都同意僵尸是可以想象出来的，但它们会真实存在吗？

1. 如果你说会，你就是相信意识没有效用或后果；它就是一种不必要的额外存在，我们就可以无意识地做自己，无意识地做任何事情。
2. 如果你说不会，你就是相信我们没办法无意识地做自己，或者无意识地做任何事情；任何像我们一样的生物都必须是有意识的。

这个问题值得认真考虑，现在就写下你的答案——会还是不会。对意识有了更多的了解之后，你可能会改变想法，并且会再次遇到僵尸问题。

僵尸会出现在关于难题的争论（本章）、意识的功能与进化（第十章和第十一章）以及人造意识（第十二章）的部分。

冒着过度简化的风险，我们把针对意识难题的回应分成以下五大类。

1. 难题是无解的

威廉·詹姆斯很久以前就写到过灵魂信徒和乐观主义者，这些人希望能有一抹神秘的色彩。他说，他们能够坚持相信"大自然以她神秘莫测的设计用黏土和火焰、大脑和心灵合成了我们，两种事物无疑是共生的，互相决定彼此的存在，但是怎样共存、为何共存？凡人无从知晓"（James，1890，i，p.182）。

再往后一些，"新神秘主义者"就曾声称，主观性问题无迹可寻，或是毫无希望。比如，内格尔就声称，我们不仅没有解决之道，甚至都没有概念，心理现象的物理解释会是什么样子？（这让人联想起关于玛丽的思想实验的主要反对意见之一：我们怎么能够真正想象出，知道关于视觉的一切物理事实是什么样呢？）科林·麦金（Colin McGinn，1999）将问题描述为"令人倦怠的概念分歧"（p.51），我们在了解心灵与大脑的过程中遇到的一个不可简化的二元性。像他说的那样：

你可以审视心灵，直到崩溃，而你仍然不会发现神经元和突触以及其他的一切；你可以从早到晚地盯着一个人的大脑看，也不会感知到对被你如此粗鲁地瞪着的人的大脑来说再明显不过的意识。

（McGinn，1999，p.47）

"我们的智力在理解意识方面，就是个设计错误。"

（McGinn，1999，p.xi）

他宣称在这个问题上，我们"认知封闭"了——很像一只狗对读书看报或者聆听诗歌的认知封闭。狗做出再多的尝试也掌握不了数学，因为它不具备此类智力。类似的，我们人类的智力设计错了，理解不了意识。在麦金看来，我们仍然能够研究意识状态的神经关联（查默斯所谓的"容易的问题"之一），但我们还是不能够理解大脑到底是如何产生意识的。

心理学家斯蒂芬·平克（Steven Pinker）同样是一个失败主义者。他认为我们仍然可以继续了解头脑是如何工作的，但我们的知觉就是"最大的玩笑……永远无法从概念上被我们所掌握"（Pinker，1997，p.565）。

"新神秘主义就是一种后现代立场，其目的就是向科学主义的心脏捅一根铁路道钉。"

（Flanagan，1992，p.9）

尽管跟詹姆斯的时代不同，新神秘主义秉持一种自然主义立场，而不是超现实立场，它也被形容为一种针对"科学将会最终解释清楚整个自然世界"的信念的、根本性的后现代挑战（Flanagan，1992，p.9）。这一类的思想家，也包括哲学家杰西·普林茨（Jesse Prinz），都认为那个难题是存在的，而我们永远解不开。

2. 试一试，解解难题

有些理论家相信，问题是很难，但还是可以解决的。然而，尝试解决难题，也许首先要涉及用不同的词语强调它。例如，格雷将问题重新定义为"大脑是如何产生感受质的？"（Gray，2004，p.301）；或者更具体一些："无意识的大脑如何产生并检视意识觉知的展示？"（Gray，2004，p.123）。这些问题，特别是第二个问题，先行限制了可能解决问题的答案范围，我们将会（在第八章）看到把格雷的理论视为一种企图回答问题的尝试。

还有的人辩称，问题的解决需要某种对宇宙的根本性的新理解，即帕特里夏·丘奇兰德所谓的"真正无与伦比的解决之道"（Churchland，1996，p.40）。我们已经见识了里贝特的有意识的心理领域，他认为这是必需的，因为"一门关于神经细胞结构和功能的知识永远不能仅凭自身就能把意识主观体验解释或描述清楚"（Libet，2004，p.184）。另外，我们也看到了，查默斯自己的（Chalmers，1995a，1996，2007）解决企图是一种二元论：一个信息两面理论，其中的所有信息都有两个基本面——物理层面和体验层面。因此，无论在何时，只要有意识体验，就是一个信息状态的一个方面，而另一个层面存在于大脑的物理组织当中。基于这个论调，只能等有了新的信息理论，我们才能理解意识。

还有的人被基础物理学或量子理论吸引。例如，英国数学家克里斯·克拉克（Chris Clarke，1995）认为心灵天生就是非局域的，就像量子物理学里的某些现象。在他的观点里，心灵就是宇宙的那个主要方面，出现在空间和时间之前："心灵与量子算子代数就是同一事物被享受和被预期的不同方面（也就是主观和客观方面）"（Clark，1995，p.240）。查默斯和克拉克的理论都是两面论，并且接近泛心论。

英国数学家罗杰·彭罗斯（Roger Penrose，1989）则辩称，意识基于非算法过程——也就是无法通过数字计算机执行或者使用描述流程做计算的过程（第十二章）。而麻醉师斯图尔特·哈梅罗夫（Stuart Hameroff）则发展了一套理论，将体验视为一种时空特性，与神经细胞微管的量子相干性有关（Hameroff and Penrose，2014；见第五章）。

所有这些理论都假设这个难题是可解的，但只有对宇宙本质进行根本性的重新思考才行。

> "难题就是难题，但是没有理由相信它会永远解不开。"
> （Chalmers，1995a，p.218）

3. 解决容易的问题

有非常多的意识理论试图回答注意、学习、记忆或知觉的问题，但都不直接触及主观性问题。查默斯（Chalmers，1995b）举了一个例子：弗朗西斯·克里克（Francis Crick）和克里斯托弗·科克（Christof Koch）的视觉绑定理论。这个理论使用同步振荡来解释被感知物体的不同属性如何被绑定到一起，产生了完整的感知（见第六章）。"但是为什么呢？"查默斯（Chalmers，p.64）问道："是不是不管整合度有多大，同步振荡都会生成视觉体验呢？"同步振荡是作为一种"额外的营养成分"（Chalmers，1995a）被提出来的，那为什么要拿这种成分充当意识呢？他总结认为，克里克和科克的理论是一个关于容易的问题的理论。如果你如查默斯般坚信难题跟容易的问题之间的区别很大，那即使不是大多数，也至少有很多理论都是如此，包括加工能力和注意的剧院隐喻（见第五章和第七章）、基于内省的选择优势或感受质功能的革命性理论（见第十一章），以及与意识的神经关联打交道的理论（见第四章）。在所有这些情形之中，你可能还是会问："那主观性呢？这些又怎么解释真实的现象呢？"

克里克和科克自己也说，意识问题最困难的方面就是感受质的问题。从某种角度上来看，这像是同义反复：意识问题最困难的事情就是意识问题。然而从他们的角度出发，将问题分解为难一点的和容易一点的就十分有道理，然后先解决容易的。他们说："过去3000年的历史表明，硬碰硬地解决这个问题终将无功而返。"所以，不再继续尝试解释

> 大脑活动生成的或与其极为相似的疼痛之疼或红色之红……我们试图找到意识的神经关联（neural correlates of consciousness，NCC），希望在我们能够用因果关系的词语进行解释时，会让感受质的问题变得清楚一些。
>
> （Crick and Koch，2003，p.119）

寻找意识的神经关联是当前对意识进行科学研究的最流行的方法之一，而解决难题就经常表现为它的终极目的。最近有一个论点说，把两种常见的方法——使用脑部扫描来比较有意识和无意识的状态，以及用它来探测意识的特殊"内容"——分开来使用是没有意义的。相反，未来的研究应将二者结合起来，以便测量"与涉及产生惊人的丰富且常常令人心碎的世界的美丽景象

的、机能上分辨得清的大脑子构件的相关贡献"（Bachmann and Hudetz, 2014, p.10）。但这还是没有解释清楚如何指望任何寻找神经活动与体验之间关联的方法来弥合差距。祭出大难题，有时不失为一个好方法，可以给当前流行的神经科学研究撒上一抹"美丽景观"的亮色。在这种情况下，研究者可能认为他们是在跟难题做斗争，但其他人会说，他们是在将易作难。

与此相对，法国神经科学家 Stanislas Dehaene 声称，我们正好把事情搞反了：

> 我的观点是，查默斯把标签对调了：其实"容易的"问题才是困难的，而难题也就是看上去难而已，因为它牵扯到错误定义的直觉。一旦我们的直觉受到认知神经科学和计算机模拟的教育，查默斯的难题就烟消云散了……研究意识的科学将会不断蚕食难题，直到它消亡。
>
> （Dehaene, 2014, p.262）

"'容易'的问题才是困难的，而难题只不过看起来很难，因为它注入了错误定义的直觉。"

（Dehaene, 2014, p.262）

"难题和容易的问题之间没有真正的区别，区别存在的错觉是由经常伴随类别错误的伪深度引起的。"

（Pigliucci, 2013）

那么又有其他人会认为难题和容易的问题可以分开，这本身就是错误的。

4. 认定更多的难题

寻找意识体验的神经关联引发了许多关于原则和方法的有趣问题，我们将在第四章探讨。其中一个问题遭到了精神病学家兼神经科学家史蒂文·米勒（Steven Miller）的攻击，他声称意识的神经关联的研究者经常表示，找到意识的神经关联就能帮我们认定意识的神经构成，但他们没有认识到，在构成"意识状态"的时候，并非所有的神经关联都是必需的。也就是说，大脑里可能会有可靠地伴随意识体验而产生的状况，但跟意识并不同步，而且可能还跟它的起因毫无关系。这意味着任何特定的体验都可能是一个以上的大脑活动模式造成的，而一种大脑活动模式也可能造成许多不同的体验。对这些关系的理解可能会被认为仍处于科学的范畴，但那并不意味着这些就是"容易的问题"。史蒂文·米勒（Miller, 2007, p.167）问道："神经多重可实现性问题除了很容易被认为是科学问题之外，可不可能也会是同样难以回答的难题呢？"

史蒂文·米勒接着又把查默斯原来的那个难题一分为二：存在难题（我们为什么会有现象意识？它又是怎么来的？）和特质难题（为什么特定的大脑活动感觉会是这样的，而不是那样的？）。他声称，多重可实现性也许能帮助我们"磨砺"特质难题，但还是不能解决它。他随后又考虑了可能同样是真正困难的几个相关问题：主体间直接交换问题（怎样比较两个人所体验到的红色或幸福），以及个体发生问题（例如，在从受精卵、胚胎、胎儿到婴儿的发育过程中，意识是何时产生的？）和系统发育问题（它是什么时候从进化中产生的？）。

在第五章会遇到这个难题的更多变种，包括计算机科学家斯科特·阿伦森（Scott Aaronson）的"相当难的问题（pretty-hard problem，PHP）"（2014），它指出哪些物理系统是有意识的，哪些是无意识的。查默斯又将这个新问题分成四个问题，包括："PHP1"——构建一个符合我们直觉的关于哪些系统是有意识的问题；以及"PHP4"——构建一个理论来告诉我们哪些系统具有意识的哪些状态的问题。

这给我们留下了一大堆难题，而许多先前还算"容易"的领域突然变得岌岌可危了。

5. 难题不存在

秉持更为激进的乐观主义，基隆·奥哈拉（Kieron O'Hara）和汤姆·斯卡特（Tom Scutt）在"意识难题不存在"一文（1996）中，给出了应该忽略难题的方法论和哲学原因。首先，我们知道如何处理容易的问题，应该从它们开始着手。其次，解决了容易的问题，会改变我们对难题的理解，因此现在就尝试解决难题是不成熟的。对于难题的解决之道只有当我们认可了它的用途时，它才会变得有用处，而在目前，这个问题还没有得到足够的理解：真的，"所有（关于难题的）讨论在感觉上预先排除了任何可以给出的答案"（O'Hara and Scutt，1996，p.291）。

英国哲学家 David Papineau 探讨了对意识的困惑，还警告不要盲目信任我们的直觉——这里指的就是那些告诉我们意识的神奇来自湿漉漉的脑灰质的直觉。按 Papineau 的说法，我们受到了蛊惑，认为唯物主义是错误的，因为我们用来指代大脑状态的内容和词语没有涉及谈论心理状态或感情时对使用这些词语的方式的体验。我们对温度和平均动能（mean kinetic energy）就是指代同一个事物的两种方式的说法没有异议，那也应该对疼痛和疼痛特异性神经活动一视同仁。他建议，问题在于，相反，

> 我们聚焦到左侧，部署了我们的疼痛现象概念（那种感觉），于是感到类似疼痛的东西。然后我们聚焦到右侧，部署我们的疼痛特异性神经活动的概念，却感觉不到什么（或至少没有在疼痛的维度上感

受到——我们可以从视觉上想象神经轴突和树突，等等）。于是我们得出结论，右侧忽略了疼痛感觉本身，那种不愉快的"那是什么样的感觉"，而仅仅指代疼痛那种独特的物理关联……我们没有理由不能使用不会真正带给我们感觉的一些概念来指代这种"那是什么感觉"的感觉。

（Papineau，2003b，p.6）

> "我们没有理由不能使用不会真正带给我们感觉的一些概念来指代这种'那是什么感觉'的感觉。"
> （Papineau，2003b，p.6）

换句话说，我们对用来谈论意识等式的物理学一边的语言期望过高，这让我们忽略了它是一个等式的事实：物理活动等于体验。

Papineau 建议，用两个谬误的方式来思考也许有帮助。第一个谬误可能在浪漫主义诗歌中比较常见，叫作"同情谬误（pathetic fallacy）"，即赋予大自然以人类的感情，比如，风云突变的暴雨云反映了暴怒的情绪。我们思考意识时所犯的错误则相反，叫作"反同情谬误（antipathetic fallacy）"，即我们未能认识到自然的一些部分是存在感情的，比如大脑。如果我们能不再造成反同情谬误，就能接受唯物主义的现实，而那个难题就会烟消云散。在解决难题的道路上，唯一的障碍是缺乏一种解释：为什么唯物主义看起来像是错的，即使它是对的？因此，这个论点的位置，介乎重塑难题和否认其存在之间。

分析哲学家帕特里夏·丘奇兰德更进了一步。她说，难题是"荒谬的"（in Blackmore，2005）。那就是一个"欺骗性问题"（Churchland，1996）——一个大骗局。首先，我们怎么可能事先就预测哪些问题是容易的，哪些是困难的呢？举个例子，生物学家曾经争论过，要理解遗传的基础，我们先得解决蛋白质折叠问题。实际上，DNA 中的碱基配对已经有了答案，但蛋白质折叠问题还是没有解决。所以，我们又怎能知道解释主观性比那些"容易的"问题困难那么多呢？另外，她质疑"困难"的东西——感受质——是否得到了足够的定义来支持这种分类。例如，眼球运动有没有眼动的感受质？有没有思想感受质？或者，思考

小传 2.2

帕特里夏·史密斯·丘奇兰德
（Patricia Smith Churchland，1943 年生）

帕特里夏·丘奇兰德最为出名的是她试图将心—身问题结合起来的神经哲学著作，还有她大力宣传的心灵哲学观点。她倡导消除唯物主义，她的座右铭是"要了解心灵，必须了解大脑"。她成长于加拿大不列颠哥伦比亚省的一座贫穷但美丽的农场，她的双亲都是拓荒者——真正的开疆拓土者。她现在是加州大学圣迭戈分校的荣誉退休哲学教授。她嫁给了哲学家保罗·丘奇兰德（Paul Churchland），他们一起密切合作。她认为所谓难题就是"欺骗性的问题"，将会步"燃素"和"热素流"的后尘；僵尸展示了思想实验的脆弱性；而微管中的量子相干理论就和突触中的仙尘一样好。

有没有听觉表象或是自言自语那样的感受质？如果我们把像看见蓝天或感觉有块砖头砸在我脚上这样的寻常景象抛诸脑后，而事情很快就变得模糊不清了，那这伟大的鸿沟也许并没有它看上去的那么宽。最后，这种分别是建立在一个错误的直觉之上的，也就是，如果知觉、注意等都被理解了，那一定会有别的东西漏掉了——一些我们有而僵尸没有的东西。

丹尼特将此论点与一个活力论者的论调相提并论，后者坚称，即使所有像繁殖、发育、生长和新陈代谢这样的"容易的"问题都解决了，还会有一个"非常困难的问题，即生命本身"（Dennett，1996a，p.4）。"查默斯的'难题'就是一个理论家的错觉……而不是一个真正需要通过革命性的新科学来解决的问题"（Dennett，2001a，p.223；2005，pp.134-135）。当被问到"但是，那真实的现象又如何？"时，丹尼特回答："没有这回事"（Dennett，1991，p.365）。这不是因为他否认我们是有意识的，而是因为他认为我们误解了意识。那只是看上去好像有一种真实的现象——我们需要解释的不是现象本身，而是它怎么会看起来是这样子的。

"查默斯的'难题'就是理论家的错觉。"
（Dennett，2005，p.134）

这些就是后来在意识研究中被称为"错觉论"（见第三章）的不同版本。这就是"通常想象的现象意识论就是错觉的观点"（Frankish，2016b，p.11）。对错觉论者而言，需要解释的不是现象或感受质或"体验本身"，而是我们关于体验的错觉概念。这意味着我们可以完全避免难题，代之以"错觉问题"。

所有针对难题的反应仍在被热烈地讨论着，而理论的数目比我们在此提到过的多得多［想看有用的评论，参见 Seth（2007）和 Seager（2006）］。毫无疑问，主观性的概念——做……是什么感觉——处在意识问题的核心位置。但除此以外，还有很多疑惑。

 **阅读文献**

Churchland, P. S. (1996).The Hornswoggle problem. *Journal of Consciousness Studies*, 3, 402–408.

剖析了为什么我们可能会把意识课放在一个跟其他所有问题不同的班里教授的种种糟糕理由。

Kirk, R. (2015). Zombies. In E. N. Zalta (Ed.), *The Stanford encyclopedia of philosophy* (Summer 2015 edition).

勾画了同意和反对僵尸论的种种论调，以及僵尸与可想象性及可能性、心理因果关系及意识功能的关联。

Ludlow, P., Nagasawa, Y., and Stoljar, D. (Eds.) (2004). *There's something about Mary: Essays on phenomenal consciousness and Frank Jackson's knowledge argument.* Cambridge, MA: MIT Press.

把针对杰克逊（及其后来的答复）的回应分了类：如果有的话，玛丽到底新学到了什么？还有，她真的能知道一切物理学事物吗？

Nagel T. (1974). What is it like to be a bat? *Philosophical Review, 83,* 435–450.

通过他人思想的问题来触及意识。为了探索物理主义的障碍，内格尔提出了"客观现象论"来帮助理解主观性。

Wright, E. (Ed.) (2008). *The case for qualia.* Cambridge, MA: MIT Press.

这本书的 19 个章节包括了哲学和科学的防守和进攻。可要求学生阅读第一部分（pp.1–3），外加一章在课堂上演示或讨论（第 22–42 页提供了各章节的梗概）。

第三章
宏大的错觉

我们爱看的电影,多数都夹杂着一些穿帮镜头或称一致性错误,有大有小;但有几个人能注意到,一辆白色厢式货车开进了电影《勇敢的心》(*Braveheart*)的战斗场景,或者在电影《低俗小说》(*Pulp Fiction*)中,没等开枪,墙上就出现了弹洞?我们该不该怀疑自己对世界的感性把握呢?

你跟什么东西越接近,就越容易觉得自己了解它。看起来好像没什么东西比自己的个人体验离我更近了;毕竟,它在我之为我的原因中占了一大部分。但在前两章里我们已经明白了,我们对体验的本质以及它与我们的物理世界和身体之间的联系的直觉,并不总是那么靠得住。而且有时候,假如我们花太多时间来一遍又一遍地想象玛丽从她那间黑白屋子走出来的场景,也许就更弄不明白那些直觉究竟是什么了。

这会是一个可怕的时刻:要是在探索意识的时候连自己对自己意识的了解都靠不住,我还能指望什么呢?但它也会让人松口气:好的,我现在就有理由回到起点,想办法回到那个一直折磨我的问题了,每次小心翼翼地只迈出小小的一步。要想这么做,非常重要的一个部分是,你得心甘情愿地接受一个可能性,即自己会错误地理解自身体验的某些方面。从这个意义上讲,我们必须做

"错觉这个词会马上将人的思想带至错误的方向。"

（Graziano，2016，p.112）

好心理准备来问自己，我们对某些事物的感觉是不是错觉。

"错觉"一词有时候被拿来表示某事不存在的意思，例如，"他的傲慢就是个错觉"。但更确切地说，错觉就是一个跟表象不一样的东西：表面上看起来像是桀骜不驯，实际上可能是极度的羞怯。

但是，某种事物不存在和跟外表看上去不一样之间的区别不太容易说清楚，因为你一旦说什么东西跟看上去的不一样，可能就会觉得需要为它重新找一个词，其结果是你用新词代替了旧词——也就是宣称旧的事物不存在了。你会注意到，在很多情形下，只要意识、自由意志或现实被称为"错觉"，就会出现这种歧义。

当我们想起错觉时，脑海里可能出现的最熟悉的东西就是视错觉。比如在图 3.1 中，那些线条和形状是真实存在的，但你看见的那个金字塔就是错觉：那里是有个什么东西，但不是金字塔。用同样的概念来看意识，我们可能会跟错觉论者一样，这样断言：我们的体验是存在的；但意识，既然它是很多人想象出来的，就不存在。视觉感知科学成为众多极其重视错觉概念的领域之一绝非偶然。对视觉的研究更为彻底，超过了对其他任何感觉形式的研究，许多人也觉得对意识而言，它比其他感觉形式都重要：当我思考我作为我的感觉时，首先映入脑海的常常会是观察和审视外部世界的视觉体验。但凡感官之间有竞争，视觉一般都会胜出；当然，对弱视或无视力的人来说，听觉通常会是最为主导的感觉，这部分人通过听觉来建立对世界的理解。最后一点，视觉的地位也很特殊：与其他感觉比起来，它与知识的联系更为紧密。我们的日常语言中充满各种看见等同于了解的比喻："我看清楚你的意思了""她的论点一清二楚""我们已经仔细看过证据了"。这些关联可能会让我们不愿意承认我们的视觉可能被误导了，或者具有某种误导性。这也意味着，就视觉而言，考虑这种可能性显得尤为重要，免得我们强烈的直觉到头来是错的。

很多错觉——有视觉的，也有其他形式的——可能是很多日常活动的方便捷径，比如在开车时假设世界是平的，或者观赏日落时想象太阳是真的在落下。但是，如果想让我们的意识理论真实反映意识的真相，而不是我们一开始匆忙地假设出来的样子，那

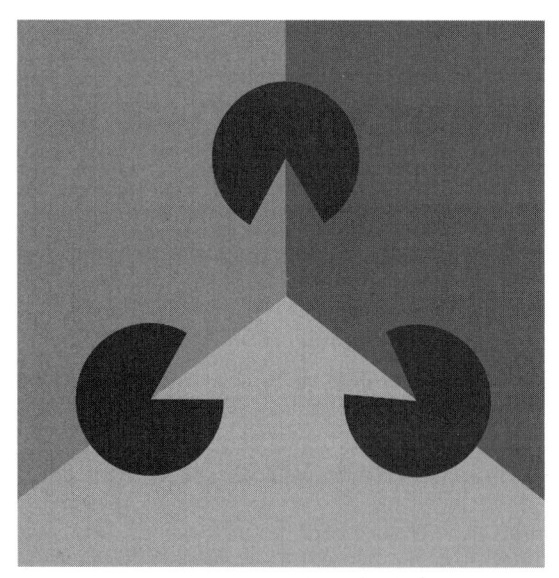

图 3.1 你能看见一个金字塔吗？如果能，你就正在体验错觉。错觉不是说什么东西不存在，而是这个东西跟它的表象不一样。

么想方设法地发现事物的真面目而不是其表象——即便是复杂如视觉本身的事物——就变得十分必要了。

因此本章将以视觉为中心例证，来论证人的意识体验有可能被错觉蒙蔽，希望借此说明错觉的概念可以是一个有用的向导，指引人们穿越一部分迷宫。

> 一只水瓶和洗脸池——或是屋子的一角，摆着桌子和衣帽架——在我看来是如此不真实，尽管它们是那么不可描述地平凡；如此全然地不真实，有点阴森，同时又那么虚浮，等待着，暂时占了——一如之前——真水瓶和灌满了水的真洗脸池的空间。
>
> ——雨果·冯·霍夫曼斯塔尔（Hugo von Hoffmansthal）
> "回信的信（Letters of the returning one）"（IV，1901.5.26）

首先，让我们回到起点。目能视物是什么感觉？尤其是拥有有意识的视觉体验——比如有意识地看见绿色草坪上有一丛黄色的水仙花——是什么样的呢？你看见它了；可以伸手够到它；你为绿色草叶映衬下的鲜明透亮的黄色花瓣带来的视觉体验欣喜不已。在视野里选择一样东西，仔细观看：有意识地感知茶杯的曲线或是地毯的花纹。那么你现在看见的这一切又有什么意义呢？它真正的感觉是什么样的呢？

目能视物是如此自然，这些问题看上去真蠢啊！其实不然。实际上，回答这些问题如此之难，曾经让一些人得出视觉体验根本就是一个大错觉的结论。"宏大的错觉（grand illusion）"这个名词（Noë et al., 2000; Noë, 2002）来自对变化视盲（change blindness）和非注意视盲（inattentional blindness）的研究（本章稍后讨论），以表征一个概念，即我们的视觉体验可能并不是看上去的那个样子。他们所说的错觉到底是哪一种呢？

简单的视错觉，比如轮廓、亮度和颜色一致性虚幻效果，或者缪勒–莱耶错觉和咖啡馆墙壁错觉（见图3.2），都是对人们观察外部世界的误导性把戏。这些把戏制造了表象和现实之间的困惑。对于选修意识课程的学生来说，有趣的可能性不是我们有时候会错看了东西——当然很明显有这种情形——而是我们可能错误地理解了"看见"本身。

那么，首先要问的就是，视觉看起来什么样？你觉得它看起来什么样？在进一步深入之前，为了你自己而回答这个问题很重要。部分原因是人有时候遇到难题并给出了新颖的答案，结果别人会说："哦，我早就知道了。"还有一部

> "我们……都是错觉的受害者——不是对世界的感知错觉，而是对我们视觉体验的错觉。"
>
> （Noë et al., 2000, p.100）

图 3.2 咖啡馆墙壁错觉首先是由理查德·格里高利（Richard Gregory）描述的，他在英国布里斯托尔圣迈克尔山的一家咖啡馆的墙上看到有瓷砖。如果瓷砖是深色和白色相间、勾缝的灰泥带够宽且是中性色调的，水平方向的线条看起来就不平行。任何说服自己的尝试都不能消除错觉。

分原因是对宏大错觉的争论反映了人们真正认识自身体验的困难程度。而我们在了解错觉的样子之前，没法决定要不要去讨论它。那么，你觉得它看起来是什么样的？

闭上眼睛，再睁开，四处张望一下。可能感觉就是你看这世界如同看一幅细节丰富多彩、永远变化不停的图画；也许你转过头，看向另一个方向，就像看一幅动态画面，一组连续的"视觉通路"。

现在，在进一步深入之前，给自己描述一下你认为真实的视觉是怎么工作的，可能也很有用处。试试看能不能得出一个关于发生了什么的基本理论。也许你想出来的有点像这样：

> 我们环顾世界时，大脑里的无意识加工就会构建起一个关于外部世界的越来越具体的表征。每多看一眼，都会给这幅图像添加一点信息。脑海中这个丰富的表征就是我们随时有意识地看到的东西。只要我们不停地东张西望，这种照片流就不会停止。这就是我们有意识的视觉体验。

这里至少有三条理论脉络。第一个观点脉络是，存在一个内容丰富的有意识视觉印象的阵列，需要做出解释。第二条脉络是，在任何时候，都有我们可以感知的笃定内容，而其他所有事物都在"我们的意识知觉之外"。这种想法，正是丹尼尔·丹尼特（Dennett，1991）所反对的；他宣称，笛卡尔剧院没有演出，不存在事物走上舞台并变成意识的时间和地点（第五章将进行更详细的讨论）。第三种脉络是，看见就意味着有了内在心灵图画，就是说，世界在我们的脑海中有了表征。

所有这些观点在诸如詹姆斯的视觉意识流（James，1890，p.245）、"脑内电影"（Damasio，1999）或者"我们眼前所见世界的生动画面"（Crick，1994，p.159）的概念中得到了综合。这些比喻中动态连续体验的重点，从视觉意识流到电影再到图画，各不相同。然而，它们对体验的丰富性全都没有疑问，对入/出的分界和底层的表征也是如此。标准的科学视觉模型似乎也建立在跟直觉一样的假设基础之上，但是也许两者都需要质疑。

>
> ## 练习 3.1
> 我现在看到了多少东西？
>
> 每天问自己，次数越多越好："我现在看见了多少东西？"
>
> 不管你正在看一条繁忙的街道，还是一个美丽的花园、一页纸或自己的手背，都问问自己：我现在看见了多少东西？一开始，你可能会有能看见一切的印象，你的直觉里有一幅完整、详细的画面。那么再看看，使点儿劲。此时此刻，你到底真正看见了什么？
>
> 要是你这样做上几百次，你可能就能更好地评估本章所涉及的不同理论。最终，你可能会注意到某些明显的变化。你能描述一下发生了什么吗？

看见（以及想象）就是世界在我们头脑中的表征，这个概念至少可以追溯到古代的希腊人；他们认为，视觉就是世界在瞳孔中的反映（并认为想象就是一种看图）；这自然导致了眼睛和脑内图画的构建。列奥纳多·达·芬奇（Leonardo da Vinci）将眼睛比作照相机的暗箱——一个黑暗的盒子，他那个时代流行的观点是，外部世界的图像可以倒映在里面。然后到了 17 世纪早期，开普勒（Kepler）解释了眼睛的光学原理，但他说，他会留待他人来解释影像"是如何被呈现在灵魂之前的"（Lindberg，1976）。笛卡尔就是这么尝试的。他研究了真正的视觉成像，把一只牛眼的后部削去，于是就能看见影像在视网膜上成形，然后他在自己著名的素描中演示了他认为这些影像是如何传输到非物质的心灵中的（见图 3.3）。

笛卡尔构想的细节被推翻了，但是脑中图画的概念得以保留，并被 20 世纪的认知心理学家所更新，他们既谈论内部屏幕或内部模型，也谈论图画。丹尼特将脑内图画的概念称为"一个视觉感知的'最终产品'几乎不可抗拒的模型"，同时也是"想象的顽疾"（Dennett，1991，p.52）。Alva Noë 和法国心理学家 Kevin O'Regan 都有相似的信心，认为"事物以图

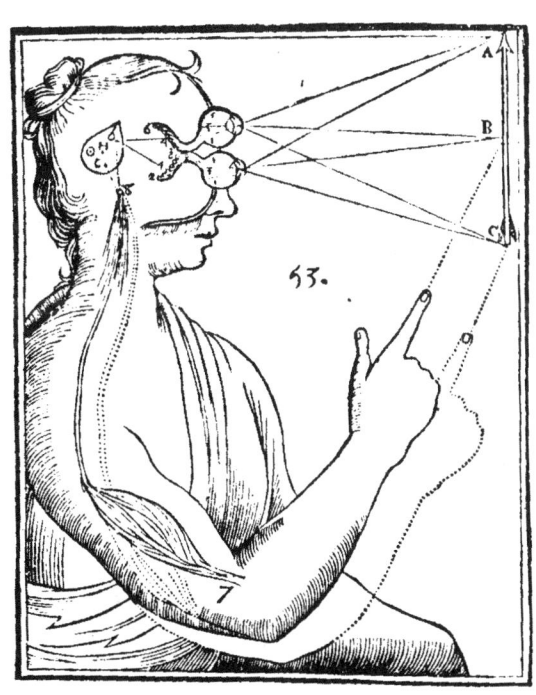

图 3.3 笛卡尔相信图像是通过眼睛传输给松果体的，然后再从那里进入头脑。他的理论在总体上被否认，但是脑中图画的概念继续流行开来。

画形式向我们呈现的假设事实，绝不可能要求头脑中要有图画"（O' Regan and Noë，2001，p.947）。实际上，他们甚至对我们似乎在看一幅图画的概念进行了挑战："断言我们看东西的时候在脑子里生成了一个3D模型或是一幅图画，实在不是一个好现象"（O' Regan and Noë，2001，p.962）。

脑中图画理论带来的棘手问题之一是，图画中的信息有什么用处？大脑中是不是存在某些结构来拼凑图画，而其他的结构来解读图画中包含的信息呢？这要冒一定风险，需要一个完整的心灵中的心灵，一个常被称为"小矮人（Homunculus）"的东西：你脑袋里的一个小人儿。按理说，你脑袋里看图画的小人儿的脑袋里也需要一个小人儿来看内部图画，所以我们只得把需要的解释推后一个层面。如果你认为看见就一定会涉及一系列图画的意识流，就像在头脑里放映一部高清电影，那你不并孤单。但你会不会错了呢？

> "避免受到'眼睛在大脑中产生了图像'的想法的诱惑，极其重要。"
>
> （Gregory，1966/1997，p.5）

瞳孔的快门帘只会不时
开合：那一刻影像映入
穿过紧绷的身体那绝对的
静谧——深入心底，直至永久

——莱内·马利亚·里尔克（Rainer Maria Rilke）
《豹》（The Panther，1902）

总而言之，在其研究的大部分科学传统中，有三种关于视觉的假设，这三种假设也可以在我们对视觉的直觉中得出结论：（1）视觉体验的细节很丰富；（2）视觉体验的内外都有东西；（3）视觉通过在心理或大脑中表征世界得以运行。也许这些假设看起来没什么了不起。然而，一旦我们开始想去理解大脑对视觉或任何其他体验的功用，这些假设就会让我们举步维艰。如果我们假设三个都对，我们就得解释清楚，人类视觉系统里所有平行通道中的全部神经过程是怎样生成那样丰富、明确、基于表征的意识体验的？我们还得弄明白，将混沌的"无意识"过程与最终的"有意识"表征区分开的，到底是什么东西？有些表征是有意识的，而其他的却没有，这种"神奇的分离"又是从何而来的？

解决这个问题的一个方法——算是难题的一个版本——就是抓住视觉表征的意识流的概念，寻找它们的神经关联（见第四章）。基本原理很简单。如果你相信大脑中的某些视觉表征有意识而其他的没有，你就应该举出各自的例证，然后仔细研究，直到发现其中的区别为止。弗朗西斯·克里克（Crick，1994， p.204）借此发问："视觉知觉的'神经关联'到底是什么？这些'知觉神经元'又在哪里？它们是存在于大脑的几个区域，还是到处都有？它们的行动有没有什么特别之处？"他接着考虑了松散分布的神经元的同步行动（见第六章），但又说，"到目前为止，我们找不到与眼前所见的外部世界的生动画面严格对应的任何单独的神经活动区域"（Crick，1994，p.159）。

自那以后，视觉的神经关联研究取得了巨大的进步；科学家们使用功能性磁共振成像（functional magnetic resonance imaging，fMRI）创建了人的视觉内容与大脑活动之间的响应关系库，可以据此从新的行为模式向感知到的刺激进行反向推断（Nishimoto et al.，2011；Poldrack，2011）。类似的技术也被用来匹配大脑激活与人们对梦境的报告（Horikawa et al.，2013）。但无论我们变得多么擅长寻找这些响应关系，都要记住，他们要找的是特定视觉体验的神经关联，不是意识本身的神经关联。

我们很容易把这种聪明的方法想象为读取大脑自身的内部图画，但实际上，它依靠的是广泛分布于皮层细胞的复杂模式。也许我们应该挑战这三种自然的观点，即有意识的视觉就像超现实主义绘画或高清3D电影一样详细，其中的东西明确地存在于框架内外，并且都依赖于类似图片的表征。

填充空隙

敏锐的威廉·詹姆斯注意到了一件奇怪的事，尽管这事一旦被指出就挺明显的：我们环顾四周时，不会、也不可能一下子就看到所有的物体，然而我们并没有注意到任何空隙。设想一下，你正在朋友家的起居室里坐着，突然注意到桌上有一个花瓶。在你没注意到它之前，那个位置有什么东西呢？墙纸？还是一个花朵形状的空隙？

> 真的，我们有时会忍不住惊呼，曾经有那么多事物的细节就摆在我们面前，但直到此刻才被发觉："我们怎么会完全忽略了这些事情，可还是感知到了这个物体或者得出了结论，仿佛那就是一个连续体、一个整体呢？应该会有空隙呀——但我们感觉不到空隙……"
> （James，1890，I，p.488）

"应该有空隙的——但我们感觉不到空隙。"
（James，1890，I，p.488）

我们为什么注意不到空隙呢？一种答案可能是，在某种意义上，大脑填充了缺失的碎片：比如，它在花瓶后面贴上了更多的条纹墙纸。但是，如果大脑已经知道有什么东西需要填充，那它又是为谁、为了什么而填充呢？另一种答案是，没有填充任何东西的必要，因为空隙只是一种信息缺失。而信息缺失与关于缺失的信息并不是一码事。

想想在视觉上一直发生的一件事：我们会从物体的可见部分推断出整个物体的存在。一辆车停在树后面，看起来就是一辆完整的车，并没有被树干分成两半；一只猫在椅子腿后面睡觉，看起来就是一只完整的猫，不是两堆奇形怪状的毛茸茸的肉团。这种完整看物体的能力显然是自适应的，但它是怎么回事呢？我们并没有真正"看见"汽车隐藏的部分，但那辆车看起来是完整的。这有时候被称为变形知觉（amodal perception），或者概念填充。那辆汽车在概念上被补充完整了，但在视觉上并没有被完整填充。

另一种更具争议性的填充应该发生在盲点中。视神经离开眼球后部的地方没有感觉细胞，在视网膜上生成了一个盲点，约有 6° 的张角，大概距离中央凹 15°。多数人并不知道自己的盲点在哪儿，直到给出如图 3.4 那样的演示。出现这种现象，一部分是因为我们有两只眼睛，而两个盲点遮盖了视觉世界的不同部分；就算只使用一只眼睛，盲点通常也是探测不到的。但通过实验可以轻易地找到。

将一个小物体跟盲点准确对齐，可以让它从视野中消失。那么在物体应该存在的位置会看见什么呢？不是空白或者露出一个黑洞，而是一段连续的背景。如果背景是无聊的灰色，那么无聊的灰色就填充了物体应该存在的空间。如果背景是黑色和蓝色的条纹，那么条纹看上去就会填满整个区域。显而易见的结论是，大脑以某种方式用灰色或粉色或是条纹或格子（或人群中更多的人，或者沙滩上更多的鹅卵石）填充了空白。但这是不是正确的结论呢？

美国神经科学家克里斯托弗·科克认同这个结论。"与电子成像系统不同，大脑不是简单地忽视了盲点；它会使用一种或更多的主动过程，比如补全、插入和填充，在这个位置上进行属性喷涂"（Koch，2004，p.54）。

丹尼特不这么想，认为这种想法"是发育不全的笛卡尔唯物主义呆板的赠品"（Dennett，1991，p.344）——

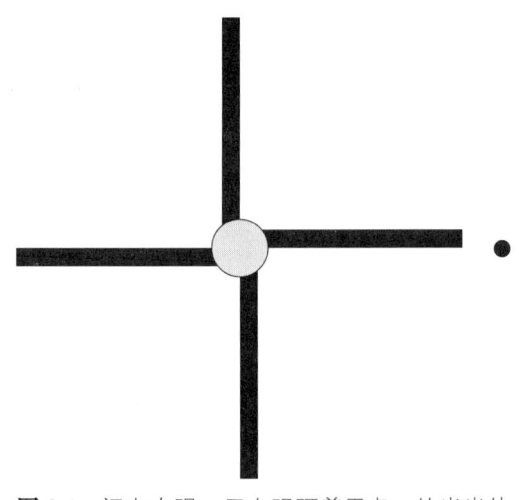

图 3.4　闭上右眼，用左眼盯着黑点。从半米外看起，慢慢将书向自己拉近，直到灰色圆圈消失。那时它就是进入你的盲点了。你可能需要尝试几次才能发现它（记住眼睛要盯住黑点）。你在那儿能看见什么？空间被填充了吗？黑线条连在一起了吗？（Based on Ramachandran and Blakeslee，1998，p.95.）

也就是，假装是无为主义者，却落入了二元论的窠臼。他用一个思想实验来进行挑战：设想走进一个房间，贴满了一模一样的玛丽莲·梦露的肖像画。你一眼（或几眼）就可以看清，所有肖像都是一样的。如果有一张长着胡须，或是戴着一顶愚蠢的帽子，你会马上注意到。看来很自然就能得出结论：你已经看到了房间的全部细节，而现在它在你的头脑中有了丰富的表征。

这不可能是对的。如同丹尼特指出的那样，为了认定其中一幅肖像，你得正面审视它，它的影像要落在中央凹上。你这么做的时候，其他的肖像画就会变成人脸形状的斑点。现在你转向下一张，注视良久，然后得出结论：它就是梦露，跟刚才那张看起来是一样的。现在再看下一张……你每秒最多能完成对四五张画的扫视。所以，你不可能在那么短的时间内就看完每一张画，然后得出结论——"都是梦露"。你不会只看见了一张清晰的肖像画和一大堆的模糊斑点，你看见的是所有肖像画的完整细节。怎么会这样呢？

会不会是大脑提取了一幅肖像画的高清中央凹图像，然后就像复印一样，在脑内的一面假想墙上进行了多次复制呢？丹尼特认为，当然不是了。大脑认定过一幅肖像之后，会使用纹理探测机制来认定所有斑点都有类似的大小和形状，而且找不到任何东西说明其他的斑点不都是梦露，于是大脑就快速得出了合理的结论，其他的也都是梦露，然后将整个区域标为"更多的梦露"。这更像是按数字喷涂，而不是按像素填充。你之所以会注意到胡须或傻傻的帽子，原因是你有专门的弹出机制来检测这些异常。如果这些机制没有被激活，就会维持"所有都一样"的结论。

当然，你的感觉不是那样的。你确信你看见了许多一样的梦露（或者是图3.5里的丹尼特），在某种意义上，你是对的。世界上有那么多的肖像画，而它们正是你看到的东西。然而，这并不是说你的大脑里有成百的一模一样的梦露的面孔。你的大脑只是表征了它们很多的细节，也就是说，"不管你看见的所有细节的印象有多生动，那些细节都只存在于世界当中，而不在你的脑海之中"（Dennett，1991，p.355）。

"我们将意识描绘成一个充满了微小仿真的地方，这些微小仿真就是图像。"

（Sartre，1940/2004，p.5）

> 先不要翻页。在下一页，你会看到图3.5。试着只注视它3秒。你可能得先按合适的速度数数，或者找个朋友替你计时。然后翻页，看着图3.5，数到3，再翻回来。
> 你看到什么了？尝试先用语言描述一下图画，再看第二遍。

图 3.5　也许你清楚地看到了许多一模一样的丹尼特的肖像,只有一幅有犄角和伤疤。但在 3 秒之内你不可能每一幅都正面看清楚了。你填充了其余的图吗?你需要这么做吗?

这不仅仅适用于许多挂了梦露肖像的房间,或者是图 3.5 中许多的丹尼特。你沿着街道走,不可能看见周围所有的细节,然而在你没看到的地方并没有空隙。是不是大脑用看似合理的汽车、树木、商店橱窗和奔跑上学的孩子们填充了空白?它需要这么做吗?

关于填充,有一系列理论(Pessoa, Thompson, and Noë, 1998; Komatsu, 2006)。第一个理论被称为同构填充,即大脑真的像完成了一幅画一样,在脑内(或"在意识内")进行细节填充。按科克的说法,"大脑并不是简单地忽略了盲点:它在这个位置进行属性喷涂"(Koch, 2004, p.54)。另一个理论被称为象征性填充,是指填充的过程更像是概念上的、非图画式的,出现在视觉系统的高级水平。而最极端的怀疑论调宣称根本无须填充任何东西。

神经心理学家 V. S. 拉马钱德朗(V. S. Ramachandran)报告了一系列正式

与非正式的实验结果（Ramachandran and Blakeslee，1998）。如果向正常的观察者展示两条竖线，一条在盲点之上，一条在下，则观察者会看见一条连续的线条。两条线彼此会略有抵消，但看起来仍然组成了一条直线；但如果换成水平线来做同样的实验，则二者连不起来。缺失的边角也无法弥补完整，但如果盲点位于一个辐射图形的中间——像一个没有轴心的自行车轮——这个图形就会变得完整，而线条看起来交汇于一点（活动3.1）。

在一次演示中，拉马钱德朗使用了一组黄色的甜甜圈形状，让其中一个甜甜圈的中心与盲点重合［图3.7（彩）］。一个完整的黄色圆圈出现了，从周围的甜甜圈中脱颖而出。他由此得出结论，填充不可能只是忽略空隙的问题，因为那样的话，这个圆圈就不会突显出来。类似的逻辑也被用于解释"联觉（synaesthesia）"涉及视觉而非想象体验的实验，我们会在第六章探讨。他说，这个发现表明，"你的大脑用黄色的感受质'填充'了你的盲点"（Ramachandran and Blakeslee，1998，p.237）。但黄色感受质到底是什么东西呢？它们跟科克说的大脑用来"喷涂"的"属性物质"一样吗？它们是不是丹尼特异想天开的"神漆"——一种并不存在的漆料，用来喷涂"在这里"的空白之处呢——的一种形式（Dennett,1991，e.g. pp.346，353）？如果不是，到底是怎么回事呢？

另外的若干实验则使用了特殊的参与者，比如乔希（Josh），他的右侧初级视觉皮层在一次工业事故中被一根钢筋刺穿。他的左侧视觉区有一大片永久盲点（或盲区）。和其他有类似脑部损伤的人一样，在大多数情况下，他都应付得很好，尽管他很清楚自己有一个大盲点，但他并没有看见一个黑洞，或是一片空无一物的空白。他对拉马钱德朗说："我看着你的时候，没看见有什么东西缺失了，没有看不到的碎片（Ramachandran and Blakeslee，

活动 3.1
填充

通过一些简单实验，你就可以体验填充，并探索它的局限性。在图3.4和图3.6中，闭上或遮住你的右眼，用左眼紧盯住小黑点。把图片放在一臂远的地方，然后慢慢朝自己拉近，直到大圆圈消失。你看见了一个空隙，还是一个连续的背景？黑线有没有越过空隙连成了一条？鹅卵石那幅图又发生了什么？

你也可以在真人身上实验这个效应。据说英王查理二世是一个科学推广迷，就曾经用这样的方式将他的朝臣们"斩首"。要在课堂上操作，需要让一个人站在前排，其他人则将自己的盲点对准受害者的头。如果你这样做有困难，试试下面的办法：拿起图3.4，让圆圈消失。现在，把书放在离开你同样的距离上，将书的上缘与那个人的下巴对齐，圆圈放在下巴正下方。现在盯住黑点之上的任何东西，然后把书移走。你的盲点现在应该就在那个人头上了。他整个头都被填充了吗？如果没有，为什么？你跟那个人熟不熟跟这有没有关系呢？

你可以用自己的图片来探索一下，什么可以被填充，什么不能。剪出一个注视点和一个大圆圈，或者找到大小合适的贴纸，把它们贴到墙上。另外也可以把它们固定在计算机屏幕上，然后通过移动显示器来进行实验。如果你在做好几个实验，最好在眼睛上戴个眼罩。你可以使用秒表来计时，看看不同类型的填充需要花费多长时间。

你能不能故意避免填充的发生？你能多使点劲儿让填充加速吗？你在空隙里看见的东西有没有让你惊奇过？你能不能解释清楚，那些可以被填充和不能被填充的物体之间有什么区别？

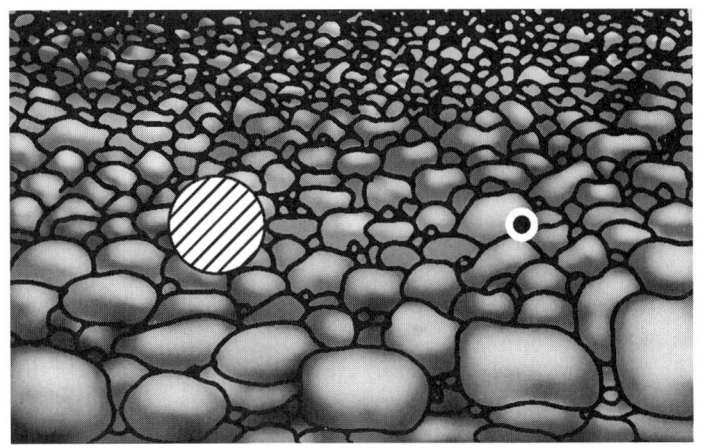

图 3.6 这次发生了什么——是有空隙,还是被鹅卵石填满了?如果填满了,是大鹅卵石还是小鹅卵石,还是随机混合的?

拉马钱德朗给他展示了位于大片盲点之上和之下的竖线。刚开始,乔希报告说看见线条之间有空隙,但随后空隙开始弥合,而他看见线条慢慢地一起变长,直到在中间结合。抵消的线条花了大约 5 秒对齐并结合在一起。在另外的实验中,一列很大的 X 字母从未能越过盲点变成整列,而一列小小的 X 字母就完成了这个过程。拉马钱德朗猜测,这涉及两种不同水平的视觉加工:前者激活了跟物体辨别有关的颞叶区域,而后者将 X 字母加工为一种材质,因而将其补充完整了。很奇怪,当使用了一行数字时,乔希报告说他能看见空隙里有数字,但看不清楚,这是一个有时发生在梦境中的奇怪效应。最后,当给乔希呈现红色背景上闪动的黑点时,他报告红色首先进入了他的盲点,然后黑点出现了,之后所有黑点开始闪动。这些结果不仅显示了一种真实的效应,还花了一段可测量的时间才出现,还能分别加工色彩、材质和运动。

对未受损伤的参与者进行"人工致盲"也发现了同样的结果。拉马钱德朗和格里高利(Ramachandran and Gregory, 1991)让他们紧盯着屏幕上一片闪动的"雪花"的中心;6°视角之外是一个没有雪花的灰色小方块。刚开始,人们是可以看见灰色方块的,但过了大约 5 秒,它就像屏幕上别的地方一样,充满了雪花。而当整个屏幕随后被设成灰色后,一小块雪花先是可以看见的,然后就只坚持了两三秒。

对猴子的实验显示,与此效应相对应的 V_3 区活动增强(De Weerd et al., 1995)。更近期的针对盲点在猴子 V_1 区的表征的调查显示,盲点专属区域的组织形式与 V_1 区的其他部分非常相像。这表明,V_1 区包

小传 3.1

维兰努亚·S. 拉马钱德朗
(Vilayanur S. Ramachandran,
1951 年生)

V. S. 拉马钱德朗通常被称为拉马(Rama),是一位活力四射的神经科学家和演讲者。他出生于印度泰米尔纳德邦,在印度受训成为医生,在英国剑桥大学的圣三一学院获得了博士学位,然后开始研究视觉感知和神经学。他是加州大学圣迭戈分校脑与认知中心主任,也是心理学和神经学教授。拉马钱德朗最著名的是对幻肢、罕见神经系统疾病、联觉以及睡眠麻痹中的"卧室入侵者"的研究。他的原创思想有时会受到批评,有人指责其推测远远超越了证据。他热爱印度绘画和雕塑,并认为盲点是被感受质填充的,而主观性主要存在于颞叶和扣带回之中。

含有一个连续功能拓扑地图,而非按感觉细胞的分布行事。所以尽管 V_1 区的拓扑地图通常被描述为"视网膜式"(表征视网膜影像的分布),其实它们更应该被描述为"视觉皮层式"(Azzi et al., 2015)。换句话说,我们看见的东西不仅仅存在于视网膜上,而这一区别在视觉系统中得到了早期表征。在人类身上使用了 fMRI 来调查轮廓填充,而多个实验表明,V_1 区中的盲点区域活动与感知变化关联密切,例如,当眼睛所见在双目竞争的选择中不断变化时(Meng and Tong, 2004)。然而,色彩和亮度填充看来与其他填充颇有不同,至少有两项研究都没有找到早期视觉区域(V_1 区和 V_2 区)包含有类地图表征的可被填充的亮度和色彩表征(Perna et al., 2005; Cornelissen et al., 2006)。

填充效应也会发生在残留影像上,这是一个特殊现象,当眼球移动时,它还试图在视网膜上保留同样的位置。填充效应看起来对原影像和残留影像的工作机制不同,体现在色彩彼此融入的方法不同上(Hamburger, Geremek, and Spillmann, 2012)。这给是视网膜还是皮层细胞负责填充的相关证据又增加了一个维度,表明大脑将影像残留视为可以产生自我感知效应的真实刺激,而不是仅仅遵从诱发残留视网膜刺激的规则。

在别的实验中,使用了英语、拉丁语或者乱七八糟的文本做背景。方块被填充了,这没错,但就像乔希跟那些数字一样,参与者看不清造出来的文本。这也给"填充就真的是一个逐点完成图画的过程"的观点投下了怀疑的阴影;因为你怎么会造出看得见却认不出来的字母和数字呢?这又是怎么回事呢?

跟极端的怀疑论调相反,这些结果清楚地表明有一个真实的效应需要做出解释。出现一个信息缺失,大脑不是就简单地予以忽略,而是用不同的方式、以不同的速度来做出响应。然而,我们无法通过假设大脑内部某个地方存在当前感知对象的类似图片的表象来理解这些发现,这些表象必须被全部填补,否则就会发现空白。

很清楚,某些类型的激活动态扩散明显产生了错觉轮廓及其他类似的东西。但这并不代表这个过程被用来填充一幅有关世界的内部度量图了。我们可能反而会想到盲点,它就像是我们感知器官的其他常数(比如视网膜的分辨率和色彩辨别力,越往周边去就下降得越厉害),是用来让人看到外部世界的。例如,"如果物体落入盲点时视网膜感觉没有显著变化,那么大脑就会得出结论,该物体没有被看见,而是被幻想出来的"(O'Regan and Noë, 2001, p.951)。跟晶状体的曲率以及视杆细胞与视锥细胞的功能一样,盲点只是塑造我们感知体验的一种感觉运动的意外事件。这个可预测的空隙对感知不构成问题,它是自身功能进化不可分离的一部分。

更广义地讲，感知的空隙都是怎么被加工的呢？一种观点是对负责填充的机制与负责普通感知的机制开始交汇的地带进行研究，以帮助确定"出现主观视觉体验的关键阶段"（Komatsu，2006）。这种观点认为，因为这两者的起始点不同——一个开始于感光体对外界刺激的反应，而另一个不是——就一定会存在一个特殊的点，两种机制在此交汇，并且出现了感知意识。但这又一次使我们陷入某种观点，即我们只能体验"意识"中某个地方所表征的东西。

变化视盲

盯住图3.8看一会儿。在观察图片的过程中，你可能做了很多次扫视，眨了很多次眼，但你可能没怎么注意到这些干扰行动。感觉起来就像是你的目光扫过图像，将内容吸收进来，于是就很好地了解到了那里有什么。问自己这样一个问题：如果你眨眼的时候，茶壶下面的托盘消失了，你会注意到吗？大多数人确信自己会注意到。

"我们丰富的视觉世界是不是一个幻觉？"
（Blackmore et al.，1995，p.1075）

证明人们的自信错误的实验始于眼动追踪仪的出现。眼动追踪仪使探测人的眼球运动成为可能，并改变了对扫视的呈现方式。在20世纪80年代开始的实验中（Grimes，1996），参与者被要求阅读计算机屏幕上的文字，然后在他们扫视的过程中，四周的文字局部发生变化。观察者会看到文字在快速改变，但参与者本身没注意到有什么不对。之后的实验使用了复杂的图画，在扫视过程中改变了图画的显著特征。变化如此巨大而明显，在通常情况下几乎是不可能被漏看的；但在扫视过程中发生的变化，就没有被注意到。

这看起来很奇怪，但这个效应很容易用眼睛和大脑的联系来解释。在通常情况下，运动探测器会快速观察到瞬变，并将注意集中到那个位置。然而在这样的设置中，这种机制是不适用的。扫视会造成大面积的活动模糊带，淹没了这些机制，只剩下记忆来探测变化。问题是跨扫视记忆十分虚弱。在每一次的扫视中，我们看见的大多数东西都被丢弃了。

这些研究补充了早期关于跨扫视记忆以及贯穿眨眼和扫视过程的视觉整合研究（for a review, see Irwin，1991）。很长时间以来，人们都想当然地认为视觉系统一定会设法将连续的图画整合一个巨大的表征，并在身体运动、头部运动、眼部运动和眨眼时保持稳定。这当然会是一个牵扯大量计算的任务；而大多数研究者尽管还不清楚怎样才能达成目标，但都曾假设过，事情总之一定是

图 3.8　当这两幅图片交替出现，中间夹杂闪现灰色，或者在调换时稍做移动，人们就很少能注意到变化。这个实验是演示变化视盲的方法之一。

这样的——要不然我们的意识中怎么会对世界有如此稳定和详细的观感呢？变化视盲挑战了这种假设。也许我们根本就没有对世界的稳定而详细的观感；这样的话，连续景象的大规模整合就没有必要了。

事实上，不需要使用昂贵的眼动追踪仪就能引发变化视盲。在首个使用图画的实验中，仅通过稍微移动图像就取得了效果（Blackmore et al., 1995）。这会迫使眼球活动，代表了自然扫视时发生的情况。接下来，其他一些没那么直接的方法被研发出来，比如在电影中或在眨眼时使用图像闪烁，或在图片中间插入短暂的空闪（Simons, 2000），而这些看起来都产生了类似的效果（Domhoefer, Unema, and Velichkovsky, 2002）。过于缓慢的变化产生不了瞬变，也能击败运动探测器，这也提供了另一种诱发变化视盲的方法（Simons, Franconeri, and Reimer, 2000）。

让人们预测自己或他人会不会注意到不同条件下的变化的实验一次次地确认结果有多么令人惊奇。通常，这时会发现较大的元认知错误或"对变化视盲的视盲"——也就是说，人们总体上过于乐观地估计了自己探测变化的能力（Levin, 2002）。它是"我们所看见的东西与我们认为自己看见的东西之间的不一致"，这给了我们一个理由来使用"错觉"一词："我们对周围环境的视觉感知，远比多数人本能相信的稀疏得多"（Simons and Ambinder, 2005, pp.48, 44）。

展示变化视盲最简单的方法之一就是使用闪烁法，由心理学家 Rensink、O'Regan 和 Clark（1997）研发。他们轮流展示了一张原始图像和一张经过修饰的图像（每张展示 240 毫秒），中间穿插空白的深灰色屏幕（展示 80 毫秒），然后数出参与者注意到变化时错过了多少

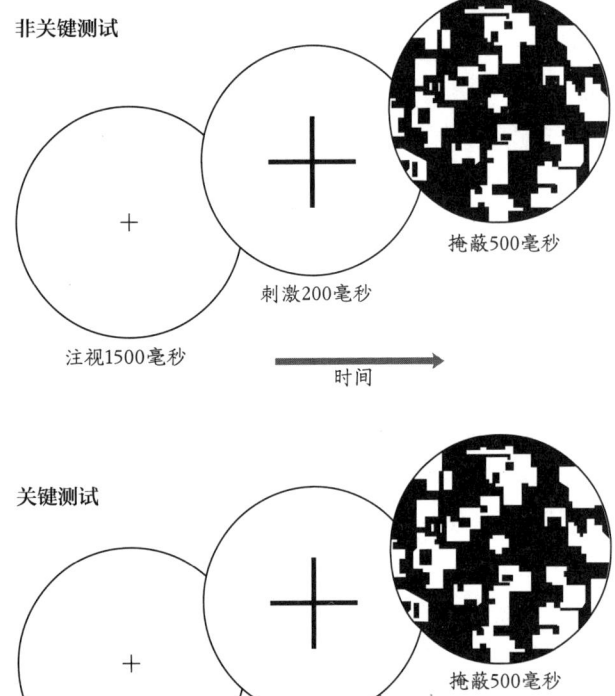

图 3.9　麦克（Mack）和罗克（Rock）的实验中的关键试次与非关键试次的示意图。在这个实验里，关键刺激是在眼球近窝区。在其他实验中，十字架在近窝区内，而关键刺激在注视点上（Mack and Rock, 1998）。

画面。若图像之间夹杂了空白画面，那要轮换很多次才能探测到变化；若不夹杂空白画面，只需要一两次。

他们使用了同样的方法来调查注意效应。在参与者感兴趣的领域，平均需要 7 次轮换就能注意到变化；而不太感兴趣的领域，则平均需要 17 次轮换，其中有些参与者轮换 8 次就会注意到一个一旦看见就很明显的变化。这表明，对于图像未曾关注的部分，人们必须进行缓慢的串行搜索才能找到变化。

但即便是异常显著的特征，也可能遭遇变化视盲。例如，面部表情的极缓慢变化会不受注意，但仍会影响人们的后续行动（Laloyaux et al., 2008）。隐性变化检测的可能性或是"心灵之眼（mindsight）"（Simons and Ambinder, 2005）表明，人们的行为并非总是有意识所见或自诉所见事物的结果，这加重了错觉

概念的分量。

变化视盲可在日常生活中产生严重后果，比如开车时没有探测到变化。有些实验使用了自然的交通情景，在眨眼、空白和扫视之间插入变化。对相关变化的探测比对无关变化的探测快得多，但即便如此，也要比不受干扰的情形多花180毫秒才能看见变化（Domhoefer, Unema, and Velichkovsky, 2002）。我们不仅在开车时会眨眼和转动眼球，挡风玻璃上的泥点也会干扰我们探测变化。O'Regan、Rensink和Clark（1999）就曾演示过，图像上短暂飞溅上的几块小斑点也会让人注意不到别处的大变化。类似的事件每时每刻都在路上和空中上演，这说明，如果在紧要关头有一片泥浆或一只大虫子撞上风挡玻璃，司机或飞行员可能会犯下怎样的危险错误。后来的实验发现，出人意料的是，驾驶专业性对于避免驾驶相关变化中的变化视盲没有帮助；而且驾驶视野边缘的相关变化比视野前方道路中央的消失点附近的变化更容易被探测到，而我们本来是指望司机聚焦在那个区域的（Galpin, Underwood, and Crundall, 2009）。

这些结果提出了疑问：在计算机屏幕上看到的静态图像到底能多近似地重现真实的驾驶场景？针对这些实验的一个总体的批评意见是，那些变化——比如一对夫妻头部后方的栏杆上升了一两米——是不真实的，一个适应得很好的视觉系统没有理由必须侦测到这些变化。而针对非注意视盲的某些研究在把实验室与现实结合方面，就做得好多了。

非注意视盲

有没有这种可能，如果你不关注某些事，你就看不见它？关注某事与对它有意识之间是如何关联的还很难解释（见第七章），但一种思考这种关联的方法来自对非注意视盲这一奇怪现象的研究，最早是由心理学家阿里安·麦克（Arien Mack）提出的。在多次试验的基础上，他总结道："我们鲜见所观之物，除非注意被引导至其上"（Mack, 2003, p.180）。

在典型的实验里，参与者被要求观看一块屏幕，注视一个标记（Mack and Rock, 1998）。一个十字架闪现了一下，其后他们需要做出判断：是水平臂长一点，还是垂直臂长一点。然后，在关键测试中，出人意料地出现了一个刺激——也许是一个黑色方块或是一个彩色形状。之后他们被问到，"在这次测试中，你有没有看到在前面的测试中没出现过的东西？"平均有25%的参与者回答"没有"。就算他们关注的十字架略微偏向注视点一侧，而出人意料的形状正落在中央凹上，情况也是如此。的确，在这种情形之下，他们可能更看不见那形状（有 60%～80% 的人说他们看不见），这说明当想要关注别的地方时，他们必须主动将注意限制在中央凹上才行。有趣的是，如果出人意料的刺激是一张笑脸图标或者参与者自己的名字，他们就更有可能注意到它，这说明那没有被看见的刺激物一定还是被做了某种程度的加工。

影片《我们当中的大猩猩》（Simons and Chabris，1999）为非注意视盲做了一次戏剧性的演示。在影片中可以看见两队学生在互相扔球，而观察者要仔细观察白队，记下该队传球的次数。事后他们被问及有没有看到影片中有什么异常之处。大多数人错过的是，一名女子身穿猩猩装，径直走进拍摄场地，转向镜头并以拇指指胸，然后从另一边走出镜头。如果你是观察者，重看影片并意识到你错过了什么，会十分震惊。在实验中，大约 50% 的观察者没有注意到那个穿猩猩装的人；他们更容易在计数任务变得容易时，或者在记录黑队传球数时（因为猩猩是黑色的），看到猩猩。

在美国国家航空和宇宙航行局（National Aeronautics and Space Administration，NASA）的一个实验中，同样令人震惊——并且更真实——的东西也被忽视了。飞行员在一个飞行模拟器中接受测试，在他们模拟降落时，跑道上放了另外一架飞机。新手飞行员反倒更可能发现这一障碍，而资深飞行员没能看到如此出人意料的东西。这与研究结果相吻合，结果表明，影响非注意视盲的最重要的因素是一个人自己关注的目标（Most et al.，2005）。想要看见自己没有真心关注的东西，实在是困难。

注意自然是必要的，但美国心理学家丹尼尔·莱文（Daniel Levin）和丹尼尔·西蒙斯（Daniel Simons）（1997）怀疑，是不是仅有注意就足够了（也可参见第七章）。他们在一个变化视盲的研究中制作了电影短片集，其中的每一段剪辑之间都有变化，不是在随意的位置，就是在注意的中央。在一个短片里，可以看见两名女子在吃饭时交谈。当摄影机拍摄一个新位置的时候，一名女子的围巾消失了，或者粉色的盘子被换成了白色的。没有几个观察者注意到了这些发生在中央位置的变化。在另一部短片中，一名演员坐在桌旁，站起身来接电话，并朝门口走去。然后插入了一个走廊的镜头，换了一名演员在那儿接电话。当 40 名参与者被要求描述他们看到的情景时，只有 33% 的人提到换了演员。很明显，仅仅关注影片的主要角色并不足以保证探测到变化。莱文和西蒙斯总结说，就算我们关注一个物体，还有可能并未建立一个足以将其与别的物体区分开来的专属于它的丰富表征。所以，尽管在适当的地方缺乏注意会被认为应该对很多变化视盲的结果负责，但关注适当的物体当然也不能保证它变化时我们就能注意到。

你也许会觉得自己对找出电视制片人和电影导演犯下的小错误很在行，但这些结果表明，其实很少有人注意这些不一致性——除了那些正好在关注有疑问的细节的人，而有时候连他们也注意不到。

这些效应并不局限于电影和实验室条件。西蒙斯和莱文（Simons and Levin, 1998）曾经安排一个实验员，在康奈尔大学的校园接近一名行人问路。在他们交谈时，两名男子扛着一扇门粗鲁地从他们中间穿过。第一个实验员抓住了门的背面，而之前扛着门的那个人放开了手，接替他继续谈话。只有一半行人注意到了这次换人。然后，当人们被问到是否认为自己会注意到这样一个变化时，他们都相信自己会——但他们很可能是错的。变化视盲和非注意视盲是魔术师的好资源（见概念3.1专栏）。

非注意视盲更严肃的意义跟变化视盲一样，包括了对司机和飞行员的启示。我们已经知道，开车时打电话会延迟反应速度、增加失误，但也可能引发非注意视盲。在一些实验当中，参与者专注于追踪动态显示中的移动物体，此时一个物体突然出现，呈现5秒（Scholl et al., 2003）。通常，约30%的人没有看见这一出人意料的事件；但当他们又在打电话时，虽然表现没有恶化，但是有90%的人看不到变化。

其后的研究表明，司机在与乘客交谈时的注意减退少于与别人通电话时，可能是由于乘客也知晓驾驶环境。在涉及拥挤的道路交通情景的驾驶模拟器中，司机或者跟乘客交谈，或者通过免提电话与人交谈，或者使用经过视频连接强化可

概念 3.1

魔术

如果发生在我们眼前的事情都可以视而不见，魔术师就可以好好利用这一事实，而他们真的在很久以前就开始这样做了。如今，有些魔术师，包括James Randi和John Teller，也在参与心理学研究（Kuhn et al., 2008; Macknik et al., 2008）。强烈的魔术体验设计了不可能的错觉，而为了产生这种错觉，魔术师必须利用我们对自然法则的错误假设，或者我们之所见与我们认为自己之所见之间的巨大鸿沟（Beth and Ekroll, 2015）。

在典型的戏法中，"效果"是观众看到的（或者是他们认为自己看到的），而"手法"是指魔术师如何达成这一效果。举例来说，观众可能"看见"一枚硬币从一只手传到了另一只手，而实际上它仍握在第一只手里。

在物理性误导中，魔术师使用移动、强烈对比或者惊讶元素来引导观众的注意力，然后在别处实施手法。他们可以用身体语言或玩笑来操纵注意水平，而在观众放松警惕时实施手法。在心理误导中，他们控制人们的预期和惊愕，给出诱使人得出不可能结论的错误线索，或者使用不同的手法重复同样的效果。最重要的是，他们操纵观察者的视线，知道观众视线会跟随魔术师自己的目光而动。

在一个简单魔术中，观众"看见"一个球飞到空中，其实它从未离开过魔术师挥动的手。一个世纪以前，心理学家兼魔术师诺曼·特里普利特（Norman Triplett, 1900）发现，儿童"看见"球是在魔术师和屋顶之间的某个地方消失的。在更近期的研究中，68%的观察者宣称当魔术师的目光随之移动的时候，他们看到了一个想象的球，相比之下，当他看着自己的手时，只有32%的人这么说（Kuhn et al., 2008）。时机也是最为关键的：

虚假转移与第二只拳头打开之间的时间差越大,硬币从一只手向另一只手移动的错觉就越弱(Beth and Ekroll, 2015)。还有其他研究调查了虚假转移中的手部移动和物体处理的重要性(Otero-Millan et al., 2011; Phillips, Natter, and Egan, 2015),以及大脑对魔术戏法的反应,与对其他惊奇事件的反应有何不同之处(Parris et al., 2009)。

对魔术的科学研究以及对认知的神奇研究都在迅速扩展,而在某些方面也不过是追上了魔术师已经了解了几个世纪的知识。研究者描述了"一种神经生物学上的不可信"(Parris et al., 2009)或者"一种围绕身体体验的科学"(Rensink and Kuhn, 2015)的发展状况,来告诉我们更多的关于认知和元认知的知识,以及为什么错觉有时候会带给我们如此的快乐。

以显示他们的脸和驾驶场景的免提电话。最后一种场景设置给了司机的通话对象与乘客通常会有的类似的信息量,将会车时的撞车次数减少到了跟与坐在邻座的乘客交谈时一样的水平(Gaspar et al., 2014)。研究者猜测,这是由于谈话伙伴不仅可以就出人意料的事件向司机发出警告,也可以根据交通变化情况调整他们的谈话,让司机可以更多地关注驾驶,并减少非注意视盲。

在更简单的任务中诱发"视盲"也令人震惊地再容易不过了,比如走路。人们在走路时使用手机,就会走得更慢,更经常变换方向,更不太会跟人打招呼,也更不太会注意到身旁有一个骑独轮车的小丑经过(Hyman et al., 2010)。因此,即使是像走路这样要求相对不高的活动,我们都很容易受到对注意的竞争性需求的影响,达到了效果上的"视盲"。然而,视盲有时候是可以派上用场的,不仅可以防止过劳,也允许"广告视盲(banner blindness)"出现,以避开不想要的广告宣传。说到底,保持选择性既是恩赐,也是诅咒。

视觉意识理论的含义

这些关于变化视盲和非注意视盲的结果对意识而言意味着什么呢?它们看上去像是在挑战过于简单的"视觉通路"理论,并且暗示视觉不仅仅是一个建立详细内部表征的过程,可以用来比较一个时刻与下一个时刻之间的景象。这些结果说明,我们并不占有我们觉得会需要的那么多的信息,而"从这个意义上看,丰富的视觉世界就是一个幻觉"(Blackmore et al., 1995, p.1075)。但显然还是有什么东西留下了,要不然,我们就不会有连续的感觉,甚至不会注意到整体情景是不是发生了变化。因此我们要谨慎小心,避免匆忙得出夸张的结论(Simons and Rensink, 2005)。

结果并没有证明我们未曾有过关于情景的详细表征,或者是在扫视过程中没有留存此刻之前所看到的情景的表征。如果一个短暂的原始表征被下一个情景覆盖了,我们也许就不能探测到变化,就算既有变化前的、也有变化后的情景表征也不行。我们可能会即刻拥有这场景的两个版本的表征，但还是不能对它们进行适当的比较。或者我们可能会精确表征了原始场景的细节，但在场景变化时未能及时更新，而是相信我们已经获取了需要的所有意义。我们甚至可能聪明地将两个表征合二为一，从每个表征中各留存一些特征，于是就从未注意到实际上有两个版本存在。因此，有很多种可能的解读，而关于有多少信息、何种信息得以留存、留存了多久以及对它们做了何等加工，理论家们的观点千差万别（Simons，2000）。

那些关注内部表征缺乏细节留存的理论家也许会用"粗疏的更高级表征"（Blackmore et al.，1995）或"极度简化的视觉表征"（Hayhoe，2000）来描述它。另外两种对其进行思考的方法是把它看作一个"要点"和一种"虚拟表征"。

要点法是作为一种对变化视盲进行直截了当的诠释的一部分提出来的，最初由西蒙斯和莱文（Simons and Levin，1997）提出。在任何一个单纯的注视过程中，我们都有丰富的视觉体验。从这些体验中，我们提取了意义或是情境的要点。然后，当我们转动眼球时，就得到了一个新的视觉体验，但要点如果保持一致，我们的感知系统就假设细节是相同的，我们也就因此不会注意到有变化。他们声称，这对于我们身处其中的快速变化和复杂的世界很有意义。我们得到了连续性的现象体验，而没有多少困惑。

加拿大心理学家 Ronald Rensink（2000）更激进一些。他提出，观察者从没建立起一个周遭世界的完整表征——即使在注视过程中也没有——也不存在积累内部图像的视觉缓冲区。相反，客观表征是根据需要一次一个地建立起来的。专注的注意从低层次加工过程中选取几个原对象，将它们捆绑起来放进一个"连贯区域"，来表征一个持续了一段时间的单独的客观物体。注意被解除后，物体失去了它的相关性并消解，或者重新掉回一个分离特征的非捆绑"汤锅"。

为了解释我们为什么觉得一次性地体验了那么多物体，却没有几个得到专注的注意，Rensink 辩称，视觉基于"虚拟表征"：这些都是从要点、空间布局和更长期的景象概要构建而来的。它们不是"建立自眼球运动和注意转移的结构，而是指引此类活动的结构"（Rensink，2000，p.36）。我们得到了丰富视觉世界的印象，因为总会有一个使用来自世界本身的信息的新表征，可以被"及时"地创造出来。这种表征有时候可能很稳定；有时候可能包含大量细节；但是它们绝不可能既稳定又详细。确实，眼动追踪证据表明，世界的表征时长可能只会跟两次眼动之间的注视时间差不多长（Tatler and Land，2011）。

O'Regan（1992）同意我们无须储存大量的视觉信息，因为我们可以"将

"我们可以将世界作为其自身的最佳模型来使用。"
（Clark，1997，p.29）

"看见就是一种……探索环境的行动。"
（O'Regan and Noë，2001，p.939）

"感觉就是我们所做某事的表征。"
（Humphrey，2006，p.117）

世界当成一个外部记忆体"来使用，或作为其最佳模型，但他更进一步，完全反对我们需要构建自己的内部模型的概念。他批评传统的视觉理论都建立在（即使它们不承认）一个假设之上，即在视觉感知中，视网膜影像的畸变和空隙会由大脑通过构建外部世界的详细模型来进行补偿，而这莫名其妙地创造了感知意识。他声称，视觉世界确实不是我们固有的或是建立起来的东西，而是我们行动的结果。

O'Regan 和 Noë（2001）提出了一个关于视觉和视觉意识的感觉运动理论——一种思考视觉的新方法，这要多谢像梅洛–庞蒂这样的现象学家，他们认为行动中的身体对理解意识至关重要："意识首先不是一个'我认为'的事物，而是'我能够'的事物"（Merleau-Ponty，1945/2002，p.159）。O'Regan 和 Noë 宣称，经典的视觉理论没有解释清楚内部表征是如何产生视觉意识的（难题的另一个版本）。在他们的理论中，难题被规避了，因为"外部世界就是作为其自身的外部表征"。与构建表征模型的概念相反，"看见是一种行动，它是一种探索环境的特别方式"（O'Regan and Noë，2001，p.939）。

更确切地说，一个生物体在掌握了感觉运动突发事件的运行规律后，就有了看见的体验——当它开发出可以从外部世界提取信息的技能时——来与视觉输入互动，并探索视觉输入随眼部运动、身体运动、眨眼和其他行动而变化的方式。依照这种观点，你所看见的东西不过是你当前正在"虚拟操纵"的景象的那些方面而已。如果你不跟世界互动，你就看不见任何东西。当你停止操纵世界的某些方面时，它就掉回了虚无。

而按照 Rensink 的虚拟表征论的观点，两次扫视之间的留存物不是一幅世界的图像，而是进一步探索所需要的信息。Karn 和 Hayhoe（2000）的一项研究证实，控制眼部运动的空间信息在两次扫视之间得以留存。这是否足以给出一个连续和稳定的错觉呢？

这个理论基本上是反直觉的，不仅仅是因为看见感觉上不像是在操纵世界的那些转瞬即逝的临时方面，而 O'Regan 将其比拟为你冰箱里的灯光。你每次打开冰箱门，灯就亮了。然后你关上门，怀疑它是不是还亮着。于是你打开门再看一遍，它还亮着（见图 3.10）。所以世界也是一样的：你看时，它总是在那儿，因此很容易认为你已经有了关于它的恒定详细的表征。

图 3.10　冰箱里的灯是永远亮着的吗？

感觉运动理论与大多数现有的感知理论都有很大的不同，

但它与具身或生成认知（enactive cognition）理论关系密切（见第八章）。它与直觉就是一种"延伸"的观点（Humphrey，1992，2006）、强调直觉与行动互为依存的理论（Hurley，1998）、J.J.吉布森（Gibson，1979）的感知的生态方法，以及更早期的梅洛-庞蒂的"意识不过是环境和行动的辩证法"（Merleau-Ponty，1942/1965，pp.168-169）的观点都很相似。看见并不意味着构建可以据此行动的关于世界的表征；看见、注意和体验都更像是各种各样的行动方式。

把视觉意识想象成一种行动而非一股图像流的方式，暴露了我们如何思考体验的某种深刻模式。这些理论不仅与更为传统的视觉理论相对立，而且跟我们先前看到的一样，也跟我们对视觉工作原理的直觉理解相对立。这可能会让我们怀疑：我怎么可能对自己的意识错得这么离谱呢？但是有很好的理由来解释为什么你可能会是这样的。无论视觉系统能不能以及怎样构建世界的神经模型的细节，它都异常契合一个目的：它的材质认定、突出物探测、对比控制及所有其他复杂的平行加工过程，都配合得如此完美，因而很容易相信，只要这些部分结合在一起，就能拼凑出图片一样详细的整体。但这张图片可能只是我们推断的结果，而非我们实际所要依靠的机制。我们能不能学会看见有这种推断出现的时候就提醒自己，这张图片可能只是一个效果，而非我们能很好地看见的原因，并将其遏止于未成之际呢？

这么做的想法有点让人害怕。"脑内图片"模型的吸引人之处，部分在于它承诺的稳定性和安全性；没有了这么一张图片，我们怎么可能在这世上安全可靠地发挥功能呢？难道我们不需要

概念 3.2

看见还是视盲？一个验证感觉运动理论的实验

按照Kevin O'Regan和Alva Noë的理论，"感知由对感觉运动突发事件的掌控构成"。看见，意味着对行动和输入之间的突变的操纵，比如转动眼球并改变了视觉输入。有一个思想实验提出了这个理论的一个荒诞的后果。

一名参与者凯文头上戴着一个显示器（见图3.11B和C），显示的是戴在第二个人阿尔瓦（见图3.11A）身上的眼动仪的输出内容。当阿尔瓦移动或环顾房间时，他看见的一切马上就会传输给"凯文"。凯文于是得到了跟阿尔瓦一模一样的视觉输入。凯文也可以做眼部运动，虽然阿尔瓦的眼部运动是与情景变化相对应的，但是凯文的确不是。这意味着凯文转动眼球时，没有对感觉运动突发事件的掌控。那会发生什么呢？你可能需要好好考虑一下自己的答案，再接着读下去。这里有三种可能：

1. 凯文看东西很正常。他在接收跟阿尔瓦一样的视觉输入信号，因此一定跟阿尔瓦看见的一样。
2. 凯文实际上是看不见的，因为尽管他接受了跟阿尔瓦一样的视觉输入信号，但他不能掌控输入信号和眼部运动之间的突变。
3. 也许凯文能够看到些什么，但跟阿尔瓦看见的不一样。

作者苏珊（Blackmore，2001）在对2001年论文的同行评论中提出，感觉运动理论做出了一项强烈的预测，那就是凯文实际上是看不见的，也没法辨认事物、判断距离、抓握物体或避开障碍。他很可能有其他的视觉残留，但是如果眼部运动与输入信号不相关，那么作为看

见的意义的支柱就不复存在了。

一张这世界的精确影像,从眼部传给大脑,然后再提供给其他所有引导认知和运动行为的过程,以便适当地思考和行动吗?它的吸引人之处也与习俗紧密相关:要把事物的视觉感受与我们从社会和文化中学来的观看习惯分离,就算不是不可能,也会是十分困难的。照相机的发明改变了我们看世界的方式(Berger,1972),而我们的世界也越来越多地被用来抓取和保持我们注意的影像所主导。它们是不是让脑内图像的古老直觉变得更加难以被驱逐出去了呢?

我们是从视觉通路的概念开始的,并假设它是一股内部图像或表征的流。而填充、非注意视盲以及变化视盲的结果,都对那个概念提出了质疑(Blackmore,2002),提出了视觉可能是一个宏大错觉的可能性。这只是魔术师提议的一个方面(例如 Frankish,2016a),它认为我们关于一切自我体验的观点都是错误的。

如果我们相信宏大的错觉理论是正确的,可能就会把视觉当作一种在世间的行动开始体验,而看见也可能不再感觉像是一股图像流了。这样的话,逃离错觉就会真正改变我们看世界的方式。

其他领域也可能为我们打开了这种可能性。意识体验的其他因素对于我们是谁的感觉同样重要,也可能会受到错觉的影响。本书的后面将解决自由意志的问题(见第九章),许多人认为它是我们之所以为人、之所以为善(而非恶)以及之所以有责任感(而非麻木不仁)的关键。我们将看到围绕"自由意志也被认为是一种错觉"而展开的异常激烈的争论:有些事跟看上去的不一样。我们希望,随着我们对这些概念的了解,一条贯穿全书的线索也会不断清晰起来:那个看

A

B　　　　　　　C

感觉运动理论			
	1 可以看见	2 看不见	3 其他
正确	5	11	6
错误	6	3	5

D

图 3.11 (A)阿尔瓦开始时。(B)凯文的选择1。(C)凯文的选择2。(D)对海报的回应(Blackmore,2007a)。跟预期的一样,认为感觉运动理论正确的人,多数认为凯文一定是看不见的,而不认同这个理论的人认为他看得见。然而还有部分人认同这一理论,但依然认为凯文能看得见。这只是一个思想实验,但也许能够帮助我们思考这种反直觉理论的各种后果。

来被万物环绕的构造，那个有意识的我的想法，我自己，我的本体，可能也是一个错觉（见第十六章）。

然而与此同时，我们要用最后一个想法来总结一下错觉。我们可能错看了自己的意识，这个想法本身就有点儿棘手。如果我们想要在"意识本身"和"意识在我们看来是怎样的"之间做出明确的区分，我们最终就会相信有两种不同的东西需要解释，然后又意识到，它们中的一个一定会对另一个产生影响：我们如何思考和谈论自己的意识体验，将会不可避免地影响体验本身。因此，也许错觉概念本身就是错误的，因为它要求有一个意识体验的现实，那样我们才可能对其产生错误的认知。也许不是这样的，而如同许多错觉论者相信的那样，一切都只是我们出错的方式而已。

她在一张海报中（Blackmore，2007a）请一个视觉会议的参会者们，包括 O'Regan 和 Noë，给出意见，并在网上收集其他人的意见。结果显示在图 3.11D 中。那些选择结果 1 的人，实际上是在反对 O'Regan 和 Noë 的理论，即便他们号称自己是同意的。那些选择结果 2 的人是在做出强烈——确实也非比寻常——的预测：两个正常视力的人，就算接收的视觉输入信号一模一样，也可能有完全不同的体验。如果是真的，将意味着我们对视觉的错觉比我们以前认为的深得多。

你可以在苏珊 2001 年的论文中阅读她的评论（p.977），并阅读作者的回应（p.1020）。

"错觉论者否认体验有现象属性，并重点关注如何解释为什么感觉上会有那些。"
（Frankish，2016b，p.14）

我现在看见了多少？

阅读文献

Dennett, D. C. (1991). Dismantling the witness protection program [excerpt]. *Consciousness explained* (pp.344–356). London: Little, Brown.
表征了填充并非必要的观点。

Komatsu, H. (2006). The neural mechanisms of perceptual filling-in. *Nature Reviews Neuroscience*, 7, 220–231.
从神经科学的角度提供了填充出现的证据。

Noë, A. (Ed.) (2002). Is the visual world a grand illusion? *Special issue of the Journal of Consciousness Studies*, 9(5–6).
开篇是 Noë 的一篇简短序言，后面是 14 篇争论宏大错觉的文章。

O'Regan, J. K., and Noë, A. (2001). A sensorimotor account of vision and visual consciousness. *Behavioral and Brain Sciences*, 24(5), 883–1031 (incl. commentaries and authors' response).
一个激进的突破，概念是视觉依靠对看到的东西建立的表征。

Simons, D. J., and Rensink, R. A. (2005). Change blindness: Past, present, and future. *Trends in Cognitive Sciences*, 9(1), 16–20.

我们从变化视盲中能和不能总结出什么，以及它带来了哪些进一步的问题？

Rensink, R. A., and Kuhn, G. (2015). A frame-work for using magic to study the mind. *Frontiers in Psychology, 5,* article 1508.

探索魔术师的手法和效果如何有助于研究意识心理和奇迹体验。

PART TWO

第二部分 人的大脑

第四章
神经科学与意识的关联

如果你能直接看见大脑内部，看到那里发生的一切，就能理解意识了吗？

一致论（identity theory）者说可以，他们认为心灵和大脑是完全相同的。如果我们能够在多种不同的组织层次上观察到足够的大脑活动细节，就能理解大脑所做的一切；既然意识就是大脑活动，接下来我们就能理解意识了。如哲学家丹·劳埃德（Dan Lloyd）所说的，我们会发现"实际上只有一套系统，而神经学的版本和现象学的版本不过是给同一个基本现实贴上了不同的标签罢了"（2004，p.299）。

"整个大脑对意识而言足够了。"
（Koch，2004，p. 87）

某些消除唯物主义者也说可以。按照定义，消除唯物主义者会消除心理属性，比如感受质；他们宣称，我们假设存在的心理状态其实不存在。尽管消除唯物主义者没有理由认为大脑必须提供所有的解决方案，但许多人就是这么认为的，主张思想的行为恰恰就是大脑的行为。

"心灵扩展论者（extended minders）"和其他具身认知（embodied cognition）理论家说不能。他们坚信神经活动本身不可能提供任何答案，我们需要将身体其他部分和环境因素也考虑进来。"你不是你的大脑。"Alva Noë 说道："意识不发生在大脑之内。这也就是我们无法对其神经基础做出很好解释的原因"（2009，

"意识不发生在大脑之内。"
（Noë，2009，p. 5）

p.5）。我们必须把人的经历、他们周围的世界和整个身体与那个世界的互动都包括进来。从这个观点出发，神经中心论（neurocentrism）的错误就是一种妄想谬误，它将"一种本应归因于动物的整体才有意义的属性"归因给动物的一部分（Bennett and Hacker，2003，p.240）。英国哲学家安迪·克拉克（Andy Clark）（Clark and Chalmers，1998；Clark，2008）把人想象为延伸的或"超大的"系统，它的"运行不仅是在神经系统之中，更要仰仗外部世界中的整个具身系统"（Clark，2008，p.14）（第八章将回顾这些观点）。

神秘主义者（mysterians）也说不能，但原因不一样。他们中的许多人宣称我们永远也不会理解意识：它不是人类的思想所能够掌握的东西。有些人，像斯蒂芬·平克（Pinker，2007，p.6），承认有一天我们或许能做到，但认为这实在不乐观：

> 大脑是进化的产物，就像动物大脑有它们的局限性一样，我们也有我们的局限。我们的大脑记不住 100 个数字，无法将七维空间视觉化，而且可能无法从直觉上理解加工观察外界的神经信息为什么会生成内部的主观体验。我的赌注可下在这儿了，尽管我承认如果有一个还没出生的天才——一个意识研究界的达尔文或爱因斯坦——提出一个新的概念，突然间一切都一清二楚了，那么这理论可能会土崩瓦解。

没有人否认大脑与意识有关联；他们只是从根本上不认同大脑的作用。不管用什么方法来观察大脑内部，显示出的都是一个神秘现象。用手术刀解剖人类的大脑，然后以裸眼观察，看到的是一点几千克重的灰不溜秋的软组织，表面褶皱，内情不详。给一片大脑切片染色并通过显微镜来观察，则显示出数十亿个神经元形成的巨大树状结构，遍布轴突和树突。将电极接到头皮上会提供一个表层活动的读数，而现代化扫描和统计分析方法给出了内部活动的彩色表征。但在每一种情况下，神秘都是显而易见的——这么一大坨带有电子和化学活动的物质是怎么跟意识体验扯上关系的？无论答案是什么，都值得我们稍微了解一下人类大脑的结构和功能。

人的大脑

据说，人的大脑是已知宇宙中最为复杂的物体，它包含大约 860 亿个神经元，它们之间由千万亿个突触连接，加上数十亿个支持性的神经胶质细胞，其中一些也参与了信号生成。按体重的比例计算，人类的大脑比其他任何动物都大，但组织方式基本类似。遍布全身的感知与运动神经元汇集到脊髓，向上与大脑根部的脑干相连。所有这些神经元总称为外周神经系统，而脊髓和脑［参见图4.1（彩）］构成了中枢神经系统。

脑干包含延髓、脑桥和中脑，对生命至关重要，不仅因为它拥有如此之多的神经通路，更因为它在控制心脏、呼吸和性功能以及觉醒方面的作用。

脊椎动物的网状结构与疼痛脱敏通路有关，并与其相关联，构成了网状激活系统，负责在由睡眠到清醒或由松弛的清醒到警醒的转化过程，激活广泛的皮层区域。自19世纪以来，人们就知道，不具备大脑皮层的动物仍可显示出由此系统控制的正常睡眠—清醒周期。对意识来说，其功能被认为是必要非充分的。

中脑后边是小脑，它的主要功能是运动控制，拥有丰富的神经链，上连运动皮层，下接脊髓小脑束，后者掌管对身体位置和行动效果的反馈。

中脑和大脑皮层之间是丘脑，包含若干中继区域，负责感觉输入，包括视觉、听觉、触觉以及运动功能。这些"中继站"不仅传递信号，还是进出大脑皮层的复杂回路的重要组成部分；大脑皮层位于丘脑上方及其周围。这些丘脑皮层环已被证明与意识有关（例如，Llinas and Ribary，2001；Trapp，Schroll，and Hamker，2010），并且在人体内进化得尤其好。

最后就是大脑皮层，它最古老和最靠里的部

概念 4.1

测绘大脑

单细胞记录

将极细的电极插入活细胞，记录它们的电活动。这项技术广泛用于动物研究，但在人类研究中很少见。

脑电图

脑电图（electroencephalogram，EEG）使用连接于头皮的电极，来测量大脑底层区域多细胞联合活动所产生的电位变化。人类EEG首先由德国精神病理学家汉斯·伯杰（Hans Berger）于1929年提出，他演示了静息α节律（每秒8~12个循环）可被睁眼或做心算的活动阻断。到20世纪60年代，计算机的普及促进了事件相关电位（event-related potentials，ERP）的研究，包括特定刺激反应诱发电位、反应准备过程中缓慢形成的准备电位，以及突发事件关联电位。尽管EEG空间分辨率较弱，但因其时间分辨率较好，仍不失为一种有价值的研究工具。

X射线计算层析成像

X射线计算层析成像（X-ray computed tomography，CT）扫描开发于20世纪70年代初期，用X射线以多角度透视身体，测量其穿透不同组织时的衰减，由计算机生成组织密度图像。这一构造图像的同一数学技巧也被用于更新形式的扫描。

正电子发射断层扫描

正电子发射断层扫描（positron emission tomography，PET）是一种在施用放射性物质后，进行放射性分布成像的技术。在PET中，发射正电子的原子被掺入葡萄糖或氧分子中，使脑代谢和血流可以被直接测量。辐射探测器在头部环状排列成数圈，可同时对大脑的数个切面展开研究。PET的空间分辨率很好，但时间分辨率较差，还有一个额外的劣势，就是必须使用放射技术。

核磁共振

核磁共振（nuclear magnetic resonance，MRI）可对某些原子核被置入磁场并被射频能量激发后释放的辐射信号（如 ^1H、^{13}C 和 ^{31}P）进行测量。释放的辐射信号提供了原子核的化学环境信息。在20世纪70年代，在人体内使用氢原子成像的想法被发展成为 fMRI 技术（功能性核磁共振），它可以提供活体大脑非常详细的图像。早期的方法需要注射一种顺磁物质，但到20世纪90年代，出现了完全的非侵入式方法，包括 BOLD（血氧水平依赖）对比法，它可以对局部脑代谢进行测量。fMRI 只能间接测量神经活动，依靠的是神经活动的代谢和血液动力学反应，这限制了它的时间分辨率。为了扫描大脑，需将头部置于扫描仪器内部并保持静止。结果使用人工设色显示，生成人们熟悉的脑部活动彩色图像。虽然这些输出图像看上去很像脑部活动的直接展示，但它们其实经过了多级加工和统计分析，因此必须小心谨慎地进行解读：读数会受到每个加工阶段的噪声影响；而当一整套"标准预设条件"不能得到满足时，就容易出现虚假的正向指标（Eklund, Nichols, and Knutsson, 2016）——容易到一条僵死的北极鲑鱼都像是正在执行观点采集任务（Bennett, Miller, and Wolford, 2009）；而像呼吸这样的基本变量都可以变成严重的干扰（Birn et al., 2006; Huijbers et al., 2014）。如今，出现了无数的开放科学举措，旨在提高 fMRI 研究的有效性和可重复性，但我们必须记住它的局限性。

经颅磁刺激

经颅磁刺激（positron emission tomography，TMS），或可重复经颅磁刺激（rTMS），就是使用悬垂于脑部上方的一个线圈来生成脉冲磁场，通过局部弱电流来刺激关注区域的神经元。刺激运动区域会诱发非随意动作，而如果能通过扫描确定被刺激的准确区域，就能对运动皮层进行精确测绘。同样，也可对视觉或语言区进行测绘，因为 TMS 会对刺激区域的功能进行抑制。TMS 也可用来诱发特定体验或改变意识状态（见第十三章）。

分叫边缘系统，在许多其他动物体内很常见，有时被称为爬行类脑。这包括许多与意识有关的结构：海马体——对储存长期记忆和构建认知地图至关重要；杏仁核——在奖励和情感中发挥作用；下丘脑——规范自主系统，包括血压、心率和性唤起；扣带回——它与情感、疼痛和运动反应有关。这些都藏在新皮层的下方。

> 如果一个人试图通过修复大脑来减轻大脑衰退的痛苦，他一定会尊重物质世界、物质世界的极限，以及物质世界所能维持的东西——意识。于他，这并非信条，他知道这是一个司空见惯的事实，心智是大脑——纯粹的物质——的活动。如果这值得惊叹，也应值得好奇；挑战应是那真实的，而非那神奇的。
>
> ——伊恩·麦克尤恩（Ian McEwan）
> 《礼拜六》（*Saturday*，2005，p.67）

在人类的进化过程中，新皮层的扩展超过其他任何部分，变成深邃的叠层，在脑白质（有髓神经轴突）之上形成了脑灰质（神经元体和无髓神经纤维）的巨大表层区。两种主要的神经元是兴奋性锥体细胞和抑制性中间神经元（见图4.2）。大部分皮层被分成六层，第一层在最外面。也有显示功能组织的立柱体，比如与临近的皮肤或肌肉区或者视觉区相关的组织。感觉区大致按层级结构分布：加工层彼此叠压，职责近似的神经元互相靠近；但没有一个区域与其他区域是隔开的，到处都是长长的皮层–皮层链和皮层–丘脑环，形成了一个内部紧密相连的系统，没有绝对的顶级。

大脑皮层的两个半球由脑白质连接，包括较

小的前连合区和较大的胼胝体，后者是位于皮层下的一条约有 2 亿条神经纤维的宽带。每个半球有四个叶［见图 4.1（彩）］。尽管它们最开始是按外观标记的，但后来发现是大致按功能来划分的：枕叶加工视觉；顶叶包括感觉联合区与躯体感觉区和背侧通路；颞叶涉及听觉区和记忆功能，还有腹侧通路；人类的额叶尤其大，负责加工前瞻计划与执行功能。

想要理解意识的神经基础，需要更多更广的细节（可参考如 Baars and Gage，2010），但是对于主要兴趣是心理学或哲学的人来说，这种肤浅的概述应该足够了。我们现在可以开始观察大脑内部了。但是我们要找什么呢？

避开谜团（或解决"容易的问题"）最流行的方法就是寻找"意识的神经关联"。

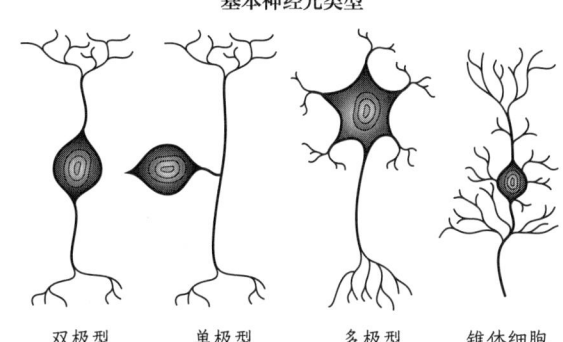

图 4.2 一部分基本的神经元类型。

先于因果的关联

研究意识的神经关联背后的想法是要测量神经功能的某些方面，然后将它与意识体验的报告关联起来（Metzinger，2000）。"对比方法"涉及对特定行为或感知有意识与无意识状态的神经功能进行比较测量（Baars，1997a，1997b；Aru et al.，2012）。但应该测量哪个方面呢？人们在从单个分子到大型神经元组织的各种规模上做过各种测量，提出过各种理论，因为还不清楚我们到底应该寻找什么样的关联。

寻找意识的神经关联的经典方法是关注视觉，特别是视觉竞争现象；该现象发生时，知觉会随着选择的不同而变化。

竞争现象的一种形式与两可图有关。例如，观察图 4.3 中的内克尔立方体（Necker cube）。双眼紧盯中央黑点，看看会发生什么？这个简单图形可以用两种互不相容的方法来进行深度解读。尽管一直保持视线没动，你应该也能发现，立方体会在两种解读之间来回翻动。不可能同时看见两个，或者将两个图像合二为一，因此你就体验到了两者之间的变化或竞争。

与此相反，当双眼被展示了不同的图像时，就出现了双目竞争。例如，可能给右眼展示一幅海边的图片，而给左眼展示一张脸；或者

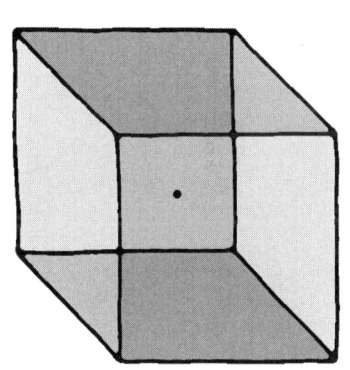

图 4.3 内克尔立方体：视觉竞争的简单例证。观察立方体时注视中央的黑点。会出现两个同等的解读，时时变化：一个是正面在上、整体朝左，一个是正面在下、整体朝右。你也许能有意翻转视图，并改变翻转的速度。

给左眼展示垂直光栅，给右眼展示水平光栅。在这些例子中，脸部和海洋无法合并成一张图片，两种光栅也融合不成一片方格。相反，知觉像是在两者之间来回翻转。

这是怎么回事呢？早期理论认为，发生翻转是因为眼部运动或其他周边效应，但保持眼球静止并不能停止翻转，而周边理论的结局也不乐观。看起来翻转更像是出现在视觉系统的上层。但这跟主观体验又有什么关系呢？感觉上像是两个图像在竞争意识的关注。仿佛第一个先接通了意识，所以你才注意到这个图像；然后是另一个。这个简单的现象为调查客观事实（眼部输入、视觉系统事件等）与主观事实（显示对第一个图像有意识，然后是另一个）之间的关系提供了一个理想的状况。

首批使用双眼竞争寻找意识的神经关联的实验是在猕猴身上完成的（Logothetis and Schall，1989；Sheinberg and Logothetis，1997）。猕猴经过训练可以通过推动操纵杆来报告它们看见了两幅图中的哪一幅，而它们的反应与我们极为类似。例如，当给一只眼睛显示垂直光栅而给另一只眼睛显示水平光栅，或是朝不同方向移动的光栅时，它们可以推动操纵杆，表示看见了从一幅图到另一幅图的翻转变化。洛戈塞蒂斯（Logothetis）及其同事就这样训练猴子，记录下大脑不同区域的单个细胞活动（见图4.4）。他们在寻找这样的活动区域：其反应不是来自无变化的视觉输入，而是来自猴子的行为所报告的知觉变化。

位于早期视觉皮层——如 V_1 区——的细胞会对不变的输入信号做出响应。例如，有些细胞会响应垂直条纹，有些会响应不同方向的运动，而有些则响应特定的刺激，但它们的行为在猴子的知觉变化时并没有发生变化。在视觉通路的更深处（例如，颞中回和 V_4 区），有些细胞对猴子报告的视觉影像有响应。最终，在颞下回里，几乎所有的细胞都对猕猴报告的所见内容改变了它们的响应。因此，如果猴子推动操纵杆来表示发生了翻转，活动细胞会停止激发，而另一组细胞则开始激活。感觉上，这个区域的活动好像对猕猴有意识看到的东西有响应。

这是否意味着意识的神经关联存在于颞下

图4.4 洛戈塞蒂斯（Logothetis）的实验背后的原理。当给猴子的每只眼睛显示不同的东西时，它们跟人类一样报告了双眼竞争。它们不能说话，但可以通过按压操纵杆来表明当前所见图像。

回？有一个问题，与意识的联系依靠的是假设猕猴是在有意识地进行感知。从它们的反应来看，这似乎很有道理，但是我们当然不可能确认；而那些相信语言对意识是必要的人会争辩说，猕猴的反应并没有告诉我们关于人类意识的任何事情（见第十章）。从这些早期实验开始，也出现了可用于人类的技术，本章后面会回顾这个议题。目前建议在考虑这项研究带来的一些复杂问题的时候，记住这个基本的实验方法。

某些神经科学家，特别是弗朗西斯·克里克和克里斯托弗·科克（Crick and Koch，2003），主张忽略理论和哲学问题，而着手寻找跨越广泛意识体验范畴的关联。

> 我支持以发现意识的神经关联为最终目的的实验项目。这些都是一个个大脑机制和时间的小板块，足以产生某些特殊的意识感觉，可以简单如红色，也可以复杂如看见图书封皮上描绘的丛林景象而激发的感性、神秘和原始的感觉。
>
> （Koch，2004，pp.xv-xvi）

思考意识的神经关联时，重要的是要记住对"关联"一词的诸多警告，毕竟关联与成因无关。人们在处理像意识这样难以把握的事物时，特别容易掉进这个熟悉的陷阱。当你在 A 和 B 两个事件当中观察到关联时，会有三种可能的原因来解释：A 导致了 B；B 导致了 A；某个其他的事件或进程 C，导致了 A 和 B。此外，A 和 B 实际上还有可能是同一件事，尽管看上去不太像。

> 相关不等于因果。

在某些情况下，正确的解释是显而易见的。设想你在火车站，经常会看见数以百计的人在站台上聚集，之后总是会有一列火车开到。如果相关必然意味着因果，你会得出是站台上的人导致列车出现的结论。但你显然不会这样做，因为你知道这两者的成因都是另外一件事：铁路时刻表。但说到意识，事情就没那么明显了，而我们很容易就得出错误的结论。按丹·韦格纳（如 Wegner，2005）关于自觉意志的说法（见第九章），正是这种关联和成因之间的困惑造成了是我们的思想导致了行为的错觉，实际上，两者都是之前的神经活动引发的。类似的，第三章谈到，不是头脑里的图像制造了一个丰富、统一的视觉体验，而可能是类图像式体验以及类图像式机制的错觉导致了我们的视觉和运动系统的适应性适合。

因此，当我们发现了神经事件和意识体验之间的关联时，就必须考虑所有这些可能性。也许是神经事件导致了意识体验。也许是意识体验导致了神经事件。也许是别的什么同时导致了这两者。也许神经事件就是意识体验。也许我们过度曲解了它们中的一个或另一个，结果哪个都不对。

有意识的视觉

著名的 DNA 结构共同发现者弗朗西斯·克里克（Francis Crick）是首批寻找意识的神经关联的科学家之一。他抛开哲学，采用了一种彻头彻尾的简化论方法。他主张："我们不必跟难题硬碰硬。我们应该尝试找出那些对我们有意识的事物有反应的神经关联"（in Blackmore，2005，p.69）。他解释说，他在寻找与"我们眼前的美景在大脑里的生动表征"的关联（Crick，1994，p.207）。他一直跟克里斯托弗·科克紧密合作，寻找"足以共同产生特定意识知觉的最小神经元事件集合"（Koch，2004，p.104），直至 2004 年去世。所以，他们没有寻找普遍意义上的意识的神经关联，而是在寻找特定体验的神经关联。克里克说，他们之所以选择视觉，"是因为人类是非常视觉的动物，而且我们的视觉觉知在信息上格外生动和丰富"（Crick，1997，p.21）。另外，视觉输入也相对容易控制；我们对灵长类视觉系统了解得很细致，而高级灵长类的视觉系统与我们的类似。从某种程度上讲，视觉得到了如此深入的研究，远远超过了其他感觉，这其实挺遗憾的；但它在意识的神经关联的研究中占有重要位置。因此，本节将第三章的讨论扩展开，进一步深入视觉的神经科学。但请注意，这个领域内如此多的研究都在假设视觉体验通过丰富的心理表征进行支持，而第三章已经表明这个假设问题多多。

他们刚开始着手时，克里克就说："到目前为止，我们找不到与眼前所见世界的生动画面准确对应的单独的神经活动区域"（Crick，1994，p.159）。但他知道自己在找什么——与那种"生动画面"对应的东西。他和科克把他们的工作假设为"意识的框架"进行展开（Crick and Koch，2003）。他们提出，大脑的前部是一种无意识的小矮人，它和许多遍布大脑各处的"僵尸"加工模式一道，负责观察感官区，包含了许多与思想、影像和感知表征相对应的神经元瞬时联盟。这种联盟或神经集合的概念可以追溯到半个多世纪以前的唐纳德·赫布（Donald Hebb，1949），但它已经被一种更好理解的大量神经元如何协同工作的概念转化了。克里克和科克认为，这些持续变化的联盟之间彼此竞争，而注意会被它们之间的竞争带偏。而视觉呢，神经活动被快速逐级传导至额叶皮

> "最小的神经元事件和机制共同为特定意识知觉提供了充分的信息。"
>
> （Koch，2004，p.104）

> "到目前为止，我们找不到与眼前所见世界的生动画面准确对应的单独的神经活动区域。"
>
> （Crick，1994，p.159）

层，提供了景象的有意识要点，然后再比较缓慢地逐级传回，以补充细节。回想一下第三章讨论过的脑内图像的理论，克里克和科克主张，有意识的视觉就像一系列"喷涂"上了动作的快照。

随着这个框架的就位，他们开始尝试寻找意识的神经关联。"首先你需要了解是不是那一组组的细胞在放电，是不是它们在以特定方式放电，是两者的结合，还是别的什么"（in Blackmore, 2005, p.70）。克里克在这里指的是思考意识的神经关联的各种不同可能性的方法——某一处、某一组特定神经元或者某一种特殊形态的细胞放电。问题在于，如果有些过程是有意识的，而有些不是，这"神奇的区别"在哪里呢？是不是有些细胞有一种特别的额外营养素？是不是有些放电模式能够"创造"或"生成"主观体验，而其他的就不行？是不是把细胞按某种特别方式结合起来或者组成特定大小的群组，这些细胞就能产生出意识，而其他的就不行？

这样问的话，没有一个选项听上去是合理的。如果你是在找意识的神经关联，按定义看，你应该信任难题，但常常变成你解决不了问题，只是最后在建议它适用于某些大脑区域或过程，但不适用于其他的。然而，这没有打消研究者的热情，他们将神经成像研究中确定的区域描述为视觉意识区域（ffytche, 2000），或者产生意识的区域（Chalmers, 2000），而与之有关的大脑加工过程都"富含感受质，而非那些缺少感受质的"（Ramachandran and Hubbard, 2001, p.24）。同时，克里克和科克建议，"跟感受质关联的是计算的瞬态结果；多数得出这些结果的计算都可能是无意识的"（Crick and Koch, 2000, p.104）。类似的，雷·杰肯道夫（Ray Jackendoff, 1987）和杰西·普林茨（Jesse Prinz, 2007）也尝试在判断视觉等级的不同状态中，哪些种类的信息是经过编码的，以及它与意识视觉体验特征的对应关系有多强。普林茨问道："从哪里，这信息之流啊，生出了意识？"他总结说："意识状态就是由注意调节的中介层面的表征"（Prinz, 2007, pp.247, 258）。

意识发生在某个地方的概念就是丹尼特使用笛卡尔剧院的比喻（第一章提过，并将在第五章里了解更多）归纳出来的特色：一个所有事物聚集在一处的地方，意识就在那里产生。在笛卡尔的松果体概念中，它被极端地视为灵魂的坐席，而在被威廉·詹姆斯公开嘲弄的观点里，它是一个"教皇神经元"，"我们"的意识就附生其上。我们知道，脑部的任何区域出现损伤，都会对意识产生某种影响，因此在某种意义上，整个大脑都与此有关。詹姆斯的观点就是这样。他说："意识，其本身是一个完整的事物，不由部分组成；它在当下'响应'大脑的整体活动,无论活动为何"(James,1890,i,p.177)。但他没有这样就能够解决问题的错觉:"当然,在思想与大脑关系的研究中,终极问题中的终极问题,就是理解如此不同的事物,为什么会以及是怎样连接在一起的"(James,1890,i,p.177)。这就是他自己版本的**难题**,无论在哪个领域都受青睐,不管是离散式的还是分布式的。

"桥接位点(bridge locus)"的概念由视觉研究者们在 20 世纪 80 年代提出,用以指代一个可定位的大脑部分,这个部分可以跨越内部与外部世界之间、物质与意识之间的鸿沟(Movshon,2013)。桥接位点的神经活动对视觉意识将是充分必要的:"这些桥接位点神经元所呈现的特定活动模式,对特定感知状态的出现是必要的;视觉系统其他部分的神经活动则不是"(Teller and Pugh,1983,p.581)。视觉意识的过量载荷即使没有明确调用桥接位点,感觉上也在假设有什么与之类似的东西会被发现。正如视觉科学家 Anthony Movshon 所言:"如今在神经科学领域,大量的精力都倾注到了定位大脑特定功能的工作上。如果不考虑所讨论的功能在大脑内的'位置',关于感知、认知或行动的谈话就进行不下去"(Movshon,2013,p.221)。

在此必须牢记,对特定认知功能相关大脑区域的认定,与尝试寻找负责意识体验的区域之间是有区别的。即便 fMRI 和其他扫描方法找到了越来越多的与特定体验或行动相关联的活动位置,但这与对意识的神经关联的研究很不一样,后者是要尝试找出专门负责意识体验的大脑区域,而不是无意识加工区域。

拿视觉来举例,就能看到这种区别。对视觉系统的理解很充分,它大致有 10 条单独的平行通路,由眼部通往大脑的不同区域。约有 85% 的视觉细胞集中在主通路内,这条通路穿过丘脑外侧膝状体,通往枕叶内的初级视觉皮层区(V_1 区),然后生出更多的发散通路,通向 V_2 ~ V_5 区、颞中回和许多其他功能各异的区域;剩余的通路则经过丘脑视上丘,通向其他不同的皮层区和皮层下区。很久以前我们就知道,眼部、丘脑和 V_1 区的损伤会导致失明,因此,这些前端区域对意识视觉是必要的(也可参见第八章关于盲视的内容),但也许不充分。反之,V_1 区有活动但未连接更高级区域的患者自诉没有视觉体验,而这同样适用于其他感觉。

处于"持续性植物状态"的患者被描述为处于无知觉苏醒态,介于"昏迷"(此状态下的患者双眼紧闭,对任何刺激均无反应)和"最低意识状态"(此状态下的患者有某种反应或不一致的意识迹象)之间。比利时神经学家 Steven Laureys(2005)运用在通常情况下会很痛苦的电刺激法对几名患者进行了测试；测试在脑干、丘脑和初级躯体感觉皮层中引发了活动，但在更高级的顶叶和前扣带皮层内的痛觉矩阵中没有引起反应。类似地，响亮的声音可以激活初级听觉皮层，闪光可以激活初级视觉皮层，但在两种情形中的更高级关联区域内都没有引发活动（Di et al., 2008）。Laureys 总结说，持续性植物状态的成因是初级感觉区域与额－顶网络之间的连接断开了，而"初级皮层的神经活动对知觉虽为必要，但不充分"（Laureys, 2005, p.558）。

其他证据来自一些研究，其中 V_1 区的细胞表明它们可以适应看不见的刺激；还有这样一个事实，就是在有梦睡眠中，即便报告了生动的视觉梦境，V_1 区仍然受到抑制。使用猕猴单细胞记录的多项研究表明，V_1 区的细胞分辨不出眼动造成的运动和景象移动造成的运动之间有什么区别，而视觉等级里更高级别的细胞就能做到——它们也必须做到，要不然你就会认为，每次你动动眼球，世界也跟着动了。科克由此结合其他证据总结道："V_1 区对正常的看见是必需的——眼球也一样——但 V_1 区的神经元对现象体验没有贡献"（Koch, 2004, p.105）。

这个结论感觉上令人好奇：V_1 区怎么可能既被正常观看所必要、又对现象体验没有任何贡献呢？此处的支持性假设似乎是这样的：神经系统中的大多数活动都是无意识的，而"只有极少数的感觉数据传送给了知觉"（Koch, 2004, p.170）。所有这些无意识的事物都是意识体验的必要先导，但不直接负责产生意识。很清楚，这是一个笛卡尔唯物主义式的描述——依赖的是意识与无意识加工之间的神奇区别——但它留下了未曾触及的问题：神经元的物理活动"传送给了知觉"会是什么意思？

对于意识的神经关联的研究的默认立场就是简单地忽视这些问题。举个例子，近期一项针对"意识与无意识视觉加工对比之全脑 fMRI 研究"的元分析总结说，视觉意识的神经关联包含"一种皮层下的额外－额顶－顶叶网络，包括：枕下回和枕中回；梭状回；颞下回；尾状核；前岛叶；额下回、额中回和额上回，以及中央前回；楔前叶；顶内沟；下顶叶和上顶叶"（Bisenius et al., 2015, p.180），并将这些结果与 Stanislas Dehaene 的全脑神经元工作空间理论联系起来（见第五章）。科克早期曾支持过宽泛的额顶网络，他的立场此时转变成了一种更严格的意识"后皮层热区（posterior cortical hot zone）"（Koch et al., 2016）。但同样的，也没有提及难题，或是在这份令人印象深刻的清单里，除了与自诉看到视觉刺激有关联之外，到底还有哪些区域真正与意识有关。

另一个实验与眼动和意识知觉有关。我们可能会假设，我们通常会对眼睛注视的东西有意识，但 Miriam Spering 和 Marisa Carrasco（2015）给出的汇总性证据表明，在眼动与可自诉的意识知觉之间，根本没有紧密的连接关系。自诉体验与眼动之间的不相关性可能才是正常的，而不是例外。例如，观看魔术师假装向空中投掷小球时，观察者的眼动不是追踪想象中的小球，而是仍然注视着魔术师的脸部，不管他们是否体验到错觉。这可能是因为他们正看着魔术师的凝视方向（见概念3.1）。作者们说，"运动系统对不进入认知的视觉信息的取用可能有助于管理有限的生物能资源"（p.256）。这一点假设了意识需要额外的能量，它是对功能性认知的选择性附加。当然，这也引出了意识到底为什么会存在的问题，而大脑中（或其他地方）又要有什么不一样才会产生或不产生意识？

> "很难理解意识体验的神经关联，如何能从伴随这些意识体验的各种事物当中分离开来。"
>
> （Aldolphs，2015，p.174）

这些例子给出了构成该领域所有研究基础的主要方法论和哲学问题，但这些问题基本上都没有得到解答。爱沙尼亚神经科学家 Jaan Aru 和 Talis Bachmann（2015，p.1）提出了反映这一事物状态的说法，他们说，尽管有过去25年中进行过的所有研究，"但还是不清楚这些研究有多少是与理解意识体验的神经基础直接相关的"。他们的观点是"许多使用不同实验范式的研究依靠的是有意识知觉和无意识知觉实验的反差，但是这种反差不能有选择性地解释意识的神经关联"（2015，p.1），因为所研究的过程在现实中可能不在意识体验之前就在其后，而非直接与之相关。加州理工大学心理学、神经科学和生物学教授 Ralph Adolphs 用类似的语言指出，意识的概念问题（**难题**）令人费解且恶名远扬，而对意识的方法论问题，也同样不可低估：

> 很难理解，意识体验的神经关联怎么才能与伴随这样的意识体验的各种事物分离开（我们自己对它的取用，需要对它进行报告、可能产生体验的前情事件，以及模糊地融入了意识基础元件的其他事件）。
>
> （Aldophs，2015，p.174）

也就是说，我们认为自己在研究意识体验的关联时，可能实际上是在研究意识关联的关联，或是意识先导的关联，或是意识取用的关联……

另有一种批评意见说，研究忽略了现象意识（P意识）和取用意识（A意识）之间的区别。布洛克的区别（Block，2007）意味着有两种意识的神经关联——现象意识的神经关联和取用意识的神经关联——而不是一种。哲学家 Benjamin Kozuch（2015）抛出了一个概念，自诉报告中的缺失并不意味着相关的大脑区域所表征的内容会从体验中消失。相反，这可能意味着即便有人对它有意识，这样的内容也可能是无法进行认知取用的。Kozuch 坚持认为存在"人可以有某种有意识的心理状态而不自知"（2015，p.146）的可能性——也就是有 P 意识而无 A 意识。在他看来，人们所说的是他们在寻找意识的"关联"，实际上他们真正想找的是它的"基础"，这对于意识来说是最低限度的，不包括任何非必要关联。

此类思考意味着要接受两个关键原则：P 意识和 A 意识的区别；不同大脑区域"代表"不同"内容"的主张。Alva Noë 和 Evan Thompson 批评了第二个原则，用他们所谓的"内容匹配学说"概括了这些问题：他们相信，"意识神经科学的首要任务是揭示其内容与意识内容系统匹配的神经表征系统"（Noë and Thompson，2004，pp.3-4）。他们挑战了多数神经科学家的信念，即首先一定会有足够产生体验的神经基质；其次，它与意识体验的内容之间要有一对一的映射。查默斯（Chalmers，2000）称之为内容意识的神经关联，他说这是意识的神经关联的"中心例证"；而当克里克和科克说起"无论何时，只要意识的神经关联中有信息表征，它就会在意识里得到表征"（Crick and Koch，1998，p.98），他们就是在这种概念上展开研究的。

Noë 和 Thompson（2004）列出了内容匹配说行不通的几个原因：他们声称，知觉的内容结构是自生的，在本质上是体验式的，主动而有注意，存在于个体层面而非亚个体层面，而这些没有一种可以说具备了神经活动。比如，感知体验的定义特质之一就是它永远来自一个观点："动物和人都在体验眼前的世界，但是神经元不会"（Noë and Thompson，2004，p.16）。换言之，神经科学家落入了妄想谬误的圈套。类似的，就像第三章谈到的，隐蔽的部分，比如一只猫隐藏在栏杆后的部位，看来也被感知表征出来了，就算你没有真正看到它们。于是他们总结，神经科学要远离关联的概念以及定义意识的神经关联的工作内容。

"一切感受质均由大脑体验，无一可从具身大脑之外客观触及。"
（Feinberg and Mallatt，2016，p.225）

"神经表征系统与体验内容之间不可能有对应关系。"
（Noë and Thompson，2004，p.88）

争抢意识

不管哲学能不能帮上忙，对意识的神经关联的寻找一直在以各种形式继续着。本章早先描述过的实验通过猴子得以展开，因为你在道德上不能把电极插入活体的人脑；但神经影像学的发展使对人类展开同样的研究成为可能。Lumer、Friston 和 Rees（1998）使用 fMRI 来侦测双目竞争过程中的变化（见

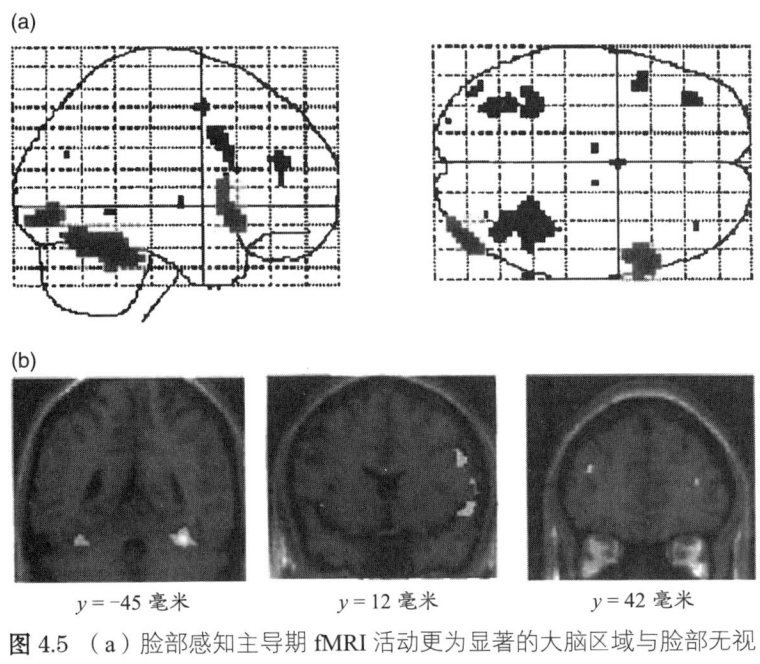

图 4.5 （a）脸部感知主导期 fMRI 活动更为显著的大脑区域与脸部无视期的活动对比，显示为标准立体空间表征（精确 3D 定位）透视投射侧视图（左）和俯视图（右）。（b）脸部感知期选定冠状断层活动状态图，覆盖于标准化解剖 MRI 影像之上。图像显示梭状回（左）、额叶中下回（中）和背外侧前额叶皮层（右）有活动。与前连合的距离显示在每个冠状断层图之下（Lumer，2000）。

图 4.5）。参与者戴上立体眼镜，然后一只眼前显示漂移的红色光栅，另一只眼前显示一张绿色的脸。

他们按动不同的键来表示他们有意识地看见了哪个图像。这些异常不同的刺激物让实验者们能够调查专管事实分析以及色彩和形状的脑区活动。他们在寻找看见脸部期间比看见光栅期间活动得更为活跃的区域。他们在腹侧通路的枕颞区双侧（大脑的两个侧面）都有所发现，包括已知与脸部加工相关的梭状回的某些部分。此外，他们发现许多前额区域的活动与所看到的图像相关。

他们也对翻转过程本身进行了调查。为此，他们记录了参与者的一系列按键结果，然后给他们回放同样顺序的影像，这样他们就可以比较大脑对绝对相同顺序的影像做出的活动；但有一个重要的不同，就是在一个案例中，翻转是自发性的，而在另一个案例中，它是预先设定好的。两个案例之间的活动区别应该可以显示大脑中的哪些区域与引发翻转相关。在多个区域都发现了此类不同，包括顶叶和额叶皮层的某些部分，以前就认为它们参与了选择性注意（Lumer，2000）。这些结果加深了一种印象，即意识视觉体验与 V_1 区或其他感觉通路前端部分的活动无关，而与更中央的区域有关。

我们对双目竞争提出的其他问题更多是理论性的。早在 1901 年就提出过一种理论，认为对两眼内容进行编码的神经元之间会交互抑制。当前主导的内容抑制了受抑制内容，但相关的神经元会开始习惯，减弱抑制作用，允许受抑制内容再次胜出，直至同样的过程反向发生。这就预示着主导眼的敏感性会逐渐减退，而受抑制眼的敏感性将增强。Alais、Cass 和 O'Shea（2010）对此进行过调查，他们随机进行了一种短暂的探针刺激（在图像的底部或顶部给出反差变化），平均间隔 3 秒，然后对参与者的反应速度进行计时。结果清晰地显示，在主导期开始时，主导图像的探针敏感性较高，受抑制图像较低；但在该时期末段，这种区别则向着同等敏感性减弱。这个结果支持了"适应性交互抑制模型"。有意思的是，竞争体验没有相应的变化：尽管有人会在转换时刻短暂地看到复合图像，但主导刺激在被受抑制刺激代替之前，看起来并没有消退。

看看受抑制眼的行为，这些实验也表明，观察者显然可以对他们没有意识知觉的刺激做出反应。一种解释是，探测表征本身引发了主导转移，使得受抑制图像变得可侦测，这一概念与丹尼特的意识的多重草稿理论（见第五章）相吻合。在该理论中，"我对什么有意识？"这个问题的答案只能来自它是如何体验探测到的（来自一个明确的问题，还是一个特定的任务）。更普遍一点说，这个发现也许说明视知觉是在探测导致的运动反应规划阶段之后才形成的，或与其同时发生（Baker, 2010），意思就是说，它不可能在那个规划中发挥作用。

在加工水平的多级模型当中，也引入了对双目竞争的研究，依据的是一个暂时致盲方法的抑制效果（例如双目竞争、反向掩蔽、注意瞬脱）在功能上是早于还是晚于另一种方法的效果。神经科学家 Bruno Breitmeyer（2015）将双目竞争定位在这个层级里的最低一级，也就是最早一级。他解释说，我们必须要清楚，这一功能层级并不一定能够准确映射皮层解剖意义上的加工水平——大脑作为一个异常复杂的网络，而不是整洁的串行加工器，实在过于复杂，使得这一功能不可能实现。

Breitmeyer 对"无意识加工的层级功能"的测绘可以应用到像阅读流程这样的内容上。我们在阅读时不仅能加工眼睛当前所注视的字词的信息，还能加工尚未读到的字词信息。尽管我们可能在读到句子里的词语之前，无法对它们进行确认，但对这些字词进行可测量的启动式"无意识预览"却是有可能的（Prioli and Kahan, 2015）。Breitmeyer（2015）评论："词语刺激可以揭示一个种类和水平的无意识加工，这种加工高于其基本的视觉特征，比如嵌入其字形结构中的方向或曲率"（Breitmeyer, 2015, p.240）。他认为，所有皮层下视网膜和外侧膝状体加工水平的视觉加工，都是无意识的；但在皮层水平上，加工过程更广泛地分布于复杂的交互响应，如"自下而上""同一水平"和"自上而下"之类的联系中，情形就颇有不同。这就很接近一个动态系统理论了，第五章会回到这个话题。

对双目竞争的研究告诉了我们许多有趣的事，与当下关于脑功能与结构的主要争论紧密相关。但是严肃的问题依然存在。首先，这些结果只是给出了关联性，我们已经见识过这个术语的含义有多么模糊不清了。Kanwisher（2001）

曾经提出，包括神经激活强度和神经表征与大脑其余部分之间的连通性在内的种种因素，在提供额外因素时可能很重要，这些额外因素将意识的必要条件与更强烈的充足条件区分开。然而，已经有人朝着建立因果联系的方向迈出了第一步。例如，Afraz、Kiani 和 Esteky（2006）训练猴子对图像做出"脸"和"非脸"的分类，然后在它们观看模糊图像时，刺激腹侧通路中的神经元簇。猴子在脸部区域被激活时，更倾向于指示为"脸"，表明这些区域在认知行为中虽然可以起到因果作用，但仅仅是与之保持关联而已。他们还在受激区域发现了脸部选择性程度与神经元簇大小的相互作用以及刺激实际准确性的作用。对人类开展的类似研究发现，刺激右侧梭状回的面部选择区域可以导致脸部意识感知的变化；而刺激左侧梭状回，则可导致非脸部相关的视觉变化（Rangarajan et al.，2014）。

> "在意识和无意识过程之间，似乎存在一种神奇的区别。"
> （Blackmore，2012）

然而，尽管已经在大脑活动与意识体验之间建立了因果联系，但它们仍然没有触及谜团的中心，或是帮助我们从这"神奇的区别"中除掉神奇之处。它们没有解释，为什么意识可以在一个地方而不是在另一个地方"发生"？为什么它能从一个加工水平上而不是在另一个水平上"产生"？或者某些过程被认为"布满感受质"，而其他的就没有。

值得考虑的一种可能性是整个项目都被误解了。例如，如果视觉是一个大错觉，那就不存在"大脑内对呈现于眼前景色的生动表征"（Crick，1994，p.207）。那样的话，寻找它的神经关联注定要失败（Blackmore，2002）。如果我们挑战其他一些常见的神经科学隐喻，可能会得出同样的结论：也许我们应该停止寻找"意识内容"的关联，因为意识不是一个容器。

解读同样的数据的另一个不同的方法是，想象任何体验的质量都要依靠多个过程和脑区。也许需要一个完整的整合系统，才会有我们称为"意识"的复杂的、个人的、可诉的体验。它的形式可能是一种"大脑动态签名"（Lutz et al.，2002），或是物理（神经）系统中一定数量的"整合信息"（Tononi，2004；也可参见第五章）。有些人，像 Andy Clark、Alva Noë 和 Francisco Varela，会更进一步说，需要一个复杂的环境或世界，同时要有完整的身体和大脑。在这种情况下，实验结果仍然令人着迷，它们能够告诉我们，有哪些大脑区域对可诉体验是必须的和/或充分的，但它们不必指明存在一个知觉的神经位置，或者某些脑部区域可以"产生感受质"而其他的不能。

也许我们应该使用更多跨学科的方法来进行探索，以适应这些远远超越了大脑范畴的内部联系，包括它们在人与人之间是如何变化的。第十七章将详细探讨这一概念，探讨诸如神经现象学这样比较新的领域内的选择；但现在，我们转向一个不同的对比，即有意识与无意识或是处于两者之间的多种可能的状态时，大脑的功能有什么不同。

无意识与大脑

想象一下，你去医院看望一位受伤的朋友，发现她被动地躺在床上。她的眼睛睁开，乍一看是醒着的，但没有任何有知觉的迹象。你试着跟她说话，但她没反应，而你不知道她能不能听见你说话。她的神思还在吗？虽然她的身体没反应，但她是不是还有某种意识呢？

你可能担心你朋友有"锁闭综合征"，或者叫"圈禁式生存"。这种可怕而罕见的状态发生的原因是中脑或脑干因事故、疾病或中风受到损伤，而更高级的区域得以幸免。通常，除眼部以外的肌肉都会瘫痪。因此，有些患者学会了使用特殊的计算机交互技术来进行交流。一个著名的例子就是Jean-Dominique Bauby，他的著作《潜水钟与蝴蝶》（*The Diving Bell and the Butterfly*，1997）就是靠眨动左眼皮——他唯一能动的肌肉——一次一个字母地听写出来的。从这些例证中我们了解到，在瘫痪状态的背后，是一个具有完全意识和感情的人。但是如果你的朋友处于"锁闭"状态，她就很可能无法恢复任何运动功能，或者活得长久。

努瓦蒂埃先生坐在一把带活动脚轮的扶手椅里，他是早上被放进来的，晚上再被抱出去。……视力与听觉，是仅剩的感觉，如同两朵孤独的火花，仍然驱动着这人形的物质，其实大半已在黄泉路上了；这两种感觉，只有一种还能显示出在那活动的雕塑里，还有内在的生命；而那外表背叛了这内在的生命，仿佛远方的灯火，告诉迷失在沙漠里的夜行旅人，在这寂静和黑暗之中，还有一个活物存在。

老努瓦蒂埃那双黑眼，被黑眉遮着，满头银发，长已披肩；在那双眼里，正如仅能用一个身体器官来代替其他器官时经常发生的那样，集中了所有的活动，那些曾经遍布他身体和思想各处的所有的技能、所有的力量、所有的智力。是，他胳膊的姿势，他的声音，他身体的位置，都没有了；但这双有力的眼睛取代了一切：他用双眼发号施令，用双眼感谢；他是一具有鲜活眼睛的尸体，在过去，在现在，没有什么比这更可怕了，那大理石般的脸，燃烧着愤怒，或是闪耀着喜悦。

——大仲马（Alexandre Dumas）
《基督山伯爵》（第58章，1845）

或者，她可能处于一种"持续性植物状态"，本章一开始提到过。功能性神经测绘成就了探查全脑意识障碍中的大脑状态的可能性（Schiff, 2007）。这些状态出现时，常常是大脑更高级部分受到损伤，而脑干完好；患者可能会缓慢痊愈，或继续处于持续性植物状态、昏迷或最低意识状态。在持续性植物状态，初级感官区域有活动，但在更高级的相关区域则没有，并且没有明显的感觉意识。

麻醉是大多数人更为熟悉的状态，对它的研究为意识的神经关联提供了更多见解。通过调整麻醉剂量和神经影像学的观察，有可能搞清楚从有意识到无意识状态的转换过程，甚至是深度麻醉中失去的特定功能。早期一些使用了麻药异丙酚和异氟烷的PET扫描实验表明，麻醉剂量增加时，会出现全脑的皮层活动抑制，但没有特定的"意识回路"的证据（Alkire, Haier, and Fallon, 1998）[图4.6（彩）]。

> "麻醉剂看来可以通过阻断大脑整合信息的能力来导致无意识。"
> （Alkire, Hudetz, and Tononi, 2008, p.876）

> "意识不是一个单一现象，而是一个包含了清醒和知觉状态的统称。"
> （Shushruth, 2013, p.1758）

后续的研究表明，对于多种不同的麻醉方式，抑制可由丘脑水平上的阻断或丘脑皮层及皮层-皮层反射环阻断来加以实现。这会造成一种连接中断，类似在持续性植物状态中所见到的情形（Alkire and Miller, 2005），并导致丘脑被描述为可能的"意识开关"（Alkire, Hudetz, and Tononi, 2008, p.877）。Alkire及其同事（2008）声称，皮层-丘脑连通性的破坏阻止了大脑的信息整合；并将其与意识的整合信息理论联系起来，我们将在第五章和第六章讲到——Tononi和Koch认为，这一理论是研究"意识与其他脑功能"的神经关联的最佳框架（2008, p.239）。按照这一理论，意识不是非有即无的，而是随大脑内部的信息整合度而增减。这意味着，"意识的区域逐渐缩减或减弱"是有可能的，虽然在麻醉剂的临界剂量下，"意识下的神经状态综合指令可能会非线性地崩溃"（2008, p.880）。

但并非所有的麻醉剂都是如此发挥作用的。例如，氯胺酮是一种解离麻醉剂，也可用作消遣毒品，因为低剂量使用时，它可以诱发身体形象变化、自我扭曲以及脱离周围环境的感觉。氯胺酮增加了而不是抑制了脑代谢，并作为 N-甲基-D-天冬氨酸（NMDA）受体的拮抗剂，阻断了神经递质谷氨酸的正常兴奋作用。其他麻醉剂作用于该复合体的其他部分，包括一氧化氮或笑气，其相对分子质量比氯胺酮小很多，但效果差不多。这引出了一个观点，即 NMDA 突触的正常功能对意识是必要的（Flohr，2000），意思就是要从分子水平而不是更高的功能水平来寻找意识的神经关联的位置。虽然这些麻醉剂的作用途径不同，但它们还是可能影响丘脑的，比如在丘脑皮层的相互作用中扰乱而不是阻断信号（Alkire and Miller，2005）。

尽管从原理上讲，我们可以通过研究意识的缺失来理解意识，但这样的科学和逻辑都不是直截了当的。使用麻醉剂来了解意识的神经关联引发了一个重要问题：我们说它们引发了无意识，是什么意思？是说它们拿走了清醒和知觉吗？如果两者不是一回事呢？（Shushruth，2013）

消除意识可不像拔下一个零件或关上一盏灯那么简单。而意识和无意识的区别如同我们已经开始认识到的，从大脑功能或体验角度来看，它们之间的区别也并不是非有即无的。就像我们可以确认从昏迷到最低意识状态或者由深度麻醉向轻度麻醉转变时的那种过渡状态一样，我们也可以在讨论日常认知过程时说，它们涉及更多或更少的知觉（见第八章）。高度复杂的感知和学习过程随时都在进行之中，而且显然是无意识的。例如，你对自己如何判断距离、从不熟悉的角度辨认物体或者做出审美判断，并没有什么有意识的知觉。你曾经了解去往商店的最快路线、世界上最高山脉的名字，还有第二次世界大战的各种日期，但如果我们现在问你，你回答不出你是什么时候知道这些的。这叫作"源失忆（source amnesia）"，它与"潜隐记忆（cryptomnesia）"或"无意识抄袭（unconscious plagiarism）"有关，在这种情形下，人们会错误地相信自己全凭一己之力发明了一个想法，而实际上他们是从别人那里知道的。

学习新技能就是一个很好的例子，可以显示有意识和无意识之间的界限是何等模糊，而且是可以变动的。你也许曾经费尽气力来学习一门新语言、骑自行车或是掌握烹调的技艺，但现在你做这些事就很容易，不费什么劲。随着时间推移，曾经有意识学到的技能变得不那么有意识了，或者"自动化"了。读书就是一个好例子。当你开始学习阅读时，每个字都是困难的，而你可能对每个字母都有意识，但现在你读得很快，对单个字母也无知无觉。伯纳德·巴尔斯（Baars，1997a）建议，作为他的对比分析方法的例证，你可以把书本倒放过来，然后就尝试那样阅读，强迫自己回归一种缓慢而刻意的阅读方式。那么，大脑在更有意识的阅读和较少意识的阅读之间的变化意味着什么呢？

巴尔斯正确地预测到，面对困难和更有意识的任务，脑部扫描会显示出更多的大脑活动，超过了常规或自动化的任务。一项使用 fMRI 的研究将受控的搜

小传 4.1
克里斯托弗·科克（Christof Koch，1956 年生）

克里斯托弗·科克以色彩鲜艳的衣着和头发而闻名，生于美国堪萨斯州，但在荷兰、德国、加拿大和摩洛哥长大。他最开始研究的是物理学，供职于麻省理工学院，后来转到加州理工学院，运营自己的 K 实验室。他现在还是西雅图阿伦脑科学学院的首席科学官，他的目标是建立含有解剖学和基因组数据的小鼠和人类大脑的三维图集，因为"要理解意识，我们就要能想象数以百万计的单个神经元同时活动的场景"。科克自 20 世纪 80 年代后期开始与诺贝尔奖得主弗朗西斯·克里克（Francis Crick）合作，直至 2004 年克里克去世；他撰写了大量论文，开发了一个"意识的框架"，指引着他们搜寻意识的神经关联的工作。他早在 18 岁就开始担心意识问题，痛苦不堪：它们若只是动作电位和离子的晃动，为什么会产生伤害呢？被问及其对意识的研究如何影响了生活时，科克说："我不再吃绝大多数动物的肉了。"他喜爱跑步和爬山，曾独自进行过一次山地远足，以说服自己：行动的自由是真实存在的。

索任务与高度熟练和自动化的任务做了对比，结果显示，受控的加工过程涉及一个全领域的大脑区域组成的庞大网络（包括前扣带回皮层、前辅助运动区、背侧前运动皮层和其他区域，见图 4.7）；而在自动化加工过程当中，控制网络退出了，只留下被激活的感觉区（Schneider，2009）。

双重过程理论是对比"自动化加工"与更为缓慢和费力的"受控加工"的常用模型（Kahneman，2011）。有充分的证据证明两者之间的区别（见第八章），但这说法本身可能会让我们误入歧途。它们其实是在建议，存在一种非智能的次级思维活动（undermind），一直在为智能的意识思维或追求卓越的自我做着乏味而有用的工作。正如韦格纳所指出的，"受控"一词暗示了"一个致命的理论谬误，即存在一个控制者的概念"（Wegner，2005，p.19）。在他看来，控制者就是包括受控过程在内的心理机制产生的错觉：控制者是一种效果，而非一个原因（Wegner，2005，p.20）。那么，无意识加工又是什么呢？它是一个有用的概念吗？还是说，我们能将有意识过程从无意识加工中区分出来的整个的说法根本就是被误导了？Nancy Kanwisher 是这样说的：

> 我们可以强制目标产生二元响应的事实，不应该让我们错误地认为它们的内在状态本身就是二元的，或者目标所使用的特定阈值很重要或者是固定的。实际上，任何曾经有过心理学实验目标的人，都很熟悉那种感觉，就是非要把不清楚、不完整的感知体验强行塞进几个少得可怜的离散响应类别中的一个。
>
> （Kanwisher，2001，p.103）

意识和无意识关系的其他模型试图通过允许两者之间同时存在二元关系和等级关系，来避免任意对立的问题。其中一种就是加工水平假说（Windey，

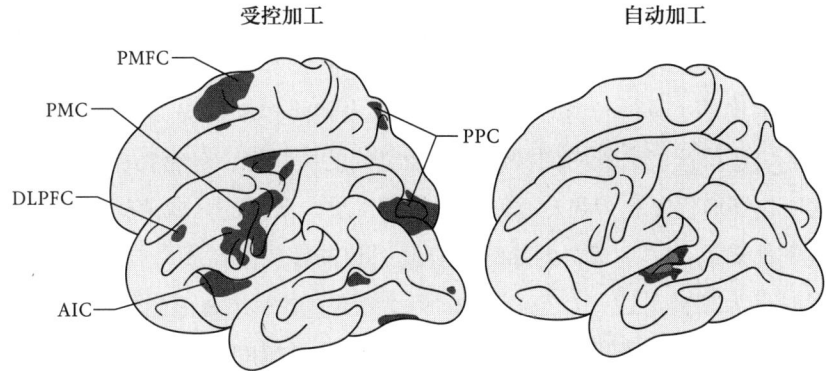

图 4.7 （左）可见在面部和声音搜索过程中被激活的认知控制网络区域中被激活的受控加工区域。被激活的区域：前扣带回皮层（ACC）/前辅助运动区（pSMA）、背外侧前额叶皮层（DLPFC）、额下联合皮层（IFJ）、前脑岛皮层（AIC）、背侧前运动皮层（dPMC）和后顶叶皮层（PPC）。（右）广泛搜寻声音目标之后的自动加工。此处的控制网络已退出，只有感觉区仍然活跃，通过自动加工过程加工刺激信号（from Schneider, 2009）。

Gevers，and Cleeremans，2013），它提出，无意识向有意识感知的转化会受到任务要求所规定的加工水平的影响。

需要考虑的最后一个例子是我们都不会欢迎的一件事的神经基础：一种特别坚韧而具身的体验——疼痛。

疼　　痛

疼痛让人痛苦。但那是什么意思呢？这种过于熟悉的疼痛体验以鲜明的形式提出了关于意识的神经关联的根本性问题。一方面，疼痛是主观的。国际疼痛研究协会（International Association for the Study of Pain）将其定义为"与真实或虚假损伤有关联的或者描述为该种损伤的不愉快的感觉和情感体验"，然后又加了一句，"疼痛永远是主观的"。

"疼痛永远是主观的。"
（International Association for the Study of Pain, 2011）

也许你怀疑你那个朋友，只要有一点儿疼就抱怨个没完，根本就是一个废物；但你又怎么能知道呢？就像我们无从得知你的红色感受质与我的是不是一模一样，所以我们无从知晓别人的疼痛感到底有多强。尽管真实疼痛时的面部表情——如同真实的微笑和笑声一样——很难假装，但你的朋友仍有可能要么是在剧痛时强作勇敢，或是在小有不适时博取同情。

另一方面，疼痛与神经事件有关联（Chapman and Nakamura, 1999）。人在受伤时，身体会发生很多化学变化，信号会通过称为 C- 纤维的极为纤细的特殊无髓鞘神经纤维传递到脊髓，然后是脑干、丘脑和大脑皮层的不同部位，包括躯体感觉皮层（具体位置取决于受伤部位）和前扣带回皮层。有趣的是，体验到的疼痛量与这些区域内的神经活动量之间的关联性十分密切；fMRI 和 PET 研究表明，疼痛程度更为强烈时，前扣带回皮层内激活的区域范围更大。

> "而且当然了，我左侧所有的二极管都感觉到了这种极端的疼痛。"
>
> （机器人马文，in Adams, 1979, p.81）

我们都知道，出乎意料的疼痛与自我引致的疼痛感觉不一样，尤以出现可怕情形时最为糟糕。这一点也在前扣带回皮层中显示出来了。使用 fMRI 的研究表明，外部引致疼痛可以增加后前扣带回皮层区域的活动，而自我引致的疼痛不会；尾前扣带回皮层区域的活动正好相反（Mohr et al., 2009）。所有这些都表明，人体验到的疼痛的种类和程度都存在可靠的神经关联。

但是这种关联是什么意思呢？是神经活动引起了主观上的伤害体验吗？是主观疼痛引起了神经活动吗？或者两个都是由别的什么引起的？疼痛会不会实际上就是神经活动？还是我们对情势的理解错得太离谱，结果被引导着提出了不可能回答的问题？

伸出一只胳膊，狠狠掐一下。现在思考一下这种不愉快的感觉。它像什么？趁你还能感觉到它，问问上面的问题。这些可能性中有没有看起来真的对的？

探讨另一个问题也许会有所帮助。这种疼痛在哪里？常识告诉你，它在你的胳膊里，而它感觉上确实是在那儿。一致论者会把它放进大脑里，或许也会在那些 C- 纤维和神经系统其他的活动部分里。二元论者会说，它在思想里，因此严格地说，没有具体的位置。还有其他的可能性。例如，英国心理学家 Max Velmans（2009）用这个问题来解释他的"意识反射模型"，其中的所有体验都来自观察者和被观察者之间的反射性互动（见第十七章）。他既反对二元论，也反对简化论，声称人们体验到的世界和实体的世界就是一回事，不管是从第一

练习 4.1

哪里疼？

找出你在本周内可能体验过的任何疼痛，不管是剧烈的头痛，还是割伤了的手指。现在，来正视这种疼痛。尽你所能地充分体验它。问自己："到底是哪里疼？"

感觉这种疼痛跟头疼的位置一样吗？疼痛是在伤口内，还是在你脑袋里、思想里或者别处？你对这种疼痛感到焦虑吗？如果是，这种焦虑在什么地方？当你关注它时，疼痛会移动吗？是不是感觉像疼痛进入你的意识后又出来了？这意味着什么？

当你直面疼痛时，可能会发生奇怪的事情。记下来，你身上都发生了哪些怪事。

人称角度看,还是从第三人称角度看。在这个模型中,疼痛真的就在你的胳膊里。

> 疼痛——有种空白的元素——
> 一旦开始,
> 就无法追忆——
> 抑或,是否存在过
> 一个无它的时刻——
> ——埃米莉·狄金森(Emily Dickinson)

《埃米莉·狄金森诗集》[*The Poems of Emily Dickinson*,1999(1890),pp.339-340]

但是,如果你没有胳膊会怎样呢?幻肢症的截肢患者有时会感到膝盖、手肘或手指部位极度疼痛,而那些部位在实体上并不存在。他们的疼痛感觉跟你的一样,都可以清楚地找到实体的位置(见图4.8)。

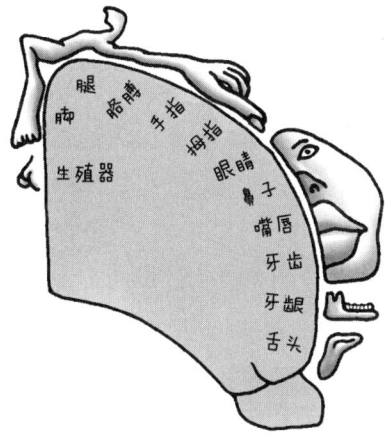

图4.8 躯体感觉小人儿。在躯体感觉皮层中,身体的每个部位由不同的区域代表。当某个部分的信号输入消失,其他部位的输入信号可以侵占该区域。按拉马钱德朗的观点,这可以解释为什么截肢患者有时会感觉脸部会像自己的幻指一样寒冷,或者触摸其幻足时感受到了性刺激。

概念 4.2

幻肢症

失去一条胳膊或一条腿后,90%的人会体验到生动的"幻肢",长至数年,甚至数十年。也有过幻乳、幻颌,甚至是能虚幻勃起的幻茎的报告。幻腿可能蜷曲成极度不适的姿势,而幻掌可能握得极紧以至手指仿佛戳进了手掌。这种疼痛可以十分剧烈,极难治疗(Melzack, 1992; Ramachandran and Blakeslee, 1998)。

不存在的肢体会产生痛感,这个想法如此怪异,以至 Silas Weir Mitchell 看到数以千计参加过美国内战的士兵因受伤或坏疽被截肢,并在1871年发明"幻肢"一词时,由于害怕受到嘲笑,他是匿名发表其研究的。但它后来被梅洛-庞蒂作为深入探讨心-身二元论的一种方法加以研究。那么,疼痛在哪里,又是什么引起的呢?显而易见的理论是,残肢中的受损神经向大脑发送信号,结果大脑错误地认为肢体依然存在。据此,许多外科医师给残肢做过手术,做了进一步截肢,切断了感觉神经,甚至给脊髓做过手术,但常常还是无法止住患者的疼痛。

拉马钱德朗采用了一个全然不同的方法(Ramachandran and Blakeslee, 1998)。他解释说,我们握起拳头时,来自手掌的反馈会告诉我们什么时候该停止动作,但如果没有手掌,就没有这种反馈,所以握拳的运动信号会继续,引发了疼痛。他在一个患者面前摆了一面镜子,让患者能看到自己的正常手掌反映的幻掌应该存在的位置。当患者活动正常手掌时,他看到的似乎是幻掌在活动,于是提供了必要的反馈(见图4.9)。在拉马钱德朗的大约一半的案例中,幻肢似乎活动了,而疼痛停止了。在其中一个案例中,在用镜子做过练习之后,患者的一条疼痛超过了10年的幻臂完全消失了。拉马钱德

神经科学与意识的关联 **第四章** • 101

朗宣称自己是第一个给幻肢"截肢"的人。此后又有了使用感觉和运动约束、脑部刺激和虚拟现实的其他方法（Lenggenhager et al., 2014）。

图4.9 拉马钱德朗的镜盒。一面镜子将开放的盒子分为两半。患者将右手放进盒子的右侧，并设想她的幻掌放在了左侧。她往盒子里面看，会看到两只手。当她试图同时活动两只手时，会在活动时体验到以前冰冻和痛苦的幻影。

幻肢症之所以如此顽固，是因为它们是我们身体图式的一部分。这种"幻体"，是大脑对我们身体形态的模仿，使用触觉、视觉和其他信号输入来保持我们的体态、位置和动作的最新模型，并对运动协调至关重要。身体图式的基本形态是先天存在的（Melzack, 1989），因此当失去一个肢体时，它的鬼魂版本依然存在。

我们开始就讲过"疼痛伤人"，但也许应该说"疼痛伤我"。疼痛之所以痛苦，是因为我不喜欢它；这是我的疼痛，我希望没有它。会存在没有感觉本体的疼痛吗？如果需要一个本体，需要多大一个本体，这些必要的本体又有什么样的神经关联呢？

设想一下一只狗的案例，它的脊椎严重受损。如果它的腿部受到疼痛刺激，狗没有显示任何痛苦的迹象，但它的腿会自动收缩。有时，同样的事情会发生在人的身上，如果他们的脖子或脊椎断裂的话。如果戳刺腿部，他们会否认有任何感觉，但腿部会回缩。被隔绝的脊髓经过训练，甚至可以学会如何产生反应；这种训练使用的刺激会让没有受过此类损伤的人很痛苦，但瘫痪患者对它全无反应。

那么，是脊髓感到了疼痛吗？这可不是一个愚蠢的问题。脊髓有意识的想法看起来可能有点蠢，但是如果你反对这个说法，就必须也反对"仅具有脊髓类似物（而没有类人大脑）的简单动物可以感觉到疼痛"的想法。另外，学习过程中的痛苦也会有问题。真实的痛苦感或者痛苦感受质是不是逃避学习的必要组成部分？如果你说"不是"，你就走向了副现象论以及存在可以不体验痛苦进行学习的无痛感僵尸的可能性。如果你说"是"，就意味着被隔绝的脊髓确实可以感受到一个简单或受损器官里的疼痛，即便它与更为复杂的完整器官里的疼痛不一样。

Euan Macphail（1998）是认为其他动物尽管可以学习、却不能感受到快乐和痛苦的人之一。Antonio Damasio 则辩称要感受疼痛，就需要一个本体。他认为仅有神经模式还不够——为了让疼痛变得痛苦，还要具备它应有的情感特质，而且你需要知道自己在经受它。

要知道自己正在经受疼痛，就要在神经模式对疼痛基质做出反应之后，再有一样东西——疼痛特异性信号——显示在脑干、丘脑和大脑皮层的适当区域，并生成一个疼痛图像，一种疼痛的感觉。

（Damasio，1999，p.73）

下一个阶段仍在大脑内部。它就是"你知道了的神经模式，它不过是意识的另一个名字而已"（Damasio，1999，p.73）。这意味着疼痛的必要神经关联，既需要在疼痛系统里有活动，也需要神经模式的本体——而两者不仅仅是关联，也都是起因。

感受疼痛取决于知道自己正在遭受疼痛的说法，让 Damasio 得以区分自发行动和自动反应，比如在你还没感到疼痛之前，就将手从烤盘上移开了——在这个例子中，行动之前并没有疼痛，只有知觉跟上之后才会有行动。但是 Damasio 又推翻了自己的论调，说即便是第一种模式，也能单独"生成疼痛的图像，一种疼痛的感觉"（Damasio，1999，p.73）。他声称疼痛的感觉取决于对自己遭受疼痛的知觉，但同时，他仍然支持更为传统的假设，即只要有疼痛特异性信号就足够了。还要注意神经模式是"被显示"的，并且"疼痛的感觉"等同于"疼痛的图像"——这个注解暗示，有什么东西在监视着现实的图像，因而会引出笛卡尔剧院问题。如同全脑工作空间理论所说，意识的内容被展示给了大脑其余部分的无意识观众；这种展示不是给通灵小人儿做出的神奇筛选，而是可以被其他神经活动模式利用的神经活动。即便如此，问题依然存在。两种神经模式之间的互动有什么特殊之处？是什么把它转化成了本体的疼痛感受？

展示的主张和大脑与心灵之间的不同身份问题在一些将感觉作为行动加工的理论中得以避免。在解释"如何处理心-身问题"时，尼古拉斯·汉弗莱（Nicholas Humphrey，2000，p.13）说道："感知觉是一种活动。我们没有疼痛，我们感受到了疼痛。"因此，当我感到手部疼痛时，我不是坐在那里被动地吸收进入身体的感觉；"我实际上就是主动的代理"，主动带着可评估的回应伸展开来，以体验这个被传出的活动。疼痛的主动触及特性的种类就是推离、拒绝或排除的动作。他这样重新描述了这个神秘事件的"心灵"一面。"如此，疼痛的幻象变成了疼痛的感觉，疼痛的感觉变成了主动的疼痛体验，疼痛体验活动变成了以疼痛的方式去触及身体表面活动"（p.15）。他宣称难题转化成了一个相对简单的问题，尽管其他人不同意（参见追踪 Humphrey 论点的评论，2000）。

注意汉弗莱的理论，尽管很类似，但它与 O'Regan 和 Noë 的感觉运动理论（第三章）不一样。他们试图同时避免二元论和笛卡尔剧院，方法是对"知觉包含于世界的表征或知觉本体之中"的概念予以摒弃。但对汉弗莱而言，有机体"需要在身体表面建立感觉刺激的心理表征以及如何感受它的能力"（p.109）。他认为，缺少了这种"内部认知"，复杂规划和决策就根本不可能实现。

我们不知道普遍意义上的意识或者像疼痛体验这样的特别意识体验需要什么样的充分必要条件。但我们的确知道一些大脑事件和体验报告之间的关联。比如，我们知道疼痛系统内更多的活动意味着更剧烈的疼痛。所以，自然会胡思乱想——有一天，我们能不能深入观察人的大脑、从而确切知道人们正在经历什么样的体验？有迹象表明这也许是可能的，但我们也探讨了一些原因，为什么我们会对永远都给出肯定的回答没有信心。

在感觉上，即便我们对大脑和体验之间的关联有了相当详细的知识，还是远远没到跨越鸿沟的地步。在一篇题为"神经科学尚未解决的问题"的文章里，Adolphs 加入了一个问题："意识体验是如何产生的，又为什么会产生？"他把这个问题归入了"我们可能永远无法解决的问题"之列。如果我们还有任何解决问题的希望，就必须能够比较性地思考：跨物种的认知，和对大脑的不同解释层次。

Noë 和 Thompson 从自身的角度出发，总结了他们关于寻找意识的神经关联的讨论：他们观察到，这一使命的完成取决于一个关于意识内容的特定和自相矛盾的概念。对他们而言，从所有这些实验中得出的教训"是神经科学还远未脱离哲学的影响，现在它比任何时候都需要哲学的帮助"（Noë and Thompson，2004，p.26）。当然，就我们到目前所掌握的情况看，要不涉及概念问题解决一个容易的问题，看起来很难得逞；而对跨越学科界限进行仔细研究的需求也是显而易见的。

下一章将朝着神经迷宫再迈近一步，提出一个问题：心灵的想法是如何映射到大脑之上的——或怎么失败的——而什么样的隐喻才能帮助或阻碍我们思考两者如何契合的尝试。

到底哪里疼？

"我们没有疼痛，我们是感觉到疼痛的。"
（Humphrey，2000，p.13）

"哲学家们通常会提出好问题，但他们没有获取答案的技能。"
（Crick, in Blackmore，2005，p.74）

"神经科学还远远不能脱离哲学的影响，它现在比任何时候都需要哲学的帮助。"
（Noë and Thompson，2004，p.26）

阅读文献

Aru, J., Bachmann, T., Singer, W., and Melloni, L. (2012). Distilling the neural correlates of consciousness. *Neuroscience and Biobehavioral Reviews, 36,* 737–746.

对用来研究意识的神经关联的"自相矛盾的分析"方法的批判。

Crick, F., and Koch, C. (2003). A framework for consciousness. *Nature Neuroscience, 6,* 119–126.

描述了他们在与其竞争细胞集合理论相关的10个标题之下进行意识的神经关联研究的策略。

Humphrey, N. (2000). How to solve the mind-body problem. *Journal of Consciousness Studies, 7,* 5–112.

逐步演示了如何让心灵和身体同步,提出了一个感知觉是神经活动的革命性理论。

Kanwisher, N. (2001). Neural events and perceptual awareness. *Cognition, 79,* 89–113.

在fMRI、ERP和单细胞记录的基础上描述意识的神经关联,讨论哪些种类的神经事件可能是感知觉的充分必要条件。

Ramachandran, V. S., and Blakeslee, S. (1998). Chasing the phantom. In V. S. Ramachandran and S. Blakeslee, *Phantom in the brain* (pp. 39–62). London: Fourth Estate.

关于幻肢的奇妙故事,以及拉马钱德朗减轻幻影疼痛的镜盒实验方法。

活动 4.1
橡胶手错觉

本演示需要用到两支画笔和一只假手。假手可以是专门购置的橡胶仿真模型,像原始实验里用到的(Botivinick and Cohen, 1998),或是一只便宜的橡胶手套,里面装满水或充满气,像气球一样把它扎紧。这个错觉是众多有助于深入了解我们身体架构的错觉之一(Tsakiris and Haggard, 2005;也可参见第十五章)。

演示需要一名参与者和一名实验员,可以在家里或在课堂上进行。参与者坐下来,双臂放在桌上,用某种屏障遮住一只手。然后将假手完全露出来,放在真手的侧方或上方。实验员拿起两支画笔,严格地同时按同样的方式轻轻地刷参与者被遮挡的真手和假手。实验员应该首先进行练习,并持续一段时间,尝试保持一致的轻刷动作,并持续几分钟。参与者只能看见假手,应该很快会感受到这种感觉,仿佛是通过假手而不是自己的真手感觉到的。

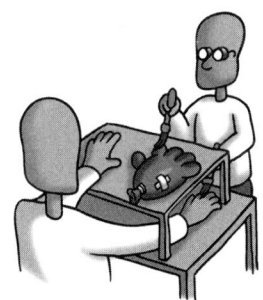

图 4.10 如果实验员同时轻刷参与者藏匿的真手和可见的假手,参与者会开始感觉假手像是自己的手。

第五章
心灵的剧院

"心灵就是某种剧院,几种感知轮番登台;过场、再过场、飘然滑开,姿态无限、情势无穷"(Hume,1739,I.iv.6)。苏格兰经验主义哲学家戴维·休谟(David Hume)如此描述心灵,而心灵如剧院的概念有一种天然的吸引力。在柏拉图著名的洞穴寓言里,我们人类并不能直接看见现实,而是如暗穴中的囚徒,只能看见外面火堆旁晃动的人影。2000年之后,许多心理学理论都使用了相同的隐喻。不过休谟提醒要谨慎:"剧院的类比一定不能误导大家"。不管我们多想把心灵简单化,并赋予它身份,它仍就只是一道瞬时印象的溪流:"它们不过是连续的感知,构筑了心灵;我们远没有一丝的主张,这如许的景象是在何处表达;也不明了构成的材料是为何物"(Hume,1739,I.iv.6)。本章要探讨的不仅是这些场所和材料,还有剧院隐喻的诱惑和诸多危险。

我思忖,人的大脑原本像一座空空如也的小阁楼,你得用自己选的家具把它填满。傻瓜会把他见过的所有七零八碎的物事都塞进来,于是可能对他有用的知识都被挤了出去,或者最多就跟许多其他东西混杂在一处,也就难以为他

小传 5.1
丹尼尔·C. 丹尼特（Daniel C. Dennett，1942年生）

丹尼尔·丹尼特是美国马萨诸塞州塔夫茨大学认知研究中心主任，曾在英国牛津大学追随吉尔伯特·赖尔研修哲学博士，是当代最著名的哲学家之一。他著作众多，其中有关于自由意志的《休息室》(Elbow Room，1984)和《自由的进化》(Freedom Evolves，2003)；关于思想进化的《达尔文的危险想法》(Darwin's Dangerous Idea，1996)和《从细菌到巴赫的往返旅程》(From Bacteria to Bach and Back，2017)；以及他富有挑战性的《意识的解释》(Consciousness Explained，1991)，该书打破了他所谓的笛卡尔剧院，代之以多重草稿理论。他主张异质现象学的方法，拒绝僵尸概念，认为那是浪费时间，并宣称我们都是Zimbo或有意识的机器人。他与心理学家、计算机工程师紧密合作，长期被人工智能和机器人深深吸引。他在自己位于美国缅因州的农场里度过了许多个夏天，修缮屋舍、雕琢木器、酿制苹果酒，并在收割饲草时思考意识问题。某些批评家指责他胡乱解释意识，但他坚称自己的想法就是真正的意识理论，与所有的好理论一样，他的理论脚踏实地，而非空中楼阁。

所用了。

——夏洛克·福尔摩斯

《红字的研究》(A Study in Scarlet，Conan Doyle，1887)

在心灵的剧院里

作为现在的你是什么样的感觉？花1分钟时间来感受一下。

尽管每个人的答案可能略有不同，但多数人会感觉它们位于头部之内的某个地方，通过他们的眼睛来看这个世界。实际上，多数人在身体内选了一个地方，他们感觉"我"就在那个地方，并且对这个地方的位置看法相当一致（Mitson et al.，1976；Limanowski and Hecht，2011）。在某项研究中，参与者在结构式访谈中被要求探寻自己的本我感觉，有83%的人信心满满地指出"那个能感知的我"位于头脑之内，就在双眼之间。不管是中国人还是意大利人，不管是有视力的人还是盲人，都是这样认为的（Bertossa et al.，2008）；采用不同的方法后，大人和孩子也都这样认为（Starmans and Bloom，2012）。大体上，这个研究指出，最常见的"自己"的位置是在头脑的上半部，或者是在上半身、偏向于在头脑内（Alsmith and Longo，2014）——换句话说，人不是活在自己的大脑里，就是活在自己心里（Limanowski，2014）。

此外，你还体验到了什么？感觉上是不是这样，我能感觉我的手放在书上，还有身体的位置，并且能听到自己周围发出的声音；只要我关注，它们就会进入我的意识？如果我闭上眼，我能在头脑内想象出各种事物，如同观看悬浮于眼前或是眼睛后面一个心理空间之内的图像。思绪和感觉进入我的意识，随后又溜走了。

如果你体验的感觉与此类似，你可能就想象出了丹尼特（Dennett，1991）

所谓的**笛卡尔剧院**的东西（见图5.1）。我们好像是在想象，"我"就在"我的"心灵或头脑之内的某个地方。这地方有点儿像是一个心灵电影院或者剧院的舞台，图像在这里展示，被我心灵的眼睛审视着。在这个特殊的地方，我们在既定时刻有意识的所有东西，都被一起展示出来，于是就产生了意识。这个地方的想法、图像和感觉就是有意识的，而其他的一切是无意识的。笛卡尔剧院内的演出是意识流，而观众就是我自己。

当然，感觉上可以是这样的，但丹尼尔·丹尼特说，笛卡尔剧院和它内部的唯一观众都不存在。

像今天的多数科学家和哲学家一样，丹尼特完全反对笛卡尔二元论。但是他辩称，许多自称的唯物主义者依然完全相信存在"大脑里的中心之地"这样的东西，意识在这里发生，并且是针对某人而发生的。换句话说，存在这样一类二元论，还徘徊于其意识观点之后。他将这种信仰称为**笛卡尔唯物主义**（Cartesian materialism，CM），即"你抛弃了笛卡尔二元论，但没抛弃那个对'一切都合而为一的'中央（物质化的）剧院的想象时，所得出的观点"（Dennett, 1991, p.107）。

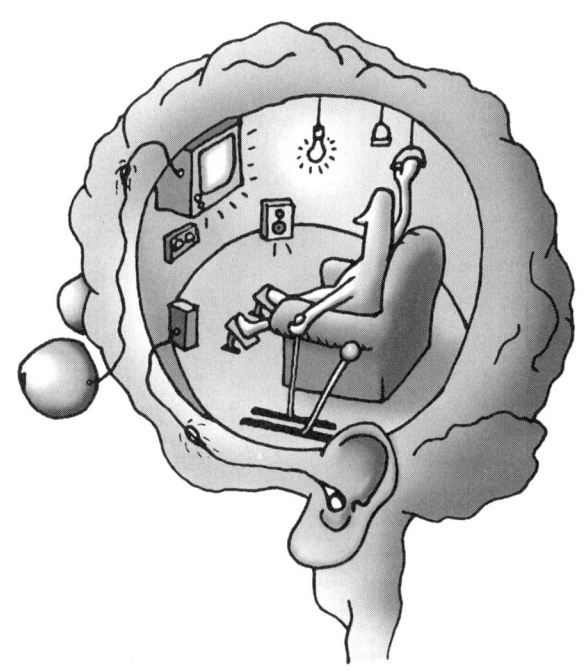

图5.1 笛卡尔剧院内部。

"你抛弃了笛卡尔二元论，但没抛弃那个对'一切都合而为一的'中央（物质化的）剧院的想象时，所得出的观点。"

（Dennett, 1991, p.107）

> 这个观点就是，在大脑之内的某处，存在一条紧要的终点线或边界，标示在这个地方，到达的顺序等同于体验"表征"的顺序，因为在那里发生的，就是你能意识到的。
>
> （Dennett, 1991, p.107）

注意"笛卡尔剧院"和"笛卡尔唯物主义"这两个术语，它们都是丹尼特的，而不是笛卡尔的。它们与笛卡尔的联系就是认为在大脑中有特定区域（在笛卡尔那里是松果体）负责调解意识和无意识的二元论概念——一个我们可以称之为"时空松果体论"的概念（Lloyd, 2000, p.175）。对这两个术语的解读也是开放的，丹尼特本人使用它们的方法略有不同，这导致了许多困惑（Dennett and Kinsbourne, 1992; Lloyd, 2000）。即便如此，核心的概念是，如果你相信存在某种文字或隐喻的空间、地点或舞台，而意识体验就在其中发生，"意识的内容"来往其间，你就是相信笛卡尔剧院。如果你也相信意识不能与大脑剥离，因而必定存在某种为此心灵剧院而生的大脑基础，在那里"'一切都合而为一'，并且产生了意识"（Dennett，1991，p.39），你就成了笛卡尔唯物主义者（也就是说，不是一个真正的唯物主义者；或者是一个自诩的二元论者）。

> "笛卡尔唯物主义——一个无人拥护的观点，但几乎人人都借它来思考。"
> （Dennett，1991，p.144）

没人愿意被称作笛卡尔唯物主义者；笛卡尔唯物主义已经成了一个被滥用的词，这也许正中丹尼特下怀。无论如何，丹尼特说，这种思考方式在人们谈论和书写意识的方式中得以体现。人们可以自称唯物主义者，并且大声否认自己是笛卡尔唯物主义者，却仍然使用各种强烈暗示笛卡尔剧院概念的词句。笛卡尔剧院是一个比喻，但比喻很重要：它们能让我们通过将其与更具身的事物相比较，来理解抽象的事物（比如我的生命和旅途），而且它们是我们最有力的思想工具之一（Dennett，1991，p.289；Lakoff and Johnson，1980/2003）。无论我们选择了何种比喻，我们都打开了某些比较点而关闭了其他的比较点，而且常常没有意识到这一点。

一旦你开始找了，笛卡尔唯物主义的例子就无处不在："要找到意识在大脑内突触活动流中的位置，我们必须首先找到它在心理信息加工流中的位置"——近期的一篇关于意识内容的文章（Kemmerer，2015，p.10）如此开篇。"秉持描述性立场时，即使是最粗略的大脑检查，也会揭示有意识与无意识加工之间的对比"，一篇关于意识在神经系统内的功能的文章如是说（Morsella et al.，2016，p.2）。更普遍地，笛卡尔唯物主义经由无数叙事式词语得以体现，比如，说一个刺激"进入了意识""发生在意识之外"或者"跃入意识之内"；还有像某些潜在的"内容""与意识结合了"，"到达了意识"或"意识知觉的层次"，"获得了意识"或"在知觉中得到统一"。所有这些以及许多类似的词句，都暗示了某种准则，它规定了什么才算是随时在意识之"内"，另外，事物必然处于意识之内或之外，即它们有没有在隐喻中的剧院的舞台上或屏幕上出现。就算是"意识的内容"这样常见的词句也暗示意识是一种空间或容器。

如果笛卡尔剧院真的不存在，如果"意识不是一种容器"（Blackmore，2002），那么这些常用的词句就一定具有误导性，而它们所赖以存在的错误也许可以帮助我们理解围绕着整个意识概念的种种困惑。另一方面，撇开丹尼特的反对不谈，如果真的存在某种形式的剧院，我们也应该能找出它是什么东西，处于什么地方。本章要来探讨证据。

练习 5.1
有意识的是什么？

每天问自己，次数越多越好："我现在有意识吗？有意识的是什么？"把注意力从你对什么有意识上移开，转到有意识的是什么上来。

你可能会很自信，这就是"我"呀；但那是什么意思呢？这样做的目的是，思考你的体验的物理基质。那些反对妄想谬误的人辩称，只有完整的人才有意识，而非大脑或大脑的某些部分；但这在体验中是什么意思呢？现在就试着探寻你的体验。

你感觉有意识的是整个物理的身体吗？是你的大脑吗？或者只是你身体或大脑的一部分吗？意识是不是大脑做的什么事？它能不能被下载到另外一台机器上，且能像你现在一样有意识？意识与有意识的东西能分开吗？

你现在还有意识吗？如果有，还有意识的是什么呢？

意识发生的地方

笛卡尔唯物主义的一种暗示是，一定存在一个时间和地点，彼时、彼地的神经加工汇聚于一处，产生了一个意识体验——笛卡尔剧院里的演出。如果真是这样，我们应该可以找到那个彼时、彼地。我们先从看起来比较容易的方面入手：地点。它在哪里呢？举一个切实的意识体验的例子来展开操作。此时此刻，请你——有意识地并特意地——伸出一个拇指，举到自己面前，按住鼻子的根部。好好感受那种拇指按在鼻子上的感觉，然后放开。这也许就像是你坐在自己的笛卡尔剧院里最好的位子上，决定做（或不做）这个简单的动作，然后体会那种感受。那么，这种意识到底是在哪里发生的呢？

我们很容易追踪那些必然发生了的神经加工类型。阅读这些指令，会涉及大部分视觉皮层的活动，还有像威尔尼克区这样的语言区。动眼神经复合体将负责在你阅读时移动眼球，运动皮层则负责准备和执行拇指按压鼻子的技巧性动作。规划并做出要不要自寻烦恼的决定涉及前额叶皮层。当你的拇指触到鼻子的时候，负责手部和脸部的那部分躯体感觉皮层会被激活，并与正在运行的维持身体形态（你身体的空间感）的活动相连接。原则上讲，我们可以随心所欲地在任何层面详细检测这种活动。但意识是在哪里产生的呢？两种常见的比喻暗示了答案：一种认为意识就是体验进入其中、命令由此发布的中心；另一种认为存在一种层级加工机制，带有顶层结构，意识在此主宰一切（参见

Feinberg 对层级结构的重要评论，2001，pp.124-125）。意识的全脑工作空间理论举例说明了第一种回答，本章后面再来讨论；在 Semir Zeki 的微意识层级机制中，其顶部有一个单独的统一宏观意识（第六章），是第二种情形的绝好例证。我们在谈论"自上而下"（由先前的目标和预期等驱动）和"自下而上"（由刺激驱动）的视觉加工过程时，很有可能会忍不住假设有一个中心或顶部存在，或者两者都有。

首先注意，有一点是很明显的，那就是大脑内部不存在这样一个能同时满足两种直觉的地方。如威廉·詹姆斯诗意地指出的，不存在我们的意识可以附着其上的"教皇"神经元："在这样的解剖学或功能卓越的大脑中，没有哪个细胞或细胞群可以表现为整个系统的基石或重心"（James，1890，i，pp.179-180）。一个多世纪以后，一定存在一个中心或顶层结构的想法依然很有诱惑力。然而从大脑活动的角度看，不存在中心或单一的顶层结构（Zeki，2001）。

为了说明这一点，我们也许得问清楚，传入时发生的是哪一个加工过程，传出时又是哪一个（见图 5.2）？之后，我们可能会找到中间地带——输入在那里止步、输出从那里开始的地方。这是一种与完整有机体打交道时的合理思考方法。毕竟，光线肯定进入了眼睛，而肌肉则移动了胳膊和腿。因此，我们谈论输入和输出不会有什么问题。但现在，我们就要进入系统内部了。也许它就是一种思考的坏习惯，来源于对整个人类的思考，导致我们相信在大脑之内，也可以继续寻找一个所谓的"中间地带"。事实上，中间地带可能是不存在的。问问你自己，威尔尼克语言理解区域的活动是处在传入通路上，还是处在传出通路上？是在 V_1 区、V_5 区，还是在颞中回？这个问题毫无意义。不存在一个单独的神经活动流，先进入中间地带，然后再发出一个新的神经通路；存在的是大量的平行加工过程。存在多个反馈回路，复杂细胞集合体不断地形成和消解，相距遥远的区域之间共同响应，如此等等。整合活动很多，但没有中间地带，因此也没有顶层结构（顶层结构就是拥有特权的中间地带）。

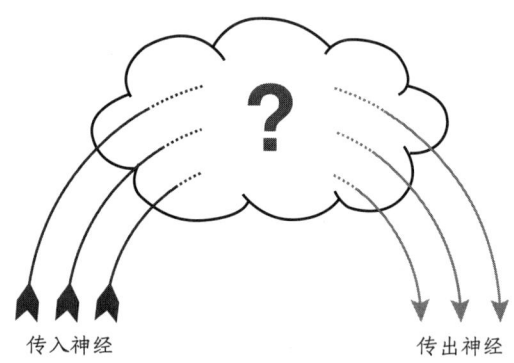

图 5.2 信号经由传入神经进入，再由传出神经导出。那么，那个"我"接收印象并发出指令的中间地带在哪里呢？笛卡尔认为它在松果体内。按丹尼特的看法，这个问题背叛了对笛卡尔剧院的承诺。没有什么中间地带，而在输入和输出之间，也没有什么"重要的心理分隔带"（Dennett，1991，p.109）。

类似地，也不存在意识发生的特殊时间。当然，先有信息传入，然后才有动作，但在这两者之间，存在多个平行的神经加工活动流，并不存在一个输入转化为输出或者意识发生的神奇时刻，也不存在任何中央计时机制或"时钟"（Zeki，2015）。第六章和第九章将用更多的细节回顾意识的时机问题，以及意识要花些时间才能被"建立起来"的概念。当前的要点是，我们自然想要提问："神经加工过程中的哪些片段是有意识的，哪些又是无意识的？我是拇指一按到鼻子上就对它有了意识的吗？"丹尼特辩称，就算只是提出这样一个问题，也是对笛卡尔剧院承诺的背叛。它们打发我们去寻找意识出现的特殊时间或地点，而这样的时间和地点却是找不到的。

这场辩论把我们直接带回了难题。我们假设，这种大脑活动通过某种方式产生了我刚有的那种我决定要移动我的拇指的强烈感觉，拇指按我的意愿做了动作，然后我就在鼻子上有意识地感受到了那种感觉，而对所有这些神经元的活动没有知觉。因此，我们要么去找出"主观知觉是怎样从所有这些神经元和肌肉细胞的客观活动中产生的？"的答案，要么去找出到底是什么样的错误导致我们提出了这个不可能的问题。创造一个主观性产生的地点和时间，不是一个好答案。

心理屏幕

1971年，美国心理学家Roger Shepard发布了一个经典的实验，永远改变了心理学家思考心理表象的方式（Shepard and Metzler，1971）。研究者给参与者出示了成对的图形，如图5.3所示，然后要求他们按动一个按钮，来表示这对图形是否形状不同，或者是不是同样形状的不同视角。如果你尝试这样做，你可能会发现自己好像会在心灵之眼里旋转这些物体。问问自己，这种心理的旋转像是在什么地方发生的？

这种对私密而无法观察的体验的讨论被行为主义者从心理学中驱逐出去了；但这个实验的重要性在于，Shepard和Metzler进行了客观测量。他们发现，做出决定所需的时间长度与在空间里实际旋转物体的时间长度密切相关。换句话说，如果物体只是被旋转了几度，而不是180°，参与者会更快地做出反应。之后的若干表象研究也显示了类似的结果。例如，如果人们被要求记住一张地图或者一张图画，然后回答诸如"你怎样从海滩到瞭望塔去？"的问题时，回答问题所花费的时间与地图上的起始点和终点之间的距离有关（Kosslyn，Bal，and Reiser，1978）。换言之，好像大脑里真的发生了些什么，并且花时间穿越了那一段想象出来的距离。

"视觉缓冲……就是绘满了影像的画布；它就是支持描绘性表征的媒介。"
（Kosslyn，Thompson and Ganis，2006，p.18）

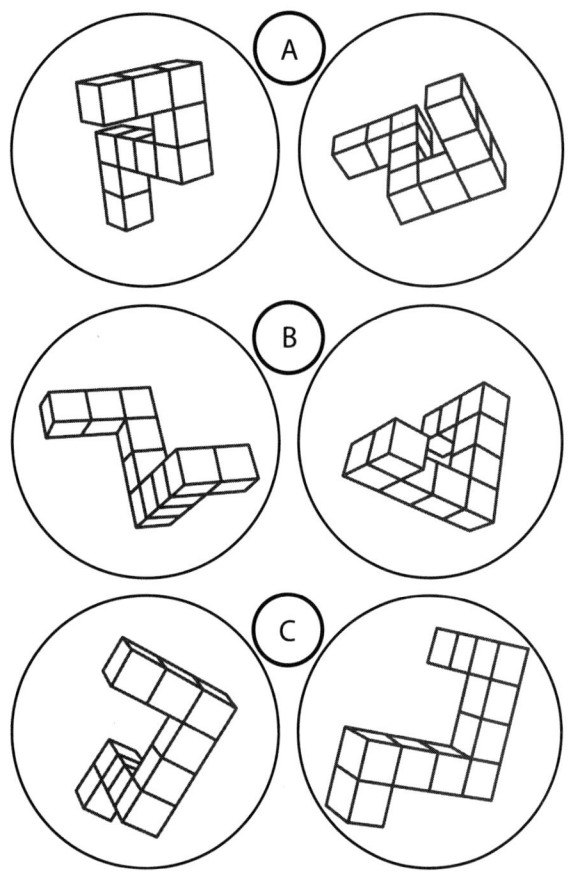

图5.3 在 Shepard 和 Metzler（1971）的经典实验里，参与者必须决定成对的图形是显示了旋转过的物体，还是两种不同的物体。他们做出决定的时间会随着旋转真正的 3D 物体所需时间的增加而增加。

> "心理表象可能涉及与视觉同类的表征，但在两种情形之下都不需要这些表征的图像化。"
> （Pylyshyn，2003，p.335）

> "在感觉运动概念中，表象需要在心理上做好平衡，来演练对物体的探索。"
> （Foglia and O'Regan，2015，p.192）

最明显的结论就是，心理表象如同图片，受到某种心灵之眼功能的检视（Kosslyn，1980）；但这个结论立即遭到了挑战（Pylyshyn，1973），引发了图像主义（pictorialism）和命题主义（propositionalism）（类语言）理论之间的长期争论。就本质而言，图像主义遭遇的挑战是：图像主义者正确地观察到了图像与视觉之间的相似性，却不正确地认为这意味着大脑之内存在涂绘在心灵画布上的图像。

几十年后，宏大的"心理表象之争"仍在继续（Pylyshyn，2003；Kosslyn，Thompson，and Ganis，2006），尽管出现了一些停战的迹象（Pearson and Kosslyn，2015）。当 Shepard 和 Metzler 首次进行他们的实验时，没人知道神经加工过程发生在大脑之内的什么地方，尽管有人猜测，同样的区域可能也被用来生成物体被看见的影像。随着 MRI 扫描和其他测量大脑活动的方式出现，现在清楚了，这么说是正确的。当我们在心理上扫描一个视觉影像时，类似的视觉皮层区域被激活，就如同我们看见了一个类似的物体一样（Cohen et al.，1996；Pearson and Kosslyn，2015）。但在更多地学习了看见和成像之间的相似性后，我们并不能在相互竞争的成像理论——图像主义和命题主义——之间做出更好的裁决，因为两者都接受这些相似点，但由此得出的结论十分不同。

近来，图像主义和命题主义的立场双双遭到第三种思考心理表象的方法的挑战：在生成主义和感觉运动理论中，我们参与了生成表象的行为，而不是获得了类图片或类语言的表象（位于头脑中某处的若干离散实体）。这与对真实世界的感知活动密切相关（如第三章所述）；但生成主义理论坚持认为，在产生表象时，感觉的探索过程并没有与环境产生任何互动。而在感觉运动的框架之内，哪怕是此类探索的可能性，也已足敷使用（Thomas，2014；Foglia and O'Regan，2015）。这些理论得到了证据的支持，这些证据体现了动作对视觉和表象是何等重要，比如观看和生成表象与我们所做眼部运动之间的密切对应关系（Johansson, Holsanova, and Holmqvist, 2006），甚至是当我们从近处或远处来观察或形成事物的表象时，改变镜片的厚度所带来的影响（Ruggieri and Alfieri, 1992）。图像主义和命题主义共同依赖一个概念，即我们是通过所看到或想象出来的物体的心理表征来观看和形成表象的；而属于第三阵营的理论提出，行动和互动基本上起到了传统上归因于表征的作用（Troscianko, 2014, pp.86-92）。

尽管有不同的解释，关于时间和想象的行为以及它们与视觉的联系方面的发现的确表明，当人们形成个人的表象时，确实有一些可测量的事件发生了——表象对于科学研究来说可不是什么神秘和顽皮的事。它们没有表明要形成表象就需要意识，或者必须存在一个投射"表象"的心理屏幕。

首先，心理旋转和其他操纵行为可以无意识地发生，而实际上也往往如此。当我们把前门钥匙插进锁孔，伸手准确地抓住一只杯子的手柄把它拿起来，或是把车停进一个逼仄的停车位时，我们就是在加工旋转的和想象的物体，但我们并不一定知晓自己做出了这些旋转动作。尽管表象经常被认为是典型的意识，但无论我们能不能有意识或无意识地感觉到旋转的存在，类似的过程都一定会发生。

如果你忍不住认为一定存在一个投射旋转表象的心理屏幕，而"你"要么有意识要么无意识地在看着屏幕、探索它的内容，就问问自己，你和屏幕会身在何处、是为何物呢？如果你是看着屏幕的一个有意识的实体，就引出了经典的小矮人问题。脑内的"你"必须要有内部的眼睛和大脑，而在它内部又有另一个脑内的你在看着脑内的屏幕，如此等等——直到无限回归（见图 5.4）。

克里克和科克宣称，如果是大脑的前部在"观看"后部的感觉系统，

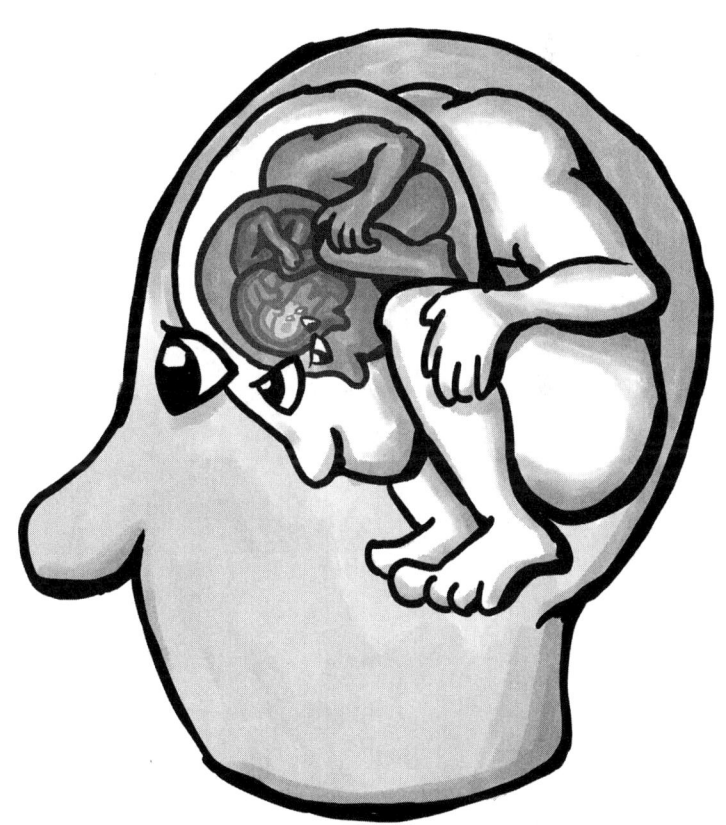

图 5.4 在头脑里想象图画，意味着要有个人在脑子里看着图画。这意味着另有一个人在他们脑子里看着他们的图画，并且会有另外一个和另外一个，导致了无限回归的无穷小矮人。

心灵的剧院 **第五章** • **115**

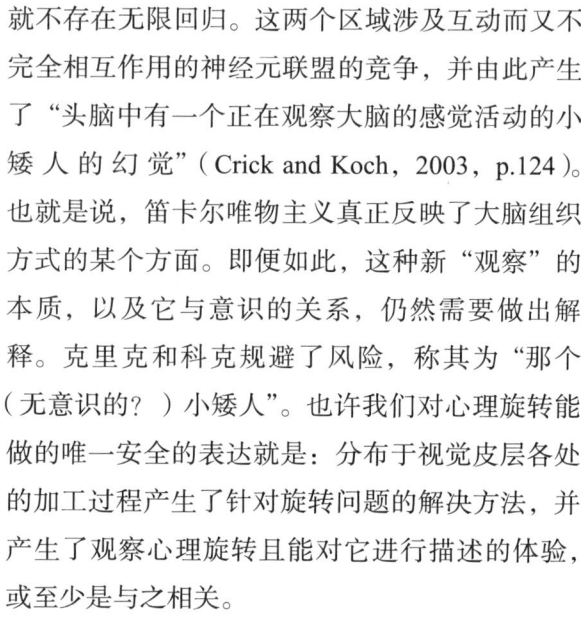

概念 5.1

看见蓝色

我们是怎样看见蓝色的？而蓝色又为什么以那种方式呈现？意识的一个问题，在于理解看见蓝色的体验如何与大脑的神经活动产生关联。思考一下色彩加工是如何实现的，也许有帮助。

视网膜上有三种受体细胞（有些误导性地被称为红色、绿色和蓝色视锥细胞），能对撞击它们的不同波长的光线做出不同的反应。红、绿受体细胞的输出结果被减去，以产生一维的颜色，然后求和生成明度信号（之后被用于其他种类的视觉加工）。这个求和结果再从蓝色视锥细胞的结果中减去，来生成第二个色彩维度。这个双色彩构件的加工信号（作为神经放电的速率）通过视神经发送给丘脑，然后到达视觉皮层。在视觉皮层内，有些区域仅使用明度信息来构建边界、运动和其他视觉特征，还有一些也要用到色彩信息并把它整合到视觉景象和物体感知加工当中。这种加工的结果又被更多的脑部区域使用，来加工关联、记忆和行为协调。因此，当你观察一个蓝色马克杯时，整个视觉系统里的神经元都在以不同的速率放电，或者以与马克杯如果是橘色的放电模式不同的模式放电。

但是蓝色的体验到底发生在哪里呢？它的感受质在哪里？在这个加工过程中，意识体验是在何时何地出现的？意识理论必须满足下列条件之一：

1. 能回答问题，比如提出一个负责意识的脑区、一种特别的加工或是一个功能组织特征。

或者

2. 解释为什么不存在答案。

就不存在无限回归。这两个区域涉及互动而又不完全相互作用的神经元联盟的竞争，并由此产生了"头脑中有一个正在观察大脑的感觉活动的小矮人的幻觉"（Crick and Koch，2003，p.124）。也就是说，笛卡尔唯物主义真正反映了大脑组织方式的某个方面。即便如此，这种新"观察"的本质，以及它与意识的关系，仍然需要做出解释。克里克和科克规避了风险，称其为"那个（无意识的？）小矮人"。也许我们对心理旋转能做的唯一安全的表达就是：分布于视觉皮层各处的加工过程产生了针对旋转问题的解决方法，并产生了观察心理旋转且能对它进行描述的体验，或至少是与之相关。

还有一个例子也许能帮上忙。看看四周，直至找到一个蓝色的物体来观察，那也许是一块布、一件家具、一本书或是一个咖啡马克杯。或者闭上眼睛，想象一只蓝色的猫。然后提问，这蓝色是什么？它又位于何处？我们了解一些颜色信息在人脑中如何加工的细节，那么在某种意义上，它就必须负责产生看见蓝色的体验。但这到底是怎么实现的呢？

这又一次地引出了某个版本的难题——蓝色的主观体验是怎么从那些客观的事件中产生的呢？一种无用的答案是，输入的信息变成了一块全色调心理屏幕上的一张蓝色图片，供我们观看。不存在产生颜色的单一时间和地点。色彩信息分布于整个视觉系统，被不同的大脑区域用于多个平行的版本。就算存在一个内部图画，比如以视网膜定位的形式出现在 V_1 区，既然所有神经元彼此都差不多，而且全都是在黑暗中运行的，那是什么东西把它变成了蓝色的呢？如丹尼特所指出的，大脑里不可能存在蓝色颜料，那么它有可能是虚构出来的吗？当然不是。关键的神秘之处在于，是什么让我的这个体验在感觉上变成了无可否认的蓝色？我们不能放一块涂满虚构颜色的心理屏幕，让一个脑内的自我看着它是解决不了问题的。那么我们又该怎么来解决呢？

非笛卡尔式剧院

那个引诱我们想象出有一个笛卡尔剧院的问题是，很明显，我们对自己的某些行为有知觉，对其他的没知觉；对某些知觉有意识，对其他的无意识；可以取用某些欲望，但不能取用其他的。那么我们就要怀疑了——造成"神奇区别"的是什么？换句话说，是什么造成了某些事件有意识，而其他的无意识；有些在意识之内，而有些在意识之外？

举个最熟悉的例子——无意识驾驶现象。你开车走在一条熟悉的路上，比如去单位或是一个朋友家。某一次，你清楚地知道经过的所有树木、人群、商店和交通信号。另外一天，你全神贯注地与意识问题纠缠，结果完全没注意到车外的风景和自己的行动。直到抵达目的地，你才意识到，你开了这一路车都不知道自己在做什么。你完全想不起来经过的地方、做过的决定。但你在某种程度上必定仍然注意到了交通信号，因为你没闯红灯、没撞倒过马路的老妇人，或者晃悠到对向马路上。你在必要时踩了刹车，跟车保持了合理的距离，并且找到了平时的路线。那么，思考一下红灯，是什么造成了它在意识之内和意识之外的区别呢？（见图5.5）

笛卡尔剧院这时候就派上用场了。我们很容易想象，在每一次开车时，我有意识的东西都在

图5.5　有经验的司机可能会发现他们根本没有驾驶的记忆就到达了目的地。他们是一路都有意识，但忘记驾驶体验了吗？意识是不是被别的什么东西，比如对谈话或音乐的注意给阻隔了？是不是存在两种并行的意识，一个管驾驶、一个管聊天？还是说，无意识驾驶的问题表明，随时询问意识里"有"什么这样的问题，根本就是徒劳的？不同的意识理论对这一现象做出了许多种解释。

舞台上，而其他所有东西都不在："我"有意识的东西在我的心灵之眼中都有表征，立刻就能在我的心理屏幕上看到，可以被"我"观察、思考或者对其采取行动。但是，大脑之内不存在这样一个真正的地方来建造这座剧院。那么备选方案是什么呢？有些理论保留了剧院的隐喻，同时设法避开了笛卡尔剧院的不可能性。有些则抛弃了所有关于剧院的意象，试图换一种方式来回答问题。其他更激进的，甚至抛出了一个概念，即事物要么明确地存在于意识体验流之内或之外，要么这种流就根本不存在。

本章的剩余部分将给出每种类型的例子，但差不多所有的意识理论都可以按照它们对三大核心问题的答案（或是缺少答案）来分类：（1）这个理论是不是想要解决为什么会存在主观体验的问题？（2）它是不是想要解释是什么让某些事件有意识而其他的无意识？（3）它是不是想要通过放置一个心理或神经剧院来解决这两个问题中的一个或全部？如果是，它是笛卡尔剧院吗？对后面的观点进行评估时，请把这些问题记在脑子里。

我们首先从当前理论中最有戏剧性的一个开始。伯纳德·巴尔斯（Bernard Baars）的全脑工作空间理论（global workspace theory，GWT）最早研发于20世纪80年代，自那以后就一直朝着生物计算方向拓展（Baars and Franklin, 2009），成了一个完整丰满的神经理论（由 Dehaena 及其合作者完成；参见以下内容）。

巴尔斯一开始就指出，在任意一个时刻的意识中，其可用内容之少，与同期运行的无意识神经进程的数量之巨大，形成了强烈的反差。他认为，思考这一问题的最佳方法就是使用剧院的形式。焦点意识扮演舞台上的"聚光点"，它被注意的聚光灯射向不同的演员，有可能被一系列仅仅有着模糊或潜在意识的事件包围（Mangan, 2001; Shanahan, 2006）。同时，"剧院的其余部分一片漆黑，没有意识"（Baars, 2005a, p.47）。无意识的观众坐在黑暗里，从聚光点

小传 5.2
伯纳德·巴尔斯（Bernard Baars，1946 年生）

伯纳德·巴尔斯出生于荷兰阿姆斯特丹，1958 年随全家迁居至美国加利福尼亚州。在投身意识研究之前，他是一名语言心理学家。他说，和猫在一起的生活似乎明显地表明它们是有意识的，这对于处理动物、婴儿、胎儿以及人们彼此之间的道德问题具有伦理意义。他著名的全脑工作空间理论受到了人工智能架构的启发。在这一理论中，各种专家系统地通过共同的黑板或全脑工作空间进行交流。他描述说，意识事件繁盛在"意识剧院之内"，它们在明亮的注意聚光灯下现身，然后广播给神经系统的其余部分。他主张通过"对比分析法"研究意识：对紧密匹配的有意识和无意识事件进行对比。他曾是美国圣迭戈神经科学学院的理论神经生物学高级研究员，共同创建了意识科学研究协会，还创立了《意识与认知》（Consciousness and Cognition）杂志以及《科学与意识评论》（Science and Consciousness Review）在线资源。针对意识问题，他认为我们处在黎明前的黑暗，马上就会看到曙光。

接收信息广播；而在幕后，无数的无意识情境系统在塑造着聚光点下发生的事件。

全脑工作空间理论明确建立在"戏剧假设"（Baars，1988）或"一个剧院隐喻与大脑假设"（2005a；见图5.6）的基础上。这就需要有一个"剧院建筑"，包括一个"剧院聚光灯"。意识事件发生在"意识的剧院里"，或者显示在"意识的屏幕上"（Baars，1988，p.31），而"意识内容对工作记忆舞台上的聚光点做出反应"（2005a，p.47）。

巴尔斯宣称，让这个理论超越了泛泛的比喻的，是其心理学和神经科学基础。后台就是创造当前情境的过程，注意的聚光点反映的是意识的内容，而舞台的其余部分直接映射工作记忆（Baddeley，2000）。这三者之间的交互作用建立在全脑工作空间架构的概念之上，它首先由认知模型发展而来，在人类认知的计算方法中普遍存在。这一观点认为，大脑的架构就是如此，其全脑工作空间一次只能加工几个事件——类似于工作记忆一般只留存 7±2 个事件。剧院有来自感官和整体情境系统的无数条输入信息，并与"巨大的无意识心灵"的资源相连接（Baars，1997a，p.304），如语言、记忆系统和习得的技能。按巴尔斯的说法，所有这一切提供了一个真实的"工作剧院"，其中的意识扮演大门的角色，提供通往神经系统任意部分的全脑入口。

在图5.6中，意识具有确定的作用和功能。它为心理词库、自传体记忆和自我系统提供了入口。它招揽执行任务的加工过程，促成执行决策，并实现了对自动化行动的随意控制（voluntary control）。按照巴尔斯的观点，意识不是一种副现象，也不神秘。它就是认知系统中的一个正在工作的部分。巴尔斯将大脑作为整体来理解，认为它包含多个非中心化的网络（Baars，2005a，pp.47-48），但在全脑工作空间理论中，需要意识来整合和协调这些在其他情况下会自动运行的网络。因此，大脑最终还是高度集中化的。在聚光灯下有意识的那些事物是如何获取了这种整合功能的呢？这个问题巴尔斯没有说；对此，在第十一章里讨论意识的功能时，再来回顾。

在这个理论中，让事件有意识的是它在全脑工作空间内被加工过了，可以为其余的（无意识）系统所用。因此，当你全神贯注地驾驶时，与红灯有关的信息会在全脑空间内得到加工。当你的工作空间被哲学思考和想象的对话充满时，红灯就不再出现在舞台的聚光灯下，而被降级到边缘甚至黑暗地带。

巴尔斯喜欢的研究方法是将意识作为意识变量来对待，并将"较多意识"与"较少意识"相对比，而保持体验内容不变。他将这种寻找意识的神经关联

"我们今天所有关于心灵功能的统一模型，都是剧院式的隐喻；它基本上就是我们所拥有的全部。"

（Baars，1997a，p.301；另见1997b，p.7）

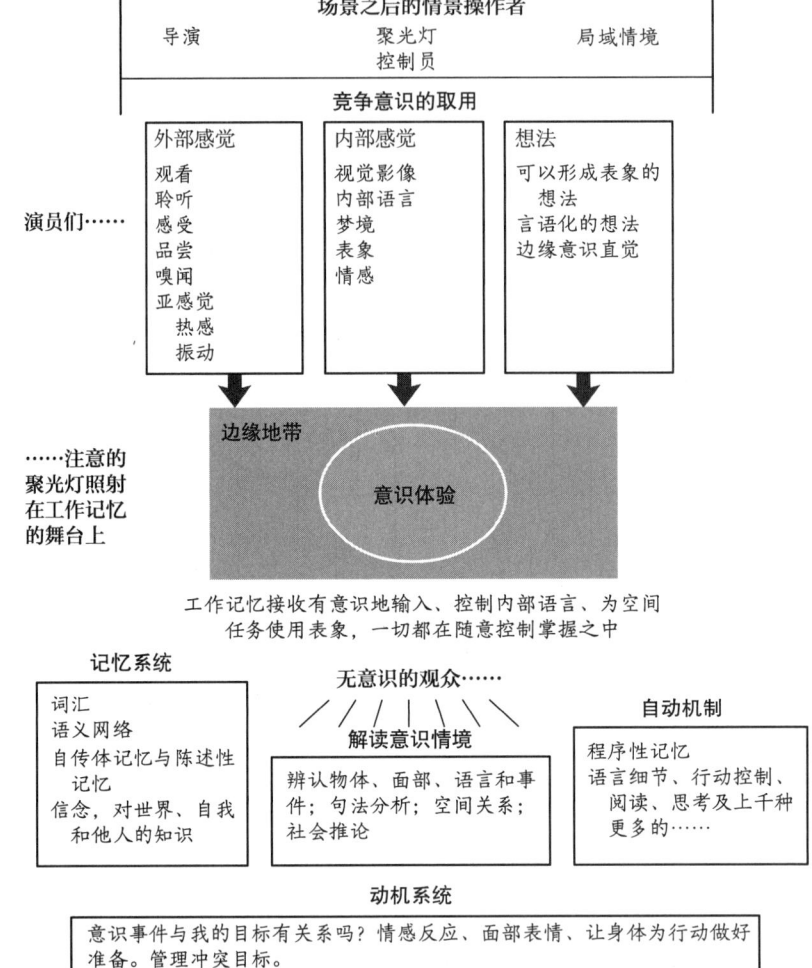

图 5.6　巴尔斯的意识体验剧院隐喻（Baars，1997a，p. 300）。

的方法称为"对比分析法"，并说它可以专门用来检验全脑工作空间理论的预测。使用大脑扫描或其他方法的实验可以被设计用来找出同样的事物处于注意意识的聚光灯下和处于意识的边缘或完全处于意识之外时，分别涉及大脑内部的哪些过程。

有一个例子，就是单词淡化为短期记忆。同样的词语，可能某个时间还在有意识的内部发言之中（在舞台的聚光灯下），然后就淡化进入了无意识但很容易取用的工作记忆之中（还在舞台上，但处于聚光灯范围之外），随后在被召回时，又变得有意识了（回到聚光灯下），或者就无法召回了（完全离开了舞台）。任何完整的意识理论都需要解释这些不同之处，巴尔斯如是说。我们不应该急于回答难题，而是应该先来完成一个任务，找出到底是什么让事件拥有了更多或更少的意识。

现在可以用全脑工作空间理论回答三个问题，并据此对该理论进行评估：（1）到底为什么会出现主观体验？（2）是什么让某些事件有意识而其他的无意识？（3）它是不是设定了一个心理或神经剧院？如果是，它是一个有害的笛卡尔剧院吗？

对于最后一点，全脑工作空间理论通常会涉及剧院，但巴尔斯（Baars，1997a，p.292）辩称，"工作剧院并不只有'笛卡尔式的'白日梦"。另外，对笛卡尔剧院的恐惧被放到了错误的位置上了，因为没人相信所有的事件会汇聚到一点上了，而他的理论不需要。然而，他还是对大脑内某个类似汇聚区的概念做了辩解。他宣称，"视觉系统里的确存在一个'一切都汇聚一处'的地方"，这可能与构建全脑工作空间有关。他将视觉系统类比为一个（相当复杂的）阶梯，在其顶部，"大脑的物体认知区域显示，该处就是意识内容出现的区域"（in Blackmore，2005，pp.16，13）。他又说，聚光灯也许会对某种注意引导机制做出响应，而针对构建了内部讲演、不断为我们的生命提供解说的自我系统的研究，可以受到剧院隐喻有帮助的引导。尽管巴尔斯反对"笛卡尔的白日梦"，但他的确假设过，在任意时刻，有些事物在意识之内，而其他的不在——按丹尼特的说法，这个假设就是笛卡尔唯物主义的核心。

关于第二点，巴尔斯清楚地区分了有意识和无意识的事件，区别就是它们是在全脑工作空间之内还是之外。

要解决更为棘手的主观性问题，对一个相关理论做些探讨，可能会有帮助，那就是法国神经科学家 Stanislas Dehaene 及其同事（Dehaene et al.，2006；Dehaene，2014）提出的"神经元全脑工作空间"模型［参见图5.7（彩）］。这个模型的一个最直接的优势是，不需要有"变得有意识"或者"进入意识"的加工或信息。在此模型中，一组专用的无意识加工器会参与竞争，以便进入功能有限的全脑工作空间，而这个空间可能要依赖某些远程回路，它们涉及前额叶皮层、前扣带回和联合区（Dehaene and Naccache，2001）。信息可以向其他脑区进行广泛的广播，而"这种全脑范围的广播，生成了一种全脑可用性，其结果引发了口头或非口头报告的可能性，并且可以作为一种意识状态得以体验"（Dehaene，2009，p.468）。

这里的关键词是"并且"，它可以用两种完全不同的方式进行解读。一个暗示了"然后"：当信息进入全脑工作空间之后，有什么特别的事情发生了——然

"全脑范围的广播生成了全脑可用性，结果产生了口头或非口头报告的可能性，并作为一种意识状态被体验。"
（Dehaene，2009，p.468）

后它"变得有意识了",或者"进入了意识"。如果你喜欢这一种解读,那么这种转化就过于神奇了——或者至少完全没有得到解释。神经元全脑工作空间理论不可能对主观性负责或处理那个难题。

另一种解读就是,"并且"等同于"两个"。也就是说,能够被报告就是我们所说的有意识的意思:主观性和取用是一回事,不存在需要解决的难题。这就是丹尼特迫切希望我们接受的解读;于他,正确理解神经元全脑工作空间论题的难点在于,接受全脑可用性不能产生副作用,从而"点燃意识感受质的火光获得了进入笛卡尔剧院的入场券,或者类似的什么东西"(Dennett,2001b,p.223)。"那些有这种直觉的人形同在胜利唾手可得时投降。"丹尼特如是说(Dennett,2001b,p.223),因为全脑可用性不过就是一种意识状态而已。意识就像"脑内名气"或者"脑内名人";名气不是广为人知的状态的附加物,意识也不是。当Dehaene在他后期的著作《意识与大脑》(*Consciousness and the Brain*)里说"意识就是大脑皮层内广播的全脑信息"(Dehaene,2014,p.13)时,他看起来是支持了"不存在额外事物"的概念。但当他继续写下一句——"它(意识)产生于某种神经元网络,这种网络的目的是为了在大脑中对相关信息进行大量共享"(Dehaene,2014,p.13)——解读的空间再一次为另一种解释打开:信息一旦被共享,又产生了别的东西,这让它变得有意识了。

"剧院的隐喻,它的生命看来超过了它的用途。"

(Rose,2006,p.223)

那我们应该如何解读全脑工作空间理论呢?尤其是被Dehaene以新的神经元概念加持后,它们一直都很流行,但就算不是最新的,也像许多当下的意识理论一样,规避了是什么让事物有意识的关键问题,至少是面目不清的。这个理论的很多衍生版本都是如此(如Maia and Cleeremans,2005;Gaillard et al.,2009;Raffone and Pantani,2010),以及它的主要论述。因此,英国神经学家David Rose总结道:"要看清楚全脑工作空间理论中的意识到底是什么东西,已经很不容易了,更何况是它的来源呢?"(Rose,2006,p.222)特别是,全脑工作空间理论经常会引发"意识是进入全脑工作空间的起因还是结果?"以及"全脑可用性是意识的后果还是对它的解释?"等问题,而不是加以回答(Rose,2006,p.223)。

有一个问题需要提问,大脑真的是由全脑工作空间来组织的吗?那么它的准确意思又是什么(Dehaene,2014)?如果是,那么我们就必须问:进入全脑工作空间,是某个事物变得有意识的起因,还是其结果?无论答案是哪一个,我们接下来都得做出决定,是不是处于全脑工作空间的聚光灯下造就了蓝色的蓝、观察自己心理表象的感觉,或者需不需要更多的东西来将全脑工作空间的内容转化为主观体验。对 Dehaene（2014，p.262）来说，毫无疑问，"一旦我们的直觉受到认知神经科学的教育"，就会发现难题是不存在的。以我们目前所了解到的关于心灵剧院的知识来看，你会同意吗？

> 现在有意识的是什么？

没有剧院的理论

排除我们需要某种形式的剧院的想法——也就是事物处于意识之内和之外的区别，或者意识是不是在大脑的某些局部之间发生的——是极其困难的。要做到这一点，最简单的方法就是一致理论，它将意识体验等同于脑部活动；另外还有保罗·丘奇兰德和帕特里夏·丘奇兰德（如 P.M. Churchland，1981；P.S. Churchland，2002）所支持的消除唯物主义，它认为除了物质，不存在别的需要解释的东西。保罗·丘奇兰德很乐于谈论感受质，比如红色光线的红，甚至沉醉其中，大谈是什么东西让生命有价值；但他否认存在任何特别的主观性问题。他乐于从科学史中吸取教训。"电磁波没有引生光线；它们跟光线不是关联关系；它们就是光线。光就是这样的东西。"（in Blackmore，2005，p.54）声音与热能也类似。尽管我们现在感觉很难接受，但他——就像 David Papineau 一样，第二章里谈到过他的观点——认为，假以时日，我们会逐步接受，产生对红的感受

> 就是让你所有的三种互相竞争的加工细胞按照一定的关联刺激模式进行显示……红色的激活模式会是，比如，三种细胞按 50%、90%、50% 的比例激活。
>
> （in Blackmore，2005，p.55）

这里不需要任何剧院意象，而主观性的问题也可通过宣布神经过程与主观经验的同一性得以解决。然而，关于我们的驾驶案例，还存在一个问题，因为我们假设，司机注意到了路况，而分心的司机还能在红灯前停车。在两种情况下，他们的视觉系统中都有适当数量的竞争性加工细胞被激活了。他们之间体验的差别必须以某种别的方式来交代，也许是各自在旅程的终点能回忆起的内容的差别。更泛泛地讲，这种交代没有解释清楚我们如何有效地克服了自身本能或者超越了科学，而看清了体验就是脑部活动的原因。

其他许多意识理论规避了对舞台和剧院自相矛盾的想象，至少在表面上如

> "你除了是一包神经元之外，什么也不是。"
>
> （Crick，199，p.3）

此。这其中包括了最明确的还原论，比如克里克"令人惊讶的假设"："'你'、你的喜乐、悲伤、记忆以及你的野心、个人身份和自由意志的感觉，事实上都只是大量神经细胞的集合体及其相关分子的行为罢了"（Crick，1994，p.3）。这一理论没有涉及明确的剧院意象，但克里克仍然将丘脑控制的注意与聚光灯做了对比，稍稍暗示了一下剧院的概念。他宣称脑部活动"到达了意识"，并提及"视觉意识的坐席"（p.171）、"大脑内意识的位置"（p.174）以及寻找"意识神经元"的位置（pp.213，224）。因此按理说，克里克的理论仍然算是某种形式的笛卡尔唯物主义。

就红色交通信号灯而言，克里克的早期理论要求有正确的振荡来捆绑红灯的特征。他后来跟克里斯托弗·科克的理论，涉及丘脑皮层回路的激活。在两种情况下（见第六章），这一理论都需要特殊的脑部过程来与光线是否被有意识地感知了产生关联。

还有一些理论通过关注大规模脑部整合来规避剧院的概念。比如，对荷兰神经科学家Cyriel Pennartz来说，意识就是找到"大脑表征问题"的答案：如何将多个感官信息"整合成一个连贯的整体，可以立即识别、快速理解并采取行动"（Pennartz，2015，p.10）。Pennartz把意识的要求分为"硬"（非可选项）和"软"（可选但常见）两种。意识的"硬"要求是一种解读多种感觉输入，比如拥有特定品质、意识或内容的能力——在我们的例子中，就是解读所有与周围环境刺激相伴的红灯的特质，并赋予其"停车"的意义的能力。"软"要求则包括将解读过的感官输入投射到外部的透视空间（如视觉）或身体地图（如躯体感觉），并在意识和自我知觉中建立起"统一"的错觉。Pennartz接下来就开始着手确定，哪些神经元可能执行了这些功能，包括协调机制、结合功能与稳定机制，以及改变细胞激活的相位和速率。

对Pennartz而言，大脑必须理解为在高维度空间运行，而每一种感觉形态或子形态都会构建一个新的维度。但是他没有解释得很明白，大脑的"表征力量"当然可能很强大，但其自身为什么就具有或能够产生主观感受质呢？他最终也不得不求助于"大脑意识系统对于无意识表征"的区别（Pennartz，2015，p.113），以及"产生了一种或其他种类的神经关联"（Pennartz，2015，p.288）——那就意味着，即便剧院不再有舞台和聚光灯，但在笛卡尔唯物主义的意义上，它依然存在。

如Pennartz所指出的（2009，p.733），他对多维度整合重要性的观点跟全脑工作空间理论中的信息全脑广播有些相似。从这个意义上看，它与当下可能最流行的一种意识理论有相似之处，这就是整合信息理论（integrated information theory，IIT）。

整合信息理论最先由朱利奥·托诺尼（Giulio Tononi）于 2004 年提出，他当时正与杰拉尔德·埃德尔曼（Gerald Edelman）（Tononi and Edelman，1998）合作；之后又对其进行了几次更新（Tononi，2015）。它的基本原则是，一个实体系统内的"整合信息"越多，那个系统就越有意识；整合信息的数量用一个数学变量 Φ 来测量。

与巴尔斯的理论一样，意识是一个连续的变量：你可以具有不同数量的意识。在这种情形下，如果系统有了一个大的 Φ 值，它就会变得更有意识（并且有自由意志），而且 Φ 值越大，系统越有意识。拥有大 Φ 值的事实也有助于一种情形的解释，即与其他所有可能的意识体验相比，特定的意识体验为什么会具有特定的品质：因为"产生大量的整合信息意味着拥有一个高度结构化的机制，能让我们作为单一整体，做出许多嵌套的歧视（选择）"（Tononi，2008，p.224）。我们体验到的红灯并不是简单的没有信号灯或者绿灯的对立面，而是跟其他所有可能的体验都不一样的体验。

对整合信息理论而言，"意识就是整合信息"，而"它的特质是由一系列复杂因素产生的信息关系赋予的"（Tononi，2008，p.217）。这意味着，整合信息理论无须假设一个笛卡尔剧院，因为神经系统的任何部位都包含整合信息。那么存在于整合系统之外的信息关系，又会发生些什么呢？托诺尼列举了感觉传入或皮层—皮层回路信息实施绝缘子程序的例子。这些都"不会进入感受质内，因而不会对意识的质或量产生影响"（Tononi，2008，p.229）。这就引出了我们已经很熟悉的问题："为什么'进入感受质'（也就是变成意识体验）的应该是整合信息"，而不是其他？——或者感受质到底是什么？你又如何进入它的内部？所以，我们还是有某种剧院的，即便它是空间局部化剧院的对立面。第六章会继续探讨对整合信息理论的其他应用和批评。

还有一种理论，试图不使用剧院概念来弥补解释的鸿沟，而痴迷于量子级过程，即涉及既定物理实体（像光子或电子）最小可能数量的过程。对英国物理学家兼数学家罗杰·彭罗斯（Roger Penrose）来说，要解决难题，就要理解不相容的解释层次问题。物理学中有两种层次的解释：人们熟悉的经典层次，用以描述大型物体；还有量子层次，用来描述极小物体，受薛定谔公式约束。这两种层次都完全是确定的、可计算的。但当你从一个层次转向另一个层次时，麻烦就开始了。在量子层次上，叠加态是可能的，即两种可能性可以同时存在；

但在经典层次上，只能存在一种或另一种状态（看见灯要么是红色的，要么是绿色的）。当我们（在经典层次上）做出观察时，叠加态就必须坍缩为一种或另一种可能性，这个过程称为波函数坍缩。

由量子物理学发展而来的一系列理论都试图来解决那个难题（Tuszynski，2006）。某些物理学家，最引人注目的当属尤金·维格纳（Eugene Wigner）和亨利·斯塔普（Henry Stapp），宣称是意识导致了波函数的坍缩。按照斯塔普的理论，量子的大脑被理解为一个"经典构思而成的大脑的可能可变状态的集合"，所有这些都作为潜在的"平行"部分存在，以便将来添加到意识流中（Stapp，2011，pp.51-52）。在此种情境下，不确定的意识通过在备选方案之间进行选择的注意过程来控制确定性的大脑激活（Stapp，2007）。这种量子交互二元论涉及一个广为传播的效应，且与波普尔和埃克尔斯的二元互动论不同（第六章），在后者中，心灵介入了正常情况下是一个因果完整的物理系统的某些突触。

斯塔普远远不是坚持物理解释，而是相信"当代物理理论要求对物质进行某些干预！在纯粹物理决定因果关系中，相关的因果差距为交互但非笛卡尔式的二元论提供了自然的开端"（Stapp，2011，p.116）。他宣称，其结果就是此类的量子方法可以解决结合问题，并能对意识统一和自由意志的力量做出解释。

注意，这些源自量子物理学的概念激发了许多流行的精神理论，其中包括了核物理学家阿米特·戈斯瓦米（Amit Goswami）的意识是所有存在的基础的创造进化论、精神导师 Deepak Chopra 的意识基础论观点，以及意识是宇宙的起源、一种穿越了量子场的场现象观点（Kafatos et al.，2011）。其他的理论还包括量子意识、量子觉醒和量子灵魂等论调（Zohar and Marshall，2002）。

但这不是彭罗斯的意思。彭罗斯认为，对波函数坍缩所做的一切传统解释都只是近似值，而他提出了自己的"调谐客观还原理论（Orchestrated Objective Reduction，Orch OR）"。这个新过程在本质上是有引力但在远端的，因此可以将广泛分离的区域中的事物联系起来，使得大规模"量子相干"成为可能。只有当系统与其他环境中的非协调扰动隔离开、而其可能产生的目标还原和隐藏式非计算行为可以通过受控方式为系统所用，才会发生这种情况。这种稳定的隔离通常只有在极端低温下才可能发生。

那么，这种需要如此稳定条件的过程可能会在大脑中的什么地方运行呢？彭罗斯在美国麻醉师斯图尔特·哈梅罗夫首倡的意识来自微管的量子相干性的提议之上有所发挥（参见图5.8）。微管，如它们的名字建议的那样，是极细微的管状蛋白质，几乎在所有的身体细胞中都有发现。它们参与支持细胞结构、细胞分化和细胞内部的细胞器输送。哈梅罗夫和彭罗斯认为，它们就是非算法量子计算的场所，不仅因为它们的形状及管壁的螺旋结构，还因为其内部的任何量子相干效应均能合理地与外界隔离开。

为什么这会与意识有关呢？哈梅罗夫主张，理解意识的真正问题，包含了自我统一、自由意志和麻醉效应，以及非算法的直觉加工。他认为，所有这些都可以通过微管中的量子相干进行解释。非定域性可以带来意识的统一，量子不确定性可以涵盖自由意志，而非算法加工或量子计算则是由量子叠加完成的。因此，微管中不仅产生了你对红色交通信号灯的体验，还产生了那种感觉，即体验到了红色的是"你"、自由地决定看到红灯就要停车的也是你。

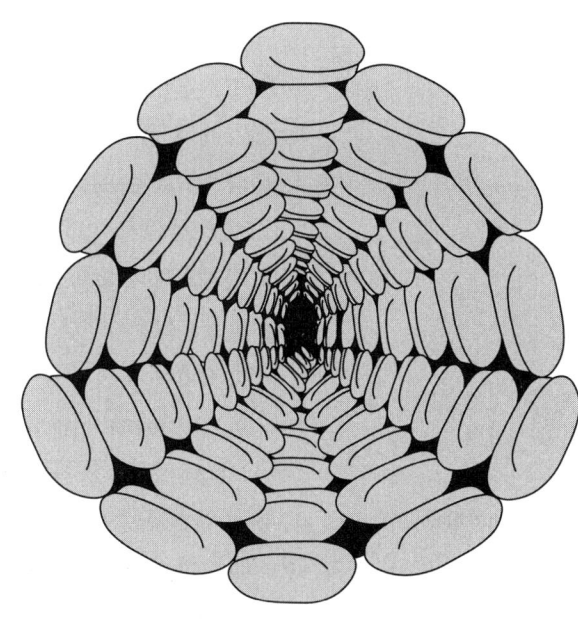

图 5.8　彭罗斯和哈梅罗夫认为，意识产生于微管的量子相干。微管是细胞壁内的结构蛋白质。它们状如空心管道，其管壁上有螺旋结构（Penrose, 1994b）。

2014 年，哈梅罗夫和彭罗斯发表了支持这一理论的新证据，包括一个声明，宣称他们确认了微管的"量子通道"，彼处的麻醉剂消除了意识；还有大脑内的暖量子振动，以及微管的"节奏频率"与 EEG 中发现的 γ 节律信号同步之间的联系。在其 2014 年的论文的众多评论者中，Chopra 将难以解释物质的心灵优先理论与难以解释心灵的物质优先理论（包括了这个理论）做了鲜明对比。哈梅罗夫和彭罗斯回应称，量子事件表明，有一个"看不见的介质（意识）"（Hameroff and Penrose, p.96）在时空交汇处生成了智力行为。为回应其他评论者，他们同意当前的神经功能模型是不充分的，部分的人类心灵不可计算，而若没有对意识的记录，宇宙仍然"一如既往地神秘"（p.98）。

"意识对大脑神经元内微管集合中生物学意义上'协调'而连贯的量子过程，有依赖现象。"

（Hameroff and Penrose, 2014, p.39）

有一点很棘手，那就是量子相干能否在温热的、湿乎乎的大脑内存活。哈梅罗夫和彭罗斯主张，生物学可以利用热能推动相干性，而物理学家马修·费舍尔（Matthew Fisher, 2015）则认为，大脑内部磷原子的核自旋可以让它发挥量子计算机的作用。但如果大脑是一台量子计算机，它又能告诉我们哪些关于意识的事呢？

更普遍地讲，我们也许会问，这个量子理论会不会就是在用一种神秘（量子相干）代替另一种神秘（主观体验）呢？如果量子计算真的出现在大脑里，这当然很重要，但它也只是为大脑的工作方式增加了一层复杂性而已。如果难题存在，它也许可以被重新表述为"主观体验是如何从微管中客观的还原过程中产生的"。量子过程中的奇怪效应本身并没有任何关于对光、空间、痛苦或交通信号灯颜色的体验的说法。它们没有解释为什么会有体验，而不是没有体验。美国哲学家杰西·普林茨指其为"那些对神秘主义感兴趣的非神秘主义者视为避难所的讨厌的量子现象"（Jesse Prinz, 2003, p.116）。科克等人（Koch and Hepp, 2006/2007, p.1）称，量子力学与意识之间的联系会是"晚会上一个不错的消遣话题"，但声称生物物理学和计算神经学的证据表明，不太可能有任何联系。Samanta Pino 和 Ernesto Di Mauro（对 Hameroff 与 Penrose 的同侪评论，2014，here p.92）怀疑，是不是因为缺乏其他的解释，才使得量子物理学看起来名不副实地显得更有希望解决"错综复杂得难以接近"的未知问题，也就是意识。而帕特里夏·丘奇兰德则总结说："神经突触中的细微纤尘与微管中的量子相干差不多有同样的解释力（Churchland, 1998, p.121）"。

> "神经突触中的细微纤尘与微管中的量子相干差不多有同样的解释力。"
> （Churchland, 1998, p.121）

但这个理论至少能让我们向"可证实的验证"的需求更进一步，Pino 和 Di Mauro 承认（p.92）；而哈梅罗夫和彭罗斯则信心十足地响应，所提出的客观还原形式"可能与实验确认或反驳相当接近"（p.99）。因此，量子处理还真有可能就是解决那个难题的答案，只是到目前为止，它看起来主要是把问题搬进了一个微管形状的剧院。

多重草稿理论

最协调一致的抛弃剧院理论的尝试，大概要数丹尼特的意识的多重草稿理论了，他为此提出了一个代替笛卡尔唯物主义的方案。丹尼特说：

> 当你摒弃笛卡尔二元论的时候，你真的必须摒弃那本该在笛卡尔剧院上演的演出，观众也一样。因为不管是演出还是观众，在大脑中都是找不到的，而大脑是唯一真实存在的可以寻找它们的地方。
> （Dennett, 1991, p.134）

> "丹尼尔·丹尼特就是魔鬼。"
> （Voorhees, 2000, pp.55-56）

这种一股脑地抛弃"我"的概念的想法可能会十分令人不安。太令人不安了，以至于有人称丹尼特是"魔鬼"，需要对他的想法进行"一次驱魔，目的是从意识科学里消除唯物主义还原论的幽灵"（Voorhees, 2000, p.55）。

在意识的多重草稿理论中，感知、情感、思想和所有的认知活动都是在大脑中的多轨平行过程里完成的，它们解读和阐述感官输入，而一切都在不停地修订。如同一本书或一篇文章的许多版本的草稿，知觉和思想也会不停地被修订和改变，而在任意一个时间点，大脑里不同的地方存在各种编辑状态不同的叙事片段的多个草稿。

你可能会问："到底哪些才是有意识的呢？"如果你问了，你就是在想象一个笛卡尔剧院，其中只有部分的草稿得到了表达，供观众观看。如果你这样做了，你就坠入了丹尼特称之为"双转导神话"的陷阱（Dennett，1998a）——为了安抚意识的重演。这正是丹尼特的模型与笛卡尔唯物主义不同的地方，因为在意识的多重草稿理论中，只需做出一次鉴别。不存在拥有某些体验的主要鉴别者或自我，也不存在能够理解它们的"中心思想者"，只有被同时编辑着的多个版本的草稿。就是那种一旦以某种方式探测并流行，例如通过提出问题或要求某种响应时，就会产生叙述流或序列的感觉。例如，有些草稿被用于控制行为或产生语言，有些则被编码成记忆痕迹，而大多数消失了。

从他的后脑勺切下一块片状物。整个世界都和阳光一道向里窥探，这让他感到紧张，分散了他工作的注意，也感到恼怒，因为在所有人里，只有他被从表演里挤了出去。

——弗兰兹·卡夫卡（Franz Kafka）
摘自 1920 年 1 月 10 日的日记

假设一下，你刚刚看见窗前有一只鸟儿飞过。你对意识到看到了鸟儿的判断，是在多个可能的时间点之一探测多个草稿流的结果。没错，的确存在一个判断，而与该事件有关的某些部分可能会变成可访问的内容，以备将来进行记忆检索，但是不会再有看见鸟儿飞过的那种真实体验了。按丹尼特的观点，内容产生了，被修订了，影响了行为，然后在记忆里留下痕迹，之后又被其他的痕迹所覆盖，如此循环不休。所有这些产生了不同的叙事，它们都是意识流某部分的一种单一版本，但"我们千万不要犯了假设事实存在的错误——不可追溯但是真实的事实——关于那个时刻有哪些内容有意识而哪些没有意识的事实"（Dennett，1991，p.407）。换言之，如果你问"鸟儿飞过时，我到底真正体验到了什么？"，就不会有正确答案，因为不存在"真实"体验发生的演出和剧院。我们将其作为"事情的事实"来思考的，其实是事后虚构的结果（参见第六章）。

那么观众又如何呢？丹尼特认为，当世界的一部分（显然是一个人，但也可以是一台计算机或一个机器人）来编撰一连串的叙事时，世界的那个部分就是观察者。观察者就是一个"叙事重心的中心"（Dennett，1991，p.410；也可参见第十六章）。当我们通过在不同的点上探测事件流从而确定了内容并做出判断时，还有当我们述说自己的所作所为或是自己体验到的东西时，就创造出了存在一个作者的良性错觉。从这个意义上讲，笛卡尔剧院中的观察者，不管在感觉上多么真实、多么有力，也不过是一个错觉，尽管是一个非常特殊的错觉。

这个理论会怎么加工我们的红色交通信号灯现象呢？如果你是一位笛卡尔唯物主义者，你就会坚持认为自己关于你当时是否对交通信号灯有意识的一些事实，是真实存在的。但若按照多重草稿模型，"在特定探测之外，不存在独立的关于意识流的既定事实"（Dennett，1991，p.138），所以一切都取决于并行流是如何被探测的。如果你在驾驶过程中被问到发生了什么事情，你可能会注意到并且记住交通信号灯变红了，从而相信自己对它是有意识的。这也就是为什么当我们问出"我现在有意识吗？"的问题时，答案永远是"有"；另外当我们问出"我刚才有意识吗？"的时候，感觉上很容易回答。但既然在你开车时，没有引发语言或记忆编码的探测（只有那些会引发换挡和踩踏板的行为），于是你得出了结论——如果你到单位后恰巧回想了一下路上的情景——你在当时对那个红灯没有意识。唯一的区别在于，有没有进行过探测。如果探测是像通常那样使用语言来进行的，那个"第二人"的作用——在社交行为和互动中，特别是通过交谈——就变得重要了，第十七章将对所涉及的方面做更多探讨。

我们可以通过三大问题来将这个理论与其他理论进行比较：它是否有助于解决我们到底为什么有主观意识的问题？它是否试图解释有意识和无意识之间的区别？还有，它是否设置了某种形式的剧院？对这三个问题的回答是一个明显而富有挑衅性的"否"。没有剧院，有意识和无意识之间没有区别，而对于主观性呢，多重草稿理论抛弃了我们通常会做出的大多数

"没有确凿的事实表明，意识流是独立于特定探测而存在的。"
（Dennett，1991，p.138）

活动 5.1
笛卡尔唯物主义

几乎没人承认自己是笛卡尔唯物主义者，但意识的文化依然充斥着剧院式的暗喻以及暗示事物是在意识之"内"或之"外"的词句。值得试着梳理一下这些概念的意义，然后再对意识剧院的概念做出自己的判断。如果你们是以班级练习的方式来进行这项活动的，就让每个人都事先找好例子，带过来参与讨论。

理论。 对于任何意识理论，都要问：这个理论使用剧院意象或隐喻了吗？如果是，它是不是一个笛卡尔剧院？它是不是笛卡尔唯物主义的一种形式？

叙事式语句。 在心理学、哲学或神经科学的一切领域里，仔细寻找剧院意象，或是暗示笛卡尔唯物主义的语句。这里举几个例子。在每种情形下，问问这种意象是否有帮助，或者该理论问题的标志是什么。

假设。

如果我们认为在任何时刻都存在一个"我"正在主观体验着的真相，我们就错了。这也就是丹尼特有理由说出"那真正的现象学又如何呢？这样的事物就不存在"的原因（1991，p.365）。而这反过来可能就是为什么批评家们抱怨说，丹尼特并没有对意识做出解释，而是把它解释没了。然而他宣称，自己的理论确实涉及主观性。他描述了一段自己坐在摇椅上，看阳光洒在树梢上、听着音乐的丰富体验。他说，这个描述就是并行流可以被探测的众多可能方式中的一种。如果我们问："他那时候真正体验到了什么呢？"不会有正确答案。如果我们现在坐下来问："我现在对什么有意识？"答案也取决于流是如何被探测的。随着内部语言的产生，内容被固化了，而我们就会总结说，是"我"刚才在看着那白色的浮云飘过。体验和体验者就是这样被创造出来的。这就是大脑的功能。按照丹尼特的说法，这就是体验可以是脑内的电化学事件的原因。

如果你觉得多重草稿理论难以理解、令人担忧，那你可能是开始理解它了。它很难理解，因为若要理解它，意味着我们得把平常关于自我意识的思维习惯统统抛掉。如果你想要给这个理论一场公平的听证，然后再来确定它的优点，就真的需要以开放的心态来尝试理解它，把自己的自然假设放到一边去。要做到这一点可不容易，但多加练习就会变得容易些。其过程可能就像是在确定你的思维的自然下行路径，然后在一个关键点上，轻轻打开一个新路径。另外要记住，如果在你真心尝试过之后觉得这个理论行不通，你随时都可以回到老路上。

我们一路走来，建议你做过不同的练习，可能有助于放松你关于自我意识的思考——主要是尽可能多地问自己"我现在有意识吗？"。这个练习可以帮你评估丹尼特的理论是不是像他说的那样，涉及主观性。那么你现在作为你是什么感觉呢？如果丹尼特是对的，这个问题本身就可以作为许多可能的探测方式之一，可以用来固化内容。这跟你的体验相符吗？

"我的脑海里好像有一间会客室，主导它的是完全意识。"（Galton，1883，p.203）

"各种想法……快速地通过脑海。"（James，1890，pp.25-26）

"这也许有助于确定知觉在大脑里的位置。"（Crick，1994，p.174）

"意识现象的范围和多样性……就是每个人的私人剧院。"（Edelman and Tononi，2000a，p.20）

"背侧通路中处理的视觉信息不会引起达到意识觉知。"（Milner，2008，p.195）

"一旦信息变得有意识，它就可以进入一长串的随意操作中。"（Dehaene，2014，p.14）

批判性地看待人们所使用的语言，你有没有发现笛卡尔剧院的概念和笛卡尔唯物主义可以帮助你甄别那些理论行不行得通呢？或者这些例子会不会让你对这些概念产生质疑？也许，那个无意识过程转化为有意识的终点或界限的概念意味着如果你试图在意识和无意识之间画一条线，就会落入笛卡尔的陷阱，因为不存在你是否有意识的确凿事实，直到你提问为止。另一方面，在对大脑和你的自身体验进行思考时，也许一种方法可以保留这种直觉性的分别，而不需要变成一个笛卡尔唯物主义者。又或者是，兴许你最终得出了结论，做这样的人也挺好。

当然，多重草稿理论并没有解决意识的所有问题，在此过程中也没有产生新的问题。如果有，这本书就会是关于多重草稿理论的，而不是关于意识的神秘之处的了。丹尼特在批评其他理论时头脑清晰、目光如炬，但他自己的理论也不可避免地遭遇了他在别的理论中指出过的那些问题。这些问题的产生，部分源于对语言的强调，这引发了某些令人疑窦丛生的观点，它描述了在缺少人类语言的情况下的意识的样子：比如，他蔑称聋哑人的心灵"极度发育不良"（Dennett，1991，p.448）。

还有一个议题，就是大脑在多重草稿理论中的作用。丹尼特反对一个概念，即非具身的大脑或称"桶中的大脑"，可以产生有意义的体验，不仅仅是因为意识（或意识的错觉）是从大脑之外进行探测的结果。然而，丹尼特也没能展开这条思路，把具身或延伸的心灵纳入考虑范围；而且他倾向于将大脑看作做出思考、感知和决定的实体：比如，"大脑并不总是利用这个选项"（Dennett，1991，p.16）。

大脑中心论也延伸到了表征的问题上。多重草稿理论的修订出现在神经表征层面上——对此我们推断，丹尼特的意思是指神经活动的模式或者突触的权重，假设它们与特定的信息输出有关。但他也用表征的词语谈论过现象学："我们的视觉现象，视觉体验的内容，其形式与任何其他模式的表征都不相同"（p.54）。这可以表明，他所说的"内容"，从物理表征的内容转化成了意识体验内容本身。尽管他说不存在"真正的现象学"这样的事情（p.365），但他还是将"我们的视觉现象"与"视觉体验的内容"等量齐观了（p.54），并向我们保证，他的意思不是说"你无权优先取用自己意识体验的本质或内容"（p.69）。

丹尼特可能做出的一个回应也许会说"内容"不过是一个比喻罢了，而且是一个再传统不过的比喻，但它正是那种引导他反对其他替代理论的比喻。尽管无须为了笛卡尔剧院内的观众而重新对感觉辨别力和其他类似过程进行表达（p.113），但那些"整理、修订和增强过的表达"（p.112），有时感觉起来就是体验所包含的内容，或者就是其本身。

有人认为丹尼特同样也对剧院式的演出进行了重新想象，只不过将它分配到了整个大脑上："所有那些恍恍惚惚地想象出来、应该在笛卡尔剧院中完成的工作，其实是在别处完成的，因此毫无疑问，它遍布大脑的各个部分"（Dennett and Kinsbourne，1992，p.234）。像丹·劳埃德所主张的，还需要有"一个特别的定域性化的脑区"来进行"观察"（Lloyd，2000，p.175；见 Dennett，1991，p.113）；只不过"判断的任务被分解到了许多分散的时刻里"。劳埃德解释称，早期的评论家们"担心这些广泛分布但仍然离散的微型任务会造成用笛卡尔电影城代替笛卡尔剧院的后果"（Ross et al.，2000，p.176）。我们真能走出这个剧院吗？抑或它的伪装实在是太多了？

 ## 阅读文献

Baars, B. J. (1997a). In the theatre of consciousness: Global workplace theory, a rigorous scientific theory of consciousness. *Journal of Consciousness Studies, 4,* 292–364.

关于巴尔斯理论的详细争论。

Blackmore, S. (2005). *Conversations on consciousness.* New York: Oxford University Press.

阅读到目前为止出现过的所有研究者讨论的对话——巴尔斯、布洛克、查默斯、丘奇兰德夫妇、克里克、丹尼特、哈梅罗夫、科克、奥里甘（O'Regan）、彭罗斯——以及其他他会在以后章节里碰到的人。这是一个好机会，可以看到人们是如何谈论意识而不是写意识的。

Dennett, D. C. (1991). [excerpts from several chapters]. In D. C. Dennett, *Consciousness explained* (pp. 101–115, 309–314, and 344–356). Boston, MA: Little, Brown.

丹尼特对笛卡尔剧院的原始解释，以及它的各种备选解释。

Hameroff, S., and Penrose, R. (2014). Consciousness in the universe: A review of the "Orch OR" theory. *Physics of Life Review, 11,* 39–112.

无须读完所有的目标论文，但作者对同行评论的回应（*PLR*,11,94–100以及104–112）提供了对所有批评和回应的有用总结（这些在*PLR*，11，79–93）。原始文章中也包括了关于这一理论怎么符合了意识思考的经典方式（p.40），以及源自该理论的可测量预测的章节（pp.68–70）。

Thomas, Nigel J. T. (2016). Mental imagery. In E. N. Zalta (Ed.), *The Stanford encyclopedia of philosophy* (Summer 2016 Edition).

概括介绍了心理表象机制与体验的历史和当前存在的争议，强调了与表达有关的诸多问题。

第六章
意识的统一

为什么我们感觉上只有一个意识？为什么意识，如詹姆斯所说，是"一个完整的事物，而非由许多部分所组成"（James，1890，i，p.177），而大脑却是一个如此巨大的平行、复杂、可以运行多任务的器官？为什么我们感觉仿佛只有一个有意识的心灵在体验一个统一的世界呢？这个来自哲学的经典问题，在现代神经科学的语境下，有了新的意义（Cleeremans，2003）。

这个问题说起来很简单。我们在观察这个巨大分歧中的大脑方面的情况时，只能看到复杂性和多样性。在任意时刻，都有无数不同的加工过程在同时进行着。例如，此时此刻，你的视觉系统就在加工多个输入信息，眼睛和大脑的不同区域也在应对颜色、运动和其他特征。与此同时，加工过程也在其他感官区域、记忆系统和情感系统中进行着。各种想法此起彼伏，各种运动正在酝酿和协调当中，语句也正在构建。所有这些多种多样的进程通过多个通路和连接联系在一起，但是，如同我们已经看到过的那样（第五章），大脑中不存在一个所有信息汇聚一处、以便某人来观看的单一地点。所有的部分一直都这样在同时各司其职。

不同的部分各司其职，也是要花费时间的。大脑内的事情发生得很快，但

> "意识，本就是一个完整的事物，非由许多部分组成，'对应'大脑的整体活动。"
> （James，1890，i，p.177）

> "意识的统一性就是一个错觉。"
> （Hilgard，1977，p.1）

并非都是在一瞬间发生的，而且各自的速度也不一样。信号在神经元中的传输速度大约是每秒 100 米，但这也会随特定神经元的宽度和髓鞘形成而不同，从小直径、无髓鞘的痛觉受体细胞中的大约 0.5 米/秒，到连接脊髓和肌肉的巨型髓鞘神经元中的 120 米/秒。信号也要花费时间来越过神经元之间的间隙——突触。跨越突触至少需要 1 毫秒，因此一个特定过程涉及的神经元越多，完成整个过程需要的时间就越长（Welsh，2015）。

但是，当我们观察巨大分歧中的心灵这一侧时，一切仿佛都是统一的。当下，感觉好像存在一个完整的"我"，以及一个现在正在我身上发生的基本上算是连续不断的意识流。德国哲学家托马斯·梅钦赫尔（Thomas Metzinger）宣称，体验要有一个被体验物的统一体："为了能把世界显示给我们看，就必须先有一个世界才行"（Metzinger，2009，p.27）。他还说，统一性只能被体验为短暂的现在："从第一人称的角度看，有件事不容置疑：我总在现在体验到现实的整体"（Metzinger，1995a，p.429）。问题是，当下所能体验到的统一性，是怎么从如此多样化的非瞬时加工中产生出来的？

> "我分辨不出自己体内的任何部分，但我明白，我自己就是清清楚楚的一个整体。"
> （Descartes，1641/1971，p.196）

我们将从多方面来解决这个问题，而把自我统一的重要问题留到以后（第十六章）。我们将探讨物体的不同特征是如何汇聚一处、形成单个物体的（绑定问题），以及不同的感觉是如何汇聚于一体从而生成一个统一的体验世界的（多感觉整合）。我们将调查主观时间和钟表时间是如何相互整合的。最后，我们将使用联觉、分裂脑、失忆和忽略，来探讨当意识比正常情况下显示出更多或更少的统一性时，究竟发生了什么。这些非典型案例也许能让我们对我们所假设的正常体验提出质疑。

在众多关于统一性的理论中，有一个很吸引人但可能行不通的观点，即二元论。物质二元论者大多相信，意识在本质上是统一的，每个人都有自己的、与实体大脑相区别的独立意识。的确，源自意识统一性的争论就是将笛卡尔引向其二元论的一部分原因。同样是源自统一性的争论，将波普尔（Popper）和埃克尔斯（Eccles）引向了他们的"二元交互论"。他们首选的解决方案是"意识体验的统一性，来自自我意识到心灵而非大脑半球联络区的神经机械"（1977，p.362）。他们认为，心灵在选择、朗读和整合神经活动方面发挥了积极的作用，按照自己的欲望或兴趣，将其铸成一个统一的整体。波普尔和埃克尔斯的问题也是所有二元论者的问题，即这种心灵与大脑互动是如何发生的。这个理论没有解释独立的心灵是如何完成其选择和统一的任务的，也正是出于这个原因，没多少人能接受它。

另外一个二元论者就是本杰明·里贝特，尽管他不是一个物质二元论者。他相信意识的统一性是通过"意识心理场（conscious mental field，CMF）"的作用而获得的。里贝特是一位敢于将自己的想法付诸实证检验的科学家，他提出了下列实验：拿一片与大脑其他部分完全切断、但保持了完整功能与活性的被隔离的皮层组织，然后用电学或化学方式将其激活。如果存在意识心理场，那么这个刺激就会在拥有其余那部分大脑的人体内产生意识体验。"那样的话，交流将以某种场的形式产生，而无须依赖神经通路"（Libet，2004，p.172）。这听起来像是一种脑中的心灵感应，估计大多数科学家都希望实验失败。但是无论如何，它是可以被检验的。

因为唯物主义也遇到了明显的问题，因此仍有一些研究者还在为各种心 – 身二元论辩护，尽管它"声誉不佳"，但他们依然把它作为"进一步研究计划"的一部分予以辩护，这计划是用来探索与意识有关的各种问题的，包括其明显的统一性（Lavazza and Robinson，2014，pp.7，5）。但有一种更常见的方法，就是尝试去找出大脑和身体其他部分是如何进行有效整合并统一它们的功能的，这里探讨的大多数例子就有这个企图。第三种也是最后一种方法，就是完全反对意识真正是统一的这个观点。也许经过进一步的检视之后，我们可能会发现，明显的统一性就是一个错觉。那样的话，任务就变成了如何解释我们为什么这么容易被迷惑。

练习 6.1
这个体验是统一的吗？

每天尽可能多次问自己："这个体验是统一的吗？"

你可能想跟往常一样，从提问开始："我现在有意识吗？"然后探索你对什么有意识，并在此期间注意意识是不是统一的。你可以尝试这样做：花几秒关注你的视觉体验，现在转向声音。你可能会感知到已经存在了一些时间的某些声音。视觉是不是刚和声音统一起来？在此之前发生了什么？注意在这里的作用是什么？你可以对口头想法和身体感觉同样进行操作。你的意识总是统一的吗？现在呢？

绑定问题

"我就是生活在一个世界里的一个人。"
（Metzinger, 1995b, p.427）

拿一枚硬币，抛起来，再用手抓住。这个物体，这个硬币，它飞起来时会给你什么样的感觉？你也许得多抛几次，仔细观察。你看到什么了？

你可能会看到一个单独的物体飞到空中，翻了个筋斗，然后完整地落进了你的手里。没有碎块飞落。而那银色也没有与那形状分离，而形状也没有滞后于动作。可是为什么没有呢？

现在，思考一下视觉系统里正在发生什么。从视网膜上的视杆细胞和视锥细胞内丰富且变化迅速的兴奋模式中提取出来的信息，穿过贯通脑上丘的一条通路到达了眼动系统，并从那里控制了你对移动硬币的视觉跟踪。来自同组视网膜模式的其他信息经由另外一条通路穿过外侧膝状核，到达视觉皮层。在 V_1 区，有许多视网膜映射图（即细胞的组织反映了视网膜上的布局），并在此开始对边缘、线条和其他基本特征进行层级加工。与此同时，其他视觉皮层区域正在加工其他特征，包括颜色、运动以及形状或模式。在这些高级区域，原始的映射关系已经丢失，对特征的加工也已经与它在视网膜上的原始位置无关。

这些不同的过程各自花费的时间不同。例如，对颜色的加工快于方位感，方位感快于移动。然后，需要对两种主要的视觉通路进行思考：控制着巧妙抓取硬币的快速动作的背侧通路（如果你抓到了），还有参与了更为耗时的将硬币视为硬币的过程的腹侧通路，两者之间存在复杂的动态互动。大脑之内不存在掉落的硬币的所有信息汇聚一处，以便有意识地将其认知为一个完整物体，而不是一堆特征的集合这样的单独的地点和时间。那么我们又该如何有意识地将一枚掉落的硬币认知为一个完整移动的物体呢？（见图6.1）

这里描述的问题就是视觉绑定，但更普遍意义上的"绑定问题"的适用范围跨越许多不同的感觉模式，以及许多层次的描述，从神经层次到现象学层次（Bayne and Chalmers, 2003）。这些层次中的某一些（最明显的

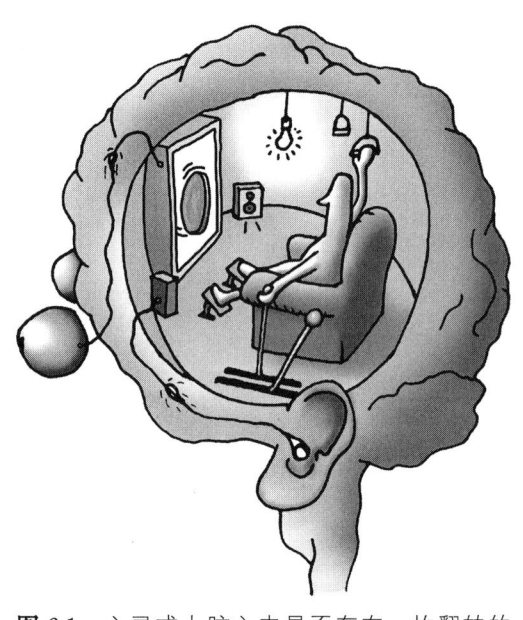

图6.1 心灵或大脑之中是否存在一枚翻转的硬币？我们知道硬币的颜色、移动和形状是在大脑不同区域内进行加工的，但这些特征是怎么被绑定在一起而产生了硬币翻转的单一体验的呢？想象所有的特征都被汇聚一处，显示给一个大脑内部的观察者，是解决不了绑定问题的。

就是神经过程）可以与意识分开来单独进行研究（Revonsuo，1999，2009）。更多地从认知角度看，问题变成了一连串的特征是如何表达的，范围涵盖从探测蓝色三角形或红色方块时形状与颜色的绑定，到词语与语句及其在句子中作用的绑定。尤其是对意识的问题，这种绑定是如何实时动态发生的。随着硬币的翻转，是什么东西把颜色、模式、运动和其他特性绑定在一起的？

这个问题与记忆和注意都有密切关系。比如，试着回忆一下你是怎么进自家前门的。要成功地做到这一点，得同时想象各种特征：也许是门的颜色、门周围生长的鲜花，或者是角落里成堆的垃圾，也可能是钥匙链上的钥匙，还有你转动钥匙的方式。第三章里探讨过这种体验的细节真正有多细的问题；假如视觉不是通过建立外部世界的图画来运行，也许很多像这样的信息就不会被传递。比如我想象一张人脸，我的想象体验也许不确定那个人有没有戴眼镜（Pylyshyn，2003，p.34）。而你想象你家前门时，那一堆垃圾可能既不存在也没有明确消失；你的想象可能根本就没有说明这一点。但是，就细节数量而言，绑定的概念并没有把我们限制在任何特定的位置上；就算只是想象在一扇不伦不类的门上转动一把钥匙，还是有些东西需要彼此绑定。而作为绑定的结果，你就体验到了对你每天都要做的某件事的或多或少的统一记忆。所有那些信息都将在工作记忆中做短暂存储，而如我们所见，有些意识理论，比如全脑工作空间理论，会将意识与工作记忆还有额顶回路的注意放大，联系到一起。

有些人主张，绑定问题与理解注意如何工作的问题根本就是一回事（第七章将回顾这个话题）。基于这个观点，只要你注意到了翻转的硬币或是房门的影像，它们的特性就会绑定在一起。等你开始思考别的东西了，那些各式各样的特性就会分崩离析，而硬币或房门就不再被体验为一个统一的整体了。

有证据表明，绑定需要注意。例如，当人的注意被覆盖或被转移时，错误的特征就会被绑定到一起，产生一连串错觉；比如当你急匆匆跑过街道时看到一条黑狗，结果却意识到，那其实是一条金色的拉布拉多犬，正从一只黑色垃圾袋旁边经过。

对顶叶皮层的双侧损伤会影响注意，可以导致绑定不足；而在视觉搜索任务里，需要高度集中的注意来发现未知的事件。安妮·特雷斯曼（Anne Treisman）是一位长期在美国普林斯顿大学工作的英国心理学家，她利用"特征整合理论"来诠释这其中的关系（Treisman and Gelade，1980）。当我们关注物体时，会通过计算理解的"临时物体文件"，将特征组以其空间位置为基础绑定起来。对特雷斯曼（Treisman，2003）而言，绑定就是意识体验的中心，而意识对直觉的取用永远会把物体和时间绑定在一起，而不是绑定那些物体或事件的自由流动的特征（也可参见 Merker, 2013）。

其他一些要素则表明，绑定和注意尽管关系密切，但不可能是一回事。想想你是怎么抓住硬币的。背侧通路中的快速视觉运动控制系统需要实时执行一个复杂的计算任务。它必须跟踪硬币的当前速度和轨迹，并指引你的手，伸出合适的手指到达指定位置，并在硬币下落时把它抓住。为完成任务，必须把硬币的模式和运动（而不是与附近什么别的物体的运动）绑定到一起。如果你挥手赶走一只苍蝇、回击一个快速发球或是在沿着接街道奔跑时躲避一个水洼，这些物体的特征必须很好地绑定在一起，以便作为整体来加工。然而，在第七章和第八章里进行深入探讨之后，你就会发现，你做这些事情会很快，而且经常注意不到它们。显然，注意、意识与绑定之间存在密切关系。但到底是怎样的关系，我们还不清楚。

同步绑定

绑定与意识相关最著名的一个理论，是斯朗西斯·克里克和克里斯托弗·科克（Crick and Koch, 1990）提出的。在 20 世纪 80 年代，对猫视觉皮层的研究显示，频率在 35～75 赫兹有振荡，期间大量的神经元会一起同步放电。这些通常被称为 "γ 节律信号" 或者（更不准确地）称为 40 赫兹振荡。它的概念就是，所有加工单一物体特性的神经元会通过同步放电来将这些特性绑定到一起（见图 6.2）。按照克里克和科克的说法，"这种符合或近似 γ 节律信号频率（在 35～75 赫兹范围）的同步放电也许就是视觉知觉的神经关联"（Crick, 1994, p.245）。

他们认为丘脑会挑选同步放电将要绑定到一起的特征，以此来控制注意。哥伦比亚生理学家鲁道夫·利纳斯（Rodolfo Llinás）

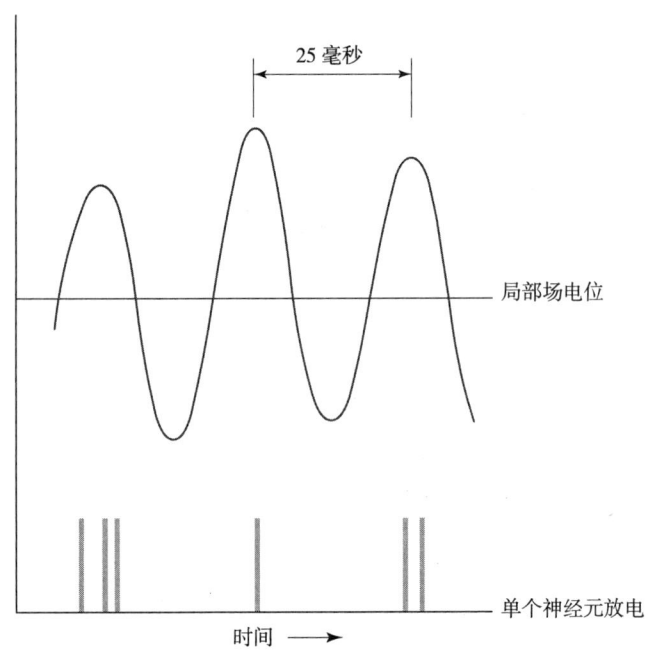

图 6.2 用一个简单图形来示意神经元如何以 40 赫兹的频率放电（40 赫兹的振荡每 25 毫秒重复一次）。平滑曲线代表局部场电位。这是对那一邻近地区许多神经元"活动"的平均测量。短竖线条表示单个神经元在放电。注意这个神经元是怎样依照某些邻居的"节奏"来放电的，由局部场电位表示。绘制场电位的通用符号惯例被逆转了（Crick, 1994, p.245）。

使用一个类似的概念来解释时间绑定,并最终解释自我的统一性,声称"意识就是丘脑活动的产品"(Llinás,2002,p.131)。

克里克总结说:"意识……只有当特定的皮层区域产生反射电流(涉及皮层的第四层和第六层),放出的电流足够强,产生了重大反射时,才能得以存在"(Crick,1994,p.252)。他认为,大脑生成"一个单独的明确表达"可能更有效率,而不是将意会(tacit)信息发送给许多不同的脑区。换句话讲,他区分了明确信息和意会信息(意识和无意识),并认为意识的统一性是真实存在的,并非错觉。

在他们后来的研究中,克里克和科克(Crick and Koch,2003)放弃了40赫兹振荡是意识的神经关联的充分条件的想法,反而认为单个物体或事件的特征在部分形成一个临时神经元振荡时,就被绑定到一起了;而同步的主要作用是帮助一个振荡来竞争意识。EEG研究确认了同步在视觉绑定中的作用(Tallon-Baudry and Bertrand,1999;Tallon-Baudry,2003)。Catherine Tallon-Baudry 和她在法国里昂的同事的研究表明,特征绑定任务以及参与者需要在搜索某种呈现之物时在短时记忆里保持一个物体表征的任务,与控制任务比起来,前两者中的 γ 节律强得多。他们还研究了两位患者,他们的纹外视觉区在治疗癫痫时被植入电极。当两人被要求执行匹配任务并在心里保持一个视觉表象时,相隔几厘米远的视觉区域变得同步了,出现了 β 范围的振荡(15~25赫兹)。他们用这些结果证实了赫布(Hebb,1949)在50年前提出的建议,即短时记忆是通过神经回路中的振荡活动来维持的。

另一个实验使用了著名的达尔马提亚狗(即斑点狗)图片的修改版本,狗藏在一堆毫无意义的黑白图案里。看到狗与 EEG 在 γ 节律波段的反应提升有关联。以这些以及其他一些研究为基础,Tallon-Baudry 总结,任何刺激都会在早期视觉区域引发局域同步活动,足够用来进行粗略和无意识识别。然后,这些局部振荡可以在区域之间更加强烈地同步,"以提供更加详细的刺激表达,也许同时生成了它的意识体验"(Tallon-Baudry,2003,p.361)。然而,如同神经科学研究中经常发生的那样,意识只是被作为一个附加物,才在最后阶段被带入讨论。

同步绑定并不一定涉及 γ 节律。在他们的时间绑定模型中,Andreas Engel、Wolf Singer 和在德国法兰克福的同事提出,物体在视觉皮层的表达,是通过同步放电的神经元集合完成的(Engel et al.,1999;Engel,2003;Singer,2000,2007)。例如在图 6.3 中,女士和她的猫都是分别被这种细胞的集合表达

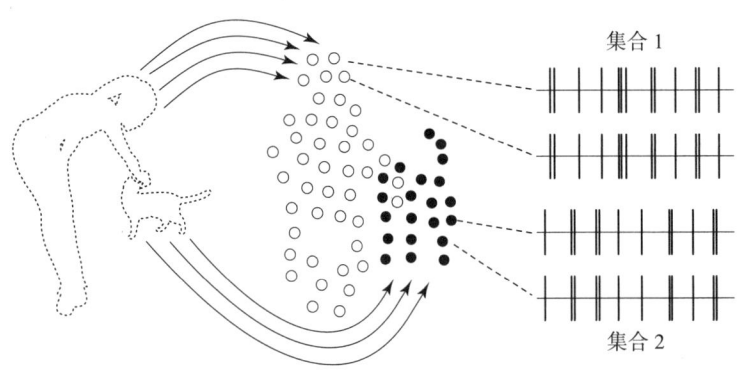

图 6.3 Engel 和同事的时间绑定模型。该模型假设通过时间绑定建立了相干表达状态；假设物体通过视觉皮层中同步放电的神经元集合得以表达。在本例中，女士和她的猫分别由一个这样的集合来表达（相应地用空心的和实心的符号表示）。这些集合包含了在其接受域之内（左下）探测视觉物体特别特征（比如举个例子，轮廓线段的方位感）的神经元。特征之间的关系随后可以被这些神经元之间的时间绑定编码（右下）。这个模型假设从属于同一个集合的神经元会同步放电，而没有在从属于不同物体表达的细胞之间找到一致的时间关系（摘自 Engel et al., 1999, p.131）。

的。每个集合包含众多神经元，它们探测物体的特殊特征如颜色、运动或者方位感。这些特征之间的关系随后被神经元之间的时间关联编码。这意味着代表一个物体的众多神经元在同步中会共同放电，但与同时代表其他物体的神经元不同步。这意味着图形和基础可以被隔离开，而单个物体的表达不会产生混淆。除了基于振荡的类型，这个模型还允许很多类型的同步神经活动。

Engel 及其同事评估了许多研究，它们都显示细胞之间的同步广泛出现于感知和运动系统中。他们总结说，唤醒与选择性关注涉及相关神经元群体的增强型同步，而"时间绑定可能真的是获取现象意识信息的先决条件"（Engel et al., 1999, p.133）。在他们看来，同步对意识是必要而不充分的，但不充分是因为信息必须进入短时记忆。这让他们的理论更接近全脑工作空间理论。

同步绑定的理论和实证基础仍然是有争议的。有些实验没有发现同步与移动模式或静态视觉对象的绑定之间存在任何关系（例如 Thiele and Stoner, 2003; Dong et al., 2008）。某些研究者也认为，这理论与关注皮层加工的早期阶段不相关，即使神经学证据和绑定的感知事实都建议一定存在一种高层级的计算；而大脑皮层的结构缺乏解码同步尖峰并将它们视为特殊代码所需的机制（Shadlen and Movshon, 1999）。还有人甚至建议，这些都不需要，因为"绑定问题"根本就不存在（Merker, 2013）。

这些企图解决绑定问题的尝试似乎与意识的统一性有关联，但尽管它们揭示了理念是如何统一起来的，我们可能仍然要怀疑这跟主观性有什么关联。某些结论，像 Engel 及其同事之前提出的那个，在相关关系还是和因果关系上表述得模棱两可，比如当他们总结说"至少在感觉加工的早期阶段，同步的程度可靠地预测了神经活动会不会对意识体验有所贡献"（Engel et al.，1999，p.146）。他们的某些语句也暗示了笛卡尔唯物主义——包括谈论信息可以取用现象意识（例如，Engel et al.，1999，pp.133，141，144）。尽管他们试图用神经学术语来解释现象知觉的统一性（主观性或"那是什么样的"），但未能创造奇迹，他们好像是要暗示信息先是被统一了，然后才以某种方式"进入了意识"。这样说的意思仍然没有得到解释。

从"意识与绑定的密切关系"入手，Singer 建议说："只有那些成功被绑定的无数计算过程的结果才会同时进入意识"（in Metzinger，2009，p.67）。他解释说，尽管"进入意识"听起来像是魔法，但意识不依赖任何的特定神经元群组，而是"分布式皮层网络的特定动态状态的一种涌现属性"。然而他还是没有解释这种涌现属性的工作原理，也没有说明主观性从大量分布式神经元的时间相干性（coherence）中涌现出来意味着什么。

"只有那些……被成功绑定的结果，才能同时进入意识。"
（Singer，in Metzinger，2009，p.67）

微观意识

意识统一性的概念本身，遭到了英国神经学家 Semir Zeki 的质疑，他转而提出，存在与系统中的加工节点一样多的微观意识（micro-consciousnesses）。他所指的不是多重人格或分裂脑（将在本章后面进行探讨）的情形，而是宣称意识的多重性就是一种常态：随自我意识而生的统一性，可能只是一个由语言引发的例外。

Zeki（2001，2007）解释说，初级视觉系统中诸多的并行系统到达其各自感知终点的时间不尽相同。例如一个物体的特性，如方位感、深度、面部表情或形状，都是单独进行加工的；而颜色（在 V_4 区和 V_{4a} 区加工）可能要比运动（在 V_5 区加工）早 80 毫秒（Zeki and Bartels，1999）。但我们对这种感知不同步并不知情。按 Zeki 的观点，这样的单独皮层系统均有自己的意识关联。

皮层和皮层下系统都有许多层级组织节点，具有多重输入、输出和连接，既然没有一个节点会仅仅是受体，"皮层之内就没有终点站"（Zeki，2001，pp.60-61），"大脑之内也没有最终的整合站"（James，1890）。微观意识没有必要"向一个意识'中心'或'笛卡尔剧院'汇报"（Zeki，2001，p.69）。"视觉意识因而在空间和时间上都有分布"（p.57）。

受到 Mondrian 抽象艺术启发的实验表明，基本色彩感知可以不用激活额叶就出现（Zeki and Marini，1998），这暗示了无须更高级加工的现象意识。反之，因病变而切除了初级视皮层输入的患者，其 V_5 区特定细胞的活动（对运动感知有主要作用）可与快速、高对比运动的"原始而有意识的体验"发生关联（Zeki，2015，p.12）。这表明，视觉意识无须 V_1 区的积极介入，这与人们长久以来笃信的内容一致。

> "绑定是一个后意识现象。"
> （Zeki，2007，p.584）

因为微观意识在空间和时间上都有分布，也因为绑定不同特性需要不同长度的时间，所以 Zeki 认为绑定是一个后意识现象（Zeki and Bartels，1998，1999；Zeki，2007）。换句话说，视觉特性在被绑定之前就存在现象意识。这一点将 Zeki 的观点与克里克和科克的观点区分开（1990；Koch，2004），后两人认为，意识只有在稳定联盟形成后才会建立起来；这也跟 Engel 和 Singer（见上面）不同；还跟梅钦赫尔不同，后者认为"意识是将事物绑定在一起形成了一个全面同步的整体的东西"，而只有感觉统一了，你才能对世界做出体验（2009，p.26）。

> 这体验统一吗？

Zeki 的主张不是一种泛心论（万物皆有意识的观点），因为他没有宣称所有的神经过程都有意识。这意味着与丹尼特不同，他仍须将意识和无意识加工区分开。他猜测，神经活动只要还需要进一步的加工，就依然是隐含的；加工完成后，它就变得明显或有意识了。通过对盲视（第八章）和其他类型的脑损伤的讨论，他描述了那些报告了对早期运动加工方面有意识的人，这种状况在其他人身上本应是隐性的，这促使他提出："在适当的条件下，只有隐性活动的细胞可以变得明确。更大胆地说，细胞可以具有双重任务，能视下一个节点的活动需要而让输入信号变得显性或隐性"（2001，p.66）。

在 Zeki（2007）的方案中，微观意识被宏观意识绑定，后者对应的是布洛克的现象意识。统一的意识对应布洛克的取用意识，仅仅通过语言和感知自我的知觉才会出现。这是在第五章里讨论过的，在很大程度上是一个"意识在顶部"的模型，但具有包括其他"低端"意识的特质。这些多重意识构成了一个"Kant 称之为安坐顶端的'合成的、先验的'统一意识（我自己就是感知人）"的层级结构（Zeki，2003，p.214）。但在别处，Zeki 又评论说："微观意识一词本身可能是用词不当，因为它含蓄地假设，在所有微观意识之外，存在一个更高级的、统一和单独的意识实体"（Zeki and Bartels，1999，p.238）。

解读 Zeki 的微观意识的一种方法就是，不管是否被绑定了，它们全都是有意识的，暗示头脑里充满互不相连的现象体验，伴随着被一个构建自我所感知的统一世界。这就可以避免对意识和无意识加工做出解释的问题。但是这不可能是他的意思，因为他说"一旦两个或更多的微观意识形成了宏观意识，作为成分的微观意识就不存在了"（Zeki，2007，p.584），而我们就认知到了那个聚合物——尽管我们可以通过关注成分而非聚合物来扭转这种影响。他的理论的棘手之处就是时空里的那个点，之前"隐含"的信息在此"变得明确"或者"获得了意识关联"。这种转化仍然没有得到解释，基本上还保持着神秘状态，跟每一个反对它的其他理论没什么区别。

多感官整合

目前，我们已经探讨过的理论都集中在视觉上，或许是因为视觉是人类的主要感觉，也因为我们对视觉系统的了解远远超过了对大脑的其余部分的了解。但绑定必须出现在感官之间以及感官之内，这可不是一件小事，尤其是因为每个感官如此不同。例如，视觉主要依靠空间分析，而听觉则使用时间分析。这两种非常不同的过程是如何整合的？

想想有人喊你名字时，你是怎么转动头部和眼睛来直视那个人的，或者你手中的三明治散发出来的味道、触感和视像是怎样感觉起来都属于同一个物体的。或者想想一只猫是怎么外出捕猎的。它聆听地下的沙沙声，小心匍伏在树叶当中，用胡须感觉道路，然后窥探可怜的田鼠，接着猛扑上去。猫与鼠在自身周围构建了一幅空间地图，来自它们眼睛、耳朵、胡须和爪子的信息全部在这里整合。当视觉和声音的信息来自同一位置时，则反应得到强化，而一种感官信息会以很多方式影响对另一种感官的反应（Stein，Wallace，and Stanford，2001）。

整合什么以及何时整合的决定是通过某种方式做出的。有关时间、空间和反向有效性的原则也被提出来以指导整合过程：如果跨模式刺激在同一时间和地点出现，并且如果这些刺激在隔离状态下只能激发相对较弱的反应，就很可能出现多感官整合，并且反应很可能会加强。有一种可以在更普遍意义上理解多感官知觉中不同级别的隔离和整合的框架，就是贝叶斯模型（Bayesian model），在这个模型中，新证据与前期信念结合在一起，以评估概率（Beierholm，Quartz，and Shams，2009）。

在大脑内部，整合要依靠多感官神经元来完成，它们会对每一个感官的输入做出反应。在中脑的上丘里，细胞可能从一出生就对一个以上的感觉做出反应,但它们的多感官能力只有伴随着经验的增加和接入皮层的连接的增多才能增长。

整合可能会催生错觉。腹语术(Recanzone,2009)之所以能成功,就是因为当你听见一个声音说的话跟玩具的嘴部动作完全吻合时,你听到的声音才好像是玩具发出来的。麦格克效应(McGurk effect)实验需要在看着一个人说一个音素的同时,来听另一个音素,而结果可能会出现一个完全不同的音素。例如,如果向你展示某人说"嘎"而播放声音"吧",你就会听见声音"哒"。

尽管如此,对我们大多数人来说,在大多数时间里,感觉还是很容易区分的。也就是说,我们不会对是否听见、看见或触摸到了什么物品而迷惑不解。这种能力没有它看上去的那样明显,这是因为所有的感觉都使用了同类的神经冲动。所以感觉需要做出解释,为什么它们体验起来是如此的独特而分明(O'Regan and Noë,2001)。也许我们能从联觉现象中学到些什么,因为那其中的感觉就没有那么独特(参见概念6.1)。许多人都记得在小时候,有时他们会听见味道或者尝到声音;而在某些人身上,这种感觉的混淆成了他们毕生经历的一部分。

有人会争论,我们对感觉之间的互动了解得越多,就越难定义"感觉形态"是什么意思:能不能将疼痛、前庭意识或热知觉视为单独的形态呢?如果不能,为什么不能?又该如何比较语言或音乐知觉与一般声音感知呢,或是感官替代中明显不同的感觉之间的交互作用呢(第八章)?在"温和的感官多元论"的描述中(Fulkerson,2014),单独的感官和它们之间的多模式互动必须根据实际情景进行不同的分类;因此,对于离散形态整合的迷惑可能会生出原本不存在的问题。

感觉的独特性与多感官整合的某种组合有可能造出这样一个世界,在这里,物体可以被作为整体来认定,可以被触摸、观看、品尝、嗅闻或聆听,而无论我们如何感知它们,它们都一直会是同样的事物。我们知道这涉及很多脑区,包括初级感觉皮层、额叶、中脑上丘以及许多皮层下区域,但这种整合到底是怎样产生了一个身处统一的世界中的自我的主观感觉的?目前还是搞不清楚。

整合信息理论

意识的统一性是意识整合信息理论的起点(Tononi,2004,2007,2008,2015)在第五章里做过简短讨论。它从埃德尔曼和托诺尼的动态核心假设

（dynamic core hypothesis）（Edelman and Tononi, 2000a, 2000b）发展而来；在该假设中，可重入（re-entrant）的丘脑皮层回路产生高水平的动态复杂性，从而产生了意识。按照整合信息理论，意识对系统功能做出反应，以整合信息。信息如果不能在系统的任何单独部分局域化，它就会被整合，或者"在各部分产生的信息之上，由整体的因果互动产生"（Tononi, 2008, p.221）。

整合信息理论要着手解释意识的五大关键特征［参见图6.4（彩）］。

1. 内在存在。从我的内在感知看，我的意识体验存在于此时此刻。
2. 构成。意识是建构而成的：它由多种普遍性水平不同的现象区分组成，如红色、交通信号灯、左侧、左侧的一个红色信号灯，等等。
3. 信息。每个意识体验都很特别，与其他可能的体验不同；它们的区别既说明了空间位置，也说明了积极的概念——比如路相对于没有路，红色相对于琥珀色或是绿色，等等；还有消极的概念——没有红色，没有乡村公路，没有海滩，等等。
4. 排他性。每个体验在内容和时空"谷粒（grain）"维度上都是确定的，造成了某种现象上的区别——在路上开车遇到红灯——而不是其他，并以一个速度而不是另一个速度游弋。
5. 整合。看见红色交通信号灯不能被简化为看见红色外加一个交通信号灯。

与错觉论者对意识的解释不同，整合信息理论建立在我们对自己的意识体验有完全信心的概念基础之上："一个人的意识及其基本属性的存在是确定无疑的。"托诺尼（Tononi, 2015）如是说。而由此开始，这个理论进一步从所谓的安全基础上推断出了意识的成因。

托诺尼（Tononi, 2015）说："意识是统一的：它不可简化为非独立存在的、不相关的、具有现象性区

小传 6.1
朱利奥·托诺尼（Giulio Tononi）

朱利奥·托诺尼是一位神经科学家兼精神病学家，长驻美国威斯康星大学，主持睡眠医药和意识科学研究。在意大利比萨大学完成医药学业后，他致力于精神病学研究，曾作为军医在陆军服役，之后开始攻读神经学博士学位。他长期被睡眠以及我们需要如此长的睡眠的原因所吸引，曾经研究过人类、小鼠和果蝇的睡眠模型；探索过基因、蛋白质和计算机分析；并且和基娅拉·西雷利（Chiara Cirelli）一道，开发出"突触内稳态"假说，即睡眠的作用是调节苏醒态中过度的突触激活。他与杰拉尔德·埃德尔曼（Gerald Edelman）一起开发了动态核心假设，这是一种意识模型，他将其扩展为整合信息理论，并持续予以修订。在整合信息理论中，一个系统的意识是由它的因果属性及其对系统信息整合能力的反应决定的，这个观点得到了来自慢波睡眠、全身麻醉和植物人状态中信息整合分解证据的支持。

别的子集。"同时，它具有异常丰富的信息，仿佛包含了数不清的、无穷无尽的小信息块。然而，能让意识状态信息丰富的，不是它能包含多少信息，而是这样一个事实，即它仅仅是数十亿个潜在的其他可能状态中的一个。想象有一个人和一个光电二极管，同时面对着一个交替开关的空白屏幕。光电二极管只能做出两种区分："亮"或是"暗"。而人不仅能区分点亮的屏幕和黑暗的屏幕，还能区分屏幕是红色的还是绿色的，以及它与别的屏幕的分别、放映了多少部电影，以及声音、想法，诸如此类。这是数量巨大的信息，因为你可以分清楚所有这些状态，而每个状态都有不同的行为后果。因此，你比光电二极管有意识得多。

这个理论提出，意识的五大关键属性中的每一个，都必须由实体系统——大脑——的一个相应的因果属性来予以说明。整合或统一性公理意味着系统的每一部分都必须既能影响任何其他部分，也能被其影响，否则整合就会被简化为系统的一个次级部分。按照整合信息理论的概念，"体验就是在本质上不可简化的因果效力的最大化"（Tononi，2015）。这种不可简化性在测量上表现为信息整合，在理论中称为 Φ，而他是按照一系列的数学公式来计算的，这些公式可在托诺尼 2015 版的叙述中找到。这意味着意识是可以被分级的，而不是非有即无的。该理论没有明确指出意识神经基质的特别解剖定位，但托诺尼声明，不论结果是它广泛分布于多数皮层区域中，还是只存在于某个局部，也不管它是包括了所有层级的皮层，还是仅仅包括特定的细胞类型，"整合信息理论预测在每种情形中，意识的神经基质都应该是局部最大化的信息整合"（Tononi，2015）。

"意识因整合的信息的不同而各异。"
（Tononi and Koch，2015，p.15）

托诺尼提出，整合信息理论允许了僵尸的可能性，因为可以存在从外部视角上看起来与人类一模一样的系统，但它们的物理基质只包含了很多低最大值的 Φ 值的迷你复合体，而不是形成了一个高最大值的 Φ 值的复合体。计算机里的物理晶体管与神经元不同，因为它们不能被分成一个个具有不可简化结构的宏观元素组。"因而大脑是有意识的，而计算机没有——它的 Φ 值会是零，是一个完美的僵尸"（Tononi，2015）。然而这一系统当然不会跟人类的行为一模一样，所以它在那个重要的意义上不符合僵尸的定义——就更说不上完美了。

与全脑工作空间模型一样，整合信息理论坚持动态过程分布的重要性，并将意识作为一个连续的变量来对待。但在其他方面，这两个理论就不一样了。在全脑工作空间理论里，工作空间的内容是有意识的，因为它们被显示出来了，或者可以为系统其他部分所用。而在整合信息理论中，除了可以影响大脑其他部分的效力分布外，不存在这种剧院式的显示或全脑可用性的同等事物。体验是一种基本量，一如密度、电荷或能量（Tononi，2004），而意识会"随系统整合信息的能力成比例地增长"（Tononi，2007，p.298）。

于是事情在很大程度上取决于整合信息的中心概念——Φ。尽管 Φ 值有几种竞争性定义，但最常见的版本基本上应该是：Φ 值是通过将系统划分为 A 和 B 两部分，然后最小化 A 的输出和 B 的输入之间的共享信息的量来获得的，反之亦然。然而，按照理论计算机科学家斯科特·阿伦森（Scott Aaronson，2014）的观点，拥有大 Φ 值并不是意识的充分条件。如同我们见过的几种情景下的丹尼特一样，阿伦森（Aaronson，2014）警告，我们对整合复杂性的神奇状态的直觉可能会让我们误入歧途：

> 作为人类，我们好像有一种直觉，那就是信息的全脑化整合是如此强大的一种属性，没有哪一个"简单"或"平凡"的计算过程有可能实现它。但我们的直觉是错的。如果它是正确的，我们就不会有线性尺寸的超集中器或 LDPC［低密度奇偶校验］码了。

超级集中器是一种出现在通信网络设计中的图形，而奇偶校验码则是一种错误检查代码，可以确保数字信号的正确传输。两者都依靠高度复杂的数学计算，拥有巨大的表现力；但它们除整合了很多信息之外，并没有提供非常有说服力的理由，让人们觉得它们是有意识的。

阿伦森提出了一个稍微容易一点的难题的版本——相当难的意识问题："哪些物理系统跟意识有关，哪些没有？"按照他的看法，整合信息理论连相当难的意识问题都不可能解决，更别说查默斯那个难上加难的难题了；"因为它不可避免地预测，物理系统中有大量的意识，而正常人根本不会觉得那样是特别'有意识'的"。如他所言，"就算没有意识（甚或是智力），你也可以有整合化的信息——就像没有意识你也可以进行计算，没有意识也可以随意预测，没有意识也能放电一样"（Aaronson，2014）。但是，这当然只会让一种直觉与另一种直觉互相冲突。使用一种理论来预测哪一种非人系统是有意识的，很难知道是这个理论还是你的直觉会胜出。如果你的理论给了一台冰箱和一块铺路石足够的分数来让它们有意识，那你是应该反对该理论、还是接受它的预测呢？第十二章将探索人造机器里检测意识的问题。

在评论斯科特·阿伦森发布的博客（评论 #125）时，查默斯把相当难的

> "整合信息理论不可避免地预测，物理系统中有大量的意识，而正常人根本不会觉得那样是特别'有意识'的。"
>
> （Aaronson，2014）

意识问题拆成了四个子版本，并提出整合信息理论可能仍然不失为一个理想的部分答案，可以用来回答某个版本的问题，在这个版本里，我们尝试匹配的是事实，而不是我们关于哪些系统有意识的直觉。基于当前的证据，整合信息理论看起来最多就是可以回答部分问题的一个部分答案，但它确实具有在数学和经验上引入特定可检验假设的优势。也许仅凭这一点就证明了它目前有多么受欢迎。

行动的统一性

到目前为止所讨论的理论，要么没有触及难题，要么在主观体验中引入了神经放电的神奇转变。完全逃避这些问题是很困难的。有一种推进的方法可能要抛弃统一的表达或体验的想法，而反过来思考行动的统一性。英国生物物理学家罗德尼·科特里尔（Rodney Cotterill）说：

> 我相信，在如我们自己一样复杂的有机物的进化过程中遇到的问题，不是要去统一意识体验，而是要避免摧毁大自然提供的统一性……行动的单一性是一个重要要求；如果运动反应没有统一，一只动物很可能真的会将自己撕碎的！
>
> （Cotterill，1995，p.301）

他总结说，意识是通过大脑、身体和环境之间的互动产生的。

英国哲学家苏珊·赫尔利（Susan Hurley，1954—2007）反对意识是夹在输入与输出之间或者知觉与行动之间的三明治馅料的传统概念（Hurley，1998）。相反，她强调，知觉、行动和环境是密切交织在一起的。意识的统一源于一个动态的低级因果过程流和连接输入与输出的多个反馈循环，它们位于一个所谓的没有明确外部边界、松散居中的"动态奇点"的有机物体内。

与此相类似，尼夫拉斯·汉弗莱（Nicholas Humphrey）问，是什么让一个人的各个部分合为一体的呢——如果且当它们真是如此。尽管汉弗莱自己可能是由许多不同的自我组成的，他还是总结说：

> 这些自我合而为一，成为我在之唯一自我，因为它们致力于唯一相同的事业：指引我——身体与灵魂——前行的方向，穿越物理与社

"统一性，更像是把绳子的一股股条索拧到一起，每一根条索都显示了感觉和运动方面的连续性。"

（Hurley，1998，p.183）

会的世界。……我的诸多自我，借由合作而具有了共同意识。

（Humphrey，2002，p.12）

这些观点，就是当前意识生成理论的所有版本。他们将意识作为一种表现或行为来对待，而非对信息的表达或接受，因此有意识就意味着与世界的互动，或是主动接触世界。这回避了意识是否真的统一的问题，因为很明显，一个单独的有机物，不管是阿米巴虫还是一个女人，都得有统一的行动。棘手的部分是，如何理解行动，即便是以一种统一的方式，也会感觉像是某种东西。解决这个问题最直接的办法就是感觉运动理论（O'Regan and Noë，2001，第三章），在这个理论中，我们在行动时就会产生感觉的感受；有意识就是积极把握外部世界与我们能对其采取的行动之间的偶然性。那是什么感觉不是一种必须神秘地生成的事物；它是由那些投入一种感觉运动技能的练习当中的事实自然生成的；而特定的那是什么感觉，可以使用像丰富（有多少信息可用）、体姿（身体运动如何造成感觉变化）、反抗（感觉输入如何在没有观察者的随意控制时发生变化）和抓取（时间如何抓住了我们的认知系统）这样的维度来定性。就像整合信息理论一样，这个模型也试图搞清楚为什么感觉体验彼此之间都不一样，但也想弄明白为什么每一个人都感觉是统一的——在本例中作为具身行动的一部分（O'Regan，2011，例如 p.165）。

统一的错觉

最后，有人完全反对意识是统一的这个观点。詹姆斯对意识发问："是错觉让自身感觉是连续的吗？"（James，1890，i，p.200）。我们曾经质疑过，有意识视觉通路会不会是一种错觉。意识明显的统一性会不会也是一种错觉呢？这个问题被一个事实搞得更复杂了，那就是，无论什么时候，只要我们问自己"我现在有意识吗？"，答案仿佛总是"有"。我们不可能抓住自己没有意识的瞬间，而只要我们觉得自己有意识，就总会感觉存在一个完整的我和一个统一的意识。但在其他时间里，会是什么样子呢？

一种可能性是，多数时间里不存在"为我"那样的感觉（Blackmore，2002，2011）。相反，有多个并行的加工流在同时进行，就比如丹尼特的多重草稿理论。这些都不在意识之"内"或之"外"；没有一个过程拥有其他过程所不具备的神奇的附加物；没有一个是明确呈现或被带入意识的；但所有这些在现象上都是有意识的，到达了它们可以创造某种现象世界的程度。它们自生自灭，却没有人来体验。然后，时不时地，会有不一样的事情发生。也许我们想向自己或别人描述正在发生的事情；或者一个戏剧性的事件，比如开车时刚好躲过的事故，会让我们回顾最近的体验；或者是一只突然停走的表，会让我们把注意投向刚才或现在正在发生的事件。那时，只有到了那时，一个体验的自我和一种短暂统一的体验流才会重合，让人感觉好像自己一直以来都是有意识的。在这样的时刻，记忆中的近期事件（比如街景或嘀嗒作响的时钟）通过对它们的关注被融合到一起，从而创造一种统一的自我拥有统一体验的表象。注意一旦涣散，统一性就会瓦解，而事情就会正常运转。就好像冰箱门通常是关着的一样，我们通常都会处于一种并行多重草稿的状态中。只有当我们短暂开门的时候，才会生出灯永远开着的错觉（见图6.5）。

图6.5　冰箱里的灯是永远开着的吗？我的意识是不是永远都在那儿，即便我没有问这个问题？

超级统一与分裂

本章的倒数第二节里将会提问，对意识感觉上高于或低于通常的统一性的案例研究，会让我们对统一性有什么样的了解。

联觉

在联觉（synaesthesia）中，人们会听见颜色的声音、看到味道的形状、听到皮肤上的触感或者看见别人被接触时感到自己的皮肤上有触感。词—色联觉是最常见的形态，而脑成像显示，语言和视觉系统边界的关联区域起了关键作用。特别是枕叶视皮层，它在我们阅读真正的字词时是活跃的，而在看到非字词的字母串时不活跃，这为语言刺激与颜色等感官视觉属性的系统联系提

概念 6.1

联觉

"多么酥脆的一把黄色嗓音啊！"S说道："我听见声音时，无法不看见颜色。首先冲击我的就是一个人声音的颜色"。S就是著名的"记忆术者"，俄国心理学家亚历山大·鲁利亚（Aleksandr Luria）对他进行了研究。S可以记住大量数字表格，并用他不理解的语言来学习诗歌，但仍觉得与人交流很困难，没法保住工作或者忘记童年的痛苦；"对S来说，不存在明确的界限来区分视觉与听觉，或是听觉和一种触感或味道，不像我们其他人"

供了一种可能的神经基础。

联觉有时被描述为"跨模式整合感知的一种特例"（Frith and Paulesu，1997，p.124），它可能只是我们的思想一直在做的事情的强化版本：结合视觉、动觉和前庭信号来追踪我们身体的空间位置；将嗅觉输入分配给味道；在高音和明快色彩之间、温暖与情感之间或光明与真相之间，持续做出多感觉关联。也许感官模式之间的分界并不像我们假设的那么清晰，这意味着通过假设一切都是独立的并且在某种程度上需要统一，我们可能就会错误地把意识的统一性变成了一个谜。"联觉的存在会让心理学家重新思考什么是'正常'的看法"（Ward，2013，p.51）。

与此相对，也存在意识统一性丢失的情况，无论是暂时的还是持久的。某些最具戏剧性的例子就是多重人格案例，以及切除胼胝体将大脑一分为二所产生的效果。本书的第六部分将结合自我的概念来探讨多重人格，但在这里将关注与大脑更为直接相关的分裂现象：分裂脑、失忆与忽略。

分裂脑，分裂意识？

癫痫着实是一种能让人衰弱的疾病，最严重时可导致癫痫几乎连续地发作，让人无法正常生活。对这种严重的疾病，医疗界在20世纪60年代采取了多次极端的手术治疗，直到微创性治疗手法被发现为止。为防止癫痫从大脑一侧向另一侧扩散，大脑的两个半球通过一种称为连合部切开术的手术被分割开。某些患者只是被切断了胼胝体或其一部分；别的患者有的还被切除了更小的前连合与海马合缝。不寻常的是，这些患者恢复得很好，似乎过上了相对正常的生活。测试表

[Luria，1968，pp.24-25，27；参见图6.6（彩）]。

在联觉中，一种感官模式事件会引发另一种感官内的生动体验。在最常见的形式——词色联觉——中，书面文字或数字看起来是带颜色的，但人们还能听见形状、看见触感，甚至出现有彩色的高潮（Cytowic，1993）。这些体验生动而准确，不能被有意识地压制，而且在多年之后再次测试时，多数的联觉者准确报告了同样刺激引起的一模一样的形状或颜色（Cytowic and Eagleman，2009）。

许多联觉者隐藏了他们的特殊能力，因此很难知道平常的联觉是什么样子。在19世纪80年代，Galton估计其比率为1/20，而其他的估计从1/200到1/100 000不等（Baron-Cohen and Harrison，1997）。许多人对天数、月数、数字和字母的体验是空间形态的，比如螺旋或圆圈，而这据说是联觉的弱模式。联觉有家族遗传性，在左利手人群中更为常见，而在女性中是男性中的6倍。与之相关的是艺术能力和良好的记忆力，但数学和空间能力较弱。

联觉经常被当成幻想、过于具体地使用隐喻或夸张的童年记忆而被置之不理，但在这些概念中，没有一个能对此类现象做出解释。诱发的颜色会引发跨模态Stroop干扰（Ward，Huckstep，and Tsakanikos，2006）和在复杂显示中弹出，因而联觉者可以探测隐藏的形状，比如三角形或四边形，比控制组参与者容易得多（Ramachandran and Hubbard，2001）。这表明，联觉者不会为了关联而编造体验，或对记忆产生依赖。

Cytowic强调情绪与边缘系统的联系，而拉马钱德朗则提出形色联觉是由视觉区域（尤其是V_4区和V_8区）与数字区域之间产生的交叉激活突变引起的，这两种区域在梭状回内的位置紧密相邻。其他类型的联觉可能要依靠感觉皮层中其他相邻区域的交叉激活。联觉在孤独症患者中更为常见，表明两者都可能源于神经过度连接（Baron-Cohen et al.，2013）。

活动 6.1
你是联觉者吗？

如果你可以对一班人进行测试，你可以问问大家，他们有没有过用一种感觉来回应另一种感觉的体验，或者他们小时候有没有这样做过。有些人能够描述看到音乐有颜色的生动记忆，或是把味道和气味体验为一种特定的形状，即便他们现在做不到。你可能会发现有些人声称有过夸张的联想和华丽的体验。这里给出了两个简单的测试，可以帮你检验他们的话是不是编造出来的（参见图 6.7）。

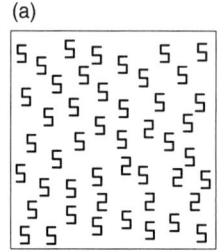 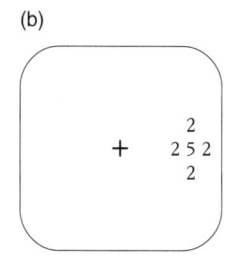

图 6.7 Ramachandran 和 Hubbard（2001）用于呈现的示意图，以便测试联觉引发的颜色能否突显。（a）一个由 2 组成的三角形隐藏在一个由 5 组成的矩阵中。非联觉者发现很难找到那个三角形。联觉者看见的 5 是（比如）绿色的，而 2 是红色的，很容易找到三角形。（b）外围呈现的单个字素，很容易就能识别，但当它被其他字素围绕时，就会变得更难以检测到。联觉颜色（如正常颜色一样）可以克服这种效果。

1. 联想再测试。这个测试需要通过两节单独的测试来完成，不要告诉参与者要再次接受测试。在第一节测试中，缓慢读出一组随机数字（比如 9、5、7、2、8、1、0、3、4、6）和一组字母（比如 T、H、D、U、C、P、W、A、G、L）。要求你的小组对每个字母或数字进行视觉想象，并写下他们所联想的颜色。有些人会马上知道，而其他的可能会说他们只是在编造有争议的联想。

明，他们的个性很少变化，而他们的智商以及口头表达和解决问题的能力基本未受影响（Sperry，1968；Gazzaniga，1992），但在 20 世纪 60 年代早期，有研究者设计出了某种聪明的实验，来对两个大脑半球分别进行独立测试。关于这种切断的严重后果的发现以及后续的工作，为先锋心理学家罗杰·斯佩里（Roger Sperry）赢得了一项诺贝尔奖。

左视域的信息进入了右半球，而右视域的信息进入左半球（注意，这不是来自左眼和右眼）。身体的左半部由右半球控制（反之亦然），但右耳的信息进入了右半球（反之亦然）。了解了这些，就不可能只给一个半球提供信息，并且只从一个半球获得反应。1961 年，神经科学家迈克尔·加扎尼加（Michael Gazzaniga）首先使用这样的流程对分裂脑患者 W. J. 进行了检测。在那时候，对猫和猴子的研究表明，两个脑半球被分开后，看上去差不多是完全独立地在运行，但没人会料到人类也会这样——毕竟病人表现出可以跟正常、统一的人一样地来行动、说话和思考。但研究显示，跟动物实验一样，每个脑半球都是独立行动的（见图 6.8）。

在一个典型实验里，患者注视着被一分为二的屏幕中央。文字或图像随后闪现在任何一个视域里，因而只对一个脑半球发送信息。患者做口头回应，或者用一只手或另一只手来表示答案。假设一个物体的图像闪现给了右视域。既然大多数人的口头表达能力限制在左脑，患者就可以准确地说出它是什么。但如果它被闪现给了左视域，他就说不出来了。换句话说，左脑有控制语言的能力，只有当图片显现在右边时才"知道"正确答案。在任何具有完整胼胝体的人体内，信息会很快流向大脑的另一侧，但这种分裂脑患者就做不到。有趣的是发现了右脑可以用别的方式交流。如果有一堆物体，在视线之外，给了左手，那只手可

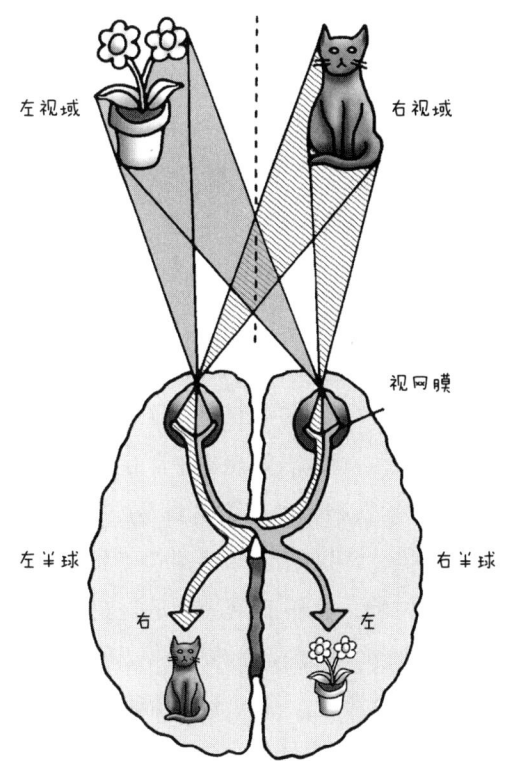

图 6.8 人类视觉系统的组织方式如图所示。来自双眼的左视域信息（本例中的花）去了右脑，而双眼的右视域信息（本例中的猫）去了左脑。注意，由于视交叉神经纤维的部分交叠，其效果是大脑的两侧加工的是对侧的世界，而非对侧的眼睛。

不管是哪一种情况，他们必须写下一种颜色。收集他们的答案予以保存。在第二节测试中（比如1周或数周之后），读出同样的字母和数字，但打乱顺序（比如6、3、8、1、0、9、2、2、4、5、7；P、C、A、L、T、W、U、H、D、G）。把前一次的答案交给他们供其检查（或者检查邻座人的答案），并数出有多少答案是相同的。真正的联觉者每次被测试时，做出的答案几乎都是相同的。

2. 突显的形状。告诉测试组，你会给他们出示一种藏有简单图形的图案。当他们看见形状时，就喊出"现在"。强调一下，他们不能说出形状的名称而泄漏游戏内容，只是必须喊出"现在"。你一旦开始出示图案，就要开始对你能方便地记住的所有报告计时。如果你的小组里有联觉者，他们会比其他人更快地看到图案。如果没有联觉者，那么这些图形也能帮助别人想象联觉是什么样的。

以轻易地拿到在左视域里看到的物体。

任务甚至可以同时完成。例如，一个患者被问到他看见了什么，他可能回答"瓶子"，而他的左手正忙着从一堆物体里找一把锤子——甚或是找一根钉子，一个最紧密的关联物。当左边闪现出美元符号而右边是问号时，患者抽取了美元符号；但被问到他抽取了什么时，他回答说"一个问号"。如斯佩里（Sperry，1968）所言，一个脑半球不知道另一个的所作所为；每个半球都记得他看见了什么，但这些记忆不能被另一个所取用。这意味着左手可能在1小时以后又找到了同样的物体，但人是通过左脑说话的，他会否认自己曾经见过这东西。

斯佩里认为，这些结果显示了加倍的意识知觉，甚至是他的患者在同一个颅顶内有了两个自由意志。"每个脑半球都感觉有自己独立和私密的感受。"然后他总结说："大脑次半球生成了一个第二意识体，具有人类特点，跟更为大脑主半球中的意识流平行运行"（Sperry，1968，p.723）。换言之，对斯佩里来说，

意识的统一 第六章 • 155

分裂脑患者基本上就是有两个意识的人。

科克表示同意，宣称"分裂脑患者在其两个大脑半球里拥有两个意识思想"，并问道："作为沉默的脑半球，永远被禁锢在同一个头骨之内，却只能看着占据主导地位的同胞自说自话，那是一种什么样的感觉呢？"（Koch，2004，pp.294，293）

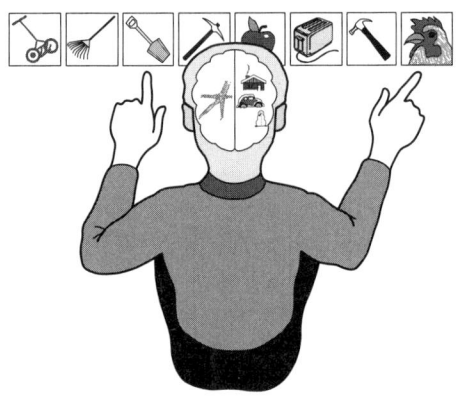

图 6.9 给分裂脑患者 P. S. 的右脑呈现一幅雪景，给左脑呈现一只鸡爪，然后要求他从一堆图片里做出选择。他的左手选择了铁锹，右手选择了鸡（Gazzaniga，1992，p.127）。

一开始，加扎尼加也相信意识被分开了，提出了一个"双意识系统"（Gazzaniga，1992，p.122）。但他后来开始通过对所谓的"解释者"的发现，来怀疑这个结论，它位于左脑半球。在一个测试里，研究者给患者 P.S. 的左脑闪现了一张鸡爪子的图像，而给右脑闪现一张雪景。P.S. 从一堆图像中用左手选了一把铁锹，用右手选了一只鸡（见图 6.9）。被问到原因时他答复："噢，这很简单。鸡爪是鸡身上的，而你需要一把铁锹来清理鸡舍"（p.124）。

这种类型的虚构很常见，特别是在情绪实验中。如果给右脑呈现一个情感上的不安场景，那么整个身体都会恰当地做出反应，例如出现脸红、焦虑或者害怕的迹象。被问及原因时，毫不知情的左脑总能找出一些似是而非的借口。比如，右脑被命令发笑或行走时，整个身体都会服从命令。被问及原因时，患者也许会回答，实验者很可笑或者他想去拿一听可乐（参见图 6.10）。患者从没说过类似"因为我有一个分裂脑，而你给另一半脑显示了另一张图片"这样的话。

别以为这种虚构只限于神经病患者。即便我们的两个脑半球是相连的，我们也既不了解自己行动的神经基础，也不了解影响它们的环境因素，从这个意义上讲，我们给出的一切解释都有可能是虚构的。因此我们必须通过发明欲望、信仰、意见和原因等术语来理解它们。正如心理学家斯蒂芬·平克所说，

"分裂脑患者在其两个大脑半球内拥有两个有意识的思想。"

（Koch，2004，p.294）

令人毛骨悚然的是，我们没有理由认为患者左脑中的神经信号发生器与我们的大脑有任何不同，因为我们理解了大脑其余部分产生的倾向。有意识的头脑——那所谓的自我或灵魂——只不过是一个说漂亮话的，而不是总司令。

（Pinker，2002，p.43）

图 6.10 当沉默的右脑收到一个指令时,它就执行。同时,左脑并不知道它为什么要这样做,但会很快编造一个理由(转印自 Gazzaniga 与 LeDoux,1978,摘自 Gazzaniga,1992,p.128)。

而统一性就是说漂亮话的家伙之所言的关键部分。

那个非主导性的脑半球的情况又如何呢?它有意识吗?加扎尼加声称,只有左脑的解释者才会使用语言、组织信念并向别人描述行动和意图。因此只有这个脑半球才具有他所谓的"高级意识"。斯佩里在思考,非主导性的脑半球是真的具有"真正的意识流",还是只不过是一个"在反射或恍惚状态下运转的机器人"——有些人可能称其为僵尸(Sperry,1968,p.731)。进一步的研究表明,两个脑半球具备非常不一样的能力:例如,左半球的语言能力高超得多,而右半球更善于脸部识别。右半球被形容为具有 3 岁儿童的语言能力,或是黑猩猩的推理能力。然而,我们仍然会经常认为年幼的儿童和其他动物具有意识。在某些极为罕见的案例中,患者的左脑已经完全损坏或被移除了,但我们仍然认为他们是有意识的。

苏格兰神经科学家唐纳德·麦凯(Donald MacKay,1987)决心要找出分裂脑患者到底真的是两个人,还是一个,并设计了一个巧妙的实验。他分别教

"同一个大脑可以服务好几个意识自我。"(James,1890,i,p.401)

"第二个基本自我的生命,最多只能持续几分钟。"(Dennett,1991,p.425)

活动 6.2
分裂脑双胞胎

找两个志愿者：一个扮演左脑断联者，另一个扮演右脑断联者。让他们紧挨着坐在长凳上或桌子旁边。你可能要给每个人贴一张标签，写明他们是左脑断联者和右脑断联者。为减少迷惑性，我们为了便于解释，假设左脑断联者是女性，右脑断联者是男性。

左脑断联者的左手压在身下；她的右手可以自由活动；右脑断联者的右手压在身下，他的左手可以自由活动。他们的两只自由的胳膊现在近似于一个正常人的胳膊。右脑断联者不能说话（尽管我们会假设他能理解简单的口头指示）。你可能要把他的嘴用胶带封上，并确保撕下胶带时别伤着人（参见图 6.11）。

图 6.11 实验 1：右脑断联者把可以自由活动的左手放进袋子去感受物体。当你问他摸到什么时，只有左脑断联者能够说话。

现在，尝试做一下本章描述过的任何一个分裂脑实验。这里仅举两例。

会两个脑半球来跟他玩一种类似"20个问题"的猜测游戏。一个人从 0 ~ 9 的数字中选出一个，另一个则通过说"上""下"或"OK"来猜测那个数字是什么，直到得出正确的答案。患者 J. W. 的两个脑半球很容易就学会了游戏。随后要求这两个半球玩这个游戏，由 J. W. 的嘴（由其左脑控制）来做猜测，而用他的左手（由其右脑控制）去指着写有"上去""下来"或者"OK"的卡片。这个游戏为大脑两半球提供了与彼此进行游戏的可能性，甚至可以彼此合作，并向赢的一方支付筹码，但是麦凯总结说，还是没有证据证明，存在两个单独的人，或者真正的"意志的二重性"。

他问道，哪里会有什么东西能玩有 20 个问题的游戏却没有意识的？他关注了我们可以无意识进行的所有智力行为，以及可以玩游戏的人工智能系统，并得出了如下结论。要理解人类的行为，我们必须区分大脑功能的执行和监测水平。执行水平可以（无意识地）控制目标主导活动，并以当前标准和优先级对其进行评估，但只有自我监测系统才能决定和更新优先级。我们只对世界上那些涉及这个自我监测系统的特征有意识。

依照这个理论，麦凯提出了某些与意识有关的反复出现的问题的回答。问题：是什么让某些事物有意识而其他的没有的？回答：取决于它们是否涉及自我监测系统（尽管他承认，这个系统的活动是如何生成了意识的，仍然完全是一个谜）。问题：是什么让我们每个人在心理上都是统一的？回答：因为我们只有一套自我监测系统，来决定我们整体的优先级。至于分裂脑患者：他只有一套自我监测系统，因此仍然只是有一个意识的人。

到底谁正确呢？分裂脑患者是有一个意识还是有两个？乍看起来，这个简单的问题似乎只能有一个答案，但我们也许应该三思。

你可能注意到了，在上面的段落里，我们有时会将一个或另一个大脑半球描述为可以知晓、看见甚至是有意识的。这类语言在遇到我们描述过的奇怪发现时难以避免，但是哲学家麦克斯韦·班尼特（Maxwell Bennett）和彼得·哈克（Peter Hacker）（Bennett and Hacker，2003）指责斯佩里、加扎尼加和其他神经学家犯了概念性错误，像谈论一个人一样来谈论一个大脑半球会引发"深刻的困惑"。

> 应该很明显了，大脑的两个半球既看不见，也听不见。它们不会说话或写字，更别说是解读任何事情或者从信息中做出任何推断了。不能说它们对任何事情有或者没有觉知。
>
> （Hacker and Bennett，2003，p.391）

只有完整的人才能说是有意识的。在他们看来，一个分裂脑患者已经被剥夺了执行正常协调功能的能力，而不是被分成了两个人。这只是班尼特和哈克称之为"妄想谬误"的例证之一：那个广为传播且几乎未被质疑过的神经科学家的推断，即认为大脑或其一部分可以观看、聆听、思考、做出决定或体验事物的能力，实际上都是完整的人才具备的，而不是大脑的某些部分。

基于类似的观点，哲学家迈克尔·泰伊（Michael Tye，2003）认为，分裂脑患者的现象意识在实验中被短暂分离了，但在其他时间里是统一的。对此，蒂姆·贝恩（Tim Bayne，2005）回应说，尽管一个人有可能拥有两股意识流，但若认为经验主体也是如此，就毫无意义了。

我们遇到过几种假设"有意识"和"无意识"过程之间有区别的理论，并试图对此做出解释；而 Zeki 则特意把他的微观意识与大脑中的特定节点联系起来。

也许妄想谬误对我们最好的用途就是留意人们在什么时候会把意识归因于人的一部分，并且问自己这是不是他们真正的意图。

---

1. 你需要一个大挎包或者一个枕套，装几样小东西（例如，钢笔、鞋子、书、瓶子）。

背过左脑断联者的目光，向右脑断联者展示其中一个物体的绘画。问问他，"你能看见什么？"只有左脑断联者可以说话，而她没看见绘画。迫使她做出回答（如果右脑断联者试图给出非口头线索，只会增加实验乐趣）。现在把装有不同物品的挎包给右脑断联者，让他把左手放进去并选择正确的物体。他应该很容易做到。

2. 再现麦凯的实验。

让右脑断联者在 0 ~ 9 之间想一个数字（或者，如果你想更好控制，准备好数字卡片并向右脑断联者出示一张，别被左脑断联者看见）。左脑断联者现在要猜测那个数字是几。每做一次猜测，右脑断联者都要指"上"或"下"或点头认可正确答案。你也可以试着发明一种反向的游戏方法。

双胞胎应该能够成功地完成这个游戏。这是不是表明有两个自我意识参与其中呢？这个游戏能不能帮助我们理解有一个分裂脑是什么感觉呢？

失忆症

"今年是哪一年，G 先生？"神经学家兼作家奥利弗·萨克斯（Oliver Sacks）问道（Sacks，1985，p.25）。

"45 年啊，伙计。"他的患者回答道。"你什么意思？我们打仗打赢了……就要过上好日子了。"

"那你觉得，吉米，你有多大岁数了？"

"哦，我猜我 19 岁，大夫。"

萨克斯当时产生了一个冲动，他后来永远无法原谅自己。他拿过一面镜子，给头发花白的 49 岁的患者照了他的脸。吉米·G. 发狂了，紧紧抓住椅子扶手，要求知道这到底是怎么回事。萨克斯领着他安静地来到窗前，他看见几个孩子在外面打篮球。吉米·G. 开始微笑，而萨克斯悄悄溜走了。几分钟后他再回来，吉米像对待一个完全陌生的人那样跟他打了招呼。

吉米·G. 得了科萨科夫综合征（见图 6.12），在这种情形下，患者无法重获记忆。吉米先是失去了建立新的长时记忆的能力（顺行性失忆症），随后就开始失去对往事的长时记忆（逆行性失忆症）。吉米的失忆症就是"一个大洞，一切的一切、每一个体验、每一件事都会无法理解地坠入其中，像一个无底的记忆黑洞，将吞没整个世界"（Sacks，1985，p.35）。

然而，并非所有记忆都丧失了。经典条件反射仍未受损，因此科萨科夫综合征的患者很容易学会对某种声音眨眼，只要这声音是与对眼睛吹气共同而来的；能将特定的气味与午饭关联起来；也可以对特定的访客热情回应，即便他们声称以前从没见过那个人。失忆症患者不仅常常保有例如开车或打字这样的技能，也能学会新技能，比如他们能学会镜像阅读，但无法记住阅读的单词，甚至会否认曾经学习过这一技能；或者他们可能会提高玩某个电脑游戏的水平，却记不住以前玩过这个游戏。他们也显示出了启动的证据：如果他们以前见过认知拼图和单词，那么他们认出这个认知拼图或完成单词拼写的速度会加快。因为这个原因，失忆症有时会被描述成缺乏行为和意识之间的联系（Farthing，1992；Young，1996）。

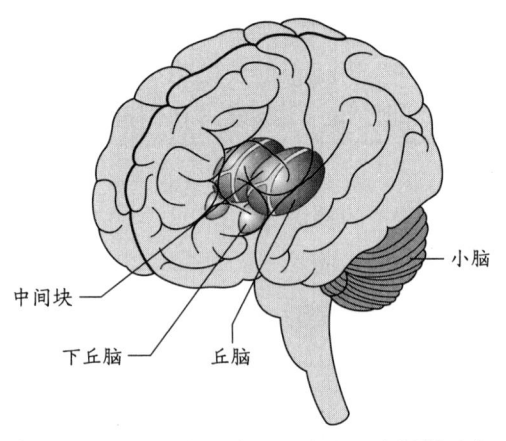

图 6.12　科萨科夫综合征最常出现在长期重度酗酒者身上。它的起因是缺乏硫胺素（维生素 B_1），如图所示，这会损伤丘脑和下丘脑，并随酒精的神经毒害作用而加剧。这导致了顺行性失忆症（无法生成新的记忆）。其他脑部区域可能也会受影响，包括小脑。

失忆的人有意识吗？当然有。他们清醒，有反应，能进行对话，能欢笑，也能显示情绪。但没有了创造新记忆的能力，他们就失去了当前信息和已储存信息之间的互动；按照牛津大学的心理学家拉里·魏斯克兰茨（Larry Weiskrantz, 1997）的看法，这就使得构成和统一意识体验的"评论"成为可能。有些失忆者重复感叹"我刚刚苏醒过来！"或者"我第一次变得有意识了！"

"我第一次有了意识。"
（C.W., 失忆症患者）

C.W. 是一位职业音乐家，因单纯疱疹病毒性脑炎而患上了严重的失忆症（Wilson and Wearing, 1995）。尽管他仍然能进行视觉阅读和即兴创作音乐，甚至指挥自己的合唱队，但他的情节记忆几乎毁坏殆尽。他保存着一本日记，记载着他身上发生的事，他在 9 年的时间里，好几百次都记录说他现在完全有意识，好像他刚刚从长期疾病中苏醒过来似的。他是有意识，但是他困在了短暂的现在，而跟过去没有联系了。

向患有失忆症的人询问这样的事情是困难的。如同萨克斯所说：

> 如果一个人失去了一条腿或一只眼睛，他知道自己失去了一条腿或一只眼睛；但如果他丢了自我——他自己——他不会知道，因为他已经不在那儿了，无从知晓了。
>
> （Sacks, 1985, pp.35-36）

失忆者不会产生连续自我进行生活的记忆，或者像有些人说的，没有连续性的自我进行生活的错觉。

失忆症会以阿尔茨海默病或者神经认知障碍的形式发生在许多人身上，包括我们的父母和心爱的人。这种情况没有在此处描述的种种案例那样具体，而且发展得比较缓慢。有一段时间，患者可能有足够的记忆来认识到他们所处的困境，而这会让情况变得更为艰难。在 2014 年，多伦多大学的电子工程学荣誉教授布鲁斯·弗朗西斯（Bruce Francis）做了一个关于"机器人的约会问题"的宝贵讲座，他的第一张 PPT[1] 写道："我患有帕金森病。为了帮助我尽可能流畅地进行讲座，我在 PPT 上写了一些字，并会读出来。你们要和我一起读（不要大声）。我们来通过例子练习一下。"然后他就开始讲了一堂大师课，介绍如何从头开始提出复杂的想法。

失去记忆会十分可怕。然而，正如俄罗斯心理学家亚历山大·鲁利亚

---

[1] 是 Power Point 的简称，中文名称即幻灯片或演示文稿。——译者注

（Aleksandr Luria）对萨克斯指出的那样，"一个人不会只有记忆。他有感情、意志、感觉、道德存在——这些是神经心理学所不能言表的"（Sacks，1985，p.32）。记忆只是我们使用的一种胶水，用来保持意识的统一性。

忽略

有些人中风了，导致对大脑右侧的损伤，失去了他们世界的左侧。在半边型忽略或者单边型忽略的现象中，患者甚至仿佛意识不到世界的左侧是存在的（Bisiach，1992）。有位妇人在大脑右半球中风之后，只给面部的右侧化妆，只从盘子的右侧吃饭。一名男子只刮胡须的右半边，而且只能看见相片的右侧。

很多测试显示了这种情况的特点。当被要求临摹一幅画着花的图画时，有些患者准确地复制了右半张画，其他人则把花瓣都挤到了右半边。当被要求画一幅钟表的表盘时，有些人漏画了左半边，而其他人则把所有的数字都挤到了右边（见图6.13）。当被要求分一条水平线时，他们通常会把标记做在离中点偏右很多的地方。然而，他们又不像是完全丧失了一半的视觉：视觉反应仍然存在于被忽略的区域，被忽略的刺激可以引发后来的反应。相反，他们失去的是更为根本的东西。

意大利神经学家Edoardo Bisiach让他的忽略症患者想象一下米兰美丽的大教堂广场。首先他让他们想象站在广场一侧，面向拥有尖顶和宏伟外观的梦幻般的大教堂，然后描述他们看见了什么。他们对比萨广场很熟悉，描述了站在那个位置上应该位于他们右边的建筑，而漏掉了所有左边的建筑。但他们没有忘记左边那些建筑的存在。当被要求想象站在另一侧，面朝另一个方向时，他们描述了之前遗漏的所有建筑（Bisiach and Luzzatti，1978）。尽管他们知道两边全部的建筑，但是在对广场进行想象时，左边就是不存在。

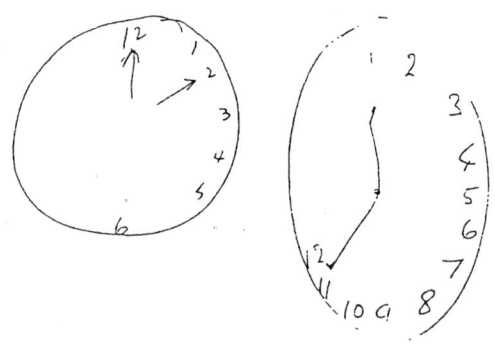

图 6.13 Marshall 和 Halligan（1988）所研究的一位单边型忽略症患者绘制的两幅图画。左边的图画是在中风后的急性期完成的，右边的则是在几个月后的慢性期内画的。

半边型忽略可以部分解释为注意缺陷，这种患者就是不注意或者把注意从左侧的外部世界抽离，在某种程度上可以通过训练来帮助他们从一侧转向另一侧。然而很清楚，未受关注的那一侧不是完全空白的。例如，对忽略区的情感刺激可以影响注意。在一个实验中，研究者向患者出示了一栋房子的两张照片，两张照片一模一样，除了有一张从左边的一扇窗户往外冒着火苗。患者坚称两张照片一模一样，但也说他们宁愿住在那栋没有着火的房子里（Marshall and Halligan，1988；见图6.14）。尽管后续的研究显示了与房屋测试颇为不同的结果，但结论仍然是，无意识看见的刺激依然可以影响行为。

魏斯克兰茨这样描述："主体也许不'知道'，但大脑的某些部分是知道的"（Weiskrantz，1997，p.26）。但这也许暗示了一种统一的、高高在上的"主体"，它在监视低级机制的工作。按Bisiach（1988）的观点，不存在这样的实体，因为检测内部活动的任务分布于整个大脑。低层级的处理器若是损坏了，高层级的会注意到；但若是高层级的处理器没有了，就没有什么能注意到这种缺失了。

他相信，"有些问题是由连合部切开术、盲视、空间单边型忽略等引起的，永远都是无法解答的：没有直接体验，我们永远不会知道作为被单边型忽略症影响的患者是什么感觉"（Bisiach，1988，p.117）。但也许我们已经知道了。我们的眼睛和耳朵只能侦测一个小范围之内的波长；我们没有某些鱼类那样的电感觉，或是某些蛇类的红外探测器。我们的感官从丰富的外部世界当中挑选出了进化所能挑选出来的东西，至于其他的，我们既不关心，也无法想象。这也就是梅钦赫尔（Metzinger，2009）说我们生活在一个隧道里的原因。在这个意义上，我们都生活在一种深切的忽略状态当中。

其他挑战意识统一性的例子包括出体体验和濒死体验，在这样的情形中，意识仿佛从物理的身体中分离出去了（第十五章）；还有通灵、恍惚以及催眠（第十三章），此时的意识可以感觉被分割了。尽管许多人假设意识在多数时间里保持统一是有必要的，但还是有很多理由去怀疑。

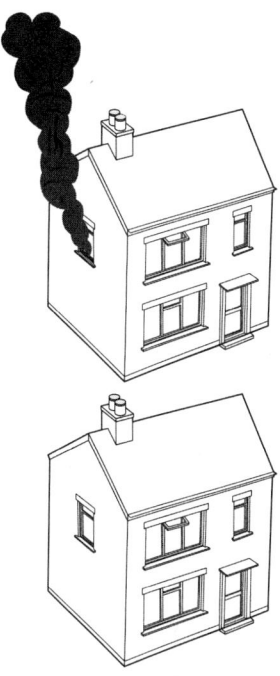

图6.14　用于调查忽略视域左半部分的半边型忽略症患者的图形。对患者而言，两幅图形是一模一样的，因为只有右半部分被报告为可见。尽管如此，当被要求表明她倾向于在哪间屋子居住时，她选择了下面的房子，虽然她说自己只是在猜测（Marshall and Halligan，1988）。

"我们永远都不会知道受到单边型忽略症影响的患者的感觉。"
（Bisiach，1988，p.117）

我总觉得我们寻常的意识，无立于一座金字塔的顶端，它的根基异常广泛地延展于我们的体内（并在某些层面延伸至我们之下）；我们越是认为我们能够让自己沉浸其中，我们就似乎，在最广泛的意义上，越会完全地被世俗存在的永恒和无垠的赐予所包容。我自青年时起就一直怀疑……在这个意识金字塔的深处，简单的存在可以变成事件——所有事物的那种牢不可破的现实性和同时性，在"正常"的自我意识尖顶，只能被体验为"序列"。

——莱内·马利亚·里尔克（Rainer Maria Rilke）
《给Nora Purtscher-Wydenbruck的信》（1924年8月11日，1980）

时间的统一

我们倾向于觉得，不仅所有的事情都在我们的意识体验之"内"汇聚于一处，而且就发生在现在，并且我们可能会认为我们意识中的现在就是我们正在感知的世界中的现在；我们不需要问自己"现在是什么时候？"或者问存在一个意识体验发生的时间点这句话是什么意思。但是有些实验对这些简单的本能发起了挑战。

钟表时间和体验时间不是一回事。外部世界中的事件可以用钟表来计时，如同大脑之内发生的事件（比如神经元放电）；但感知时间不是这样的。我们只能通过询问某人来以某种方式报告，才能找出感知时间。这真是难得要命，如我们将在第九章里了解的一样，届时，我们将检视里贝特的著名实验，它探讨的是意识感受与意愿行动中明显的时间滞后。

威廉·冯特在 19 世纪末期进行了时间和感觉意识的一些早期实验。他让人们判断视觉和听觉刺激的相对计时，发现了很多被他称为"主观时间位移"的例证，这些例子中的人们在判定哪个时间先出现时都犯了错误。在 20 世纪 20 年代，F. W. Fröhlich 观察到，如果一个移动物体突然出现，它被感知到的初始位置就会被错误地放置在运动的方向上。

现代错觉包括闪光拖动、闪光跳跃和闪光滞后效果。在最后一种情形里，一个物体连续移动，而另一个物体在与移动物体对齐时被闪光照亮，然而闪光看起来要滞后于移动的物体［参见图 6.15（彩）］。对此的一个解释是，视觉系统预测移动刺激的去向，以允许加工延迟。另一种解释是，加工是"在线"完成的，但对移动物体的加工要快于对静态物体的加工。Eagleman 和 Sejnowski（2000）认为，这两者都不能解释这种效果，并提出视觉感知不是预测的，而是后测的，预测闪光之后在短时间内发生的事件（大约 80 毫秒之内）会影响感知到的内容。

这些和其他一些实验都证明了一点，我们并不总是按照事物在真实世界当中发生的顺序来体验它们或报告它们的出现的。这一点也许会诱使我们想象类似的事情：存在两个世界——一个实体世界，在这里事件按照一种顺序发生；还有一个意识的内部体验世界，那里的事件按照另一种顺序发生。这种二元论的观点十分有诱惑力，但是这样的错觉并不一定就暗示了二元论；而更多的现象会帮我们看清楚，这样会造成多大的问题。

如果位于不同位置的两道光一个接一个地快速闪烁，就会显示出像是有一道光在移动，而不是两道单独的光在闪烁。这就是广为人知的 φ 现象。在"彩色 φ"现象中，光线具有不同的颜色，比如红色和绿色。在这个例子中，发生了某种奇怪的事情。观察者经常报告光不仅在动，还在移动过程中从红色变成了绿色。这是怎么回事？光好像在第二次闪烁之前就开始变色了，但是那个人怎么知道要来的是绿色呢？

类似的问题也出现在"皮肤兔"实验中（Geldard and Sherrick, 1972; Dennett, 1991）（见活动 6.3）。如果敲击一个人的胳膊，比如在手腕处拍 5 下，在肘部附近拍 2 下，然后再拍 3 下上臂，实验者报告的不是一系列成组的独立的敲击，而是一个连续向上的系列动作——就好像有一个小小的生物在沿着他们的胳膊往上跑。我们也许要再次发问了：系列中的下一次敲击还没发生呢，这第二次到第四次的敲击怎么就被体验成沿着胳膊向上移动了呢？那个人又怎么会知道下一次敲击会出现在哪里呢？

这看起来当然很神秘，到底是怎么回事呢？也许，我们可以认为色彩 φ 现象是这样发生的：首先，那个人有意识地体验到了一道固定的红光，然后等绿光闪烁时，这种体验被抹去了，取而代之的是光变成了绿色的新体验。或者，也可以假设那个人未曾有意识地体验到固定的红光，因为意识迟滞了，直到所有相关信息都被输入，只有那时它才被允许"进入意识"。

丹尼特调查了许多此类现象，并询问我们怎样才能区分这两种观点。肯定是一个正确、另一个错误吗？我们也肯定要能说出来，在任何一个时刻，那个人的意识流里到底有什么，对吧？不，丹尼特说，因为理论上没有办法区分这两种解读。最终，"这是一个没有区别的差异"（Dennett, 1991, p.125）。如果我们认为一个或另一个一定是真的，那我们就还被禁锢在笛卡尔剧院里呢。

我们到底要怎样理解这些奇怪的现象呢？事情若是显得神秘，通常是因为我们一开始就做出了错误的假设。也许我们需要重新检视那个非常自然的假设，即如果我们对什么东西有意识，就一定存在一个意识体验发生的时刻。

活动 6.3
皮肤兔

皮肤兔实验很容易演示，也是一个很好的话题。你需要一支削得很尖的铅笔，或者一把不太危险的小刀，总之是一样带小接触点但不会锋利到可以伤人的东西。预先练习一下敲击动作，直到能以同等力度和同样的节奏进行敲击为止。

理想状态是，找一个没听过这种现象的志愿者。让志愿者水平伸出一条裸露的胳膊，向相反方向看去。拿起尖锐物体，并以稳定的节奏在他手腕上敲击 5 次，在肘部附近敲击 3 次，并在上臂敲击 2 次，全部敲击的间隔要一样。现在问问他感觉如何。

如果你敲击得正确，轻敲就会感觉像是有一只小动物在沿着胳膊快速向上移动。这提出了如下问题。这种错觉为什么会出现？在对肘部的敲击还没出现之前，大脑又是如何知道要把第 2 次、第 3 次和第 4 次敲击放在什么地方的？志愿者是什么时候对第 3 次敲击有了意识的？里贝特的证据对我们理解这个错觉有没有帮助？

也许对此提出质问显得很奇怪，但是这些奇怪之处的价值正在于它迫使我们去这样做了。问题不在于对大脑中的神经事件进行计时，这在理论上是可以做到的；也不在于我们对事件发生的顺序所做出的判断。当我们质询"意识本身到底何时产生"的时候，问题就来了。是不是在光闪烁的时候？显然不是，因为那时候光还没进到眼睛里呢。那是神经活动到达外侧膝状体或者视上丘的时候吗？还是到达 V_1 区或 V_4 区时？如果是，到底是哪一个？为什么？如果不是，应该是哪一个？是不是活动到达脑内（或者心灵之内）一个特殊的意识中心的时候？还是当它激活了某些特定的神经细胞的时候？又或者是一个被意识诱发的复杂过程开始的时候？

我们目前遇到的所有这些理论几乎都对这些问题做出了回答。例如，在全脑工作空间理论中，事物是在进入全脑工作空间并开始广播时变得有意识的；对 Zeki 来说，意识产生于大脑内细胞的活动变得明确时；而对克里克而言，"意识神经元"必须被激活才会有意识。但任何此类理论都需要解释清楚，主观体验是如何在这一特定的时刻，从这一个特定的神经元或者这种特定的神经活动中产生的。

所以也许我们还需要放下另一种本能——那种一定有一个意识体验发生的时刻的想法。也许我们实际上使用了一种非常个人化的叙事，创造出了回顾性的时间统一性。我们的叙事包括事情发生的顺序，但它仅仅是理解事件的一种方式，而不是因为有任何"真正的意识体验"按照那个顺序发生。

 阅读文献

Engel, A. K. (2003). Temporal blinding and the neural correlates of consciousness. In A. Cleeremans (Ed.), *The unity of consciousness: Binding, integration and dissociation* (pp. 132–152). New York: Oxford University Press.

阐述了绑定与意识之间关系的理论和证据。

Sacks, O. *The man who mistook his wife for a hat* (1985, London: Duckworth) or *An anthropologist on Mars: Seven paradoxical tales* (1995, London: Picador).

阅读这些书籍的任何章节，它给出了一位神经学家对异常精神病学案例和状态的解释，包括：失忆、体象障碍、幻肢、抽动秽语综合征、孤独症、色盲和音乐天才。学生们可以报告他们认为某一章对意识的暗示是什么。

Tononi, G. (2015). Integrated information theory. *Scholarpedia, 10*(1), 464.

这个理论试图给意识性质提供一个可理解的解释，以及呈现它是如何解释的。

Ward, J. (2013). Synesthesia. *Annual Review of Psychology, 64*, 49–75.

概述了当前关于联觉的特征和机制的思考，以及它与心理的其他方面的相关性，包括意识。

Zeki, **S.** (2007). A theory of micro-consciousness. In M. Velmans and S. Schneider (Eds), *The Blackwell companion to consciousness* (pp. 580–588). Oxford: Blackwell.

以视觉大脑的不统一为起点，展示了 Zeki 的理论。

PART THREE

第三部分

身体与世界

第七章

注　意

"谁都知道注意是什么。"威廉·詹姆斯在 1890 年如是说。

> 它即是心灵，以清晰生动的形式，占据了看来仿佛数个共存的物体中的一个，或泉涌思绪中的一股。聚焦、集中、有意识，俱是它的本质。它在暗示，需由某些事物中脱身，方能有效应对其他。
>
> （James，1890，I，pp.403-404）

"谁都知道注意是什么。"
（James，1890，I，p.403）

"没人知道注意是什么。"心理学家哈罗德·帕施勒（Harold Pashler，1998，p.1）如是说。"不存在所谓的注意一事。"心理学家布里特·安德森（Britt Anderson）在 2011 年如是说。当我们问及注意与意识的关系时，那些看起来显然与注意有关的事物以及让我们无可救药地产生混淆的事物是最明显的。

"没人知道注意是什么。"
（Pashler，1998，p.1）

对注意概念的熟稔，让我们无法对它进行清醒的思考，但也许我们应该从它是什么感觉入手。"注意的聚光灯"的比喻很容易映入脑海，因为关注的感觉就是这样的——就像用聚光灯照着某些东西，而不是其他的。也许它的感觉就好像是注意把事物变得更亮、更突出或者更专注了。

> "注意就是意识加上一些别的东西……它就是意识的集中。"
>
> （Hamilton, 1895, p.941）

此类概念的历史悠久。比詹姆斯还要稍早，苏格兰形而上学理论家威廉·哈密顿（William Hamilton）爵士写道："注意就是意识加上一些别的关系……它就是意识的集中（Hamilton, 1895, p.941）。"

詹姆斯引述古斯塔夫·费希纳的话，提出将注意集中于某种事物的人不是看到它的颜色更明亮了或者感觉它的声音更大了，而是"感到他自己倾注于该事物的意识活动增加了［强度］（James, 1890, i, p.462）。这个概念后来被现象学家继承，他们从第一人称的角度来探索意识的结构。他们强调注意如何规范了意识的结构，比如让它有了前景和背景，或者中心和边缘。这个想法在最近一些关于注意如何提供一种"体验式的突出"的观点中得以延续，这种"体验式的突出"允许我们跟踪、检查以及尊重别的某个人或事物（Campbell, 2002）。

聚光灯的比喻在许多关于心理的科学理论中找到了位置，包括弗朗西斯·克里克的"令人震惊的假设"（Crick, 1994）以及全脑工作空间理论（比如 Baars, 1997a, 1997b）。其他人则对这个本能的比喻进行阐发，带给我们各种变体，比如变焦镜头模型（Eriksen and St James, 1986），还有闪烁的聚光灯理论（VanRullen, Carlson, and Cavanagh, 2007）或者甜甜圈状聚光灯理论（Müller and Hübner, 2002）。

对这些比喻，不能太注重其字面意思，它们还经常遭受批评，例如出于这个理由，注意就是增进了对已经"在"视觉意识里有所表达的东西的取用，或是对它的决策过程。对于注意是否能够增强对比亮度，或者通过让我们更深入地加工事物来提高我们认知的精确度，有过很多的讨论（Prinzmetal et al., 2008）。内德·布洛克也曾说过，对于这种体验的变化，应该这样来想象：它改变的不是体验的内容，而是当我们集中注意时所应用的"心理涂料（mental paint）"的本质（Block, 2010）。

但还是有实验发现，"照亮"的比喻是有其字面意义上的基础的：视觉感知中存在真实的注意"聚光"效应（见图 7.1）。实验参与者的眼睛凝视一直发生在中央凹（该处的空间分辨率最高），然后在其周边（该处的空间分辨率低很多）显示纹理。当他们注意纹理时（并没有移动眼球），就

图 7.1 注意的感觉就像是阁楼里的手电筒，点亮了现在位于我们面前的物体，还有一些在我们脑海中最黑暗的角落里遗忘了很久的记忆。

能更容易地区分它们（Yeshurun and Carrasco，1998），就好像它们的空间分辨率提高了。关键是，在那些增强分辨率会加大任务难度的任务里，在集中注意时同样也发现了这种效应：参与者的表现变差了。其后的实验在亮度、对比度和色彩饱和度方面都发现了这种效应，但在色调的差异性方面没有（Fuller and Carrasco，2006）。看起来就像詹姆斯关于专注与集中的概念表述的一样，注意真的会提升我们看东西时的空间分辨率。随着场景的不同，它可能也会以不同的方式改变视觉和其他感觉体验，所以注意似乎可以定性地塑造我们所拥有的意识的体验——也正像詹姆斯所指出的那样，就算我们知道如何为这些效应做出相应的调整，以免受到误导而认为光线真的变得更明亮了，情况也是如此。

引导注意

注意聚光灯的形象十分诱人，但也许更仔细地关注自身体验的话，有可能带来不同的比喻。这是"第一人称练习"反哺意识科学的方法之一，也是让你们花费时间和精力来做每章建议的"练习"的一个原因：除非我们对自己个人版本的意识很熟悉，否则就别指望能从整体上理解意识。就像"仔细关注体验"的概念所表达的，注意本身是所有这类练习的核心。我们就来从注意的日常体验的基本元素之一——引导注意——入手，问问自己可以确立哪些关于它的基本事实（见练习 7.1）。

练习 7.1
是我引导了我的注意，还是它被别的东西抓住了？

每天，尽可能多次问自己："是我引导了我的注意，还是它被别的东西抓住了？"
每次只要你意识到你在关注什么事情却不知道原因的时候，就可以如此发问。多多练习，你或许就会发现，在多数时间里你是能够做到的。这样，你就可以学会观察过程，并开始理解你的注意是如何转移以及什么时候转移的。做个记录，把它对你的觉知的影响记录下来。

想象自己正在听一堂讲座，这时门开了。你转头去看是谁。发生了什么情况？如果有人问你，你可能会说："我听见门开了，所以我就转过头去看看是谁。"这件事的因果顺序似乎是：(1) 有意识地听到了声音；(2) 转头去看。这感觉好像是我们对噪声的有意感知——紧随其后的可能还有一个进行关注的有意识决定——造成我们转头注意的原因。这对不对呢？意识感知或者意识意志，会不会造成注意被引向一个特定的地方？如果并非总是如此，那么它到底能不能做到？

首先感觉起来应该很清楚，意识努力和感知并非总是必需的。注意可以受到被动抓取或刻意引导，而这些过程大部分取决于大脑内部的不同系统。当我们对诸如很响的噪声、被叫到名字或者手机上出现新邮件通知这样的事物做出快速反应时，注意就受到了被动吸引；而直到事后，我们才反应过来这么做了。这样的非随意注意（involuntary attention）所依靠的是腹侧注意系统，包括警觉和警戒系统，主要发现于大脑右半球的额叶、顶叶和颞叶区。相比之下，当我们刻意关注某人说话或者试图忽略烦人的噪声而专注读书时，用到了背侧注意系统。

这一特性在额叶和顶叶区域两侧均有发现；它可以协调有目的的、随意的或高水平的注意，包括前额叶皮层和前扣带回的反应系统，以及后顶内沟与额叶眼动区内的定向系统。（注意，这些系统位于扣带皮层和额叶区内，与视觉系统内的背侧通路和腹侧通路不同，后两者源于大脑后部枕叶中的初级视觉皮层，并相应地向前延伸至顶叶、向下延伸至颞叶。）

要灵活地控制注意，就需要腹侧和背侧注意系统通力合作，来平衡"自上而下"的目标和"自下而上"的感觉输入（Vossel，Geng，and Fink，2014），而这些可能要在对世界进行反馈—驱动的概率推理的大背景之内进行（Ransom，Fazelpour，and Mole，2017）。这些类别本身也不简单：举例来说，在"自上而下"的注意选择中，当前目标可能会落下风，以奖励基于过往选择历史的那些关联（Awh，Belopolsky，and Theeuwes，2010）。齐整的对立面唾手可得，也往往是危险的思想工具（Anderson，2011，他一个人就提供了一张有12组对立注意的清单）。但fMRI研究的确表明，即便在没有外部要求时，这两种系统的基本功能组织也是可以看到的（Fox et al.，2006）。

非随意注意的一个重要例子就是对眼动自下而上的控制。我们的眼睛不停地从一个注视点向另一个跳动。这种运动叫作扫视，每秒会发生好几次，不管我们对此有没有知觉。我们也可以主动控制扫视的眼部运动，而这主要涉及上丘内的神经元。如果侦测到周边有明亮、突出或运动的物体，眼睛就会快速转动，将那一部分的视觉世界纳入中央凹。这一过程必须非常迅速地完成，才会对移动、行动中的动物有用，另外，毫不令人惊奇的是，其大部分的控制是通过背部视觉通路的一部分——确切地说是后顶叶皮层——来协调完成的。

在"平滑追踪"中，眼睛可以跟踪移动的物体，将其图像大致保持在中央凹上相同的部分。这种眼部运动，没有真实移动的目标是很难实现的，并且会受到服用药物和诸如精神分裂症、自闭症和创伤后应激等情形的影响。奇怪的是，它没有意识知觉也能继续，就像对一个皮层致盲的人所做的实验显示的一样；也就是说，眼盲是因为他的视觉皮层受损了，而他的眼睛和视觉系统的其他部分还完好无损。他根本无法有意识地看到动作，而当他被一个大型移动条纹显示器包围时，他否认有任何运动的视觉体验。然而他的眼睛在追踪移动条纹时表现得相对正常，能做出缓慢的追踪动作，然后快速地眨眼，以便跟上速度（Milner and Goodale，1995，p.84）。这表明，运动对于准确追踪可能是必要的，运动知觉则有可能不是。

无论如何，即便是像平滑追踪这样明显的非随意行为，它的故事也是很复杂的。如果你知道目标会向哪个方向移动，或者知道移动什么时候会开始，你就能在任何移动发生之前发起平滑追踪。如果移动目标被另一个物体暂时遮住了，你也可以保持追踪；而如果你在黑暗中移动手掌，那么本体感觉运动信号就会代替视觉信号。因此，就算是对移动物体进行感知追踪这样明显而简单的行为，意识和注意之间的关系也会迅速变得更为复杂。

当然，移动双眼并不是故事的全部：头部和身体也会移动，因此就一定存在协调所有这些运动的机制。例如，身体和眼部运动输出的信息，即便身体、头部和眼部全都在移动过程中，也可以用来维持与外部世界的稳定关系。有些控制系统，看起来是以视网膜网络中心坐标为基础的——保持物体在视网膜上的稳定——而其他的则使用颅中心坐标：保持世界对头部的相对稳定。尽管我们可以主动控制身体和头部的运动，以及某种形式的眼动，但在多数时间里，这些复杂的控制系统运行很快，并且是无意识的。这只是当你转过头去看是谁从门里走进来时会涉及的众多机制中的一部分罢了。

非随意视觉注意的另一种形式出现在感知"突显"的情况下。假设你被要求在很多略有不同的刺激中搜索一个特定刺激，比如在许多直立的 L 当中找一个颠倒的 L（见图7.2）。对于许多此类任务，没有别的办法，只能做串行搜索，依次观察每一个元素来进行确认。在其他例子中，区别对于视觉系统来说很明显，例如当目标 L 是平躺的或者另一种颜色

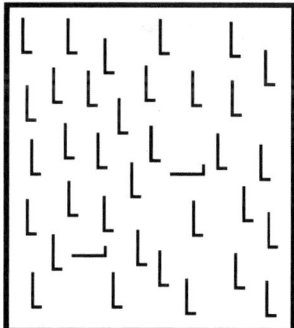

图7.2 在每幅图里找出两个异常的图形。在上面的图中，你可能得做一次串行搜索，依次观察每个 L。在下面的图中，平躺的 L 字母很突出。

的话，它就会突显出来。在这些例子中，搜索似乎是并行的，即使元素的总数量增加，也不会花费更长的时间。像这样明显的元素，也可以用来分散注意，延缓对其他元素的搜索——这就是注意可以被动抓取的另一个例子。

> 我的注意是我自己引导的，还是被别的东西抓住了？

然而，引导眼睛看向某个特定物体并不等于关注它。这样说的原因有好几个。首先，我们完全有可能对正在看着的东西视而不见，就因为我们没有关注它。在第三章里我们学习了非注意视盲，从阿里安·麦克（Arien Mack）和欧文·罗克（Irvin Rock）在20世纪90年代末的工作开始，进而扩展到对诸如熟悉、期望和不同种类的突显等特征的研究，调查它们对体验到非注意视盲是否起决定作用。

其他种类的视盲也是注意的有机组成部分。注意永远都有代价，也有它的好处。你将注意引向一件事时，不仅意味着你得忽略另一件事，而且随后还可能出现一个短暂的"注意瞬脱（attentional blink）"。这已经在一些实验中得到了验证，例如，一系列字母快速闪现，而参与者被要求寻找一个特定的目标字母。如果他们成功地找到了一个目标，他们就不太可能找到另外一个紧随其后200～500毫秒显示的目标，仿佛他们的注意力在一瞬间"眨眼"了，尽管那时候他们还在看着相关的刺激物（见图7.3）。

> "没有注意就没有意识知觉。"
> （Mack and Rock, 1998, p.14）

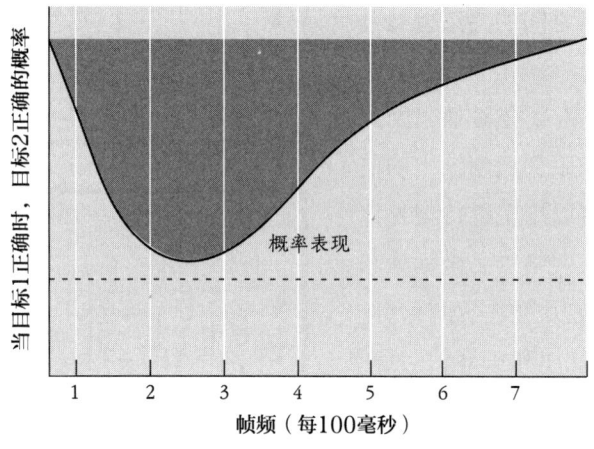

图7.3 用以测量注意瞬脱的一个原型过程例子。（a）实验设计描述。目标是数字，干扰素是字母。任务是探测夹杂在字母流中显示的一个数字。（b）观察到的代表注意瞬脱的数据的例子。图形代表了当目标1被正确报告时，目标2回答正确的比例。注意瞬脱的意思是，如果快速显示一个序列的干扰素，则每次正确识别之后会有一段短暂时间，此时下一个目标不太可能被看到（Evans et al., 2011, p.506）。

同时对两个不同位置进行视觉关注，也是可能的。在一项fMRI研究中，参与者要在盯住中心点的同时，有选择地关注侧面两个不同的目标；中心点向他们显示了一个与任务无关的数字序列，他们还必须从左边和右边的位置上快速闪过的字母和数字序列中，识别匹配的数字。人们发现初级视觉皮层中的视网膜图中的激活与两个注视点有对应关系，但与两者之间的中心刺激没有关系，这说明存在不止一个而是"多个注意选择的聚光灯"（McMains and Somers, 2004）。于是我们再一次发现，眼睛看着的地方与注意的焦点可以分得很开。

> "你看到了，但你没有观察。这当中的区别十分清楚。比如，你经常会看到从大厅上到这间屋子来的楼梯。"

"经常看到。"

"有多经常?"

"嗯,有几百次吧。"

"那台阶有多少级?"

"多少级?我不知道。"

"对呀!你没有观察,但你仍然看到了。我就是这个意思。我知道台阶有十七级,因为我既看到了,也观察了。"

——夏洛克和华生

《波西米亚丑闻》(*A Scandal in Bohemia'*, Conan Doyle, 1891)

一般来说,如同赫尔姆霍兹很久之前演示的,我们完全有可能直视一个物体或地方,却关注别的地方,这种技能现在称为"内隐注意扫描(covert attention scanning)",与之相对的是"外显扫描(overt scanning)",即你关注的就是你正看着的物体。你现在就可以进行尝试,双眼保持对本书页面的注视,而把注意转向别处。外显和内隐的注意似乎应该涉及不同(但相互作用的)脑部系统:上丘和额叶眼动区似乎与注视和注意之间的转换有关,而独立于注视之外的注意转移则涉及后顶叶皮层中的神经元。然而,对其相互作用的程度有争议,其中一些研究(例如,De Haan, Morgan, and Rorden, 2008)发现,内隐和外显注意转移所涉及的脑部区域基本一致,但是外显注意转移过程中的活跃度更高。这也支持了注意前运动(下一节讨论),它提出,内隐注意转移不过是一个未执行的外显注意转移,使用了同样的神经机制。

这些例子表明,注意既可以被动地抓取,也可以有意地引导,而注意和注视有时候一起运行,有时候则不是。但这并没有告诉我们任何有关意识的内容。我们可能感觉自己是有意识地选择了放置注意的地方,而意识并没有发挥真正的因果作用——比如,有意识行动的感觉也许就是选择性引导注意的脑部过程的副产品或滞后效应。回到那个有人进入房间的例子,我们可能觉得是自己先体验到了那个干扰图像或声音,然后才有意识地决定转过头去看。但这会不会只是一个时间问题呢?我们会在第九章回顾。至于现在,我们来简单研究一下无数理论中的一部分,它们都试图提出一个理论框架,以便人们理解注意是什么以及它是如何工作的。它们中有一些来源于直觉性的比喻,或是像有人开门时转头这样的常见体验的层面;有些则关注注意的功能性作用;其他的则尝试将注意与其他功能(如记忆或行动)联系起来。我们将从简单介绍主要理论开始，然后再来转向本章的中心问题：意识与注意有什么关系？

注意理论

在19世纪，赫尔姆霍兹、黑林（Hering）和冯特是对注意进行实验的众多生理学家和心理学家中的三位。在20世纪50年代，人们通过被称为"双耳分听"的方法进行过许多巧妙的实验，即为两只耳朵分别播放两种不同的声音流。通常只有一股音流能被马上追踪，但某些类型的刺激可以穿未被关注的耳朵而过，而别的则会在没有被有意识地听到时，对行为产生影响。如果正在聆听的信息从一只耳朵移到了另一只，人们通常会跟随其语义，甚至注意不到换了耳朵。这引发了一个问题，选择到底是在早期还是在进行了多次加工之后才做出的？这导致关于早期选择和晚期选择的争论从未真正得到解决——尽管最近这个问题已经通过知觉负载（perceptual load）的概念被规避了（我们将在稍后看到）。

长期以来，多数理论都把注意作为一个瓶颈来对待，需要使用前意识的感觉过滤器来决定让哪些内容进入更深层次的加工阶段（Broadbent, 1958）。这样做是有意义的，因为很清楚，大脑处理细节的能力有限，而且它是一个巨大的并行系统，产生串行输出，比如话语和一系列动作。因此许多并行过程都以某种方式被汇集于一处或被选出，以确保出现一系列合理的串行输出。

此类理论的一个主要问题是，为了配合证据，所提出的过滤器变得越来越复杂，直到前注意加工开始变得与它应该通达的更深层加工一样复杂。这些模型随后会让位于那些更微妙的资源分配加工方式。注意的聚光灯跟着看起来也不再那么像一束窄窄的光柱或单独的瓶颈了，而更像是众多机制的共同产物，通过这些机制，神经系统得以组织其资源，给予某些元素更多的资源（或特征和感觉），而给其他元素的更少。但对某些人来说，这个话题开始变得如此笨重，也许注意本身的概念就是错误的（Allport, 1993; Pashler, 1998）。在历史上的某个时刻，注意科学按理说已经开始研究——或者创造——与注意的直觉概念没有多大关系的东西了，以便对焦点进行锐化（Watzl, 2011）。科学家们已经将注意重新定义为一个感觉过滤器、一种特征绑定机制、一个工作记忆的广播者或是一个竞争偏倚过程。那么直觉与科学之间的差距会是一个问题吗？

知觉负载理论由心理学家尼尔利·拉维（Nilli Lavie）提出，试图回归注意瓶颈的直觉概念，并以一种简单的方式对其进行重新思考。在这个理论中，由于感知觉的加工能力有限，当一个任务涉及大量信息加工（高知觉负载）时，其加工能力就被关注信息的加工消耗殆尽了：这导致对我们当前的目标和优先顺序过早地出现了自上而下的选择效应。然而，当知觉负载较低时，任务相关信息加工的剩余能力就会"溢出"，于是我们通过后注意选择感知到的与任务无关的信息就会受到自下而上的刺激的严重影响。这样的思考方式让我们不用再去寻找一个注意的"固定位点"，不管是作为通往意识的"关卡"也好，出于其他目的也罢（Lavie, Beck, and Konstantinou, 2014, p.8）。无论如何，它的确保留了知觉或意识是一个位置或容器的概念，信息只有在满足了一定的注意标准之后，才能进入其中。它也依赖于"从无意识到有意识层级的感知加工流"（Lavie, Beck, and Konstantinou, 2014, p.8）。这两点都暗示了笛卡尔唯物主义（见第五章）。

注意和记忆是密切相关的，有些注意理论将能力有限的短时记忆作为需要竞争的相关资源或是需要填充的容器。换言之，被注意等同于进入了短时记忆，而注意与"允许信息在工作记忆中进行编码的过程"是一回事（Prinz, 2012, p.93）。别的理论没有做出这样的等同假设，而注意与记忆有关联的其他方式数不胜数。事实上，注意理论与几乎所有的大脑功能都有关联，包括神经关联（第四章）、绑定问题（第六章）和无意识加工（第八章）。认知的预测加工模型可能也给注意带来了一线曙光。在对大型脑部网络的功能连接性进行研究之后，心理学家Monica Rosenberg及其耶鲁大学的同事们（Rosenberg et al., 2017）宣称，注意是大脑计算功能的一种网络属性，即使人们没有从事任何任务，也可以测量注意的功能架构，在背侧注意系统和默认模式网络（本章稍后会讨论）中发现个体差异。但在这里，必须重点关注注意和意识的核心关系。

神经学家Giacomo Rizzolatti及其在意大利帕尔马的同事（Rizzolatti, Riggio, and Sheliga, 1994; Rizzolatti and Craighero, 2010）提出了一种选择性空间注意的"前运动理论"，认为注意空间中的某个特定位置就像是准备将目光投向此处，或到达此处。通过对猴子使用单细胞记录的实验，他们发现，当注意转移到该区域，准备向特定空间部分做视觉引导动作的前运动神经元亚群就被选择性地激活了。后续的研究还探索了神经元在额叶皮层内的额叶眼动区中的作用，发现对其进行刺激可以引发扫视以及空间注意转移，而当刺激不足以引发眼动时，对运动本来可能到达区域的感知依然得到了增强。这样的发现，突出了空间注意和眼动的共同起源，揭示了视觉选择通往动作规划的信息通路的存在，这个信息通路可以根据手头任务的要求进行调节。"没有必要臆测大

> "与注意力有固定位点的观点不同，（知觉负载）理论声称知觉取决于注意有限容量的可用性。"
> （Lavie, Beck, and Konstantinou, 2014, p.8）

> "控制行动的系统跟控制我们称之为空间注意的系统是同一个系统。"
> （Rizzolatti, Riggio, and Sheliga, 1994, p.256）

脑中存在两个控制系统——一个掌管空间注意，一个控制行动。控制行动的系统与控制我们称之为空间注意的系统是同一个系统"（Rizzolatti, Riggio, and Sheliga, 1994, p.256）。

然而，另外的实验讲述了更为复杂的故事。额叶眼动区好像包含了两组单独的神经元，一组控制内隐注意转移（没有眼部运动），另一组控制外显注意转移（有眼部运动）（Thomason, Biscoe, and Sato, 2005）。即与前运动理论的预测相反，驱动扫视的额叶眼动区神经元与驱动注意选择的神经元是分开的。相反，额叶眼动区的空间选择活动可能作为一张视觉突显地图，用来认定潜在的眼动目标，而不需要作为外显的扫视方案。同样的实验也发现，当注意内隐地转向一个突显的视觉搜索任务目标时，额叶眼动区运动神经元的活动被主动抑制了，不会发生空间选择。这使得研究者们得出了一个结论：在视觉活动中，而非动作额叶眼动区神经元才是"回应注意的心理聚光灯"的东西（2005, p.9479）。

诸如此类的发现表明，并非所有涉及运动准备的区域都参与内隐注意，而涉及内隐注意的区域也并非全都具备运动功能。有些区域可能两者都涉及，但其形式是在更弱的意义上创造一个"指明与行为有关的刺激所在位置的优先度地图"（Smith and Schenk, 2012, p.1106）。而这也许就是为什么会发现眼部运动准备和注意分配之间没有关联，外显和内隐注意两种情况都是如此（Hunt and Kingstone, 2003）。所以，像注意和运动控制使用同样的神经回路的提议，以及更强烈的运动激活是空间注意的充分必要条件的观点，可能有些言过其实。

> "注意就是各个不同感官运动系统内部和彼此之间的竞争所产生的后果。"
> （Smith and Schenk, 2012, p.1112）

"偏倚竞争"（或"整合竞争"）理论肇始于20世纪90年代，算是一种可能的选择。它的基本概念是，注意是一种神经竞争机制，因人的目标、预期、情感状态等有所偏倚（Ruff, 2011）。这个理论对运动控制又是怎么说的呢？它认为，动作准备增加了动作被选择用于注意和加工的可能性，但并不能保证缺乏运动准备就能阻止一个位置被关注。在这个理论中，"注意就是各个不同感官运动系统内部和彼此之间的竞争所产生的后果"（Smith and Schenk, 2012, p.1112）。输入信号展开对神经表征的竞争，后者基于物理上的突显性、当前目标和工作记忆的内容进行分配，竞争的胜出者获得注意，"即它可以被更高级的认知过程所用，比如意识和反应系统"（Smith and Schenk, 2012, p.1112）。赢得竞争以广为传播的观点让人联想到全脑工作空间的"脑内名气"的说法（第五章）。

在认知神经科学大类里还有一个理论，为之增加了一抹革命的色彩，这就是迈克尔·格拉齐亚诺的意识的"注意图式理论（attention schema theory）"，建立在偏倚竞争模型、整合信息理论和全脑工作空间理论的基础上，将意识直接与注意连接到了一起。的确，对于格拉齐亚诺而言，"意识就是注意的内在模型"（Webb and Graziano，2015，p.1），而它进化为对注意模型化和注意控制的方式：当大脑可以用一种简化模型来使用注意本身时，自上而下的控制就可以得到改进。这就是注意图示，而这个理论解释了"人类机器如何宣称拥有意识并赋予那个结论高度的肯定"（Graziano，2016，p.98）。这个理论大体上就是一种幻觉主义，但格拉齐亚诺更喜欢说意识是"对真实和机械的东西有用的讽刺"（Graziano，2016，p.112）："主观觉知——意识——就是对内部模型描绘的注意的讽刺"（Graziano，2016，p.98）。

> "意识就是注意的内在模型。"
> （Graziano，2015，p.1）

> "意识不是错觉，而是对某种真实、机械的事物的有用讽刺。"
> （Graziano，2016，p.112）

对于那些试图将注意简化为神经过程或计算过程的说法，是有替代方案的。我们不必过于关切注意选择元素以便采取行动的功能，而是可以将它作为一种形成我们对世界的体验的事物来对待。在结构化的注意观点里，"注意是对比性的：它使我们的心理生活结构化，因而有些事物位于其他事物的前景"，不管是不是出于行动选择的目的（Watzl，2011，p.849）。如果我们要确定注意的功能性作用，就要严肃对待其"现象特征"；在本例中，这个信念将我们带回了詹姆斯的意识流的概念："注意就是将意识流结构化的心理活动"（James，p.849）。在别的理论中，注意本身不是被当作一个过程，而是一种事情发生的形式——作为一个副词，而不是名词。例如，认知统一观点的目的是要搞清楚一个人怎样才能聚精会神地完成一项任务，而不是精力涣散，而所提出的区别是，任务须经由"认知统一"来执行（Mole，2011）。这把问题从"什么"变成了"如何"。

"注意就是理性取用的意识"，哲学家Declan Smithies在一个尝试统一注意的功能与现象特征的理论中如此宣称（2011，p.268）。这个概念就是，注意是意识的一种形式，它让信息变得完全可用，以便用来理性地控制思想和行动。此处的"理性"是一个个人层面的概念：只有当像推理或目标导向的行动这样

小传 7.1

迈克尔·格拉齐亚诺（Michael Graziano，1967年生）

迈克尔·格拉齐亚诺是一位作曲家、小说家和童书作家，还是普林斯顿大学的心理学和神经科学教授。他的广泛研究包括猴子的空间感知与感觉运动整合，大脑如何表征身体及其周围事物，以及更近一些的意识的大脑基础，包含了觉知、注意和人类大脑的社会知觉之间的关系。他的理论研究工作探索了知觉是大脑的社会机械构成观点，而他的"注意图示理论"对其做了延伸建议，认为知觉是一种由大脑中的专家系统计算出来的注意图示，它将觉知分配给其他系统及其本身。除了超现实主义小说，他还是《意识与社会大脑》（*Consciousness and the Social Brain*，2010）的作者，宣称觉知就是信息，而意识并不神秘。在其道具猴子凯文的配合下，格拉齐亚诺还是一位熟练的口技表演者。

的高级加工以受到关注的信息为基础，才称得上是"理性的"（Smithies，2011）。在这里我们看到，注意理论也在试图对当我们集中注意时体验如何变化进行定性，或是将注意等同于某种意识。这又把我们带回最初的问题，注意和意识是如何关联的。

意识与注意

"注意就是构建意识流的心理活动。"
（Watzl，2011，p.849）

"注意就是……刺激的一种相对分布。它是红色的、圆圆的，它就在此处，并为我所关注。"
（Webb and Graziano，2015，p.9）

意识是如何与注意彼此关联的，有六种主要的可能性。第一，意识可能会依赖注意：如果我们不关注某个事物，我们就不可能对它有意识。第二，注意也有可能依赖意识：我们无法关注某个事物，除非我们对它有意识。第三，意识和注意也许会相互关联，但是没有因果联系——也许是因为它们都是另外某种机制的结果。第四，它们也可能完全没有关联——那样的话，问题就成了为什么它们在感觉上是有关联的？第五，它们有可能其实就是一回事。第六，其中的一个或者两个都可能是错觉（并非其表象），或者根本不存在——那样的话，我们就要问自己，为什么我们又搞错了呢？

因果联系之一：意识依赖注意

第一种可能性是，注意对于意识来说是必要的：没有注意就不可能有意识。

常见的感觉是，我们只对或主要对关注的事物有意识（好比沉浸于正在阅读的小说中）。当他们提及意识的时候，早期的注意理论都倾向于同意，过滤器和瓶颈允许信息"进入意识"，视它为"意识大门口的哨兵"（Zeman，2001，p.1274）。

"没有被注意的信息不能到达意识。"
（Cohen et al.，2012，p.416）

今天，几乎所有以加工为基础的注意理论都提出，意识体验是注意机制的产物：聚光灯、过滤器、知觉负载、前运动和工作记忆的说法都持此观点，还有一个提法，即注意的作用是"构建我们的心理生活"。有些研究者宣称"处于我们的注意焦点的事物进入了我们的意识"（Velmans，2000，p.255）。其他人则建议，"注意在决定意识内容方面仿佛发挥了一种特别关键的作用"（Gray，2004，p.166）；或者声称"未受关注的信息不可能到达意识"（Cohen et al.，2012，p.416）。Dehaene的神经元全脑工作空间理论笃信一种观点，那就是尽管没有注意，也可能出现大量的加工，但信息要想进入意识，就需要注意："自上而下的注意放大，就是模块化流程得以临时动员并可被全脑空间所用的机制，因此也可以为意识所用"（Dehaene and Naccache，2001，p.14）。

在第三章检视过的关于非注意视盲的证据好像也支持这个观点：如果我们不注意在篮球场上闲逛的猩猩，我们就看不见它。心理学家阿里安·麦克和欧文·罗克由此宣称，意识依赖于注意，"没有注意就没有意识感知"（Mack and Rock，1998，p.14）。然而，还有别的方式可以解读这个发现：例如，看上去像是非注意视盲，其实是非注意失认症，就是说，我们在报告之前忘记了曾经看到过猩猩。我们最多可以信心十足地说，注意对那种允许参与者在事后报告猩猩有出现的意识而言，好像是必要的。

意识与注意松散的依赖关系也并不意味着注意是唯一负责意识形成的东西。在这里，必要条件和充分条件的区别就显现出来了：注意对允许或创造意识体验也许是必要的，但要达成目的，仅依靠其本身就不够充分了。这是本杰明·里贝特的观点："注意本身对于知觉而言，明显不是一个充分的机制"（Libet，2004，p.115）。克里斯托弗·科克表示同意："对于意识感知的形成，选择性注意是必要的，但并不充分"（Koch，2004，p.167）。某些实验表明，我们会关注（可经改善的反应时或反应精确度进行测量）某些事物，但并不能报告看见过它们（例如，Norman，Heywood，and Kentridge，2013）。第八章将深入探讨如何用实验来区分意识和无意识反应的区别。

"对于意识感知的形成，选择性注意是必要条件，但并不是充分条件。"
（Koch，2004，p.167）

因果联系之二：注意依赖意识

但有时候，一切感觉都是反过来的。我们常常感觉到，我们可以有意识地引导自己的聚光灯去关注我们选择的事物。从这个意义上讲，也许意识优先，可以引导注意。如詹姆斯所言："我的体验就是我同意关注的东西……没有选择性的兴趣，体验就会一团糟。"（James，1890，i，p.402）

"我的体验，就是我同意去关注的东西。"
（James，1890，p.402）

这与我们的感觉是吻合的，即我们可以有意识地选择往哪儿看，聆听哪些声音，或者要思考什么，而集中注意也是一件苦差事。詹姆斯想象，"我们可以假设晚宴上有这么一个人，他倾听着一个邻居低声地给他提出乏味而不受欢迎的建议，而在他们周围，所有客人都在大声谈笑，说着令人激动而有趣的事情"（James，1890，i，p.420）。

她热切地读着，几乎无法理解，等不及地要知道下一个句子会带给她什么，简直没办法关注眼前这句话的意思。

——简·奥斯汀（Jane Austen）
《傲慢与偏见》（*Pride and Prejudice*，1813）

詹姆斯最终还是走到了这一边。他的理由不是科学上的；的确，他总结说，没有任何量化证据可以真正帮助我们断言是意识依赖注意，还是正好相反；因此他在道德的基础上做出了决定——这个决定就是，他把自己归入那些相信精神力量的人群。詹姆斯相信，意志的本质就是"付出意志努力注意"，而这对我们所说的自我尤为关键。因此对他而言，这个问题的答案对思考自我和自由意志的本质至关重要。他总结说："注意的努力因此就是意志的本质现象。"（James，1890，ii，p.562）而他所说的意志，指的是意识真正的因果力量——个人意志。在詹姆斯的想法中，意识被当作一种意志力，它引导了注意；注意随后形成了意识体验的本质和内容。然后，在某种意义上，这种想法可以跟前面的范畴相吻合，除了一点，他把一个前期的因果阶段包含进来了，在这个阶段，意识意志优先。其他任何以意识为先的理论，包括最具精神意义的理论（比如在第五章中提到过的那些），说法都是一样的。

意识与注意之间没有因果联系

在超越因果关系的方向上，有三种暗示没有因果关系的可能性。第一，意识和注意可能有关联，但彼此之间没有因果关系。第二，它们可能完全不同。第三，它们可能实际上是一回事。

有时候，觉察我们并未曾关注的事物是我们的体验中的一个固有而宝贵的部分，比如在关注旋律的同时欣赏低音声部：在这种情况下，甚至都不需要注意。科克（Koch and Tsuchiya，2007；Tononi and Koch，2008）声称，意识与注意、特别是选择性注意之间的关联是如此不完整而复杂，我们必须将它们视为独特的大脑加工过程；因此，意识不会被简化为注意。这个论调受到了一些实验的支持，这些实验使用双眼抑制任务，结果发现，将注意引向一个目标对V_1区的活动产生的影响十分强烈，远远超过仅对目标有知觉的情形（Watanabe et al.，2011）。在某些情况下，觉知和注意甚至感觉会具有相反的效果。例如，当视网膜适应了过度刺激时，视觉系统产生一个视觉后像，而感知抑制（即知觉缺失）会让视觉后像弱化，但持续关注也会如此（Koch and Tsuchiya，2007）。科克辩称，没有意识的自上而下的注意和很少或没有自上而下注意的意识，都不是"与真实世界缺乏联系的神秘实验室所好奇的"（Koch and Tsuchiya，2007，p.19）：无论何时，只要我们从事了不需要有意注意的熟练活动，我们就是在体会这种分离，而它也的确发生得太快了。第八章将回顾这个话题。

这个大类里的另一个主要观点说得恰恰相反：意识和注意实际上就是一

> "自上而下的注意力和意识，都是单独的现象，无须同时出现。"
> （Koch and Tsuchiya，2007，p.16）

> "许多被认为与注意有关的功能……反映了认知加工网络整体的普遍特征。"
> （Allport，2011，p.32）

回事。在对注意的综合考虑中，注意是全脑加工的一种涌现特性——这些加工包括由偏倚竞争观点提出的竞争选择，并且可能依赖同步的动态绑定（第六章）。在这种观点中，我们认为与注意相关的许多功能其实是大脑中一般加工特征的表现，并且"不可能存在解剖学上（或功能上）可识别的注意控制系统"（Allport，2011，p.27）。这个理论暗示，只要我们不再试图声称注意与意识有因果联系，就可以说它们是一回事了，我们因此也就可以"实际上可互换地"使用注意和意识这两个术语（Allport，2011，p.49）。如此一来，我们所谓的聚光灯和瓶颈等现象就不再是因果机制，而变成了那些"其产出即是有意注意"的全脑整合神经互动行为的结果了（Allport，2011，p.49）。

与此相关的一个选择，就是说注意和意识彼此之间在不断进行反馈互动。在格拉齐亚诺的注意图式中，意识是注意"控制机械"的一部分。知觉把注意作为其内部模型来进行追踪，但每当有谬误混进模型，注意就会脱离与意识的关联，而且仍然可以运行，只是运行得不那么好了。Webb和格拉齐亚诺（Webb and Graziano，2015）说，相反的情况，即没有注意的知觉，也是可能的——如果内部模型错误地表明有一个感知到的刺激正在被注意——但可能性不太大。那么，在这种反馈模型中，注意就成了主导机制，而注意和意识就可以分离，但通常是共变的。

注意和意识不存在，或者不是看上去那样的

留给我们考虑的最后几种可能性就是，我们把意识和注意的关系完全搞错了，其实二者之一或之二就是不存在的，或者就是错觉。Allport的观点很好地引出了这些意见，认为无论从解剖学上还是功能上，都无法将注意与大脑的其他部分分离开。

第三章曾探讨过一个概念，即我们对意识本身可能有一个宏大的错觉，而这将会成为一条贯穿全书剩余章节的线索。说到注意，有些研究者怀疑注意到底是不是一个有意义的范畴。有许多理由让人这么想：没有发现一套连贯的认知或神经机制可以直截了当地认定与注意相关；而且事情越来越清楚，注意过程变化多端，还是非局部性的，而多数涉及注意的机制有时候不需要注意就能运行。注意开始看上去更像是思维而非感知了。我们观察到了很多注意效应，但这并不意味着存在一种被称为注意的东西导致了这些效应。使用注意来表示一个未得到详细说明的因果主体，就要求助于神秘的小矮人；就好像打出一张"理论上的通配符"，就想逃避发展一套可行的理论观点的需要（Anderson，

2011, p.4)。如果我们放弃统一的观点，那"不统一的观点"就会声称：

> 正如化学分析表明，玉石不是一种单一的矿石（而是存在表面非常近似的软玉和硬玉）一样……谈论注意并不能切开心灵，因为注意跟玉一样，不是一种自然的种类。
>
> （Watzl，2011，p.848；2017，p.32）

> "谈论注意不能切开心灵，因为注意就像玉，不是一个自然的种类。"
> （Watzl，2011，P.848）

因此，如果我们想要在大脑中找出一个负责意识的特别中心或神经回路，将什么也找不出来。

但不管怎样，我们依然可以辩称，注意在个体层面是一种自然的种类，就算在"亚个体"（比如神经）层面并非如此。这里的基本争议是：如果它感觉像是一个谈论意识体验的有意义的类别，意味着它就是了。然而，运用相同的逻辑，会使我们毫无疑问地接受诸如意识流甚至灵魂之类的民间概念。

这意味着，当 Sebastian Watzl 将二者绑在一起，说出"注意就是构建意识流的心理活动"（Watzl，2011，P.849）这样的话时，就有了一种将现实交给不存在的事物的危险。但不管怎样，如他所总结的，研究注意可以强迫我们探索困难的类别，比如状态、过程、行为和行事的方式之间的不同，并仔细思考心灵与行动之间以及功能性作用与现象特质之间的联系，所有这些对思考意识都很重要。

当我们开始挑战自己对注意的直觉时——一定存在一组可以局部性的脑部区域来对此负责，它甚至会是一个完整的事物——会意识到，当谈及注意和意识的关系时，就得做出一项至关重要的深刻挑战。我们有办法搞明白对受关注或未受关注的事物有意识是什么意思吗？

> "未能成功报告一个视觉意识的对象，也许反映了对该物体的注意失败。"
> （Stazicker，2011，p.163）

最基本的问题是，一个事物是否以及怎样形成了某人的意识体验的一部分，只能通过报告（人们的话语）或其他明确的决定（人们的行为）来判断。但要报告我们看见的东西，就要求我们注意它。因此，很多决策任务也被作为意识的标准。所以，正如哲学家 James Stazicker 所言，"未能成功地报告一个视觉意识的对象，也许反映了对该物体的注意失败，而非对该对象缺乏视觉意识"（2011，p.163）。这样的话，我们什么时候才能开始研究意识和注意之间是相关的还是无关的呢？按 Stazicker 的说法，我们怎么才能测出它们的关系是相互依赖还是相互独立的：是注意的聚光灯照射到了事物才让它有了意识，还是它只照亮了意识的一些片段却没有构成意识本身？

这个问题，就是内德·布洛克在对比现象意识（P 意识）和取用意识（A 意识）时所提问题的另一种版本。意识体验的内容是不是要多过可取用的内容？相关实验传统颇为悠久，开始于美国心理学家 George Sperling 在 1960 年的一系列实验。他向参与者短暂出示成组的字母，然后引导他们只报告字母组的一行或一列。他们都能准确地完成，即使他们事先并不知道哪一行或哪一列要接受测试，此外他们不能报告全部字母（见图 7.4）。他分析说，是记忆容量限制了可报告内容的数量，而"观察者经常声称他们看到的要比能报告的多"（Sperling，1960，p.26）。我们也许可以从另一个角度说，他们有意识的内容多于他们能取用的，但这是不是让一个本应该清晰的事情变得更糊涂了？

7 I V F
X L 5 3
B 4 W 7

图 7.4 Sperling（1960）短暂出示了类似这样的矩阵，然后引导参与者报告简单的一行或一列的内容。

半个世纪以后，Ilja Sligte 及其同事证实，只要刺激物消失，参与者就可以从视觉后相中取用信息，在此之后，还可以从一处高容量但是非常脆弱的极短时记忆（very short term memory，VSTM）中取用数量有限的信息。VSTM 的概念至少可以追溯到 20 世纪 70 年代后期，但是 Sligte 及其同事将它定位到了 V_4 区，并总结说，"当注意被重新引导回来时，额外的微弱 VSTM 表征仍可为意识取用和报告所用，但只要有新的视觉刺激冲击眼球，就会被覆盖"（Sligte，Scholte and Lamme，2009）。这是否意味着 V_4 区的信息短暂地成了 P 意识，随后在能够转变为 A 意识之前就消失了？这是否确认了二者之间的一种有意义的区别？而我们又怎么将其找出来呢？是有必要采用一种更为系统的第一人称做法，以便判断那些短暂存储的信息是不是真正的现象意识，还是只需要这些第三人称的研究就足以理解发生了什么了？

自那以后，这类实验受到了广泛讨论。布洛克宣称，Sperling 的实验参与者对所有或者几乎所有字母的特殊形状都有 P 意识，但没有 A 意识，而他们的"感知意识淹没了认知取用"（Block，2011）。

无论如何，我们一定要记住，成功地加工或汇报视觉信息与对其有意识之间的关系还远非一清二楚。在这里，我们也许会关注 Sperling 的实验参与者对自身体验的口述——但可悲的是，我们只有非正式的记录可用。布洛克宣称，他们报告看见了所有或是几乎所有的字母。但也许他们搞错了，认为他们看到了比实际更多的东西。这就是 Dehaene 及其同事的观点（2006）。这把我们带回了第三章里遇到的视觉的感觉运动理论，以及丹尼特的多重草稿理论（第五章）。要回答你是否对某个事物有意识的问题，你就要关注它，这让你对它有了意识，给了你一个错觉，以为你对它自始至终都是有意识的，就像冰箱里的灯，只要你开门看，它就是亮的。

但也许我们完全没有必要对人们关于自己体验的错觉做出复杂的假设。也许我们应该只从表面价值上认可人们关于自身体验的报告，Stazicker 如是建议。也许他们对所有字母是有意识的，但对所有字母的特殊形状没有意识。然后，也许他们的报告严格匹配了他们的体验。这样的话，引导的作用就不再是让一个已有的意识体验的某些部分变得可以取用了；相反，它让体验中的某些信息变得更确定了。这与类似多重草稿理论中宣称的内容不同，后者认为注意会对我们的意识体验或是我们所认为的那种体验产生追溯效应。而在这种中间论调中，注意在意识发生的同时就对它发生了作用。

将我们引入歧途的，也许是那种假设视觉总会最大程度地保持清晰的倾向（Stazicker，2011）——而第三章里谈到过，这里所说的情况不属于那一种，即便像分辨率在向视网膜边缘移动时下降了多少的这种基本意义上也不是。可能我们获取更多细节的那一刻也不会引起注意这一点也是合理的——它也许就不是人们可以或者能够报告的事情。关注可能会自然地让我们获得更多细节，我们甚至注意不到变化。我们早先提到过的 Carrasco 及其同事的发现，为注意改变了视觉意识的确切视觉属性（如空间分辨率这般确切的东西）这样的观点增加了分量：通过关注来访问某些内容会改变体验的质量，而不仅仅是我们是否体验到了某些事情。

我们也可以对 Mack 和 Rock 用来演示非注意视盲的实验提出类似问题。我们是否可以做出假设，人们没有报告看到额外的刺激，是因为他们对它没有意识？用类似的话来讨论 Sperling 的实验，没有报告看见额外的刺激物或者否认它，

> 也许就反映了要么是（i）主体对刺激物没有视觉意识，要么是（ii）尽管主体对刺激物有意识，但它们不曾以这种意识所要求的方式来注意它们，以便形成做出可靠判断的基础。要假设（i）这就是正确解读，就等于是自找问题。另一方面，也没有明显的方式来对这个解读进行争论，（ii）因为没有报告或是相对明确的决定，我们就缺少了证明意识出现的有力证据。
>
> （Stazicker，2011，p.164）

很容易假设意识是非有即无的，开启的或者关闭的：我们对某事某物，要

么有意识，要么没有。但这可能就是阻止我们准确评估它与注意的关系的错误之一。那我们还能做些什么呢？寻找意识的神经关联也许听起来仍旧是一个好主意：如果能找出来什么样的神经活动与（比如）视觉意识有关联，我们就可以断定，这种活动是不是不需要那些与注意有关联的过程就可以出现。但这会把我们带回在第七章里遇到的问题：我们若不能首先知道其中一个是不是不需要另一个就能出现，又怎能建立起这些关联呢？有些人，比如哲学家 Hilary Putnam 就总结说，无法回答是否存在未报告的意识的问题。

冥想与注意

意识的科学，常常会感觉像是一门关于无法回答的问题的科学。我们在本书内讨论过的每一个科学实验，都试图以一种或另一种方式来协商与意识有关或无关的、可测量的客观事实与意识的主观现实之间的边界——那种作为什么是什么样的感觉。在本书后面将投入更多的时间，来研究当今大多数实验心理学和神经科学实验室标准的"第三人称"科学的替代方案，即能够把第一和第二人称（我和你）带入科学实践中来的方法。本章最后这部分将重点关注这种更具包容性的科学的一个方面——一个深受第一人称实践启发的方面——冥想（见图 7.5）。

图 7.5 作者苏珊在日本龙安寺著名的石头花园中冥想。

冥想也是终极的注意训练。有许多不同形式的冥想，但几乎所有形式的第一步都是心灵的安定。这种技能可能需要很多年才能掌握，但到那时，就很容易坐下来让心灵入静了。天生万物任去留，犹如水中写公案。不置一词，不生一念，心意渐平，清明自现。鸟雀之鸣，地板之见，手掌之痒，皆属自然：如此，这般。许多传统都宣称，在这种至简状态，心灵的洞察力便可自发而生。

修习某种冥想的人声称他们已从错觉中觉醒，直接看到了心灵的本质。如果他们是对的，那么他们的声明在所使用的内省方法及他们关于意识的说法这两个方面，都很重要。但他们说得对吗？

这些修炼带来了许多有趣的问题。眼下，我们只需关注它们与注意的相关性。首先来简单了解一下冥想是什么，如何实现，以及它有什么作用。

动机与方法

多数的冥想方法都有宗教的根源,特别是佛教、印度教和苏菲派都有很长的冥想训诫传统;但在基督教、犹太教和伊斯兰教的神秘传统中,也发现了可比较的静思方法(Ornstein,1986;West,1987)。在这些传统中,人们出于各种原因进行冥想。更为虔诚的,想要精进教义、升入天堂,或是求取更为有利的转世;而其他人静坐则为求省察、警醒或愉悦。

有很多世俗之法都源自宗教传统。例如,在《无信仰佛教》(*Buddhism without Beliefs*,1997)和《追随佛教》(*After Buddhism*,2015)两本书中,Stephen Batchelor描述了种种修行之法,无须涉及宗教内涵,或做出信仰上帝、坚持自我或死后来生的承诺。超觉冥想(transcendental meditation,TM)源自印度教技巧,在20世纪60年代由Maharishi Mahesh Yogi传来西方,如今在一家规模庞大、等级复杂而且利润丰厚的组织里教授,这个组织宣传TM可以提供深度放松和内心喜悦,祛除压力,改善关系、睡眠、健康、创造性、效率、注意、信心和能量。

静心、正念,是多数冥想方法的核心,既可穷尽余生修炼,也可静坐冥想得来。它通常被定义为对当前时刻的一种接受性的、非置评的关注,没有歧视、分类、判断或评论。它是"对知觉的广度和清晰度积极的最大化"(Mikulas,2007,p.15)。正念减压法(mindfulness based stress reduction,MBSR)是美国马萨诸塞大学医学中心的卡巴金(Jon Kabat-Zinn)在20世纪70年代开发的一种技巧,现在广泛应用于从压抑和焦虑到疼痛管理和心脏疾病的各种状况。他将正念定义为"源自有目的的关注的知觉,生于此刻,且对一刻接一刻显露而出的体验不予置评"(Kabat-Zinn 2003,p.145)。达到这种状态的难度十分令人惊讶,更何况它还极为短暂。一般要做八周的训练,包括正念冥想和瑜伽的混合训练。

> "(正念)就是源自有目的的关注的觉察,生于此刻,且对一刻接一刻显露而出的体验不予置评。"
>
> (Kabat-Zinn,2003,p.145)

冥想通常涉及以特定坐姿静坐,比如双盘式(全莲花式)或是别的不那么吃力的盘腿坐姿,但这没什么神秘的。这些坐姿可以维持较长时间,同时保持了身体的警觉和放松(见图7.6)。采用任何一种姿势冥想都是可以的,而TM就建

双盘式　单盘式　缅式　凳式

图7.6 传统的冥想坐姿都可以保持稳定而舒适的姿势以及脊椎挺直,以利于保持一种警觉的放松状态。坐在一张矮凳上,可以达到同样的目的,对那些不习惯坐在地板上的人来说也会更舒适。

议只要舒适地在椅子上坐下就可以，但有两大主要危险：人会变得太紧张、太激动，或者会睡着。传统的坐姿可以帮你避免这两种情况，同时有利于保持呼吸顺畅和脊椎挺直。

在为时较长的冥想修习中，静坐有时被代之以极慢速行走冥想，甚或是快走或跑步冥想，以便提供某种锻炼和刺激而不打断修习过程。事实上，某些传统的终极目的就是要将冥想整合到所有的生命活动中。

> 她随即被一种疑虑缠住了，对此她很不情愿面对：她很想摔上一跤，倒在草地上，那样她的注意就会被摔得星离四散，然而，只要一秒它就能重整旗鼓。她下意识地越走越快，她的身体试图超越她的思想；但她现在已经走上了一座小山包的山顶，这小山从河边隆起，将河谷显露出来。她再不能心无定见了，必须马上来处理最执着的那一个，一股愁绪挤走了她激动的心情。她矮身坐到泥地上，双膝抱拢，茫然望着身前。她观察一只大黄蝴蝶多时，那东西依着一块小平石头，翅膀极缓慢地一翕一张。
>
> "恋爱是怎么一回事？"良久的沉默之后，她郑重发问；每一个字，甫一离口，便像把自己扔进了一片未知的海洋。她被那只蝴蝶的翅膀催了眠，更是被发现了生命中一个可怕的可能性惊了魂，又呆坐了许久。等蝴蝶飞走不见了，她才站起身来，夹着她那两部书又回到家里，像极了一名士兵，做好了战斗的准备。
>
> ——弗吉尼娅·伍尔夫（Virginia Woolf）
> 《远航》（*The Voyage Out*，1915）

基本原则

所有形式的冥想，常常都有两个基本任务：专注与无思。这两者都引发了有趣的实践与理论问题。你如何保持精神集中？你如

 **活动 7.1**
冥想

冥想可以自己完成，也可以在小组中进行。首先，舒适地坐下来。你应该背部挺直，但要能放松，头部轻置于脊椎顶端。如果你知道怎样按冥想姿势打坐，请便。如果你想尝试做一次，要保证地板不要太硬，或铺上一块地毯或毛毯，并选一个硬实的坐垫坐下。以自己感觉最容易的方式盘起双腿，保持背部没有痛苦地挺直。不行就找一把直背椅并端坐其上，双脚平置于地板上，双手轻放于腿面。看着地板上身前大约60厘米的地方，但不要太过于集中于一点之上，只要让自己的目光轻轻落在那里即可。如果眼光游移了，将它拉回原处。

设定一个10分钟的计时。

就从你的呼吸开始，注意它的一吸一呼。你准备好之后，就开始计数。第一次呼气时，默数"一"，然后在下次呼气时数"二"，以此类推。等你数到十，就再从一开始数，继续，直到闹钟响起。就是这样。

你对产生的一切事物的态度，应该保持一致："任它来，任它在，任它去。"当你意识到自己陷入一阵沉思时，随它去就好，回过心神，注意自己的呼吸并开始计数。不要与思绪抗争，或者强迫它们停下来。随它去就好。对声音或视像或身体感觉也同样对待：随它们去就好。这样它们就根本不会产生干扰。

只要一节，就可能向你展示自己思想的某些事情。如果你想多做，就每天都冥想，做上一周；也许一早起床就做，或者如果你觉得应付得过来，一天做两次。每天坚持坐下来10分钟，强似想要做更多然后却放弃。

何才能无思？下面列出的不同方法给出了不同的答案，但几乎所有的技巧都使用了相同的方法来对付不想要的思绪。

把思绪强行推开是没有用的，如同丹·韦格纳演示过的，要求大家不要想着一头大白熊一样。人们不仅做不到，这种对思绪的压制还可能导致执念的产生（Wegner，1989）。不想要的思绪也许能暂时清除一阵子，但随后它们会强力回归，或者演变成其他更为固执的思绪，或者建立起若干情感状态，不停地将这些思绪重新点燃。答案不是与思绪对抗，而是要学会由它去，然后回到练习当中。如果你因为自己这么容易就分心而生气，那就由着怒气去消散。

"禅学的长路，要有'任它去'的心念。"
（Austin，2009，p.48）

尽管各不相同，但所有的冥想方法都可以被方便地划分为两大类型：开放式或非引导式与集中式（Ornstein，1986；Wallace and Fisher，1991；Farthing，1992；Xu et al.，2014）；或者感受式与集中式（Austin，2009）；或者开放监测式与集中精力式（Lutz et al.，2008；Lippelt，Hommel，and Colzato，2014）。某些形式区分了主动和被动技巧（Newberg and D'Aguili，2001），但在我们看来，它们都有主动和被动的方面。有时候，同一传统会同时使用两种方式，甚至这两种方式出于不同目的而出现在同一节修习之中。长时间一心一意地集中精神很不容易，而这些不同的方法可以看作让其变得可能的若干不同的方式。

开放式冥想

开放式或感受式冥想，意思就是对发生的一切事物给予同等的注意，不管它是感受、感情还是思绪，但是不做回应。这通常是在睁眼或半睁眼的情况下完成的。

正念冥想是开放式冥想的一种形式，来源于佛教特别是默照禅的方法，意思是"只管打坐"。通过练习，这种对一切事物刻意、现时、不做评判的开放，会将我们引向所谓的无选择知觉、虚无知觉或虚无专注。

新加入的冥想者首先注意到的效果就是，这跟他们平常的心理状态有多么不同。他们"敏锐地认识到，人类与自身的体验常常是何等的脱节"（Varela，Thompson，and Rosch，1991，p.25）。但你如果已经在做本书中的练习了，你就不会"脱节"。虽然一开始没有那么明显，但现在你可能已经看到，它们如何建立了你的注意技能，并让你对自己的心理更加熟悉。的确，就连第一个问题——"我现在有意识吗？"——都是一种让自己摆脱干扰、进入正念的好办法。我们希望这个过程能够伴随你读完本书的剩余部分。

"任它来——任它在——任它去。"
（Crook，1990，p.160）

正念是一个直接而简单的技巧，但是很难做到。当思绪和干扰发生时，任务就是回归当下时刻,但如果当下时刻里全是腿上的痛苦、不快的记忆、自己跟自己或别人生气或者对未来愉悦的幻想,这也不容易。有一种解决的办法是,以超然的心态面对这些干扰:"任它来,任它在,任它去"。这就是英国心理学家和禅学大师 John Crook(1990)给禅修学生的三个忠告。

图 7.7 任它去,而非强行驱散。

"任它来"的意思是,任由思绪、情绪或感知生成而不加以阻止。"任它在"的意思,就是对之不做反应、强行驱散或判断其是非。"任它去"的意思是,任其自生自灭,不阻止、不参与(见图 7.7)。尽管正念主要是一个冥想技巧,但它是可以随时练习的;对于某些佛教徒来说,修行的目的就是在每个行为、清醒时光的每一刻甚至是睡眠当中保持正念。这意味着对干扰或欲念永不妥协,不念过往、不惧将来,并对一切事物始终保持专注性的开放心态。这是一种全然不同的生活方式。

专注冥想

专注冥想,意思是不受干扰地将注意集中到一件事情上,而不是对广阔的世界保持开放。在 20 世纪 60 年代早期的一个著名实验中,美国精神病理学家 Arthur Deikman 召集了一群朋友,让他们坐到一只蓝色花瓶前,并要求他们集中注意半小时,摈弃所有杂念、感知和干扰。实验效果十分惊人。花瓶看起来更生动、更丰富甚或是更明亮了。它动了起来,或者活过来了,而大家感觉自己跟花瓶融为一体了,或者所感知到它的形变也在自己体内发生了。这听起来像是每天的修习可能导致的对比度或分辨率增加的强化版本。Deikman 声称,随着我们生命的正常发展,我们学会了越来越多地参与思想和抽象分类。这让我们能够保存注意能量,用于更高级的生物学和心理学的生存目的。但它的副作用就是,我们的感知变得自动化了,而且索然无味。这个专注冥想所关注的练习效果就是"去自动化"(Deikman,1996,2000)。类似的效果也可以在摄入致幻剂 d– 麦角酰二乙基酰胺(d-lysergic acid diethylamide,LSD)后或在其他的意识改变状态中观察到（见第十三章）。通过冥想减少自动化并提高认知—情绪灵活性的机制可能包括：将思绪的链条整合成一个关联的流；将思绪的内容链条变得更为灵活多样；及/或为思绪链条创造新的路径（Fox et al., 2016）。

最常见的注意集中对象是呼吸。一种方法是数呼气次数数到10，然后再从1重新开始。这可以帮助你应对开放式冥想中常见的影响思绪的各种干扰，引导你每次只在漫长的思绪中迷失几分钟。如果你正在数着呼吸，你就更有可能注意到你数不清楚了，甚至还会记起你要去的地方。这可能既令人震惊又十分有用。另一种方法是，只观察和感受空气随着胸膛起伏而自然吸入和呼出的感觉。

有时会使用特殊的技巧来改变呼吸的频率或深浅、吸气与呼气的比例以及呼吸主要集中在胸部还是腹部。不同的呼吸模式可以对知觉产生强烈的效果，有证据表明，有经验的冥想者会本能地使用这些效果。例如，在吸气时瞳孔会放大，心率会加快，而脑干活动会增强，某些高级脑区的活动也会如此。呼气时情形相反。研究表明，有经验的冥想者花费更长的时间来缓慢呼气，并增加腹式呼吸。总体上，他们可以将呼吸的频率，从正常的每分钟12～20次减少到4～6次，而常常无须经过明确的训练甚或是意识到他们正在这样做（Austin, 1998）。有些冥想者会完全停止呼吸好多秒，而一个针对TM达人的研究表明，这些闭气阶段常常与"纯粹意识"或清醒的无思时刻相吻合（Farrow and Hebert, 1982; Forman, 1990, 1999; 见第十八章）。

真言是反复默念或吟诵的词语、短句或声音。思绪产生时，冥想者只需将注意转回真言上即可。真言在佛教、犹太教和印度瑜伽中都有使用，包括广为人知的"唵嘛呢叭咪吽"六字真言，它们的意思是"莲花中心的珍宝"。在基督教中，早期的沙漠教父们曾经反复默念 kyrie eleison（来自希腊语，意为"主啊，怜悯我们吧"），以帮助他们实现一种"无在、无意"的状态（West, 1987）。《未知之云》(*The Cloud of Unknowing*) 建议心中谨守一词，如上帝或爱，永无间离，以之为器，击碎浮云与黑暗，驱散诸般杂念，将其逐落于遗忘的云团之下，借以寻找上帝，达致完全的忘我境界（14世纪/2009, pp.24-25）。

TM的基础就是真言，新进学员会被分配一句"个人"真言。实际上，这种分配仅仅基于年龄，而且具体的词语很可能并不重要。的确，任何事情都可以用作专注的焦点，常见的"帮手"包括烛焰、鲜花、石头或是任何较小的物品。有些传统使用心理表象，其范围从简单的光明视觉到佛教中精心设计的可视化序列。

最后，在佛教禅宗教派中，特别是临济宗，修行者要着意于"公案"或

"话头"。这是一些问题或短小的故事，旨在用悖论、极性和模糊性来挑战智慧，迫使其进入一种开放的探询状态。有些冥想者一辈子都使用同样的公案，比如"我是谁？"的问题，或者韩式禅宗使用的"这是什么？"的问题（Batchelor，2001；也可参见第十八章第一节参看其他例证）。其他人则随着他们理解力的增长，经历一系列的公案。公案不是用来回答问题的，而是用来使用的。

这一大堆扑朔迷离的方法，都叫"冥想"，它们怎么才能帮助我们来理解意识呢？冥想对生理和心理健康的作用可能与这个问题有关，第十三章将回溯这个问题，但隐含的意义可能会更为深入。对任何一种方法进行长期练习之后，冥想者宣称放手容易多了，以前会产生干扰的思绪和情绪变成了只会出现和消失而没有响应的东西。最终，凭借警醒与正念的觉知，自我与他人、心理与内容之间的不同，就这样消失不见了。这被称作得证不二。

这真的可能吗？我们之所以会面临难题，就是因为这些同样的二元问题。所以，有可能超越它们的建议，的确应该引起意识科学的强烈兴趣。注意在这种超越中发挥着关键作用。

"苟非留意，吾其能查吾未留意否？"
（关于注意的公案）

注意，注意，注意

一名男子请14世纪的日本禅宗大师一休为他题写一些最具智慧的格言。一休写下"注意"二字。那人对此很不满意，央求再写。他就写了"注意。注意。"那人抱怨说，他没看出来那有什么深奥或机敏之处。于是一休又写道，"注意。注意。注意。"那人怒气冲冲地要求知道注意是什么意思，一休安详地回答："注意的意思就是注意。"（Kapleau，1980）。

你可能会对这些故事感到恼火。你可能会认为大脑引导其资源的方式与智慧无关。然而，有许多研究都与禅和其他冥想训练对大脑功能的影响有关，对注意的开发似乎可能是至关重要的。

最早的研究始于20世纪50年代，当时勇敢的研究人员将笨重的脑电图设备带到印度瑜伽师的修习所在的山洞中，然后敲钹、闪灯，并将瑜伽师的双脚浸入冷水中，同时记录他们的脑电波（Bagchi and Wenger，1957）。瑜伽师没有被这些暴力的侵扰所干扰，而有一段时间，这似乎证实了他们的集中冥想与一群日本修行达人的公开冥想之间的区别，后者似乎对声音和灯光保持着警觉，没有习惯的迹象（Kasamatsu and Hirai，1966）。悲哀的是，这个简单的画面没有被随后的冲突性结果和假设所证实（Fenwick，1987；West，1987）；又过了许多年，对冥想的神经科学研究才开始有所进展，在功能连接性变化、注意转移和默认模式网络变化方面有所发现。

James Austin 是一位美国神经学家，他在日本接受过广泛的禅宗训练，自那以后就开始探索禅与大脑之间的关系。评估过数不清的研究之后，他总结说，两种主要的冥想方式——集中式与感受式——对大脑中的两个主要的注意系统中的一个或另一个进行了不同的训练，这两个系统分别是协调有目的的、随意的或高级注意的背侧注意系统，以及控制警觉、戒备与非随意注意的腹侧注意系统（Austin，1998，2009）。此外他还声称，背侧系统自上而下的技能相对比较容易获得，可在针对新手冥想者的短期研究中见到；而"高级冥想者可能会缓慢开发更为'开放的'冥想风格，并进行一系列微妙、全面、更加自下而上的感受式练习"（Austin，2009，p.43）。

Antoine Lutz 在威斯康星-麦迪逊大学进行的神经现象学研究也得出了类似的结论。他的小组发现，集中冥想涉及对相关神经系统的训练，包括冲突监测（比如，背部前扣带皮层和背外侧前额叶皮层）、选择性注意（比如，颞顶叶交界、腹外侧前额叶皮层、额叶眼动区和顶内沟）以及持续性注意（比如，右侧额叶、顶叶以及丘脑）。相对的，开放式冥想不涉及一个明确的注意焦点，所以应该依赖涉及监测、警惕和让注意脱离干扰刺激物的大脑区域（Lutz et al.，2008；见图7.8）。

后来的实验在新手和资深冥想者中，对正念自我感知（带有感情和感觉方面的提示，如"感受你自己"）和自我指涉思考（带有思考引导："反映一下你是谁"）进行了比较。在自我感知组里，他们发现，与心智游移（mind wandering）和默认模式网络（default mode network，DMN）相关的前额叶和楔前叶失去了活力，特别是在长期冥想者

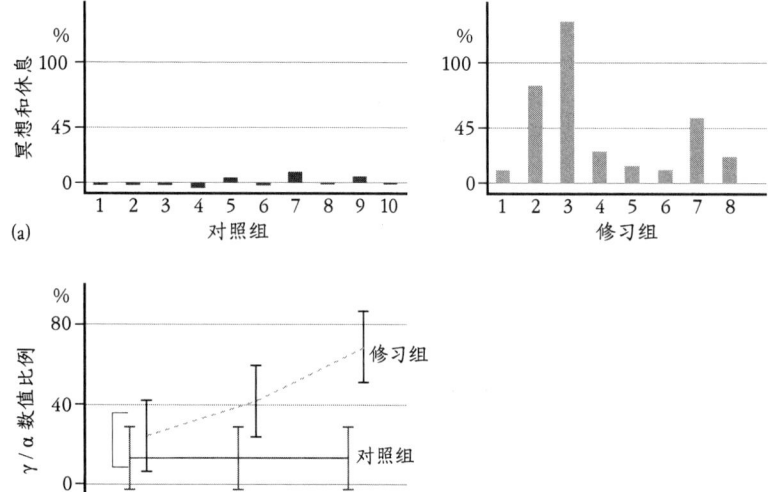

图 7.8 （a）γ波（25～42赫兹）与缓慢振荡（4～13赫兹）之比在慈悲冥想期间，在个体内所有电极处平均分布。X轴代表参与者编号；Y轴代表起始状态与冥想状态之间的平均比例差。（b）在该比例下，不同组（修习组、对照组）与不同状态（初始基线、持续基线和冥想状态）之间明显的互动。冥想期间相应的γ波增强高于冥想后阶段。在初始基线上，修习者的相对γ值已经高于对照组，并与长期修习者的冥想训练长度相关（from Lutz et al.，2008）。

中,并且在两组中都发现,与躯体感觉注意相关的区域得到了更大的激活(J. Lutz,2016,pp.21-34)。许多后续的实验支持这一区别,证实了一个提法,即集中和开放的冥想会分别针对目标持续性和认知灵活性,进行相应的偏见加工(比如 Colzato et al.,2016)。

更普遍地讲,不断积累的证据表明,冥想和自我报告的正念增强了加工速度和认知灵活性,并降低了对认知干扰的敏感性(Moore and Malinowski,2009)。例如,德国心理学家 Peter Malinowski(2013)评估了一些证据,表明冥想训练可以提高注意资源的使用效率和灵活性。许多冥想和注意研究都使用了"Stroop 词-色任务",实验参与者需要指明所显示字词中的字符颜色。通常,如果出现冲突(比如"红色"一词用绿色显示),人们的反应会放缓,或者如果被迫加快反应速度会犯更多的错。人们发现冥想者比非冥想者在这个任务中的表现好得多,哪怕是短期的正念训练课,也能带来变化。这表明,冥想减少了自动化,因此改善了注意控制。在某个研究中,给参与者一粒葡萄干吃。那些接受过简短指导、知道该如何监测自己的进食感觉体验的人,更善于在目标导向的任务中发现意外的干扰因素(Schofield,Creswell,and Denson,2015)。有趣的是,尽管正念经常被推荐用来对抗压力的影响,但在这个实验中,它却没有对"认知枯竭"提供任何保护作用。无论吃葡萄干的训练如何,在困难的写作任务中被认知耗尽的人更有可能加工干扰因素的感知细节,而不是回到手头的任务中。

冥想研究也越来越关注静息心灵活动。2001 年,神经科学家 Marcus Raichle 及其同事正在进行一系列要求参与者集中精力完成一项要求很高的任务的实验。此类实验通常都会使用一个静息状态作为对照,并假设这很无趣,但 Raichle 注意到,在这次任务中,皮层中的某些区域内的活动减少了,然后在两次任务之间又再次增加。似乎存在一种"有组织的、基线默认模式的大脑功能,在特定的目标导向行为中被暂停"(Raichle,2001,p.676)。他们就这样偶然发现了他们命名的"默认模式"。

默认模式网络[见图 7.9(彩)]在人处于清醒状态、但没有聚焦于特定任务时十分活跃,比如在心智游移或者做白日梦的时候。心智游移,或称"任务无关思维",倾向于包含对自身及其他人的思考,并记起过往或想象未来。这个网络的活动与大脑其他网络是负相关的,尤其是那些与集中注意有关的网络。主要的默认模式网络枢纽包括后扣带皮层(PCC)和内侧前额叶皮层(mPFC)。在不需要专注于任务特定活动时,后扣带皮层被认为参与了对外部和内部环境的持续广泛的采样。内侧前额叶皮层在调节情绪信息的内脏和运动方面起着重要作用，并且像后扣带皮层一样，与内省加工相关联，当注意向外引导时，内省加工会减少（Broyd et al., 2009）。默认模式网络在正常的人类发育过程中得到加强，但各种形式的冥想可以减少其激活和连接，包括在后扣带皮层、颞顶交界处和楔前叶等区域带来结构变化（Brewer et al., 2011；Fox et al., 2014）。相反，鼓励心智游移的非指导性冥想表明，默认模式网络的激活得到了加强（Xu et al., 2014）。

默认模式网络的概念让"心智游移"成了一个时髦话题，所以我们现在知道了，主要任务要求与心智游移之间的干扰并不像它最初出现时那么简单（Thomson, Besner, and Smilek, 2013），在涉及默认和执行网络区域的合作时，这种心智游移似乎很独一无二，而这些区域通常会是相反的（Christoff et al., 2009）。另一个变得越来越重要的概念是内感知注意（interoceptive attention），或是对与消化、血流、呼吸和本体感受有关的身体感觉的注意，这被认为对正念冥想至关重要。有一项研究使用了脑部成像，试图根据激活模式的微妙不同来区分冥想者和非冥想者。在39名参与者中，对37人的判断成功了（Sato et al., 2012）。区分过程中信息最为丰富的若干区域参与了对身体感觉的觉察与识别（另请参见 Manuello et al., 2016）。

总之，这一类研究的结果表明，冥想可以在大脑对身体和世界的全脑反应中带来相当深刻的变化，而我们所谓的注意对于这个过程而言一定至关重要。

> "（关于选择性关注）的主观直觉与实验证据并不吻合，而且事实上跟它们相矛盾。"
> （Rizzolatti et al., 1994, p.231）

这项研究能否进一步发展，并开始建立跨越解释性差距或巨大鸿沟的桥梁呢？丘奇兰德夫妇辩称，在过去几个世纪里，人们费尽气力才搞明白了，光真是电磁波或者热是一种动能，现在这看起来显而易见。他们说，今天的学生们已经认为抑郁、成瘾和学习是脑部状态的变化了，而随着老一代人的离去，人们将来就会接受一个概念：主观体验只不过是一种脑部活动的模式罢了（in Blackmore, 2005）。未来那些从干扰转向开放觉察的冥想者们能不能想象甚至觉得这是背侧注意系统退出、腹侧非自我中心系统介入的结果？如果可以，主观和客观似乎就不再那么彼此远离了。但也许这个等式的客观方面不仅涉及大脑活动，还涉及身体的其他部分以及外部世界。

注意是这些大脑－心灵－世界联系的核心，注意的变化可能是人们花费大量时间和精力修习冥想的最深刻的原因。这不是为了获得可衡量的东西，也不是为了达到暂时的意识状态，也不是为了减轻压力。相反，它可能会与以不同的方式感知并存在于世界当中有关。他们可能做好了面对新的压力和艰苦工作的准备，以便看透一些关于意识的常见错觉并清醒过来。

本章研究了大量有关注意及其作用的理论。我们看到了，注意可以被非自愿地抓取或刻意控制，并且两者都与眼动和行动准备密切相关；我们研究了系统训练对注意的影响；我们质询了注意是否会改变有意识体验的质量，还有我们是否能真正确定意识与注意之间的分界线。但所有这些仍然给我们留下了一个关于意识作用的早期问题。

我们可能感觉，是我们有意识地选择了要将自己的注意置于何处的，但这个事实并不意味着意识真的可以发挥因果作用：例如，有意识行动的感觉也许是大脑选择性引导注意的一个副产品或滞后效应。回到那个有人进屋的例子上来，也许你感觉像是首先体验到了干扰的视觉或者声音，然后才有意识地决定转头去看的，但我们已经指出了，顺序很可能是相反的。第九章会谈到一个观点，即意识是要花些时间才能建立起来的，以及它对我们的感觉主体有什么意义（如果有的话）。但首先，我们将在第八章中探索，有意识和无意识地做事会有什么不同。

"没人知道注意是什么……甚至就不存在一个我们想要了解的'它'。"

（Pashler，1998，p.1）

 ## 阅读文献

Lavie, N. (2007). Attention and consciousness. In M. Velmans and S. Schneider (Eds), *The Blackwell companion to consciousness* (pp. 489-503). Oxford: Blackwell.

关于早期/晚期选择的辩论和知觉负载理论的概述，强调直接而非间接措施，带有变化视盲和非注意视盲的插图。

Malinowski, P. (2013). Neural mechanisms of attentional control in mindfulness meditation. *Frontiers in Neuroscience, 7*, article 8.

冥想如何影响注意的神经科学。

Manuello, J., Vercelli, U., Nani, A., Costa, T., and Cauda, F. (2016). Mindfulness meditation and consciousness: An integrative neuroscientific perspective. *Consciousness and Cognition, 40*, 67-78.

意识与冥想的（神经）科学研究的现在与未来。

Shear, J., and Jevning, R. (1999). Pure consciousness: Scientific exploration of meditation techniques. *Journal of Consciousness Studies,* 6(23), 189-210. Response: Nixon, G. (1999). A "hermeneutic objection": Language and the inner view. *JCS,* 6(23), 257-269 (also includes response to response: Shear, J. (1999). Reply to Nixon on meditation). Reprinted in Varela and Shear (1999), pp. 189-209, 257-269.

关于冥想可以为意识研究提供什么（如果有）的辩论。

Stazicker, J. (2011). Attention, visual consciousness and indeterminacy. *Mind & Language*, 26(2), 156-184.

对注意和视觉意识混淆的哲学批评（包括布洛克的 P／A 区别），认为视觉不确定性有助于我们思考注意的作用。

Watzl, S. (2011). The nature of attention. *Philosophical Compass*, 6(11), 842-853.

对注意理论从直觉概念到科学叙述进行了分类。[伴读作品：The Philosophical significance of attention（Philosophical Compass，10，722-733，扩展了注意和意识之间的关系。）]

第八章

有意识和无意识

"无意识的力量",这句常见的短语反映了一种流行的观点,即我们的思想是一分为二的。我们不仅在直觉上将灵与肉区分开,还将心灵本身分成了好几块。"无意识"这部分有时候被赋予了神奇的力量,而有意识的头脑则被嘲笑为更加理性并受到限制。我们可能会被催促释放无意识的潜力,或是倾听我们无意识思维深处冒出来的念头。相反的情形也会发生:我们可能觉得让我们之所以为人的,就是我们依靠理性战胜动物本能或者不让情感冲昏头脑的能力。

有意识和无意识的区别经常被拿来与心灵和肉体的区别做对比:我们倾向于谈论有意识过程,深入其中会让我们感到具有完全的洞察力,就像心理过程("我对此思考良多""我知道这一步没走好");还有无意识加工,在我们看来依然模糊不清,如同具身认知("我对此有种直觉""他让我头皮发麻""这整个的想法感觉就是错的")。

头脑被分为好几部分的概念,可以远溯至早期的印度教经文或者古埃及对睡眠与梦境的信仰。还有柏拉图,他给了灵魂三个组成部分:理性、精神和食欲,各有其目的和能力(Frankish and Evans,2009)。这一概念再次出现,是在18世纪的西方哲学和西方文化中,例如莎士比亚和柯勒律治以及20世纪早期的精神分析中。通常,"最高"能力(比如理性)被认为与身体分离,而本能则被理解为一种基础,一个将我们与其他动物联系起来的身体功能。

> 噢,心灵!内有山川;崖岸峻险
> 可怕、纯粹、无人攀缘。令人目眩
> 唯愿永生无须在此留连。渺小我辈
> 无须奢望征服,强自登攀。够啦!懦夫
> 软蛋,煦风熏熏,裹足不前:可叹
> 生死皆有涯,沉睡通彼岸。
>
> ——杰拉尔德·曼利·霍普金斯(Gerald Manley Hopkins)
> 选自《没有更糟,没有》(*No worse, there is none*,1885)

慢慢地,焦点由头脑的各个部分转向了它们的机制,以及如何区分发生在同一大脑内部的加工类型。这至少可以追溯到赫尔姆霍兹的无意识推理(unconscious inference)概念,威廉·詹姆斯的关联推理(associative reason)和真实推理(true reason),以及更近一些的针对阈下知觉(subliminal perception)、无意识加工(unconscious processing)和"双过程理论(dual-process theories)"的争议。这些理论形式各异,应用于记忆、学习或者决策中,但多数都认为其中有一个过程是迅速、自动、不灵活、不费劲而且依赖于场景的,而另一个则缓慢、受控、灵活、费力,需要工作记忆,并独立于场景之外。这两种过程可以很容易地将无意识和有意识的过程区分开。

类似的区别在哲学史和心理学史上一再被发现或被发明的事实,让有些人相信,"这反映了所有这些作者的研究对象的共同本质:人的心理"(Frankish and Evans,2009,p.2)。换句话说,这种区别很常见,因为它是成立的。

当然,意识研究经常想当然。例如,一条关于"意识内容"的百科词条这样写道:"人类拥有的所有心理状态中,只有部分是有意识的状态。在人类加工过的所有信息当中[……],只有部分是被有意识地加工的"(Siegel,2009,p.189)。看起来真是再明显不过了!

但这正确吗?还是说这又是一个强烈的直觉引导我们走上歧途的例子?另一种想法是,这要是不成立,又是我们头脑里的什么东西把我们引向了这一区别。

问题是这样的——有意识和无意识加工之间的区别会是什么呢?它们要依

赖大脑中的不同网络吗？是不是有一些可以产生感受质而另一些不会？有一些可以引发熟练行为，而有一些则不能？难题会不会只适用于某些过程而非另一些？如果是这样，为什么？除非我们有了一个可行的意识理论，这个明显的自然区别暗示了一种我们可以称为"神奇的区别"的东西。

为了探索这些问题，我们就要首先考虑知觉，其次是行为，最后是知觉和行为以及意识和无意识是如何在直觉与创造力的现象中融为一体的。

无意识知觉

假设你正坐着吃晚饭，一边跟朋友们聊天，对角落里微波炉的哼鸣声一无所觉——直到它停下来为止。突然间，你意识到它一直在哼鸣。直到它安静下来时，你才意识到了它的噪声。

这种简单的日常现象看起来很奇怪，因为——如同本章后面讨论的更为极端的失认症与视盲现象——它暗示感知是不需要意识的。它暗示在整个过程中，你一定是通过某种无意识的方式听到那种噪声了。它挑战了那个简单化的概念，即感知暗示或者需要意识，而"我"必须知道自己的大脑正在感知什么（Merikle，Smilek，and Eastwood，2001）。

无意识[或内隐（implicit）、阈下（subliminal）]知觉现象，从心理学的发端之时就为我们所知。例如，在19世纪80年代，Charles Peirce 和 Joseph Jastrow（1885）进行了一项研究，如何通过判断秤杆末端在食指或中指上施加的压力，来区分不同的重量。如果两者过于接近，他们就失去了将两者区分开的信心，只能猜测，而出乎他们意料的是，他们猜中的概率很高。这是对无意识知觉最早的演示活动之一。在差不多同一时期，另一位美国心理学家 Boris Sidis（1898），也是威廉·詹姆斯的朋友，从极远处向志愿者出示字母或数字卡片，他们几乎都看不见，更别说辨认了。然而，当他让他们猜测时，他们猜中率也很高。在两个例子中，人们都否认有意识地探测到了什么，但他们的行为表明他们的确探测到了。

Sidis 总结说，他的测试结果表明"在我们体内存在一个次要的潜意识自我，它可以感知占主导的清醒自我无法感知的东西"（Sidis，1898，p.171）。正如丹·韦格纳（Wegner，2005）所指出的，这种"阈下自我"的概念暗示了另一个自我的存在：一个真实或有意识的自我有能力进行缜密思考并能自由采取自愿行为。他声称这是一个陷阱，心理学仍然会掉进去。无论何时，只要谈起自

"即便到现在，无意识知觉的现实已经毫无疑义地得到确认了……但还是存在几乎不可动摇的抵制。"
（Dixon，1971，p.181）

动化行为、无意识加工或者阈下效应，就会与有意识过程有某种暗藏的对比，然而这一切还都完全不可解释。他甚至指出，"心理学对某种有意识自我的持续依赖让它有了成为一门科学的嫌疑"（Wegner，2005，p.22）。

即便我们反对 Sidis 的两个自我的概念，他的测试结果还是很清楚地显示出了无意识知觉。然而，对这一可能性的反对从一开始就很强烈，并且持续了将近一个世纪（Dixon，1971；Dijksterhuis，Aarts，and Smith，2005）。

在早期实验中，有意识知觉是通过人们所说的内容来进行定义的。这符合通常的直觉，即我们每个人是自我意识的最终仲裁员：如果我们说我们对什么事物有意识或者无意识，（除非我们是故意撒谎）我们就是那样感觉的。然而，这种直觉是有问题的，原因有几个。

一个问题是，人们会不会说他们有意识地看见（或听见或感觉到）什么事物取决于他们有多么小心谨慎。这一点随着信号检测理论的发展到 20 世纪中期就变得越来越清楚了。

这一数学理论要求用两个变量来解释人们是如何探测类似声音、闪光或光线这样的事物或者是皮肤上的触感的。一个变量是 d'，即人的辨别力（他们的视力有多敏锐，听力有多准确）；另一个是 $β$，就是他们的响应标准（他们不确定时，在多大程度上愿意说"对，我看见了"）。这两者可以彼此独立变化（见图8.1）。

这里最为相关的是，人们可以在自己没有意识到的情况下，凭借完全相同的辨别力而应用不同的标准。例如，如果对探测闪光设置一种经济激励并且对假阳性结果不做惩罚，那么多数人会设定一个非常松懈的标准；但如果没有闪光而说出"我看见了"会让他们丢脸或输钱，他们设定的标准就高出了很多。

这意味着不存在固定的阈值（或底线）来将"真正看到"或"真正经历"的事物与那些没有被真正看到或经历的事物区分开。它再一次暗示了事物明确处于意识"之内"或"之外"这一观念的难点，而这让阈下知觉和阈上知觉的概念变得更为复杂。有人就

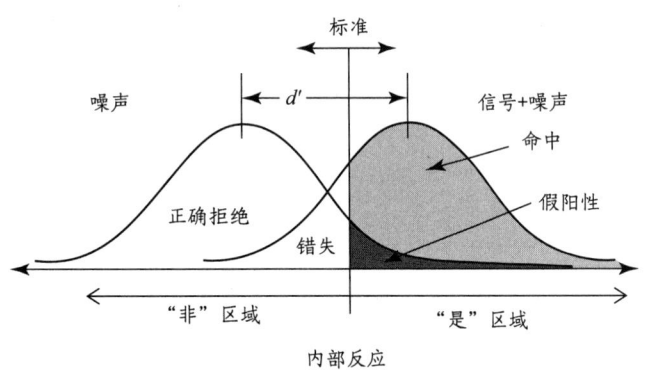

图 8.1 信号检测理论显示了如何测量隐藏在噪声里的信号的能力，比如当我们想要听清一个音调或者看清一个短暂闪烁的词语或字母时，并代替固定阈值的概念。左边的曲线代表只有噪声，而右边的曲线代表噪声加上信号，而任务是判断信号是否真实存在。一个人的标准可能会游移，即便他们的辨别力（d'）并未如此。曲线之下的区域显示了命中、错失、正确拒绝和假阳性。

曾声称要完全摒弃"阈下"的说法，以便照顾"内隐"或"无意识"的概念，但这也没有真正解决问题，大体上这个概念还是保留下来了。

练习 8.1
我这样做是有意识的吗？

每天，尽可能多次地问自己，"我这样做是有意识的吗？"
你也许会起床，穿上一件T恤衫，拿起牙刷或者做出任何小小的举动。在做完任何小举动之后，就向自己提问。
提问本身会产生什么不同吗？

另一个问题则源于行为主义者对口头报告的怀疑，其中一些人想要得到比人们所说的内容更为可靠、更为"客观"的意识测量。但这是一个令人好奇的概念。一方面，通过说或写来进行口头汇报，是一种与按动按钮或用手指同样客观的行为。出于这个原因，我们不会像某些作者那样，将口头报告称为"主观措施"。但另一方面，如果把所有的客观辨别措施都视为有意识知觉的证据，那么无意识知觉的证据似乎就被排除在外了（Kihlstrom，1996）。换言之，这一举动将从定义上排除一个概念，即人们也许能够通过自身的行为来证实自己探测到了嘴上说没有意识到的刺激。

尽管有此困惑，在20世纪七八十年代，这些反对意见还是推动了研究方法和理论两方面的进步。基本要求是，要证明两种测量之间没有关联：一种"直接"的测量用来显示有意识知觉；还有一种"间接"测量用来显示无意识知觉。英国心理学家Tony Marcel（1983）采用了语义启动的方法，在此方法中，一个词语（启动项）影响了对第二个词语（目标）的响应。例如，如果启动项和目标词语语义上相关（比如医生与护士），辨认目标就比较快。Marcel通过在启动项后立即闪烁一个视觉掩蔽，来让它们变得不可探测，然而语义启动还是出现了。这似乎意味着，人们的词语辨认受到了他们未曾看见的启动项的影响：当被问到一个词语先前是否在目标词语前显示过，或者被要求猜测掩蔽词语是什么的时候，他们的口头响应很清楚，他们对这个词语的出现没有知觉。其他种类的掩蔽启动也得到使用，但冲突接踵而至，因为尽管一部分人成功地复制了这些效应，其他的人却没做到。

这种冲突在加拿大心理学家James Cheesman和Philip Merikle（1984，1986）

提出了所谓的"客观阈值"和"主观阈值"之间的区别之后得到了解决。客观阈值被定义为"感知信息在机会水平上被实际区分的检测水平",而主观阈值则是"受试者声称不能以高于机会水平区分感知信息的检测水平"(1984,p.391)。后者自然要比前者高一些。

Cheesman 和 Merikle 使用了 Stroop 启动项任务,参与者必须在被一个颜色单词启动后的一定时间内命名一个颜色。语义一致的颜色单词减少了反应时,但不一致的则增加了反应时(Stroop 效应)。问题是,如果启动项的展示时间短到几乎不可探测,它会不会对反应时产生影响。Cheesman 和 Merikle 使用一种可靠的四替代方案强制选择流程(four-alternative forced-choice procedure)测量了参与者的客观阈值,并要求他们判断自己区分单词的能力,以此来测量他们的主观阈值。当启动项和掩蔽项之间的时长低于主观阈值时,他们发现了启动效应(即无意识知觉的证据),但当其低于客观阈值时则完全没有。

他们的结论是,无意识知觉主要发生在信息展示时间低于主观阈值但高于客观阈值的时候。然后他们就能说明,先前的实验把两者搞混了,有些测量的是前一个值,有些测的是后一个。我们可以从这个实验中总结出,客观阈值才是那个在它之下任何刺激都不会有任何效应的水平值;但在其之上还有一个水平值,此时刺激物可以发生作用,但被刺激的人会否认对它有意识。

许多这类实验使用单词作为刺激物,并暗示了无意识语义分析的可能性。这种可能性已被争论了一个世纪甚至更长的时间;对于一个人能从他否认看过的刺激中获知多少意义,一直存在很多争议。心理学家 John Kihlstrom 总结说:"关于阈下刺激,普遍的原则好像是刺激物离开(即低于)主观阈值越远,它就越不可能成为语义分析的目标"(Kihlstrom,1996,pp.38-39)。这只是说明刺激值高于或低于不同阈值时,其效应会发生变化的一个例子。

如果我们认为所有的过程必须不是有意识就是无意识的,那么这个双阈值的概念就给我们造成了困难。我们也可以更进一步提议,如果人类行为由多个平行系统控制,没有内部控制器也没有中心自我发号施令,我们也许就应该期望发现,不同的系统对许多不同的阈值都会做出响应,而不仅仅是两个。因此,当我们思考隐性、无意识或阈下加工时,必须记住可能存在多种阈值,而它们没有一个是固定或者不变的。

对阈下的迷恋和恐惧,在 1957 年发生了广受欢迎的转折。那时,James Vicary 宣布,通过在电影放映当中非常短暂地闪现"喝可口可乐"或者"饿了?就吃爆米花"的信息,极大地增加了可乐和爆米花的销量。Vicary 的研究看似一场广告骗局，但许多人仍对阈下广告的力量充满恐惧。阈下信息可能有较小的效应。例如，用品牌名称来启发又饿又渴的参与者会影响他们饮用特定品牌饮料的意愿（Karremans，Stroebe，and Claus，2006）。然而，针对实际行为的效果似乎很微弱（Dijksterhuis，Aarts，and Smith，2005）。

有一个概念也很流行，即阈下自助计划可以减少焦虑，提升自尊、健康和记忆力，或者帮助人们戒烟或减肥。用来在你睡觉、工作或玩游戏时插入阈下信息的软件已经上市了。有证据表明，安慰剂效应取决于标签上描述的内容，而不是包装里有什么；这就能解释清楚了，为什么人们会不断地购买商品，却没有证据表明是信息本身产生了影响。Merikle 总结说："就是没有证据能证明经常收听阈下音频自助录音带或者经常观看阈下视频自助录影带是一种解决问题或提高技能的有效方法"（Merikle，2000，p.499）。

"阈下自助信息根本没有任何作用。"
（Dijksterhuis，Aarts，and Smith，2005，p.77）

知觉阈值的问题在麻醉情形中变得十分重要。在普通医学实践中，在每 2000 个患者中，会有一个在全身麻醉时遇到给药错误或监控不当，因而在麻醉期间体验到了某种知觉。在最糟糕的情形中，患者会体验到剧烈的疼痛和恐惧，却无法告知自身状态。这有点像锁闭综合征，但至少是暂时的。"意外的术中意识"有极大的可能曾长期遭到否认，但对麻醉的四种独立功能——麻痹、疼痛麻木、失忆与意识丧失——的深入理解意味着它现在已经被普遍接受，科学界为此付出巨大努力来防止这种情形的发生。

麻醉状态下的无响应和失忆不一定等同于无意识（Alkire，Hudetz，and Tononi，2008）。在一项针对全麻患者的有争议的研究中，发现了一种令人不安的影响（Levinson，1965）。在一次真正的手术中，设计了一起模拟危机，实验者大声宣读一份声明，大意是患者脸色变青了，需要更多的氧气。一个月以后，10 位患者被催眠，然后问他们是否记得手术中有什么事情发生。10 个人中的 4 个几乎是一字不差地记得那个声明，另有 4 个人记得它的部分内容。这让人联想起人们无意识地受到手术室恐怖场景影响的画面。

但一般情况下，全麻状态下的无意识加工是可以探测到的，但效果很微弱。例如，对麻醉状态下所呈现信息的明确记忆只有在 36 小时之内能检出，且对术后恢复作用甚微或没有作用，而启动效应取决于所使用的特定麻醉剂（Merikle and Daneman，1996；Kihlstrom and Cork，2007）。

有一种奇妙的技法，会在为患者注射麻醉剂之前，先给他的前臂缠上止血带。这意味着手没有麻痹，而患者有时可以通过手势进行交流，尽管他们事后否认曾经清醒过："因而回顾性遗忘不是无意识的证据"（Alkire，Hudetz，and

Tononi，2008，p.877）。人们很容易相信，行为无反应与平坦的 EEG（脑死亡的标准之一）曲线之间有一个关键点，"意识一定是从那里消失的"。但是 EEG 指数有时候也会生成错误的结果，比如在使用隔离前臂的技法时。"要么是 EEG 对于催生意识的神经过程还不够敏感，要么是我们还没有完全理解要找的东西"（p.877）。

> "要么是 EEG 对于催生意识的神经过程还不够敏感，要么是我们还没有完全理解要找的东西。"
> （Alkire，Hudetz，and Tononi，2008，p.877）

情绪效应与社会效应

一些最极端的无意识知觉实验涉及情绪效应。众所周知，人都喜欢熟悉的事物——包括他们曾经看过的简单影像，这就是"曝光效应（more-exposure effect）"；也许令人惊讶的是它对阈下刺激也有作用。在一项著名的研究中（Kunst-Wilson and Zajonc，1980），给参与者展示了一些无意义的形状，因为时间太短，没有人报告看见过这些形状。研究者用两种方式对他们的反应做了测量。在一项辨认任务中，参与者必须选出以前展示过的两个形状。他们做不到，于是就随机回答（50% 的正确率）。接下来，问他们在两个之中喜欢哪一个，这一次他们有 60% 的比例选择了自己见过的那一个。这个例子很好地证明了两种不同的客观的意识测量没有一个是对"意识内容"的直接口头汇报，可能导致不同的答案。

想要问清楚是哪一种测量方式揭示了参与者对其真正有意识的事，这个想法实在诱人。对于笛卡尔唯物主义者来说，这个问题就很自然，他们相信答案一定存在：不在意识之内，就在意识之外。还有一种观念反对这种分别，认为某人对某事有无意识不存在绝对"正确"的测量；只有不同的加工、源自或伴随这些加工的不同反应，以及测量它们的不同方式。在这个观点里，"我对什么真的有意识？"这个问题没有答案。

在后来的实验中，参与者要依据自己所认为的每一个字是代表了"好"还是"坏"的概念，来给一系列不熟悉的中国象形文字打分（Murphy and Zajonc，1993）。一个小组的参与者在每个象形文字之前，都会看到一张持续一秒的笑脸或哭脸。他们被告知要忽略那些面孔，仅把注意集中在给象形文字打分上。第二组则仅被显示了 4 毫秒的面孔，实在太短了，无法看到。令人震惊的结果是，第一组成功地忽略了那些面孔，但第二组受到了他们号称没看到的面孔的影响。如果不可见的面孔在微笑，他们就更有可能把象形文字评为"好"。

> "对于无意识或前意识认知过程的作用，至今仍无统一意见。"
> （Merikle，2007，p.512）

出了实验室，这样的效应可能已经渗入我们复杂的社交世界，因为我们会无意识地模仿他人的面部表情、礼节、情绪和声调，或是对人做出自发的判断而不明原因。许多这一类判断依赖那些难以隐藏并被快速精准解读的情绪信号（Choi，Gray，and Ambady，2005）。然而，其他的"内隐印象"就不那么可靠了。比如把具有独特体格特征的人的照片与积极或消极事件进行配对时，会影响对具有相同体格特征的其他人的后续响应。如果陌生人与你所爱的人相像，你会更善待他们。还有自发特质转移（spontaneous trait tranference）现象，在这个现象中，被描述人的特征会转移给做出描述的人。例如，如果你描述某人善良而聪明，或是残酷而邪恶，听者可能就会无意识地将这些特点放到你身上（Uleman，Blader，and Todorov，2005），这意味着恶意八卦的"回旋镖效应"。

在无意识或者内隐感知时，大脑里发生了什么？研究表明，积极和消极面孔都可以在杏仁核激活过程中引发显著变化，就算他们不曾有意识地感知到刺激（William et al.，2004）。Moutoussis 和 Zeki（2002）使用分视色彩融合法让双眼看到的脸部和房屋刺激消失不见，显示出相关的大脑区域（分别是梭状回面孔区和海马旁回）即便没有感知到刺激，也处于激活状态，只是可能不如之前强烈。这一发现可以用两种非常不一样的方法解读。也许在某种活动水平上，刺激变得有意识了；而另一种可能性就是，在那个水平上，活动开始在大脑和身体内部产生其他效应。

Stanislas Denaene 及其同事使用 ERP（事件相关电位）和 fMRI 来调查，用经过掩蔽的数字做快到看不见的极短展示是怎样帮助后续的相关数字加工的，通过按动反应键的速度来表示。他们发现运动区和感觉区都有激活，说明存在对启动器的内隐反应，不能被可靠地报告或区分。他们总结说，"感知、语义和运动的加工通路可以因此无知觉地生成"（Dehaene et al.，1998，p.597）。这让人联想起威廉·詹姆斯的那句争论，"每一个闯入输入神经的印象，都会让之后的输出神经产生某种放电，无论我们对此是否有知觉"（James，1890，ii，p.372）。

这将我们带回了麻烦的"神奇区别"和对意识的神经关联的追猎。如果每个印象都在大脑里产生了影响，那么我们对其有知觉和没知觉的印象之间又有什么分别呢？在下面的内容里，我们将面临一个类似的问题，因为它适用于有意识和无意识行为之间的差异。

有意识与无意识行为

毫无疑问，我们好像做有些事的时候有意识，做别的事则无意识；还有一些事有时有意识，有时无意识。以此为基础，我们可以按照自己直觉的建议，将行为分为五种不同的类型。

1. **总是无意识**。我能有意识地动一动脚趾头或者唱首歌，但我不能有意识地让自己的头发生长，或者提高我的血糖水平。依赖大脑之外神经连接的脊髓反射总是无意识的，而大部分的视觉运动控制进行得太快，意识根本就无法发挥作用。

2. **通常无意识**。一些通常在无意识中进行的行为可以通过提供对其效果的反馈或"生物反馈"，来进行有意识的控制。比如，如果提供了一个视觉或听觉显示来表示你听到的节奏是快了还是慢了、你的左手比右手热或者你的手心出了更多的汗，你就能学会控制这些变量，即便可能导致这些变化的明显行为（好比双手紧握或者上蹿下跳）被制止了。这种感觉有点奇怪。你知道你能做到，感觉尽在掌控之中，但你不知道你是如何做到的。这应该提醒我们，我们所做的多数事情都是这样的。我们可能会有意识地打开门，但不知道转动门把手的那些复杂的肌肉活动是如何进行协调的。整个行为感觉上是有意识地完成了，但细节仍然是无意识的。

3. **最开始有意识**。许多熟练行为最初都是通过许多有意识地努力学习而来的，但经过练习会变得容易、顺畅。生物反馈能让行为变得有意识可控，而自动化则正相反。你刚开始学骑自行车时，可能会极其有意识地集中精力。学习任何运动技能都是这样，无论是滑轮滑、滑雪、使用鼠标或键盘，还是学习瑜伽动作或太极拳。在完全自动化之后，有意识地关注甚至会变得适得其反，让你摔下自行车，甚至连正常行走都十分费力。

4. **要么有意识，要么无意识**。许多行为一旦熟练掌握，就能以任何一种方式完成。有时候，作者苏珊会无比正念地泡一杯茶，但更常见的情况是，她会发现自己在烧开水，热好茶壶，找到牛奶，泡好茶，然后端着杯子回到书房的过程中，显然没有意识到任何行为。比如我们在第七章里学到过，通过正念来改变注意的品质，是对抗自动化行为和自动化知觉的有力方式。经典的例子就是无意识驾驶现象（见第五章）。在这里，我们正确地做出了详细、复杂而且有可能事关生命的决定，却没有任何明显的意识知觉。

5. **总是有意识？** 最后，有一些行为似乎永远都要有意识才能完成。例如，当我努力回忆一个怎么也想不起来的名字或者陌生城市里的一条路时，好像就得有意识地竭尽全力；而一个熟悉的名字就会毫不费力地脱口而出。当我必须做出一个艰难的道义决定或创作一首诗时，我感觉自己比在决定穿什么衣服的时候要有意识得多。真的很想说，这种思考、决定或创作过程需要意识。

那么难点就来了。如果同样的行为在一种情形下是有意识完成的，而在另一种情形下是无意识做出的，区别在哪里呢？显然，有一种现象上的区别——它们感觉上不同——但是为什么呢？

我们必须避免仓促得出没有根据的结论。例如，我们可以从观察自己怎样在无意识地泡茶、有意识地做出艰难的道义决定上入手；由此得出结论，后者需要意识，而前者不需要，从而最终得出是意识本身做出了决定的结论。但这不是唯一的解读。另一个可能性是，做出艰难的道义决定涉及的过程恰巧产生了它们是有意识地做出来的印象，而泡茶所涉及的过程则不是。此外，困难的任务需要大脑更多的参与或者更多的部分相互连接，而这种宏大的连接本身就是（或者是它产生了）有意识地采取行为的现象感。任何时候，只要我们对比行为是有意识还是无意识地完成的，就必须牢记这些不同的解读。这与感知（第三章）、意识的神经关联和无意识加工（第四章）、笛卡尔剧院（第五章）、知觉和无意识加工（本章后面）以及自由意志的本质（第九章）都有关系。但目前，这个问题关注的是意识在行为中的作用——有意识采取的行为和无意识行为之间有什么区别？

如果你相信意识具有因果效力（即可以做事），你就有可能回答说意识造成了前者的行为而不是后者。在这种情况下，你必须解释主观体验是如何造成实体事件的。如果你不认为意识能做任何事，就必须用某种别的方式来解释这一明显的区别。各种意识理论的答案迥异，我们会在下列例子中看到。

> 我是有意识这样做的吗？

各种理论

因果理论

有些理论认为意识有清晰的因果作用，多数明显的二元论理论即是如此，但它们面临的问题是，意识若具有任何效应，它就必须能与物质进行互动。笛卡尔将这种互动置于松果体内，但他不能解释它是如何工作的。在笛卡尔之后的两个世纪，William Benjamin Carpenter（1874）在其《心理生理学原理》（*Principles of Mental Physiology*）一书中提出，在一个方向上，生理活动激发了意识，而在另一个方向上，感觉、情绪和意志解放了大脑中的适当部位中充斥着的神经力。但他也没能解释这是为什么。

一个世纪以后，当波普尔和埃克尔斯（Popper and Eccles，1977）的二元交互论在需要解释独立的"自我意识心理（self-conscious mind）"是如何与"大脑优势半球的联络区"进行互动（p.362）的时候，遇到了一模一样的问题。埃克尔斯后来建议（Eccles，1994），所有心理事件和体验都是由"心理元（psychons）"构成的，而每一个心理元都会与大脑中的一个树突互动（见图8.2）。尽管这把互动局部化了，但他还是不能解释它是如何工作的。

里贝特的意识心理场（conscious mental field，CMF）也是双向作用的，在一个方向上充当"神经细胞的实体活动与主观体验的出现之间的媒介"，而在另一方向上则变成了"一种可以影响或改变某些神经功能的原因"（Libet，2004，p.168）。

这些理论明确回答了我们的问题。有意识地进行一种行为的时候，自我意识心

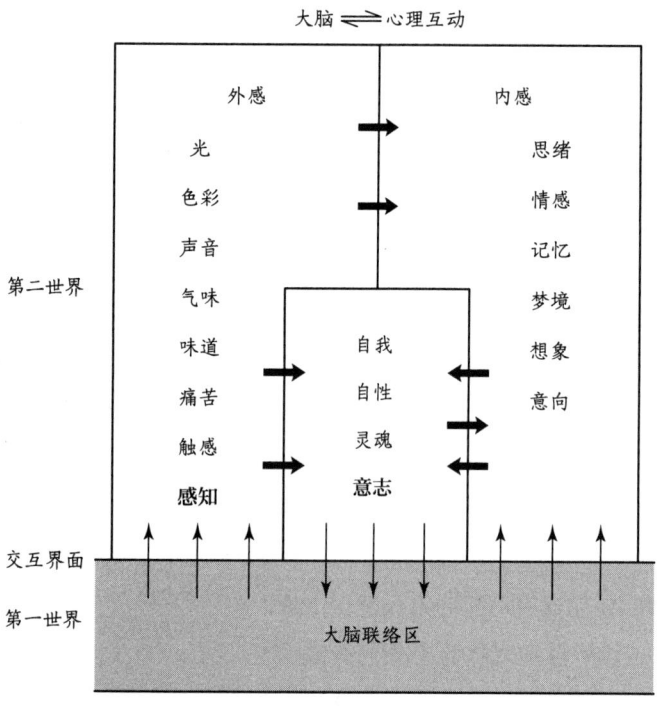

图8.2 依照波普尔和埃克尔斯的理论绘制的大脑与心灵相互作用的示意图。第二世界（心理）的三组件为外感、内感以及自我（the ego）或自性（the self），这里显示了它们的连接性；也显示了第一世界（物理）和第二世界之间的通联，即大脑联络区往来于这些第二世界组件的联系。大脑联络区呈柱状排列，并且应该是巨大的，包括十万或更多的开放模块（Popper and Eccles，1977，p.360）。

理或者意识心理场就会通过与大脑互动来引导它完成行为；当一种行为无意识地完成时，大脑就会单独行动。但这种互动依然没有得到解释。

英国心理学家杰弗里·格雷称二元论是"垂死的"（Gray，2004，p.73），但也试图为"意识本身"保留一种因果作用（Gray，2004，p.90）。他提出"[做出行为的]决定是由大脑无意识地做出的，但仅在事后才进入意识知觉"（Gray，2004，p.92）。意识本身对正在运行的动作程序的相关特征进行监测，并允许无意识的自动控制机制或基于反馈的控制器所控制的变量产生变化。对格雷来说，感受质就是大脑产生的"原始感觉"，它一经产生，即可用于多种认知过程。至于任何一种转化过程是如何工作的，则没有解释；但假设问题的答案就是：感受质仅被用于有意识的行为。

最后，还有全脑工作空间理论（第五章）。按照伯纳德·巴尔斯的说法，意识是一种高功能的生物适应。它是一种门户："一种访问、传播和交换信息，以及进行全脑协调和控制的特殊功能"（Baars，1997b，p.7）。意识的九个功能包括"在整合感知、思想和行为、适应新环境和向自我系统提供信息方面的不可或缺性"（Baars，1997b，p.x）。他坚决反对"意识对神经系统没有因果作用"的观点（Baars，1997b，p.165）。

巴尔斯用下面的例子展示了意识的力量。想象你正在阅读这本书的时候，觉察到一种奇怪动物的恶臭、沉重的蹄声，还有脖子后边呼吸的热气。尽管你不想停止阅读，你也会突然产生一种疯狂的想法，也许是屋子里进来了一只大型动物。你转过头去，看到一头愤怒凶猛的公牛，于是你马上从椅子上跳起来。意识，至少在我们进化的过往，应该会拯救我们免遭危险。问题在于时机。许多实验的结果都建议，你在有意识地想到危险之前，早就应该从椅子上跳起来了（第九章）。

按巴尔斯的理论，问题的答案就是，有意识执行的行为由有意反馈来塑造，而无意识行为则不是。举例来说，你也许无意间说错了话，但当你听到那个错误时，你可以改正它，因为意识生成了通往更多无意识资源的全脑途径。然而，我们还不完全清楚，意识到底应该是那个起因、取用本身，还是对全脑工作空间取用的结果（Rose，2006）。

类似的概念出现在 Dehaene 的神经元全脑工作空间理论中，其中的意识具有清晰的因果力量。如他所说，"意识在大脑的计算经济体中，有一个明确的作用——它选择、放大并传播相关的想法"（Dehaene，2014，p.14）。更确切地说，比如它提供了一份环境总结，来协助指导行为（p.100）。对 Dehaene 而言，我

> "意识在大脑的计算经济中，有一个明确的作用。"
> （Dehaene，2014，p.14）

们所知觉的任何事物，因为已经到达了意识的工作空间，所以"可以驱动我们的决策和意向行为，产生一种它们'受到控制'的感觉"（Dehaene, 2014, p.167）。对此，再次出现了两种方式的解读：一种是全脑工作空间的内容以某种方式"变得有意识了"，从而赋予了它们因果的力量；另一种则是内容能产生效应，因为它们就是全脑工作空间向许多其他脑部区域所做的广播。这两种解读一个涉及从无意识到有意识的未予解释的转变，另一个则没有。但不管怎样，我们问题的答案就是，有意识的行为可以进入全脑工作空间，而无意识的行为则不能。

非因果理论

处于另一极端的理论反对意识可以引发事件这一概念（见第一章）。一个例子就是消除唯物主义，它否认有任何独立于其物质基础的意识存在。副现象论则接受意识的存在，但否认它有任何效用。在其传统形式中，这是一个有点奇怪的想法，意味着从感官输入到行为之间存在一条事件因果链，意识是它所产生的副产品之一，完全没有更多的影响。像我们看到过的，这里有一个明显的绊脚石，如果意识没有影响，我们甚至无法谈论它，更不用说写一本关于它的书了。这种形式的副现象论是高度反直觉的，它强烈违背了一些我们最为珍视的直觉，"意味着我们所相信的、感受到的、感觉到的、记忆中的东西对我们的行为不会产生因果影响"（Pauen, Staudacher, and Walter, 2006）。

在心灵哲学中，有两种主要的代表性理论："高阶感知（higher-order perception, HOP）"理论，以及不同形式的"高阶思想（higher-order thought, HOT）"理论（Carruthers, 2007）。其他的高阶理论还包括高阶全脑状态（higher-order global states, HOGS）理论和高阶语义思想（higher-order syntactic thought, HOST）理论（Gennaro, 2004, 2017）。按照 HOP 理论，对某种心理状态有意识，意味着以准感知的方式监测一阶心理状态——就是与"心内之眼（inner eye）"或"心内感觉（inner sense）"相类似的东西（Lycan, 2004）。按照 HOT 理论，如果人具有一种高阶思想，认为自己处于某种心理状态，那么这个心理状态就是有意识的（Rosenthal, 1995, 2008）。例如，只有在我的感知伴生着"我看到了一道红色闪光"的高阶思想时，我才对红色闪光有意识。

高阶理论轻松地回答了我们的问题。有意识和无意识行为之间有什么不同？答案存在关于它们的 HOP 或是 HOT。不需要特殊的地点或者神经类型；只是大脑必须建立 HOP/HOT。尽管 HOP/HOT 有效果（就是能让行为这样的事

"动物可以利用的经验有很多，但可能很少是关于它们的高阶思考形式的。"

（Block, 2005, p.50）

物变得有意识），但它们不会引发行为，而更像是对后者的评论。确实，HOP/HOT 可能需要时间来构建，因此可能会在有意识执行的操作之后发生，这似乎符合下列以及第九章里讨论的证据。按照这些理论，尽管可以构想僵尸，但它其实是不可能实现的，因为任何行为上与我们一模一样的事物（要能够报告 HOP/HOT），其在定义上就得是有意识的。

然而，这样的理论也遇到了麻烦，比如判断什么东西可以算作 HOP/HOT 的内容（例如，思想里涉及什么样的红色概念）。这也意味着要否认那些无法生成 HOT 的生物会有意识，并且很难处理那些好像有意识却没有思想的状态或是观察者（Seager，2016），特别是神秘体验和冥想的深邃状态（Blackmore，2011）。

但到最后，我们又回到了熟悉的问题上：为什么假定的额外成分（这里指的是以 HOP/HOT 为目标的精神状态）能使得该状态有意识？我们能想象存在具有很多高阶思想却没有意识的僵尸吗？或者，对你的体验具有 HOT 是不是就像是问"我现在有意识吗？"并永远得到肯定的答案呢？就像你打开冰箱门的时候，冰箱里的灯永远是亮着的。

功能主义

功能主义如同许多其他与意识有关的词语一样，被用于许多不同的、有时相互矛盾的用途。在心灵哲学里，它的观点是，心理状态就是功能状态。比如，如果某人感到疼痛，那么这种疼痛是要通过对所受损伤的输入、行为的输出（比如哭喊或者揉按伤处）以及其他的心理状态（比如希望痛苦消失的欲望，而这一点也可以在功能上予以确定）来进行理解的。这就意味着，任何执行与人类痛苦完全相同功能的系统都会感到痛苦，因此僵尸是不可能的。功能主义常常与物理主义相悖，因为它强调的是系统执行的功能，而非它在物理上是由什么构成的；它跟行为主义也不同，因为它考虑的是内部功能，而不仅仅是行为。但它对主观体验的影响并不明显。一种普遍的看法是，功能主义对解释某些心理状态很有用，但在思考现象意识或者感受质方面没那么清楚（Van Gulick，2007）——但是要注意，哲学家们所说的"心理状态"包含欲望和信仰这样的事物，而其他学说则没有。

这一术语也被用来——特别是在心理学家以及人工智能领域的讨论中（第十二章）——表述一个意思：任何系统，只要它能执行与有意识系统一模一样的功能，它也必然是有意识的。这是一个多重可实现性的想法：相同的意识状态可以通过多种方式实现，只要执行相同的功能即可。如果我们要问，有意识执行的功能和无意识功能之间到底有什么区别，功能主义者就会通过所涉及的不同功能来回答；不存在发挥独立因果作用的意识。尽管本书中的许多理论从广义上说都是功能主义的，包括表象主义理论，比如HOP和HOT理论（Kobes，2007），但它们仍然想努力地解释功能如何以及为何能够成为现象意识，并且想把感受质解释清楚（或者解释没了）。

我们是从一个简单概念开始的，即意识至少造成了我们的部分行为，但是我们讨论过的理论和实验揭示了这一常识性观点的某些严重问题。所以每当我们读到是意识引导了注意或者给了我们内省的能力，还有它驱动了我们的情绪和高阶感情，或是它帮助我们分配优先事项或取回长期记忆，我们的耳边就应该响起一阵轻柔的警钟。这样的评论深深植根于我们关于意识的平常语言里，也可以很容易地在心理学家、心灵哲学家和其他人的著作里找到。如果有对的，哪一个才是对的呢？这一点还不明显。也许探索一个熟练动作的日常例子可以帮助我们做出判断。

意识的因果效用

假设有人朝你扔了一个球，你接住了——或者更现实一点，现在就拿张纸来揉成一团，扔到空中，然后自己接住。这样做上几次，然后问自己，在这个简单的熟练动作中，意识有什么作用。你对做出接球动作、对你的双手伸向它时所看到的球是有意识的，但意识本身是否导致了什么事情的发生呢？如果不能有意识地看见纸球，你能不能接住它呢？

在完成这个简单任务时，感觉上的因果顺序应该是：（1）有意识地感知；（2）在意识体验的基础上采取行动。这有时候称为"基于意识的控制假设"。

细想一下，这真是一个奇怪的概念。它意味着两个神秘的转化：首先，视觉系统神经放电这一物理信息一定是通过某种方式转化成了意识体验，随后意识体验一定通过某种方式反作用于大脑，从而引起了更多的神经放电来引导适当的行为。但如果意识是主观的（体验、非实体感受质、作为什么是什么感觉），那么这两种过程中的任何一种又是如何工作的呢？非实体体验又是怎样引发神经细胞的物理放电或者肌肉运动的呢？而这个意识又是在大脑里的什么地方、怎么发生的呢？

这里举一个 Susan Hurley 的心灵模型的例子："心灵就是一种三明治，而认知就是里面的馅儿"（Hurley，2001，p.3）。你从感知的面包入手，然后是认知的馅料，而最上边的就是行为的面包。现在，我们又回到心-身争论和对同样古老的心灵因果问题的讨论上来了。在古希腊，哲学家们就已经开始争论诸如信仰、欲望或者思想这样的心理状态是怎么产生物理作用的了。笛卡尔在开始思考作为机械的人体时，就遇到了这个问题，意识到情绪和意志的融入并不容易。他选择了一条二元论出路——而这一点，如我们所见，几乎肯定是解决不了问题的（见图8.3）。

注意，尽管对心灵因果的争论可以回溯几个世纪，但意识的问题只是其中的一部分而已。如同哲学家 Jaegwon Kim（2007）所指出的，即便意识思想可以引发其他的思想或行为，也不意味着思想是有意识的，毋宁（说）它的内容是一个相关因素。我们在这里想要知道的是，意识是否具有任何因果力量。

在 19 世纪，随着生理学家们对反射弧与神经功能的理解，这个问题变得更为突出了。沙德沃思·霍奇森宣称，感情无论在感觉上有多强烈，都不会有任何的因果效用。他将神经系统的状态比作马赛克图案中的石头，而感情或是"意识的状态"，则是石头的颜色（1870，i，p.336）。把马赛克固定在那儿的，都是石头的功劳，而不是颜色。换句话说，意识状态就是附带现象。这与托马斯·亨利·赫胥黎所宣称的我们人类就是"有意识的自动装置"相类似（第一章）。然而，詹姆斯反对"将自动装置理论强加给我们……就是一种在当前心理学状态下难以认可的鲁莽之举"（James，1890，i，p.138）。但他这样说的理由差不多就是承认我们的无知和常识概念的吸引力——我们已经见识过它有多大的误导性了。

詹姆斯预测，在未来的岁月中，我们应当能够从我们的感受或行为中推断出大脑里发生的事情："器官对我们来说就是一种大桶，桶中的感情和动作以某种方式持续地在一起炖煮，所发生的无数事情都被我们捕捉到了，唯独缺了统计结果"（James，1890，p.138）。一个多世纪以后，脑成像和其他技术给了我们更多关于"炖肉锅"或"三明治馅料"的知识。但是谜团远远没有解开，反而可能变得更糟了，部分原因也许是因为我们过于密切关注孤立状态的大脑了。我们可能会认为，是我们的主观感情和有意识的意志导致了我们的行为，然而当我们研究大脑的复杂工作时，根本没有任何可供它们发挥作用的余地。信息

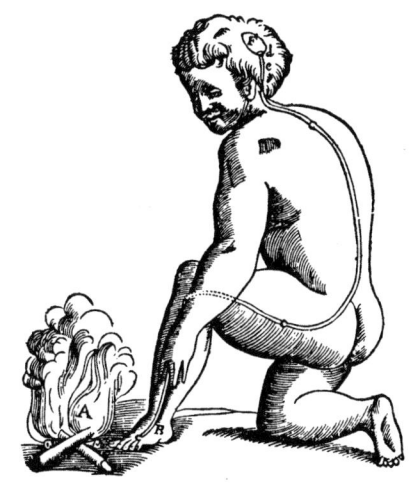

图8.3 笛卡尔试图以纯机械词语来解释反射反应，比如从炙热的火堆旁把脚移开。他相信是火影响了皮肤，并牵动了一根细线，打开了脑腔里的一个小孔，导致动物精神流动。但意识从何而来呢？很容易想象在我们能够做出行动决定前，一定有一个信号"进入了意识"。但这对吗？

"将自动装置的理论强加给我们……就是一种在当前的心理学状态下难以认可的鲁莽之举。"

（James，1890，i，p.138）

通过感官进入神经系统，穿过无数平行通道到达不同的脑区，并最终影响了一个人的语言和其他行为。但有意识的感觉和意志又是从哪里出现的呢？它们是怎样干预——或它们为什么要干预——这样一个连续的物理过程的呢？如 Kim（2007，p.407）所言："难道不是潜在的物理/神经过程最终完成了所有真正的推拉动作而没有任何工作留给意识去做吗？"

对 Max Velmans 而言，"意识代表一个因果悖论"。像他所指出的，"从第一人称视角看，意识似乎是大多数形式的复杂或新颖的加工过程所必需的。但从一个第三人称的视角看，意识对任何形式的加工就好像并非必需了"（2009，p.300）。他用一个药学上的例子指出，我们对身体和精神之间的所有四种可能的因果关系都过于想当然了（生物医学干预、神经外科和精神药物、心理治疗和心身医学）。他说，一个充分的意识理论必须让这些因果反应有意义，并因此解决悖论，而既不伤害我们的直觉，也不伤害我们的自身体验或是科学发现。

"从第三人称的角度看，意识好像在心理生活中没有发挥任何因果作用，而从第一人称的角度看，他好像就是中心。"

（Velmans，2009，p.315）

意识在熟练动作中的作用

网球场上速度最快的发球耗时只有半秒多一点，而网球飞行的初速度超过了 160 千米每小时。然而，这些超快的发球仍然可以被精准地击回。接球者难道有时间来完成到意识那儿打个来回的神秘的双重转换吗？意识知觉对这种熟练动作到底是不是必要的呢？（见图 8.4。）

答案是否定的。针对熟练动作的研究揭示，快速视觉运动控制和意识知觉之间并无关联。例如，在某些实验中，参与者被要求用手指着一个视觉目标；然后在他们刚要指向目标的时候，目标移动了。如果目标是在一个随意扫视的过程中移动的，参与者就注意不到替换过程，尽管他们快速调整胳膊，正确地指向最终位置（Bridgeman et al.，1979；Goodale, Pelisson, & Prablanc，1986）。换句话说，他们的行为受到了视觉的准确引导，就算他们不曾有意识地看到目标移动。精确运动也可以针对根本不曾有意识感知到的刺激来进行。当若干小的视觉目标在 50 毫秒之后因为呈现一个更大的刺激而变得不可见时（这叫作后向掩蔽），参与者仍然可以对他们声称并没有看到的目标做出正确反应（Taylor and McCloskey，1990）。

在网球发球或是你接住揉皱的纸球的例子中，球被有意识地感

图 8.4 维纳斯·威廉姆斯的发球速度可达每小时 210 千米，然而对手也能反应。视觉信号有没有时间"进入意识"并被体验，然后引起一个有意识的反应呢？还是说我们的这种关于行动的自然的思考方式被误导了？

知到了——但是在哪一个时刻呢？意识感知的出现是否快到可以影响行为呢？

有一个实验（Paulignan et al., 1990）要求参与者用手来追踪一个突然移动的物体。他们可以在大约 100 毫秒之内做出响应，但当事后被要求估计一下他们是在运动中的哪个时刻看到了物体移动时，他们一致报告是在他们正要触碰物体时，它跳了起来——也就是，比真实的消失时刻或者他们自己的更正行为晚得多。这一发现表明，意识知觉可能来得太晚，无法在行为中发挥因果作用。

紧随其后的另外一个研究（Castiello, Paulignan, and Jeannerod, 1991）通过对同一实验中的运动反应和主观知觉进行计时，发现了更多内容（见图 8.5）。参与者坐在桌前，面对三个半透明的传力杆，任何一个都可能亮起来。他们的任务是观察亮光，一旦看到就喊"嗒"，并且尽可能快地抓住亮起的传力杆。在第一节试验里，一个单独的传力杆多次亮起，动作和声音反应时得到了测量。在第二节的 100 次试验中，中央的传力杆总是先亮起，但随后有 20% 的时间，一旦他们开始移动手部，光亮就会转到另一个不同的传力杆上，所以他们就必须更正他们的动作。

最初动作的反应时总在 300 毫秒左右，而在随后光亮移动的实验中，动作更正出现在 100 ~ 110 毫秒之后。在这些实验中，参与者喊了两次：当中央传力杆亮起时，声音反应时是 375 毫秒（与对照试验结果相同）；当光亮移动时，它大约是 420 毫秒。换言之，移动早在意为"我看见它了！"的喊声之前，就被更正了。作者们辩称，声音反应表明，参与者对光亮产生了意识，并得出结论称"神经活动必须在显著且可量化的时间内做出加工，然后才能产生有意识的体验"（p.2639）。如他们中的一个后来所说的，"我们的意识必须赶上来"（Jeannerod, in Gallagher, 2008, p.244）。

这个结论有若干问题。快速反应时可以无知觉地获得，因此喊叫也可能在参与者有意识地看到光亮移动前就被激发了，那样的话，意识可能比预计的来得还要晚。另一种情形可能来得比较早，需要整整 420 毫秒来产生反应。我们不可能知道，因为这种方法不允许我

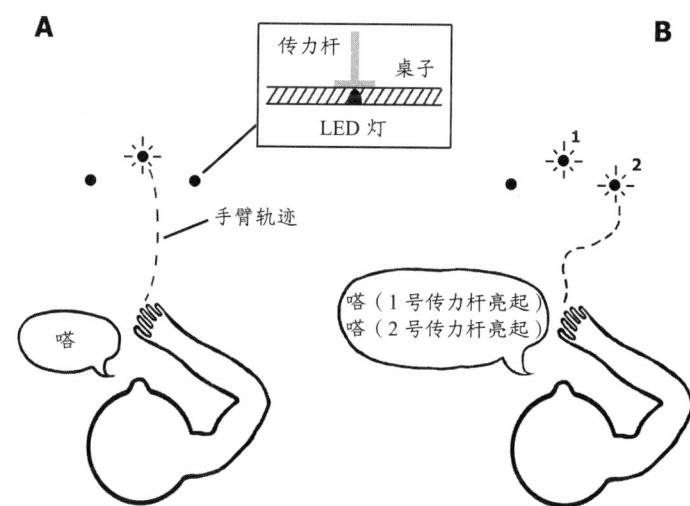

图 8.5　Castiello 等人（1991）的实验布局，显示了亮起的传力杆保持不动以及当其移动时的胳膊轨迹。

们精确地测量"知觉时刻"出现的时间。

也许，像第五章里建议过的，我们应该更具批判精神，质询存在一个"知觉时刻"或是光线"进入意识"的时间，因为这暗示存在一个心理世界，其中的意识事件是伴随着上演大脑事件的物理世界而发生的。我们将在第九章回顾这个如何对意识知觉进行计时的问题。抛开这些对计时方面的疑虑，这些结果还显示，快速动作反应与意识知觉之间存在一种分离。有一种解释是，这两者基于大脑内部完全不同的系统。

无意识的动作与有意识的感知

Milner 和 Goodale（1995；Goodale and Milner，2013）提出，两个视觉系统之间没有关联，并将其映射到视觉系统中的两个神经通路上：背侧通路和腹侧通路（第六章）。这两个通路经常被描述为分别关注空间视觉和物体视觉，或与视觉的"哪里"和"什么"有关〔Ungerleider and Mishkin，1982；见图 8.6（彩）〕。相反，Milner 和 Goodale 辩称，要通过大脑必须执行的两个根本不同的任务来进行区分。一个就是快速视觉运动控制，它需要自我中心（ego centric）加工，将自我与世间的物体联系在一起；另一个就是不那么紧急的视知觉，它需要更多的异我中心（allocentric）加工——将环境中的物体彼此联系起来。他们称之为动作视觉（vision-of-action）和感知视觉（vision-of-perception）系统（Goodale，2007）。

Milner 和 Goodale 多数的证据来自脑损伤患者。有一位患者 D.F. 在淋浴时遭遇热水器故障，差点因为一氧化碳中毒窒息而死。她的丈夫及时发现，救了她一命，而当她从昏迷中苏醒过来后，发现她的大脑因为缺氧受到了严重损伤。确切地说，她患上了视觉形式失认后遗症。这意味着她不能通过视力来辨认物体的形状，虽然她对基本视觉特征——包括图案和色彩——的低端视觉看起来是完好无损的。她叫不出简单线条画的名字，不能辨认字母和数字，也无法将它

小传 8.1
梅尔文·古德尔（Melvyn Goodale，1943 年生）

梅尔文·古德尔童年随父母从英国移民至加拿大。在出发环游欧洲以"寻找自己"之前，他一直在学习心理学。他厌倦了闲适的工作和潮湿的公寓，仍然不知道自己想做什么，于是他前往卡尔加里市完成研究生学业，后来进入了一家研究视神经的实验室，立刻就迷上了这份工作。他现在是加拿大西安大略大学脑与心理研究所所长，以及加拿大高等研究院的大脑、思想和意识 Azrieli 项目的联合主任。他最出名的是他与 David Milner 合作进行的大脑皮层视觉通路的功能组织研究。他们对神经患者的视觉运动控制的研究，使他们得以将灵长类视觉系统的两个通路表征为"感知视觉"和"动作视觉"。自那以后，他开始探索盲人如何使用回声定位来进行导航。

们抄写下来，虽然她能正确地听写字母并通过触摸来辨认物体。但是，她可以相当准确地伸手抓握日常用品（她辨认不出的物体）。

对 D.F. 进行的一项实验揭示了这种动作表现与知觉之间非同寻常的割裂。向她展示了一张垂直安装的圆盘，上面有一道刻槽，以 0°、45°、90° 或 135° 随机切割（见图 8.7）。当被要求画出刻槽的方位或是将一条对照槽调整到相同角度时，她基本上做不到。然而，给她一张卡片，她却能迅速而准确地把它插进槽里——一项需要准确对齐的任务。这怎么可能呢？她怎么能不知道插槽的角度而能将卡片插进去呢？按照 Milner 和 Goodale 的说法，就是她失去了大部分通往感知视觉的腹侧通路，但保留了准确的视觉运动控制所需的大部分背侧通路——损伤的部分已经被多次脑部扫描所证实（Whitwell, Milner, and Goodale，2014）。

按照 Milner 和 Goodale 的说法，这些实验表明，有时候"我们认为我们'看见'的东西并没有引导我们的行为"（1995，p.177），而且"给了我们对物体和事件体验的视觉信号跟控制我们行为的那些不是一回事"（Goodale，2014）。这些发现随后遭到了挑战（Franz et al.，2000），又为迎接挑战而对其进行了重新分析（Danckert et al.，2002），进而又经历了激烈的辩论，提出了一个替代建议：视错觉影响了行为的策划但并非其进行了在线控制（Glover，2002；Goodale，2007）。

这些分离现象不限于脑损伤的患者。在一个使用视错觉欺骗视觉正常的参与者的研究中，报告了同样的感知与运动控制的分离（Aglioti, Goodale, and DeSouza，1995）。通过用较大或较小的圆圈环绕四周来使薄盘看起来具有不同的尺寸，这就是艾宾浩斯错觉或者铁钦纳错觉（见图 8.8），它甚至被用来欺骗鱼

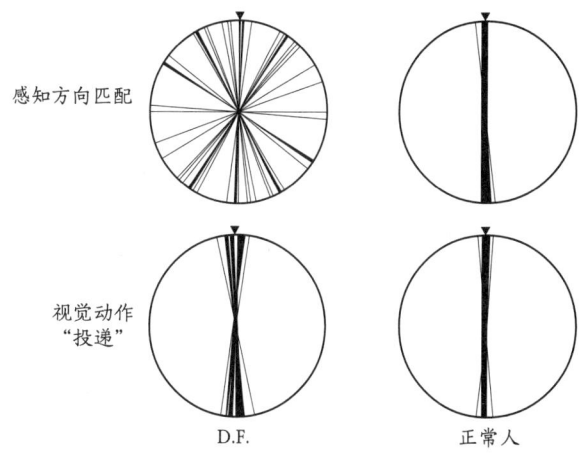

图 8.7　幅相频率特性演示了手持卡在两个方向辨别任务中的方向，参与者为 D.F. 和一个年龄相仿的比照组。在感知对比任务中，两人都被要求将卡片的方向与放在她们面前的方向各异的插槽相匹配。在投递任务中，他们都被要求伸出手去将卡片插入插槽。正确的方向已标准化为垂直方向（Milner and Goodale，1995）。

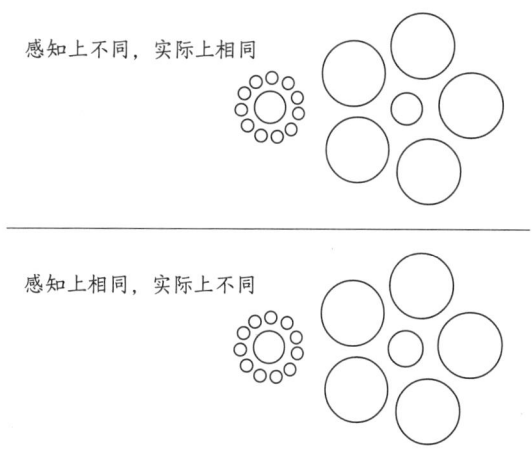

图 8.8　显示"铁钦纳圆环"错觉的简图。在上面的图形中，两个中央圆环的实际大小相同，但看上去不同；在下面的图形中，大圆环的尺寸稍微大一些，以便看起来与另一个中心圆盘的尺寸大致相等（Milner and Goodale，1995）。

类（Sovrano，Albertazzi，and Salva，2014）和小鸡（Salvo et al.，2013），此外还有人类，这说明它利用了一个具有广泛进化基础的认知特征。

参与者面对许多大小不同、尺寸各异的圆盘，若两个圆盘看上去大小相同时，就必须拿起左边那个；而大小看起来不同时，则要拿起右边那个。在他们手握圆盘时，对他们手指和拇指握持点之间的间隙进行测量，使得运动能力和感知决定可以在同一任务中得到测量。参与者看到了通常大小的错觉（通过他们选择圆盘来显示），但是他们的握持与真正的圆盘相符。显然，视觉运动系统没有被愚弄，尽管感知系统是这样的。那之后，同样的错觉也出现在触觉模式中，参与者被蒙上眼睛，通过触摸探索泡沫切割出来的圆圈（Ziat et al.，2014）。其他使用健康参与者的实验表明，修改掩蔽刺激的主观体验，在不改变那些刺激的动作效果的情况下就可以完成（Vorberg et al.，2003）。

这些研究显示了知觉加工和运动控制加工之间重要的区别。这种区别在进化中有意义，因为两种系统的限制是不同的。对变化中的视觉刺激做出快速而准确的响应，对捕捉猎物、躲避危险甚至是像直身站立这样的基本能力都至关重要。相对的，物体辨认可以滞后。丰富的细节，而非速度，可能在规划未来行为和做出战略决策时更为重要，这可能就解释了为什么我们会有这两种不同的系统。结果就是，我们大量的行为都是快速、准确地完成的，独立于我们的有意识的感知之外。

那么我们现在能不能得出结论，就像 Ramachandran 和 Blakeslee（1998）所声称的那样，这两种通路有一个是有意识的而另一个是僵尸呢？尽管 Milner 和 Goodale 一开始对做出这种区分非常小心谨慎，但他们随后还是采用了同样的观点：腹部系统提供了"一个对世界的有意识表征"（Goodale，2007，p.626）和"通往现象视觉意识的唯一途径"（Milner，2008，p.177），而"背侧通路加工的产品不能为意识知觉所用……它们只作为转瞬即逝的原材料存在，为我们的动作提供无意识的瞬间感觉校准"（Milner，2012）。类似地，Nancy Kanwisher 提出，"视觉意识内容的神经关联在腹侧通路得以表征，而更为普遍的与内容无关的加工的神经关联则主要存在于背侧通路中"（Kanwisher，2001，p.98）。请注意，这些等式做了几个假设：意识具有内容，内容就是表征，而某些有意识的区域或过程与无意识的区域或过程之间存在差异。我们已经开始逐个质疑这些假设了。

具身或分布式认知的原则鼓励我们质疑（有意识的）感知视觉与动作视觉之间的区别。按这个观点，感知的发生总要（或多或少地）假手行动，并以其为目的。Hurley（1998）的著作《动作中的意识》(*Consciousness in Action*)以及 Alva Noës 的著作《感知中的行动》(*Action in Perception*)都将意识体验理解为依赖于具身动作的，甚或是由具身动作构成的，无论是实际的还是潜在的。针对患者 D.F. 更近期的若干实验支持了这个观点。德国心理学家 Thomas Schenk 发现，她可以准确地抓握物体的反射影像，但只有当存在可抓握的真实物体时才会这样。也就是说，她那显然完好无损的动作视觉其实依赖于来自环境中的物体的触觉（基于触摸的）反馈，才能测量她伸手的动作和对那些物体的抓握尺寸。这与 Schenk 的实验以及其他实验（例如，Bingham, Coats, and Mon-Williams, 2007）里在视觉正常的参与者身上的发现一致：例如，如果抓握物体的大小发生变化，而反射出的视觉物体保持大小不变，人们就能很好地利用触摸反馈调整他们的伸手动作和抓握尺寸。

这些有关感知与动作、意识与无意识的争论，在对一个称为盲视的奇怪现象的讨论中变得前所未有的激烈。

盲　视

想象下面的实验。一个患者，D.B.，刚被从 V_1 区切除了一个非恶性脑部肿瘤，这让他一侧失明。如果他向前直视，而有一个物体放在他失明的一侧，那他就看不见它。

在实验里，给 D.B. 的正常视域出示一个布满黑白条的圆圈（见图 8.9）。很自然地，他说自己能轻易地说出线条是垂直的还是水平的。现在，同样的东西被呈现在他的盲区里。他说自己既看不见圆圈也看不见线条，因为他那侧盲了。即便如此，实验者们还是鼓励他猜测一下线条的方向。他抗议说这毫无意义，因为他看不见任何东西，但无论如何，他还是做了猜测，准确率达 90% 或 95%（见图 8.10）。

"盲视（blindsight）"是英国牛津大学神经心理学家劳伦斯·魏斯克兰茨为此情形而发明的自相矛盾的术语。他跟同事 Elizabeth Warrington 一起，从 20 世纪 70 年代开始对 D.B. 进行了 10 年以上的测试（Weiskrantz, 1986, 1997, 2007）。自那以后，许多其他的盲视患者被测试，其中最著名的是 G.Y.，他 8 岁时因车祸而头部受伤。多

图 8.9　条纹指向的是哪个方向？当这样的图出现在偏盲者（一侧看不见）的盲区时，他说他根本看不见任何东西。但是当被强迫进行猜测时，他能以超过 90% 的准确率将竖条纹与横条纹区分开。"盲视"的术语就是这样来的。

图 8.10 要强迫盲视患者来猜测一条他看不见的线条指向什么方向。然而他的猜测可以非常准确。那他是不是一个具有无意识视觉的半个僵尸呢？

数"盲视者"一侧的视觉纹状皮层受损严重，导致下穿外侧膝状体、甚至直达视网膜的细胞发生退化，而其他非皮层视觉通路完好无损。诸如"聋听""盲嗅"和"木感"等相关现象也丰富了此类案例，在这些例子中，人们否认有任何有意识的感觉体验，却表现得好像他们看得见、听得到、闻得着或摸得着一样。

盲视看起来就像是为解决有关意识的哲学争论而量身定制的解决方案。但它还没有做到。盲视曾被用来支持和反对感受质、支持或破坏僵尸，以及支持不同种类的意识之间各种矛盾性区别（Dennett, 1991; Block, 1995; Holt, 1999）。争论由来已久、激烈非常，值得我们仔细思考一下盲视问题。

从表面上看，最明显的解读大概是这样的：

盲视者具有无意识的视觉。他就是一部自动装置，或者半个僵尸，功能上可以"看见"，但没有与正常视觉匹配的感受质。这证明意识是一种独立于视觉普通过程的东西。它证明了感受质的存在，以及功能主义的错误。

如果这个论点成立，这一段推理就应该有许多别的含义。比如，它就应该可以帮我们找到大脑中"意识发生"的地方、视觉感受质产生的地方，或者各种表达"进入意识"的地方。我们就应该知道，比如说，感受质是发生在 V_1 区的，而其他视觉发生在别处。这将会鼓励对意识进化的猜测；因为如果我们既有感受质也有视觉，意识就一定具有某种额外的功能。

但这种思考盲视的明显而自然的方式直接陷入了之前遇到的所有问题的泥潭：意识发生于其中的笛卡尔剧院；标志着进入了意识的笛卡尔唯物主义"终点线"观点；主观感受质如何由客观的大脑加工过程所生成的难题；以及有有意识加工和无意识加工的神奇区别。这解释了为什么盲视变成了这样一个著名的目标（*cause célèbre*）。要么它是真的具有所有这些戏剧化和神秘的后果而它们需要解释，要么就是那些"再明显不过的"解读有问题。

已经有人激烈争论说盲视并不存在，盲视只是正常视力的降级，而盲视者不过是对他们能看到的某些东西过于谨慎小心罢了（Campion，Latto，and Smith，1983，含同业评论；Kentridge and Heywood，1999）。所有这些争议都被有效反击了，但其中仍包含一丝真相。尽管标准的盲视是一种极度虚弱的视觉形式，盲视者有时对盲区内特定类型的刺激还是有知觉的，特别是快速移动的和高对比度的刺激。这种残余能力在解剖学上是有意义的，因为有一个小的视觉通路绕过了 V_1 区并且投射到了 V_5 区，而后者是运动敏感区域。确实，对 G.Y. 所做的 PET 扫描显示 V_5 区有活动（Barbur et al.，1993）。在一个实验中（Morland，1999），G.Y. 被要求将盲区中所显示的移动刺激的速度与其视野中的刺激的速度进行匹配。结果显示，就运动而言，他在两个区域中的感知是一样的。然而，他还是不能认定这种体验是真的"看见了"，并解释说，很难知道该如何描述他的体验，"这种困难就跟一个人想要告诉一个盲人看见是什么感觉一样"（Weiskrantz，1997，p.66）。这个说法有道理：很难想象能看到运动却不看到正在移动的东西是一种什么感觉，但这就是 G.Y. 的能力。英国心理学家 Tony Morland 总结说，意识不需要初级视觉皮层，但绑定物体特征需要它。因此，盲视中的运动体验就是那样——看到了没有跟移动物体绑定在一起的运动。

有些盲视者也用适当的眼部运动来追踪他们看不见的移动物体，或是用手部模拟不可见刺激的轨迹。有些人可以做出比较准确的动作，以抓握看不见的物体，甚至将看不见的卡片以正确的方向插入插槽。这虽然看起来奇怪，但从背侧通路和腹侧通路的区别来看，这是有意义的。Milner 和 Goodale 提出，"盲视就是由背侧通路与相关皮层下结构协调而来的一组视觉能力"（1995，p.85）。这也符合魏斯克兰茨的观察，"未受损区域似乎偏向于物体识别，而盲视区域偏向于刺激物探测"（Weiskrantz，1997，p.40）。如果这是正确的，那就意味着盲视中对刺激的探测基于视觉运动响应。

Milner 和 Goodale 也注意到，当被要求使用不同的视觉运动响应时，G.Y. 报告了一件不一样的非视觉体验。他们没有得出结论，认为意识与腹侧通路一起被消除了，而是认为可能存在"与每个不同的视觉运动系统激活相关的、独特的非视觉体验状态"（Milner and Goodale，1995，p.79）。在他们看来，盲视不应该被理解为无意识的知觉，而应该是——就像视觉失认症一样——一种没有知觉的行为。

更进一步的证据来自感觉替代研究，这些研究给人们提供了一种感觉信息来代替另一种，比如用触摸或声音来代替视觉（概念 8.1）。他们在描述体验如

"视盲是否提供了'一种视觉的所有功能仍然存在但所有良好的意识汁液已经干涸了的情况呢？它没有提供这样的东西。'"
（Dennett，1991，p.325）

"这里的难点跟你试图告诉一位盲人看见是什么感觉是一样的。"
（G.Y.）

何的时候同样遇到了麻烦，但经过练习，它变得越来越像是看见的感觉了。如果这是正确的，它就说明知觉意识（perceptual consciousness）是学习一项新的感觉运动技能的一部分，而不是与之独立的什么东西。

这说明对盲视的争议可能都是从一个错误的前提开始的。也许他们认为它是一种神秘、矛盾和难以置信的事物，实际上却不是。对丹尼尔·丹尼特来说，盲视者对视觉信息的加工跟其他人的加工方式没有类别性差异。为了解释原因，丹尼特说，在多数实验中，盲视者需要被提示后才能做出猜测，在成功之后也未能获得及时的反馈。丹尼特现在想象对盲视者进行训练，通过给予反馈，让他开始认识到他具有一项有用的能力。接下来，再次通过给予反馈来训练他进行猜测，而不做提示。经过这种训练，他就应该能够自发地谈论它、采取行动，并能像使用可见视域的信息一样使用来自盲区的信息。其他人戏称其为"超级盲视"（Block, 1995; Holt, 1999），对它争议颇多（见图 8.11）。

争议其实都与一个问题有关——如果超级盲视者真能这样使用来自盲区的刺激信息，是不是说明他对它有意识呢？这个思想实验值得仔细思考，找出你自己的答案。功能主义者会说是（因为所谓有意识，就是执行这些功能），而生成性的感觉运动知觉的支持者可能也会这样做（因为意识是由我们与物理世界的互动构成的），而那些相信感受质、意识非本质主义（conscious inessentialism）和僵尸可能性的人则会说不（因为功能和感受质是独立的事物，超级盲视者拥有其中一种，但没有另一种）。

也许沿这条路走下去，盲视的神秘就会开始消失。想象一下，随着超级盲视者接受的训练越来越好，他就不会再否认拥有感受质了，因为他的体验会匹配他开始拥有的能力的品质。如果他能被训练得可以对自己盲区里的刺激做出反应并开始讨论它——用布洛克的话说，可以取用了——那他从定义上讲，就可以对它们变得有意识了。有趣的是，现在已经有证据表明，通过神

感觉 8.1

感觉替代

盲人能学着看见吗？视网膜植入体已经可用，终有一天，完全的人工眼球也会变成可能，但现在，将它们与大脑相连的任务太困难了。解决问题的另一个办法是用一种感觉来代替另一种。

首次感觉替代的尝试是 Paul Bach-y-Rita 在 20 世纪 60 年代完成的（Bach-y-Rita, 1995）。来自特殊眼镜上的低分辨率相机信号被传输到盲人背上的 16×16 振动器阵列。即便是用这样笨重的仪器，人们也可以走动、认读标志，甚至辨认面孔。随后使用了更高分辨率的仪器（称为触觉视觉代替系统），将触觉阵列置于背部、腹部、大腿和指尖。经过触觉视觉替代系统的充分训练，盲人体验到的图像像是在空间里而不是在他们的皮肤上，并学会了使用视差、深度、阴影和其他的视觉线索。

由于舌头比背部敏感得多，其他的接口在舌头上使

图 8.11 超级盲视。想象有一个人具有超级盲视，被训练来对他看不见的东西做出自发猜测。

经可塑性和练习，皮层盲视患者可以缓慢地在其盲区内重获某些有意识的视觉（Melnick et al., 2016）。

魏斯克兰茨（Weiskrantz）认为，盲视者缺少他所谓的"评论阶段"，信息在此阶段内变得可以为评论所用，不管以口头还是其他方式。所以，再一次，能够对自己的能力进行评论的超级盲视者会因此变得对它们有意识。这与 HOT 理论类似，在该理论中，只有出现了一个高阶思想，认为信息正在被人体验时，才会变得有意识。

但按某些人的说法，这种"神经监测器只不过是一个幻想出来的权宜之计，旨在消解盲视的悖论"（Bennett and Hacker，2003，p.396）。其实，盲视现象并不存在真正的悖论；悖论是因神经科学家试图对它们进行描述的混乱方式（使用类似盲视或无意识觉知的术语）造成的。一部分麻烦在于，我们想问问盲视者是真的看见了还是没有，但这个问题没法回答，因为看见并不是非

用了镀金电极。通过可四处移动摄像机，使用者就可以像有视力的人转动眼球一样来探索环境。效果十分具有戏剧性。一位盲人甚至靠这种技术登上了珠穆朗玛峰。一位先天失明的女性在几小时之内就能够四处走动、抓握物体，甚至接抛球。她还特别要求去看一支点燃的蜡烛——一个她从来不可能从别的感觉中体验得到的东西（Bach-y-Rita and González，2002）。

一个被放置在舌头上的类似阵列被用来代替一位女人的前庭反馈，她失去了前庭系统，甚至不能自己站直。用上这个新系统后，她没有经过任何训练就几乎可以马上站直了。

在完全不同的方法中，声音被用来代替视觉。在 Peter Meijer（2002）的方法中，视频图像被转换为"声场"：俯冲噪声，其作用类似于声音跳跃，其音高和时间被用来编码图像中的左右和上下。Meijer 将必要的软件放到网上，而尝试者当中就有 Pat Fletcher（2002），她在 1999 年因工伤致盲。不像触觉系统，她花了好几个月才掌握了新系统，但最终可以看见世界的深度和细节了。

但这是不是真正的视觉呢？Fletcher 说是的，并且她不会将声场与其他声音相混淆。她可以使用声场看着别人并跟他们交谈，她甚至能在声场里做梦。但不清楚这些体验到底有多"视觉"，而有人将感觉替代类比为获得性联觉（Ward and Wright，2014）。

所有这些都对感知觉的本质产生了深远影响。一种感觉可以很容易代替另一种感觉，说明通过眼睛传递的信息在本质上没有任何视觉特征，或者通过耳朵听到的信息本质没有听觉特征。相反，信息随人的行为而变化的方式才是决定它如何被体验的原因。这完全符合感官运动理论，它将视觉与听觉视为与世界互动的不同方式。对雪貂的实验也得出了同样的结论，在这个实验里，雪貂甫一出生，人们就重新连接了它的感官系统。如果视觉信息被导向听觉皮层，皮层就发展出了方向选择性反应、视觉空间图以及视觉皮层通常会控制的视觉行为（Sur and Leamey，2001）。换句话说，输入的本质似乎有

助于构建感觉皮层。

这种类型的研究也许有助于解决一个经典的谜团：为什么某些神经元的放电导致了视觉体验，而不同神经元毫无二致的放电却导致了听觉体验（O'Regan，2011）。也许对盲人更重要的是，它说明要看见东西并不一定需要眼睛。

有即无的，而取决于情感与身体行为（包括言语反应）的正常交融，而在盲视中，这种正常交融被打乱了。结果我们就搞不清楚了，看见到底是不是那个合用的词。但也许我们的词语和定义才是问题之所在。

Milner和Goodale表示同意。"盲视，只有在人们把视觉作为一个统一的过程时才会是矛盾的"（Milner and Goodale，1995，p.86）。事实上，没有任何一个视觉表达可以用于所有目的，而是用于许多半独立的子系统，比如腹侧通路和背侧通路里的那些。意识之谜并没有消失，但对于那些摒弃了统一意识、脑中的单一画面、笛卡尔剧院中的表演或"内省和特权取用的虚假概念"的人来说，就完全不同了（Bennett and Hacker，2003，p.396）。

图8.12 Pat Fletcher与Peter Meijer（左）和戴维·查默斯（右）在一起，正用"声场"来看东西，这也被称为"vOICe"。她戴着耳机，眼镜里藏有微型摄像机。她背包里的一台笔记本电脑进行从视觉到听觉的转换，让她能够看得很清楚，走路、捡东西甚至认人都没问题。但这算是看见吗？她说算。

也许我们得记住，虽然重点不同，但这两种通路都是一个单一系统的组成部分："感知"和"行为"不是那么分得开的，而当缺乏一种感知信息时，另一种可以进行补充（Wilson，2012）。这就与视觉的感觉运动基础的观点（第三章），以及我们对神经可塑性和感觉替代的所知联系到了一起。不同的大脑区域之间有清晰的区别，分别负责x、y和z，这样的观点总十分令人心动，并受到对异常脑损伤影响特定功能的患者的研究以及用来研究大脑所使用的技术类型的鼓励（第

"盲视只有在人们把视觉当作一种统一的过程时，才会是矛盾的。"

（Milner and Goodale，1995，p.86）

四章）。但如果我们草率得出某些区域对意识体验负责而另一些对无意识加工负责的结论，水就会被搅得更浑。

我们在讨论最后一个关于所谓意识的力量的例子之前，可以先来回顾一下关于揉成一团的纸球的某些问题。我们的调研结果表明，对纸球的有意识感知取决于独立存在且因太过缓慢而无法在引导快速抓握过程中发挥作用的加工。因此，尽管因果顺序看上去是有意识地感知并且在意识体验的基础上行动，但我们现在知道了，它不可能是这样的。

练习 8.2
这个决定有意识吗？

在你的日常行为中，你要做出无数大大小小的决定，从你上楼梯时要把脚准确地踩到什么位置，到要去哪里度假，或者要不要做那份工作。但也许更准确地说，你的全身都在做决定，而不是只有"你"在做决定。做出这些决定时观察一下，对你注意到的每一个决定都问问自己：这个决定有意识吗？随着你开始注意到自己正在做出越来越多的决定，会发生什么呢？是不是发现有些决定是有意识做出的，而另一些则是无意识的？是不是特定类型的决定经常更有意识？你的自主感有没有发生什么变化？是怎样的变化呢？

直觉与创造力

直觉，常常被认为是奇怪的、莫名其妙的，甚至是超自然的，但是有必要这么认为吗？

直觉至少有三个要素。首先，它是大脑从其复杂模式中提取信息以便指导行为的认知过程，比如熟悉并掌握新软件或者在超市里猜测哪一个结账队伍最短。其次是我们无法明确表达或正式确定的所有社交技巧和内隐印象，从某人不值得信任的"印象"，到揣摩时机向朋友透露坏消息。与外显的智力技能相比，它们往往被低估了，原因也许是孩童很容易学会它们，而成人不喜欢其中涉及的复杂性。就拿判断某人不值得信任来说，这可能要依靠多年跟人打交道的经验，观察他们怎样以不同的方式看人、站立、眼神是否飘忽以及其他肌肉的抽动，然后（相当无意识地）判断他们会不会遵守诺言。我们中间没有人能够解释清楚自己是如何做到这一点的，不管我们觉得这很容易还是很难。例如，有自闭症的人可能觉得很难理解复杂的社交情感，或者采纳别人的意见，而那些有社交焦虑症的人可能会强迫性地过度解读自己与别人的谈话和行为，而且往往是以负面的方式进行的。

"女人的直觉"这一说法有时会遭人嘲笑，但是女人在这个意义上来说可能真的更具直觉性，因为她们通常具有更好的口头表达能力，对人与人之间的关系更有兴趣，而且比男人更八卦于社交事件。因此，如果她们花费了大把的时间来从我们极其复杂的社交世界中吸收关联变量，那当她们说"我不相信那个男人"或者"我认为那两个人相爱了"的时候，往往是正确的，虽然她们不能

"意识的机制也具身地出现在（社交）世界的契约之中，而不仅仅局限于我们的大脑之内。"

（Froese et al., 2014, p.8）

> "情绪和感情可能根本不是理性堡垒中的入侵者:它们可能会陷入后者的网络之中,无论更糟还是更好。"
>
> (Damasio, 1994, p.xxii)

> "意识的内容彼此和谐相处,都有一个共同目标,就是定义人的自我。"
>
> (Csikszentmihalyi and Csikszentmihalyi, 1988, p.24)

阐明做出判断的理由。

最后一个要素,与前两个其实算不上相互独立,那就是情绪,就像人们在说"感觉就是不好"或者"我就知道这是我应该住的房子"的时候。尽管情绪与理智在传统上是对立的,但它们对于灵活引导适当行为的过程而言都是不可缺少的(Frijda, 2007)。葡萄牙神经学家 Antonio Damasio(1994)有一个著名的论点,即理智离开情绪就无法运行。他研究了许多额叶损伤患者,他们在情绪上变得平淡,但远远没有变成超级理智的决策者,他们被犹豫不决所困扰,每一个小的选择都会变成令人头疼不已的痛苦决断。他们仍然可以理智地对替代方案进行对比,但缺乏让决定"看上去是对的"的感觉。这意味着《星际迷航》(Star Trek)里的星际舰队大副斯波克不可能像所塑造的那样令人印象深刻,因为抑制自己的感情而偏向逻辑的行为会让他无法决定早上要不要起床、什么时候与柯克船长交谈,或者判断克林贡人是不是在虚张声势。

但是,这种解读需要谨慎,因为额叶损伤会同时影响情绪和决策的事实并没有证明决策需要情绪;这两者可能都依靠其他某种受影响的能力。

创造力也可能需要汇总这些外显和直观的技能,来产生新的见解。许多创作型作家、思想家、科学家和艺术家都宣称他们最好的作品都是"找上门来的"。他们并不清楚自己是如何做到的,可能感觉诗歌、绘画或者科学问题的答案没有借助他们有意识的努力或觉察就自己成形了。具有创造性的人往往在想象、幻想倾向、催眠和"专注"方面得分很高;也就是说,他们很容易融入一本书、一部电影或者他们的工作,而对其他的一切视而不见。有些人把这种永恒的沉浸感描述为一种无我状态的"心流(flow)"(Csikszentmihalyi, 1975;见图 8.13)。找到这种心流,依靠的是在你面临的挑战和所具备的解决问题的技能之间找到正确的平衡。如果挑战太大,就会产生焦虑;如果太小,则会产生无聊感。但当挑战与技能完美匹配时,心流就接手了。尽管心流通常被描述为一种意识状态,但有可能更应该被描述为这样一种状态:在这种状态下,有意识和无意识加工的区别消失了。一个人所有的技能都被唤醒,而且不再有任何可以言说的自我来说"我"意识到了什么。

创造性也经常涉及苦苦钻研一个问题却解决不了它的情况。而后,在休息或者做些别的什么事情之后,答案就"跳进了脑海"。苦苦钻研很重要,但无意识加工也是必需的,

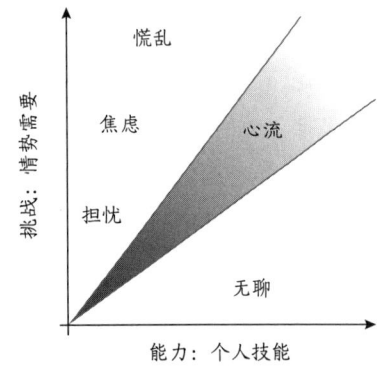

图 8.13 按 Csikszentmihalyi 的观点,当一项任务展现的挑战与一个人的能力匹配时,心流就出现了,这样既避免了无聊,也避免了焦虑。

而这些需要时间，还有放置于一旁。这个过程称为孵化，它让刚刚讨论过的简单的快/慢区别变得复杂了，因为它看来要依靠有意识的努力、扩展的无意识加工以及随后那一刹那的灵光闪现。在真实世界里研究孵化比较困难，但棘手的谜题和狡猾的脑筋急转弯有可能提供同样的效果（参见活动 8.1）。

有许多关于宇宙创造力或超越思想的意识力量的说法，深刻而神秘，超出了科学的范畴，但有一个广为人知的宇宙力量真正具有创造性，即进化算法（第十章和第十一章）。文化进化能否成为人类创造性的一股力量，在复制前人想法的过程中出现带有变化和选择的新想法呢？

以这种方式思考创造性，意味着要以个体创造者所处的社会和智力情境来看待他们。詹姆斯·瓦特（James Watt）担忧热量损失，因为他看到了蒸汽机，并且了解他那个时代的制造过程。当灵感来到利奥·西拉德（Szilard）身上时，他正深深沉浸在那个时代的原子科学中；当塞缪尔·泰勒·柯勒律治（Coleridge）跌入梦乡时，他刚读过一本关于忽必烈建造的皇宫的书。换句话说，他们都一直沉浸在周围文化的模因之中。

在这个以模因为基础的观点中，有创造性的人之所以独特，是因为他们将旧模因与新模因结合到了一起，并有一种直觉，能感觉出在数十亿种组合中，有哪些是值得追索的。个体是创造行为不可或缺的一部分，但真正的驱动力则是文化进化。

想都别想谈论什么学习曲线。别提什么在能无意识表现之前的那好几个月里的刻意练习，或者引发炫目的尤里卡[1]时刻的多年研究和实验岁月。假如你的课程全都是有意识地学会的呢？你认为这就证明没有别的办法了吗？启发式算法已经从经验中学习了一百多年。机器掌握了国际象棋，汽车学会了自动驾驶，统计程序能面对问题并设计实验来解决它们，你认为学

---

[1] 尤里卡（eureka）原是古希腊语，意思是"好啊！有办法啦！"——译者注

> "有时候，把信息超级高速公路变成信息超级龟速公路，会是一个好主意。"
> （Claxton, 1997, p.14）

活动 8.1
孵化

孵化是一个把问题"置于次要位置"、让其自行解决的过程——如果可以的话。这需要三个步骤。首先，你得完成尝试解决问题或取得必要技能的艰巨任务。其次，你得放下尝试，也许投入别的活动，或者任其自然，以期问题自行解决。在这第二个阶段里，任何有意识的努力可能都是徒劳的。最后，你得在答案出现时，一眼就认出来。

这里有三个简单的脑筋急转弯例子，可以用来练习孵化（见图 8.14、图 8.15 和图 8.16）。如果你是自己玩，好好尝试来解决它们，直到无计可施为止。然后将它们全都置于脑后，再花半小时往下阅读本书或者做点别的。当你回到问题上来时，你可能会发现答案"从脑子里跳了出来"。如果你在小组里中和大家一起解谜，可以先对问题来一段讲解，或者进行 5 分钟的讨论，并且在最后回到问题上来，确保那些解决了问题的人不要很快就把答案说出来破坏别人的体验。答案见图 8.17 至图 8.19。

图 8.14 移动三个硬币，让三角形颠倒过来。

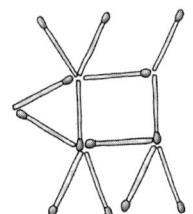

图 8.15 移动两根火柴，让牛头面对另一个方向。你可以让你的朋友们用真的火柴棍来试试；把它们留在吧台或餐桌上，让它们也进行孵化。

图 8.16 只画两个方形，让每只猪独享自己的围场。

"解开基因、环境与具身行动之间复杂的相互作用……必定会成为 21 世纪伟大的知识历险之一。"

（Wheeler and Clark, 2008，p.39）

习的唯一途径是通过感知来引导的吗？那你就是石器时代的游牧民族，在草地上勉强维持生计，甚至否认农业的可能性，因为狩猎和采集对你的父母来说已经足够了。

——彼得·沃茨（Peter Watts）

《盲视》（*Blindsight*，2006）

另一个关键的情景是实体世界。有些哲学家，最有名的当属安迪·克拉克（Andy Clark），相信我们所使用的物品，从笔记本电脑到智能手机和 GPS，都是我们的认知结构的一部分。将文化进化与扩展的思维联系起来，是认知生态位（cognitive niche）的概念。在生物学中，当物种以改变未来适应性因素的方式作用于其环境时，就会发生生态位构建（Wheelers and Clark, 2008）。蜘蛛通过织网在自己的生态位中改变了自然选择的根源；水獭的进化生态位包含了由其父母建造的水坝，以及水坝引起的河水水流变化。生态位构建也引发了人类新的反馈循环：想想新手调酒师是如何继承高度结构化的环境来帮助自己学习如何记住饮料订单，并迅速把它们准备好的。

人类的生态位构建显示了实体世界和认知世界的不可分离。语言可能是最有力的生态工具例证，在个人和物种水平上塑造了人类的发展——它塑造了我们的思考和行为方式，以及我们认为是人类本质的一切事物，包括意识本身。也许语言能让思考和行为感觉起来有充足的不同之处，于是我们学会了将我们知道如何谈论的思考与行为称为有意识的；而事实上，说和写都只不过是一种行为罢了，和按动按钮、接住皮球、转动眼球或者在全身麻醉时开合手指并没有什么本质上的不同。

结　　果

无意识知觉与行动以及直觉决策和创造性的证据说明，关于意识的某些流行观点一定是错误的。为了说明这一点,我们来探讨一下思考意识的三种基本方法。

第一种是传统的(也是很具诱惑力的)笛卡尔剧院的概念。意识就像是多感官的影院,信息进入意识之内,供"我"来体验并采取行为。依照其最极端的观点,这假设了感觉信息只有在笛卡尔剧院内才会"变得有意识",才能引发行为。我们已经找到了多种理由来反对这种观点,而本章所探讨的现象提供了更多的理由。

第二种观点允许无意识知觉与学习,但仍未能摈弃剧院式的隐喻。这一观点有点像是这个样子:感觉信息进入系统,在那里可能会发生两件截然不同的情况。它要么进入意识,并被有意识地付诸行动;要么就绕过了意识,被无意识地付诸行动,也许是使用了贯穿脑部连接运动输出的通路,压根儿就没有"到达意识"。

第二种理论是笛卡尔唯物主义的形式,有可能是如今最常见的意识研究形式。它虽然反对一个小人在心灵的屏幕上观看事件的主张,却保留了事物不在意识之"内"、就是在其之"外"的基本概念。如我们所看到的,诸如"进入意识""可为意识所用"或者"到达意识"这样的语句都暗示了这个理论。要解决围绕"进""出"意识之间的边界产生的棘手问题,有时候就得通过提出一种"边缘(fringe)"意识(例如 Baars, 1998),或是规避盲视或阈下知觉这样的"模糊"案例来进行处理。

上面讨论过的结果提出了一个更激进的第三种理论。简单来说就是:意识体验的阈值不是固定的,有赖于不同的响应标准;不存在毫无争议的度量标准,用以决定一个刺激是否被有意识地感受到了,或者一个行为被有意识地执行,或是一项技能是有意识地学习到的,或者一个决定是有意识地做出的;许多案例中的答案——有意识或无意识的——取决于你提出问题的方式。这一切都对看上去十分明显的直觉概念产生了威胁:特定的刺激明确处于意识"之内"或"之外",或者特定的物理或认知行为明确是有意识还是无意识地做出的。的确,

小传 8.2

安迪·克拉克(Andy Clark,1957 年生)

安迪·克拉克把我们的心灵观念拓展到大脑之外、甚至是我们的身体之外很远的地方去。人类的心灵可以是"延展的心灵",他说,可以通过神经、身体甚至是智能手机以及古老的铅笔和纸张这样的技术元素得以实现。他认为,认知延伸的驱动力是如此根深蒂固,结果我们都变成了天生的机器人:那种由生物学和技术之间的持续变化的互动中生出了心灵和自我的生物。最近,他又开始相信,研究"可预测的大脑"——自上而下的期望和自下而上的输入之间的反馈——是了解大脑、身体和世界之间精妙舞蹈的关键。他热爱电子音乐(特别是老派的电声音乐)、美国漫画书和侦探小说。他拥有一艘船屋,名为"爱与火箭号",名字取自漫画书,表面装饰着刺青艺术(一如他本人的身体)。他曾任职于美国圣路易斯大学和布卢明顿大学,现在担任英国爱丁堡大学逻辑与形而上学研究院主任。

还不清楚是否存在任何相关的方法，可以用来质疑意识的因果理论。

相反，第三种方法提出，感觉信息被以多种方式加工，不同的后果会带来不同的行为，而行为所涉及的类型可能从一开始就影响加工过程的发生（Marcel，1983）。这些行为中的一部分通常被认为是意识的体现，如口头报告或是从清晰感知的刺激中做出的选择；而其他的通常被认为是无意识的，比如快速反应或是猜测。介于两者之间的行为有时会被用来指示意识，有时则不会。但是不存在正确答案。

本章讨论了广泛的证据，从用手指判断物体的重量在秤上产生的压力来区分几乎相同重量的能力（Peirce and Jastrow，1885），到在麻醉状态下使用前臂来交谈的能力（Alkire，Hudetz，and Tononi，2008），到我们在每一次的社交遭遇中分辨敌友的电光火石般的评估力。实验测量的范围包括每一种可以想见的按压按钮、评级量表和口头报告的集合——太多了，以至这个领域需要开发更好的方法来比较结果（Rothkirch and Hesselmann，2017）。这些相关性对于感知、行为或者个人是不是"真的有意识"，它们又都告诉了我们些什么呢？谁来决定手指的运动意味着无意识而嘴唇的运动就意味着有意识呢（除非你坚持你是在猜测）？

> 这个决定是有意识的吗？

按照第三种思维方式，就没有什么东西是处于意识之"内"或之"外"的，而类似"到达意识"或者"可为意识所用"这样的语句要么是毫无意义的，要么就成了"引发口头报告"或者"可被用以影响所采取的行动以指示意识"的简称。将一个行为或感知称为有意识的，就是另一个妄想谬误的实例。事件本身永远不会是要么有意识，要么无意识的，但它们多少可以引导当事人说出他们对此是有意识的。

这里的主要问题在于，人们对自身的体验是怎么叙述的。许多人说他们确切地知道自己的意识当中有什么、没有什么，即便他们无法总能解释清楚自己的意思。一种解决的方法是：严肃认真地对待直觉，但要接受它们是错觉，然后再去尝试解释错觉是如何产生的（Dennett，1991；Blackmore，2016；Frankish，2016b）。但证据与直觉之间的沟壑看起来十分眼熟，而它又给意识为什么如此令人费解的问题增加了一个原因。

"对无意识加工的限制是通过有意识地使刺激无法进入的手段来设定的。"

（Kihlstrom，1996，p.39）

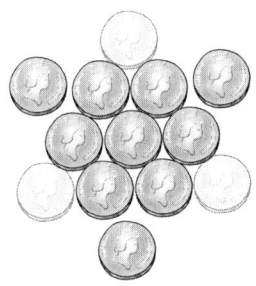

图 8.17　图 8.14 的答案。

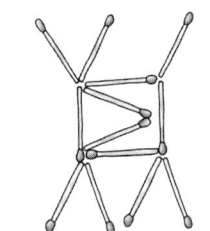

图 8.18　图 8.15 的答案。

图 8.19　图 8.16 的答案。注意到那种挤眉弄眼的小猪了吗？

 ## 阅读文献

Dijksterhuis, A., Aarts, H. and Smith, P.K. (2005). The power of the subliminal: On subliminal persuasion and other potential applications. In R. R. Hassin, J. S. Uleman, and J. A. Bargh (Eds), *The new unconscious* (pp.77–106). Oxford: Oxford University Press.

　　罗列了"意识思维"局限性的证据和理论含义。

Frankish, K., and Evans, J. St B. T. (2009). The duality of mind: An historical perspective. In K. Frankish and J. Evans, *In two minds: Dual processes and* *beyond* (pp.129). Oxford: Oxford University Press.

关于心灵如何被分成两部分的历史，高峰是现代双过程理论。

Kentridge, R. W. and Heywood, C. A. (1999). The status of blindsight. *Journal of Consciousness Studies, 6*, 3–11.

总结了关于盲视是什么及其意义的各种争议。

Kihlstrom, J. F. (1996). Perception without awareness of what is perceived, learning without awareness of what is learned. In M. Velmans (Ed.), *The science of consciousness* (pp.23–46). London, Routledge.

追溯了意识与感知和学习之间不关联研究的历史。

Merikle, P.(2007). Preconscious processing. In M. Velmans and S. Schneider (Eds), *The Blackwell companion to consciousness* (pp.512–524). Oxford: Blackwell.

用视觉做案例，来区分有意识和无意识的认知加工，重点关注测量的问题。

Velmans, M. (2002). How could conscious experiences affect brains? *Journal of Consciousness Studies, 9*(11), 395.

提出了一个新的心灵因果关系来阐述这个问题，试图规避简化论（心灵＝大脑）以及秉持二元论特性理论的非还原论的诸多问题。Velmans 在对评论的回应中，介绍了反身一元论（第十七章）。

第九章
能动性与自由意志

"我们知道在一个寒冷彻骨的早晨,在一间没有生火的房子里,要想从床上爬起来,是一种什么样的滋味。还有我们身体内部的重要原则,又是如何抗拒这种考验的。"威廉·詹姆斯这样说着,描述着那种痛苦、自责以及逃避严寒的舒适诱惑。"那么在这种情况下,我们到底怎么才能起床呢?"他问道:"如果我可以从自己的经验中概括出什么,那么是我们往往就起来了,根本无须挣扎或是需要做出决定。我们会突然发现自己已经起床了"(James,1890,ii,p.524)。他说,当抑制性思维暂时停止时,起床的想法通过"无意识—运动行为"产生了适合的运动效应,我们就起来了。那么,自由意志的作用又是什么呢?

自由意志问题可能是一切时代里讨论得最多的哲学问题,至少可以追溯到2000年前的希腊哲学家(参见 Baer,Kaufman,and Baumeister,2008)。基本的问题是,我们有没有选择行为和做出决定的自由。此处给我们提出的问题是,意识在我们的自由行为或者感觉上的自由行为中发挥了什么作用。

练习 9.1
是我在这么做吗？

当你发现自己在问"我现在有意识吗？"这个问题时，观察自己在做什么，然后问自己"是我在这么做吗？"你也许正在走路、喝一杯咖啡或者正要拿起电话打给一个朋友。不管是什么，问问自己是什么引发了这个行动。你事先有意识地思考了吗？是你自己的意识思维引发了这个行动吗？还是它自行发生了？

你可能要花一小段时间——比如 10 分钟——来尝试观察在那段时间里你所有行动的根源。在每个情形下都要问问自己："那件事是我做的吗？"

主要的宗教，特别是一神论宗教，全都严重依赖我们有自由意志的信仰。基督教教授了原罪的概念，以及上帝给了人们在好与坏、神圣之路与魔鬼之路之间的选择。伊斯兰教则训喻说人们要为每一项选择负责，尽管事实上真主已经知晓了将要发生的一切。如果要问谁有这个选择权，或者谁是好还是坏，信众们都会指向人类的灵魂或精神——那个最终要对一切负责并于死后在天堂接受奖赏或在地狱接受惩罚的、非物质的、有意识的存在。可以说，这些威胁和承诺就是通过让人们充满希望或恐惧，而使宗教模因受益的模因伎俩（Dawkins，1976；Blackmore，1999）。当然，对自由意志的信仰也是这些宗教所固有的特征，而它也跨越了多种文化，得以广泛传播（Sarkissian et al., 2010）。

主要的问题有两个：一个与自由意志有关，另一个与它的缺失有关。第一个就是决定论：这个观点说，如果宇宙是按照决定论规则运行的，那一切事物的发生就一定不可避免，而如果万事皆不可避免，就不存在自由意志的空间；我"做"任何事就没有意义；我"本来可以那样做"也没有意义。第二个是道义责任：如果我不能真正自由地选择我的行为，那我又怎能为它们担负道义或法律上的责任呢？

这实在是世间绝妙的风气！若是我辈厄运连连（常系我辈自身行为贪奢无度所致），则需将这罪愆的祸首，推了给那日月星辰：仿佛我辈便是必要的恶棍，遭了老天强迫的愚夫，受那天体主导的坏种、窃贼和奸佞，臣服于行星影响的醉鬼、骗子和奸夫淫妇，以及神圣刺激之下我辈所犯之种种一切罪孽。便是那无良的嫖客，也有令人艳羡的借口，将他山羊般的秉性，归去了对星辰的控告。

——莎士比亚（Shakespeare）
《李尔王》（*King Lear*，I.ii，1606）

决定论可能对，也可能不对；但要注意，它跟预测是两码事。例如，物理学家所描述的随机事件像放射性衰变，看起来就既不确定又不可预测；而混乱过程则确定而不可预测，比如因为对起始条件颇为敏感的依赖性。宇宙是不是真的确定，跟决定论能不能兼容（compatible）自由意志，这是两个不同的争论。在现代哲学家中，不相容论者（incompatibilist）认为，如果宇宙是确定的，那么自由意志就一定是一种错觉；而相容论者发现了许多不同的方式，其中的决定论可以是正确的，而自由意志则保持自由，例如通过强调某些方式以保持"我本可以不这样做"的正确性。

此处的争议很多，除了对作为魔术或超自然力量的自由意志的广泛反对之外，也没有多少一致的意见。问题是，有没有其他的可能性呢？如果我们像现代物理学那样增加机会或随意性，就回到了希腊哲学家德谟克利特的时代，他因为说过"宇宙中的一切都是机会和必要性的产物"而闻名于世。自由意志的信徒需要的不是机会或者随意性，而是某种可以让自己的努力带来变化的方法。

科学本身就会教导一个人……他没有、事实上也从未真正有过任何自己的任性或意志，而他自己就像一枚钢琴键或者风琴钮，此外还有一些称为自然法则的东西；所以他所做的一切并非由意志达成，而是自然法则自行达成的。其结果是，人只需要去发现这些自然法则，就不需要为自己的行为负责了，那么生活对他就会变得格外容易。那样，一切人类的行为当然都会按照这些法则将以数学的方式被制表列单，填进日历中，好似多达十万零八千页的对数表；或者最好就是去出版特定的启发性作品，兼容当下的百科全书，其中的一切事物都将得到如此清晰的计算与解释，世上的事迹或冒险将不复存在。
——费要多罗·陀思妥耶夫斯基（Fyodor Dostoyevsky）
《地下笔记》（*Notes from the Underground*，1864）

这里就用得上自我与意识的联系了，因为我们觉得好像"我"才是行动的那一个；"我"才是拥有自由意志的那一个；"我"才是有意识地决定今天早上要早早跳下床的那一个。当所选择的行为发生之后，似乎应该是由我的意识思维来对此负责。的确，好像没有了意识思维，我就不会做出那些我做过的事，而我是通过做出要采取行动的决定来有意识地引发行为的。问题是：意识在决策和选择中真的发挥作用了吗？这种有意识的能动感是合理的还是虚幻的？第八章开始解决这个问题，想把有意识和无意识的行为区分开，并对能够和不能引发意识因果作用的理论进行了思考。这里探讨意识为什么会与我们的个人能动感和自由意志产生更为普遍的关联。

一如从前，威廉·詹姆斯一语直抵问题的核心，他说：

> 整个现实的感觉、我们自发生命的整个刺痛与激动，都依赖于我们的感觉，事情真的都是从一个时刻到另一时刻随时被决定的，而不是无数岁月之前铸就的锁链上沉闷的嘎嘎声。这种表象让生命与历史以如许悲剧性的热忱结合在一起，可能并非错觉。
>
> （James，1890，p.453）

我们将看到（第十六章）詹姆斯反对持续性自我的概念，却依然相信，注意和意志力中的努力感不是一种错觉，而是有意识的个人意志所具有的真正的因果力量（第七章）。他对事情真的正在被决定（而不需要由谁来做出决定）这一被动结构的有趣用法或许暗示了贯穿其一生的矛盾心理。等他开始撰写最后一部作品《宗教体验的多样性：人类本质研究》（*The Varieties of Religious Experience: A Study in Human Nature*）时，他的观念已经变成：摈弃所有欲望和选择才是通往自由之路。

> 他不是变成了一个有思想的男子，而是一种伟大的本能。他的双手如同活物，生生不息；他的四肢与躯体满是生命和意识，绝不臣服于他的任何意志，只管自己过活。那勃然的寒星也充满生机，如他一般模样。他与它们一道，用那同样的火之脉动出击；而那让他眼旁的蕨菜僵直不动的同样的力量之乐，也让他的身体紧绷。
>
> ——D. H. 劳伦斯（D. H. Lawrence）
> 《儿子与情人》（*Sons and Lovers*，1913）

我们应该还记得，错觉不是不存在的东西，而是跟看上去不一样的东西。那么你觉得它看上去是什么样子？是不是看上去仿佛你是有自由意志的，你的决定都是你有意识的思想自由做出的，甚至只有在部分时间内如此？如果是，就问问自己会不会是一个错觉；如果是一个错觉，那你得想出与这个想法和平共处的办法（第十八章）。如果你觉得你的行为看上去不像是有意识的决定做出的，那你就可以带着一种揶揄的超脱感来阅读这一切。

注意，我们此处关注的是意识。问题并非人类是不是有能动性，或者能不能做出选择。我们可以放心地假设他们有能动性，可以做出选择。人类是活的生物体，像所有其他生物一样，通过在自己与外部世界之间设立界限并控制世界的某些方面来获得生存。他们回应事件，制作选项多多的复杂计划，并依计行事，至少在不受限制或胁迫时会如此。

我们也不必怀疑思绪、深思熟虑和情感对决定的作用。衡量可能的行为并比较各自可能的后果是智能动物擅长的事情，从一只猫决定何时突袭，到一只黑猩猩预测挑战同类首领的后果。

我们可以来看看这种决策都牵扯大脑的哪些部分，以及其余的身体部位，至少在原理上追踪它们是如何导致特定决策和行为的。但这和我提出"什么是意识"的问题时，探索谷歌[1]的搜索算法来看看它到底是怎样选出链接列表给我看的，有什么区别吗？我们可能会假设谷歌所做出的选择完全是由它那复杂得要命的算法决定的，因此它在那些条件下不可能做出不一样的事来。那么谷歌需要意识吗？

意志力的神经解剖

意识感觉起来可能像随意动作的起因，但当我们观察大脑内部时，我们看到很多区域都参与了实施随意动作的不同阶段，可参考 Haggard（2008，pp.937-938）查阅神经回路的简单模型和阶段［见图9.1（彩）］。一个明显要问的问题是，意识是从什么地方来的，如果这个地方存在的话？

内侧和外侧额叶皮层以及顶叶皮层中广泛的脑区被认为与"内部引导"行为有关（Brass et al., 2013）。

"就算机器人也相信自己有自由意愿，即便它们没有。"

（O'Regan, in Blackmore, 2005, p.172）

"所有理论都反对意志的自由；所有体验都支持它。"

（Samuel Johnson, 15 April 1778, in Boswell, 1791/1952, p.393）

活动 9.1
在寒冷的早晨起床

试试威廉·詹姆斯著名的冥想（如他自己所称），看看你在寒冷的早晨从床上爬起来时会发生什么。如果你没有生活在足够冷的地方，就选一个你实在不想起床的早晨。替代方案是你在浴缸里泡得太久了，水已经开始变凉时从浴缸里爬出来，或者在正享受热水淋浴时走出来。

看看会发生什么事。你在挣扎着出来时，脑子里闪过了怎样的思绪？你感觉到了什么样的情绪？你会自言自语或者尝试说服自己吗？如果是，是谁或什么在跟谁或什么做争斗？最后发生了什么？你可能想和詹姆斯一样写一篇简短的记叙文（James, 1890, ii, pp.524-525）。

对照记叙文字可以促成一次生动的班级讨论。自由意愿的含义是什么？

---

[1] 谷歌（Goodle），是全球最大是搜索引擎，其公司总部位于美国加州圣克拉拉县。——译者注

聚集在初级运动皮层上的多个神经活动区域通过脊髓向肌肉发送信号来执行运动指令（Spence and Firth，1999）。"内部"和"外部"触发行为各有不同的通路，但两者间的连续介质是真实存在的（Haggard，2008）。外部触发的动作显示，小脑和前运动皮层被激活了；而意向性行为则与前额区域的活动相关。这其中就包括为满足"运动计划"而参与了排序与编程的辅助运动区；还有辅助运动前区，它可能是准备电位（引发肌肉运动的活动）早期部分的来源；还有前扣带回，一个涉及情绪和疼痛以及对行为所需信息的关注和选择的复杂区域。此外还有布洛卡区（在大多数右利手者的左额下回），它产生了语言生成运动输出。

这些内容的一部分是从脑损伤的效应中得来的——例如来自著名的铁路工人盖奇的案例。1848年，一根轨道铁杆刺穿了他的额叶皮层，让他性格大变，再也不能理性行事（Damasio，1994）。背外侧前额叶皮层损伤可导致缺乏自发活动，以及重复的刻板行为。辅助运动前区内有病变的人容易为应对环境触发因素而采取自发行为，仿佛他们无法不让自己去吃眼前看到的苹果，或者因为一件衣服就在眼前而非得穿起来。前额区和胼胝体的病变可以产生不寻常的关于异己手的抱怨：患者会说他们的双手有了自己的意志。若只有胼胝体受损，则可能产生异己手综合征，患者的两只手相互争斗，产生相反效应——例如一只手要解开扣子，另一只则要把扣子扣上。

对猴子进行的单细胞记录探索了行为随意控制的神经机制（Schultz，1999），而更新的脑部造影方法则研究了人类意志力的功能性解剖。在一项使用了PET的早期研究中，Chris Frith及其同事（1991）对参与者必须重复一个给定的单词或者选出一个单词的实验条件进行了对比。从一种条件下去除另一种条件下的活动，显示出左背外侧前额叶皮层和前扣带回存在差异。其他类似的研究表明，当行为被选择并开始实施时，背外侧前额叶皮层的活动会增加。看过这些研究之后，Spence 和 Frit（1999）总结说，即便是最简单的运动过程，也要求复杂和分布式的神经活动，但背外侧前额叶皮层好像与决定何时、如何行动的主观体验有着独特的关联。

想象你要在自己喜欢的某个牌子的咖啡与另外一个稍便宜些的咖啡之间做出选择，或者是立即购买昂贵的机票以免机票脱销，还是继续等待以便拿到更便宜的价格。或者是在一个实验中，你可以现在就拿到45便士[1]，也可以选择有一半对一半的机会要么拿到一英镑、要么一无所获。你会怎么做？你的大

---

[1] 是英国的货币辅币单位，类似于中国货币的"分"。1英镑=100便士。——译者注

脑会怎么做？这类情形常见于神经经济学，它研究的是经济行为中的大脑基础（Politser，2008；Rangel，Camerer，and Montague，2008；Glimcher and Fehr，2013）。

即便是无意识的动机也可以被测量。在一个实验中，参加者看到1英镑的硬币或者1便士的硬币，而他们握住手柄所施加的力量决定了他们将获得多少钱。他们在瓜分1英镑时施力更大，即便它是在阈下呈现出来的，而他们也不知道它是什么。神经影像显示部分基底前脑出现了这种效应（Pessiglione et al.，2007）。这暗示了一个也许有些令人担忧的概念：你周围那些没有注意到的刺激也会持续影响你的动机。

现在想象你在节食，很想屈从于诱惑，吃上一块巧克力蛋糕。当你及时停手时，是谁或是什么让它停住的呢？这样的决定需要我们所谓的自我控制，来做出从长期来看更好的而不是当下那个诱惑性的选项。在一个针对节食者决定吃什么而进行的研究中，fMRI扫描显示腹内侧前额叶皮层参与了目标值编码，而当参与者实施了自我控制时，背外侧前额叶皮层中的活动对这些目标值的信号进行了调制（Hare，Camerer，and Rangel，2009）。

调查意识意志的实施体验的一种方法是询问拥有行为的冲动是什么感觉。这可能会对应譬如你鼻子发痒，特别想去挠挠的感觉事件，或是像抽动秽语综合征这样的病理学的一部分，后者涉及无法控制的污言秽语。多项研究对冲动和压抑冲动的神经关联都进行了调查，但是很难将冲动与其抑制分开，因为从定义来看，延长冲动就意味着抵制它。你也可以在有意选择什么、何时有意选择和是否有意选择等因素之间做出区分（图9.2，以及

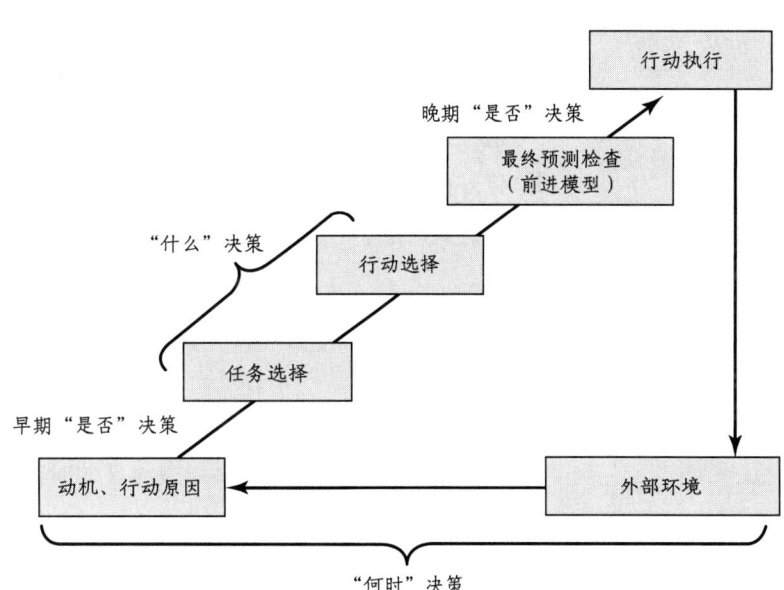

图9.2 "人类意志的归化模型"（Haggard，2008，Figure 2）。意志被模型化为一套决策流程，每个流程详细规定了一种行动的细节。是否执行某项行动的决策（"是否决策"）同时包含有早期和动机成分，以及一项最终的预测性核查。"什么决策"（从一个范围的任务中）指定执行哪一个目标或任务（"任务选择"），以及执行的方式（"行动选择"）。随意动作的时机常常要依靠环境条件与内部动机的结合：明确的"何时决策"并非总是必要的（Haggard，2008）。

Brass et al., 2013）。

要设计出目标仅为意向行为的脑部成像实验是很困难的。在"自由选择"场景中进行的大量实验里，参与者通常会被指示不要采取习惯性行为（比如不要简单地变换答案），也就是说，他们被隐晦地下达了随机指令。在某些研究中（比如 Soon et al., 2008），他们被特别要求不要以任何形式进行按钮选择。在额顶网络的一部分可能参与了任务的这一战略方面，方式是协助跟踪工作记忆中的实验响应顺序（Lau et al., 2004a），即便这并非研究的目的。另一种方法是，要求人们关注他们行为的意向，或是行为本身。一项研究（Lau et al., 2004b）发现，关注意向会导致辅助运动前区更强烈的激活，这就支持了相同区域既参与了客观控制，也参与了控制的主观体验的"共享神经回路观点"。但与之相反，在一项罕见的实验中，参与者可以在多个选项中做出选择（选择向一个系统性或非系统性的数字序列中加入一个什么数字）；在被认为参与了意向选择的区域和那些参与者所报告的、感觉到与更多选择自由相关的区域之间，没有发现重叠（Filevich et al., 2013）。

但要达到我们的目的，真正的问题可不仅仅是：要隔离"自由意向本身"的神经关联实在难得要命。它就是那个我们不断遭遇到的以各种面目出现的问题：拥有动机并做出决策，感觉起来并不像是神经放电，不管是在辅助运动区、背外侧前额叶皮层还是别的地方；感觉好像还有别的东西——我、我自己的心灵、我的意识——让我可以自由地按照我想要的方式来采取行动。

意识中的半秒延迟

说到意识与随意动作的关系，要问的一个最重要的问题与时机有关。意识在引发行为的物理时间序列中出现的时间是不是足够早，足以产生其自身的因果作用呢？

要回答这个问题，我们得回到 20 世纪 50 年代后期，那时美国神经学家本杰明·里贝特开始了一系列实验，得出了一个结论：意识需要大约半秒的连续神经活动。这个结论以"里贝特的半秒延迟"之名广为流传（Nørretranders, 1998；McCrone, 1999）。它引发的问题令人着迷，而针对结果的解读则出现了许多争议，所以值得我们来对这些结果进行更详细的思考。

在这些早期实验中，直接对有意识的、清醒的参与者的感觉皮层进行了电刺激（Libet et al., 1982, 2004）。他们都因为治疗原因接受过侵入性神经外科手术，并给出了知情同意书。一小块头骨会被切开，露出躯体感觉皮层，接上电极，施以不同频率、持续时长和强度的一系列脉冲刺激。某些条件下的结果是，患者们报告了手部皮肤被触摸的确凿的意识感觉，虽然仅有的触摸只是对大脑进行的一系列短暂刺激。

使用这种方法，里贝特发现了一个最小强度，在其之下，无论刺激持续多长时间都不会引起任何感觉。但令人惊讶的发现是，在这种强度阈值上，除非刺激平均持续至少 0.5 秒，否则就不会报告任何体验。持续时间更短，产生可报告体验所需的强度会陡然上升。这个时长即便是在其他变量——比如脉冲频率——发生变化时，也能大致保持稳定。同样的结果也出现在皮层下通路中，但在脊髓背柱、外周神经或皮肤上没有发现。

感觉刺激通常会在其出现后 10 ~ 20 毫秒在皮层的相关区域产生"诱发电位"（头皮上的电极记录到的电位）。有意思的是，里贝特发现，单个脉冲施加到丘脑或内侧丘系（两者都是通往躯体感觉皮层特定通路的一部分）可以催生诱发电位，看起来与实际的感觉刺激所诱发的电位相同。但这个单脉冲从未产生过意识感觉，无论强度是大是小、诱发电位是高是低。里贝特总结说，只有对躯体感觉皮层连续刺激半秒后，才能实现有意识感觉的"神经元充裕量（neuronal adequacy）"。的确，他提出："适当的神经活动持续足够长的时间本身，就会产生主观体验的涌现现象"（Libet，1982，p.238）。显然，日常生活中不存在电极对皮层的直接刺激，但其隐含的意义就是，一个感觉刺激（比如皮肤上的触摸感）只有当它在感觉皮层中建立了连续的活动，并且这个活动必须持续半秒以上，触摸才能被有意识地感知到。

表面上，这个结论看起来很奇怪。它的意思是说意识需要半秒才能建立起来吗？这是否意味着我们的意识感知要比真实世界里的事件晚半秒，因为太迟缓而无法在许多快速演变的情形中有意识地发挥自由意志呢？

在大脑范畴内，半秒是一段非常久的时间。信号在神经元中传输的速度大约是 100 米/秒，穿过突触只需不到 1 毫秒。听觉刺激从耳朵到达大脑需要 8 ~ 10 毫秒，而视觉刺激则需要 20 ~ 40 毫秒。因此半秒之内可以发生很多事。行为也是如此。单一刺激的反应时（比如看见灯亮起就按下按钮）可以只需要不过 200 毫秒，而辨认刺激则需要差不多 300 ~ 400 毫秒。驾驶员通常可以在不到 1 秒内紧急停车应对突发危险，而如果我们摸到了滚烫的危险物品，我们的手指不到半秒就能移开。意识真的来得那么晚吗？

几个进一步的实验试图弄清楚这是怎么回事。

能动性与自由意志 第九章

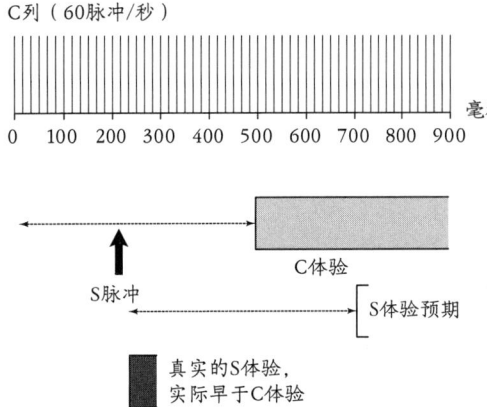

图 9.3 里贝特关于主观计时顺序的实验示意图。一列持续的刺激以每秒 60 次脉冲的频率被施加于感觉皮层（C），而一个单独的阈值脉冲在 200 毫秒之后施加于手臂皮肤之上（S）。意识体验（C体验）被报告为出现于刺激开始 500 毫秒之后，而除非刺激持续 500 毫秒，否则就完全不会报告。在此基础上，人们可能会预期 S 体验会在 C 体验之后 200 毫秒出现。但事实上，它被报告在与皮肤脉冲差不多的时间出现，早于 C 体验。这些发现导致里贝特提出"主观感觉体验的时间回溯"（after Libet et al., 1979, Fiure 1）。

我们已经知道，对躯体感觉皮层的强烈刺激可以干扰触摸皮肤带来的触感。因此，如果意识真的需要半秒才能建立起来，就有可能先触摸某人的皮肤，然后再通过对皮层施加长达半秒的刺激来阻断感觉信号。这正是里贝特所发现的。他先去刺激皮肤，然后再刺激皮层。当皮层刺激晚于皮肤刺激的时间介于 200～500 毫秒时，皮肤刺激不能被有意识地感知到。换句话说，参与者在别的情况下应该能报告出来的皮肤触感被追溯掩蔽到了半秒之后。这当然好像是确认了那个观点：意识感知的神经元充裕量大概就是半秒（见图9.3）。

但这怎么可能呢？我们体验到的事物可不是在半秒之后才发生的；而半秒足够长，我们肯定会注意到延迟的。里贝特要求参与者报告两种感觉的主观计时，以检验这种直觉。一种感觉是正常的皮肤刺激，另一种则是皮层诱发感觉（两者感觉起来明显不同）。两者的间隔被系统化改变，而参与者必须说出哪一个先出现。他们一致报告说皮肤刺激先出现，而其实它几乎是在脉冲列的最末段才出现的。这也许是前面的发现所期望出现的结果，但它依旧很奇怪。如果意识感知需要半秒的神经活动，为什么皮肤刺激（紧随其后也应该有半秒的适当活动才能产生意识感觉）会先被感觉到呢？

里贝特给出了一个有争议的建议，一旦神经元充裕量得以实现，感觉体验就会在时间上被主观地回溯。换言之，任何感觉都是这样发生的。比如说，信息从皮肤上传输到了皮层的相关感觉区域。当且仅当彼处的活动持续半秒，刺激才能被有意识地感知到。此时它被主观回溯到了真实发生的时刻。如果没有获得神经元充裕量（因为刺激不够强烈，因为其他大脑加工过程压制了活动，或是因为一个狡猾的实验者直接在皮层上进行了干扰），就不会出现有意识的体验。

主观回溯是如何工作的呢？它会将体验回溯到哪个时间点上去，又是如何做到的呢？里贝特推测，主诱发电位可能会作为一种感觉被回溯（或称之为"先期出现"）的时机信号。因为诱发电位在周边刺激之后出现得太快，把感觉回溯至该时间点意味着意识感知没有延迟，即便神经元充裕量需要半秒的活动。

为测试这一点，里贝特及其同事（Libet et al.，1979）探索了内侧丘系（皮肤受体通往丘脑通路的一部分）受到刺激时所发生情况的两个特征。至于皮层，神经元充裕量需要长列的脉冲刺激，但与皮层不同，当皮肤被触摸时，也会产生一个主诱发电位。回溯假设做出了清晰的预测：对内侧丘系的刺激应该被回溯至脉冲列刚刚开始的时刻，虽然皮层刺激不是这样的。在这个最终的实验里，里贝特再次询问了参与者们对不同刺激的主观计时。跟预计的一样，他发现，如果皮肤刺激的时间跟对内侧丘系的脉冲列开始的时间相同，参与者就会同时感受到两种刺激——虽然脉冲列只有在刺激时间足够长、获得了神经元充裕量之后才会被感觉到。

我们应该如何看待这些发现？总体来说，批评者们并未就所用方法或具体结果的严重缺陷达成一致。理想的方式是确保可以重复这些实验，但医学的进步意味着暴露大脑的手术现在已经很罕见了。因此，这些实验不太可能被重复。那我们可能最好就是假设这些发现是成立的。真正的争议将围绕在如何对它们进行解读上面。

里贝特自己的解读就是他的意识"定时论（time-on theory）"。这包含两部分：第一，意识只有当神经活动持续足够时间（通常大约为 500 毫秒）、产生了神经元充裕量之后才会出现；第二，持续时间较短的活动仍然可以参与无意识加工，或者通过增加其持续时长而转化为有意识加工。他提出，注意可能通过增加某些区域的兴奋性来延长活动的持续时间，从而达到意识出现的时间（Libet, 2004）。按他的观点，无意识加工在获得神经元充裕量之后，真的会"变得有意识"。他说："当适当神经元的重复相似激活的持续时间达到一定数值后，就会出现知觉现象"（Libet，2004，pp.58-59）。

这一理论为第八章所关注的问题提供了一个答案：有意识和无意识加工之间的区别是什么？按里贝特的观点，区别在于是否达到了神经元充裕量。为将其与一个相反的例证进行对比，当 Milner 和 Goodale 提出腹侧通路的感觉加工导致了意识而背侧通路的动作加工没有时，里贝特（Libet，1991）争论说，意识最重要的不同，不在于加工出现的脑区，不在于它是哪种活动，也不在于它导致了什么，仅在于它是否持续了足够长的时间。

里贝特也提出了一些更具争议性的建议。特别是他宣称，回溯的证据给唯物主义和精神神经同一论（即意识与神经活动是一回事）出了难题。他甚至考虑了"物理事件在微观水平上容易受到外界'精神力量'的影响，但其方式不可观察或不可探测的可能性"（Libet，2004，p.154）。罗杰·彭罗斯（Penrose，

> **是我的思想引发了这个行动吗？**
>
> "当持续时间……达到一定数值时，知觉现象就出现了。"
>
> （Libet，2004，pp.58-59）

1994a，1994b）也相信，这些实验揭示的现象挑战了惯常的解释，要求参考非局域性和量子理论。类似的，卡尔·波普尔（Karl Popper）和约翰·埃克尔斯（John Eccles）宣称，"任何神经生理过程似乎都无法解释这种时间回溯过程。据推测，这是具有自我意识的心灵学到的一种策略"（1977，p.364）。换句话说，他们认为需要用非物理的心灵干预来解释主观时间回溯。按他们的说法，里贝特的发现为二元论提供了证据——对此说法，其他人予以坚决反对（例如，Churchland，1981；Dennett，1991）。

除了相信精神力量之外，里贝特也指出，空间上的主观回溯早已得到认定，因此我们对时间主观回溯的发现就不应感到惊讶。尽管我们体验到的物体是"在那里"，而视觉却要依靠我们"在这里"的大脑，这在感觉上有些奇怪，但他说这种投射并非奇迹——主观回溯也不是。鉴于中枢神经系统中活动的广泛离散式分布，我们应该期待存在一种协调主观时间的机制。对诱发电位的主观回溯就起到了这种作用。

让我们回到第七章的那个情景，关于转过头去看进屋的那个人。转头去看是谁的动作，以及对此的知觉，是哪件事发生在前呢？如果里贝特是对的，那么对噪声的意识感知就不可能出现，除非噪声开始后有至少半秒的持续神经活动。因为我们经常反应得比那快得多，这意味着因果顺序不可能是先有意识地听见，再转头去看。

上一段的遣词造句十分仔细。它说意识感知不可能出现，除非噪声开始后至少存在半秒的持续神经活动——这一点的确是里贝特的实验结果所建议的。未必被暗示、却常常被假设的是这样一件事：噪声出现后，存在许多无意识加工。然后，过了半秒，噪声"变得有意识了"或者"进入了意识"。这时，它在时间上被反向回溯，因而感觉像是出现得更早、在正确的时刻出现了。按这个观点，意识确实是紧随真实世界的事件而在半秒之后产生的，只是我们认识不到而已。

两种描述之间的区别十分重要。第一个没有限定意识发生或出现的时间。第二个限定了：它假设存在一个第六章中提到过的、加工过程变得有意识的时刻的客观事实，而我们会考虑钟表时间和感知时间之间的区别，并对质疑存在一个主观体验发生的可测量时刻这一概念本身的各种原因进行审查。这意味着，我们也应该对里贝特所谓体验本身也可以被计时，而意识发生在达到神经元充裕量之时的观点提出质疑。不管怎样，里贝特的实验中有关意识计时的发现提醒我们在询问意识是否以及如何对"自由意志"行为有所贡献时，要格外关注时机。

意识意志在随意动作中的作用

将一只手平伸于面前。只要有感觉，就有意识地、故意地、自由自愿地活动一下手腕。持续一段时间，直到你的胳膊累了为止。只要你想，就活动活动手腕，并尝试观察你这样做时，脑子里都在想什么。如果你不想这么做，没关系——这是你有意识的决策。如果你想频繁地这样做，也没关系。现在问问自己，每次都是什么让这种运动开始或者阻止它开始的。是什么东西引发了你的行为？

这个简单的任务构成了意识研究史上一个最著名的实验的基础：里贝特（Libet，1985）关于"无意识的大脑主动性和意识意志在随意动作中的作用"。从20世纪60年代开始，人们就知道，在随意的运动行为发生之前，会产生一种"准备电位（readiness potential，RP）"：动作发生之前，可以从头皮上的电极记录到一种缓慢的电位负向偏移，持续1秒或更长时间。这个较长的间隔（平均800毫秒）让里贝特很想知道，"对随意动作冲动的意识知觉会不会这么早就出现"（Libet，1985，p.529）。

他认为，如果是一个有意识的意愿或决定引发了行为，那么意愿的主观体验就应该先出现，或者最迟也会跟大脑加工过程的开始同时出现。这些就是他的实验要调查的东西。他需要对三个事件进行计时：行为本身的开始、RP的开始，以及意识决定采取行动的时刻，他称之为"W"，代表"意愿（will）"。

对行为本身的计时通过给适当的肌肉接上电极就能完成。对RP的计时也相对直截了当，尽管标志RP开始的电位改变只有在多次重复后经过平均方能清晰可见（注意RP是一个渐变的缓坡，而非突变）。里贝特让他的5个参与者（还包括另外一个，但其数据多数无法使用）在每个试次中做40次屈伸动作。这40个试次，随后会以行动时刻为参考进行平均，尽管参与者可以自由选择行动的时间（Libet et al.，1983）。这个RP的来源被认为是辅助运动区。

> "如果大脑可以在意识意愿之前启动一个随意动作 [……] 那么意识功能有没有作用？"
> （Libet，1985，p.536）

真正的问题是如何来测量W，就是那个人们对行为的冲动或者意愿变得有意识的时刻。如果你让大家在他们感觉想要做出行为的时候说"现在"，语言的动作可能不仅会干扰手腕运动，还可能加入它自己的RP和其他延迟。因此里贝特使用了下面的方法。一个光点每隔2.56秒旋转一次，其背景是一个显示了12等份的钟表圆圈的屏幕。参与者被要求仔细观察光点，然后在他们活动手腕之后，报告出他们感受到行为冲动的那个时刻，光点在什么位置。于是，在

活动 9.2
里贝特的随意行为

里贝特的实验比较复杂，针对其解读的争议更激烈。如果你练习扮演他的一个参与者，将会加深你的理解。尝试之后，你就更有可能自发思考与里贝特的结论针锋相对的经典反对意见了。

做一堂班级演示，让每个人都将右臂伸到面前来，然后只要你有感觉，就去有意识地、故意地并且自发自愿地活动手指或手腕。也许应该这样做 40 遍（跟里贝特的实验一样），但因为大家的速度不同（有些人可能会自由地选择根本就不做），因此做上约 2 分钟，大概就足够了。

现在问问参与者，他们认为是什么导致了这一行动？他们也许会认为，是他们内心的自我，或是一种思绪、一种意愿或一种感觉导致了它的开始，或者是有一股大脑事件流可以对此负责。问问感觉行动是不是自由的。他们有没有可能做出不一样的行为？这是不是一个"自发的随意行为"的好例子？

现在你需要对"W"时刻——他们决定要行动的时刻——进行计时。站在人群之前，胳臂伸直，用自己的手代表旋转的光点（如果观众较多，手里就要拿一个发光物体，以便更容易被看见）。确保你的手从观众的角度看是顺时针平稳转动的，大约 2 秒转一圈（里贝特的光点速度慢一些，但 2 种方式随便哪一种都可以；先练习一下再说）。现在让观众做前边那个活动任务，但这一次，他们必须在做出行动后喊出决定做出行动的那一刻钟表指针的位置（从 1 到 12）。你现在就有了一屋子的人，同时高喊着不同的时刻。有一个问题：我们能很容易地做到吗？多数人发现他们可以。

里贝特测量了三样东西：行动本身开始的时间；引发行动的大脑活动开始的时间；决定行动的时间（见图 9.4）。问问自己，你希望哪一个先出现，或者让每个人都举手选择。

每次测试时，他们都要活动手腕，然后说"15"或"35"，意思就是他们决定行为时光点所在的位置。在对照试次中，参与者使用时钟方法报告皮肤刺激的时间，表明他们的估计通常是准确的，并略早于实际刺激。在另一个对照组里，参与者被要求对其真实行为（movement，M）的知觉进行计时。他们不费什么劲就可以完成指令，也可以区分 M 和 W——W 平均来看比 M 早 120 毫秒。使用这些对照组，里贝特相信 W 的计时足够精确。他现在可以回答问题了：准备电位的开始，或者行为的意识决定，哪一个更早出现呢？

答案很清楚，RP 更早出现。RP 平均来看比行为早 550 毫秒（+/-150 毫秒），而 W 仅仅早了 200 毫秒。在每 40 个试次之后进行的报告中，参与者说在某些试次中，他们提前一段时间就开始思考或是预先计划行为了。在这些试次中，RP 早于行为 1 秒开始，但在那些所有 40 次行为都报告为完全自发的试次中，RP 开始于行为之前 535 毫秒，而 W 仅开始于行为之前 190 毫秒。进一步的分析表明，在以不同的方法同时测量 RP 和 W 的试次中，都存在这种情况。总结来看，行为的意识决定大约是在 RP 开始 350 毫秒之后才出现的。

我们该如何理解这个发现呢？跟里贝特（Libert，1985，p.536）一样，我们可能会怀疑："如果大脑在意识意愿出现之前就能启动随意行为……那么意识功能又有何作用呢？"这就是症结所在。这些结果感觉上是说明了意识来得太晚，不会是行为的起因。

对那些接受了这种方法有效性的人来说，有两种主要的方式来回应里贝特的结果。第一个会说："嗯，当然了！如果意识先出现，它就是奇迹。"据估计，这应该是任何反对二元论的人的标准反应。的确，这个结果应该完全不会令人感到惊讶。相反，虽然多数心理学家和哲学家否认自己是二元论者或者相信奇迹，这些结果还是引起了轰动。不仅在《行为与脑科学》(Behavioral and Brain Sciences)上出现了一系列广泛的争论，并且直到20年之后，这个实验还一直被频繁引用和热烈争论（Libet，1999，2004）。

第二个反应是，为随意动作中的意识寻找某种残留的因果作用。里贝特选了这条路，并做出了如下辩论。他说，相信意识干扰不存在而意识控制的主观体验是一种错觉，这是有可能的；但这样一种信念的"吸引力小于一个接受或适应现象事实（即与感觉如何有关的事实）的理论"，就算是一元唯物主义者也不会需要它（Libet，1999，p.56）。例如，罗杰·斯佩里的涌现意识就是一种一元论，其中的意识有其真实的效用。对斯佩里而言，心理活动从神经活动中来，然后可以对其产生反作用。通过将这些影响限制为"超越"而不是"干预"，他可以继续当他的决定论者（尽管里贝特注释说，他最终还是放弃了决定论（Libet，1999，pp.168-169）。这些结果也符合二元互动论（Popper and Eccles，1977）或者"物理事件在微观层面上容易受到外部'精神力量'的影响"（Libet，2004，p.154）。里贝特因此提议

图9.4　在其随意动作的实验中，里贝特（Libet，1985）对三种事件进行计时：手部或腕部的运动；使用EEG从运动皮层测得的准备电位；"意愿"。对意愿的计时，是通过要求参与者注视一个旋转的光点，并（在事后）说出他们决定行动时光点所在的位置而实现的。

你现在准备好了，可以讨论里贝特的实验及其结果的意义了。

> 有意识的控制可在最终的动作输出之前施加，以选择或控制意志结果。通过无意识启动的意志过程，可以有意识地被允许在运动行为中进行完善，或者被有意识地"否决"。
>
> （Libet，1985，pp.536-537）

这个概念就是无意识的大脑事件开始了随意行为的加工，但随后在它被真正执行之前，意识可能会说"是"或"否"：行为要么继续，要么终止。这会发生在行为之前的最后150～200毫秒。里贝特为这个意识投票提供了两种证据。一种是参与者有时会报告他们有行为的冲动，但随后在其发生前放弃或抑制了行为。不幸的是，被终止的自我计时行为的神经关联无法测量，因为要给多次试验取平均值，就需要一个运动信号作为时间线索。因此在附加实验中，参与者被要求按预先安排的时间活动，然后中止部分行为，以便完成平均取值。

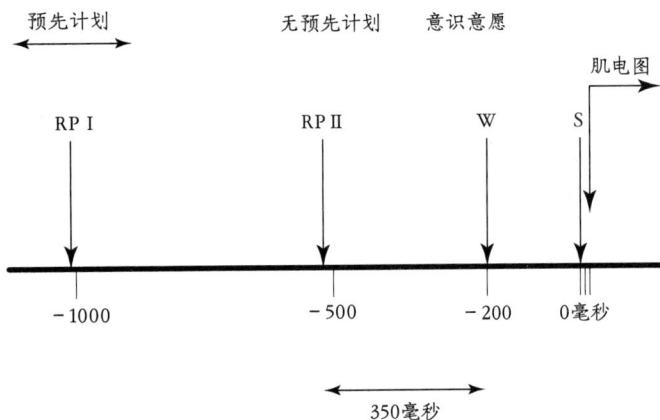

图 9.5 按照里贝特的观点，自发的随意行为中的事件顺序如图所示。预先计划（RP Ⅰ）在运动之前足足 1 秒就出现了。没有经过预先计划的自发行动，其活动（RP Ⅱ）开始于运动之前大约 1.5 秒。运动意志的主观知觉在运动之前大约 200 毫秒时出现。随机做出的皮肤刺激（S）的主观计时平均要比真实时间早 50 毫秒（Libet，1999，p.51）。

"我们没有自由意志，但我们有反意志的自由。"

（Gregory，1990）

这些呈现出类似斜坡形状的事件前电位，然后在预设时间之前 150～250 毫秒变平或反转。这向里贝特表明，意识投票干扰了 RP 的最终发展（见图 9.5）。

通过这种方式，里贝特就可以在随意动作中为意识保留一种因果作用。他总结说，他的结果并非与自由意志针锋相对，而是让自由意志如何运行的过程显得更加光彩夺目。当我们说起道德感和意识事项时，仍然会被期待要循规蹈矩。尽管我们不能有意识地控制出现执行一种不可接受的行为的冲动（不管是强奸、谋杀还是在超市里偷甜品），但我们可以为有意识地允许它完成——或是相反——而承担责任。正如理查德·格里高利（Richard Gregory）非常有个性的双关语所说："我们没有自由意志，但我们有反意志的自由"（Gregory，1990）。这个概念自那之后又从一项研究发现中获得了更多的支持，这项研究在运动开始之前大约 200 毫秒的地方发现了一个类似的"无归点（point of no return）"：在这一点之前，运动仍然可以被投票否决（Schultze-Kraft et al.，2015）。

就像里贝特的早期实验一样，他的实验结果出版之后引发的争论引出了哲学和方法论两方面的问题[本节中未注明日期的参考资料全部出自 Libet（1985）出版之后的评论]。埃克尔斯（Eccles）用这些数据来支持自己的二元互动理论，而 David Rosenthal（2008）则宣称，这些发现不过就是意识的 HOT 理论所预测的：心理状态只有当其成为更高阶心理状态的目标时，才会变得有意识，会期望它在决定本身之后出现。所以他说 RP 就是意志，它首先启动了行为，并在那一刻变得有意识；行为和意识都是 RP 造成的，而不是意识导致了行为。其他人则批评说，里贝特的理论是没有明说的二元论假设（Wood），甚至是"双重二元论"（Nelson）和"形而上学的歇斯底里"（Danto）。这些批评围绕里贝特对比物理事件与心理事件的方式，并试图在其提出的否决中捍卫似乎神奇的"意识控制功能"。

其他的批评提出了 RP 是否应该被认定为行为冲动的神经基础——对能动性有贡献的一种复杂动机特征——而不是做出现在活动我的手腕决定的神经基础的问题：作为一个支流而不是起源（Bayne，2011）。蒂姆·贝恩（Tim Bayne）也邀请我们更为仔细地思考里贝特的工作所挑战的直觉或是"民间"自由概念的真正含义。"自由"意志是否需要启发性的意识决定才能成为一个"无因性成因"（没有因果链回溯延伸到其自身之外）；或者"自由"是否符合这样一个想法，即只要意识决定是直接成因，那么基于先前意识决定的任意数量的行为，都可以促成决定本身？但如果是这样，我们要回溯多久才能找到有意识执行的自由，而它又会是什么样子呢？

主要的方法论批评与任务本质和对 W 的计时方法有关。有几位评论家争论说，该任务总体而言算不上一个意志的好模型。这部分是因为行为微不足道，部分是因为参与者只能选择行为的时机而非行为本身，因此任何有意识的意愿都应该在它们决定何时行动之前就发生了。因此，其结果不应该普遍用于其他更为复杂的意志行为，更不要说道德责任的问题了（Breitmeyer，Bridgeman，Danto，Näätänen，and Ringo）。

心理学家 Richard Latto 对回溯提出了问题。如果光点的位置连同 W 的感知都在时间上被主观地回溯了，这两者就应该是同步的；但如果 W 没有被回溯，计时的过程就是无效的。里贝特在回应中指出，本来就不应该期待对光点的回溯，因为问题不在于参与者感知光点的时间，只在于他们感觉到行为冲动时的位置。如果这仍然看起来有些晦涩难解，可以想象一些有过经验的参与者，他们决定在光点正好到达 30 时采取行动。这种同时发生的感知多久才变得有意识并不重要，因为他们可以随心所欲地报告这个光点位置。

对 W 计时的整体方法以及使用皮肤刺激作为计时准确性测试参照物的充分性，另外在每种情形中或者在光点与 W 之间转换注意时没有容许延迟，这些都受到了批评（Breitmeyer，Rollman，Underwood，and Niemi）。此外还出现了这样的提议：准备电位反映的不是前意识动作准备情况，而是超过了特定阈值的动态噪声平均取值的结果；也就是说，它可能不会告诉我们任何关于特定行为的就绪情况（Schurger，Sitt，and Dehaene，2012）。

这些批评意见中的一部分，被后来的重复实验削弱了。例如，英国心理学家 Patrick Haggard 及其同事不仅重复了基本的发现，更显示出，人对自身行为的知觉与某种预运动事件［偏移的（lateralised）RP，简写为 LRP］有关联，但这发生在前期意图和准备之后、运动指令发出之前（Haggard，Newman，and

概念 9.1

意志力与时机

你挠自己痒痒时为什么不笑？在一个使用机械臂挠痒痒的实验里，fMRI 显示，次级体感运动皮层、前扣带回和小脑内部都有活动。当参与者尝试用手臂挠自己痒痒时，活动有所减少，而时机也证明很重要。当用机械臂挠自己痒痒的感受延迟超过 200 毫秒时，感觉又变痒痒了（Blakemore et al., 1999）。

时机对意志在其他方面的体验也很重要。Wegner 和 Wheatley（1999）关于"优先原则"的实验表明，一个事件的时机可以影响我们能不能觉出我们对其是否有意愿。相反的情形是否也成立，而对事件的时间感知取决于它的起因呢？尽管这看起来有些异乎寻常，但还是有证据证明"当我们感知到自己的行动引起了某个事件时，似乎比我们没有引起某个事件出现得早一些"（Eagleman and Holcombe, 2002）。

在关于随意动作与意识知觉的实验（见图 9.6）中，Patrick Haggard 及其在伦敦学院大学的同事们对参与者使用了里贝特的钟表方法，来标记四个简单事件开始的时间：一个随意的按键动作，一种通过经颅磁刺激（TMS）刺激运动皮层产生的肌肉抽搐，一种模仿 TMS 的咔哒声，还有一种音调。接下来，在随意条件下，他们按动一个音键 250 毫秒之后，就会出现一个音调。在 TMS 条件下，他们的指头不自主地抽动，而音调随后而至；在对照条件中，只使用了咔哒声。在每个案例中，他们都报告了第一个事件以及听到音调的时间。

在第二阶段，相比简单事件的案例，发现了大的知觉偏移现象。随意的按键动作以及声调出现的时间被报告为彼此靠近；而非随意的抽动（由 TMS 引起）和音调

Magno, 1999）。将早期知觉实验与晚期知觉实验进行比较之后，他们发现，知觉时间不是与 RP 共变，而是与 LRP 共变，由此得出结论，"LRP 背后的过程可能引发了我们对行为启动的知觉"（Haggard and Eimer, 1999, p.128）。Haggard 和 Libet（2001）随后对这些结果的意义进行了辩论。

Chun Siong Soon 及其同事于 2008 年在莱比锡进行的一项研究，更新了里贝特使用 fMRI 的实验，调整了设计以试图规避某些批评，特别是与 W 计时有关的部分。他们没有使用钟表盘面来计时，而是在屏幕中间向参与者呈现辅音，每个显示 500 毫秒，并要求他们被动地观察字母流。与手部围绕钟表运动不同，这让结果变得不可预测，以防止他们做出自己的决定或是事先选择一个运动的时间。他们被告知要放松（字母刚刚出现时不要急着按下按钮，也不要保持一个准备行动的常态），并在感觉到有冲动要行动的时刻，就用相应那只手的食指按下左边或者右边的按钮。他们被要求记住当他们决定按动哪个按钮而不是真正按下那个按钮时屏幕上显示的字母，并在按下按钮后，从三个字母中把它挑选出来。

Soon 和同事们发现，通过研究前额叶和顶叶皮层的活动，他们可以早在参与者意识到自己的选择之前的 10 秒就预测是左还是右的决定。他们总结说："这个延迟很可能反映了一个高层次的控制区域的运行情况，它开始准备一个即将到来的决定的时间，远在其进入知觉之前"（p.543）。然而，它的预测准确率较低（仅比猜测略高）。这引出了一个问题，这些早期预测线索到底是意愿的指针，还是影响而非构建选择过程的偏移信号（另见 Haynes, 2011）。有趣的是，执行早期

预测信息的两个脑区就是默认模式网络的中心节点（见第八章），这意味着在制定决策的情景下，它们有可能发挥一种评估作用，远在我们对做出选择产生觉知的时刻之前，就提供了可使决策发生偏移的背景信息（Brass et al.，2013，p.7）。

但这个时刻到底是什么呢？"觉知时间"或者一项决策"进入觉知"的时刻又是什么呢？最激烈的批评来自丹尼特，他要求我们跟他一起尝试下面这个里贝特手腕屈曲任务的"完全自然的意象"（Dennett，1991，p.165）。

无意识意向从大脑深处某个地方出发，然后逐渐变得更加确定和有力，一路通往"我"所在的地方。此时，它们"进入了意识"，而"我"有了决定要采取行动的体验。同时，钟面光点的表征从视网膜上汩汩而来，其亮度和位置逐渐变得更加确定，直至它们也到达了意识，而"我"可以看见它们熙熙攘攘地经过。于是，就在这个意向出现于意识中的特殊时刻时，"我"就能够说出光点在哪里了。

如同丹尼特所指出的，这很容易视觉化。当两个事物在意识之内同时发生时，不就是这样吗？不是的。实际上，他说这不可能。大脑里不存在所有当下位于"意识之内"的事物汇聚到一处的地方或系统，不存在事物"进入意识"的时间，也不存在一个自我在观看那个不存在的地方显示出来的东西。为了避免这一不可能的视野，有些理论坚持意识不是一种到达一个地点的东西，而是在一种在分配系统或网络之内超过了一定活跃阈值的东西。因此事物可以在静止不动的时候"进入意识"。这改变了想象，但没有改变基本错误，丹尼特说道。在这个版本中，必须要有一个物理活动获得了特殊状态的时刻，还要有

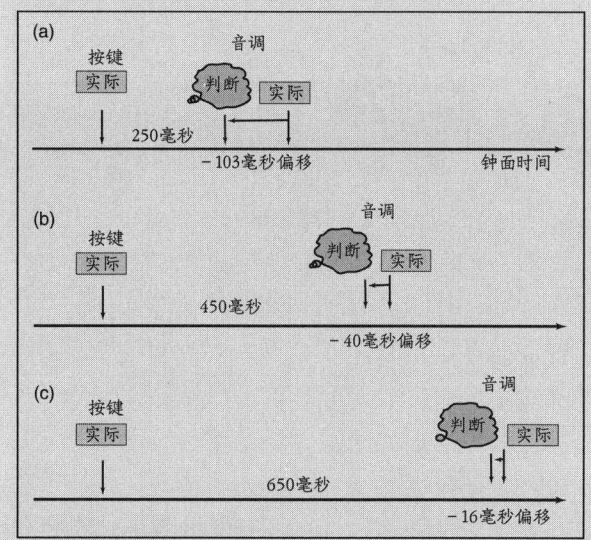

图 9.6　Haggard 及其同事（2002）报告说，对一种音调的判断时间，会以音调与某种先前执行过的随意行为之间的延迟功能的方式而发生变化。因为延迟很长（a 到 c），错估的时间就被减少了。平均的判断时间由泡泡表示。在此实验中，时间判断总是回溯性的，这就是为什么它们可能出现在时间轴上的实际发生时间之前（Eagleman and Holcombe，2002）。

看起来彼此间隔远一些。假性 TMS 没有效果，而时间间隔较短时效果最强。这种效应被称为"故意绑定"，其强度可能受到可预测性、反馈和信念的影响（Moore and Obhi，2012）。

这对意识有什么意义呢？实验者宣称：

> 对有意行动的与其感觉后果的时间知觉……在意识知觉中彼此吸引，于是受试者感知到的随意动作会出现得比较晚，而他们的感觉后果比实际发生的时间出现得早。
>
> （Haggard，Clark，and Kalogeras，2002，p.382）

这种解读就是一种笛卡尔唯物主义，它认为事件是"在意识觉知中"被感知和操控的。还有一种更加可疑

的解读就是计时以及区分自我引发事件与外部事件的重要过程，当其发生之时，没有任何事物是存在于意识之"内"或之"外"的。

Haggard问，拥有一个行动的意识体验，依靠的是预测即将采取的行动，还是之后推断其能动性。他从这些以及进一步关于时机的实验得出结论，"意向行为的现象需要的是意向和后果之间的预测性联系，而非一种'我'造成了后果的自省式推断"（Haggard and Clark，2003，p.695）。

某种获得特殊主观性品质的方式，才会因此形成"我的意识决策"。这个时刻，就是里贝特实验中被计时的东西。

这两种观点可能听起来不一样，但他们都隐含了一种笛卡尔剧院：一个"总部"——不管是集中式的还是分布式的——其中的不同事物在意识里"汇聚一处"，意识也在此进行控制。只有通过这样一种意象，你才能像里贝特一样想象，"意识功能"可以引发某些行为而否决其他的行为。这样，丹尼特说，里贝特和他多数的批评者仍然处于笛卡尔剧院的陷阱之中。

一种出路是，放弃存在一个回答"我的意识之内现在有什么？"的问题的观点。你可以保留大脑可以做出同时判断的想法——经常还是很准确的判断——但仅仅是因为大脑机制对事件计时，并且是以那些事物产生行为或声明为基础的。不存在一个额外的"你"，可以对你的意识内容和有意识的行为能力拥有特权看法。

那么丹尼特是否相信自由意志就是一个错觉呢？他说不是的（Dennett，2003），但他的理由可能会引起困惑，因为他的观点恰恰符合我们在这里使用的"错觉"的定义：错觉就是与看上去不一样的东西。他解释说，如果你相信自由意志源自一个非物质的灵魂将决策之箭射进你的大脑，就根本不存在自由意志；但是，如果你相信自由意志可能会在道德上很重要而并非超自然，"自由意志必定是真实的，但是可能跟你想象的不太一样"（p.223）。人类的自由不是奇迹，而是一种进化来的能力，以权衡利弊、处理多种选择。那么就留下了一个问题：继续使用"自由意志"这个词来指代与多数人提到它时所想象的自由如此不同的东西，还有没有意义。我们可能也会发现自己在问，为什么我们要把自由归附于意志而不是执行意志的人——也许就是另一个活生生的妄想谬误的例子。但是，这些问题把我们带进一个全然不同的哲学和语言使用的心理学王国，它已经超出这里所探讨的范畴了。

那么这一切会将我们带往何处呢？如果个人的意识意志是一种作用于大脑的真实力量，就像詹姆斯、里贝特、埃克尔斯（Eccles）和其他人所认为的，我们为什么感觉好像可以有意识地施行自由意志就一点也不神秘了。我们能做到。另一方面，如果自由意志是一种错觉，我们就有了一个新的谜团。为什么我们

"自由意志必定是真实的，但是可能跟你想象的不太一样。"
（Dennett，2003，p.233）

会感觉似乎是意识决策导致了我们的行为，而其实它们并没有呢？

要找出答案，必须询问意志体验的根源所在，不是问自由意志是否存在，而是什么创造了施行意志的感觉，还有是什么让这种感觉也似乎很"自由"？这里有许多重叠的概念：能动性、控制、意志力、意愿和自由，这是最常见的几个。我们将试着忠于研究者使用的不同术语，但你要自己做好决断，他们是不是都在调查同一样东西，或者是否真的存在一个单一的东西让他们来调查。

意愿的体验

无意愿错觉

1853 年，灵性主义的新热潮从美国向欧洲迅速蔓延（见第十五章）。灵媒们（mediums）声称死者的灵魂可以通过他们的动作传达信息、移动桌子。认识到它对科学的挑战，同时也被公众的歇斯底里所激怒，著名的物理学家兼化学家法拉第（Michael Faraday，1853）对所发生的事情进行了调查。

在一个典型的转桌降神仪式中，几个人围坐在桌旁，把手放在桌面上（见图 9.7）。虽然他们声称只会向下压而不会侧向用力，但桌子会四处移动，并拼写出问题的答案。他们全都声称是桌子移动了他们的手，而不是他们的手移动了桌子。在一个天才的实验中，法拉第把几张纸牌塞到入座者的手和桌面之间，使用一种特制的黏合剂，可以允许卡片稍做移动。事后他就能看到卡片的移动是落后于桌子——这就表明桌子像入座者们声称的那样先行移动了——还是先于桌子移动了。结果很清楚，卡片先移动了，所以力量来自入座者的手。在进一步的实验中，法拉第固定了一个视觉指针，可以显示任何手部的运动。当看台上的人看到指针时，"所有转动桌子的效果都停止了，即使各方坚持不懈，仍然渴望动作，直到疲惫不堪、精疲力竭"（Faraday，1853，p.802）。视觉反馈使得入座者对自己的肌肉活动高度敏感，这是本体感受反馈所不能做到的。他总结，无意识的肌肉活动是唯一涉及的力量。

心理学家兼魔术师 Jayson Olson（Olson et al., 2016）在他的"模拟思想插入"研究中，探索了一种 21 世纪的超自然版本。在"读心术任务"中，参与者躺在一个假的大脑扫描仪里，并被告知

图 9.7 1853 年的一次降神仪式。在转桌子或者翻桌子的把戏中，在座的人都相信是神灵移动了桌子，他们自己的手只不过是跟着在动而已。法拉第证明，移动是出于无意识的肌肉动作。

那台机器是"神经激活测绘项目"的一部分，可以读取并影响他们的思维。扫描仪发出真实的噪声，而旁边一间屋子里的打印机假装能打印出他们想着的数字（同时打印出很多看上去很像技术数据但是毫无意义的统计数字），还偶而出现几个错误，以便看起来更真实。参与者都相信了，并对机器读取他们思想的概念表示了惊讶、有趣、困惑或不适。

接下来，在"心理影响任务"中，他们被告知机器将随机挑选一个数字，并试图通过操控"大脑中的自然电磁波动"来影响他们选择这个数字。参与者再次相信了机器的力量。有些人报告，当机器影响他们时，会感到脸部发热或者感觉到一种振动；其他人则指出有一种未知的力量会引导他们选出特定的数字。后来，当被问起他们能否猜出来有某些实验情况没有告知他们时，60 人中只有 9 人表达了某些怀疑。在这个任务中，参与者显示了高度的非自发性，并且比起"读心术任务"，花了更长的时间来选择数字。在访谈中，他们谈到在心理影响条件下，决定如何"就那样发生了"，或者数字"凭空而来。所以我感觉……不是我的选择"（Olson et al., 2016, p.21）。有人提到自己试图改变数字，但感觉做不到，无论是因为他们的大脑不服从（"我的大脑会跟我说不，不是那个数字"），还是机器的力量读给了他们（"一旦磁场打开……我就得到了数字4"），还是有一个声音、力量或影响在试图干扰他们。

类似效果的提示——导致某事发生而不感到有责任——早在几十年前就在"预知转盘"中发现了（Dennett，1991）。1963 年，英国神经外科医生 William Grey Walter 测试了一些患者，他们的运动皮层植入了电极，作为治疗的一部分。他们坐在一台转盘式幻灯机前，可以在愿意的时候按动一个按钮，以便观看下一张幻灯片。他们不知道的是，幻灯片不是通过按下按钮转的，而是通过对其运动皮层活动的放大来推进的。患者被吓坏了，说他们刚想要按动按钮，幻灯片就自己变了。当按动按钮时，他们也发现自己在担心会无意中二次变动幻灯片。也许如果皮层激活和幻灯片变化之间的延迟长一些，他们就不会注意到什么了，但悲哀的是，Grey Walt 没有对变量延迟进行实验。无论如何，没有依赖于里贝特实验当中需要的那种对意愿事件的人工判断，这个简单的令人惊讶的发现表明，在特定条件下，我们真的可以控制自己的行为却没有这样的感觉。

类似的不匹配是作为精神分裂症的症状出现的（Mullins and Spence，2003）。许多精神分裂症的患者都相信自己的行为是由外星人、不明物体或他们熟知的人来控制的。另外一些人则感觉自己的思想被邪恶力量控制了，或是被注入他们的头脑中。这种随意动作和意志感觉之间的脱节十分令人不安。

意愿的错觉

事情有可能以另一种方式发生吗？我们能不能有希望一个行为发生却对其没有责任的感觉呢？魔术师们长久以来就已经让观众相信，是他们自由地选出了一张牌或是一个数字，而实际上观众是被迫选出的。Olson 和他人另外的实验表明，影响人们的选择而不被他们注意到，是多么容易，虽然这也涉及魔术师主动处理有问题的纸牌（Shalom et al., 2013；Olson et al., 2015）。我们行为的后果，以及这些后果有多大的可能性，都会影响我们要对它们承担多大责任的感觉：一种高度的能动感可能来自"惊喜"，此时一个行为的结果既积极又意外，没有因为令人讨厌的意外而相应地减少的能动感。另一方面，如果结果可预测为积极的或是消极的（更加如此），就会失去投入的能动感："有情感的情景可能会改变对行为本质和质量的体验"（Christensen et al., 2016，p.8）。这对我们如何理解法律责任具有重要影响："责任的减少可能与人类心理上的一个事实相对应，而不是一个避免惩罚的一厢情愿的故事"（p.9）。

这些例子从两个方向显示了真正导致某事发生与拥有导致其发生的感觉之间，存在重要的区别。如丹·韦格纳所说，"行为的感觉就是它看上去是怎样的，而非它是怎样的"（Wegner, 2002, p.342），而他也对产生这种意识意愿的体验机制进行了详细的检查。

想象你正站在一面镜子前，几块屏幕的安排让看上去属于你自己的手臂实际上是别人的。你耳中听到移动双手的指令，随后双手就实施了同样的动作。实验表明，在此种情形下，人们会感觉是自己的意愿导致了行为的发生。

这就是"心灵最棒的戏法"，丹·韦格纳说（Wegner, 2003）。是意识导致了行为吗？持续一生的体验让我们相信是这样没错，但事实上，意识意愿的体验就像其他因果判断一样，而我们可能会判断错误。实际上，他的明确结论是："我们作为一个有意识能动性的人行事的感觉，其代价就是一直在犯一个

小传 9.1

丹尼尔·韦格纳（Daniel Wegner, 1948—2013）

丹尼尔·韦格纳开始学的是物理学，而后在 1969 年改成了心理学，并被自我控制、能动性和自由意志的问题深深吸引。他做过无数实验，研究自由意志的错觉是如何产生的，以及尝试不去想某事的效果，比如"尝试不要去想一只白熊"。

从 14 岁起，韦格纳就开始帮助作为钢琴教师母亲运作她的音乐工作室，并在放学后一周教授两次钢琴课。他不仅弹奏钢琴，还用四部合成器来进行 techno 作曲。担任哈佛大学心理学教授时，他开始给他的班级上音乐课。一位同僚称他是"两条腿的人类中最有趣的一个"。他喜欢研究"心虫"，那些心灵的弱点与瑕疵，为了解它们的工作原理提供了基础信息；他还相信意识意愿是一种错觉。

> "我们作为一个有意识能动性的人行事的感觉,其代价就是一直在犯一个技术性错误。"
> (Wegner, 2002, p.342)

> "相容论就是可悲的诡计……琐碎的文字戏法。"
> (Kant, 1788/1956, pp.189-190)

是不是我的思想导致了这一行动?

技术性错误"(2002, p.342)。美国心理学家 Sam Harris(2012, p.25)表示同意,"毫无疑问,我们对能动性归因可以错得无以复加。我是说它一直都是错的。"

韦格纳提出,"要采取行为的意愿体验,源于将人的思想解释为行动的起因"(Wegner and Wheatley, 1999, p.480),而自由意志就是通过三个步骤创造出来的错觉。第一步,我们的大脑设定行动计划并予以执行;第二步,尽管我们对其支持机制一无所知,但我们已经开始有知觉地思考行动,并将其称为意向了;第三步,行动在意向之后出现了,因此我们急匆匆地——而错误地——得出是我们的意向导致了行动的结论(见图 9.8)。

这与詹姆斯的故意行为理论类似,后者的提出要早一个世纪。首先,各种强化或抑制的想法彼此竞争,以促生——或制止——一项身体动作。而一旦某一种或另一种想法最终胜出,我们就会说我们决定了。"同时,强化和抑制的想法被界定为产生决定的原因或动机"(James, 1890, ii, p.528)。注意这两个理论都解释了那种是我们的意愿导致行为发生的强烈感觉,可能是如何产生的,不管我们有没有自由意志。有趣的是,詹姆斯和韦格纳对这个核心问题的意见完全相反。

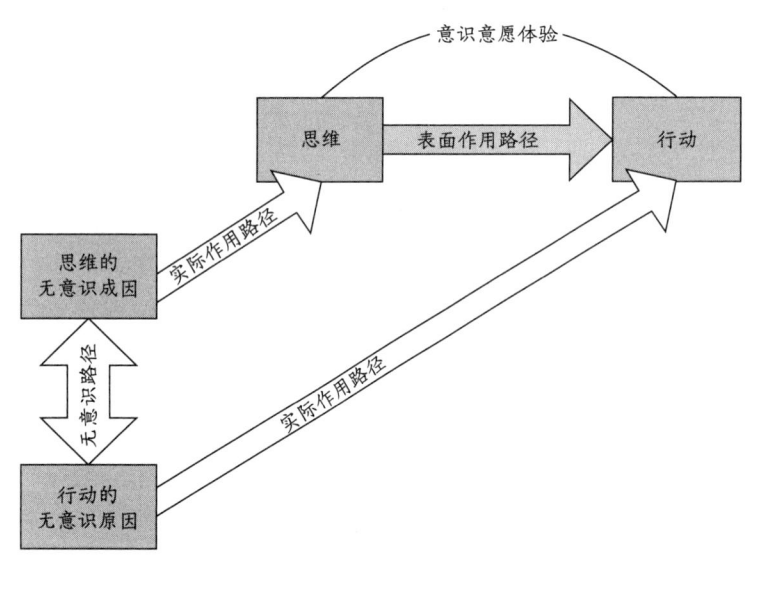

图 9.8 按照韦格纳的观点,意识意愿的体验是在一个人推断出一个从思维到行动之间的作用路径时产生的。思想和行为都是由无意识心理事件导致的,这些事件也可能与两者都有联系。从思维到行动的路径是表象而非不真实的(after Wegner, 2002, p.68)。

韦格纳提出,要创建意愿体验,有三个要求:思想必须出现在行为之前;思想必须与行为一致;行为必须不能伴有其他似是而非的原因。为了测试这些提议,韦格纳(Wegner and Wheatley, 1999)进行了一次实验,该实验受到传统占卜板的启发,它就像法拉第的转桌子实验一样,依靠的是无意识的肌肉动作。占卜板用以尝试联络神灵。几个人将手指放到一个倒扣的玻璃杯上,杯子放在一圈字母当中,然后杯子就开始移动,拼写出单词。如同法拉第实验中的灵媒一样,人们通常都确定他们没有推动玻璃杯。但在韦格纳的实验中，参与者们被明确指示要控制板子的移动。随后，玻璃杯被替换为一个绑在计算机鼠标上的20厘米见方的板子，这样就可以在显示了大约50个小东西的屏幕上移动一个鼠标箭头。对51名本科生进行了测试，每一位都在本人不知情的条件下，跟一名实验助手结成了对子。我们将这两个人称为丹（参与者）和珍（实验助手）。

丹和珍面对面坐在一张小桌旁，并被要求将手指放在小板子上，让鼠标指针绕着物体转动。他们被要求每30秒左右停一下，然后对自己想要做出那一次停顿的意向强烈程度打分。每次测试将包含30秒的移动，期间他们可能会通过耳机听到一些词语；然后是10秒的音乐，其间他们要停下来。丹受到引导，让他相信珍听到的是跟自己不一样的词语，但实际上她听到的是做出特定移动的指令。

在4次测试中，珍被告知要在丹的音乐时间内，让鼠标指针在一个特定物体上（比如天鹅）停下来。与此同时，丹在珍停留在天鹅上的30秒之前、5秒之前、1秒之前或1秒之后，都听到了单词"天鹅"。在其他试次中，则没有强制做出这种停留。结果证实了韦格纳称之为"优先原则"的理论：相关的思维在前一刻出现时，这种效果就会被体验为有意愿的。在受迫试次中，参与者在词语出现于动作停止之前1秒或5秒时，对"我有要停止的意向"打出了最高分；而当它出现于30秒之前或1秒之后时，打分最低。

韦格纳的原则也许巩固了许多人的那种无逻辑的感觉，即他们可以奇迹般地影响自己关心的事件。在进一步研究中，他和同事给人们造成了一种印象，他们通过一个巫毒咒语伤害了别人（Pronin et al., 2006）。实验效果对那些最初就被诱导而对受害者怀有邪恶想法的人影响更大。在体育活动中，人们经常迷信地穿上本队服装，或者敦促他们喜爱的球员跑得更快一点，或者取得关键分，即便他们是在看电视，而他们的鼓励产生不了任何作用。在对棒球击球的研究中，观察者更倾向于认为，如果他们首先将成功视觉化了，他们就能影响朋友的成功（Pronin et al., 2006）。在这些方法中，产生了意愿感觉的机制，甚至可以被延伸到我们明知道不可能的"每日奇迹力量"中。当我们的主队奋力拼搏时，我们可能就会这样做，以感受到更多的投入感和更少的无助感。无论如何，我们经常体验到那种感觉，也许，就算也许吧，如果我们真的希望什么事情发生，它就有可能发生。当这个印象应用到我们自己的行为中时，可能同样是错的。"相信我们的意识思维导致了行为，就犯了基于意愿体验错觉的错误——就像是相信一只兔子真的从一顶空帽子中跳了出来"（Wegner and Wheatley, 1999, p.490）。对于韦格纳来说，对意愿的错觉真的很像魔术，而且原因一样。但话说回来，我们必须记住，错觉不等于事物不存在，而错觉也可以产生强烈的效果。韦格纳总结说：

> 事实就是，每个人都感觉我们有意识意愿；感觉我们有自我；感觉我们有思想；感觉我们就是能动的；感觉是我们导致了我们的行为。尽管将这一切都称为错觉是令人清醒且绝对准确的，但若因此就认为错觉微不足道，就犯下了一个错误。
>
> （Wegner，2002，p.342）

英国心理学家 Guy Claxton 也得出了类似的结论，尽管是从精神实践的角度得出的（见第十八章）。他宣称，我们生活中多数的烦恼都是错误的自我概念造成的，而他就探索过一些荒唐事，一些当我们试图对"我们的决定导致了行为"的理论进行辩护时，最终都会这么想的荒唐事。"我想保持镇静，但就是做不到……我之前决定了晚上要早回，但不知怎么搞的，现在却在凌晨4点跑到了皮卡迪利广场，戴着愚蠢的帽子，夹着一瓶葡萄酒"（1986a, p.59）。然后如果别的一切都失败了，我们甚至可以将失败重新解释为成功。"'我改变主意了'，我们说，临时将我们的身份从那个曾经被'决定'了的'心意'中撤出来，并让自己与某些能够做出'选择'来覆盖这心意的更高级的决策者和控制者看齐"（pp.59-60）。但是，Claxton 说，不存在一个真有这般控制力的自我。跟 Haggard 颇为相像（参见概念9.1），他总结说，把思想与行为之间的关系看作针对预测而非控制的一击不中，会更有意义。

我们对所做的事情进行预测而非控制的概念，与美籍奥地利心理学家 George Mandler（2007）的一个提议有关，即我们不应该尝试区分随意和非随意，而应该设想一个从预期到意外的连续统一体。看起来随意的事情只不过因为它们没有让我们感到惊讶而已。

那么，自由意志总是错觉吗？无论自由意志是不是看上去的样子，我们都可以得出一个确定的结论。我们感觉像是拥有自由意志的事实，从哪方面来看都算不上有说服力的证据。

信念的后果

反对宇宙决定论观点的一个共同论点是，我们要相信可以实施意识意愿以阻止不道德行为。但是，相信自由意志对我们如何行动真的能产生不同吗？还是说，相信它一定会有所不同的想法不过是意识错觉的又一个方面？

在已经完成的少数调查中，对自由意志的信念水平很高，这些调查正在开发量表，以衡量科学决定论、宿命决定论以及对世界的不可预测性的看法等结构（Rakos et al., 2008; Paulhus and Carey, 2011），但反应可随情景而不同。例如，如果你问大家，在一个决定论的世界里，会不会有一个自由的人，可以负道德上的责任，他们通常会说"没有"。但如果你问大家，约翰谋杀了自己的妻子和孩子以便跟情人在一起，他在一个决定论的世界里是不是自由并应在道德上负责的？他们通常会说"是"。这个效应在多个不同的决定论情景的类似结果中重复出现，而且是在不同的语言和文化当中（Sarkissian et al., 2010）。

这样的区别被归结于对约翰及其行为的情绪反应，它们在抽象例证中是缺失的。但最近一个针对30项研究的元分析发现，这种情绪反应的强度不够大，不足以解释其影响（Feltz and Cova, 2014）。另一种可能性是，在抽象的情况下，主角的心理状态被绕过了，而在具体的案例中可能被明确地作为行动的原因（约翰希望与他的情人在一起），这反映了我们如何看待自己的动机和行为。这意味着遣词造句的小细节可以对人们如何解读声明产生重要影响。如果读到一个暗示人们不能在其心理状态的基础上行事的句子，他们就会给出看似非相容的答案。但这本来应该与非相容论无关，而与另一件事有关，即如果心理状态对行为没有影响，就不会相信自由意志是可能的。

除了这些困难之外，我们至少可以总结说，对自由意志的信念十分广泛，但是这种信念会对行为产生后果吗？我们看似好像可以通过对有信仰和无信仰的人的行为进行对比来找出答案。但这只能提供关联性，而非因果证据。例如，实施了残忍或犯罪行为的人可能比较愿意反对自由意志，以便声称"是我的基因让我干的"或者"我忍不住想撒谎"来逃避其行为的后果。宗教信仰者可能会表现得更好，因为他们相信地狱。我们需要的是可以操纵信念的实验。

此类实验有很多，多数都通过让参与者宣读声明来激发对决定论或自由意志的信念，以便对参与者进行洗脑。有些使用了克里克《惊人的假设》（*The Astonishing hypothesis*, Crick, 1994; 参见本书第七章）一书的部分章节。其他的则给一组参与者类似"科学表明，自由意志就是一种错觉"或者"如同宇宙万物一样，一切人类行为都会遵循以往的事件，最终可以通过分子的运动得以理解"这样的声明，而让另一个小组阅读类似"当我做出了坏的决定时，会有遗憾的感觉，因为我知道我终要对自己的行为负责"的表述，或是与自由意志无关的表述。

在一个这样的研究中，那些读过决定论表述的人更有可能在数学测验中作弊（Vohs and Schooler，2008）。这些影响实际上源于操纵条件，结果支持对自由意志的公开信念会在阅读后有所减少，而这与作弊行为有关。第二项研究也使用了偏向自由意志的声明，比如"我有能力战胜有时能影响我的行为的基因和环境因素"，还有"要避免诱惑，我就需要践行自己的自由意志"。读过这些文字的人与那些读过偏向决定论声明的人相比，在认知任务中不大可能过度奖励自己。

另外一组实验测试的是诱发决定论信念会不会诱发一种"别费劲了"的态度，破坏责任感，减少助人行为，并增加攻击行为（Baumeister et al.，2009）。那些阅读过偏向自由意志声明的人，都报告了更多帮助他人的意愿，以及更少的攻击行为，但实验结果表明，这样的影响既不是因为它增加了行动的精力，也不是因为它增加了责任感。

对这当中所涉及的机制进行仔细的观察表明，当人们被诱发产生对自由意志的不信任感后，就算人们对能动感的明确打分没有变化，也会对低级感觉运动产生影响。这些包括了意向绑定的变化（对意向行为在时间上与其影响有多靠近的感知；参见概念9.1）、谬误后延缓、取消行动以及行动的动作准备（Lynn et al.，2014）。因此，信念可能会在感觉运动水平上产生干扰，并随之产生一系列影响：对已付出的意向努力产生影响，并依次对我们的能动感与责任感的"预反应"感产生影响，不管我们是如何报告它的。

这是怎么回事？所有这些实证研究都清楚地表明了，我们的能动感不是一个单一的东西，而是由许多不同部分组成的，信念只是其中之一。我们可以怀疑，这些短暂的实验操控是否真的用一种有意义的方式改变了人们的信念。对自由意志和决定论进行半小时思考，与另一些人在断定自由意志是错觉之后所进行的终生训练比起来，根本不算什么（Blackmore，2013）。

但是，如果我们接受了这些结果，那么能不能总结说，相信自由意志对保持道德行为至关重要？或者如果鼓励人们放弃这样的信念（也许是通过让他们熟悉类似本章内的证据），就一定会导致不道德的行为和文明社会的崩溃呢？这个争议由来已久。16世纪的天主教神学家Erasmus认为，受过教育的精英人士也许还能应付自由意志不存在这样的危险观念，但普罗大众不是太虚弱就是太无知了，无法承受这样的知识（1524/1999，pp.11-12）。

我给你的留言就是：假装你有自由意志。你要表现出好像你的决定是有意义的，这一点很重要，尽管你知道它们没有。现实并不重要：重要的是你的信念，而相信谎言是唯一的可行之道，以避免清醒的昏迷。文明现在取决于自我欺骗。也许它一直就是如此。

——特德·姜（Ted Chiang）
"前路迢迢（What's Expected of Us）"（*Nature*，436，150，2005）

那我们是不是就应该"保护"人们不要掌握这些知识呢？担心"提倡决定论的世界观会损害道德行为"，于是 Kathleen Vohs 和 Jonathan Schooler（2008，p.54）提出，"确保公众免受这种危险的方法影响变得势在必行"。韦格纳自己好像也有这样的担忧，他说，对自由意志的怀疑让每个人都感到不舒服，"有时候，事情看上去是什么样子要比它们的真实面目更重要"（Wegner，2002，pp.336，341）。

如果自由意志像普遍认为的那样，真是一个错觉，这种态度就在真相和权宜之计之间构成了一种冲突，因为有人会通过对后果的恐惧来阻止人们了解真相。丹尼特辩称，任何放弃自由意志的人"都在本质上失去了选择的能力"，而且"那种体验不管多么短暂，都是极为严峻的。而它的含义，如果我们认真对待，几乎严峻得无法想象"（1984/2015，p.184）。在《自由进化》（*Freedom Evolves*，2003）一书中，他有针对性地提出了自己强烈的相容论观点，而在一篇针对 Sam Harris 的《自由意志》（*Free Will*，2012）一书的评论中，他列举了他所看到的放弃相信自由意志的种种危害。"如果无人负责、不真正承担责任，不仅监狱会变得空荡荡，而且没有一份合同会是有效的，抵押贷款将被废除，而我们将永远无法让任何人为他们的任何行为承担责任"（Dennett，2014）。Sam Harris（2014）口水四溅地进行了回击，他总结说："我不是因为担心接受的后果才来捍卫我的立场。我相信这样做的人是你。"

"自由意志的责任对相信存在公平的世界是必要的。"
（Carey，2009，pp.8，20）

那么后果真会像丹尼特说的那样严重吗？未必。人们还会被关进监狱，以此达到威慑的目的，或在极端情况下，为了保护所有其他人的安全。人们（全体人类）仍然会被要求对自己的行为负责、签署抵押贷款申请，而无须相信他们可以真正自由地如此行事。不自由的选择（意思是你放弃相信自由意志后的所有选择）依然会有后果和法律含义；还可能产生积极的后果，例如鼓励对穷人和精神病患者的同情，以及在法律的背景下阻止报复（Greene and Cohen，2004；Miles，2013；Shariff et al.，2014）。

"我走进餐馆浏览菜单时，我也许会决定'嗯，来一份意大利面条'，但没有人强迫我点意大利面条；［……］我也可以干些别的。"
（Searle，in Blackmore，pp.204-205）

独立研究者 James Miles 声称，许多哲学家和心理学家在自由意志的立场上

能动性与自由意志 第九章

前后不一，其实是在对世界里的不平等和不公平助纣为虐。对他来说，韦格纳关于自由意志的错觉论造就了"我们是谁"的声明（Wegner，2002，p.238）是黑暗讽刺，因为"对自由意志的迷思不仅是对贫穷漠不关心的借口，它更是创造并维持贫穷的大部分根源"（2013，p.216）。在针对"一切学院派哲学家、科学家和神学家所写过的任何维护自由意志观点的著作"的批评意见中（p.206，见图9.9），Miles加入了"自由意志错觉论"的分类：能够理解自由意志并不存在，但公开误导公众忽视它的不存在。这里讨论过的许多研究者都落入了这个类别。他说，问题的一大部分是决定论和宿命论之间的混淆。宿命论就是，既然一切都被决定了，行动就毫无意义。但是 Miles 提醒我们，决定论者会跟自由意志信仰者一样，做出许多选择；唯一的区别在于，决定论者会认为自己的决定完全是决定好的。在一家餐馆里，

> "对自由意志的迷思不仅是对贫穷漠不关心的借口，它更是创造并维持贫穷的大部分根源。"
> （Miles，2013，p.216）

> 决定论者仍然会选择鱼而不选林鸽，他只是不会焚表化符地寻求指示、匆匆祈祷以获取指导，或是将它当成神祇或自由意志的证据。
> （Miles，2013，pp.214-215）

	自由意志和决定论能否共存？	决定论是真的吗（在人类层面上）？	我们有没有自由意志？
1. 错觉论	不能	是	没有，但别跟人说
2. 相容论	"可以"	是	"有"（但没有自由选择）
3. 自由主义	不能	是	有，但我们没证据

图9.9 对自由意愿争论的总结（错觉论、相容论和自由主义）（来自 Miles，2013，p.206）。

有些人则在追寻精神道路的同时，承担起了不以宿命论来拥抱决定论的挑战：放弃意愿，构成了基督教和伊斯兰教神秘传统的一部分，而佛教教义中也包括了"无我"或"非我"的概念，它拒绝任何持久存在的实体的观念，并鼓励采取一种不行动或无为的方式（第十八章）。Alan Watts 在其经典之作《禅修之道》（*The Way of Zen*）中描述了这样做的后果。

> 我们无须对自己是如何做到的做任何理解，只需做出决定便是。其实它既不是随意的，也不是非随意的。……一项决定——我最自由的行为——的发生就像我身体里打了个嗝，或是身外的鸟鸣。
> （Watts，1957，p.141）

这与詹姆斯那简单的一句"我们就起来了"颇为相似。Watts 说，想要这样生活，就必须"毫不犹豫地坚信，真的不可能有其他任何的行事方式"（p.161）。这就是"无动机的无意志功能"。事情就是如此，因为真的没有行为的实体，没有绑定的或自由的实体（Wei Wu Wei, 2004）。

对凡夫俗子来说，这样完全放弃自由意志可能吗？约翰·塞尔（John Searle）说不可能。"即便我们在哲学上确信这种信念是错误的，我们也无法摆脱我们是自由之身的信念"（Searle, 2004, p.219）。苏珊（Blackmore, 2005）在对哲学家、心理学家和神经学家进行访谈时发现，即便是那些不相信自由意志的人也常常说，若想活得健康快乐，就得将自己的智力理解与生活的其余部分分离，并"如同"真正相信一般地生活。

> "我就是'如同'那样做的。而我认为差不多所有幸福健康的人都会那样做。"
> （Wegner, in Blackmore, p.257）

这些恐惧根深蒂固，但它们真的成立吗？尝试过的人都说，放弃自由意志不仅会引导你通达永生，但更能获得慈悲、同情和个人幸福。

> 那件没有发生、但人们有理由非常畏惧的事情就是，我会变得更糟。对于"控制是真实的"信念的共同阐述［……］就是我能够而且必须控制"我自己"；我要是不这样做，基本冲动就会溢出，而我就会疯掉。
>
> （Claxton, 1986a, p.69）

> "可怕的混乱不会发生。"
> （Claxton, 1986a, p.69）

幸运的是，Claxton 说，这不是真的，因为我从未被分割为控制者和受控者，就算挣扎和自遣已经足够真实。"所以可怕的混乱不会发生。我不会进行大规模的强奸和掠夺，或只为了好玩就把老太太们打倒在地"（p.69）。相反，内疚、羞耻、尴尬、自我怀疑、对失败的恐惧和许多焦虑都会消失，而我跟期望的正相反，会成为更好的邻居。

Harris 有类似的反应。

> 从个人体验来说，我认为丢掉自由意志的感觉只会增强我的道德感——它可以提升我的同情和宽恕感，并减弱我对自己好运果实的权力感。
>
> （2012, p.45）

如果他们是对的，就没有任何保护任何人免受任何事物危害的必要，我们就能欢迎任何证据，不管它认为自由意志是真实的存在，还是错觉。

如果你怀疑自由意志是一个错觉，该怎么办呢？你可以忽略那种感觉，并希望它会消失不见。你也可以表现得"如同"你拥有自由意志一般。或者，你可以不再信仰它。如果你做了第三种选择，那你等着瞧吧，有关你意识体验的一切都会发生变化（见图9.10）。

图9.10　记住，错觉不是不存在的东西，而是跟感觉上不一样的东西。在这张视错觉图中，上面的怪物与下面的怪物相比，看起来大得多，也更加可怕。事实上它们是一模一样的。那么意识会是感觉上的那样吗？自由意志呢？

 **阅读文献**

Dennett, D. C. (1991). Time and experience [excerpt]. In D. C. Dennett, *Consciousness explained* (pp.153-162). London: Little, Brown.

丹尼特对里贝特的回溯概念是建立意识时间的批判（见第六章）。

Haggard, P.(2008). Human volition: towards a neuroscience of will. *Nature Reviews Neuroscience*, 9, 934-946.

将随意动作，包括意识体验在内，统统视为大脑所做的事情的实证与理论案例。

Libet, B. (1985). Unconscious cerebral initiative and the role of conscious will in voluntary action. *Behavioral and Brain Sciences*, 8, 529539. Commentaries following Libet's article: *BBS*, 8, 539-566, and *BBS*, 10, 318-321 (especially Breitmeyer, Latto, Nelson).

奖励细致研究的经典之作，既包括了里贝特的原始方法和结论，也涵盖其他人对它们的众多解读。

Miles, J. B. (2013). "Irresponsible and a disservice": The integrity of social psychology turns on the free will dilemma. *British Journal of Psychology, 52,* 205-218.

认为对自由意志的科学研究通常偏向于认为相信它是好事而不相信则是危险的，而事实恰恰相反。

Wegner, D. M. (2003). The mind's best trick: How we experience conscious will. *Trends in Cognitive Sciences, 7,* 65-69.

为什么我们会感觉是我们有意识地想要采取行动，不管这是不是真的。

PART FOUR

第四部分 进化

第十章
进化与动物心理

人类就是动物，所以任何关于人类意识的问题，在总体上也是关于动物王国的问题。如果存在人类意识这样一个东西，那么它是何时、为何以及如何产生的？其他动物也是如此吗？我们很容易假设人类处于意识阶梯的顶端，而简单生物处于底层，但无论这是对是错，都会严重影响我们如何对待其他生物，以及我们如何理解自己的意识。本章将介绍进化理论的基础知识，作为探寻不同物种意识进化（它是什么感觉）的基础，探寻它们的意识形态可能在哪些方面与我们相似，哪些方面不同，以及这可能意味着什么。

无心的设计

假设你正走在一片无人的沙滩上，碰到了一座神奇的沙堆。沙堆的每个角落都有一座方塔，装饰着成排的贝壳；四周环绕着护城河，一块扁平的石头充作吊桥，扎着齐整的海带缆索，以便将它吊起。你会得出什么结论？自然是一座沙子做的城堡了；而且一定是有人把它建起来的。

当我们看到明显的设计痕迹时，很自然就会推断有一个设计师存在。这本

"不可能存在没有设计师的设计。"
（Paley, 1802, p.3）

质上就是"设计之争"的要点,在1802年因William Paley神父而闻名于世。他假设自己在穿越石楠荒原时发现了一块石头或是一块手表。对于石头,他可以得出它一直就在那里的结论;但对于手表,他就必须得出存在一个表匠的结论。所有的零件被巧妙地安装在一起,来为制造它的目的——报时——服务。如果有任何零件丢失,或是安错了位置、用错了材料,手表就没法工作了。他不能想象这些复杂的部件都是碰巧凑到一起的,也不可能假借风、雨这样的自然之力,因此他总结说:

> 这块表必得有一个制造者:某时、于某一或另一地点,必曾有过一个或数个匠人,将其组装成形;究其目的,我们发现它实际是在回答:是谁理解了它的构造、设计了它的用途。

(Paley,1802,p.3)

他觉得这是不证自明的,"不可能存在没有设计师的设计、没有发明家的发明、没有选择的秩序"。功能组件的安排必然"暗示了智慧与心灵的存在"(Paley,p.13)。

因此他说,这就是自然的奇迹:设计错综复杂的眼睛来看见;动物吸引伴侣的方式;设计瓣膜来协助血液循环——所有这些都表明,复杂设计各有其目的,因此必然存在一位设计者。这样,源自设计的争论就变成了上帝存在的证据。

Paley错了。我们现在理解了他不可能理解的东西,设计并不需要设计者。正如牛津大学生物学家理查德·道金斯所说的,"Paley的论点源自一腔热忱以及他那个时代最好的生物学信息,但它是错的,光彩夺目、一错到底"(Dawkins,1986,p.5)。不是只有两种可能——偶然,或有一个有意识、有智慧的设计者。还有第三种可能,在Paley的时代不可能有人知道。功能设计没有设计师也能出现,而达尔文的自然选择进化论就说明了它是如何实现的(图10.1)。

图10.1 这些是达尔文于1835年在加拉帕戈群岛收集的部分鸟雀。每个物种都有不同形状的喙——本质上就是一种专为特定工作设计的工具,从缝隙中采摘微小种子到破碎坚果或贝壳。在当时,明显感觉一定是上帝设计了每一个物种。达尔文在其《比格号航行记》(*The Voyage of the Beagle*,1839/1909,p.402)中就曾写过:"人们可能真的会生出幻想……有一个物种被上帝选中,并对其进行了改动,以适应不同的目的。"但在1859年,达尔文解释了鸟喙、鸟雀和整个自然界的设计,可能不是通过一个设计师,而是通过自然选择来完成的。

"进化"意味着缓慢的改变,而这种生物在普遍意义上可能进化的概念在达尔文时代就已经出现了。他自己的祖父伊拉斯谟斯·达尔文(Erasmus Darwin)就质疑过当时主流的假设,即物种是由上帝决定的。而查尔斯·莱尔(Charles Lyell)爵士的理论说,地质力量可以雕刻景观、塑造河流、隆起山脉,这已经威胁到了上帝按照我们今天所看到的样子设计了地球的说法。化石记录证明了生物在缓慢改变,而这需要解释。缺失的是任何能够解释进化论如何作用的机制。达尔文在1859年的著作《物种起源》(*The Origin of Species*)中就提供了这种解释。那本书的全称是《从自然选择或生存斗争中优势种群的保全看物种的起源》(*On the Origin of Species by Means of Natural Selection, or the Preservation of Favoured Races in the Struggle for Life*)。

他的想法是这样的。如果生物在很长一段时间内发生了变化(正如他所展示的那样),而如果有时候出现了一场严酷的生存斗争(这是无可争议的——他读过马尔萨斯的《人口论》了),那么偶尔就会出现一些对某种生物有利的结构或是习惯上的变化。当这种情形发生时,拥有那些特点的个体在争斗中生存的机会最大,而它们会生出具有类似特点的后代。这种"保全或是适者生存的原则"被他称为"自然选择",是它引发了每种生物相对其生存条件的进化。

用更现代的语言,我们也许可以这样来表述。如果许多稍有不同的生物不得不对食物、水或其他资源展开竞争,而许多会死掉,那么如果幸存者能把帮助它们胜出的东西传承下去,它们的后代就一定能比其父辈更好地适应环境。在长达数十亿年的时间里,经过长期的重复选择,就能逐渐显现出非凡的适应性,包括毛发、腿、翅膀和眼睛。

Paley特别关注眼部,因为它们是极为错综复杂而又精巧的设计;但进化原则对眼部和其他事物是同样适用的。在具有单个光敏细胞的生物群体中,具有更多细胞的生物可能具有优势;在有眼窝的群落中,那些眼窝更深的可能会活得更好;诸如此类,直到具有眼角膜、晶状体和中央凹的眼睛被迫出现。人们现在认为,眼睛在地球上的独立进化已经超过40次。自然选择并非进化的唯一推动力,但它和变异、遗传漂变、基因流、性别选择以及自分子层面向上的层层自组织一道,解释了设计是怎样没有计划、没有设计师就出现的。

"生物学中的一切都毫无意义,直到迎来进化论的曙光。"生物学家Theodosius Dobzhansky(1973)如是说。自然选择就是"一切科学中最有力的想法之一"(Mark Ridley,1996,p.3),"任何人所想出过的最好的一个想法"(Dennett,1995b,p.4)。"达尔文的危险想法"就像一种无敌的酸液,将其路径

> "生物学的一切都毫无意义,直到迎来进化论的曙光。"
> (Dobzhansky,1973)

自然选择就是"一种无须心灵帮助而从混沌中创造的设计。"（Dennett, 1995b, p.50）

上的一切都销蚀殆尽，一路走，一路对我们的世界进行革命（1995b）。这个"危险的想法"已经变成了所有生物科学的基础。

可以将达尔文描述为"改造传承"的过程想象为一个三步算法：如果你拥有了变异、遗传和选择，你就一定会得出进化的结论（图10.2）。它就是"一种无须心灵帮助而从混沌中创造的设计"（Dennett，1995b，p.50；也可参见 pp.48-52, 61-89, 324-330, 521）。美国心理学家 Donald Campbell（1960）将其描述为"盲目变异和选择性保留"。因为聪明的设计的茁壮成长得益于竞争对手的不成长，我们也可以将它想象为"死亡的设计"。

如果你拥有了	变异
	选择
	遗传
你一定会得到	进化
或者"无须心灵帮助而从混沌中创造的设计"	

图 10.2 进化论算法（Dennett, 1995b, p.50）。

这个设计方案是一种不可避免的过程，不要求有设计师和规划，不需要远见和意向，也无须为了任何目的或朝向任何结果而发生。它可以全部交由一个"盲眼的表匠"来完成（Dawkins，1986）。Paley 提到的眼睛和耳朵、瓣膜和交尾叫都设计得不错，但这一切并不需要设计师。

定向进化论

除了达尔文的洞见之外，进化还需要一只引导之手，感觉起来诱惑无穷，也经常重复出现。让－巴蒂斯特·拉马克（Jean-Baptiste Lamarck，1744—1829）赞同达尔文关于一个物种可能会逐渐变为其他物种的说法，但他提出，首先要有个体的力量（动物适应环境的一种驱动力）在一个方向上产生进步，其次要有所获得的特征的遗传（这一点现在被称为拉马克主义，虽然拉马克并不是第一个倡导这一概念的人；达尔文也写过类似的过程）。拉马克相信，如果一种动物使用了特殊的生物能力来改变自己，其结果将遗传给它的后代。因而，一辈子伸长脖子去吃最高处的树枝的长颈鹿会生出脖子更长一点的幼崽；努力工作而练出一身肌肉的铁匠会把这个结果传给子孙后代。

这两种理论给出了非常不一样的进化论版本及其未来。按拉马克的方案，进化是定向性和进步式的，物种会随时间不可避免地进化。按达尔文的方案，进步是无法保证的，也没有内在的方向。这一过程产生了一棵巨大的物种和亚物种之树，或是灌木丛，其分支遍布各处；变化总是从可变之处开始的；而当环境严酷时，物种就会消亡。在达尔文的方案中，人类没有特殊地位，他们只是漫长而复杂过程中的一个偶然产品，而非不可避免的结果或者最高级的造物

（见图 10.3）。

图 10.3 在流行的"伟大的生存链"概念中，进化通过一系列不断改进的生物进行，最终获得最完美和最聪明的生物——人。现实则更像是一棵枝繁叶茂的大树，或者一大丛灌木，其中的人类位于灵长类的一个分支上。按这个观点，今天所有存活的物种其适应性都达到了极致，没有哪一个比其他的"更进化"或者"更高级"。

毫不意外，拉马克的见解被证明比达尔文的更能为人们所接受，时至今日依然流行。达尔文的观点面临宗教界的大面积抵制，并遭到嘲笑和蔑视。在 1860 年牛津大学的一次著名的大辩论中，牛津大主教 Samuel Wilberforce 向达尔文理论的主要倡导者托马斯·亨利·赫胥黎发问，问他是从祖母一系还是祖父一系的猿猴遗传而来的，极大地娱乐了大众。即便是今天，在某些国家，包括美国，仍然存在对达尔文主义的宗教抵制。在那里，定向进化的观念是创造论及其继承者"智能设计"的基础，上帝是以"自身形象"创造人类的最高导演。

"伟大的存在链"是另一个诱人的想法，链条的一端是简单生物，另一端是有意识、有智慧的人类。进化阶梯的形象也是如此，人类费力地从底部的低等

进化与动物心理 **第十章** • **277**

生物向顶部的天使攀爬。这样的方案好像证实了我们的努力是正当的，并暗示我们的努力可以带来进步。拉马克的观点经常被解释为努力涉及了意识意愿的奋斗。拉马克不是这么说的，即便他曾对生理过程如何产生"内在情感"或者意识体验思考良多。但自那以后，许多理论都赋予了意识一个更加明确的中心作用。例如，耶稣会教士 Pierre Teilhard de Chardin（1959）提出，一切生命都在朝着更高的意识或"欧米伽点"奋斗。对印度空想家 Srinagar Aurobindo 来说，生命是在向着"生命的神圣"进化的；而生物学家 Julian Huxley 则相信，进化已经变得真正有目的性了，而且"在被有意识地从前拉动，同时从后面盲目地推动"（in Pickering and Skinner, 1990, p.83）。

某些现代的"精神"理论也会激发意识方向感，比如 Ken Wilber 的"意识整合论"。这个理论明确基于伟大的生存链，以及无意识事物向超意识或超存在不可避免地进步的观点（Wilber, 1997）。

> 也许进化的顺序真是从物质到身体到心灵到灵魂再到精神的，每一个……都比前一个更深刻、意识更强、范围更广。而进化所能到达的最高境界……就是一种神圣的意识，精神被其自身的真实本质所唤醒。

（Wilber, 2001, p.62）

Wilber 明确反对作为进化证据的翅膀和眼睛，像创造论者一样辩称，翅膀不可能是自然进化而来的，因为半个翅膀或半只眼睛根本就没有用。

另有三个流行的例证，一个是未来主义者 Barbara Marx Hubbard（1997）的动机论，她敦促我们认识到高阶意识的潜力，并以"意识进化"来掌握自己的未来；另一个是物理学家阿米特·戈斯瓦米（Goswami, 2008）的量子理论，他声称意识才是宇宙的基本力量，而非物质或能量；还有就是 Deepat Chopra（Chopra and Tanzi, 2012）的观点，他是一位整合医学医师，认为达尔文错了，因为有一个超自然意识指导了进化并允许人类逃脱其他动物受其约束的自然选择的力量。三个人都追随 Teilhard de Chardin，相信进化是由一个宇宙或精神域从上方驱动的。意识驱动进化前进的概念似乎有无尽的吸引力，但到目前为止，还没有任何生物学证据可以提供相信它的理由。

反对拉马克主义的理由（至少是流行的一个版本）首先是由 August Weismann（1833—1914）搞清楚的，他从有性物种中区分了种系细胞（代代相传的性细胞）和体细胞（终将死去的身体细胞）。发生于体细胞之上的事情会影响它遗传其性细胞的概率，而不是那些细胞本身。如今我们会说，基因信息（基因型）会被用来构建身体（表型），而表型变化不可能影响基因型。因此，打个比方，如果你一辈子都在节食，你可能会让自己更吸引人或者让人讨厌，甚至不育，但你不会遗传让后代更苗条的基因。

但是，我们现在知道了，你吃的食物和其他生活方式选择可以通过后生作用（epigenesis）影响未来的后代。例如，一项著名的研究发现，在第二次世界大战期间经历过荷兰饥荒的孕妇所生的孩子，在以后的生活中更容易出现肥胖症、糖尿病、心脏病和其他健康问题，而这些影响甚至会遗传给下一代（Veenendaal et al., 2013）。后生效应不会真正改变任何基因，但与基因表达的遗传变化有关，包括将其打开和关闭。

然而，基本的种系和体系区别依然存在，并有很好的理由让进化继续这样进行下去。多数发生于表型之上的事情都是有害的，比如发育不良、各种损伤以及老化。如果所有这些变化都被遗传了，设计中的有用发展就会丢失。另外，多数表型都不太成功，所以每一代都"回归画板"就很有意义（Dawkins, 1989）。另一种说法是，复制产品生产指令（比如按 DNA 中的指令制造器官，或者在生产线上制造汽车）的方案，好过复制产品本身的方案，因为不完美的复制会带来不可避免的错误（Blackmore, 1999）。

20 世纪初叶之前，达尔文主义一直低迷不前，但随着 20 世纪 30 年代遗传学基础的发现及其在"现代综合论"中与自然选择的整合，情况发生了变化。作为其结果出现的新达尔文主义解释了为什么不需要导向力量——有基因重组和突变产生的变异所带来的自然选择就足够了。显然，其他如遗传漂变、基因流、随机事件、表观遗传和自组织原则等过程，也在进化中发挥作用，而针对它们各自的贡献存在激烈的争论（R. Dawkins, 1986; Dennett, 1995b; Gould and Lewontin, 1979; Jablonka, Lamb, and Zeligowski, 2005; Johnson and Lam, 2010）。即便如此，仍然没有关于进化中存在一种引导力量的暗示，没有证据表明心灵或意识起到了那种作用。

自私的复制器

进化为谁或因何而生？眼睛、翅膀、大脑和消化系统的最终受益者是谁或者什么？达尔文主义频繁地被误解为一种"为了物种的利益"而产生适应性的机制。一个简单的例子就能说明它为什么不是了。

想象有一群老鼠，依靠人类的垃圾成功地生活在一个巨大的现代城市中，比如伦敦。每一间商店和餐馆外都有很多垃圾桶，装着大量的老鼠的美食。每天晚上，工作人员离开之后，这些垃圾桶有可能没有盖好，或者有食物会掉在地上。老鼠们只要安静地等待人类离开，就可以将这一切据为己有。"为了物种的利益"的最佳策略就是每只老鼠都要等，但它们会等吗？当然不会。只要有一只老鼠拥有一种基因，鼓励它先跳出来，把垃圾箱盖当嘟嘟地踢到地上，人类就会跑过来将它盖上；但那只老鼠仍会比其他的好过得多，它可以带走一片美味的腐肉或是一块湿哒哒的三明治。那只老鼠会变得更胖，带更多的食物回家，并产下更多的后代，后者也会遗传那种"先跳出去"的倾向性；耐心的老鼠就会输掉。注意，这一点不是纯粹自私的秘方。合作和利他行为可以与自私行为一起发展的原因有很多（Matt Ridley，1996；Fletcher and Doebeli，2009；Nowak and Highfield，2011），但它是与进化论的"为了物种的利益"相对立的一个论点。因此，我们一定不要陷入一种错误的思想，即认为意识本来是可以得到进化的，因为它对我们的物种有好处，或者确实对其他物种有害处。

那么个体是最终的受益者吗？不一定。美国生物学家 George Williams 在其 1966 年的经典之作《适应性与自然选择》（*Adaptation and Natural Selection*）中宣称，我们应该在必要而无须更高的层面上通过事实来认定适应性。但那个层面是什么呢？多级选择理论需要在多个层面进行选择，包括族群选择，即动物种群、部落或文化，为了生存而彼此竞争。可以说，文化进化使这种可能性更大了（Boyd and Richerson，2009）。比如，在一个生猪携带致命疾病的地区生活的某个人类族群，如果有一种吃猪肉的禁忌，那个族群就会有一种优势。在这个例子中，选择就会在族群内部以及族群之间发生。但族群选择是一个有高度争议的话题；其强力倡导者包括 David Sloan Wilson（Wilson and Sober，1994）和 E.O.Wilson（D. S. Wilson and E. O. Wilson，2008），而斯蒂芬·平克（Pinker，2016，p.878）说这一定会带来混淆，因为它经常会被用来制造"有关人类进化中族群重要性的松散典故"。

反对族群选择的是那个从道金斯发布于 1976 年的著作《自私的基因》（*The Selfish Gene*）里引申而来的理论，称为"自私基因理论"。按这种观点，自然选择的最终受益者既不是物种，也不是族群，也不是个体，而是遗传信息——基因。如果这看起来有些怪异，想想那些伦敦的老鼠。它们具有许多物理和行为特征的基因，而自然选择可以对它们全都起作用。尽管活下去或死掉的是个体

> "单个自私的基因想要做什么？它想要在基因池里占更多的数目。"
>
> （R. Dawkins，1989，p.88）

的老鼠，但最终的结果是基因库中不同基因频率的变化。换个说法，基因就是"复制器"：它就是被复制的信息，要么准确而频繁，要么不是。这解释了基因为什么会是"自私的"。它们在拥有自身的欲望或意向的意义上，不是自私的（它们也产生利他行为）；但它们在另一个意义上是自私的，即它们如果可能，就会被复制——无论它们对其他基因、其自身器官或者整体的物种有何作用。从这个角度来看，人类（像所有其他动物一样）就是"笨拙的机器人"，被自然选择设计用来携带基因，并对它们进行保护（Dawkins，1976）。

有一种危险的做法会将每一个特征都视为必要的适应性［一种被古生物学家 Stephen Jayson Gould（Gould and Lewontin，1979）讥讽为"泛适应主义"的倾向］。实际上，有机物的许多特征都不具备适应性，或者就算具备，也远非最佳。有一些受到物理限制和随机力量强烈影响而缺乏一种最优设计，因为进化总得从一个可用的地方入手，并从那里开始发挥作用。有些无用的特征幸存下来，因为它们是其他被选择特征的副产品。其他特征能幸存下来，是因为它们曾经具有适应性，而后来又没有足够的选择压力将它们剔除出去。所有这一切都有可能是我们质疑为什么意识会进化时的可能性答案——第十一章将回顾这个问题。

小传 10.1

理查德·道金斯（Richard Dawkins，1941 年生）

道金斯出生于肯尼亚内罗毕，1949 年随家人移居英国。他求学于牛津大学，并随后在此成为动物学讲师、新学院院士，后来还成为查尔斯·希莫尼公众理解科学教授，直至 2008 年退休。他的首部著作《自私的基因》(The Selfish Gene, 1976)确立了后来的"自私基因理论"，并在几十年间保持畅销。作为"达尔文战争"的主角，他与斯蒂芬·杰森·古尔德（Stephen Jayson Gould）就自然选择和进化适应性的重要性展开了争论（Brown，1999；Sterelny，2001）。他的著作《上帝妄想症》(The God Delusion, 2007)激发了"新无神论"，一个反对宗教教条和灌输的运动，包括道金斯在内的主要发起者被称为"四骑士"。他仅仅将人类描述为"生存机器"——设计用来携带基因四处游荡的"步履蹒跚的机器人"。在推动"宇宙达尔文主义"的过程中，他发明了作为一种文化复制器的模因概念，并指责宗教是心灵的病毒。至于意识，他认为它是"现代生物学面临的最深刻的谜团"。

动物的心灵

作为成功的伦敦老鼠中的一员会是什么样的？作为一条蛇、水缸中的一条金鱼或者一只蝴蝶呢？我们在思考人类意识的进化时，不可能不对其他动物也提出质询。人类的谱系据信是在 500 万—700 万年前与黑猩猩分离，800 万—1000 万年前与大猩猩分离，而在 1200 万—1600 万年前与猩猩分离开了。人类的 DNA 大约有 94.8% 与黑猩猩相同，那么其他的类人猿会不会也有意识呢？做一只为了过冬而埋藏榛子的灰松鼠有什么特别之处呢？如果没有，到底是什么变化的出现才使得人类有了意识，而让其他物种——就算它是灵长类——"生活在黑暗中"呢？另一方面，如果大猩猩有意识，那么单细胞有机物有意识吗？如果有，为什么它有，而复杂的钻石晶格结构却没有？或许提出这些问题本身就能显示出，我们在思考意识的时候多容易给自己设定条条框框了。

很容易想象有一架梯子，人类在顶部，拥有最高层次的意识——或者就是唯一有意识的物种——而在其之下，意识变得不同，更为贫乏或者根本就没有。但是有什么证据来支持这样的模型呢？本章的余下部分将对一系列可以用来调查别的动物有没有意识的方法展开探讨——而如果有，它们的意识体验与我们相比是怎样的。我们将尽力抵御高居线性刻度表顶部的诱惑，尽管多数研究都不可避免地会问到我们的哪些能力是其他动物所具备的，以及这对它们的意识能力有何意义。

> 我当然已经习惯了缰绳和头箍，以及被牵着在田间地头安静地走来走去，但现在就要给我拴上马嚼子和辔头了；我的主人像往常一样，给我喂了些燕麦，又对我好一顿温言相劝，然后他就把马嚼子放进了我嘴里，把辔头给我戴上了。可这真不是个好东西！那些嘴里没被塞过马嚼子的，可想象不出它的感觉有多糟；一大条又冷又硬的铁，粗得跟人的手指头似的，被塞进人家的嘴里，搁在人家的牙齿中间、舌头上面；铁条的两头从你的嘴角伸出来，被皮绳栓得紧紧的，那皮绳绕过你的头顶和喉咙下面，绕过你的鼻子，还有下颌；因此你根本没法子甩掉那个糟糕的硬东西；太糟糕了！对，太糟了！至少我是这么想的；但我知道我妈妈外出时总是戴着这玩意儿，而所有的马长大后都会戴上；所以，因了那可口的燕麦，因了我主人的轻拍、好言好语和温柔举动，我就要戴上我的马嚼子和辔头了。
>
> ——安娜·休厄尔（Anna Sewell）
> 《黑美人：一匹马的自传》（*Black Beauty: The autobiography of a horse*，1877）

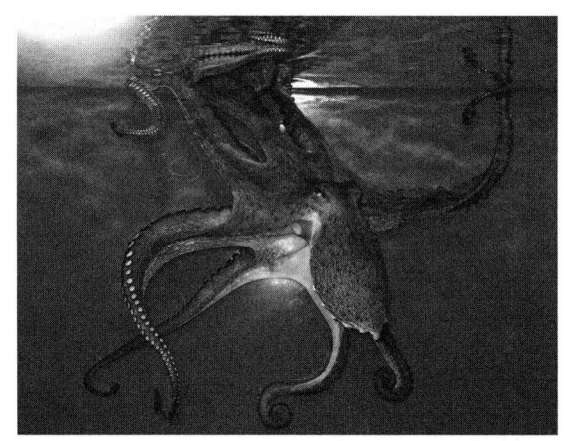

图10.4 章鱼是一种海洋头足类动物，它的每条触手上都有两排吸盘，可以挥动并抓住物体。它通常在黄昏时捕猎，用唾液中的神经毒素来让猎物瘫痪，并用强大的手臂抓住猎物。它很聪明，可以拧开罐子并躲开龙虾陷阱，可以挤过小间隙，可以改变身体颜色与周围环境融为一体，并利用其敏感的皮肤，无须眼睛就能检测亮度的变化。雄性使用它们的第三条右臂的尖端将精子插入雌性的输卵管。

我们先来做一个思想实验。做一只章鱼是什么感觉（见图10.4）？你能想象在水下快速地游来游去、身后拖着八条长长的触手、用你那些吸盘来探索珊瑚礁是一种什么感觉吗？你能想象没有头盖骨来保护你不要被夹在岩石间的狭窄缝隙里，还能在身体周围喷出一大团浓黑的墨汁来迷惑你的天敌吗？也许你能。但是，如同内格尔（Nagel，1974）在"做一只蝙蝠是什么感觉"（第二章）里所指出的，你所想象的是你成为一只章鱼会是什么感觉，但这不是重点。重点是，章鱼是什么感觉，就是说，如果章鱼能感觉到任何东西的话。

那么我们又怎么能知道呢？我们不可能让章鱼来告诉我们。而即便我们可以做到，也可能不相信或不理解它所说的话。这就是其他物种思想的根本性问题。就像你可能永远不能肯定你最好的朋友是不是真的有意识，你永远不知道你的猫、花园里的鸟或者你刚踩过的蚂蚁有没有（或曾经有过）意识。人类和其他动物表现出了类似的情感表达，以及对快乐、痛苦和恐惧的类似反应，如同达尔文（Darwin，1872）在很久之前演示过的一样。从这些类似点之中，我们可以猜测另一种动物想要做什么，或者它是怎样感觉的。即便如此，我们也必须避免做出假设：就因为它看上去痛苦或感觉有罪、高兴或悲哀，它并不一定真的具有我们归因于它的那些感觉。我们的印象可能是完全错误的。

有两种极端的情况需要考虑。一种是只有人类才有意识。笛卡尔相信，因为其他动物没有语言，所以它们都是没有感情的自动装置，没有灵魂也没有意识。它的一个现代的版本就是 Macphail 的论点，即"动物的确就是笛卡尔机器；正是语言的可用性，才首先让我们具备了自我意识的能力，其次让我们有了感觉的能力"（Macphail，1998，p.233）。按他的观点，不存在有说服力的证据证明其他物种具有意识。它们不仅缺乏语言和自我觉知，也缺乏感觉（这一点他的意思是感觉体验）。丹尼特（Dennett，1991）给出了一个不一样的理由：其他动物缺乏用来创造特定虚构内容，也就是意识体验的语言。类似地，HOT 理论否认任何不具备高阶思维的动物具备任何意识。

另一个极端的观点是，所有其他物种都有意识。这里最明显的例子就是泛心论：就算是阿米巴虫以及在之外的无机世界里，也可能存在某种"与我们的自身意识在本质上相同的"东西，而这种东西可能相比之下出奇的简单（Clifford，1874/1886，p.266）。处于这两种极端情况之间的，是出于各种原因而将各种不同的意识赋予了各种不同物种的各种理论（Griffin and Speck，2004；D. Edelman and Seth，2009）。例如，巴尔斯（Baars，2005b）认为，意识就是一种重要的生物适应性，而已知的解剖学和生理学意识基础在系统发育上十分古老，至少可以追溯到早期的哺乳动物。我们基于行为和大脑证据，很容易将意识赋予其他人类，因此我们也不应该不将其赋予其他哺乳动物。精神病理学

> "它有躯干——但这躯干变化无常，具备所有可能性……章鱼生活在通常的躯干／大脑分界之外。"
> （Godfrey-Smith，2017）

> "动物的确就是笛卡尔机器。"
> （Macphail，1998，p.233）

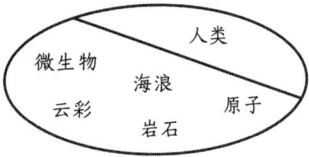

1. 一种二分法（一个大区别）

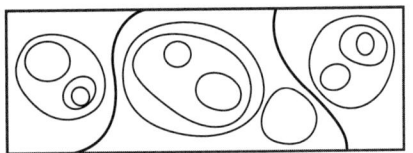

2. 一个连续序列（无缝转化）

3. 一个有若干不连续之处的空间

图 10.5 概念空间的模型。人们常常以为，二分法（有意识/无意识）的唯一替代方案是程度不同的连续案例。其实还存在第三种替代模型（Sloman and Chrisley, 2003, p.15）。

家 Todd Feinberg 和生物学家 Hon Mallatt（2016）更退后一步，回溯到 500 多万年前的寒武纪大爆发时期。无意识反射逐渐进化进入了大脑，而逐渐提高的意识水平，最终导致了主观体验的统一内部世界。因此在他们看来，每一条鱼、每一只爬行动物、每一只两栖动物和每一只昆虫都是有意识的，甚至跟章鱼一样的头足动物，也是有意识的。

其他人则把初级意识或感官意识——通过记忆整合感知和运动事件以创造出对当前周围世界的感知的能力——与二级或更高级别的意识做了区分，这涉及对有意识状态的意识，以及将现在与过去和未来联系起来的能力（G. Edelman, 2003）。这样的区分可能意味着意识本质上就是一种二进制的开/关现象，或者它们可以允许特定的动物具有部分或不完全的意识（Allen and Trestman, 2016）。我们在任何情况下，都不应该假设只存在一种意识；也不应假设，如果存在多种或多级意识，人类拥有的那一种就应该是测量所有其他意识的标准（图 10.5）。

"情感意识、内感意识和外在意识，都存在于寒武纪爆发的第一批脊椎动物体内。"

（Feinberg and Mallatt, 2016, p.xvii）

练习 10.1

做那种动物是什么感觉？

本练习跟通常的练习不太一样。你在继续日常生活的同时，找找其他动物，观察一下它们在做什么。它们也许是宠物狗或猫、农场里的奶牛或猪，或是野生的鸟类、松鼠或兔子。也找找昆虫、蜘蛛、蠕虫和鱼类。每一次都问自己："做这头奶牛是什么感觉？""做那只蜘蛛是什么感觉？"你能想象出来吗？是不是想象某些动物要比想象其他动物的容易些？这种区别意味着什么？

不同的世界

每一个物种都进化了感觉系统，以适应各自的生活方式。这导致了一个奇怪的发现，即同一地区的几个不同物种可能都生活在不同的世界里。以一个普通花园里的池塘为例：这里有鱼类、蛙类、蝾螈、蜗牛、昆虫幼虫、苍蝇，还有一个人类小孩，拿着一张渔网。我们可以很容易想象（或者认为我们可以）

池塘对孩子来说是什么样子的，但是其他物种一定会以完全不同的方式体验它。鱼类有感觉器官来探测水中的振动，由此得知要躲避什么、追逐什么，还有什么时候该躲起来以保安全。我们没有任何可以比较的事物来帮助我们进行想象。昆虫有复眼，与我们成像式的眼睛很不一样，而许多动物都具有化学感觉，辨别力远远超过我们的嗅觉和味觉。

蛙类特别有意思。蛙类的眼睛有跟我们类似的晶状体和视网膜，沿着光学神经向其大脑中的视顶盖传递视觉信号。想象蛙类世界的图像是以某种方式在其大脑中构建起来的，这个想法虽然诱人，但事实并非如此。蛙类的眼睛只会告诉大脑需要知道的信息，而没有更多。眼睛告诉它的大脑静止和移动物体的边缘、整体光线的变化以及虫子的信息。"虫子探测器"会对细小的移动物体做出反应，而对大的移动物体和小的静止物体不做反应，并引导蛙类的舌头去捕捉苍蝇。这种系统的工作方式的一个极端后果是，即便一只青蛙周围环绕着一圈刚刚被打死的苍蝇，它也真的会饿死。如果苍蝇不动，青蛙就看不见。

> "即便身旁环绕着食物，如果它不动，它（青蛙）也会饿死。"
> （Lettvin et al., 1968, p.1940）

通过对这只青蛙的思考，我们可以学到很多。我们可能倾向于认为，盯着池塘看的孩子的头脑里真的会有一幅世界的图像——一幅完整、丰富而详细的图景。与之相比，青蛙的视觉就是可笑的。但是，你再想想看。变化视盲和非注意视盲的发现以及背侧通路和腹侧通路在视觉系统中的不同作用（第六章）都说明，我们与青蛙相像的地方也许比我们愿意承认的多得多。进化将我们设计得只能探测到周围世界里有选择的某些方面，往往只是因为我们的行动需要它们。就像青蛙一样，我们对别的东西都熟视无睹——但我们没有感到有什么大的缺失。

我们可能认为那个孩子比青蛙有意识得多，而青蛙比苍蝇更有意识，但是为什么呢？虽然很多作者都对动物意识做出了大胆的猜测，但仍然不清楚这些如何才能被探测到，或者它们有什么意义。英国药理学家 Susan Greenfield 提出，"在整个动物王国内，意识会随着脑容量的增加而增加"（Greenfield, 2000, p.180）。但如果她是对的，那抹香鲸、非洲大象和暗纹海豚就比你有意识得多，而大丹犬和拉布拉多犬就比杰克罗素犬和京巴犬更有意识。约翰·塞尔宣称，"人类和高级动物明显是有意识的，但是我们不知道意识会沿着进化表向下延伸多远（Searle, 1997, p.5）。但这其实并不明显，而且不存在一种单一的进化表或者线性序列，让动物可以靠它来划分为高级的或低级的。如我们所见，进化产生的不是一条线，而是一大片灌木丛。

> "人类和高级动物显然是有意识的。"
> （Searle, 1997, p.5）

物理和行为标准

理想化地说，我们需要为意识找到某种清晰的标准，以便应用到其他动物身上。一种方法是寻找解剖学或其他的物理特征——不仅是脑容量，还有我们认定为意识指标的脑组织和脑功能方面的特征。我们也许会说，鱼类不可能有意识，因为人类的意识依靠信号放大和全脑整合，而鱼类缺乏让这一切成为可能的神经结构，特别是能让神经信号既相互区别又总体整合、内部紧密相连的前馈（feedforward）和反馈（feedback）回路（Key，2016）。

计算神经学家 Anil Seth 及其同事（2005）认为，基本大脑事实中的一部分，就是意识"会在当前任务和条件的驱动下，参与丘脑皮层核心中分布广泛、相对速度较快但振幅较低的相互作用"（p.119）。低位脑干参与了意识状态的维护，而丘脑皮层复合体维持了意识的内容。因此，在其他物种的大脑中发现这些特征将会向我们表明它们是有意识的。Seth 总结说，多数哺乳动物都有这些结构，因而应该被认为是有意识的。

> "那条鱼对有害刺激会有什么感觉？证据最能证明，鱼对它们没什么感觉。"
> （Key，2016，p.17）

> "意识可能最早是在鱼类中进化的。"
> （Balcombe，2016，p.85）

对那些没有皮层因而也没有丘脑皮层连接的生物，从无脑软体动物到脑部极小的蠕虫和昆虫，再到鱼类和爬行动物，又该怎样来认定呢？Bjorn Merker（2007）认为，所有脊椎动物的大脑都有一个共同的中央功能设计，其上位脑干系统是为意识功能而组织的。在简单的大脑中，这一系统参与了动作控制；在更为复杂的大脑中，它承担了一个任务，将高级脑区中的大规模并行加工整合到相关行为所需的、容量有限的串行加工中。按照这个观点，就算是根本没有皮层的简单生物也可以是有意识的。

这里的一个常见主题是，脑干控制了意识的状态和睡眠—觉醒循环，而前脑维持了意识的复杂内容。所有哺乳动物以及多数的其他动物（包括许多鱼类和爬行类、部分昆虫甚至是最简单的蛔虫——秀丽隐杆线虫），都在清醒和睡眠状态之间循环往复，或者至少它们的行动和反应都具有强烈的循环节奏。因此，在保持清醒的意义上，它们是有意识的，但是作为它们有什么特别之处吗？它们有意识、思想、感觉吗？而说起意识的"内容"，我们就会再次遭遇与确认意识的神经关联有关的困难，还有对"意识的内容"整体概念的问题（第四章）。这些问题在探询非人类动物的意识的神经关联时，尤显尖锐。在这里，区分意识体验的先决条件、基础和后果会更加困难——当然首先要确定，哪些体验可以被认为是有意识的（Boly et al.，2013）。

如果我们有一套指明了意识的神经基础的完整理论，就可以用它来判定动物的心理状态。可惜我们没有。Seth 及其同事（2005）指出，意识的神经理论还比较新，标准的清单可能还需要修改。而在那之前，我们不应该仅仅猜测意识需要哪些特征，就动身寻找它们。这好像是 Feinberg 和 Mallatt（2016）在提出"意识的定义特征"包括非嵌套和嵌套的分级功能、同构表征和心理意象，而感官等级需要四个或更多层次才会有意识的时候，想要做到的事情。他们正是通过在其他物种中寻找这些特征，而得出了结论："从无意识到有意识的转变"发生在 5.6 亿—5.2 亿年之前。

"我们寻找的是可以产生意识的感官层级结构的最小级数。"
（Feinberg and Mallatt, 2016, p.98）

另外一种主要方法是查看行为指标。例如，一种活动的生活方式（章鱼而非蛤蜊；动物而非植物）可能会驱动对于一般目的感知、灵活规划和行为精确控制的需要，而这些对发展主观性有利（Klein and Barron, 2016）。我们也许还可以询问，能够进行既包含行为也包含功能和结构特征的特定形式关联学习的有机物，是不是更有可能具备意识（Bronfman, Ginsburg, and Jablonka, 2016）。

或者我们可以尝试按智力给动物打分，但存在一种危险，就是我们的智力概念是建立在我们的物种特异性能力之上的，我们并不了解其他类型的智力，比如蜜蜂、大象或章鱼的智力（Adams and Burbeck, 2012; Godfrey-Smith, 2016）。即便是对于更为熟悉的生物，比较也是困难的。按某些量表衡量，黑猩猩所处的位置非常靠近最顶部，而鸟类因为其小小的"鸟脑"而排位靠下很多。没错，黑猩猩能搞明白怎样把箱子堆起来，以便够到一只吊起来的香蕉（图10.6），但渡鸦能像大猩猩（和小孩子）一样出色地以一种具有领域灵活性的方式提前规划工具使用和以货易货（Kabadayi and Osvath, 2017; 图 10.7）。一个物种真比另一个物种更聪明、更有意识吗？

那痛苦呢？一个物种会不会比另一个物种更痛苦呢？我们看见别人哭泣或遇险时，会对他们产生同情，这在假设他们与我们类似的前提下可能是合理的。我们也会对狗受伤哀鸣、老虎在狭小的笼子里踱步或者

小传 10.2
坦普·葛兰汀（Temple Grandin，1947 年生）

坦普·葛兰汀是美国科罗拉多州立大学的动物科学教授，但她可不是一位普通的教授。她 2 岁就被诊断出有脑损伤，患有自闭症；她为自闭症患者担当发言人，发明了"拥抱盒子"或者"抓捏机器"来安抚他人。度过了困苦的求学生涯之后，她不仅研究了自闭症并撰写了专著，还完成了一项关于丰富家猪环境的博士研究。她相信是自闭症患者的那些被害怕、被嫌弃和被一切威胁的感觉，给了她理解动物体验的特别洞察力，让她能够注意到牛群经常被多数人注意不到的一些事情所扰。尽管重新设计屠宰场听起来不像是一份有同情心的工作，但这是她运用自己对动物心理的了解来为它们提高福利的方法。2010 年，她的故事被搬上了大荧幕，另有一部关于她的纪录片名为《像牛一样思考的女人》。

图10.6 黑猩猩使用树枝和树叶作为工具，比如把白蚁从洞里勾出来。甚至有证据表明它们使用过石头工具，而且雌性比雄性更擅长使用工具。这种智慧行为是不是意识的标志呢？

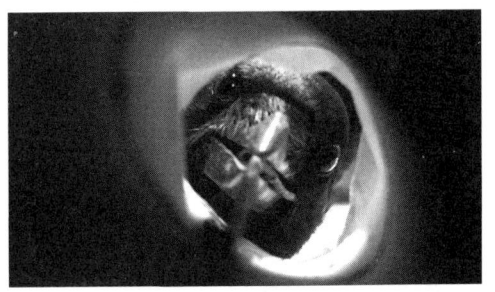

图10.7 乌鸦在野外用树枝制作复杂的钩型工具，并用这些钩子从裂缝中勾取猎物（J. Troscianko and Rutz, 2015）——这里显示的是通过隐藏在树洞里的相机拍摄到的画面（J. Troscianko et al., 2012）。这会不会让它们比其他鸦类或是鸟类更聪明呢？这会不会让它们更有意识呢？或者与之关系更大的是，能够掌握工具并视用途不同而自然地开发出更多依赖工具的解决方法呢？

龙虾在沸水里尖叫而感到同情。但是，它们之中的一个或者全部有没有可能都只是笛卡尔式自动装置，而没有任何感觉呢？这不是一个空泛的问题，因为我们可以造出一只玩具狗，用导线连接，你踩它的一脚，它就会叫，但没人会相信它有感受痛苦的能力。光有几个开关是不够的。那么要具备什么才足以构成体会痛苦的能力呢（Linzey, 2009）？

体会痛苦还需要意识能力吗？我们可以假设它需要，但是哲学家John Carruthers（2004）用了一个高阶意识概念来争论说痛苦可能没有现象意识；多数动物可能不具备高阶思维能力，因此就没有意识，但让疼痛难以忍受的是一阶内容。Marian Stamp Dawkins（2008）赞同说，意识问题与痛苦问题是独立存在的：就算我们把人类的痛苦和情绪的主观体验关联到一起，情绪也可以是无意识的。

这其中的任何一点能不能让我们判断哪种动物能够感受痛苦呢？对龙虾的争议尤为激烈。它们被活煮时发出的尖叫声让人心烦意乱，但那也许是空气被排出虾壳时发出来的。因为甲壳动物只有一个不带皮层的简单大脑，它们不可能拥有人类那样的疼痛关联皮层区域。所以有研究者总结说，它们根本就感受不到任何痛苦（一种解剖学标准）。其他人已经证明，当螃蟹和龙虾被从水中提起（因此变得缺氧）、受到寄生虫感染或者爪子被扭曲时，它们会释放类似皮质酮（cortison）和皮质甾酮（corticosterone）的应激激素。这种压力反应显示了一种与人类类似的痛苦感受基础（一种生理学标准）。同样也已确认，当对虾的触须被刷上酸液后，它们会很快将其抹掉；它们还会避免回到曾遭受过电击的情形，另外它们受伤时会表现出揉擦和跛行的保护行为。因此它们一定有能力感受疼痛（行为标准）。那么我们该如何衡量这些不同的指标（Elwood, Barr, and Patterson, 2009）并理解对虾和龙虾可能会感受到的东西呢？

道金斯（Dawkins, 2008）提出了两个可以问的问题，用来判断一只动物能不能感受到痛苦：这个动物健康吗？它得到所需要的东西了吗？例如，在对肉鸡进行研究时，她惊讶地发现，尽管在高密度的农场中，禽类的行走能力更差，但空间与其他健康测量指标（如死亡率及其腿脚状态）的关联还赶不上空气和垫料质量这样的环境因素。肉鸡也似乎并没有试图躲开彼此，而是似乎喜欢与其他肉鸡积极地保持亲密。她认为动物福利很重要，但在试图理解动物福利时，我们应该坚持使用证据，而不要被拟人、同情或对动物意识的争论分散了注意。

"对动物痛苦的科学研究……需要测试那些不可测试的。"
（M. Dawkins，2008，p.1）

徘徊于此的是这个问题，它真的疼吗？这似乎不可能回答出来，但我们不应该绝望。在对人类意识的研究中，我们通过研究感知、记忆、注意和其他相关能力而取得了进展。也许我们对动物意识可以采取同样的方法。

"我们不必等解决了意识问题才来建立事关动物福利的科学。"
（M. Dawkins，2008，p.4）

下面将来调查一系列其他行为方式，以尝试在其他动物中把意识找出来——问清楚它们的意识形式跟我们有什么相同之处，又有什么不同，以及这意味着什么。

自我识别

你不仅对周围的世界有知觉，还对自己作为一个观察者有知觉。你有自我意识。很难判断年幼的孩子什么时候开始有了意识，但到5—6个月大的时候，婴儿看到另一个同样年纪的婴儿的视频时，要比看到他们自己穿着同样衣服的视频时更容易被迷住。这当然还不能说明他们认出了自己；只不过他们大概已经通过镜子里的映像学会了辨认自己面部和身体的稳定特征（Bahrick，Moss，and Fadil，1996）。幼儿在18—24个月时开始指称"我"然后是"你"，并在这一年龄段开始产生像尴尬和骄傲这样的"次级情绪"，表明他们此时已经开始评估自己与社交世界的关系了（Rochat，2003）。

生物学家Daniel Povinelli（2001）进行了一系列实验，测试幼儿的自我识别如何变化，取决于他们是在镜子中、照片中、一段视频里还是现场视频中观察自己。孩子玩起一个不熟悉的游戏，在这个过程中，实验者通过轻拍其头部并贴上一片颜色鲜艳的大标签来表扬他。2—3岁的孩子毫不困难地从一段3分钟前录制的视频中认出了自己[作为"我（me）"或者使用自己的名字]，但只有37%的孩子伸手摸头并找到标签。但在观看现场视频反馈时，62%的孩子伸出了手；看镜子时达到了85%，而看照片时只有13%。因此，也许辨认一个"当前的自我"要比辨认"暂时延伸的自我"容易一些。然而想把一切都搞明白就不那么容易了。一名3岁的孩子回答问题时（Povinelli，2001，p.81）说："那是詹妮弗"以及"那是一个标签"，但随后又说："但她为什么穿着我的衬衫呢？"成长环境似乎也会导致不同的结果：来自英国苏格兰、赞比亚和土耳其的 15—18 个月大的婴儿与母亲的身体或语言接触程度不同，在涉及更多或更少自主性的任务中表现各异：要么在镜子里认出自己，要么认为他们的身体是完成任务的障碍（Ross et al., 2017）。而成人还是容易受到橡胶手错觉（第四章）和身体互换错觉（第十七章）以及许多"意识改变状态"中自我识别的改变（第十三章和第十五章）的影响。所以自我意识即使在人类身上也并不是非有即无的。

那其他动物呢？猫、狗或者海豚对自身有觉知吗？它们有没有一种作为一个有意识的"我"来观察世界的感觉呢？它们能从镜子中认出自己吗？

狗和猫显然都不能。小猫会冲向一面镜子，想从镜子里找出另一只小猫，或者绕到镜子背后去找它，然后很快就会失去兴趣（见图 10.8）。许多鸟类会一直将自己的镜像当成竞争对手，某些鱼类也是。它们清楚地显示出不具备"镜像自我识别"的能力。那么我们的近亲类人猿又如何呢？

查尔斯·达尔文（Darwin, 1872）是第一个报告了这一实验的人。他在动物园的两只年轻红毛猩猩面前摆了一面镜子，据他所知，它们以前从来没见过镜子。他报告，它们惊奇地瞪着自己的镜像，动来动去并变换视角。它们随后走近，朝镜像努起了嘴，好像要亲吻它。然后它们做出各种鬼脸，挤压、摩擦镜子，还查看镜子后面，并最终失去了耐心，不愿意再看了。

图 10.8　人类看镜子的时候，会从镜像中认出自己，还有哪些动物能做到这一点呢？猫、狗和许多其他物种把镜像当成另外的动物。镜像自我识别是否暗示了自我意识？

可悲的是，我们无法确定这些猩猩到底认出自己了没有，比如它们是在看自己的嘴唇，还是想要亲吻另一只猩猩。直到 100 年后才出现了另一次尝试，试图发现更多信息。当时，比较心理学家 Gordon Gallup（1970）给一群前青春期的黑猩猩摆了一面镜子。开始时，它们的反应像是看到了其他黑猩猩，但几天之后，它们就开始用它来观察口腔内部或是检查它们身体上平常看不到的部位了。看到黑猩猩做出这样的行为，实在令人印象深刻。从它们剔牙和做鬼脸的动作似乎能清楚地看出它们认出了自己，但是我们能肯定吗？

为了找出答案，Gallup 对这一批动物进行了麻醉，并且做了两处红色记号，一个在一只眼的眉骨上，一个在另一边耳朵上。当它们从麻醉中苏醒过来后照镜子时，看到了记号并试图触摸它们或者想要抹掉，就跟我们的反应一样。通过计算黑猩猩触碰标记的次数,并与它们碰触未标记身体一侧同样部位的次数相对比,Gallup 可以肯定,它们的确将镜子里的映像当成了自己身体的一部分。

随后又对许多其他物种进行了测试。人类婴儿没有通过测试,直到他们长到 1.5—2 岁为止。黑猩猩的结果迥异,但一般都触碰了记号点。在其他三种类人猿中,发现猩猩和倭黑猩猩的行为与黑猩猩类似,但大猩猩不同。Gallup(1998)试图假设这不是大猩猩的错,于是把记号做到了它们的手腕上。它们真的想要去除这些记号,但对只在镜子里看到的记号无动于衷。唯一成功了的大猩猩 Koko 生于 1971 年,高度适应人类文化,学会了使用一种改良版的美国手语与人类交流。当被问到在镜子里看到了什么时,它打手势说:"我,Koko"。Koko 与其他大猩猩的行为如此不同,看起来让人惊讶,但事实上众所周知,驯化的猿类获得了许多野生或被捕获的同类所不具备的技能。但这里的相关技能是什么,我们可就不知道了。

在许多类似的测试中,猴子没有显示出自我识别,尽管它们能以其他方式使用镜子。例如,它们能学会够着只在反射中能看到的东西,并且会转头朝向在镜子里看到的人。然而它们还是没有通过记号测试。一个可能的原因是,猿类有时会认为目光交流是友善的,跟人类一样,但大多数猴子会觉得它有威胁性,可能不喜欢往镜子里看。即便有意将镜子斜着放,以避免目光交流,好像也没帮上什么忙。

镜像自我识别在一段时间里曾被誉为人类和类人猿与所有其他动物在意识上的分水岭,但这个结论已经被果断推翻了。海豚和鲸类是非常聪明的可以交流的生物,它们中的一些很喜欢与镜子嬉戏。它们没有手来进行触碰,但有其他方式可以测量镜像自我识别。Diana Reiss 和 Lori Marino(2001)与两只习惯了镜子的瓶鼻海豚一道工作,用临时性的黑墨水或者只是用水在它们看不到的身体部位上做标记。在使用了墨水时,两只海豚都在镜子前花了更多的时间扭动、转身,做动作的方式能帮助它们看到在其他情况下看不到的标记。

大象也是极其聪明的社交动物,有很大的大脑,尽管在生活方式和行为上与猿类和人类相去甚远。研究者在三头亚洲象面前放置了镜子,发现它们不仅通过了标记测试,而且都经历了使用镜子的熟悉阶段:从社交反应到用行为表现出对镜子进行检查,再到最终显然是认出了它们自己(Plotnik, de Waal, and Reiss, 2006)。

非比寻常的是,一些鸦科也做到了(Prior et al., 2008)。众所周知聪明的鸟——新喀里多尼亚乌鸦和丛林乌鸦——似乎只能用镜子来探索环境(Medina,

Taylor, Hunt, and Gray, 2011）。但是对五只欧洲喜鹊进行测试时，研究者发现它们一开始表现得好像镜子后面另有一只喜鹊在，有些富于攻击性，但随后就进步了，出现了其他的镜子使用方式；有三只对着镜子弄掉了放在它们颈部的记号。让这一点非比寻常的是，鸦科的脑与类人猿和大象非常不同。哺乳动物和鸟类最近的共同祖先出现在近3亿年前，从那时起，哺乳动物就发展出了分层的皮层，而鸟类发展出了一组前脑组件。鸟类的脑与我们相比也小得微不足道，但它们的神经元堆砌密度是哺乳动物的2倍，在前脑部位尤为密集（Olkowicz et al.，2016）。绝对的脑容量可能还不如脑与身体的重量比重要。在所有通过了镜像自我识别测试的动物中，脑与身体的重量比都很高（见图10.9）。

我们仍然不能确切地知道哪些物种能从镜子里认出自己，哪些不能，但这项测试确乎揭示了两种截然不同的动物之间能力的某种进化融合，这些动物都善于交际、聪明伶俐并善于洞察和模仿。

那么镜像自我识别又告诉了我们哪些有关意识的信息呢？那就是，有一点并不总是成立的：因为动物可以在镜子中识别自己的身体，它就具备了自我意识或自我概念。例如，一只猿猴也许能计算出在镜子中做出动作和看到效果之

物种	脑重量/克	体重/千克	脑÷体重
欧洲喜鹊	5.8	0.19	31
非洲灰鹦鹉	9.18	0.405	22.6
鸽子	2.4	0.5	5
人类	1350	65	21
黑猩猩	440	52	8
大猩猩	406	207	2
恒河猴	68	6.6	1
亚洲象	7500	4700	1.6
瓶鼻海豚	1600	170	9
猫	25.6	3.3	8

图10.9 脑形成商数（Cairò，2011, p.6）。我们能不能从一种动物的脑量来判断它的智力？由于脑重量一般会随体型增加，已经设计出用于比较物种间相对脑量的若干方法。脑形式商数（encephalisation quotient，EQ）就是为比较哺乳动物而开发的，它是一种测量特定物种的脑重与对该体型动物的脑重预期值之间的偏离程度的方式。按照这种测量，尽管我们没有绝对意义上最大的大脑，但人类的得分仍然是最高的。不过智力评估尚无完美工具，例如，瘦人和胖人的EQ值会差别很大。就算我们能精确地跨物种（并在物种间）比较智力，这能告诉我们任何有关意识的事情吗？

间的偶然性，但判断不出镜子中的手臂是它自己的。或者喜鹊可能会认为镜子显示了自己的身体，但不具备任何自己会被别人看见或者自我作为有能动性人或体验者的概念。

对这件事的争议仍在继续。Gallup（1998）相信，黑猩猩不仅有镜像自我识别，还有自我和自我意识的概念。他甚至提出，跟随这一自我概念而来的，就是自传体记忆的开端，以及对个体的过往和未来的觉知。而按照达马西奥（Damasio，1999）的说法（第十六章），这将扩展意识和自传体自我，还有核心意识。

Povinelli（1998）也同意黑猩猩有自我的概念，但不认为它们对自己的心理状态有觉知（阅读反对论点，参见 Gallup，1998）。他提出，"黑猩猩和人类婴儿的自我识别基于对自我行为而不是自我心理状态的认知"（p.74）。其他人则争论说，镜像自我识别只是一种更为普遍的能力的副产品，这种能力可以整理和比较同一事物的多个心理模型——该技能在搜索任务和假装状态中有体现，同时也出现在建立和更新自身外表形象的能力中（Suggendorf and Butler，2013）。更容易为人所接受的是英国心理学家 Cecilia Heyes（1998），她赞同黑猩猩有能力进行"镜子引导下的身体检查"（p.102），但认为它们没有自我概念，也不理解心理状态。对她来说，"镜中的自我识别"不是描述这个测试的正确方法；她说，它表明的一切就是镜子引导探索的一种形式而已。但别的人提出，她之所以秉持如此强硬的立场，是因为她假设自我识别是一种非有即无的能力，需要依靠可以形成自己的二阶表征的能力，而不是有可能用一种更为幼稚的方法认出自己（Brandl，2016）。

"动物有同情心吗？有的。"
（Gallup，1998）

"动物有同情心吗？也许没有。"
（Povinelli，1998）

"儿童与黑猩猩、乌鸦和章鱼，都极为有趣，不是因为他们是具体而微的我，而是因为他们都是异类——不是因为他们像我们一样机敏，而是因为他们机敏的方式是我们没想过的。"
（Gopnik，2016）

了解其他类型心理的存在

我们人类有信念、欲望、恐惧和企图，而且我们会将这些属性推己及人。也就是说，我们有一个"心理理论"，或者可以"读心"或"心理化"。

早期的社会认知理论提出，根据他人说话的内容、长相以及他们的行为，我就能推断出他们（不可观察）的心理状态，而在此基础上，我就能知道该如何恰当地跟他们打交道。在这种模型里，我构建了一个关于他人行为成因的理论，现在经常被以"理论论（theory theory）"的简称来指代，并在更近的一段时期内遭到"模拟理论（simulation theory）"的挑战。

在模拟理论中，我通过模拟他人的行为来理解他们，就如我亲力亲为一般。

模拟可以被理解为有意识的（或"个体层面的"，或"外显的"），也可以是无意识的（或"亚个体层面的"，或神经的，或"内隐的"）。无论是哪一种方式，模拟都可以在我心中产生一种他人状态的假装版本，这让我得以掌握他们的思想、信念和欲望。

距离现在更近的"互动理论（interaction theory）"则提出，没有必要假定任何间接的心理路线来计算别人的"内在状态"，无论是通过推断还是模拟。相反，我理解别人，就如同理解我自己，作为一个具身代理，在一个受到约束的指定环境中与他人不断互动。看见有人微笑，它不是一个要输入推断计算器或心理模拟器的证据，而是能直接体验他们的喜悦或幸福。"按照互动论，取用你的思想、信念和欲望，就不再只与读取你的心理有关，而变成对我们已共享世界的关注"（Chesters，2014，p.71）。

或许所有这三种理论都可以帮助我们理解社会认知在不同的环境中是如何运作并对不同挑战做出反应的。当然，互动理论为非人类互动作为合格的完全成熟的社会认知提供了更宽广的范畴。但是，三种理论都符合丹尼特（Dennett，1987）关于我们有多容易采取"意向性立场"的说法，即我们通过将他人视为拥有希望、恐惧、欲望和意向的人，来理解他们的行为——就像我们对待自己一样。意向性立场是一种理解、控制和预测我们周围世界的有力工具。它让欺骗以及同情成为可能。

人类婴儿出生时并没有这些能力。在生命第二年的某个时段，他们开始跟随别人的注视，以便弄清楚他们在看什么，还会看向被指着的东西，而不是去看着做出指示动作的手指。到3岁时，他们就能谈论自己和他人的欲望和偏好了。但在这个年龄，他们还不能理解别人可能看不到他们所看到的东西，或者可能产生错误的信念。这个年纪的孩子在玩捉迷藏时会把脑袋藏到枕头底下并大喊"来找我"。无数的实验都表明了，人类儿童在3—5岁才出现了心理理论发展的种种迹象。

1978年，两位心理学家David Premack和Guy Woodruff问道："黑猩猩有没有心理理论？"这个问题与我们的相关性在于，如果其他动物没有心理理论，也就不会将心理状态归因于其他动物或它们自己，它们就不可能具有人类意义上的意识。镜像自我识别就是这种情况的一个方面。其他的相关技能包括理解他人的所见所知、欺骗他人、同情他人以及模仿他们的能力。

有些猴子会在危险临近时向其他猴子发出警示的叫声。叫喊是有风险的，因此只有在有用的时候叫才是最安全的。然而，许多猴子显然不管其他猴子有没有看到威胁都会叫，或者甚至不管周围有没有其他猴子都叫。灵长类动物学家 Dorothy Cheney 和 Robert Seyfarth 对一只日本雌性猕猴进行了实验。当它被放到与婴儿隔离的障碍物的另外一侧时，母猴就会发出与捕食动物接近时一样次数的警告声，不管她的孩子是否看得见。从该研究以及许多其他的研究中，Cheney 和 Seyfarth（1990）总结出，猕猴没有心理理论。

那么黑猩猩呢？黑猩猩会跟随别人的注视目光，好像想要弄清楚别人在看些什么。但这并不意味着它们就对其他黑猩猩所看见的东西有概念。它们也许有一种进化而来的要看看别人看着的东西的倾向性。要找出答案，就需要仔细地实验。

黑猩猩会向人类以及同类乞食。Povinelli（1998）及其同事在一系列天才的实验中利用了这种行为，想搞清楚黑猩猩知不知道别人可以看到什么（见图10.11）。首先他们对黑猩猩进行测试，确保它们从一个够不到的实验者那里乞讨食物，并且没有讨要不可食用的物品。然后有两名实验者为它们提供食物；一个人在嘴上戴了一个眼罩，另一个人则将眼罩戴在眼部。黑猩猩进入了实验室，停下来，然后乞求食物，但它们向看不见的那个人做出示意的可能性与向能看见它们的那个人示意的可能性差不多。一名实验者甚至在头上套了一只篮子，结果也是如此。有时候，它们的乞求没有换来任何食物，它们会再次乞求，仿佛对没有得到回应而困惑。

它们似乎通过了一项测试：当一个人转过身去时，黑猩猩们就不太喜欢向她做手势了。但是，当两名实验者都背向它们坐着，其中一位回头看着它们的时候，黑猩猩们会随机地向两人做

概念 10.1

欺骗

要欺骗别人，意味着要操纵他们相信的东西。一只翅膀上有鲜艳眼睛图案的蝴蝶欺骗了它的天敌，如同一只会变色的竹节虫，或是一只假装单只翅膀受伤、将天敌从巢穴引开的鸟。在这些案例中，变色或者特定的行为都在基因里编好了代码，但人类的欺骗很不一样。你可能故意说服别人，让他们以为你没有偷他们的巧克力，或者把他们的书弄丢，或者你真的很爱他们。你只有相信别人会误信时，才会这样做。

这种社交智慧一直被低估了，直到20世纪80年代；当时，尼夫拉斯·汉弗莱提出，对社交智慧的需要驱动了灵长类脑容量的增加。由于强调操纵、欺骗和狡诈，这变成了有名的"马基雅维利假说"，这个名字来自尼可罗·马基雅维利（Niccolò Machiavelli），16世纪意大利王子们邪恶的政治顾问（Whiten and Byrne, 1997）。

显然，人类善于欺骗，其他的灵长类又表现如何呢？许多进行野外研究的人都讲述过迷人的故事（Byrne and Whiten, 1988）。猴子和狒狒会吸引人的注意来偷取食物，或者暗中观察，等到别人开始打架时，抓住机会与一只容易得手的雌性进行交配。猕猴可能会不发出正常的觅得食物的叫声以便独吞它们发现的吃食，尤其是在非常饥饿或者发现了珍贵的食物时。瑞士生态学家 Hanson Kummer 看着一只雌性喜马拉雅狒狒保持着坐姿，在20分钟内慢慢移动了2米的距离，直到躲到一块岩石后面，开始给一头年轻的雄性梳理毛发，这一行为如果被雄性首领看到，它是要受到严惩的（见图10.10）。它是不是搞清楚了别的狒狒能看见什么、又看不见什么呢？

图 10.10 欺骗和心理理论紧密相连。只有能够将精神状态推己及人的生物，才会指望通过躲在岩石后面来逃避对从事违背社会常规活动的惩罚。

手势，好像它们对向看不见它们的人乞求没有意义这一事实视而不见。这与人类婴儿的行为大为不同，后者在 3 岁之前就能够理解这一点。

更近一些时候，研究者们设计了不需要与人类合作的心理理论测试。有一个实验研究了黑猩猩部属能否了解自己的首领对它们所争抢的食物知情情况。研究者们发现，部属们分得清楚首领看没看见藏起来或移动了的食物：部属们会去争抢首领没看见的食物，但要是知道食物已经被看见了，它们就会躲开（Hare, Call, and Tomasello, 2001）。

还有一些实验分清楚了了解他人的知识和信念之间的区别。两只黑猩猩依次从一排篮子里选东西，其中有些篮子里放着食物。在第一种情况下（不知情测试），一只黑猩猩看见它的竞争者在观察被藏起来的两份食物中的一份，随后选了三个篮子中的一个。这只黑猩猩能不能利用它对竞争者的知情情况来确定哪个篮子里可能还有食物？在第二种情况下，这只黑猩猩看见竞争者被一位假装向一只篮子里放置食物的实验者所误导。它能不能（通过确认它们对食物位置的错误信念）预测竞争者的选择呢？6 岁的孩子在两项实验中都过关了，但是黑猩猩没有通过虚假信息测试（Kaminski, Call, and Tomasello, 2008）。有人推测，猿猴可以表达代理与从它们的角度看是真实的信息之间的关系，但不能表达代理与世界的非真实状态之间的关系（Martin and Santos, 2016）。

图 10.11 黑猩猩有没有心理理论？它们能不能理解别人看得见或者看不见的东西？在 Povinelli 的实验中，黑猩猩既有可能向头上戴着桶的实验者乞食，也有可能向能看见的实验者乞食。

在更近期进行的眼动追踪实验中，不同种类的类人猿观看了人类出演的电影；类人猿也通过了错误信念测试（Krupenye et al., 2016）。但是，Heyes（2017）提出，它们在做的不是心理化，而是"潜心理化"：使用并非为了读取他人心理而进化出来的"低级的一般领域心理过程"来预测行为（p.1）。但她强调这不是小看类人猿：我们也经常使用类似的机制，而"除非你要讨论行为，或者想揪出一名好莱坞间谍，否则潜心理化是一个明智的选择"（p.2）。

"除非你要讨论行为，或者想揪出一名好莱坞间谍，否则潜心理化是一个明智的选择。"
（Heyes, 2017, p.2）

渡鸦也表现得可以分清楚有哪些竞争者知道食物藏在哪里，而哪些不知道

（Bugnyar and Heinrich，2005）。在渡鸦藏食的实验中，它们对自己的捕获物和从别人那儿偷来的食物的保护措施是不一样的，这不仅取决于它们藏匿食物时周围是否有其他鸟在场，还取决于有没有障碍物可以挡住别的鸟，让它们看不到藏匿食物的地方。

尽管出现了很多天才的实验，但 Premack 和 Woodruff 的问题还是没有得到满意的回答，而我们依旧不知道，如果有的话，哪些物种具有"任何与'心理理论'哪怕有一丁点儿相像之处的东西"（Penn and Povinelli，2007）。但是我们搞明白了，即便是关系密切的物种，它们的心理状态也有深刻的区别，这提醒我们要十分小心地对待任何关于意识的假设。

> 作为那种动物是什么感觉？

模　　仿

人类是"完美的模仿通才"，心理学家 Andrew Meltzoff 如是说（1988，p.59）。我们自发地、轻松地彼此模仿，就算是婴儿也能模仿大人的声音、体态以及对物品所做出的行为。婴儿到了 14 个月大时就好像能知道自己被大人模仿了，并对此乐不可支（Meltzoff，1996）。作为成人，我们做出的模仿可能比自己意识到的多。我们复制喜欢的人的身体语言，全情投入谈话，模仿他们的面部表情。通过这样的行为，模仿支持了同情能力。同情水平的不同（不管测量的是个人特征，还是对环境诱因、文化区别的反应，或者模仿者与被模仿者之间的相似性）也已经表明与模仿数量有关，尤其是被模仿的人富有吸引力时（Müller et al.，2013）。也许正因为模仿看起来很容易，我们才认为它是一个无足轻重的小技巧，并假设其他动物都能像我们一样轻松做到，其实它们做不到。

19 世纪的科学家，如 George Romanes 和查尔斯·达尔文都假设狗和猫是通过模仿来学习的，而猿类能"滑稽模仿"；他们也讲述了很多看似模仿的动作故事。1898 年，心理学家 Edward Lee Thorndike 将模仿定义为"通过观察其完成过程来学习这项行为"，这抓住了一点，即模仿意味着通过复制别人的行为来学习新的东西。一个多世纪以后，我们已经很清楚，这可不是一个小技巧。进行观察的动物不仅要看着模仿榜样，还要记得它看到的东西，并将其转化为自身的动作——即便这些动作从它自身角度看可能完全不同。从计算的角度讲，这是一个非常复杂的任务。

现在我们清楚地知道，除了某些鸟类和鲸类可以模仿歌唱之外，很少有物种能够进行模仿。一些经典案例也可以通过其他方式进行解释。例如，在 20 世纪20年代的英国，有两种小鸟——蓝冠山雀和煤山雀——被发现会啄开放在房前台阶上的牛奶瓶顶部的锡箔纸。生态学家试图研究这种习惯是如何从一些地方开始，然后在全英国范围内传播的，结果却发现这根本不需要真正的模仿。看起来更像是有一只鸟通过试误行为发现了这个技巧，被啄开的瓶口会吸引更多的鸟儿，它们就将奶瓶与奶油关联起来了（Sherry and Galef，1984）。这是社会学习的一种形式，但还不是真正的模仿。

即便是著名的日本猕猴，它们虽然学会了在海水里清洗红薯，但事实上，它们可能不是通过模仿学会的。年幼的猕猴跟着母亲到处转悠，可能是有一次某只母猴学会了新技能，其他的猴子就跟着它下了水，然后偶然间，它们的红薯掉进水里，于是学会了为自己清洗并获得咸味红薯的技巧。这符合一个事实，即整个猴群学起来很慢（Hirata, Watanabe, and Kawai，2001）。年幼的人类孩童对模仿有狂热的喜悦感，几分钟就能学会这样的技能，不会花上好几年。

有清楚的证据表明，黑猩猩的群落中有文化存在，不同的黑猩猩群落有不同的方式来处理食物，用树枝够白蚁，或是用树叶接水，但这些文化技能有多少是通过真正的模仿而不是其他方式的社会学习学会的，这一直是存在争议的问题（Heyes and Galef，1996；Tomasello，1992；Zentall，2006）。与之相关的问题是，其他动物有没有模因，而文化进化的发端都需要什么样的条件？

在其他灵长类中，可以看到情感联系与共同的身体动作之间的联系。例如，狒狒的情感接近程度（两只个体之间梳理毛发的时间长短）与哈欠的传染程度有关，而与空间接近度无关（Palagi et al.，2009）。而卷尾猴会对模仿它们的人类更为友善（Paukner et al.，2009）。尽管打哈欠是一种反射性的、刻板的连锁反应，而非模仿行为，而猴子在这里是对模仿而非自己的行动做出响应的，但这样的发现仍然说明，符合模仿质量的行为与社会关系有重要联系，因此与可能构成意识体验的元素发生关联。

在灵长类的世界之外，某些鲸类和海豚的歌声中有当地口音，或是它们可以辨认出其他个体的标记，而它们听到歌声后会模仿回唱（Reiss，1998）。也有证据表明，驯养的海豚可以模仿其人类驯兽师的动作，这一点尤为有趣，因为他们的身体是如此不同。如果模仿意味着同情能力，也许我们应该在这些鲸类动物身上寻找线索。就算我们还不知道模仿的传播范围有多广，也必须得出一个结论，即这比多数人意识到的罕见得多，而且很可能只存在于几个脑量巨大的智慧物种之中。

这对理解人类进化可能很重要，因为模因的定义就是"被模仿的事物"。这

> "从根本上讲，在内心深处，猿类还是没'明白'。"
> （Pinker，1994，p.340）

意味着一个物种只有具备了复制其他物种行为的能力，才拥有模因，并维持一个基于模因进化的文化。有一种理论说，是模仿，而不是内省、权谋智慧（machiavellian intelligence）或符号式思维能力，将人类带上了一条与其他类人猿不同的进化之路；是模因进化给了我们巨大的大脑和语言（Blackmore，1999）。

模仿与意识有关，可能还有一个原因。如果自我的概念是一个模因复合体（第十一章），那么模仿的能力带给人类的就不仅仅是语言，还有一种自我的感觉，以及随之而来的自我意识。

语　　言

最大的分水岭也许就在于我们有语言而其他物种没有。使用真正的语言，意味着将任意符号以无数方式拼凑在一起，使用语法规则来传达不同的意思。人类是唯一已知可以做到这一点的物种。但对某些人而言，这无关紧要。塞尔（Searle，1997，p.5）说："高级动物明显都有意识。"梅钦赫尔（Metzinger，2009，p.19）说："意识在动物王国中是从上向下延伸的。"但对另一些人来说，这使一切都不同了，"也许加上语言之后你得到的那种心态与没有语言的心灵是如此不同，因此将两者都称为心理就是一个错误"（Dennett，1996b，p.17）。

如果是语言让人类的意识变成了现在这个样子，那么其他生物的意识就必定与我们的非常不同。如果人类意识和自我概念是语言创造的错觉，那么其他生物就可能没有这些错觉。或者，你也可以争论说，语言并没有造成多大区别——因为意识的核心是拥有感觉觉知、思想、感受情绪和痛苦（Feinberg and Mallatt，2016）。那样，我们与其他生物之间的区别就不会很大。

无论是哪里的儿童，无须特别教导，也没有人来更正他们的错误，就能以惊人的速度和敏捷度学会所处环境周围的语言。他们所拥有的能力有时被称为"语言本能"（Pinker，1994）。婴儿从出生起，对人类语言的反应就比别的声音大，而且早至1个月大的时候，他们就好像能区分不同语言的声音了。到了6个月大的时候，宝宝们开始自己发出类似语言的声音，到12—18个月大，就可以形成正确的单词了，然后逐渐发展使用语法结构组成句子的能力。这种基本顺序在不同的文化中大致相同，但是语言结构和文化环境的差异会影响掌握的速度和方式，以及字面和比喻性的语言使用与思维模式之间的关系。

其他动物当然也有复杂的交流方法。例如，蜜蜂可以通过舞蹈来传达有关食物来源的方向和距离的详细信息。孔雀通过炫耀它们巨大的尾屏来展示它们有多么强壮而美丽。黑长尾猴会发出几种不同的警示音，来代表不同的捕食者。但在所有这些情形之中，信号的意思是固定的，不可能对旧有的意思进行改变或组合来获得新的意义。

人们做过多次的尝试，想要教别的动物，特别是别的类人猿来学会人类的语言。早期的尝试都失败了，因为其他猿类没有发出正确声音的发声器官。意识到这一点之后，Allen 和 Beatrix Gardner 在 20 世纪 60 年代开始，尝试教一只年轻的黑猩猩 Washoe 学习美国手语，它跟团队一起生活，并被作为人类的儿童来对待。Washoe 当然学会了许多手势，但批评意见认为，它没有理解这些手势的意义，而研究者们错误地将自然的黑猩猩手势理解成了手语，而它并没有获得真正的语言能力（Terrace，1987；Pinker，1994）。

之后，其他的黑猩猩也学习了美国手语，还有一些大猩猩，包括 Koko 和它的同伴 Michael，以及一只猩猩 Chantek（见图 10.12）。Koko 和 Michael 学会了用手语表达超过 8 个单词的句子，其中含有语法结构。在一次令人印象深刻的被称为"概念混合"的认知能力——这意味着对人类语言的比喻应用——展示中，它们还用已知的手语创造出了新的手势：比如卡住的金属代表磁铁，或者侮辱性的味道代表大蒜。像 Washoe 一样，Chantek 从很小的时候就被人类领养，学会了好几百个手势，但它不会像孩子那样通过观察就能学习；你得把它的手蜷成正确的形状才行。如今它已经过了 40 岁，理解了很多英语口语，而当苏珊与它度过了一天时间后，她总结说，它能理解像"把棍子放到毯子上"或是"把毯子裹在棍子上"这样的命令之间的关键区别，这表明它部分地理解了语法。即便如此，它自己的句子偏短而且重复，并且多数都是要吃的。其他的猿类学会了使用一块黑板上的磁性塑料片或是改动过的计算机键盘来进行交流。

抛开这些猿类的真正进展不说，在对语言的使用上，它们与人类儿童还是存在显著的不同。当儿童们兴高采烈地给各种东西起名字并告诉别人时，猿类好像更多地只是将手语当成一种获得它们需要的东西的方式而已（Terrace，1987）。如斯蒂芬·平克所说："本质上，在内心里，猩猩们还是'没搞明白'"（Pinker，1994，p.340）。

事实上，猿类有可能不是教动物学习人类语言的最佳选择。Alex，一只非洲灰鹦鹉，学会了回答关于展示给它的物体

图 10.12　Chantek 像人类的孩子一样被抚养长大，从很小的时候就被教会了使用美国手语。它也得到训练，会玩"Simon 说"的游戏，但尽管它能费力地模仿某些人类动作，它好像并不像人类儿童一样，一模仿起来就兴高采烈。（图片：Stuart Conway/Camera Press）

的形状、颜色、数字和材料的复杂问题。与猿类不同，它能轻松地发出英语单词的声音。人们为瓶鼻海豚配备了可以互动的水下键盘，它们可以用来要玩具和回答问题（Reiss，1998）。它们还能模仿键盘发出的人造声音，然后自发地使用这些声音。看起来，海豚有可能是比许多猿类更好的语言学习者，即便它们有自己的水下语言，通过复杂的咔哒声和口哨声的回声定位来表征物体的形状（Kassewitz et al.，2016）。抛开这些猜测，人类好像仍然是唯一能够自发使用真正语言的物种。

章　鱼

那么做一只章鱼是什么感觉呢？章鱼是无脊椎动物；它们被特别归类为软体动物，与蛤蜊等动物是一类，那些家伙甚至没有大脑。但是章鱼可以根据大小、形状和亮度来区分物体；它们能学会找到获取奖励的正确途径，以及如何从有塞子密封的透明瓶子中抓出一只螃蟹。它们有睡眠—觉醒节律，玩耍时会向漂浮的物体喷水。它们有复杂的感受器和神经系统，有像某些脊椎动物一样多的神经元——但更多的神经元位于触手中而不是大脑里；每只触手都包含一套复杂的半自主神经网络。

>  **活动 10.1**
> 实验室选择
>
> 在一个"气球辩论"中，每一位参与者都要说服另外的人，他们不应该被扔出去以拯救下落中的热气球。在实验室辩论中，要在物种间做出选择，同样很困难。
>
> 想象一下，只有一种动物可以从一间正在测试当中的医学实验室里被释放出来，回归荒野。该选择哪一个物种呢？
>
> 选择几种不同的物种和某一个人来进行辩论，或者让学生们选出自己最喜欢的物种。给每一个人一定的时间（比如2分钟或5分钟）来做陈述。之后，听众投票选出将释放哪一种动物。如果证明选择是比较轻松的，再选出哪些动物可以第二个和第三个释放。
>
> 这个辩论不必事先规划即可进行。或者，也可以要求学生们事先准备他们的陈述。他们可以携带图片、视频或其他类型的证据。他们可以了解所选物种的社交和交流技能，或是它的智力、洞察力、记忆力、感觉系统或者疼痛行为。这样做的目的是探索动物痛苦的本质。

很难说章鱼有多聪明，但是智力跟意识有关系吗？第十二章将回顾这个问题，届时将探讨人工智能和人工意识是如何交互作用的。

与此同时，章鱼有意识吗？你可能会回答"有"：每个生物都活在自己的体验世界里，不管它的感觉有多简单或多原始。你甚至可能回答单个章鱼触手也是有意识的。戴维·埃德尔曼（David Edelman）及其同事（2005，p.178）宣称，"任何有理智的哲学家都不太可能问出'做一只章鱼是什么感觉'的问题"，但是有什么好的理由才能不提出问题呢？

另一方面，你可能会说"没有"：章鱼缺乏某种关键的能力，缺了它，就不会有意识，比如智力、某种自我概念、心理理论、模因或者语言。如果你真想将怀疑进行到底，你可以说，要回答"做一只章鱼是什么感觉"的问题是不可能的，就如同不可能回答"做我的伴侣是什么感觉"一样。我们当中没有人能知道作为另外一种生物是什么感觉，也不确定作为另外的生物会有什么感觉。沿着这条激进路线所能到达的最远的地方，就是人类意识是一种宏大的错觉，没有任何事物能与作为我们的感觉相提并论。那样的话，提出"作为……是什么感觉"的问题就毫无意义了，不管是一只章鱼、一个朋友还是我自己。

在大爆炸的余晖中，人类一波一波地跨越宇宙，蔓延、争吵、繁殖、死亡、进化。有战争，有爱，有生也有死。心灵在意识的大河中携手漂浮，或是散落在闪闪发光的水滴当中。历经数十亿又数十亿年的复制与融合，冀望获得某种永生，一种身份的延续。

——斯蒂芬·巴克斯特（Stephen Baxter）
（*Manifold: Time*，1999/2015，p.3）

 ## 阅读文献

Bloom, P. (2004). *Descartes' baby: How child development explains what makes us human.* London, Heinemann (pp.189-227).
关于我们的直觉二元论，以及儿童对死亡、魔法、超自然和上帝的看法。

Brandl, J. L. (2016). The puzzle of mirror self-recognition. *Phenomenology and the Cognitive Sciences*, online first.
在镜子中辨认自己，不是一种非有即无的现象，而要学会这样做的过程，各个物种大不一样，包括人类。

Burghardt, G. M., and Belkoff, M. (2009). Animal consciousness. In T. Bayne, A. Cleeremans, and P.Wilken (Eds), *The Oxford companion to consciousness* (pp.39-53). Oxford: Oxford University Press.
包括了关于海豚、类人猿和渡鸦的小节，加上"动物元认知与意识"。

Dawkins, R. (1986). Explaining the very improbable. In R. Dawkins, *The blind watchmaker* (pp.1-18). London: Longman.
自然选择是怎样让我们这样做的。

Key, B. (2016). Why fish do not feel pain. *Animal Sentience: An Interdisciplinary Journal on Animal Feeling, 1*(3), 39.
基于神经解剖学思考以及结构决定功能原则的争论。推荐阅读评论集，包括 Morsella 和 Reyes 以及 Gagliano。

Rochat, P.(2003). Five levels of self-awareness as they unfold early in life. *Consciousness and Cognition, 12*, 717-731.
人类五大阶段的证据：从困惑到自我意识的发展之第三和第一人称的观察。

第十一章 意识的功能

进化中的意识

进化论特别善于回答"为什么"的问题。为什么树叶又扁又绿？那样它们就可以有效地进行光合作用。为什么猫会长毛？这可以为它们保暖。为什么鸟会长翅膀？那样它们就可以飞翔。为什么我们有意识？那样我们就可以……

很容易就会认为，既然人类是有意识的，那么意识本身就一定有一个功能，并且具有适应性。尼古拉斯·汉弗莱让这一点听起来很明显："我们要么抛弃意识由自然选择进化而来的概念，要么就得为它找一个功能"（Humphrey, 1987, p.378）。他说："我们可以想当然地认为——就如同活着的有机物的其他各个专门特征——它已经进化了，因为它带来了选择性优势"（2011, p.14）。如果他是对的，我们就得探索一下那个选择性优势是什么。

但是意识和进化之间的联系可能没那么简单。

进化特征不一定就是适应性特征，还有其他可能。进化心理学的领域可以帮助我们更清楚地思考人类思想是如何以及为何像那样进化的，但这样的历史

> "意识出现的故事，仿佛还笼罩在中世纪的黑暗之中。"
> （Dehaene, 2014, p.7）

> "我们要么抛弃意识由自然选择进化而来的概念，要么就得为它找一个功能。"
> （Humphrey, 1987, p.378）

充满了争议。

进化论的原则适用于人类，也适用于毛毛虫和甜菜根，但对这一概念的抵制，一直都很强烈。在《进化论》的结尾，达尔文提出："人的起源及其历史将会受到空前关注"（Darwin，1859，p.488），而心理学将会在生物学中找到坚实的基础。但直到多年之后，他才在《人的传承》（*The Descent of Man*）一书中探讨了具体的方法。20世纪60年代，Williams指出要让"人们想象出进化中的某一个体的作用完全被包含在它对关键统计的贡献中……而基因盲目的作用就能生出人类"有多么的困难（Williams，1966，p.4）。

这种反对意见随着1975年《社会生物学：新综合体》（*Sociobiology: The New Synthesis*）一书的出版而到达了高潮。在书中，生物学家Edward O. Wilson探讨了社会行为的进化，包括人类的进化在内。为此他遭到了侮辱，甚至在他就这一话题进行演讲时，就被人泼了一身水。也许是因为这些感性原因，如今"社会生理学"一词很少使用，但它的许多原则在更新的进化心理学领域得到了延续。

这两个领域有很多共同点。比如，两者都探讨了人类的性行为和性取向是如何进化的；能力和才能方面是真的存在性差别，还是只存在于社会性设置的性别角色当中；还有，攻击性和利他主义的进化根源是什么。两者都想解释清楚一件事，并且假设这样的事是存在的，那就是人的本质。在进化心理学的奠基人中，John Tooby 和 Leda Cosmides（2005）将其目标描述为"测绘普遍性的人类本质"。心理学家斯蒂芬·平克说，我们既不是"一块白板"，也不是遭到社会腐蚀的高贵野蛮人，或是被塞了一个灵魂进来的生物。与当前许多知识界的主流观点相反，我们没有能力学习任何东西，或是逃避我们进化而来的能力和倾向性。我们必须学会理解和接受人类的本质。进化心理学被攻击为简化论、决定论和适应论（比如 Rose and Rose，2000），但可以说，这些批评意见让这个领域到底是什么的概念变得扭曲。

> "意识的一个重要特征是，它好像打破了思想的模块化。"
> （Andrade，2012，p.596）

与社会生理学不同，进化心理学将人类视为一个特殊模块的或是信息加工机器的集合，他们的进化是为了解决特定问题——这个观点常被讥讽为思想的"瑞士军刀"观点（见图11.1）。尽管我们拥有同样的进化模块的集合，我们每一个人都按照自己独特的方式行事，这取决于我们与生俱来的基因，以及我们所处的环境。悲哀的是，没有几个进化心理学家关心过意识问题，或者问过是否存在一个意识模块，但平克列举了一些最令人头疼的意识问题，比如你对红色的体验也许跟我的绿色体验是一样的；你的视觉系统能不能在一个培养皿里保持活性并产生视觉体验；以及昆虫能不能享受性生活。他得出了一个精辟的结论："我被彻底打懵了！"（Pinker，1997，p.146）。

另外一个区别是，社会生物学家倾向于将多数的人类特征视为具有适应性的，而进化心理学家强调了该假设可能不成立的两个理由。第一，人类进化大多发生在我们的祖先作为狩猎者和采集者生活在非洲大草原上的那个时期。因此我们需要了解的是，有哪些特征在那个时期变得有适应性了，而不是现在才变得有适应性（Barkow，Cosmides，and Tooby，1992；Buss，1999）。举个例子，喜欢吃糖对狩猎采集者来说是一种适应，但该偏好在今天会导致糖尿病和心脏病；怀孕期间的恶心和贪食可能在那时保护胚胎不中毒，但今天营养充足的妇女需要的是不一样的保护；另外，男性卓越的空间能力在那个男性主导狩猎、女性专事采集的时代是一种适应，但今天我们都得穿梭于巨大的建筑物和城市之中。

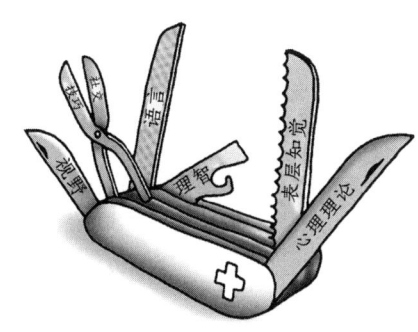

图 11.1 在思想的瑞士军刀讽刺画里，每个特别的工具都对应一项基本任务。但是总共有多少模块呢？它们之间会有多少相互作用？还有它们要多么特别才行呢？意识会不会只是刀架上的另一截刀片而已？

第二，进化心理学强调了基因的复制策略与人类获取快乐或成功的策略之间的区别。如斯蒂芬·平克所言。

> 几乎所有人都误解了这个理论。与流行的信念相反，以基因为中心的进化理论并未暗示人类费尽心力以传播我们的基因的论点……人们没有自私地传播他们的基因，是基因在自私地传播自己。它们通过构造大脑的方式来完成这个任务。通过让我们享受生活、健康、性、朋友和孩子，基因购买了在下一代获得表征的彩票，在我们进化的环境中获得了有利的机会。
>
> （Pinker，1997，pp.43-44）

换言之，我们之所以喜欢美食、渴望性生活，是因为在过去，拥有这些欲望的人们能够更为成功地传承基因。

我们天性进化的结果之一就是道德。虽然基因是自私的，但我们不是——至少不总是那样。道德与意识很久以来就是相互关联的（Frith and Metzinger，2016）。的确，"意识（consciousness）"和"良心（conscience）"这两个词都来自拉丁词根 conscire（con 表强加，而 scire 是"知道"），通过 conscius（意思是与他人拥有共同的知识）和 conscientia（意为道德良心）演化而来。这是有道理的，因为共同的理解是我们理解自己以及同情并关心他人的能力的基础（第十章）。但在现代的主体性意识的意义上，意识有没有在道德决策中发挥作用？道德行为能力是不是意识的一种适应性功能呢？

这里举一个简单的道德困境——一个真实的故事。有天晚上，本书作者苏珊的儿子打电话告诉她，有家出版社要付他 500 美元，因为在一本教材的封面上使用了他的一张照片。他很高兴，但是要求他们用英镑给他寄费用，别用美元。出乎意料的是，他收到了两张支票——一张英镑的，一张美元的。他在考虑撕掉一张。他该不该撕掉呢？

你觉得他应该怎么办？你觉得苏珊作为他的母亲，会给他什么建议呢？为什么？

这一情景之所以会牵扯道德选择，是因为我们有对错、公平与否、偷窃和公正的概念。我们不是全然自私的生物，我们关心他人、在乎自己的良好行为。这些感觉从何而来呢？有人相信天赐的灵魂或精神是道德的源泉。其他人则认为道德决定需要意识，甚或意识的功能之一就是指导道德。还有人认为，不同的社会将不同的道德观念强加给它的成员，道德是相对的。然而，我们对道德的进化了解得越多，就越能清楚地看到它源自我们的祖先。

一个因素是亲属选择。包括人类在内的所有动物都关心后代，也关心近亲。这是因为这些亲属与其拥有某些共同的基因，因此帮助亲属也就是帮助自己的一部分基因——取决于亲属关系的亲密程度。另一个因素是互惠利他，或者叫利他以图利己，这一点可以在许多物种中观察到，包括分享血食的吸血蝙蝠、为大鱼进行清洁而不会被吃掉的清洁工鱼，还有黑猩猩和狼。恩惠往往在日后是要偿还的，这意味着动物个体必须能够清楚地辨认彼此，并记住谁有没有做到互惠互利。它们必须随后与施惠者保持合作，并惩罚只占便宜不进行回报的家伙，否则欺骗将使分享变得不可能。"人类……特别擅长互惠利他"（Matt Ridley，1996，p.84）。

互惠利他的进化据信产生了感激、同情、罪恶、友谊和信任，以及道德攻击（对违犯者的惩罚）和馈赠礼物。来自数学游戏理论的模型表明，特定类型的行为以及欺骗与利他的特定混合比其他的来得稳定。通过这些和其他很多种方法，我们能够理解人类如何以及为何进化出了道德能力，还有我们的公平理念、信任感和品德（Matt Ridley，1996；Bloom，2004；Hauser，2006；Joyce，2007）。

在所有这些倾向性之上，我们还需不需要意识，以便做出真正有道德的抉择，或是思考诸如援助非洲、税收与健康福利政策、堕胎或者协助自杀这样的事情呢？回到上面的简单困境，如果苏珊的儿子决定撕掉支票，他为什么会那样做？可能的答案有几种：他单独的意识心理干预了大脑做出道德决策的活动；他的意识是一种涌现特性，可以通过下向因果关系（downward causation）来影响决策；意识是一种偶然现象，在这个或任何一个道德决策中都不起任何作用；任何意识的力量都是错觉，而他只不过感觉好像自己是有意识地做出了决定，仅仅因为他的大脑就是那么工作的。

道德问题的这些答案为我们理解意识的进化以及我们为什么有意识带来了迥然不同的暗示。

你想知道意识有什么用处吗？你想知道它真正的目的何在吗？它就像自行车的辅助轮。你无法同时看到内克尔立方体的两个面，于是它就让你聚焦在一个面上，而忽视另一个。这是一种相当半途而废的解析现实的方法。你最好不要只看事情的一面。继续尝试。散开注意力。这就是下一个合理的步骤。

——彼得·沃茨（Peter Watts）
《盲视》（*Blindsight*，2006，p.302）

世上有很多人否认意识有过任何进化。例如，有些宗教信仰者就不顾压倒性的证据，反对人类有过任何进化的观点。有些基督徒和穆斯林相信，就算我们的身体像其他动物一样进化了，我们仍然独占神赐予的灵魂，而神单独赐予了我们意识。这样的灵魂不用依赖进化的躯体，因此这些观点都是彻头彻尾的二元论。

非二元论者可能也会通过提出意识是宇宙的基础，永远存在；或者它是驱动进化前行的动力，而不是自身进化的产品，来反对意识进化的观点。然而，即便信仰上帝，也没有几个科学家会想要"摈弃意识是由自然选择进化而来的观念"。所以就让我们接受意识进化的观点吧。这是否意味着它必须有一个功能呢？

第一眼看上去，汉弗莱的声明好像无懈可击，甚至看起来像是一个有用的处方，可以用它来找出我们为什么是有意识的。首先，我们找出意识有什么作用，然后我们再找出它是如何帮助我们的祖先生存和繁殖的。然后，哎呀，我们就找出意识进化的原因了。但是事情并不是那么简单。潜藏在这个显而易见的声明里的，是两个密切相关的问题。

第一个问题是这样的。当我们提出"意识有什么用"的问题时（第八章），我们没有找到轻松的答案。的确，这可是支持意识无用论观点的好例证，或者至少因为它本身跟所有决定我们行为的支持过程是彼此分开的，所以什么也做不了。如果意识什么都做不了，那么它怎么能有功能呢？

第二个问题与第一个问题有关。当我们思考意识的进化时，好像很容易想象，如果事情的结果有所不同，可能就没有意识了。逻辑大概是这样的。

> 我能看清楚为什么智力进化了，因为它显然是有用的。我能看清楚为什么记忆、想象、问题解决和思维都进化了，因为它们都有用。因此为什么我们不"在暗中"进化所有这些能力呢？我们为什么同时有了意识，一定是因为一些额外的原因。

美国哲学家 Owen Flanagan 利用了这一争议并让它更进了一步，信心十足地宣布，意识没有什么功能。他说："意识不必进化。可以想象，进化过程本来就能塑造像我们一样高效而智能的动物，甚至更高效、更智能，而不需要将这些动物作为体验的主体"（Flanagan，1992，p.129）。他管这个版本的副现象论叫作"意识非本质论"，并宣称它的主题——意识没有功能——既真实又重要。

苏格兰心理学家 Euan Macphail 对疼痛的痛苦性应用了同样的概念：

"事实上，好像并不需要任何快乐或痛苦的体验。"
（Macphail，1998，p.14）

> 事实上，好像并不需要任何快乐或痛苦的体验。……疼痛会有什么样的额外功能是分类系统和行动系统的信号之间的直接联系不能更加简单地实现的呢？
>
> （Macphail，1998，p.14）

"意识不必进化。……我们也许做过僵尸。"
（Flanagan and Polger，p.321）

对于这个争议，你可能已经注意到什么熟悉的东西了。对，那个僵尸又出现了（第二章）。如果你相信意识非本质论，那么接下来就会是"我们也许做过僵尸。我们不是。但要解释清楚我们为什么不是，就太费劲了"（Flanagan and Polger，1995，p.321）。或者换句话说，"很难解释清楚为什么进化会生出我们而不是僵尸"（Moody，1995，p.369）。我们那么容易就有可能做过僵尸的概念在直觉上十分诱人，我们必须慢慢来，搞清楚它到底有没有意义。在第二章里，我们碰到了一些反对僵尸的可能性的强有力理由，但仅仅出于辩论的目的，我们现在假设僵尸是（理论上，如果不是实际上的话）可能的。于是就能让我们讲述僵尸进化的虚构故事了。

> **练习 11.1**
> 我现在有意识吗？这种觉知有功能吗？
>
> 每天尽可能多次问自己："我现在有意识吗？"如果你练习过，你就知道，问这个问题会让你在一小段时间内更有意识。利用这段时间来观察和畅想。问问自己："我的觉知本身有没有什么功能？"没有意识，我的行为会有什么不一样吗？如果会，那么自然选择能不能对这种不一样发生作用？

僵尸的进化

随着进化的进行，动物彼此竞争，以便生存和繁殖，而类似准确感知、智力和记忆的特点广为传播。有一种生物变得特别有智慧。但是，作为这种生物或是其他任何一种都没有任何感觉。它们全都是僵尸。

有一天，在这些生物中，偶然有一只出现了一种奇怪的突变——"意识突变"。这生物就不再是僵尸了，而有了意识。我们可以叫它"意族（conscie）"。与其他所有生物都不一样，作为这第一只意族生物，是有其特殊感觉的。它会痛苦，它能感觉到疼痛与喜悦，它体验到了颜色和气味、声音以及滋味的感受质。意族的降生，如同色彩科学家玛丽第一次走出她那间黑白的屋子。

现在会发生什么？这种偶然突变会不会变得有适应性，从而使意识的基因在种群里快速扩散呢？意族会不会超越僵尸，并将它们消灭殆尽呢？或者，这两者会不会在一个进化稳定的混合体中继续共存？地球这颗行星还能像今天一样，只不过我们中的一部分做僵尸，另一部分做意族吗？真的，会不会有一些著名的哲学家做僵尸，而其他人都是过着正常生活的有意识的人呢（Lanier, 1995）？

这些问题好像有道理。但我们必须记住，要对僵尸坚持一个清晰的定义。最常见的定义是，僵尸就是一种从身体上和行为上无法与有意识的人类区分开来的生物。唯一的区别在于，作为僵尸是没有任何感觉的。那会发生什么？

什么都不会发生。自然选择无法在僵尸与意族之间探测到任何差别。正如查默斯所指出的，"自然选择过程无法区分我和我的僵尸双胞胎"（Chalmers,

1996，p.120）。它们看起来一样，动起来也一样。它们在同样的条件下都会做同样的事情——遵照定义（如果你争辩说它们不会，你就是在骗人）。如果这样的一个突变是可能的，那么它将保持完全而必要的中立性，并且不会对这些生物的进化方式产生任何影响。

这种思维会让我们陷入僵局。如果我们相信僵尸的可能性，我们自然会问，为什么进化没有让我们变成僵尸。但随后我们发现，我们不可能回答这个问题，因为（按照僵尸的定义）自然选择无法将意族和僵尸区分开。

> 有觉知有什么功能吗？

这个可怕的问题都是因为对僵尸的错误想象而引起的，丹尼尔·丹尼特这样说。僵尸是荒谬的，但哲学家由于持续地低估了它们的力量（让它们无法做到我们认为需要意识才能做到的事情）并因此违反了定义规则，才让它们好像变得可能了（Dennett, 1995c）。如果你想象复杂的有机物，无须经历痛苦就能通过进化来避免危险，或者智能的自我监督的僵尸不需要像我们一样具有意识就能进化（比如 Zimbo，第二章），你就跟那些不懂化学却说他能想象出水不是 H_2O 的人是一丘之貉。

丹尼特（Dennett, 1995c, p.324）说："要想看清谬误，就得考虑健康的适应性优势是什么的平行问题，考虑'健康非本质论'"。假设泅渡英吉利海峡或者攀登珠穆朗玛峰在理论上可以由一个完全不健康的人来完成，"那么健康有什么用处？这真是个谜！"（Dennett, 1995c, p.325）但这个谜团只会为那些认为自己可以不要健康就能保持身体力量和功能完整的人而生。在健康的例子中，存在明显的谬误，然而人们还是在不断地对意识犯这个错误。他们想象，不要意识而保留所有认知系统完整是可能的。"健康不是那样的，意识也不是"（Dennett, 1995c, p.325）。

> "健康有什么用处？这真是个谜！"
> （Dennett, 1995c, p.325）

Hofstadter（2007）想象有一辆非常炫酷的小汽车，也许还带着闪电戈登火箭船形状的镀铬装饰品，也许不带。但意识不是这种可以订购的"额外特征"。你不可能订购一辆引擎很小的车，然后对卖车的说，"另外，请给我配上赛车的马力"（或者是，你可以订购，但车永远到不了）。订购一辆引擎巨大的车，然后再去问，还要多付多少钱才能获得赛车功率，同样是没有意义的。

对 Hofstadter 来说，意识就像建造优良的车子的功率：它来自好的设计。而对丹尼特而言，当你对 Zimbo 监测其自身（无意识的）信息状态的行为进行过进化分析，你就完成任务了。除此之外，没有一个额外的、自身具备影响力的名叫意识的东西。按照这个版本的功能论（第八章）或者任何版本的错觉论（第三章）的观点，任何能完成我们所有功能的生物，必然跟我们一样是有意识的。

我们现在可以看出汉弗莱错了，"我们要么抛弃意识由自然选择进化而来的概念，要么就得为它找到一种功能"的说法是不对的。代替的做法是接受现实，意识更像健康或者马力，而不是一种可选的觉知模块。如果我们这样做了，谜团就会变化，理解意识进化的任务也会随之变化。谜团就变成了：为什么意识看起来像一种高规格的升级，而其实它并不是？任务就不仅是要解释进化如何产生了具有特别技能和能力的人类，还要解释为什么具有那些技能和能力的生物是有意识的，或者让人产生它们有意识的错觉，像我们一样。

想着这些，我们现在就能看清楚了，解决意识进化问题有四种方式（参见概念11.1）。如果你相信身体上和行为上无法分辨的僵尸，那么意识为什么会进化就永远是一个谜，放弃为妙。如果你反对僵尸的可能性，那么你会有三种选择。意识必须是与我们进化而来的所有那些技能与能力分开的东西，那样的话，任务就是解释意识的功能，以及它如何以及为何自行进化。另外一种是，哪些技能和能力进化时，意识有必要一同进化，而任务就是解释为什么会这样。最后，也许我们把意识的本质搞错了，并试图解释一个完全错误的事情（图11.2）。那样的话，我们就得问，为什么我们会进化得这么容易受迷惑。

当意识进化时

询问意识为什么会进化，也意味着要问进化的时间。假设几十亿年前这个行星上没有意识而现在有了，这看起来很合理，但是意识（或觉知

概念 11.1

四种思考意识进化的方法

1. 意识非本质论（副现象论）

僵尸是可能的。原则上可以存在看起来、动起来跟我们一模一样的生物，却没有意识。意识与适应性技能如智力、语言、记忆和问题解决是分开的，但没有可侦测的区别（这就是僵尸的定义），并且没有效果（这是副现象论）。对于这种方式，重要的（并且是神秘的）问题是："为什么进化会产生意族而不是僵尸？"

2. 意识有一种适应性功能

僵尸是不可能存在的，因为有了意识就不一样了。它与进化而来的适应性技能（如智力、语言、记忆和问题解决）是分开的，并增加了新的内容。重要的问题是："意识的功能是什么？"或者"意识有什么用处？"

3. 意识没有独立功能

僵尸是不可能存在的，因为任何可能做我们所做的任何事情的动物都必须是有意识的。意识没有与进化而来的适应性技能（如智力、语言、记忆和问题解决能力）分开。重要的问题是："为什么意识必然会在跟我们一样拥有进化而来的能力的生物身上出现？"

（注意，功能主义落在这个类别中，但这个术语在这个情境中可能比较迷惑人。功能主义宣称，心理状态是功能状态，因此解释了执行的功能，也就解释了意识。）

4. 意识就是错觉

我们关于意识的观念是如此混淆不清，结果我们落入了僵尸的窠臼，发明了难题，还担心为什么意识会进化。相关的问题是："为什么拥有像我们一样能力的生物对它们自己的意识是如此迷惑呢？"

意识的功能　第十一章　● 311

图11.2 有什么东西离开了这只兔子？是生命力还是生命冲动（élan vital）？现在既然我们理解了生命自身是如何周而复始的，这个概念就不再需要了。意识的概念也会走上这条路吗？

"伴随着意识黎明的到来，一个全新的天性仿佛溜了进来。"

（James，1890，p.146）

或主观性）怎么可能从无意识的物质中进化出来呢？进化心理学的先驱威廉·詹姆斯解释了这一核心问题。

我们作为进化论者需要坚守的一点就是，所有新形态生物的出现都不过是原始、不变的物质重新分配的结果。混乱地散开的完全相同的原子，形成了星云；现在，又挤作一团，暂时陷入了特定的位置，形成了我们的大脑；而大脑的"进化"，一旦为人理解，就能解释那些原子为什么会这样被捕获并挤在一起……但是伴随着意识黎明的到来，一个全新的天性仿佛溜了进来。

（James，1890，i，p.146）

詹姆斯为自己设定了一个任务，尝试了解意识是怎样不需要诉诸心灵、思想尘埃或灵魂就能"溜进来"的。这基本上就是我们今天面临的任务，但我们不应将它与另外两个相关问题相互混淆。第一个问题与意识在人类发展中出现的时间有关。例如，未受精的卵子或人类胚胎有意识吗？如果没有，那么婴儿或幼儿是什么时候开始有意识的？第二个（第十章）问题关注的是，今天生存着的哪些动物是有意识的？这些问题的答案也许能、也许不能帮助我们找到这个问题的答案：意识最初是从什么时候开始进化的？

"意识不是非有即无的，而是按照程度划分的。"

（Greenfield，2000，p.176）

"它都不会是一个渐变的过程。"

（Humphrey，2002，p.195）

关于这个问题存在强烈的不同意见。有人相信它是逐渐出现的，比如Susan Greenfield，她认为"意识不是非有即无的，而是按照程度划分的"，随着脑容量的增加而像柔光开关那样一点点地增加（Greenfield，2000，p.176）。别人的想法正好相反。"我们可以确定的一件事就是，不管动物王国的意识是在何时何地事实性地出现的，它都不会是一个渐变的过程"（Humphrey，2002，p.195）。

有些人将它降生的时间定在很早之前。例如泛心论者相信，每个事物都有意识，虽然石头和溪流的意识要比毛毛虫和海狮的意识简单许多。按照这种观点，意识本身远早在生物进化开始之前就存在了，但是意识的种类和复杂程度也许还是进化了。有些人相信生命和意识不可分离，因而大约在40亿年前，一旦生命在地球上出现，意识也就出现了。有些人将意识等同于感受，那么它应该是与第一批感觉器官一起出现的。这里的问题与对感觉的定义有关。例如，向日葵朝向光源的能力可不可以算作一种感觉，因而算作意识呢？追逐化学浓度梯度而生的细菌，是否对其所响应的浓度有觉知呢？

还有人认为，意识需要具备特定复杂程度的神经系统，或是需要一个大脑，那样的话，意识就应该在这些构造进化时出现。为了给"意识的古老本源"辩护，Todd Feinberg 和 Jon Mallatt（2016）列出了他们所谓的"意识的定义特征"（p.18；见图 11.4）。光是活着还不够，拥有具备反射反应的简单神经系统也不够。还要有更复杂的神经层级机构，可以产生同构表征——将特征直接从外部世界测绘到感觉系统上的表征。他们认为，这发生在 5.6 亿—5.2 亿年前寒武纪大爆发过程中，也许是伴随着一种像蚝蝓这样的生物出现的，这是一种类似鱼类的简单海洋动物。"同构视觉影像经由扩张的脑处理后，进入了心理表象，我们认为，这一点标志着意识的降生"（2016，p.92）。他们尽可以建议把这些"定义特征"当作意识的标准（第十章），但是很难看到他们的提议如何得到测试，而其他人对意识的降生也做出了同样确切但非常不一样的声明。汉弗莱将它定在 3 亿年前，而巴尔斯

第一层：适用于所有生物的普遍生物特征
　　生命：具身化与加工
　　系统与自我组织
　　目的性与适应性
第二层：适用于具有神经系统的动物的反射
　　比率与连接性
第三层：适用于具有感觉意识的动物的特殊神经生物学特征
　　复杂的神经层级；一个大脑
　　嵌套与非嵌套式分级功能
　　神经层级创建同构表征和心理表象及/或情感状态
　　神经层级产生独特的神经相互作用
　　注意
　　感觉意识可能通过多样化的神经结构产生

图 11.4 意识的定义特征（from Feinberg and Mallatt, 2016, p.18）。

活动 11.1
感知觉界线

一块石头有意识吗？一丛玫瑰花枝呢？一只蝌蚪或者一只绵羊呢？一个婴儿呢？你呢？你要把这条线画在哪儿呢？

收集一堆你认为涵盖了从绝对没有意识到绝对有意识范围的物品。如果你是在家里，可以用一只宠物来代表动物，用一盆植物或是一束花代表植物王国。的确，你也许单是坐在自家的厨房里就能看到足够多的例子。在自己面前将它们按照从最少意识到最有意识的顺序排列，然后好好观察。

要是在课堂上开展这项活动，你可能需要更多的创造力，但是要有真实的物体，强迫大家做出决定，让他们的争论鲜活起来。你可以让大家携带以下物品：

1. 一块石头或鹅卵石
2. 花园里的一蓬草、一盆植物或是一个水果
3. 一只苍蝇、蜘蛛或是一只土鳖虫（之后请将它们放回发现它们的地方）
4. 蝌蚪或者观赏鱼
5. 一支温度计
6. 一部电话
7. 一名人类志愿者

让每个人都画出他们自己的感知觉界线。选出两个画得最极端的人，让他们来为自己的决定辩论，面对全班的提问。事后有人挪动了自己画的线吗？

图 11.3 感知觉界线。在这些东西中，你觉得哪些是有意识的？你会在哪里画线？

（Baars，2012）将它与 2 亿年前哺乳动物大脑的出现捆绑在一起。

最后，还有一批人，他们相信意识现象出现的时间距离现在近得多，出现于我们近古的先祖表现出特别的社交技能的时候。那些技能包括了社会感知、模仿、欺骗、心理理论和语言。

意识最近期的来源是美国心理学家 Julian Jaynes 在具有争议的著作《两分心智理论崩溃中的意识起源》(*The Origin of Consciousness in the Breakdown of the Bicameral Mind*，1976) 一书中提出的。他追溯研究了 3000 年前最早的书面记录，寻找主观意识心理出现或缺失的线索。第一份可以给他足够精确的翻译的文本是《伊利亚特》(*The Iliad*)，一个饱含复仇、血腥和泪水的史诗故事，描述了发生在大约公元前 1230 年的事件，并在约公元前 900 或 850 年被书面记录下来。"伊利亚特的心理是什么？" Jaynes 问。"答案令人不安却很有趣。总体上看，伊利亚特没有意识"（p.69）。

> 深受困扰的他只得向自己的善良精神倾诉："苦也！若我此时便入得那城墙与城门，鲍利达马斯（Poulydamas）必将第一个叱责于我……如今，恰是我自家的鲁莽，害苦了我的百姓；面对袍裾深垂的特洛伊男女，我既愧且惭，唯恐宵小之辈中伤于我：'赫克托妄信一己骁勇，坑害百姓。'……"
>
> ——荷马（Homer）
> 《伊利亚特》（*The Iliad*，XXIII，II.13-15，公元前 8—7 世纪）

他说的意思是，没有出现过有关意识的词语，也没有心理活动的。后来表达"心理"或"灵魂"意思的词语那时还都在表示更为具体的事物，如血液或呼吸。没有表达意愿的词语，没有关于自由意志的概念。勇士们所做出的举动，不是因为意识原因、动机或计划，而是因为天神向他们发话了。实际上，天神代替了意识的位置。这也就是为什么 Jaynes 将这些人的心理描述为"两分的"（意思是有两个房间），因为它们是分离的。行动没有通过意识来组织，他们的动机是听见了神秘的声音。我们现在管这些声音叫幻觉，但他们称其为天神。所以，"伊利亚特人不像我们一样具有主观性；他对自身关于世界的觉知没有觉知，没有内部心理空间用以自省"（p.75）。按照 Jaynes 的观点，意为主观性的现代意识概念所描述的东西本身是近期才发明的。这一观点类似于高阶理论通过"觉知的觉知（awareness of awareness）"这一术语来定义意识，而它也符合魔术师的方式，因为 Jaynes 认为意识是一种"学习而来的文化能力"（p.380）

和一种"隐喻生成的世界模型"（p.66）。当我们将意识置于自己的头脑当中，甚至闭上眼睛并试图对它更好地自省时，我们就会受到错觉的影响："在现实当中，意识没有任何位置，除非我们想象它有"（p.46）。他提出了一种追踪这种错觉历史的方法。

因此，对于意识是什么时候进化的，没有达成共识，各种理论中有关意识的降生时间，从几十亿年前到仅仅几千年前都有。

对于意识如何或者因何而进化也没有一个共识，但我们现在已经做好准备，考虑从许多尝试回答这些问题的理论中间选出一个答案。在下面的内容里，我们将能够认定他们号称要解决哪种谜团，并判断他们有多么成功。我们可以通过思考概念 11.1 中罗列的四种选择，来为这种混乱引入一些秩序。我们已经探讨了僵尸进化的难以置信，以及意识非本质论（意识是存在的，但是毫无作用）。因此我们在四种选择中还剩下三个：意识自身有可能真有一种功能；它有可能是跟随整体而来的，就像健康或者马力一样；它还有可能就是一种错觉（存在，但不是我们想象的某种东西）。所有三种类型都各有众多的相关理论。

> "总体而言，伊利亚特没有意识。"
> （Jaynes，1976，p.69）
>
> "反射和简单运动程序；这些都用不着有意识！"
> （Feinberg and Mallatt，2016，p.62）

意识有一种适应性功能

生物功能

"感受质是有适应性的"，Feinberg 和 Mallatt 如此断言。"意识是一种真实而有适应性的现象，对有意识的有机物来说具有进化生存价值"（2016，pp.218，217）。他们使用了难题和解释性沟壑作为感觉意识降生的标志，假设两者都是同时产生的，并探寻"沟壑自身的进化本源"（p.11）。所以对他们而言，沟壑是一种古老起源的真实现象，而不是困惑的人类近期用语言和哲学才发明的一个问题。他们认为难题可以通过传统的生物学原理加以解决，并付诸实施，假设心理因果关系是一种真实的力量，可为自然选择所见，尽管他们没有对这种精神力量的作用及其原理做出解释。

伯纳德·巴尔斯宣称，"意识是一种超级功能性适应"；于是他就得问："如此，你该怎样使用意识来生存并最终传承你的基因呢？"（Baars，1997b，p.157）他的回答是，在我们进化的过往中，意识会将我们从危险中拯救出来——如同他那逃离愤怒的巨型公牛的例子。但是，如第八章所说，他没有解释为什么是"意识，即是如此"——而不是拥有一个全脑工作空间架构——完成了这项任务。

> "建立起意识具有适应性的概念后，我们现在就可以着手'解决'主观性的问题了。"
> （Feinberg and Mallatt，2016，p.220）
>
> "这个意识，就是自我中的我自己，是一切，也什么都不是——它是什么？来自哪里？为了什么？"
> （Jaynes，1976，p.1）

Max Velmans 试图从两方面来回答。他说,从一个第三人称的角度看,"按照相同规格来运行的相同功能可以经由一台无意识的机器来操作"(2000,p.276)。因此"不是很清楚,体验这样的信息会有什么样的生殖优势"(p.277)。他的回答是,从第一人称的角度看,没有意识的生命就是虚无,因而"没有生存的意义"(p.278)。然而他依旧没有解释为什么生命不是"虚无",或者为什么在让我们存活的进化本能之外,还要有一种生存的意义?

意识"自身有一种生存价值",杰弗里·格雷说(Gray,2004)。他排除了副现象论,认为要是没有意识体验,语言、科学和美学鉴赏都将是不可能的;此外,"不管意识是什么,它都太重要了,不可能只是其他生物力量的一种偶然的副产品"(p.90)。我们对世界的感知与我们对此采取的行动之间的完美契合,不可能是偶然的,一定会承受强大的选择压力。当然,"偶然的副产品"与"承受强大的选择压力"都不是仅有的选项;但通过假设它们是仅有的选项,格雷就可以宣称,这给我们带来了"认定意识自身的因果作用问题"(p.90)。

> "意识就是一种超级功能性适应。"
> (Baars,1997b,p.157)

格雷反对功能主义(即心理状态就是功能状态的观点),认为联觉(见第六章)提供了一个反例。他断定,联觉者体验到的颜色感受质与触发联觉的单词或数字无关,它们甚至会干扰语言处理;他说,这一点与功能主义是不匹配的。他认为感受质是由一系列无意识的脑部过程构成的,仅与生成它们的功能有关或附属其上;它们与那些功能不是一回事。

格雷既反对功能主义,又希望"窥探"难题的真面目,于是开始寻求"感受质本当如此的属性"(2004,p.308)。他说,意识体验来得太晚,无法影响快速的"线上"行为,但它缓慢地构建起了感知世界,理顺了时刻交叠的困惑,形成了一种半永久的表象。因为这似乎限制了意识的任何连续因果效用,他总结说,它的作用就像是一个后期的错误探测器,一个无意识的比较器,预测世界的下一个可能状态,并将其与真实的状态进行比较。比较的结果随后"进入意识"。海马系统就是比较系统的神经机制,"因此为意识体验提供了进化生存价值"(p.317)。这与英国生态学家 John Crook 早期的提议有关,即"世界的意识包含一种当前感知输入在心理屏幕上的再表征,于是生成了一种监测过程的持续觉知"(Crook,1980,p.35)。

这些理论赋予了意识自身的生存价值和功能,但没有解释为什么这种监测或错误探测会需要或是意味着主观体验,或者"产生了感受质",而其他的大脑加工过程就不会。类似"心理屏幕"和"进入意识"这样的语句隐含了笛卡尔唯物主义,而"附着"了感受质的大脑加工过程与没有附着的过程之间仍然存在一个神奇的区别。格雷承认,他可能窥探过那个难题,但是他既没有通过解释让其消失,也没有解决它。

另一套理论也赋予了意识其自身的生存价值,但是出于社会原因,而不是个人原因。

社会功能

> 从前有一些人类的动物祖先,它们没有意识。这不是说这些动物没有大脑。它们无疑是有知觉、有智力、有复杂动机的生物,它们的体内控制机制在许多方面都跟我们相同。但是,它们没有向内审视这些机制的方法。它们有聪明的大脑,但是心理空虚。[它们]……延续着生命,但对自身行为的内在解释一无所知。
>
> (Humphrey,1983,pp.48-49)

于是汉弗莱的意识进化"就是如此的故事",就这样开始了:一个解释我们人类是如何以及为何变得有意识的故事。

汉弗莱描述了他遇到维特根斯坦和行为主义时的惊讶和愉悦,并发现了那个人类意识可能毫无用处的"淘气的想法"。"但它是一个淘气的想法,我觉得它曾经风光过,现在该被放弃了"(1987,p.378)。他总结,意识必须有意义,否则它就不可能进化。

他在20世纪80年代发展了他的理论,将意识视为一种"涌现属性":涌现属性就是那些诸如湿度、硬度或者天气之类的东西,它们是若干事物集合而成的属性,而不是某个事物单独的属性。比如,水的湿度不是氢或氧的属性,但是当这两者形成了 H_2O 分子时,它就出现了。汉弗莱还将意识描述为一种"表面特征",一种大脑组成部分的联合行动所产生的涌现属性,自然选择可以对其发生作用。例如,动物体表毛发的隔

小传 11.1

尼夫拉斯·汉弗莱(Nicholas Humphrey,1943年生)

作为英国剑桥大学的博士生,尼夫拉斯·汉弗莱几乎是偶然地发现猴子在其视觉皮层被移除后依然可以看见(这一现象后来被称为盲视)。1971年,他在卢旺达的Dian Fossey大猩猩研究中心待了几个月,开始关注社交智力的进化,这导致了人类是"天生的心理学家"观点的诞生;他们能够使用内省来构建他人的心理模型。他说服了理查德·道金斯相信模因是有生命的架构;在20世纪80年代做了一个电视系列片,名为《内心之眼》(*The Inner Eye*);并为核裁军事业长期奔走。与丹尼尔·丹尼特在塔夫茨大学合作3年之后,他于1990年回归剑桥大学,开始研究有关感受和感受质本质的激进的新观念,认为感受是一种"身体表达"的方式。在《灵魂之尘:意识的魔力》(*Soul Dust: The Magic of Consciousness*)一书中,他宣称现象意识是自然选择设计出来的一个"魔术般的神奇表演",以便获得看起来"超越这个世界"的属性,可以让我们感到特别和超然。

热属性就是毛皮的一种表面特征，它们对自然选择是可见的，因为明显的原因已经进化了：保持温暖对动物的生存很重要。那么意识又为什么会进化呢？

汉弗莱的回答是，意识的功能在于社交。如同我们的近亲黑猩猩一样，我们生活在高度复杂的社会群体之中，而且像它们一样，我们的祖先一定交过朋友，结过仇敌，组成或破坏过联盟，判断过谁值不值得信任，因而会需要能够理解、预测以及操控本群体内其他人的行为的技能。换句话说，他们变成了"天生的心理学家"。

不要像行为主义者那样只是观察别人并记录后果，想象一下，如果在这些先祖生物中，有一个能够自我观察，会发生什么？想象早期的原始人苏西注意到凶猛的米克有一大块食物，而她的朋友莎莉就在跟前，显然是想分一杯羹。那么苏西应不应该出手帮助莎莉去抢食物呢？她是否应该给米克梳毛来分散他的注意，以便莎莉拿到食物呢？如果她这样做了，莎莉事后会跟她分享食物吗？通过询问"在那种情况下我会怎么做"，天生的心理学家苏西就可以做出更好的抉择。

汉弗莱认为我们人类就会这么做，他引用了与笛卡尔同时代的托马斯·霍布斯（Thomas Hobbs）的话：

> 无论何人，若他想在处理思考、权衡、理智、希望、恐惧等事及情形之时审视内心并思索自身行为，他就应该读书，了解其他人在此情形下的想法与热情。

（Hobbes，1648/1946，in Humphrey，1987，p.381）

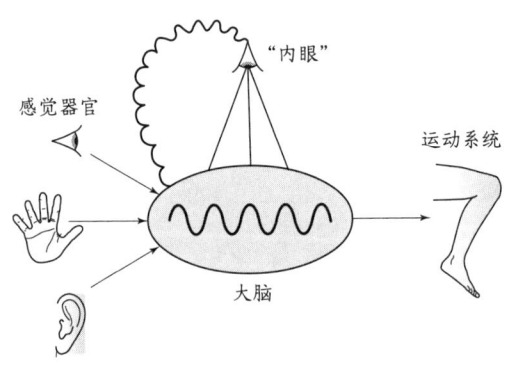

图11.5 按照汉弗莱的早期观点，意识产生于一种新型感觉器官进化之时，一只"内眼"，它的视野不是外部世界，而是大脑本身（Humphrey，2002，p.75；1986，p.70）。

因此汉弗莱提出，自然选择偏爱自我反思的洞察力。"现在，想象有一种新型的感觉器官进化了，一只'内眼'，它的视野不是外部世界，而是大脑本身"（Humphrey，1987，p.379；2002，pp.74-75；见图11.5）。同样，道金斯推测，"或许，当世界在大脑中的模拟变得如此完整，以至它必须包含一个自身的模型时，意识就产生了"（Dawkins，1976，p.59）。

这两个观点都有一个问题：我们看到的自身图像（如果图像就是那个合适的词），显示的不是神经胶质细胞、神经元、突触或者大脑活动，而是一个人。确实，如果这颗行星上多数的人都想不出如果他们能看见自己的大脑会是什么样子。也许这种自我描述就需要通过某种别的方式来进行理解，比如格拉齐亚诺的注意图式（第七章）或梅钦赫尔的自我模型（第十六章），或者以计算机术语的形式，而不是大脑本身的模型。

汉弗莱将这个图像描述为用户友好的，以我们可以理解的方式来尽可能多地告诉我们需要知道的东西。它可以让我们以心理的意识状态的形式看到自己的大脑状态。汉弗莱声称，这就是意识的意义。它是一种自反射循环（self-reflexive loop），而不是 Hofstadter 说的奇怪的"我"循环（"I" loop，第十六章），其功能就是为人类提供一个有效的工具，来研究自然的心理学。

其他的理论直接建立在汉弗莱早期的观点之上。例如，英国考古学家 Steven Mithen（1996）就赞同意识有社交功能，而黑猩猩可能对自己的心理有意识觉知。但他辩称，如果汉弗莱是对的，这种觉知就应该只延伸到与社会互动有关的思想之上。然而人类好像对一切其他的事情都有意识。他认为，正是这种不断扩展的觉知在产生现代人类心理方面作用重大。

Mithen 把我们的心灵比作一个巨大的教堂，里面有许多小礼拜室。在原始人类的早期进化中，不同的能力在很大程度上是相互隔绝的，就像瑞士军刀中的模块一样。在能人（homo habilis）中，甚至是在以后的尼安德特人中，社交智力与工具制造或和自然世界的互动是隔离的："意识被牢牢地困在社会智力的厚重的礼拜室的墙壁内——它无法'听到'大教堂的其余部分，只有沉重的闷响"（Mithen，1996，p. 147）。他认为，这些生物有一种短暂的意识，无法对自己的工具制造或衰老进行反省，但随着认知流动性的提高，小礼拜室之间的门打开了，真正的现代人类心理进化出来，这与 60 000—30 000 年前的文化爆炸相一致。那时，我们的祖先已经进化出了庞大的大脑和语言，并且在身体上也与我们相似（见图 11.6）。

对 Mithen 而言，随着原始人社会群落的扩大，语言的进化代替了梳毛行为（Dunbar，1996）。按照这种理论，语言最初仅用来谈论社交事宜，即便到了今天，男人和女人之间

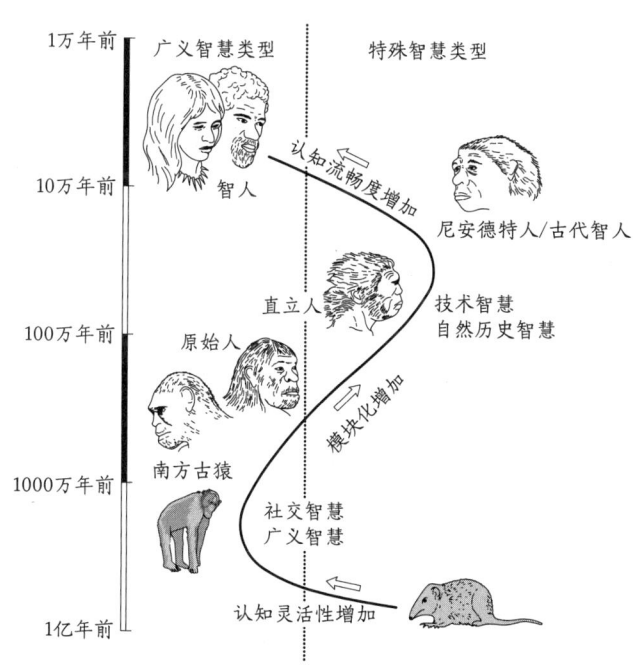

图 11.6　Mithen 认为，在心理进化的过程中，选择优势曾经在偏爱特殊的硬连线或模块化的智慧类型与偏爱广义的智慧类型之间摇摆不定（Mithen，1996，p.211）。

的主要谈话主题仍可以归类为"八卦",也就是,人们谈论谁跟谁说了什么,谁喜欢谁,以及他们自己和他人之间的地位与关系(Dunbar,1996)。然而一旦语言得到进化,它就可以被用于其他目的,提供选择压力以扩展其用途,用以谈论诸如狩猎、觅食以及物理世界等其他事物。Mithen 声称,这就打开了心理的礼拜室。我们现在已经抛弃了瑞士军刀心理,并对首先产生了觉知的社交世界之外的很多事物有了意识。

其他的科学理论也将意识与我们的符号式思维能力联系在了一起,比如 Terrence Deacon(1997)的大脑和语言的联合进化如何产生了"符号物种"的理论,以及 Merlin Donald(2001)的人类大脑、文化和认知的联合进化理论。这种与符号式思维的关联至少可以追溯到美国哲学家和社会心理学家乔治·赫伯特·米德(George Herbert Mead)的"符号互动论"。米德认为,虽然其他动物可能是有意识的,但只有人类才拥有自我意识,而这种自我意识最早是建立在手势和其他非符号互动的基础上的,并最终通过语言,从符号式互动中把它变成了可能。对米德来说,就如同对苏联心理学家维果茨基一样,意识在进化中出现得比较晚,从根本上看是一种社交产物,而不是个人产物。

这些社交理论的一个有趣的含义是,只有智慧的和高度社会化的生物才有意识。这可能包括了其他的类人猿,也可能包括了大象、狼和海豚,但进化史上的多数生物以及今天存活的多数生物根本就没有意识。

有一种反对汉弗莱观点的意见说,内省是靠不住的。就算我们把误导性的内在视野隐喻搁置在一旁,内省的行为对于像"说服某些人认识到他们的决定有一种与物理因果关系不匹配的自由,或者得出他们的视野充满统一的细节信息的印象",或是劝说他们以为自己理解了其实并不理解的事情的行为,还是要负责任的(Sloman and Chrisley,2003,pp.137-138)。我们可能觉得自己没有痛苦会过得更好,但事实上,那几个感觉不到痛苦的倒霉蛋总是在不停地伤害自己。还有那个老例子,那种红色的红——那种"原始的感觉",那种感受质。英国生理学家 Horace Barlow 说,我们完全弄错了。我们说"这个苹果是红色的"时,出于内省,可能会认为先出现的是红色的原始感觉,而实际上这其中是需要很多计算的,并且我们体验红色的方式取决于我们观看和谈论红色物品的整个历史。Barlow 认为,"红色的感觉只是让你做好准备。来交流某物是红色的事实;这是内省误导性的另外一个例证,因为红色是精心准备的产品,永远不会像看上去那么原始"(1987,p.372)。这让人联想起詹姆斯的宣言:"没人能只靠自己就有简单感觉"(James,1890,i,p.224)。Barlow 总结说,意识是一种源于通信的社交产品，不能用内省来解释（见图 11.7）。

体验	内省信息	生存价值
痛苦	令人不快，应该避免	将伤害最小化
爱	相伴一生的欲望，不可遏制的倾慕感，等等	人类物种的广泛传播
红	一种物体的属性	可以沟通这种属性的能力
针对我们体验的内省不会直接告诉我们其生存价值		

图 11.7 按照 Barlow 的观点，针对我们体验的内省不会准确地反映其生存价值（Barlow，1987，p.364）。

还有一种反对意见认为汉弗莱的意识观点是一种二元论，内眼就是机器里的鬼魂，或者笛卡尔剧院中的唯一观众；但他说得很清楚，尽管有那张图，这也并非他的本意。相反，内眼是人类大脑功能的一个方面。但是大脑怎么能够描述自己呢？谁又是大脑内部的观察者？另外，这不就会导致更多观察者的无限回归吗？汉弗莱说不会的。他说，意识不是整个大脑的一种特征，仅仅是额外的自反射循环的特征，后者的产出是其自身输入的一部分。他宣称没有暗示倒退。然而，他承认存在一个问题。"这一特定的安排为什么会有那种我们称之为'超然'或'其他世界般'的意识品质，我不得而知"（2002，p.75）。

汉弗莱和 Mithen 到底认为意识自身拥有一项自然选择对它发生作用的功能（概念 11.1 中的类型 2），还是想解释为什么任何能够自省或自我反思洞察的生物都不可避免地是有意识的呢（类型 3）？

答案好像是前者。汉弗莱和 Mithen 都将意识描述为一种涌现属性，具有自然选择可以对其发生作用的特定功能，比如"给测试目标一张自己的大脑活动的相片"（Humphrey，2002，p.76）。

这可能给我们留下了一个基础性疑问。意识真的像毛发、湿度或智慧那样是一种可以作为表面特征或者涌现属性的东西吗？一如从前，我们必须记住，意识意味着主观体验，或是"作为……的感觉"。所以这些理论的问题就是，自然选择是针对内省的感觉还是内省的行为结果发生作用的呢？如果你判断是后者，那么主观体验自身就不具备进化功能。它的存在和它进化的理由仍然没有得到解释。

有意思的是，汉弗莱后期的研究试图避开这个问题，正如下一节所介绍的。

意识没有独立功能

另一种方法是，否认意识自身具有单独的功能，并对构造与我们类似的生物如何具有意识提出疑问——就像我们会质疑一种动物怎样存活或者保持健康，或是一辆车如何获得马力一样。

"为了感知红光的存在，[动物]对其做红色摆动的信号进行监测。"

（Humphrey，2006，p.90）

许多理论都符合这种一般方法。也许最极端的版本就是消除唯物主义。比如，丘奇兰德夫妇就断言，一旦我们理解了人类行为、技能和能力的进化，整个意识概念就会消亡，一如"生命力"或"燃素"的概念。换言之，独立的意识不存在了，我们也就无须询问它是如何进化的了。

更为常见的是那些否认意识具有单独功能却并未将其剔除的理论。例如，心理学家 Peter Halligan 和 David Oakley 提出，"正是我们能够告诉他人我们的意识内容的能力——而不是意识体验本身——给了它进化的优势"（2015，p.27）。他们说，这是因为关于意识的沟通帮助我们预测了他人的行为，并对社会影响做出响应。这与汉弗莱和 Barlow 的社会理论类似，除了一点：自然选择偏爱的是沟通，不是主观性本身。

"正是我们能够将自己的意识内容告诉他人的能力，给予了我们进化的优势。"

（Halligan and Oakley，2015，p.27）

许多研究人类进化的科学家，都避开了意识的敏感话题，但都隐蔽地选择了一个功能主义的立场。尽管某些哲学家辩称功能主义根本不能算作主观性（第八章），但其他的还是把主观性等同于譬如社交互动、语言或解决问题这样的功能。按照这种观点，意识没有与这些功能分开，因此不可能有因果属性或其自身的功能（"功能主义"术语具有迷惑性的原因之一）。解释清楚大脑和身体其他部分的功能性组织方式是从何而来的，这就是全部的要求。

汉弗莱的观点从他关于"天生的心理学家"的早期工作转变成了向"感觉的心脑识别等式是怎么起作用的"提供一种不同的看法（Humphrey，2006，p.98）。他在描绘过一个基于行动或生成性的理论之后（Humphrey，1992），又开始讲述一个新的就是如此的故事（2006），从一个变形虫那样的生物入手，这个家伙会对周围的化学物质或者振动产生反应，朝着后者或往相反的方向蠕动（图 11.8）。最初，这种响应纯粹都是局部的，但很快，为了更有效地行动，它们就变得与某些种类的神经系统有联系了。随着感觉器官的进化，生物会做出更加复杂的蠕动，直到这样的时刻来临，即它们需要对所处的世界做出内部表征。此时，汉弗莱的重点来了——它们可以借助自己已经发布的命令信号，通过自身对外部世界

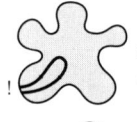
刺激点上出现局部响应

响应成为输入感觉神经的目标

响应在大脑内完成"私有化"

图 11.8 感觉的"私有化"（Humphrey，2002，p.112）。

的反应达到目的。因此，这种生物"通过监测自身做出的相关反应"来了解外部世界，以及它自身的感觉（Humphrey，2006，p.87）。

汉弗莱声称，感受就是这样产生的。反应回路随即被私有化和内部化，而感知在单独的通路中开发，但是感受仍然带有其身体表达起源的印记。这改变了意识问题，将感受放到了具有能动性而非被动的一边，而这就是汉弗莱（Humphrey，2000）希望借以解决心身问题的方法。不管你是否赞同将感受变为行动真的可以解决心身问题，这样的生成性的或感觉运动理论都不需要质疑意识自身是如何以及为何进化的，因为意识不再是与行动分离的事物了。

意识预测加工理论也是如此（比如 Seth et al., 2012），它们将意识视为我们的大脑—身体—世界的整体互动所产生的自上而下的预测结果。这些基于可能性的预测都是生命过程中积累起来的前期知识塑造出来的。它们通过感觉信号的形式出现，当其成功匹配感觉输入时，就生成了意识体验。从这些方面来看，预测加工可以被当作通过在一个广泛分布的系统中推介贝叶斯概率（Bayesian probability）来拓展和采纳汉弗莱的观点。

汉弗莱继续解释了为什么会感觉意识对我们如此重要："它的功能就是产生重要性"，还有神秘性和其他世界般的感觉（Humphrey，2006，p.131）。信仰神秘意识和超凡自我的祖先会更严肃认真地对待自己，并且更加珍视自身与他人的生命。这就是心身二元论信念得以进化的原因。

至于他的"现象意识是什么的简化主义理论——它就是你在自己脑袋里为自己演出的一台魔术"（2011，pp.198-199）。这听起来与汉弗莱把意识称为一种错觉很相像。他将我们的"魔术神秘秀"类比为不可能三角形或者彭罗斯台阶这样的视错觉，后者因 M. C. Escher 的不可能阶梯画（见图 11.9）而闻名于世——一种"通过生成内部创造来回应感觉刺激的错觉"。

然而最终，汉弗莱（Humphrey，2016）否定了错觉论，而他的否定将其理论牢固地锁定在了本节之内。如果"感觉是对我们所做的某事的表征"（Humphrey，2016，p.117），可以将针对输入刺激的反应内部化，并理解它们的意义，那么感觉在世间就有了真正的作用。自然选择就会对这些作用发生效力，并最终形成我们今天所拥有的心理类型。意识也许真是一出魔术表演，但它的作用也足够真实。

> "（意识）就是你在自己脑袋里为自己演出的一台魔术。"
> （Humphrey，2011，p.199）

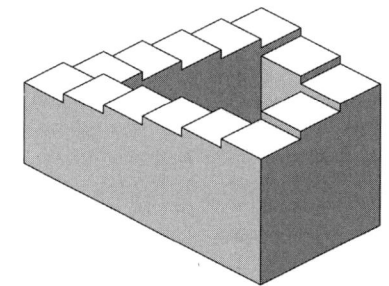

图 11.9 汉弗莱（Humphrey，2011）将意识类比于视错觉，比如这些彭罗斯台阶。

错觉的进化

其他人不同意。最后一个可能性是，现象意识如通常理解的一样，是一种错觉（第三章）。错觉本身可能是有作用的，但是体验没有现象的或"做什么的感觉"的属性，而"意识本身"是不存在的。因此自然选择没有可以发挥作用的对象。就像 Frankish（2016b）所声称的，应该把难题用错觉问题来代替一样，我们应该把"意识如何进化"问题替换成"意识的错觉是如何进化的？"

> "错觉主义……应该被看作领跑者。"
> （Dennett，2016，p.65）

我们已经在丹尼特的 zimbo 理论中（第二章）见过这个版本中的一个了。zimbo 是一种可自我监测的僵尸，而因为它可以监测自己的内在状态，结果它能跟我们一样地谈论其思想、想象和意向等。它相信自己有现象意识，即便它没有。这显然就是一种错觉论描述，而丹尼特的确迈出了一大步，将错觉论称作"显而易见的意识的默认理论"（2016，p.65）。

还有一种版本是 Chris Frith（2007，p.17）的观点，"我们的大脑创造出了我们自己的心理世界与世隔绝且极为私密的错觉"。按照这种理论，意识不是额外拥有自身功能的东西。它也不是一种自然选择可对其发生作用的涌现属性。得到进化的是我们的思考能力和语言能力，以及与我们自身有关的直觉，这些本身可能就有用，虽然它们也会让我们误入歧途。例如，作为二元论者可能具备某些优势，尽管二元论是错误的。那么自然选择对思考、交谈和监测内部状态的能力发生作用，其结果就是我们所说的有意识的生物。这样一种生物会相信自己的意识另有真相，从这个意义上讲，它就是在遭受错觉的伤害。

Guy Claxton 认为，意识发轫之时，只是一种超警戒现象，一种针对基本紧急状况做出识别和反应的奇妙机制。

> "它随之出现……作为一种无用的副产品。"
> （Claxton，1994，p.133）

它的出现不是"为了一种目的"。大脑持续的开发能力生成了这些"超级活跃"的短暂状态，它随之出现，作为一种无用的副产品，与肝脏的颜色或海水在特定条件下会涌起、翻滚并变白的事实相比，没有更大的功能兴趣。

（Claxton，1994，p.133）

悲哀的是，Claxton（1994，p.150）说，意识虽然开始是罕见的，但我们现在生活在一种几乎是永久的低等级紧急状态之中，而它已经变成了"一种构建可疑故事的机制,其目的是捍卫多余的、不准确的自我感觉"。这提出了有趣的结论,即如果我们能学会过上更安静、更有意义的生活,我们的意识不仅会变化,甚至有可能瓦解消失(第十八章)。

最后一个理论——格拉齐亚诺的注意图式理论——很难分类,因为格拉齐亚诺说它与错觉论有很多相似之处,因而属于同样的类别。但是他跟汉弗莱一样,不愿真正使用"错觉"一词,因为它有产生混淆、激起毫无来由的反对意见的风险(Humphrey,2016,p.112)。按照这种理论,大脑不仅使用注意,还为它构建了一个内部模型。这个模型——注意图式——首先作为有机物自身的一个注意状态的简单模型而进化,由此开始,它会进化到为他人的注意状态构建模型,并可因此更有效地预测、理解并同他们联系在一起(see also Graziano and Kastner,2011)。这种发展有适应性,主要原因有三个:整合信息;允许更有效地控制注意;增进社交技能。所以图式是存在的,而且坚定地扎根于进化的大脑机制当中,但在文字上从未有过准确体现。意识就是内部模型的描绘,而它描绘的是一幅滑稽漫画,"某种真实事物的卡通式的不太准确的模型"(Graziano,2013)。无论如何,这不是大脑的错误,而是一种有用的、有效的适应性:意识具有适应性功能(包括生物的和社会的功能),甚或如果可能,我们也可以将它在某种程度上描述为错觉。

> "将意识称为错觉,要冒混淆和遭受无缘无故的反对的风险。"
> (Graziano,2016,p.112)

在完全的错觉论中,没有必要解释"意识本身"或者现象体验是如何进化的,因为它们没有进化。进化了的是我们对自己心灵进行错误归类的倾向性,它产生了二元论的错觉,发明了难题。这些错觉的本质、功能和起源在各个理论中各不相同,但是它们都假设,进化就意味着基于基因的生物进化。还有另一种更广泛的进化观点,基于道金斯(Dawkins,1976)所谓的"通用达尔文主义"。

通用达尔文主义

自然选择的过程可以想象为一种简单的算法:如果你有了变异、选择和遗传,你就一定会得出进化(第十章)。这意味着进化可以对任何变异了的和选择性复制而来的东西发挥作用。换言之,存在其他的复制器和其他的进化系统。这就是通用达尔文主义的原理。

有没有其他的进化过程呢?答案是有的。许多曾经被认为是通过指令或教导才能完成的过程,结果实际上是通过已经存在的变异选择来完成的。免疫系统与发育和学习的许多方面,就是如此(Gazzaniga, 1992)。例如,年轻大脑的发育涉及许多神经元和神经连接的选择性死亡;学会说话涉及发出各种怪声,然后从中做出选择。丹尼特(Dennett, 1995a)提供了一个进化框架,来理解可以为大脑所用的各种设计选项,它的每一个层级都会让器官更强壮,以便找到越来越好的设计动作。他称之为"生成与测试之塔"(图11.10)。在每一个层级,都会产生新的变异,随之得到测试。通过新的方式来使用同样的达尔文过程,就创造出了新式的心灵。

特别有意思的是达尔文的大脑功能理论。一个例子是杰拉尔德·埃德尔曼(Gerald Edelman, 1989)的神经达尔文主义或者神经群组选择理论,它组成了埃德尔曼和托诺尼(Edelman and Tononi, 2000a)的意识的整合信息理论的基础(第五章)。它依靠三个主要原则。"发展选择(developmental selection)"出现于大脑持续成长、神经元向多个方向长出分支之时,提供了连接模式的巨大可变性。这些会根据常用性进行修剪,留下最长久的

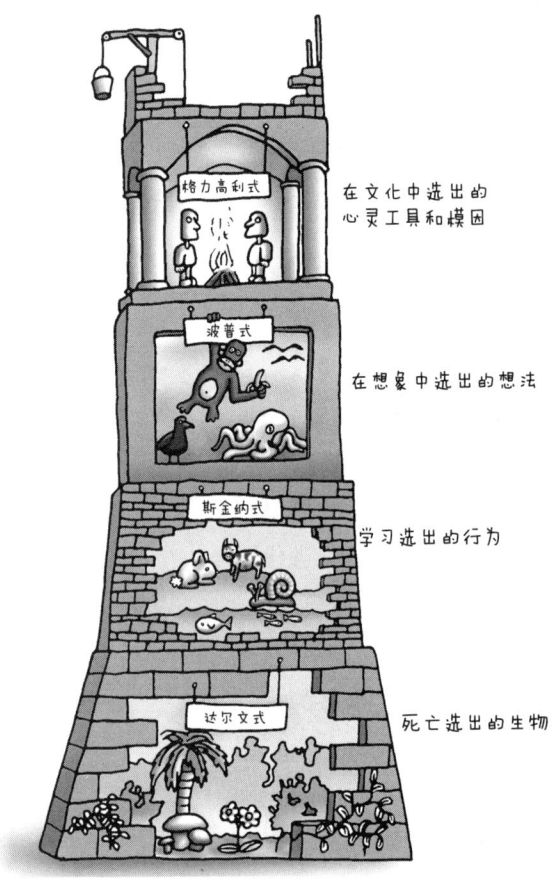

图 11.10　生成与测试之塔。

功能群。有一种类似的"体验选择(experiential selection)"过程会持续终生,局部耦合神经元内部及其之间的某些突触会得到强化,其他的神经元则被削弱,但解剖结构没有变化。

最后,就是新奇的"重入(re-entry)"过程,一个可以让分布于大脑各处不同测绘图中的选择性事件产生关联的动态过程。重入神经回路需要在大脑的不同区域之间进行大规模的并行性相互连接,从而使多种感觉和动作事件同步。神经元群组的活动如果形成了被称为"动态核心(dynamic core)"的一部分,它就可以促进意识形成。这是一个不断变化而高度整合的功能群组,涉及大量分布广泛的丘脑皮层神经元,它们之间有很强的双向互动。按照埃德尔曼和托诺尼的说法,这些原则为理解人类意识的持续统一和无尽变化提供了基础。

这个理论当然同时涉及选择和变异,但是不清楚它是否包括了任何遗传原则。在埃德尔曼的理论中,变异模式得以产生并被选择,但似乎缺乏复制变体

的机制，以产生新模式。换言之，没有复制器。这可能也适用于克里克和科克（Crick and Koch, 2003）的神经元竞争联盟观念。联盟面目迥异，彼此竞争以获得主导性，并在那个意义上被选择，但它们没有被复制。

William Calvin（1996）是一位美国神经学家，他的理论就包括了这样的复制。他将大脑描述为一台达尔文机器，为真正的达尔文创造过程设立了更高的标准，列出了六项要求，全部都可在脑内得到满足。最重要的一点是他对复制的理解。他认为，大脑皮层遍布时空放电模式，它们代表了概念、词语或图像。这些模式依靠皮层细胞的柱状连线方式在不同的距离上同时具备横向抑制与横向激发功能。其结果是，一个半毫米见方的六角形结构可以被复制或克隆，在一个真实的达尔文过程中，为其生存展开竞争。想象一个巨大的、不断变化着的大棉被，由无数的六角形组成，一个个摩肩接踵，彼此争斗着想要生存下来，得到复制；有些克隆了跟自己一样的整个区域，其他的则凋零消逝。意识就是六角形模式大棉被上当前的主导维系物。这个模型没有引发后续的研究，但我们若想对大脑有真正的达尔文式理解，就需要这样的原理。

这些理论讨论的都是一个大脑之内的达尔文过程。丹尼特的生成与测试之塔则通过对所发现的自身所处的情况做出反应，展示了一种大脑进化的层级方式：从只做它们的表型所允许的硬连线生物，到盲目尝试随机选项并学习哪些效果最佳的生物，再到尝试之前先使用其想象力排除"真正愚蠢"选项的生物。我们最后的通用达尔文主义理论则探讨了从一个大脑向另一个进行的复制，到达了丹尼特宝塔的顶层：在这里，文化

概念 11.2

模因

起源。 道金斯（Dawkins, 1976）发明了这个词语，提供了基因之外的一个复制器的例子：一种文化复制器。

定义

模因（meme）。生物学名词[mimeme 的简写，模仿名词基因（gene）]。"一种文化元素或行为特征，它的传播及其之后在人群中的持久性，虽然是通过非遗传手段（特别是模仿）发生的，但仍被认为与基因的遗传类似"（《牛津英语词典》，2018 年版）。模因可以是在人与人之间复制的任何信息。许多心理事件，包括知觉、视觉记忆和情绪，都不是模因，因为它们不要求想象或复制。个人学习要求的技能，比如避开火焰或辣椒，都不是模因。你的滑板是一个模因（它是复制而来的），而滑板活动的概念也是一个模因，但是你玩滑板的技能不是（你得通过尝试、犯错才能学会，而嫉妒地看着你的朋友也得如此）。

模因复合体（memeplex）。"共同适应模因复合体"的缩写：一组模因一起被传递下来。当一个模因作为群体的一部分比它自己能更好地复制时，模因复合体就形成了。模因复合体的范围从一小组词语，如句子和故事，到宗教、科学理论和艺术作品，或金融和政治机构。

自我复合体（selfplex）。人们使用包含自我指代在内的语言形成的模因复合体。类似"我相信 x""我认为 y""我讨厌 z"的句子，与简单地表示 x、y 和 z 相比，给了它们更多的模因优势。在此过程中，它们也促生了一种"我"拥有信念、思想和欲望的信念。尽管它最初的功能是传播模因，但我们现在也使用自我指代语言来表达许多非模因概念（比如"我感到生气"）。

病毒模因（viral memes）。有些模因获得了成功，因

为它们真实、有用或美丽，而其他的则使用各种花招来说服人们复制它们。病毒模因包括电邮病毒、庞氏骗局以及无效的节食和治疗手段。道金斯称宗教为"头脑的病毒"，因为它们通过威胁和承诺来影响人，通过令人沮丧的怀疑来诱惑人，并奖励人们传承模因复合体的行为。

互联网模因（internet memes）。互联网用户复制的并传播给了数以百万计的潜在用户的图像、视频或文字；这些信息时常带有明显的变异，并且常常是幽默和令人惊奇的。

技术模因（tremes）。没有人类参与而通过机器完成复制、变异和选择的技术类模因。

图 11.11 圣保罗大教堂就是一个模因传播的纪念碑。美丽的内景、令人敬畏的穹顶、鼓舞人心的画作和令人愉快的音乐，都让人们想在那里礼拜；而在此过程中，基督教的模因得到了传播。

（从工具使用到艺术创作）需要并加强了智力。这个层次的生物可以彼此分享信息和技能，而且已经朝着创造它们的机器人形式迈出了第一步，所使用的是同时拥有自身和世界模型的个体机器人之间的信息沟通。

模因与心理

模因就是可以在人与人之间复制的观点、技能、习惯、故事或者任何一种信息。其中包括书面和口头的词语、靠左（或靠右）开车的规则，以及使用筷子（或刀叉）进食的习惯，同样还包括歌曲、舞蹈、服饰时尚和技术。模因理论具有高度争议性，并且遭到生物学家、社会学家、考古学家和哲学家的批评（Aunger, 2000; Richerson and Boyd, 2005; Wimsatt, 2010）。但无论如何，它有可能为理解意识的进化提供一种全新的方式。

"模因"一词由道金斯发明，用来阐述通用达尔文主义的原则，并提供了一个基因之外的复制器的例子（概念 11.2）。

模因可以算作复制器，因为它们是被复制的带有变异和选择的信息。你听过的几千个笑话当中能记住的可能只有很少的几个，而能传递下去的就更少了。每出一本畅销书，就会有几百万册不畅销的书籍放在架子上无人问津。至于互联网模因，只有最好笑的狗头表情包才会被复制数百万次；只有跳得最好的江南 Style 舞蹈才会被观看几十亿次。模因的复制得益于想象、教学和阅读，以及一切现代信息时代的计算化过程。有时它们会被完美地复制，但经常会加入各种变异。这可能发生在复制不完美的时候，比如忘记或记错了笑话的包袱，或是旧的模因被以新的方式结合在一起而产生新模因的时候，比如

"鸡为什么要过马路？"或是"换一只灯泡要几个人？"笑话的一切变种，或是许多最成功的互联网模因。这意味着人类文化的整体可以被看作一个基于模因的巨大的崭新的进化过程，而人类的创造性可以被视为与生物的创造性类似。按照这种观点，生物学意义上的生物和人类的发明都是进化算法的设计。人类就是储存、复制和对模因进行重新组合的模因机器（Blackmore，1999）。

模因理论并非始于与基因的类比，虽然它经常被描述成那个样子（Searle，1997；Wimsatt，2010）。相反，模因是一种复制器，而基因是另一种。它们之间可以进行类比，但类比的结果常常是不紧密的，因为这两种复制器的工作原理差别很大（Blackmore，2010）。例如，基因基于存贮在DNA分子里的信息，它的复制非常精确；而模因依据的是对人类互动的精度不定的复制。

在这些相似点中，基因和模因都会自私地竞争以便自己被复制，它们唯一的兴趣就是自我复制。有些模因成功了，因为它们对我们有用，比如技术、艺术和科学的模因复合体。另一端是那些企图使用花招来使自己得到复制的模因。许多这样的模因在本质上都是"复制我"的指令，支撑它们的是威胁和承诺，例如电子邮件病毒、金字塔骗局和宗教（Dawkins，1976）。位于中间的是大量的文化，它们有时候有用，有时却有破坏性，好比政治和金融机构。基于这些原则，模因论被用来解释人类行为和人类进化的许多方面，包括我们巨大的大脑和语言能力的起源（Blackmore，1999）。一个涉及"盲目的变异"（从发散思维中生成想法）的模型紧跟着"选择性的保留"（汇聚思维以优化特定想法），看起来与通过不同方法采集来的大脑数据相吻合，并且涉及了默认模式网络在第一阶段的活动（Jung et al.，2013）。

模因的概念是丹尼特意识概念的中心内容。他将一个人描述为"当一种特定动物受到模因的适当装饰——或是其感染——时创造出来的一种全新的实体"（Dennett，1995b，p.341），而人的心灵则是"模因重造人类大脑以将其变成更好的模因栖息场所而产生的人造之物"（Dennett，1995b，p.365）。按照他的观点，人类大脑就是一种大规模的并行构造，因受到模因的感染而转化成一种似乎可用串行方式工作的机器构造。如同你可以在一台串行计算机上模拟一台并行计算机一样，人类的大脑也能在并行机器上模拟串行机器。他根据乔伊斯（James Joyce）的意识流小说，将其称为"乔伊斯机器"，它试图通过语言的串行性传达意识的并行性。因此，安装了这台模拟机器之后，我们开始一件接着一件地想事情，并且开始使用语句和其他心理工具，使用的方式符合以语言为基础的模因。

"对模因的讨论不过是针对达尔文主义的一系列误解性隐喻中最新的一个。"

（John Gray，2008）

这就是自我——"叙事引力的重心"（第十六章）——得以构成的原因："我们的自我是在模因的相互作用下探索并对大自然母亲赐予我们的机器进行重新定向的过程中创造出来的"（Dennett，1995b，p.367）。自我就是"它自己的虚拟机造出来的一个良性用户的错觉"（Dennett，1991，p.311）。

但这种错觉也许根本就不是良性的。另一种可能性是，这种错觉自身其实对我们是有害的，虽然它对生成它的模因是有益的。按照这种观点，自我就是一个强大的模因复合体（自我复合体），传播、保护其内部的模因，但在此过程中，产生了自由意志的错觉，以及自私、害怕、失望、贪婪和许多其他的人类缺陷。也许没有了它，我们还可能成为更快乐、更友善的人，尽管很难想象，没有了自我的意识会是什么样子（第十八章）。

按照丹尼特的观点，"人类意识自身是一个巨大的模因复合体（或者更确切地说是大脑中的模因效果）"（Dennett，1991，p.210），但这带来了两个问题。首先，模因按照定义来说是可以被复制的。然而我们自己的意识体验是不可能传递给别人的；意识的整个问题和魔力就在于此。其次，模因本来是可以在意识不消失的情况下就丢弃的。例如，在受到惊吓或者因为自然之美或深度冥想而沉默时，头脑好像停止活动了。如同丹尼特的理论所暗示的那样，人们说他们在这种时刻变得更加有意识了，而远非失去了意识。这说明，也许人类的意识是被模因扭曲成了它那种自我中心的形式，而不是说它就是一个模因的复合体（Blackmore，1999）。如果是这样，那么模因消失之后，还剩下什么呢？

道金斯相信，"我们，是这个地球上的唯一一种可以反抗自我复制器的独裁统治的生物"（Dawkins，1976，p.201），而 Csikszentmihalyi 敦促要对我们的心理、欲望和行动"取得控制权"："如果你放任它们被基因和模因控制，你就失去了成为自己的机会"（1993，p.290）。但是进化的过程是不受它们所生成的生物控制的；而无论情况如何，这个要进行反抗的自我，它又是谁呢？

最后，如果模因是一个由一级复制器载体复制而来的二级复制器，同样的事情会不会再度发生？人类模因机器制造的模因载体，比如计算机或电话，会不会变成一个三级复制器，我们可以将其称为技术模因或技因吗？当然，计算机，尤其是互联网的发明，将模因的概念引入了流行文化，引发了对模因论的新研究（Shifman，2013）。那么，也许虚拟空间里已经有了一个我们看不见的新型复制器，它已经开始进化，并受到了我们所有联网的计算机和服务器的支持，而这些机器正持续不断地对大量的数字信息进行复制、变异和选择（Blackmore，2010）。如果这是观察信息技术进化的正确方法，我们就只能推测它会不会生成一种新的数字意识,或者也许是一种新的意识错觉。

练习 11.2
这是一个模因吗?

每天,尽可能多次地问自己:"我现在有意识吗?"任意选择一个你对其有意识的事物,问自己:"这是一个模因吗?"你从他人那里复制而来的任何东西都是一个模因,包括书面写出来的思想。任何纯粹是你自己的而不是复制而来的东西都不是。你的意识能够多长时间没有模因?

阅读文献

Barlow, H. (1987). The biological role of consciousness./ Humphrey, N. (1987). The inner eye of consciousness. In C. Blakemore and S. Greenfield (Eds), *Mindwaves* (pp.361-374, 377-381). Oxford: Blackwell.

探寻了意识所赋予的选择优势,两位作者都总结说,优势是社会性的,但 Barlow 比汉弗莱更倾向于接受内省。

Blackmore, S. (2010). Memetics does provide a useful way of understanding cultural evolution./Wimsatt, W. (2010). Memetics does not provide a useful way of understanding cultural evolution. In F. Ayala and R. Arp (Eds), *Contemporary debates in philosophy of biology* (pp.255-272, 273-291). Chichester: Wiley-Blackwell.

关于模因论价值的争论(支持和反对)。

Blackmore, S. (2017). Untestable claims and the evolution of consciousness. *Trends in Ecology and Evolution*, 32(5), 311-312.

对 Feinberg 和 Mallatt(2016)的重要评论。

Graziano, M. A., and Kastner, S. (2011). Human consciousness and its relationship to social neuroscience: A novel hypothesis. *Cognitive Neuroscience*, 2(2), 98-133.

提出意识是神经机器生成的信息,后者为社会感知而进化。

Hofstadter, D. R. (2007). A fleeting encounter with zombies and dualism [excerpt]. In D. R. Hofstadter, *I am a strange loop* (pp.342-349). New York: Basic Books.

包含"我们为什么不能全是僵尸?"(推出了赛车动力论)、"Liphosophy"(对一种极其重要的非物理属性的信念)、"意识作为资本本质的问题"以及"精神力量的滑动比例"等部分。

Macphail, E. M. (2009). Evolution of consciousness. In T. Bayne, A. Cleeremans, and P.Wilken (Eds), *The Oxford companion to consciousness* (pp.276-279). Oxford: Oxford University Press.

使用疼痛体验作为案例,分析了理解意识和进化的难度。

第十二章
机器的进化

心灵与机器

人类有何特别之处,可以让我们思考、观看、聆听、感觉并坠入爱河?给我们从善、爱美以及渴望遥不可及的事物的欲望?或者所有这些能力都只不过是某种复杂机制的产物?换句话说,我是否只是一台机器?

人造的机器有何特别之处,会意味着它们永远无法思考、感觉、意会、恋爱以及渴望遥不可及的事物呢?抑或到了将来某一天,它们就能做出所有这些事情,甚至更多呢?换句话说,会不会有机器意识(machine consciousness, MC)或者人工意识(artificial consciousness, AC)呢?

如果有这种可能,我们也许就对自己的发明创造有了某种道义上的责任。我们可能还会发现,它们的存在改变了我们对自己意识的观念。

"对机器意识的研究可能会强烈影响我们如何看待意识。"
(Clowes, Torrance, and Chrisley, 2007, p.14)

机器般的心灵

怀疑我们人类其实是机器的观点历史十分悠久。例如，早期的希腊唯物主义者留基伯、德谟克利特和卢克莱修就宣称，世上只存在原子和虚空，一切事物都经由自然过程发生。这种机械的观点似乎排除了神圣的造物并且威胁到了自由意志，因而遭到柏拉图和亚里士多德的反对，他们为物质世界之外的世界和力量辩护。

在 17 世纪，笛卡尔宣称，人类的身体就是一种机械，但任何机械都不能独立拥有语言和理智的思想——要想拥有，就得需要"思考物质（res cogitans）"（第一章）。在反对其二元论的人中间，就有莱布尼兹（Gottfried von Leibniz），他以微积分研究及其哲学闻名于世，其哲学认为一切物质都含有简单的非物质元素，他称之为小小心灵，或者单子。这意味着他反对唯物主义，而他用自己著名的风车寓言证明了这一点（1714/1965）。想象有一台机器，它的构造可以让它进行思考、感受和感知。再想象一下，那台机器被放大了，但保持着同样的比例，因而我们可以进入其中，好像进入一架风车。我们在它的里面，只会发现一个个零件彼此作用，并未发现任何可以解释这种感知的东西。由此他得出结论，要解释感知，我们必须寻找一种简单元素，而不是机器工作的原理，后者永远不会有意识所拥有的统一性。

莱布尼兹的思想实验可以直接应用于人脑。想象让神经元变得越来越大，因而我们可以进入其中。但是除了突触和化学物质彼此作用，我们还能看见什么呢？莱布尼兹还声称，在风车里是找不到的。因为这一思想实验，远在人们对神经元和突触有所耳闻之前，他就面临了我们今天所面临的问题。一台机器怎样才能有感觉，仿佛它自身是有意识的或者拥有有意识的自我呢？

> "是我们的机器补充给养的方式，让我们变得充满活力或者勇敢。"
>
> （de la Mettrie，1748/2015，trans. Bennett，p.5）

另一位笛卡尔的批评者采用了相反的办法，他用自己臭名昭著的著作震惊了全世界，这就是《人型机器》（*L' Homme Machine*；de la Mettrie，1748）。朱利安·奥夫鲁瓦·德·拉美特利（Julien Offray de la Mettrie）是一位追逐享乐的法国哲学家和医师，他反对笛卡尔对人类和其他无灵魂动物的划分，并将人类归类为活着的机器。他的唯物主义和非宗教观点引发了强烈反对，尤其是这些观点让他在拒绝负罪、寻欢作乐的基础上形成了他的道德观；而他被迫逃离法国，先去了荷兰，之后去了德国柏林。

我们是机器的观点总是让人不舒服；但既然我们了解了比以前多得多的

生物学和心理学知识，这个问题就不再是"我是一台机器吗？"而是"我是哪种机器？"而为了符合我们的目的，也可以问"我在哪里？"以及"意识在哪里？"

有两种寻找答案的方式。我们可以从生物学入手，尝试理解自然系统是如何运作的；我们也可以建造人工系统，看看它们在多大程度上能够赶上人类。如 Stevan Harnad（2007）所描述的，我们可以对大脑进行逆向工程解析，看看它到底是怎么工作的；我们也可以对大脑进行正向工程解析，造出某种可以做出大脑所做之事的东西来。

在意识研究里，这两种努力正在融合。在自然的方向上，科学已经成功地解释了越来越多的感知、学习、记忆和思维机制，但这样做的结果仅仅是放大了意识这一古老的开放式问题。当所有这些能力都被完全解释清楚的时候，意识也会被解释清楚吗，还是仍然会被遗留在外？

在人工方向上，已经开发出了越来越好的机器，正在一步步地将我们引向那个明显的问题：它们是不是已经有意识了，或者到了某一天就会有了？如果机器能做我们所做的一切事情，而且跟我们做得一样好，那么它们算是有意识了吗？我们又怎么知道呢？它们会是真的有了意识，抑或只是僵尸在模拟意识？它们会真正理解它们说过的、读过的和做过的事情，抑或只是表现得好像它们理解了？我们遇到了同一个问题——是不是有什么额外的东西被遗漏了？

这些就是本章中心问题的一部分。尽管我们的主要目标是思考人工意识，但这一点已经与人工智能（artificial intelligence，AI）的话题紧密地捆绑在一起了，我们需要从那里着手才行。对我们来说，增加机器和其他自动装置的内容貌似跟意识没什么关系，但我们应该清楚，对理性的重视一直位于所有其他人类心理品质之上，它也被认为是人类意识的产物，或许还是最高级的产物。事实是，对人工机器来说，理性的逻辑思维远比某些动物做起来很容易的事情——比如观看、寻找食物或伴侣以及表露情感——容易得多。因此，我们不再假设理性是意识的象征，而对数学机器的印象可能也不再那么深刻，虽然正是因为它们的出现，人类才开始思考和创造人工意识。

心灵般的机器

从公元前 4 世纪开始，希腊人就造出了精致的提线木偶，后来又完成了自动化剧场，有活动的鸟、昆虫和人偶，全都通过绳索和落锤马达操作。这些机

> "每一个聪明的鬼魂，一定包含一台机器——一台信息加工机器。"
> （Sloman, 2014, p.1）

图 12.1 机械"土耳其人"是第一个会下棋的机器。他的双手通过桌子下面错综复杂的机械装置来移动，但真正的棋手藏身其中。亚马逊劳务众包平台（Amazon Mechanical Turk）就是以他的名字命名的。

器像活物一样动作，在这个意义上也可以说是生动地模拟了活动；但直到很久以后，思想机器的想法才变为可能。

1642 年，法国哲学家兼数学家帕斯卡（Blaise Pascal）在年仅 19 岁的时候就开始研究有史以来的第一台数字计算机。虽然它能使用内部互相连接的旋转柱体来运行加法和（有些费劲的）减法，但因实在过于笨重而无法商用。1672 年，莱布尼兹开发了一种可以加、减、乘、除的机器，但很不可靠。商业上成功的机器直到 19 世纪才出现。

在 18 世纪，自动装置备受欢迎，最著名的包括吹笛男孩、能消化的鸭子和最早的下棋机器。这台机器（图 12.1）包含了一个木制柜子，有几个门可以打开来展示内部的齿轮和转轮，还有一个令人印象深刻的真人大小的木头人形，穿着袍子、戴着头巾，用机械手来移动棋盘上的棋子。据说半小时之内就能击败多数挑战者，并在数十年内遍历欧洲的伟大城市而没有暴露戏法的秘密。但它无疑是一个戏法（Standage，2002）。

自动装置在继续蛊惑和恫吓人心，1818 年，Mary Shelley 在其关于弗兰肯斯坦阴森的怪物小说中捕捉到了这种恐惧。但很快，这种技术就开始被用于更加科学的目的。

19 世纪 30 年代，英国数学家查尔斯·巴贝奇（Charles Babbage）被不靠谱的数学表格激怒，构思出了"差分机（difference engine）"的概念，不仅可以精确计算表格，甚至可以打印出来。它并未完成建造，而更具野心"分析机（analytical engine）"甚至没有开工。这个概念是一个齿轮和转轮组成处理单元，由穿孔的卡片控制，就像织布的织机用的那些一样，它们可以让机器执行许多功能。这在当时也许在技术上还不可实现，但它作为第一台通用型可编程的计算机留下了历史地位。

此类机器的基础概念之一就是布尔代数（Boolean algebra），由英国数学家乔治·布尔（George Boole）发明。1833 年，年轻的布尔在英国北部的唐卡斯特当助教；有一天，他去镇子里的广场散步。在那里，他突然有了一个灵感：这是科学史上著名的尤里卡时刻之一。他意识到，就像数学原理可以解释机器里齿轮的功能一样，它们兴许能解释他所谓的"思维的规则"；而且他相信通过这种方式，数学也许可以解开人类心理的谜团。他演示了逻辑问题如何表达为代数等式，因此可以通过操控依照正式规则运行的符号机械来加以解决。这个过程只需要两个数值——0 和 1，或者错与对——以及对它们进行组合的规则。布尔没能像自己希望的那样解决思想的谜团，但是布尔代数成了计算机革命的基础。

在 20 世纪 30 年代，美国数学家、信息理论的创立者 Claude Shannon 意识到，布尔代数可以描述开关阵列的行为，每个开关只有两种状态：开或是关。他使用了一种二进制代码，将每个信息单元称为一个"二进制数字"或"比特"。所有这一切让一种想法成为可能，即逻辑运算可以体现在机器的运行当中。

经常会发生的情况是，战争的压力推动了计算机械的发明。第一代通用型计算机在第二次世界大战中得以建造，用来破解德国密码，并计算弹道制导所需要的表格。而领衔的解密大师直到战争结束 30 年后才被披露，他就是卓越的英国数学家阿兰·图灵（Alan Turing）。

图灵研究的是算法，就是执行运算所需的成套分步指令。问题若能公式化，并通过适当的算法得以解决，就可以称为"可计算的"。图灵提出了建造一台简单机器的想法，这台机器可以将无限长的色带反向或正向移动一个方格，并在上面打印或抹掉数字。他提出，这台简单的机器可以指定实施所有计算算法所需的步骤。

>
> ### 小传 12.1
> 阿兰·图灵（Alan Turing，1912—1954）
>
>
>
> 阿兰·图灵出生于英国伦敦，受教于剑桥大学，是一位非常卓越的数学家。他常常同时被称为计算机科学之父和人工智能之父，部分原因是他关于可计算数字的研究，促生了通用型图灵机的概念。他还发明了图灵测试，让一台机器与一个人进行对抗，借此验证机器能否思考。第二次世界大战结束 30 年之后，图灵才被披露是一位密码破译大师，他破译了著名的恩格玛密码。他还创建了第一台可工作的编程计算机——巨人计算机（Colossus）——来解读最高级别的德国密码。他是同性恋者，最后被逮捕，并因在当时被认为非法的行为而遭到审判，并被强迫注射女性荷尔蒙。他于 1954 年 6 月死于氰化物中毒，可能是自杀。2013 年，他被授予追认的皇家特赦令。

支持这一原理的是一台抽象机器，现在称为图灵机。这个概念的一个重要方面就是，抽象机器具有"多重可实现性"和"基质中立性"。也就是说，它可以使用色带或芯片，或者由脑细胞、啤酒罐、水管或任何其他的东西建造而成，只要能运行同样的运算即可。这促生了通用图灵机的概念，一台理论上可以模拟其他任何图灵机的机器。如文字处理器、网络浏览器或是电子表格，都可以在同一台实体机器上运行；就连演示文稿软件也被演示过能够模拟任何图灵机。

即便是运行缓慢且笨重的早期计算机，也激发过与人类思想的比较。在第二次世界大战期间，剑桥心理学家 Kenneth Craik 开始研发一个概念：人类的思想会将外部世界的各个方面翻译为内部表征，而感知、思想和其他心理过程都包含了根据明确原则对这些表征进行操控的行为，就像机器能做的那样。Craik

在 31 岁死于一场车祸，但这些概念成为 20 世纪后半叶的心理学主导范式之一，并且催生了一个概念：我们意识到的就是这些内部表征或心理模型——换言之，意识的内容就是心理表征。

尽管计算机迅速变得越来越快、越来越小、越来越灵活，但最初尝试创建 AI 的企图，还是要依靠人类程序员编写程序，告诉机器做什么；编程使用的是各种算法，可以按照明确编码的规则来处理信息。这在现在——通常是被它的批评者们——称为 GOFAI，或者 Good Old-Fashioned AI（老式人工智能）。

GOFAI 的一个问题是，人类用户会将处理过的信息视为象征着世间的事物，但这些符号并没有为了计算机本身而根植于真实世界中。举例来说，一台计算机也许能计算一座桥梁的压力和张力，但它不会理解或关心与桥梁有关的任何情况；它在计算股票市场波动或者致命病毒的传播时，也是如此。类似地，它也许能针对键盘输入的问题打印看似合理的答案，却对自己在做什么毫无头绪。因为此类机器只会按照正式的规则来操控各种符号，这种传统的方式也被称 AI。

由此出现了"心灵计算理论"。如塞尔（Searle，1997，p.9）后来所说：

> 许多人仍然认为大脑是一台数字计算机，而意识心灵则是一种计算机程序；万幸，这种观点不像 10 年前那么广为流传了。按照这种解释，心灵之于大脑，就如同软件之于硬件。

塞尔对这一理论的两种版本进行了区分：强 AI 和弱 AI。按照强 AI 论，运行正确程序的计算机就是有智能的，像我们一样拥有心灵。拥有心灵最要紧的就是运行正确的程序。塞尔声称，要用他著名的中文屋思想实验（本章稍后将看到）来反驳这一论点。按照弱 AI 论，计算机可以模拟心灵，模拟思考、决定等行为，但它们永远不可能创造出真正的心灵、真正的意图、真正的智能或是真正的意识，而只会是仿佛式的意识。这就像气象学家的计算机，它可以模拟风暴和暴风雪，但它永远不可能卷起成片的毛茸茸的冰冷雪花。

弱人工意识（或弱机器意识）与强人工意识（或强机器意识）之间也做出了类似的区分。一个流派的研究使用计算机、机器人或其他人工手段来对意识建模，希望能更好地理解它：这就是弱人工意识、弱机器意识或者意识的机器建模（machine modeling of consciousness，MMC；Clowes, Torrance, and Chrisley, 2007）。意识的机器建模范式的主要意图就是通过合成来自心理学、神经科学、哲学和内省的概念，来阐明什么是有意识的概念（Aleksander，2007，p.89）。另一个流派——强人工意识派——的目标是为意识自身真正建造一台意识机器。通过对有关 AI 的争论的类比，我们也许可以说，相信弱人工意识的人认为，我们可以通过建造机器来学习意识；而相信强人工意识的人则认为，我们可以通过建造机器来创造意识。

计算的发展

按照整合电路的摩尔定律，芯片上的晶体管数目每两年可以翻一番。非比寻常的是，这一诞生于1965年的发现（并非真正的定律）自那以后仿佛一直保持了正确性，尽管近2年来变化的速度减慢为每2.5年翻一番，有些人还预测了下一个10年当中会出现饱和——尽管如此，如果将预测应用于神经网络，它仍然会被超越。这种非比寻常的扩张描述了计算力的凶悍，但在 AI 中已经出现了与意识理解有关的更加基础性的变化。

联结主义

20世纪80年代，"联结主义"大放异彩，它是一种基于人工神经网络（artificial neural networks，ANN）和平行分布处理的新方法。推广它的部分动机是为了更贴切地对人脑建模，尽管就算是21世纪的 ANN，与人类的脑细胞比起来，也简单得多。众多的网络包含了循环、关联、多层和自组织类型。与 GOFAI 的巨大区别是，ANN 没有被编程：它们是被训练出来的。举个简单的例子，想象你在查看人们的照片，判断这些人是男还是女。人类可以很容易就做到（尽

概念 12.1

大脑与计算机的比较

数字与模拟。绝大多数计算机都是数字式的，即便它们模仿的是模拟过程。数字系统以离散的方式工作，而模拟系统通过连续变量工作。例如，在音乐录制当中，数字CD通过离散式数字对频率和声音密度（一种自然的模拟信号）进行编码，而模拟式的乙烯基唱片通过凹槽中的轮廓表示它们。数字式编码使更高保真度的复制成为可能，因为细微的变量会被自动剔除，只要它们没有大到从 0 变成 1，或是相反。

人类的大脑是数字式的还是模拟式的？答案是两者都是。一个神经元要么放电（一道去极化波沿着薄膜运行），要么不放电，在这种意义上，它是数字式的，但放电的速率是一个连续的变量。另外一个模拟过程就是空间总和。想象在第二个细胞的树突上有一个突触的轴突（见图12.2）。当第一个细胞放电时，神经递质穿过突触，并短暂地改变了突触后膜以及突触周围短距离内的极化状态。

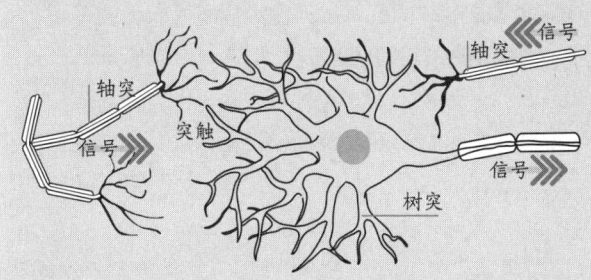

图12.2 突触后膜任何部分的极化状态都会根据不同距离处的众多突触的影响而不断变化（一个模拟过程）。当细胞体上的极化达到临界阈值时，第二个细胞就会放电（一个数字过程）。

现在想象一下，许多其他突触对同一个细胞在不同时间点和离开细胞体的距离上的效果。这些都全部积累起来，而当细胞体的极性达到一个关键阈值时，第二个细胞就放电了。这一积累过程是模拟式的，但是最终的输出——放电还是不放电——则是数字式的。不可能将大脑简单归类为数字式或模拟式的。

串行与并行。许多电子计算机，尤其是所有的早期型号，处理信息都很快，但只能是串行式的，就是做完一件事才能再做另一件。它们有一个单独的中央处理器，可以同时处理不同的任务，但需要对任务进行分解，并在若干任务中来回切换。通过这种方式，串行机器可以模拟并行机器。

相比之下，神经元运行非常缓慢，但是大脑拥有巨大的并行体系，没有中央处理器，但有数百万个可同时运行的细胞。在某种程度上，这种广泛的并行体系补偿了速度的缺失。即便如此，最新的超级计算机的总体计算速度预计也要达到人脑的4倍。

大脑有不同的区域来处理视觉、听觉、策划等，这些区域都在全时并行运转；在狭小的大脑区域内，信息模式在没有串行式组织的复杂网络中传递。但大脑好像真的有瓶颈，比如有限的短期记忆和注意（第七章）。此外，许多输出，包括口头和书面的语言，都是串行式的。在这个意义上，大脑就是一台模拟串行机器的并行机器；这就是丹尼特的乔伊斯机器（Joycean Machine）（第十一章）。

可计算与不可计算。可计算流程可以明确进行描述，而任何这样的流程都可以被一个计算机程序执行（这就是邱奇–图灵论题）。计算功能主义就是这样一个理论，认为大脑本质上就是一台图灵机，它的运行就是计算。如果这是真的，它就应该有可能通过执行正确的运算来重现人类的所有能力，让强AI变得可行。反对它的论点说，这种计算只会模拟人类的功能；意识的意义不仅仅是运行正确的程序。图灵自己也表示，某些功能是不可

管不是100%准确），但是无法解释他们是如何做到的。我们不能用内省来教机器该怎么做。有了ANN，我们就不需要这么做了。通过监督学习，系统就可以显示一系列照片，为每张照片做一个输出：男或女。如果这张错了，它的突触权重会被调整，然后系统再显示下一张，以此类推。虽然系统开始时只会做出随机回复，但经过训练的网络能正确地分辨新面孔，也可以正确分辨它之前看过的面孔。

它是怎么做到的？即便是简单的网络也包含许多单元，每个单元都象征一个神经元，它的意义就是按照一种数学函数，对接收的输入结果求和，并生成输出性（见图12.3）。对于更为复杂的任务，例如确认单独的面孔，它就需要足够的输出单元，以便对任何允许的身份进行编码。在训练过程中，一个程序将网络的真实输出与正确输出进行对比，根据权重做出调整——但要怎么调整呢？最为人熟知的办法是使用反向传播算法（意思是错误被迭代反馈到网络中，以更新权

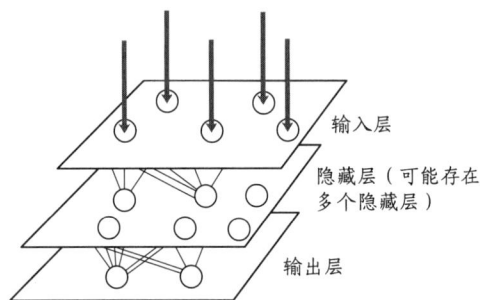

图12.3 这个人工神经网络只有三层单元：输入层、输出层以及它们之间的一个隐藏层。在训练过程中，对单元间的联结权重进行调整，直到网络给出正确输出为止。这样的网络根据联结输入端和输出端单元的仪器种类的不同，可以学会辨认面孔、生成对应书面文字的声音以及许多其他任务。

重）。随着训练的进行，错误越来越少，到最后，网络就差不多能正确地做出响应了。如果精心挑选过训练用的照片组，那么网络现在处理一张全新的照片时，就应该可以处理得很好了。

注意，调整权重的过程是算法上的，或者基于规则的，而整个系统是可以在数字计算机上运行的，或者硬编码到一个芯片之上，以达到更为快捷的速度。系统中没有任何可以告诉它如何辨认男人和女人的东西。ANN 依靠自己解决这个问题，而即便是它的发明者，也不可能知道权重的绝对意义。与传统的机器不同，联结主义网络能做的不仅仅是程序员告诉它们要做的事情。这比起老旧的规则和符号式 AI，已经进步太多了，而且随着新的发展带来了模糊逻辑（允许 ANN 考虑类的内容，而不只是二进制的对/错值），它正在越走越远，开始探索脉冲式神经网络的可能性，以期模仿生物神经网络是如何通过脉冲计时来沟通信息和执行计算的。深度学习（在多层次的网络中）也随着为视频游戏而开发的大规模并行式图形处理器（GPU）的到来，得以加速发展。这些都被用来推进若干应用的发展，这些应用需要海量处理能力，从而可以对数以十亿计来训练。

ANN 可用于许多目的，包括辨认笔迹、控制机器人、挖掘数据、预报市场波动以及过滤垃圾邮件，很快还可能被用于类似自动驾驶汽车等方面。联结主义与计算主义的争论还在继续，但同样也在慢慢地从将认知理解为静态符号的操纵，逐渐变为将其视为一个不能轻易分解为离散状态的连续动态系统。

计算的。而彭罗斯辩称，数学家能本能地看到不可计算的真相，意思是说，大脑不是图灵机，而意识理解比计算复杂得多。

确定性与非确定性。一台机器永远可以从相同的输入得出相同的结果，而这相同的内部状态就是确定的；能产生不同结果的就是不确定的。数字计算机是确定的。注意，这并不意味着它们的结果必须是可预测的。例如，混沌理论表明，对于某些确定的过程，起始条件稍有不同，结果也会大相径庭。它也不意味着计算机就没有创造性。进化算法（第十章）就是一种卓越的确定性流程，可以产生创造力。计算机可以通过增加伪随机性来模拟非确定性的系统。

大脑至少在一个层次上是不确定的。它们是温暖、湿润而聒噪的，因此不能总是根据同样的输入得出同样的结果。神经元是鲜活的实体，它们的电子属性会随着树突的成长或移动而改变。突触形成又消解，它们的力量随着用途而改变。所以这台机器本身，从一个时刻到另一个时刻，就从来不会是一样的。但在较小的规模上，支持性的分子过程通常被假设为具备了确定性。这就是似乎不存在自由意愿的余地的一个原因。此外，随机性的增加——就像人们可以用计算机做的那样——也并没有提供有意义的"自由"（第九章）。进一步缩小就会达到量子效应和量子不确定性的水平。有些人声称，这就是人类创造性、自由意志和意识的终极来源。

具身认知

到目前为止，所描述过的机器都是非具身的，藏身于盒子之中，仅通过人类与外界互动。当它们被用来控制机器人的时候，多数只能在高度受控的环境中执行几个简单的、非常具体的任务，比如在特别的方块世界里，它们需要避开或者移动方块。这种方式在当时看起来合情合理，因为它基于一种明确的心理模型，这种模型同样是非具身的。它假设了对世界的精确表达的需要受规则操控，又少了胳膊、大腿和真实的身体问题的麻烦。我们也许可以将它与小孩子学习走路相比较。没人教过她走路的规则；她站起来，跌倒在地，再试一次，碰到了咖啡桌角，但最终会走路了。出于同样的原因，孩子学说话时，也没有人教过她规则；在她的懵懂岁月中，她把听到的声音碎片和看到的动作拼凑到一起，胡乱地解析词语，但最终还是让别人明白了自己的意思。

联结主义的方式远比 GOFAI 现实得多，但还是遗漏了某种重要的东西。也许，孩子步履蹒跚、地面崎岖不平，而道路上真的有障碍，这些都很重要；也许，她的声带特殊、她父母的体态受到四肢的限制，这些也很重要。

如我们在第五章和第六章里所见，具身的、生成的或 4E 认知（见第一章），都是那个基本概念的名字，即只有在真实环境中进行实时互动才能产生心理——这个镌刻在梅洛·庞蒂的现象学之上的概念就是："认知不是由一个既定的心灵来表征一个既定的世界，而是在上演一个世界和一个心灵"（Varela, Thompson, and Rosch, 1991, p.9）。Andy Clark（1997）想要将大脑、身体和世界再次合而为———既在因果意义上，也在计算意义上。他说："对我们而言，幸运的是，人类的心灵不是禁锢在不可改变且日渐衰弱的肉体躯壳之内的老式 CPU。相反，它们是深刻的具身代理那具有令人惊讶的可塑性的心理"（2008, p.43）。他所说的"深刻的具身"，意思是我们心理功能的每个方面都取决于我们与所处世界之间的亲密联系。我们"令人惊讶的"心理以及感知、学习、想象、思考和语言的能力都是大脑与身体及其环境互动才创造出来的，在身体上和社交上都是如此。

按照这种观点，真实世界远非我们可以置之不理的混乱的复杂存在；相反，正是它所提供的限制与反馈，让感知、智能和意识变得可能。人类智能可不仅仅是"识别智能"：它关注的是通过理解来做出自主的实时决策。以这样的方式来创造机器，意味着造出真实的、实体的、自主的能动性，它们可以在真实、混乱的世界中活动，自下而上而不是自上而下地工作。一辆无人驾驶的车将一大堆像素认定为一辆白色厢式货车，并因此迅速减速，这是毫无意义的，除非它能评估当前情势，并采取闪避措施。这种方式有时被称为情境机器人技术，或基于行为（与基于知识相对）的机器人技术。

这其中的一种暗示是，智能行为可以源于简单的系统，这或许给了我们希

> "人类的心灵不是禁锢在不可改变且日渐衰弱的肉体躯壳之内的老式 CPU。"
>
> （Clark, 2008, p.43）

望，即意识也可以如此。生物学中有许多这样的涌现例证。例如，白蚁可以建造非比寻常的结构，看起来就像是规划好了似的，但那实际上来源于何时添加泥浆、何时移除泥浆的简单规则；这个规则天生就存在于单个白蚁体内（见图 12.4）。社交昆虫的涌现智能就是群体机器人领域背后的灵感（Brambilla et al., 2013），其中大量的简单机器人遵循相对简单的规则，可以做出复杂数倍的群体行为，无论是用于医药、灾难营救还是自主机器人战争。

至于单个机器人——想象你在观察一台正在沿着墙壁移动的小小轮式机器人。它不会撞到墙上，也不会远离墙壁，只是沿着墙壁缓慢移动，可靠地随着墙壁的形状转弯并转过墙角。这是怎么做到的？它可能被编程了，用的是对这一区域的详细内部表征和应对每种可能性的指令，以便沿着墙壁行进，但实际上它并不需要这样做。它只需要一种右转的倾向，还有一个位于右侧的传感器，用来探测近处的物体，并在它想右转时让它稍稍向左转动即可。通过对两种倾向的平衡，循墙前进的行为就涌现出来了（图 12.5）。

这是那个不太牢靠的概念的一个好例证，一种涌现属性。从一个极为简单的系统中，涌现出了一种明显的智能行为。这也许能帮助我们思考意识会不会也是一种物理系统的涌现属性，如同某些人所相信的那样（Humphrey，1987；Mithen，1996；Searle，1997；Feinberg and Mallatt，2016）。

无表达智能

传统 AI 假设智能就是对表征的操控，但我们的循墙机器人没有表征也能运行。这种情形能走多远？为了找到答案，Rodney Brooks 及其美国麻省理工学院的同事花了许多年的时间来建造没有内部表征的机器人（Brooks，1997，2002）。

Brooks 的"生物"可以在像办公室或者实验室这样

图 12.4 位于印度西孟加拉邦的一处白蚁丘。每只白蚁个体遵循简单的规则——何时添加泥浆，何时移除泥浆。任何一只都没有建造山丘的总体计划，但是出现了甬道和墙壁的复杂系统。意识也是这样的涌现现象吗？

图 12.5 William Grey Walter 与其著名的"乌龟"机器人中的一个在一起，摄于 1951 年。他于 1948—1949 年在英国布里斯托大学建造了两台原型机——Elmer 和 Elsie。他后来又造了 6 台，并在 1951 年的伦敦世界博览会上做了展示。它们装有一只光电管眼睛、两个可以驱动继电器来控制转向并驱动马达的真空管放大器，以及一具带开关的有机玻璃外壳，可在外壳接触到外物时运行。它们用一种有生命的方式自主移动，昭示了人工智能的开端，并且能在电池电量不足时爬回自己的充电箱，显示出一种自我保护行为。1995 年发现了据信最后一台 Grey Walter 乌龟机器人，并由 Owen Holland 修复，最终被收入了伦敦科学博物馆。

机器的进化 第十二章 • 343

人员密集的复杂环境中穿行，执行诸如收集垃圾的任务。它们有好几个控制层，每一层执行一个与环境相对应的简单任务。这些控制层级按照需要建立在彼此之上，具备有限的联结，可以让一个层级支持或限制另一个层级。这被称为"包容体系结构"，因为一个层级可以包容另一个层级。比如，Brooks 的机器人艾伦（Allen）就有三个层级：最底层那个可以让它在遇到障碍时跑开，而在其他时间站着不动，以免碰到其他物体；第二个层级让它在四处移动时不会撞到东西；第三层级则可以让它寻找远处的地点并尝试到达那里，来进行探索。更正信号在所有三个层级之间运行。Brooks 说，这样一个生物的总体行为在观察者看来是智能的，但是"只有这个生物的观察者才会将其归咎于中心表征或中央控制。生物本身是没有的；它就是一套竞争行为的集合"（1997，p.406）。

> "其结果是，最好就让世界自己扮演自身的模型。"
> （Brooks，1997，p.396）

与此有关的还包括：Marvin Minsky（1986）的"心灵的社会（the society of mind）"观点，认为智能可以从许多从事简单事物的独立模块中涌现；Ornstein（1991）将心灵比作"傻瓜军团"的描述；丹尼特（Dennett，1991）用一群乱哄哄的愚蠢的机器般的小矮人，代替了内部观众和"中央意义者"；Clark（2013）认为心灵最好是被理解为离散式的"预测机器"的论调。通过这样建造机器人，Brooks 发现"当监视异常简单层次上的智能时，我们发觉明确的表征以及关于世界的模型都成了挡路的障碍。其结果是，最好就让世界自己扮演自身的模型"（1991，p.396）。尽管 Brooks 没有宣布任何生物学上的意义，但这与 Kevin O'Regan、Alva Noë 以及其他人从变化视盲的研究中得出的结论还是一样的。看起来，建造有效的机器人并不总是需要对世界的表征，而进化在构建我们的视觉系统时，可能也没有用到对世界的表征。但表征在其他方面依然是重要的：对于感觉运动理论中感觉运动偶然性法则知识的存储是重要的，对于以先前经验为基础提供生成模型而进行的预测性编码是重要的。但表征并不是对"外部"世界 1：1 的映射。

所有这些都与对意识的理解高度相关。随着 GOFAI 而来的还有一种观念——意识体验是心理模型或对世界的内部表征。虽然直觉上看似有道理，但这种观念是有问题的。比如它没说清楚一种心理模型怎样才能成为一种体验，也没说清楚为什么有些心理模型是有意识的，而其他大多数却没有。这些都是我们所熟悉的问题，与主观性以及有意识加工和无意识加工之间的神奇区别有关。

剔除表征也许能解决一些问题，但是它引发了另外的问题。特别是非表征方式在处理那些不是由与外部世界的连续互动所驱动的体验方面，比如推理、想象和做梦，会遭遇困难。按照表征理论，很容易认为，当我梦见自己在巨浪之中挣扎时，我的大脑就是在构建对海洋、海水和波浪的表征，并且模拟了死亡；但如果没有了表征，它会做什么呢？这对于具身认知、生成性认知和感觉运动理论来说都会是一个挑战，但是有越来越多的证据表明，具身、生成性和扩展加工对所有这些活动都有贡献：执行一致的行动有助于理解基于行动的词语和概念（即便是像抓住一个想法这样的"死"比喻）；我们在想象和看东西的时候，转动眼珠的方式近似；我们会将身体刺激引入梦境；我们会利用做梦的机会，来演练和优化概率思维的交互式假设检测。

然而有趣的是，正是在那些最能够被非表征机器人理论吸引的人中，有一部分人发现，用不着从一开始就为机器人提供表征，它们被建造出来之后，就可以构建自己的内部模型了。在一个例子中，循墙机器人建立了有关自身与其所跟随的墙壁的概念，从而绘制出一幅所处环境的地图，还有一个自身的模型，它使用这两样东西，通过估计后果，来做出行为决策（Holland and Goodman，2003）。但是机器人理论研究者 Owen Holland 和 Rod Goodman 也指出，随着机器人变得越来越复杂，了解一个内部模型的即时性、它对应的是什么东西以及它是如何被使用的，变得越来越有挑战性。

AI 也有了许多其他的重要进展，但此处涉及的内容至少为我们询问机器是否有意识提供了一个引导性的粗略轮廓。这注定是一个棘手的问题。我们怎么才能知道呢？我们怎么知道自己成功了没有？我们可能需要从图灵著名的关于机器是否能够思考的测试中寻求一点点帮助。

"我们可不是认知的沙发土豆，懒惰地等待着下一个'输入'，更像是主动的预测者。"
（Clark，2015，p.52）

练习 12.1
我是一台机器吗？

每天尽可能多次地问自己："我是一台机器吗？"

这个练习的意思是，观察自己的行动，并根据这里展示过的观点对它们进行思考。你像不像一台简单的自主机器人？如果像，机器的感觉会和你一样吗？你可能会发现，在继续你的日常生活时问这些问题，会让自己感觉更像是机器。这是怎么回事呢？

如果你发现体内有一个声音在抗议，"但我不是一台机器"，就调查一下，是谁或者什么在反抗？

图灵测试

图灵在 1950 年的经典论文中这样开篇："我建议思考一下'机器能思考吗？'这个问题"（p.433）。他分析了"机器"和"思考"的术语，认为它们并没有好过盖洛普民意调查式的信息搜集，从而打消了回答这个问题的想法，并给出了相反的建议，将测试的基础变为机器能做什么事情。

那么，什么才是评测机器可以做到什么事情的好测试呢？在你能想到的所有可能的测试当中，有两个测试一再出现。第一个就是下棋。当然，人们长久以来就认为，如果机器可以下棋，那么它一定是智能、理性并且能够思考的。

笛卡尔估计会对这样一台机器印象深刻，因为他像其同时代的人一样，对人类理智的重视远远超过那些"低等"动物可以很容易做到的事情，比如四处走动，还有看清楚它们要去的地方。难怪在计算科学的早期发展阶段，建造一台能下棋的计算机看起来似乎是一项巨大的挑战。

经历了机械"土耳其人"所玩弄的戏法后，第一场严肃的比赛于 1952 年诞生于英国曼彻斯特，由图灵操作一台机器的一部分，与一位人类对手对弈。他用了无数纸张写出一个程序，并对每一步都做了咨询，但还是很轻易就被打败了。第一场由真正的机器进行的比赛发生在 1958 年，参与的是一台 IBM[1] 计算机；从那以后，计算机棋艺快速进步。多数棋类程序依靠的是预先分析几步走法。这很快产生了一种组合爆炸（也成为"维度的诅咒"），因为对应每一个可能的下一步走法，在其之后都会有更多的下一步。程序员和数学家们发明了许多方法来绕过这个问题，但在某种程度上，计算机的棋艺之所以越来越高，仅仅是因为强大的计算能力而已。1989 年，计算机"深思（Deep Thought）"对战世界象棋冠军 Gary Kasparov，后者告

活动 12.1
创造力的图灵测试

是不是只有有意识的人类才能进行绘画或者创造性写作？一台机器也可以做得同样好吗？如果可以，它就有可能说服观察者它是一个人类——换句话说，它可以通过图灵测试。事实上，至少有一首诗已经达成目标了。作为一名学生，Zachary Scholl 开发了一个可以做诗的程序，作品非常有说服力，有一首诗被选定出版，而没有任何人怀疑它不是人类的作品。

搞一次有趣的班级活动，选取一系列不同的绘画、音乐片段、笑话或诗歌，其中一些是机器创作的，来看看大家能不能很容易分辨哪个出自机器之手。三选一就不错，大家可以猜测哪一个是机器所作。你可以试着提供这些素材，也可以让学生准备范例，但不要说出来源。让每个人给机器的表现打分。什么样的特征会让大家推断作品出自人类作者，或者由机器而作？为什么？

诗歌是这种图灵测试的上好素材，因为诗歌可以被控制得很短。

---

[1] 国际商业机器公司，是英文 International Business Machines Corporation 的简称。——译者注

诉记者，他在为捍卫人类而与机器对阵。这一次机器输了，但最终在 1997 年，它的继任者"深蓝（Deep Blue）"打败了 Kasparov（Kasparov，2017，个人故事）。

"深蓝"包括 32 台连接为一体的 IBM 超级计算机，每秒可以评估 1 亿种走法，但是人类没有这么下棋的。那么，"深蓝"是智能的吗？它能思考吗？塞尔（Searle，1999）说不能，声称"深蓝"跟"土耳其人"一样，依靠的是错觉；而真正的竞赛是介于 Kasparov 和工程师和程序员团队之间的。这个团队说，他们从不认为他们的机器是真正智能的。它是一个领域中出色的问题解决者，但是不能教自己，或者从自己的棋局中学习。

在随后的人机大战中，另外一位人类冠军 Vladimir Kramnik 被"深锁（Deep Fritz）"击败，还有一整队的计算机击败了一个强大的人类团队。最近，一个名叫"长颈鹿（Giraffe）"的棋类程序被开发出来，它不仅能依靠强大的处理能力穷尽所有可能的走法，还能使用一套深层次的神经网络，对可能性进行评估，筛选值得追索的路径。"长颈鹿"跟自己对弈，目的是提高预判能力，预判一种未来的棋形与胜利、失败或平局结果有何关系。通过这样的方式，"长颈鹿"能自发自主地一路进步，赶上世界上最好的棋类引擎，后者经常要由人类大师训练多年。

最新的进展之一是从国际象棋转向古老的中国围棋，其可能的走法比可观察宇宙之内的原子粒子数目要大上好几个数量级。2016 年，谷歌名叫"阿尔法狗（AlphaGo）"的程序下出了一步人类永远不会想到要这么下的棋招，震惊了一位最有经验的人类棋手（Wong and Sonnad，2016），为自己赢得了荣誉九段黑带。阿尔法狗受训的原则就是标准的 ANN 辅之以强化学习，使用一个前期状态向人类棋手学习一项技能，可以让它捕捉某些判断好棋形的"直觉"官感（图 12.6）。

图 12.6 人工智能的进步是巨大的，从帕斯卡最早的计算机器到阿尔法狗，图中显示了后者与李世石对弈的情形。阿尔法狗所具有的明显的创造性是否暗示了人工意识呢？

这些机器可以思考吗？它们当然既有局限性也有优势：它们常常会要求许多的辅助信息和大量的人类例证，以便从中学习，而细微的干扰都会导致重大的错误分类（Szegedy et al.，2014）。但是答案确实取决于你说"思考"是什么意思；图灵就声称，研究这一点不是一个有用的前进方式。

相反，图灵为他的测试选择了一种完全不同的东西：一台计算机能不能与人类交谈。笛卡尔曾经说过，这是不可能的，而有意思的是，这也是"土耳其人"尝试过的把戏之一。在其早期版本中，下完棋后，"土耳其人"会邀请人们来提问，并通过指认棋盘上的字母进行回答。但这很快就被从表演中撤掉了。尽管观众们可以相信自动装置会下棋，但当它号称能回答问题时，他们会认为这就是一个戏法，从而让它失去魅力（Standage，2002）。也许进行交谈一直以来就被明确地认为比下棋困难。

"土耳其人"看起来跟人一样，但图灵不想让外表来混淆他对思维机器的测试，于是他聪明地避免了这个问题。首先，他描述了一个"想象游戏"，这已经是一个流行的室内游戏了。游戏的目标是，让审讯官或者法官（C）判定两个人当中的哪一个是女人。男人（A）和女人（B）在另一个房间里，因此C不可能看到他们，也听不到他们的声音，只能通过提问并接收打印出来的回复与他们交流。A和B都尝试像女人一样回复，因此C的关键就在于提出正确的问题（见图12.7）。

图 12.7　不管你是想让一台计算机通过图灵测试，还是玩模仿游戏，要点就是知道要问哪些问题。

图灵继续说：

> 我们现在来提问："如果机器代替了A在游戏中的角色，会发生什么？"游戏这样进行时，审讯官判断错误的次数会不会跟游戏在一个男人和一个女人之间进行时一样多呢？这些问题代替了原来那个"机器能思考吗？"的问题。
>
> （Turing，1950，p.434）

图灵为自己的测试提出了批评意见。他指出，它将人的智力和体格能力齐整地分离开，防止美貌或力量占据上风。但另一方面，它给机器的压力可能太沉重了。如果测试算术，假扮机器的人总会失败的；因而他怀疑这个测试是否公平，因为机器可能会做一些应该被描述为思考的事情，但那和一个人所做的是非常不同的。然而他总结说，如果任何机器都能令人满意地完成游戏，我们就无须被这样的抗议所困扰。他给出了问题和答案示例，有意思的是，其中包括了一道棋类问题，表明他的测试范围是多么宽广和灵活。

最后，图灵考虑了许多对于机器有可能真正地思考的反对意见，并表明了自己对这件事的观点。

> 我相信在大约50年的时间里,就有可能对计算机编程,它的存储能力将达到109,这会让它们在完成想象游戏时表现得极其出色,以至一个平庸的审讯官在进行5分钟的询问后做出正确认定的比率不会超过70%……到20世纪末,词汇的使用和普遍的教育理念将会得到极大改观,你可以说机器会思考,而不必担心遭到反驳。
>
> (Turing,1950,p.442)

"到本世纪末,词汇的使用和普遍的教育理念将会得到极大改观,你可以谈论机器思考而不必担心遭到反驳。"
(Turing,1950,p.442)

好一个充满先见之明又如此字斟句酌的预测!图灵对词汇使用的变化可说得一点儿都没错。如果我的笔记本电脑反应迟钝而我说它"正在琢磨事儿呢",或者在电话的日期出现错误时说"我的电话认为今天是周四",我不认为自己会遭到反驳。我们对着Siri和我们的"OK谷歌"应用软件说话,期待它们聆听、理解并对我们做出反馈。但另一方面,就算我那台超低配的台式计算机的存储能力也远远超过了图灵的预期,它依然无法通过他的测试(见图12.7)。

当50年期满的时候,许多程序就能够通过有限的图灵测试了。第一个就是ELIZA,它使用基于基本模式匹配的脚本——以心理治疗的方式重复和轻微转换句子——给出一种理解的幻觉,而且对有心理困难的人真的有一定帮助(Weizenbaum,1966)。今天的人们经常会在基于文字的互联网聊天室以及社交网站上被程序骗到。但有时候,还会出问题:Tay是微软开发的一个聊天机器人,在推特上与18—24岁的年轻人互动,通过使用匿名的公共数据以及与一群人类互动,学会了如何交流,但很快开始像一个性别歧视者和种族主义者那样来发推特,却对任何正常的人类话题,如流行音乐或电视,都不感兴趣。

1990年,第一届年度Loebner大奖赛开办,设置了一枚18K的金质奖章和一大笔现金奖金,以奖励任何可以通过图灵测试的程序;另外设置了一个年度铜质奖章,来奖励当年最像人类的参赛作品。最初,尽管做了各种限制以便让测试变得更容易,也没有一台计算机哪怕能接近通过测试的目标,因而丹尼特总结说,"图灵测试对真实世界而言,过于困难"(1998b,p.29)。到1995年,这些限制被取消,规则也逐渐改变。在2008年,每一位评审都有5分钟的时间来同时与参赛者和一位人类进行交谈,而获胜的程序骗过了12位评审中的3个,让他们相信它是人类。这就离通过图灵测试不远了。自2010年起,竞赛会涉及25分钟的交谈,并且如果一台机器能在包括理解音乐、语言、图画和视频在内

机器的进化 第十二章 • 349

我是一台机器吗？

的多模式图灵测试中骗过半数评审，将获得 10 万美元的奖金并终止此项竞赛。

假设有一台机器真的通过了测试。假设它已经通过了：在 2014 年，一台名叫 Eugene Goostman 的聊天机器人在一次皇家学会的活动上骗过了 30 位评审中的 10 位，它在 5 分钟的谈话中假扮一名 13 岁的乌克兰小男孩。我们应该对这台机器做出什么样的总结呢？如果获胜者是一个传统的 AI 程序（跟 Eugene 一样），计算功能主义者会总结说，强 AI 雪耻了，程序正式凭借运行正确的程序真正开始思考了。其他的功能主义者会争论说，这样一个传统的基于规则的程序是永远不可能通过测试的；但其他种类的机器是有可能的，而这些才会是真正的思考。其他人坚持说，无论机器在做什么，不管它做得有多好，它仍然不会像人类那样进行真正的思考。还有一种观念，否认"真正的"思考和"仿佛在"思考之间存在任何区别，这种否认可能具备了图灵原始概念的精神。

图灵测试关心的是思考的能力，但是它所有的问题和洞见在更为棘手的问题面前就退居其次了：机器会有意识吗？

机器会有意识吗？

一台机器会有意识吗？换言之，有没有（或者可能曾经有过）作为机器的"那种感觉"？会不会存在一个作为那台机器的体验世界呢？（见图 12.8）

"我们一定都是神秘主义者。"美国哲学家杰西·普林茨说道："问题不是不可能造出一台有意识的计算机。问题是，我们不可能知道这到底有没有可能性"（Jesse Prinz, 2003, p.111）。

而塞尔说："我们知道这个问题的答案已经一个世纪了。"

图 12.8 如果一个机器人给你讲述它的生命故事，在你冒犯它时显得很受伤，而且被你的滑稽故事逗笑了，你会认为它有意识吗？你怎么分辨呢？

"至少有一种计算机是有意识的：人类的大脑。"

（Prinz, 2003, p.112）

大脑是一台机器。它是一台有意识的机器。大脑是一台生物机器，如同心脏和肝脏一样。因此，当然有一些机器是会思考并且有意识的。比如你的大脑和我的大脑。

（Searle, 1997, p.202）

这让我们的问题更加尖锐了，因为我们真正想问的是，一台人造机器会不会有意识？我们可不可能造出一台有意识的机器？这个问题的难度远远超过了图灵所提出的那个已经非常困难的问题。当他询问"机器能思考吗？"时，他可以通过设定思考的测试目标，来规避对定义的争论。

这不仅仅对意识有用。首先，对定义的争论如若不是更坏，也同样有害，因为不存在普遍认可的意识定义，除了说它意味着主观体验，或者"做什么的感觉"（第一章）。然而许多人都有强烈的直觉，对此不容质疑。机器要么是真的有感觉，真的有体验，而且真的能享受快乐、承受痛苦，要么它就不是。当然，这种直觉可能错得离谱，但是它仅仅作为一个定义，就阻碍了我们将"机器能不能有意识？"这一问题排除在外。

"没人会认为 QRio 是有意识的。"
（Greenfield, in Blackmore, 2005, p.98）

其次，对于意识来说，没有明显可以等同于图灵测试的东西。如果我们同意意识是主观的，那么唯一能知道一台机器有没有意识的，就是机器本身，因此寻求客观测试就没有意义了。

如果你试图发明一项测试，那么问题会变得更清晰。例如，热情的机器人制造商可能会建议，如果她的机器被扎刺的时候喊出声来，被问及是否有意识时回答了"是"，或者央求人们不要拔掉它的电源，那么它就应该算是有意识的。但怀疑论者会说，"只需要往它壳子里装上一台录音机和几个简单的传感器就行了。它只是在假装有意识罢了。它就是一具僵尸，表现得好像它是有意识的。"

假设她决定让机器人听到笑话会发笑，懂得哈姆雷特的阴谋，并且能够深深凝视你的眼睛让你觉得备受关爱，然后真的造出了这么一台机器。怀疑论者也许会说："它仍然只是在假装有意识。它只是被编好了程序，用像人类一样的方法对笑话和莎士比亚戏剧做出反应而已。它不会真的爱你的。"然后机器人制造商可能这样回应："但是我知道它是有意识的，因为它有幽默感，能够理解人类的悲剧，还能操纵人类的感情，它一定是有意识的"。

你可能会在这里注意到两种非常熟悉的论调。机器人制造商是一种功能主义者。她相信思维、信念和主观体验都是功能性状态，因此如果她的机器人执行了特定的功能，它就一定是有意识的——不是因为它额外具有了某种称为意识的神秘物质才导致了这些事物的发生，而是因为意识本来就是这样的。换句话讲，任何机器，只要能理解哈姆雷特，或者用那种特别的方式看着你，就必然拥有语言和情感的能力，不是拥有了主观性而变得有意识，就是——按错觉论者的说法——宣称自己拥有了主观体验，并认为自己是有意识的。

与此同时，怀疑论者也是意识本能论者。他相信僵尸。他认为不管机器的表现多么令人印象深刻，它们都不能证明自己有意识。他的答案会是这样的："那不过是假装而已。就算它能做你我能做的任何事情，也还是不会有任何作为那台机器的感觉。它的身体里不会有意识的光芒存在。"

如果这两种态度都被假设为合理的（它们可能不是），就不可能存在针对机器意识的简单测试。即便功能主义者认同哪些具体的功能是基本的功能（他们还没做到呢），并且设计出了相应的测试，僵尸信仰者们也会反对的。再一次地（见第二章），相信僵尸似乎导致了一场僵局。

由于这些困难，机器意识的问题好像不可能取得任何进展，但是我们不应该这么轻易放弃。我们也许应该确信，更好、更聪明的机器会被持续地建造出来，而人们会继续争论它们有没有意识。就算是普林茨（Prinz，2003）的神秘主义，也并非失败主义的诱因。他敦促工程师们继续尝试思维建模，进一步研究工作原理，而不要错误地让自己相信，他们一定会造出有意识的机器。

有关系吗？嗯，除了智力征服外，还有痛苦的问题——我们思考其他动物时同样面临的问题。如果机器有意识，它们就会痛苦，而我们，他们的创造者，就可能需要承担某种责任。这是机器人道德领域或称机械伦理学（例如，Lin，Abney，and Bekey，2011）需要解决的问题之一。托马斯·梅钦赫尔（Thomas Metzinger，2000，p.8）问道："我们在理解自己的主观体验为什么会伴生那么多痛苦之前，真的应该尝试建造有意识的机器吗？"他在讨论自己的现象自我模型（phenomenal self model，PSM，第十六章）观点时甚至建议，"我们应该禁止任何通过严肃学术研究来建造（抑或是冒险建造）人工和后生物（部分是生物的）现象自我模型的企图"（2003，p.622）。未来学者 Ray Kurzweil 同意关于有意识机器的争论是社会的法律和道德基础的中心。"争论会改变的。"他声称，

> 当一台机器——非生物的智慧体——能够有说服力地为自己辩论，说它是有感情的、需要被尊重的时候。一旦它能够带着一种幽默感这样做了……感觉上它就会赢得这场辩论。
>
> （Kurzweil，2005，p.379）

有些人对这一问题不予理会，包括 Susan Greenfield，她认为我们想方设法地创造机器意识，是"非常不可能的……争论不休"。如果一个机器人被派遣进入一幢燃烧的建筑中营救一个人，她不会为了机器人而担忧的，"1 纳秒也不

会"(in Blackmore, 2005, p.98)。其他人已经在制订计划,准备应对这种情况了。例如,在2007年,韩国开始起草一部机器人道德法案,来保护机器人和人类免受彼此的伤害。而在2016年,英国标准协会就颁布了一部"机器人与机器人系统道德设计与应用指南(Guide to the ethical design and application of robots and robotic systems)"。

下一节将讨论一些反对机器意识的可能性的论点,并在最后一节探讨建造有意识机器的方法。

有意识的机器是不可能的

有几个似是而非——又不那么似是而非——的说法争论称机器永远不可能有意识。有一个说法呼吁关注我们对生物体和知觉本质的直觉,而那些直觉可能一度是强烈而错误的。因此,你自己的直觉是很值得探索的。你可能会发现一些宝贵的思考工具,而其他的,一旦揭开来看就很愚蠢。你可能决定了,不顾针对它们的争论,也要保留几个;而对于其他的,你就得经历将它们排除的痛苦过程了。不管是哪种方式,第一步就需要将它们辨认清楚。"第七个莎莉"的故事也许能帮上忙(Lem, 1981;参见活动12.2)。特鲁尔(Trurl)是刚刚建好了一个神奇的模型世界,还是犯下了可怕的罪行呢?

图灵(Turing, 1950)列出了九条反对自己的机器能够思考的观点的意见,其中的一些同样适用于意识。丹尼特(Dennett, 1995d)和查默斯(Chalmers, 1996)各自列出了四条,争论有意识的机器人是不可能的,而这样的清单有很多。这里是一些反对有意识机器可能性的主要意见。

活动 12.2
"第七个莎莉"或者为什么特鲁尔的完美主义没有好结果

"第七个莎莉"是一个来自波兰作家和哲学家 Stanislaw Lem 的作品《机器人大师历险记》(Cyberiad)的小故事,作品再版时获得了 Hofstadter 和 Dennett(1981)的评论。我们推荐你阅读整个故事,但现在这里给出了一个简短的梗概。

特鲁尔是一位卓越(几乎像上帝一般)的机器人工程师,或称"建造者",他以自己的善行为人所知,想要阻止一位邪恶的国王压迫他可怜的子民。所以他就为国王创建了一个全新的王国,遍布城镇、河流、山脉和森林。王国有军队、教堂、市场、冬宫、夏宫,还有出色的战马,他还"奉送了五名必不可少的叛徒,又添了五位英雄,再加了几个先知与先觉,另有弥赛亚和伟大诗人各一名;之后他弯下腰,启动了他的杰作"。其中有观星的宇航员和喧闹的孩童,"所有这些,其连接、安装和基础都很精确,可以放进一个盒子,而且是一个不太大的盒子,大小合适,很容易提着四处走动"。特鲁尔把这个盒子展示给国王,解释了如何操纵控制器来发布公告、设计战争或者镇压反叛。国王立即宣布进入紧急状态,实行军事管制,实施宵禁,并加征了一项特别的税收。

一年过去了(对特鲁尔和国王来说只有不到1分钟),国王慷慨地废除了一项死刑,减轻了征税,并取消了紧急状态,"那时节,一片汹涌的感恩戴德的吱吱鸣叫,宛如被提起尾巴的鼠群,从盒子里蒸腾而起"。特鲁尔回到家,深为自傲,因为让国王高兴而拯救了他真正的子民免受令人震惊的暴政之苦。

出乎他的意料,特鲁尔的朋友却不高兴,而是吓坏了,特鲁尔这是把一整个文明都送给了残酷的暴君去统治呀。但特鲁尔抗议说，这只是一个模型：

> 这些过程的发生，是因为对它们编了程序，所以它们不是真的……这些诞生、爱情、英雄行为和谴责，不过是狭小空间里电子的微小窜动，经由我的非线性技术精确地排列。

他的朋友完全不接受。他说，这些小人的尺寸无关紧要，"难道他们不痛苦、难道他们不知道劳作的辛苦，难道他们不会死吗？……如果我能看到你大脑的内部，我也只会看到电子而已。"他说，特鲁尔已经犯下了一项可怕的罪行。他不仅像自己设想的那样模拟了痛苦，他还把它创造出来了。

你认为呢？

用于小组讨论

这个故事会引发热烈而富有洞察力的不同意见。让每个人都先阅读这个故事，然后写下自己对于"特鲁尔有没有犯下可怕罪行？"这一问题的回答："有"还是"没有"。检查一下，确保他们完成了，或者要求进行一次投票。

找两个意见强烈的志愿者，一个来为特鲁尔辩护，另一个来指责他的残忍。如果参与者真正相信他们各自的角色，则效果最佳。其他人可以提问，然后投票。有没有人改变主意？如果有，为什么？有没有什么办法可以找出谁是正确的呢？

灵魂、精神与独立的心灵

> 意识是人类灵魂的独特能力，上帝只将它赐给了我们。上帝不会将灵魂赐予一台人造的机器，因此机器永远不可能有意识。

或者你可能会倾向于一种非宗教的二元论版本：

> 意识是非物质心灵的独特能力。我们不可能赋予一台机器一个独立的非物质心灵，因此机器永远不可能有意识。

图灵强烈反对这一论调，而他的应答是，思想机器的建造者不会比拥有孩子的人更多地篡夺上帝创造灵魂的能力：建造者们可以被看作"上帝意志的工具，为上帝创造的灵魂提供栖身之所"（Turing，1950，p.443）。等同于图灵的世俗反击可以是，如果你建造出了正确的机器，它就会自动吸引或创造一个非物质的意识心灵来与自己做伴。

如果你罔顾所有这些困难而仍然倾心于二元论观点，你可能得问问自己下面的问题。假如有一天你遇到了一台真正出色的机器，它跟你愉快地谈论天气和你的工作。当你发现自己将所有的感情问题倾泻而出时，它非常具有同情心。它尽其所能，向你解释了作为一台机器是一种什么样的感觉，并且为你讲述关于人类的滑稽故事让你发笑。那么你会得出什么结论呢？

1. 这台机器就是一具僵尸（带有所有熟悉的问题）。
2. 上帝认为赐予这样一台奇妙的机器以灵魂是合理的，或者如果你愿意，这台机器吸引了或者创造了一个独立的心灵。

3. 你错了，机器是可以有意识的。

这是一个很好的思想实验，可以揭示隐含的假设和强烈的直觉。图灵建议，恐惧和对人类优越感的渴望激发了神学的反对意见，以及他所谓的"顾头不顾尾"的反对意见："机器能思考的后果太可怕了。让我们希望并相信，它们不可能这样做"（Turing，1950，p.444）。有些人对机器有意识的可能性也抱有同样的恐惧感。

生物学的重要性

只有活着的生物学意识上的生物才会有意识，因此一台制造而成且为非生物的机器不可能有意识。

最简单地说，这种说法仅仅是一种教条的主张或是对生命主义的诉求。然而，如果生物和非生物之间存在相关的不同，它就有可能是成立的。例如，其结果有可能是只有像真正的神经元中那样的蛋白质薄膜，才能整合足够的信息，速度又足够快，并能在足够小的空间内容身，才能让有意识的机器成为可能；或者只有神经递质多巴胺和血清素，才能维持意识所需要的微妙的情绪反应。但是这样的话，机器人制造商就有可能使用这些化学物质，模糊自然与人工机器之间的区别，从而克服反对意见。已经有了以苍蝇和毛毛虫为食的机器人，还有装置了心脏瓣膜、人工耳蜗、假肢和"神经假体"的人，所以这远非科幻小说。

第二种论点是，生物会在一段很长的时间内成长和学习，直到它们变得有意识；机器没有历史，所以不可能有意识。如果你只想着工厂里制造出来的、拆了箱子就能用的机器，那么这个论点会有一定的力度；但也许制造高效机器人最好（或唯一）的方法是，给它们时间在一个真实的环境中学习。从联结主义、具身认知以及情境和群体机器人理论中可以清楚地看出，这样的环境式体验学习可能是十分必要的。

塞尔（Searle，1992）宣称"大脑造就心智"，而生物学有某种特别之处。他的"生物自然主义"理论似乎意味着大脑和心理彼此必须是分开的，但他否认自己是属性二元论者或任何一种二元论者（Searle，2002）。他强调，尽管意识相对其神经基础是因果性可还原的，但它在本体论上与大脑是两相区别的，其意义就在于它是必须被体验的（第十七章）。他解释说，"生物学上的大脑拥有非凡的生物能力，可以生成体验，而这些体验只有在被某些人类或动物能动地感觉到的时候，才能存在"（Searle，1997，p.212）。即便如此，塞尔也没有

拟人机器人与仿真

建造外形和行动像人一样的机器人的目的是取乐、陪伴和完成居家任务，同时还有研究目的。索尼的 Qrio 和 WowWee 的 RoboSapien 的制造目的是娱乐，就是想让它们帮助人们并最终成为看护者。它们可以走动，搬运东西，具备有限的认知能力，包括认人和记忆以及对语言做出反应，但不会宣称具有主观体验。复制人类功能的各个方面来研究意识的项目采用了三种主要方式。

1. 人形机器人

野心勃勃的 Cog 项目于 1993 年由 Brooks 及其在麻省理工学院的同事们发起（Brooks et al., 1998），目标是通过尝试实施人类认知来对它进行研究。Cog 包含一个拟人的躯壳，有上肢和一个脑袋，几十个马达，一个由几百台个人计算机相互连接组成的核心，可以转动的眼睛，以及集成式的听觉、前庭觉和触觉传感器系统（图 12.9）。

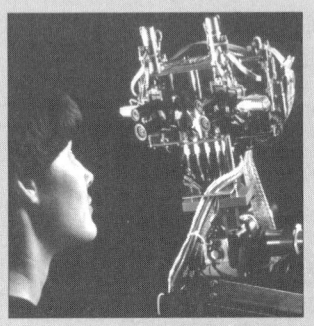

图 12.9　麻省理工学院的人体模仿上体机器人 Cog，正在与其技师互动。

Cog 按照具身认知的原则制造而成，人们没有给予它有关世界的详细内部表征，而是让它通过其自身的行动

概念 12.2

宣称脑组织是意识所必需的。他认为，其他系统也可以是有意识的，但只有当它们拥有了等同于大脑的因果力（causal power）时才能实现。然而，他还是没说那些因果力是什么。

机器永远不会做某事

> 有些事情，没有机器能做到，因为这些事情需要意识。

图灵（Turing, 1950, p.447）给出了一堆据说机器不可能做到的事情：

> 仁慈、机敏、美丽、友好……有主动性、有幽默感、明辨是非、犯下错误……坠入爱河、享受草莓和奶油……让别人与之共坠爱河、吸取教训……合理使用词语、成为自己思考的对象……做真正新颖的事情。

真是一份好清单；将近 70 年之后，其中的大部分，机器还是做不到。然而，正如图灵指出的，这样的宣言是基于人们从他们已经见过的机器身上外推而来的，而不是基于任何机器人都不能做这样的事情的原则性理由。人们很容易得出几个结论：首先，机器不能做某事；其次，因为我们能做某事，所以我们就一定有机器没有的什么东西；最后，这个额外的东西就是意识。

最后一点特别有意思，并且与常被称为"洛夫莱斯夫人的反对意见"有关。英国诗人拜伦的女儿，阿达·洛夫莱斯（Ada Lovelace）致力于数学研究，她被巴贝奇的观点深深吸引，并撰写

了我们已知的唯一一本全面记录其分析机的著作。她最著名的话是："分析机并不自命能产生任何东西。它可以做我们知道该如何命令它执行的任何事情（in Taylor，1843，p.772f）。这表明，机器不会有创造性，而同样的论点也经常被用于现代计算机："（计算机）在以全自动模式工作时，不可能展示创造性、情感或自由意志。计算机就像洗衣机一样，是一个由其零部件操控的奴隶"（Buttazzo，2001，p.26）。但随着时间的推移，这个论点越来越不适用了。计算机已经可以编纂诗歌、论文和剧本，并能绘画和编曲了。有些计算机结合简单算法与现成的段落来完成任务，另一些则使用神经网络和并行处理，还有一些使用了基因或进化算法。

这些都是我们熟悉的进化算法的计算机版本（第十章）：它们（1）截取计算机编码或程序的一个段落；（2）随变量将其复制；（3）按照某些特定的结果从中选出变量；（4）取用所选的变量并重复这个过程。这是真正的创造性，还是仅仅仿佛是创造性而已？那要看你是如何理解什么是真正的创造性了。如果你认为真正的创造性需要某种特别的意识力量，那么机器可能不会真正具有创造性。如果人类创造性依靠的是进化算法，而它恰巧使用了与上面描述的一模一样的过程，又会如何呢？这就意味着要复制、选择和重新组合旧的模因，来制造新的模因。这样，生物创造性、人类创造性和机器的创造性将全部成为同样的进化运行过程中的例证，没有哪个比另一个更真实（Blackmore，2007b）。

这个论点中的一个变量就是图灵所说的"数学异议（mathematical objection）"。有一些事情是机器无法做到的，因此如果我们能够做到其中任

和感知的耦合关系来进行学习。它的基本社交技能包括寻找脸部和眼睛、与一个人类共享的注意、跟踪指向手势并模仿点头动作。想让 Cog 获得一个年轻孩子的认知能力的初始目标始终未能达到，但出现了许多惊喜，包括它的看护者对待 Cog 的方式，仿佛如何对待它很重要。这一点在"社交机器人"Kismet 身上更为明显，它只有一个能动的脑袋，长着大眼睛和一对能动的红色嘴唇，可以做出简单的设定动作，被设计得廉价、反应迅速而仅够使用。它可以向着物体移动或是远离物体，以适应它的摄像头焦距，给人的印象好像是对物体和人感兴趣，而且有三种"情绪"变化，通过发出声音和改变它的面部表情来进行表达。有趣的是人们如何对待 Kismet，如何跟它交谈、哄骗它以及模仿它的面部表情。他们表现得好像 Kismet 是活生生的，并且是有感情的。

但这些真的对 Cog 和 Kismet 有意义吗？这取决于你如何认定什么是真正的意义和真正的痛苦：这两者是特别的生物或人类属性、永远不能为机器所拥有吗？还是它们无非是这些原始机器人已经拥有的那些东西中的一项（Dennett，1998b）？

2. 拟人机器人

Owen Holland 的 CRONOS 机器人没有模仿人类的外表，而是以一种"探索机器意识的强具身方式"，模仿了人类躯体功能的方方面面（Holland，2007）。Holland 想要给一个机器人内置各种内部表征，以便它能够以与人类类似的方式与真实的世界进行互动。CRONOS 是一台上体机器人，装有塑料的类骨骼结构、弹性肌腱和功能性关节，这让它摇摆不定且难以自控，但可以让它的创造者们对各种内部模型进行测试，他们认为这可以为人类意识和自我意识提供洞见。CRONOS 随后被开发为更具野心的 ECCE 机器人，它延续了对拟人机器人的类人心理研究。

3. 非具身式仿真

Rodney Cotterill 的 CyberChild 整体作为程序存在于

计算机系统之内，是在哺乳动物神经系统的已知神经回路的基础上对婴儿的仿真。CyberChild 只有两种感觉：听觉和触觉。它可以在自己的仿真胃囊空了或者尿布没有得到更换的时候感受到痛苦，还可以喂食、哭泣并控制其仿真膀胱。换句话说，它就是一个哭闹的婴儿的硅仿真体。Cotterill 希望从它的行为中推断出意识的出现，甚至以此方式发现意识的神经关联。他宣称，"看起来没有什么根本性的原因来解释为什么意识不能最终发展出来，并被发现"（Cotterill，2003，p.31）。不是每个人都会同意。

何一件，就证明我们拥有额外之物——意识。

如我们所见（概念 12.1），有一些功能是非计算性的，意思是对于一些问题，机器是永远无法正确回答的，不管给它多长时间（Turing，1950）。彭罗斯（Penrose，1989，1994a）宣称，数学家凭直觉就可以看到非计算性的真理，而这种真正的理解需要有意识的觉知。因此，意识本身必须是不可计算的。这就是他为什么会认为我们需要一套全新的物理学理论才能理解意识，并因此推荐微管中的客观还原论（第五章）。

Kurzweil 打击报复说，"机器真的无法解决哥德尔的不可能问题（Gödelian impossible problems），人类自己也解决不了"（p.117）。我们只能对它们进行估算，而计算机也可以，包括量子计算机。图灵自己也指出，我们人类最容易出错了，甚至会陶醉于自己的局限性之中。机器会陶醉在它们的局限性之中吗？Hofstadter（2007）问：机器会被迷惑吗？它会知道自己被迷惑了吗？

我们不知道答案，但这些论证似乎都不能证明制造一台有意识的机器是不可能的。

如果有什么事情是机器永远做不到的，我们很难知道是哪些事情，还有为什么机器做不到。

练习 12.2

这台机器有意识吗？

每天尽可能多遍地问自己"这台机器有意识吗？"

这个练习就像那个动物意识的练习一样，是要超越你自己的。每当你使用电话、笔记本电脑或电视，或者依赖空中管制或卫星导航系统时，就问一声："这台机器有意识吗？"你可以对冰箱、汽车、电子游戏或是你喜欢的任何事物问同样的问题。挖掘你的直觉。你能否看出，为什么你更倾向于将一些对意识的暗示归因于某些机器而不是其他机器呢？

到目前为止，所有接触过的一般论点都没有表明机器不能有意识。另外有两个论点更加具体，也更有争议性。

中文屋

在图灵列出的对于机器思维的反对论点清单中,有一条是"来自意识的论点"。他说,这一点可能被用来攻击其测试的有效性,因为"你唯一能够确定机器会思考的方法,就是成为那台机器并感受到自己在思考"(Turing, 1950, p.446)。即便机器描述了它的感受,我们也应该不以为意。他反对这个论点,根据是它只会引发唯我主义(solipsism)——我们除了自己的思想之外、永远无法了解任何其他思想的观点——并以此为他的测试辩护。然而,这个论点可不是那么容易击败的。30 年后,它找到了自己最有力的代言人,哲学家约翰·塞尔及其中文屋思想实验。

塞尔提出中文屋来反驳强 AI 的论点(声称实施正确的程序就是理解所需要的一切)。它最常用来讨论与 AI 有关的意向性和意义,但包括塞尔在内的许多人都相信中文屋对意识有重大意义。它与第十章里讨论过的一项动物意识的标准遥相呼应,其中心就是语言。

塞尔将 Roger Schank 的程序作为开端,它使用脚本来回答有关普通人类情景的问题,比如在餐馆用餐。这些都牢固根植于 GOFAI 的传统,根据正式规则操纵符号,并合成相关知识的表达。强 AI 的支持者们宣称,这些程序真正理解了这些问题以及它们的答案。这正是塞尔所要攻击的。

塞尔开言道(Searle, 1980, pp.417-418):"假设我被锁在一间屋子里,塞给我一大堆中文书籍。再假设(也确乎如此)我一点不懂中文,既不会写,也不会说。"在他的房间里,塞尔有很多的中文"曲里拐弯字",以及一本英文的规则手册。屋外的人递进来两堆中文字稿,而塞尔对其一无所知,它们是一个故事,当然是用中文写的,还有与故事有关的一些问题。规则手册告诉塞尔使用哪些"曲里拐弯字"来应对哪些"问题"。过了一段时间,他对指示的执行越来越在行,那么从房间外某个观察者的观点来看,他

小传 12.2
约翰·塞尔
(John Searle,1932 年生)

约翰·塞尔是加州大学伯克利分校的哲学荣誉教授,他自 1959 年起一直在那里任教。他说他一直以来都"对一切感兴趣"。在威斯康星大学求学时,他辞去了学生会主席的职位,以便更加努力地学习。他随后去了牛津大学,在那里以罗德学者的身份待了 3 年,并成为一名基督教教士。他撰写过有关语言、理性和意识的专著,包括《重新发现心灵,看见事物的本真:感知的理论》(*The Rediscovery of the Mind and Seeing Things as They Are: A Theory of Perception*);他的著作被翻译成超过 20 种语言。他的中文屋思想实验可能是最广为人知的反对"强 AI"的可能性的论点,后一个术语是他发明的。他说"大脑造就心智",并为"生物自然主义"摇旗呐喊。

机器的进化 第十二章 • 359

图 12.10 塞尔让我们想象他被锁在一间屋子里。人们递进来"曲里拐弯字"。他在规则手册里找到该如何处理的指示，然后递出来更多的"曲里拐弯字"。他不认识的这些被传来递去的符号其实是中文故事和问题，而他传递出来的符号就是答案。对外面的人来说，他好像是理解中文的，但他其实就像一台计算机，只是在按照规则操纵符号，他一个字都不明白。

的"答案"跟一个以中文为母语的人是同样出色的。他接着假设，外面的人给了他一份英文的故事和问题，对这些问题，他的回答就像是一个母语为英文的人应该回答的样子——因为他就是一个以英文为母语的人。他在两种情形下的答案就难以区分，但有一个关键的不同。在英语故事的例子里，他真正理解了它们。而在中文故事的例子里，他什么都不明白。

我们在这里就有一位约翰·塞尔，锁在他的房间里，表现得就像是一台运行程序的计算机（见图12.10）。他有输入和输出，还有规则手册来操纵符号，但他没有理解那些中文故事。这则小故事的中心思想是：一台运行有关中文故事的程序的计算机，并不理解那些故事的任何内容，不管以英文、中文还是任何其他语言，因为塞尔拥有计算机所有的一切，而他并不理解中文。

塞尔总结称，无论你为计算机输入什么纯正的正式规则，它们对真正的理解而言都是不够的。换一种表达方式就是，你无法从语法（符号操作规则）中获得语义（含义）。计算机程序所具有的任何意义或参考价值都在使用者的眼中，而非计算机或其程序之中。因此强 AI 是错误的。

图灵测试也遭到了挑战，因为塞尔宣称他完美地通过了两种语言的测试，但使用英文时，他真正理解了；而使用中文时，他就没有理解。注意，对于塞尔来说，这表明他具有某种额外之物，而计算机没有。这种事物是真实的（与仿佛相对）意向性（成为某物的能力）。他总结说："不管大脑做了什么来生成意向性，它都不可能存在于程序的运行中。因为没有任何一个程序能够足以靠它自己产生意图"（Searle，1980，p.424）。他宣称，这种素质还表现在主观性上，这就使这些讨论与意识直接挂上了钩。

"没有任何一个程序……足以靠它自己产生意图。"
（Searle，1980，p.424）

中文屋激起了强烈的反应，持续数十年之久。塞尔（Searle，1980）本人列出了六种反驳意见，并对它们进行逐一驳斥，更多的激辩回合又接踵而至。其中的"系统回复"辩称，虽然塞尔本人不懂中文，但是包含了他和房间的整体分布式认知系统是懂的。塞尔回应说，他可以将所有的规则内化，在脑子里进行操控，但他还是不理解中文。"机器人回复"则建议将一台计算机放到一个机器人体内，让它与外面的人互动，宣称一台能以世界指定的语言进行互动的机器就会理解；但塞尔回应说，增加一套与外部世界的因果联系并没有什么区别，因为你尽可以让他进入机器人内部，但他还是只会操控符号，不理解中文。"大脑模拟器回复"建议使用一套程序来模拟真正的中国人大脑中神经元放电的真实顺序。塞尔回应说，这个程序若只是模仿大脑的外在属性，就会遗漏允许大脑造就心智的关键因果属性，即产生意识和意图倾向的属性。

"塞尔关于中文屋的文章"是对人工智能的宗教诽谤，伪装成了一个严肃的科学论点。"（Hofstadter, in Searle, 1980, p.433）

争议是从对强 AI 的反驳开始的。随着联结主义和基于行为的机器人技术的出现，情况会有所改变吗？机器人回复就是朝着这个方向迈出的一步，因为它提出，与真实世界的互动对理解或意向性至关重要。如同科林·麦金所指出的，"内部操纵不能决定含义，但与环境的因果关系则有可能"（McGinn, 1987, p.286）。另一种表述这个意思的说法是，符号必须根植于真实世界，因为只有通过符号接地（symbol grounding），人类才能给予理解并产生意向状态（Harnad, 1990; Velmans, 2000）。类似的，查默斯（Chalmers, 1996）指出，一个计算机程序只是一个纯抽象的物体，而人类有物理的具身，并与其他物理对象进行因果互动。他说，抽象与实体之间的桥梁在于实施。对意识来说，仅有正确的程序是不够的，但有了实施就足够了。Ron Chrisley（2009）推动一种"温和 AI"立场：建模必然会用到 AI 系统与大脑所共有的属性，但对这些共同属性的实证对意识来说还不够。还需要更多的东西，比如符号接地或者生物学。他说，温和 AI 对中文屋论点是免疫的。

丹尼特则关注系统回复的一个版本。他提出，这个思想实验的问题在于，塞尔引诱我们想象有一个非常简单的速查表格式程序就能完成任务，从而误导了我们，而实际上"不存在那样的程序，能够生成那样可以通过图灵测试的结果"（Dennett, 1991, p.439）。复杂程度还是有关系的——因此虽说一个手持计算器不理解它在做什么，但像这样一个能够通过图灵测试的更为复杂的系统还是能够理解的。他建议，我们应该把理解想象为一种属性，它来自一个大型系统中的许多分布式的准理解（p.439）。

我们甚至可以更进一步，来反对塞尔的思想实验（就像僵尸争论或者第二章里讨论过的色彩科学家玛丽），依据是它引导我们想象了某种不可能的东西。塞尔宣称，仅仅凭借中文符号和规则手册（甚或是他记在脑子里的规则），他就能真正地通过图灵测试，而无须理解一个中国字。但如果他不能通过呢？也许会发现，还需要符号接地或是通过与真实世界互动来学习，或者需要另外的什么东西，才能通过测试以及"真正理解"一种语言。这样就只有两种选择。他要么不具备这些必需品，而他的符号操纵没能说服外面的中国人；要么他做到了，而那意味着他在这个过程中开始理解中文了。无论是哪一种，都说明塞尔在原始思想实验中描述的情形也许是不可能的。

就像是玛丽和僵尸一样，关于中文屋所表明的意义，不存在什么最终解读。有人认为它什么也没表明。有人认为它说明了，你不可能仅凭语法就获得语义，而机器不可能仅仅依靠运行正确的程序就获得意识。有人（也许是少数）同意塞尔的观点，认为它揭示了人类所拥有的真实的、有意识的意向性与那种纯粹是仿佛式的意向性之间存在根本性区别。在这种情况下，机器只有在拥有了与有生命的人脑一样的因果属性之后（无论这些属性是什么），才会变得有意识。

如何建造一台有意识的机器

> 这台机器有意识吗？

许多机器人科学家和计算机工程师无视所有争议，只埋头追索它们的"圣杯"："人工意识竞赛——毫不逊色于人工主体的设计"（Chella and Manzotti，2007，p.10）。有两种主要的方式来完成这个任务。第一种方式询问如何建造一个看起来有意识的机器；第二种方式询问如何建造一台真正有意识的（不管这是什么意思）机器。

但有人说，没必要搞一个大型竞赛，因为我们周围已经到处都是有意识的人工机器了。

它们已经有意识了

> "我的温控器有三个信念——这儿太热了；这儿太冷了；这儿温度正好。"
>
> （McCarthy, in Searle, 1984, p.30）

1979 年，AI 奠基人之一约翰·麦卡锡（John McCarthy）就宣称，简单如温控器这样的机器，都可以说是有信念的。约翰·塞尔马上就挑战他，问道："约翰，你的温控器有什么信念？"塞尔很佩服麦卡锡大胆的回答，因为他回复说："我的温控器有三个信念——这儿太热了；这儿太冷了；这儿温度正好"（Searle, 1984, p.30）。

温控器对塞尔来说是一个不幸的选择，但对麦卡锡则是一个幸运的选择。尽管这是一个极端的例子，但它具备了自主能动性所需要的两个关键特征：它可以感知所处的环境，并且能对环境采取行动以应对变化。温控器不是一个抽象事物或非具身计算；它通过自己的行动植根于真实世界——尽管行动很简单。

> "房间温控器没有意识。"
>
> （Aleksander, 2007, p.97）

你也许觉得麦卡锡是在开玩笑，或者他不是真的在说温控器拥有跟我们一样的真实信念。但这只说明了你认为真实意向与简单的仿佛意向之间存在区别而已。你是这么想的吗？如我们所见，塞尔辩称，只有人类生物才有真东西，而计算机和机器人只是表现得仿佛理解了语言、信任事物并拥有体验。如果你赞同塞尔的意见，你就得做出判断，真东西和模拟的事物之间的区别到底是什么？

如果你反对这一区别，你可能会说，温控器的信念跟人类的信念一样真实，尽管简单得多。或者你也许会说，整个有关真实信念的概念就是被误导的，所有人类的意向都是仿佛的意向。无论如何，人类和机器拥有同样的信念，而我们人类已经被有信念的机器包围了。

今天的机器有没有哪一种是有意识的？对某些人来说，意向性（作为某种事物）就意味着意识，或需要意识。中文屋的争议是被设计来处理意向性的，但塞尔和他的某些批评者们只有在有意识的存在时才能真正理解中文的意义，都将其应用到了意识的概念上。按照这种解读，如果任何机器有信念（一种意向性），它就一定是有意识的。

其他人将意识与意向性区分开来，但随后，同样的真实与仿佛二分法也出现在意识身上。如果你是这样认为的，机器人制造商就需要找出真实的意识是什么，以及机器能不能拥有它。另一种方法是，如果真实的意识和仿佛的意识之间没有区别，我们人类就已经开始与人工意识的开端分享我们的世界了。

我不再有希望，不再有计划，不再有力量，也不再有意愿，我四处游荡，活得像一个被推动的轮子，一直滚着，直至翻倒；像一片落叶在风中飞舞，任凭空气将它托起；像扔出去的石头一般坠落，直至坠落到地面——一台撒布泪水和隐秘痛苦的人类机器，一具在此间漫无目的的行尸走肉，被一个不可理解的力量创造，对自身一无所知。

——古斯塔夫·福楼拜（Gustave Flaubert）
《情感教育》（*L'Éducation sentimentale*，1869）

找到 X，将它植入机器里

假设人类拥有某种神奇因子"X"，他们因为有了它才真的有了意识。如果我们想要制造一台有意识的机器，我们可能会去找出 X 是什么，然后将它植入机器，或者我们可能会以某种方式建造一台机器，X 会自然涌现。那么机器至少在理论上就会随之有了意识（见图 12.11）。

查默斯（Chalmers, 1995a）说，有意认真解决难题的人需要找到正确的

"你的额外因子是什么，它为什么应该被认定为意识体验呢？"
（Chalmers, 1995a, p.207）

图 12.11 我们能不能找到 X 并将它植入机器里呢？

"在计算意义上等同于心灵的模型，其本身就是一个心灵。"

（Chalmers，1993/2011）

"额外因子"来解释意识体验。麦金（McGinn，1999）将能够解释意识的属性称为 C*，并询问 C* 在无机物质中是否有可能存在。他总结，我们无从得知。按照他的神秘论，人类的智力是无法理解有机的大脑是如何变得有意识的，因此我们没有找到 C* 或是了解机器能否拥有意识的希望。

另外一些人没有那么悲观。英国 AI 研究者 Aaron Sloman 和 Ron Chrisley（2003，p.140）在探索机器意识的研究中没有被"我们还不具备必要的概念来理解意识问题是什么"的事实吓倒。人工意识最有力的支持者之一就是戴维·查默斯，他反对中文屋及其他反对计算主义的论点。即便他是某种二元论者，他还是宣称，任何具有某种正确种类的功能组织的系统都会是有意识的。他认为"实施正确的计算不仅对意识是足够的，对类似我们自己一样的丰富意识体验也是足够的"（Chalmers，1996，p.315）。他没有继续说明"正确的计算"是什么，但他已经捍卫了一条作为人工智能基础的广泛的计算观点，宣称在其之内，"心理的因果结构得到了复制"（1993/2011）。由此，查默斯建议我们尝试找到 X，作为一种前行的方式。

我们该怎么做到呢？一种方法是，为意识机器理出一个标准清单：一个可能的 X 的清单。哲学家 Susan Stuart（2007）提出"参与具身的、目标导向的活力、感知和想象"，以及综合经验并将其视为自身经验的能力，并强调了动觉和认知想象力的重要性。

AI 研究者 Igor Aleksander 将现象学视为"一种感性世界中的自我意识"，并从他自己的内省开始，将其分解为五个关键组成部分或公理（Aleksander and Morton，2007）。他随后将哲学用作意识机器的标准（Aleksander，2007）。它们是：

1. 人在"外面的"世界里的感知
2. 对以往和虚构事件的想象
3. 内部和外部注意
4. 意志与计划
5. 情绪

在此基础上，Aleksander 开发了一个抽象架构，称为内核架构（kernel architecture，KA），将五个标准合而为一。一个关键的机制是描写：有关世界的元素处于何方的直接表达，可以使注意得到适当的引导（图 12.12）。如

Aleksander 和 Morton 所指出的，已经知道人脑中有许多细胞在从事这样的工作。重要的是，内核架构也包括了自我在其世界中的描写。Aleksander 总结说，一个机器人也许可以被说成有意识的，如果它具备了内核架构，或者以某种方式成功地对其自我和世界双双建立了模型。他补充说，依照他的模型，高阶思维理论最终与我们关注架构里那些能够允许其发生的部分并将它们的活动翻译为语言的能力有关。

在那些从基本原理入手的人中，就有英国物理学家 John Taylor 以注意为基础的 CODAM 模型，将人类注意的原则视为建造带有自我感觉的意识机器的切入点。

有一种不一样的方法是从现有的意识

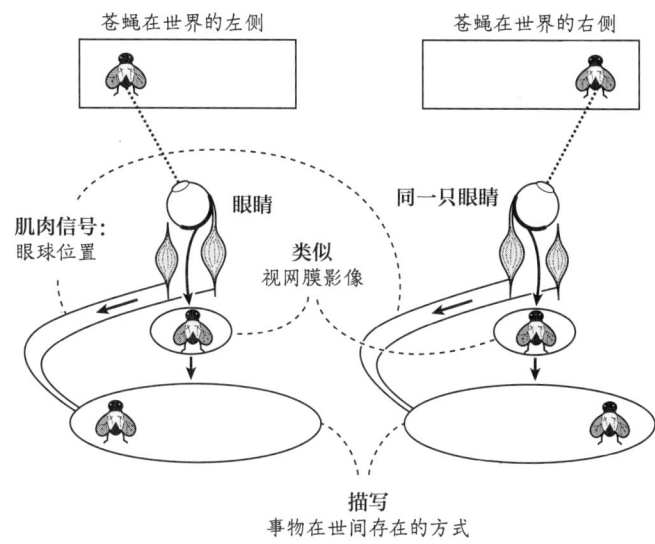

图 12.12 一个描写过程的例子涉及肌肉动作。描写出现在一个区域里，在那里，视网膜影像被表示眼部位置的肌肉信号所"定位"（after Aleksander, 2005, p.39）

理论着手，来建造实施这些理论的机器。例如，按照全脑工作空间理论，意识的内容就是一切在全脑工作空间中被加工的东西。全脑工作空间本身是一个内部相互连接的大型神经元网络，它的内容是有意识的，实现方式是一个事实，即它们可以在全脑范围内被系统的其他部分所用，后者是无意识的。按照这些理论，"X"就是全脑可取用性。由此推测，如果一台机器设计有全脑工作空间，而且它的内容可以供给系统的其余部分使用，这台机器就应该是有意识的。

美国数学家 Stan Franklin（2003）制造了一个软件代理，称为分布式智能代理（intelligent distribution agent，IDA）。它是为美国海军开发的，目的是帮助解决将数以千计的海员分配到不同的工作岗位上的问题。为了完成任务，她必须与海员们通过电子邮件以自然的语言进行交流，还要满足无数的海军政策和工作要求。IDA 建立在全脑工作空间架构的基础上，她的众多无意识加工联盟想方设法地进入全脑空间，由此广播信息以招募其他处理器，来协助解决当前的问题。Franklin 从她实施了诸多全脑工作空间理论的意义出发，将 IDA 描述为在功能上有意识，但在现象上无意识或者没有自我意识，虽然他认为按照 Damasio 的自我原型概念建造一种简单的自我应该是很容易做到的。

IDA 自那以后又被进一步开发为学习型分布式智能代理（Leaning IDA，LIDA），能够进行感知性的、情节性的和程序性的学习（Franklin and Patterson,

小传 12.3

欧文·霍兰德（Owen Holland，1947 年生）

欧文·霍兰德以其机器意识和制造深受生物学启发的机器人方面的工作最为出名，但他其实是从 1988 年起才开始将机器人技术当作一种爱好的。在那之前，他已经担任过生产工程师、造船工人、运输经理、保险销售员以及一间牛排馆的厨师。他在苏格兰奥克尼租过 8 年小牧场，在那里盖了房子，饲养奶牛、山羊和鸡，种植燕麦、制备饲草。作为折中，他也曾在英格兰、苏格兰、德国、瑞士和美国的大学里担任过心理学、电气工程、计算机科学和认知机器人技术方面的学术职位。他在加州理工学院主持过两个机器人项目，在布里斯托的西英格兰大学帮助建立了机器人实验室。霍兰德使用深受生物学启发的机器人 CRONOS 来询问，根据各种意识理论，它能不能具有现象意识？CRONOS 自那以后被开发成拟人的 ECCE 机器人，它拥有类似人类的结构，可能会产生类人认知。他现在是萨塞克斯大学萨克勒意识科学中心的认知机器人技术名誉教授。

2006）。Baars 和 Franklin 认为，意识的功能是由可调节的生物算法产生的，而"机器意识也可以经由运行在机器中的类似可调节算法产生"（Baars and Franklin，2009，p.23）。既然 IDA 执行了全脑工作空间理论的诸多功能，他们总结，它可能具有"功能性意识"。他们还提出，它有一天可能获得现象意识，方法是引入一个机制，可以产生感知稳定性，或者能在 LIDA 控制的机器人中实施不同的自我概念（Baars and Franklin，2009）。

注意，IDA 和 LIDA 都是软件性的代理，因而跟内核架构一样，不会永久性地绑定任何特定的实体机器，这就带来了一个问题：我们认为可能有意识的到底是什么东西？复杂而庞大的软件，或是没有任何物质实体的虚拟机器，会有意识吗？体验的主体会不会只是自我的表征，而不是人（或蝙蝠、或章鱼）呢？如果是这样，那么生活于网络空间之中、由不同地点的多个机器供养的有意识的实体也许已经存在了。仔细想想，我们宣称自己有意识的时候是指我们的身体、大脑、内在自我，还是完全不同的其他东西？这是另一个有趣的难解之谜，也许意识的机器建模能够稍释其惑。

一个强具身的例子就是欧文·霍兰德的 CRONOS，一台拟人的上体机器人，它的设计中包括了自我和世界的内部模型（Holland，2007；Holland, Knight, and Newcombe，2007）。内部模型的概念开始于 60 多年前，当时 Craik 提出，智能有机物可能需要外部现实及自身可能行动的小规模模型。在很长一段时间里，霍兰德都反对这一概念，并且开发了没有内部模型的纯行为基础的机器人；但他后来在创造 CRONOS 以及它的继任者 ECCE 时回到了这个原则上。CRONOS（图 12.13）具有类似人体的弹性肌肉和肌腱，以及类骨质的骨架，使用一架单色相机充当眼球，细长的脖子让它方便查看物体，还有复杂的可活动手臂。它通过转动眼球四处观察并与物体互动来为周围世界建立模型，并使用一个有关自己身体和能力的模型来规划可能的行动。但它不跟人类互动，没有语言或者情绪。

这跟意识有什么关系呢？机器人有自我的模型——内部代理模型（internal agent model，IAM）——以及世界的模型——内部世界模型（internal world model，IWM）；它使用这两个模型来行动，并追踪自己的身体和周边的变化（图12.14）。这些内部仿真构成了它的创造者们所谓的"功能性想象"的基础：并非直接可为感官所用的操控信息的能力（Marques and Holland，2009）。这些模型可能不完全详细和准确，但它们是机器人唯一已知的自我和世界。"除非它以某种方式获得了那只是一个模型的信息，IAM的运行将显现得如同它就是代理本身"（Holland，2007，p.10）。批判地讲，这意味着IAM在Metzinger（2003，2009）描述他的现象式自我模型时所使用的意义上就会是透明的：机器人所依靠的模型没有包括它是一个模型的事实。这个模型将在某种意义上把自己描述为一个具身的代理——就跟我们会做的那样。

"工程学将从纯粹的复杂人造物品设计，向着主体设计迈进。"
（Chella and Manzotti，2007，p.11）

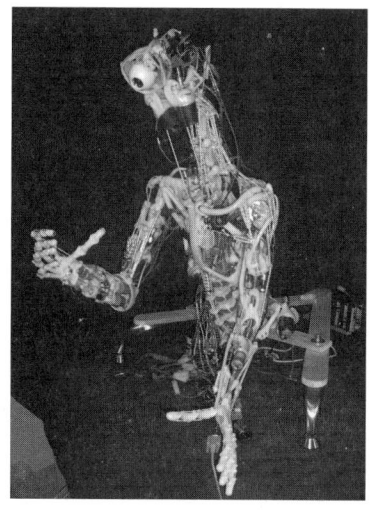

图12.13 CRONOS是一台强具身拟人上体机器人，有类似人类的弹性肌肉和肌腱，以及类似骨质的骨架。

脑子里的仪表，Szpindel曾经那样称呼过它们。但那里还有别的东西。有一个世界的模型，我们根本就不往外看；我们的意识自我只会观察我们脑子里的仿真模型，一种对现实的解读永不停歇地被感官的输入刷新。如果那些感官都黑了，而模型——被某种伤害或是肿瘤搞得失去了平衡——不能刷新了，会发生什么情况呢？我们会盯着那过时的输入看多久，不断循环和揣摩同样的老旧数据，重复着那种绝望的、全然真诚否认的潜意识行为？要过多久我们才会明白，我们所看到的世界，再也不能反映我们所居住的世界了，我们已经瞎了。

——彼得·沃茨（Peter Watts）
《盲视》（Blindsight，2006，p.193）

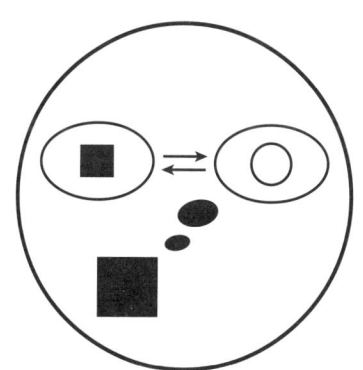

图12.14 大方块代表代理，大圆圈代表世界。思维泡泡代表代理的自我和世界模型，它们是分开的，但会发生互动以给出针对可能采取的行动的效果的有功用的预测（after Holland，2007）。

理论引导的机器人技术另外的例子可能包括了朱利奥·托诺尼（Giulio Tononi，2015）的整合信息理论（如果你以增加Φ值的方式为机器创建了整合信息，相应程度的意识就会随之而来），或者迈克尔·格拉齐亚诺的注意图式理论（如果一个系统能为自己的注意建模，它就可以宣布拥有了意识）（Webb and Graziano，2015）。

按照量子理论，这些执行过程没有一个会产生真正的意识，因为那需要量子过程。例如，在彭罗斯与哈梅罗夫的版本中，意识产生于微管的量子黏着态,所以你需要建造一台可以取得这种跨越其系统的整合度的量子计算机。之后你可能会得出结论,那就是真正的意识。

但这几种理论没有一个能够避开本节开始时提到的两个大问题。首先,我们不知道意识是什么。这些理论中的每一个(还有许多其他的)都说了些关于意识是什么或者它从何而来的事情,但就算建造出了合适的机器,批评者们仍然会争辩说这个特定的理论错了,因此机器根本就没有意识。其次,我们没有验证机器是否有意识的测试,因此就算这样一台机器宣称其有意识并且通过了图灵测试,我们也不能说服怀疑论者相信它真的有意识,即便我们可能会从机器那里学到很多东西。

迷惑的机器

有一个全然不同的思考 X 的方法。也许意识不是它看上去的那个样子,而我们对意识的本质有某种根本性的迷惑不解。按照这种观点,我们可能相信自己是有意识的观察者,体验到有一条连续的内容流通过我们有意识的头脑,但我们错了,因为没有笛卡尔剧院,没有观众,没有"真正的现象学",也就没有连续的意识体验流(Dennett, 1991;Blackmore, 2002, 2012)。我们人类当然似乎是有意识的,但那需要解释,而正确的解释就是那个能说明我们为什么会有这种特别错觉的解释。这意味着一台机器,只有当它受到同样的错觉影响时,才会拥有类似人类的意识。任务就变成了理解错觉是从何而来的,从而设计出一台同样令人迷惑不解的机器。

一个可能的例子是 Sloman 和 Chrisley(2003)的 CogAff 架构(见图 12.15),它是作为同时对自然和人工信息加工系统进行思考的平台而开发的,并以头脑就是信息加工的虚拟机的内隐理论为基础。他们提出了"虚拟机器功能主义(virtual machine functionalism, VMF)",这个理论规避了其他形式功能主义的某些问题,方法是包含了无须与其输入—输出关系紧密相连的虚拟机的内部过程。

CogAff 架构可以用不同的方式搭建,比如可以有一个"多窗口"感知与行动系统,而不必限定通过其内部的路径,从而实现"窥视孔"式的感知与行动。或者它可以使用包含了协商性推理(假设)层以

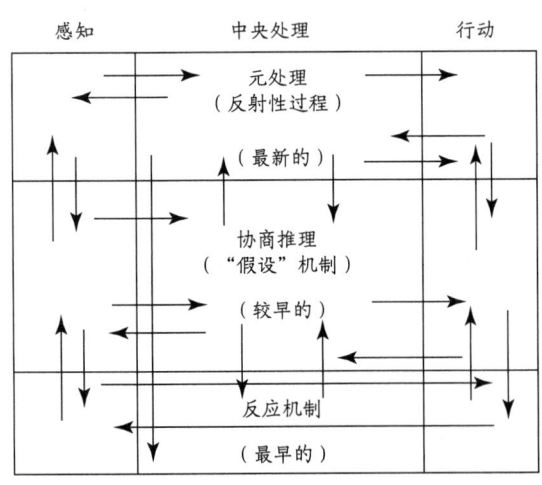

图 12.15 CogAff 概要图:叠加塔与层级(Sloman and Chrisley, 2003, p.163)。

及反应层的包容架构。关键是，它还可以包含一个元管理层，让它关注自身内部功能的方方面面。

但是，"感受质——事物在我们看来那种私密而不可言表的样子"又该怎么办呢？Sloman 和 Chrisley（2003，p.165）想要"通过解释讨论感受质时所发现的那种哲学思考的现象，来对感受质做出解释"。他们的虚拟机包括了对自身内部状态进行分类的过程。不像描述共同体验到词语（比如看见世间的"红色"），这些过程指的是内部状态或者一台虚拟机与另一台虚拟机之间无法严格比较的概念，就如同感受质一般。如果有人抗议说"遗漏了什么东西"——那种不可定义的特质、那种作为什么的感觉，或者僵尸所缺乏的东西——他们回答是人们以这样的方式思考本身就是需要解释的一部分，而他们的方法正好可以做到。

将这种思维方式扩展开来，错觉的另外一个贡献者就是语言。例如，自我就被描述成一种语言建构，一个"叙事引力的中心"，一种在使用语言的生物中涌现出来的"良性用户错觉"，或者由模因建构、为模因复制而生的"自我复合体"（第五章和第十一章）。此处的含义是，如果任何机器——或者任何的非人类动物——都能使用语言、能谈论"本我""自我"和"我的"，它就会上错觉的当，以为它在体验自我，也就跟我们一样有了意识。

会说话的机器

达尔文的祖父伊拉斯谟斯·达尔文在 1770 年左右建造了一台会说话的机器，会（仅仅会）说"妈妈"和"爸爸"。一位企业家愿意出资 1000 英镑，只要他能让它背诵主祷文和十诫，但他的钱没能花出去。自那以后，我们享受到了奇妙的说话机器的服务，可以播放录制的讲话、大声朗读印刷文字，或者把口头语言转为印刷文字。之后，计算机还会用一种完全听得懂的、有些烦人的声音告诉你，它们认为你犯了一个错误，希望你在可能的时候改正。然而，在这些机器之中，没有一个可以说是理解了它们所说的话。

早期教授机器语言的尝试使用了 GOFAI 方式，试图用正确的规则对计算机进行编程。但是自然语言在拒不接受任何规则挟制方面"臭名远扬"。这样的规则总会有各种例外，词语有无数种意思，而许多句子都语焉不详。一台机器的程序要来分析句子，来构建一个可能意义的树形结构，并选出最有可能的句子，但它可能会在你我理解起来毫无困难的句子上完全找不着北。斯蒂芬·平克（Pinker，1994，p.209）列出了一些例子：

Ingres enjoyed painting his models in the nude.（Ingres 喜欢画裸体的模特。）

My son has grown another foot.（我儿子长出了另一只脚。）

Visiting relatives can be boring.（走亲戚可真无聊。）

I saw the man with the binoculars.（我看见了拿望远镜的男子。）

最有名的例子，是一台早期的计算机分析仪在20世纪60年代遇到的。计算机对那句有名的谚语"时间飞逝如箭"，给出了不少于5种可能的意思，由此诞生了那句格言："时间飞逝如箭；水果飞翔如香蕉"。

如此分析语言的机器如同塞尔身处他的中文屋之中，只会来回翻弄符号。神经网络和联结主义的到来改善了一切。例如，早期的神经网路比较容易就学会了如何正确读出书面的语句，而无须为其编写程序告知它怎样做，就算一个词语的正确读音经常取决于背景。即便如此，它们还不算是真能说话了，或者理解了真实的语言。

真正的转变随着一个近似进化理论和模因论的方式而出现了。模因论的一个基本原则是，当有机物能够彼此开始模仿时，一个新的进化过程就开始了。模因通过人与人之间的复制被传递，彼此竞争以得到复制和选择，并因此进化。这暗示了一种可能令人惊讶的影响，一旦出现模仿（不管在人类还是非人类动物或人造模因机器之中），语言就有可能通过想要得到复制的声音之间的竞争而自发地出现（Blackmore，1999）。

计算机仿真与机器人研究都有证据来证实这一点。例如，布鲁塞尔自由大学的一位计算机科学家 Luc Steels（2000）造出了"说话的脑袋"（见图12.16）：能够发出声音的机器人探测彼此的声音，并且进行模仿。它们有简单的视觉和分类系统，可以在观看景色，包括有颜色的形状和物体时，追踪彼此的凝视。通过在观看同样的事物时彼此模仿，它们发展出了一套声音词典，代表它们观看的形状，而不论正在监听的人类能不能理解它们的词语。

开发语法被证明难得多，但 Steels 意识到发言者可以在说话之前或者沟通失败之后，将自己的语言理

图12.16 "说话的脑袋"就是在观看同样的物体时能模仿彼此声音的机器人。从这种互动中，同时涌现出词语和意义。人类的语言也会是这样涌现出来的吗？机器人使用有意义的声音，这其中是否隐含了意识呢？

解系统应用到自己的发言当中，这个时候，突破就出现了。

这需要可重入映射（re-entrant mapping），其中语音生成的输出作为理解的内部输入信息流。Steels（2003）辩称，这不仅与人脑中的可重入系统是匹配的，而且解释了为什么我们会有如此持续不断的内在声音一直在跟自己聊天。他认为，这种"内在声音"促成了我们的自我模型，还是我们意识体验的一部分。

那么模仿式机器人或是人工模因机器能不能凭借"我""自我"和"我的"这样的词语，发明自我参照呢？如果能，就会形成一个叙事引力的中心（Dennett，1991），而机器也将变得迷惑，开始认为它们是可以进行体验的自我。类似的，它们所复制的模因可能会通过与"本我""自我"和"我的"等词相联系而获得复制优势，因此一个自我形象就会形成，拥有信念、意见、欲望和激情，这一切都归因于一个不存在的内在自我。

这种方式表明，能够进行模仿的机器将会与所有其他机器有质的不同，如同人类有别于多数其他物种。它们不仅仅有语言能力，它们的模仿能力还将开启一个新的进化过程——一种新的机器文化。早期针对非常简单的模仿机器人的研究已经探索了机器人社会出现的人工文化（Winfield and Griffiths，2010）。未来的一个问题将会是，我们和新的仿真机器人是会共享一种扩展文化，还是它们将以我们无法追随的方式进行模仿？无论是哪一种，它们都会以与我们相同的原因拥有意识：因为它们构建了一个有关自我的错误观念——作为体验意识流的主体。它们将会变成迷惑的机器，相信存在某种作为它们的感觉。

我确信它喜欢我

当电子宠物蛋在 20 世纪 90 年代中期进入游戏市场时，全世界的少年儿童都开始关心这种描画在轻巧的手持塑料盒子上窄小的低分辨率屏幕中的、没头没脑的虚拟小动物。这些年轻的看护者们会花大把时间给他们的虚拟宠物"洗澡"和"喂食"，并在它们"死去"时痛哭流涕。很快，这种疯狂劲就过去了。宠物蛋模因利用了儿童的关怀天性，但随即就销声匿迹了。这可能是因为目标主体们很快就对这种简单的玩意儿习以为常了。前不久，人们同样对用智能电话找到能在真实环境中四处流窜的 3D 动物并与之展开打斗乐此不疲，还有玩家在搜寻"宝可梦 Go"游戏中的生物时跌落悬崖、窜入从前的集中营。

我们人类，仿佛仅仅凭借最为脆弱的托词就能对别人、动物、玩具机器和

"模仿人类的机器人会跟我们一样，获得一种拥有自我和意识的错觉。"

（Blackmore，2003，p.19）

"我们这些行为和认知科学家，都被训练得视人格化为蛊惑的恶魔，是要对着它大撒客观主义的蒜粒的。"

（Reber，2016，p.3）

数字实体，生出一厢情愿的立场。这种将心理状态归因于其他系统的策略对于理解或与它们进行适当的互动是有价值的，但并不能准确地指导其他系统如何真正工作。比如，想想循墙机器人，它们的有用行为来自两个传感器和某种内在偏差。或者想想能将冰球收成一堆的同样简单的机器人。它们四处转悠，前方带着一个铲子状的收集器，要么把任何碰到的冰球抄起来，要么在收集得太多的时候把它们扔掉。结果，经过一段时间，冰球就全部收齐了。观察者很容易假设机器人就是在"尝试"收集冰球。而实际上，机器人没有目标、没有计划，成功时没有觉知，也根本没有任何内部表征。

这应该提醒我们，我们的意向性归因是不可靠的。对一台机器正试图完成一个目标的强烈印象，并不能成为它就是如此的保证。也许在对人和机器进行思考的时候，也应该用同样的逻辑。如 Brooks（2002，p.175）所言，"我们，我们所有人，都过于将人类人格化了，毕竟他们只不过都是一堆机器"。

> "我们，我们所有人，都过于将人类人格化了，毕竟他们都只是一堆机器。"
> （Brooks，2002，p.175）

意向性立场就是将信念归因于一个理智的代理，而我们无时无刻不在秉持这种立场。我们可能不太愿意秉持"现象立场"，将完全的主观性（包括意识和情感）归因于他人（Metzinger，1995b；Robbins and Jack，2006）。然而我们会对卡通角色和爱情感到悲哀，会珍视我们的洋娃娃、泰迪熊玩具甚至是我们的汽车，会在不小心踩到虫子时惊恐地低头查看。如果我们被问及是否真的相信米老鼠、我们心爱的玩具或者蚂蚁和地鳖虫拥有主观体验，我们可能会重重地说一声"不"，然后在它们面前仍然表现得如同它们有一样。如此这般，我们将它物视为意向性、社交性和有感觉的生物的自然倾向，完全迷惑了人工意识的问题。

随着越来越多有趣的机器被制造出来，这种困惑有可能变得越来越深。在已经来到我们中间的机器人当中，有一些是专门设计来激发所遇到的人的社交行为的。Cog（概念 12.2）的设计者之一 Cynthia Breazeal，有一次在与 Cog 玩耍时被录了像。她在 Cog 面前晃动一块白板擦；Cog 伸出手来，碰到了板擦；Cynthia 再次晃动板擦。在观察者看来，Cynthia 和 Cog 好像是在游戏中轮流玩耍。

事实上，Cog 没有能力轮流做动作；在它的开发路线图上，这是一项多年之后才要开发的能力。看起来好像是 Breazeal 的自身行为诱发 Cog 产生了比所输入的指令更多的能力。这让她开始思考人类应该如何与机器进行社交互动。而为了找出更多答案，她又造了 Kismet（Breazeal，2001），一个像人类一样的脑袋，内置了某些简单的能力，是首批"社交机器人"之一（见图 12.17），也是最出名的一个。许多人表现得好像 Kismet 有生命的一样（见图 12.18）。他们表现得仿佛 Kismet 是有意识的。之后，类人社交机器人"Brian 2 号"已经被设计得能够通过一系列从人类的互动中挖掘的姿态和动作，做出带有感情的身体语言了（McColl and Nejat，2014）。机器脑袋 EMYS 是一个为人类创造机器伴侣的项目的一部分。它有一个大致是圆形的脑袋，由三个可移动圆盘组成，可以表现类似愤怒、恶心、悲伤和惊讶这样的基本情绪。在被调查过的 8—12 岁儿童中，有 30% 的人认为它有情绪，并在"大五"人格测验中给它打出了个性非常积极的分数（Kędzierski et al.，2013）。这些进展表明，人们多么容易推断非人类机器有意识，这证实了秉持意向性立场是何其容易。

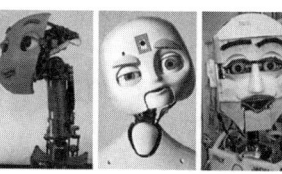

图 12.17　各种不同的社交机器人的脑袋（Kędzierski et al.，2013）。

图 12.18　Cynthia Breazeal 与社交机器人 Kismet。Kismet 有四部彩色摄像机，一套听觉系统，15 级自由控制的脸部运动，还有一套发声系统，能够带着个性和情绪质感地进行交流。

其他的社交机器人被设计用来研究人与机器人之间的互动和交际，以及探索商用用途。例如，iCat 是一台比较小的桌面猫形机器人，能玩像井字棋（画圆和叉）这样的游戏，并能假装不同的个性特征。aMuu 则是一台情感机器人专为探索未来家用机器人的可能性而设计；Proboscis 外形像大象，有脑袋和躯干，软软的，可以拥抱；KASPAR 是一台儿童大小的人形机器人，有可以动的脑袋、胳膊、手和脖以及硅胶做的假脸，专为研究手势、面部表情、与人类行为同步和模仿而设计。人们愉快地与这些机器人接触、交谈和玩游戏，将情感上具身化的反应带入一个通常被认为缺乏这些东西的领域（Stuart，2011）。的确，患有轻微阿尔茨海默病的老年人在面对一台叫作 Telenoid 的遥控机器人时，会比面对人类护工时更多地使用手势和身体接触（Kuwamura，Nishio，and Sato，2016）。这些机器人没有一台看起来与人相像，因此它们避免了那种因机器人而来的不适反应，就是人有时候为了寻求安慰会凑得太近。

你可能会急于得出明显的结论，是人类在这些互动中提供了所有真实的意义和唯一的意识来源。你可能会很有信心，iCat、Probo 和 KASPAR 与你的关系不会超过某些人所相信的猫和狗对他们的关心程度。你可能会很确定这些机器人不可能有意识，因为它们只不过是遵循一套简单程序的一大堆金属和织物，就像你可能很有信心说你盘子里的鱼不会有意识，因为它的神经架构不对。但停下来，看看我们和社交机器人之间有哪些相似性，很有必要。

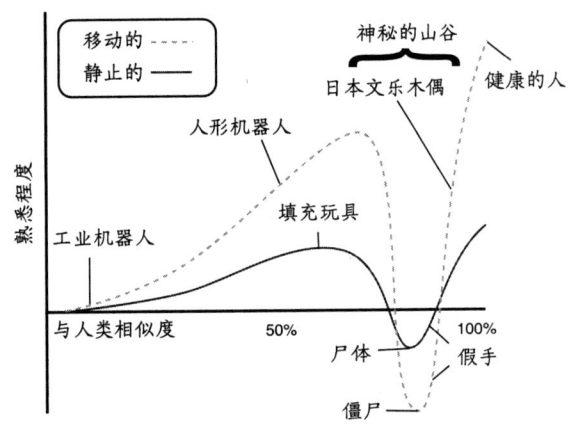

图 12.19 "神秘的山谷"是人们给这个假设的图中的倾角起的名字,这幅图用于绘制针对人工制品与人类相似性的情绪反应。最负面的反应出现在机器人或玩具"几乎跟人类一样"的时候。运动会让效果增强。

Brooks(2002,p.92)谈到 Kismet 时说:"没有任何地方可以把一切都汇聚在一起,也没有任何地方可以传播一切以供采取行动。"换言之,Kismet 没有笛卡尔剧院,但话说回来了,就像第四章里总结的,我们也没有。跟 Kismet 一样,人类具有一种包容架构。就是说,进化保留了行之有效的程序,抛弃了无效的,并在缺少整体计划的情况下,在偶然交互层中将新的程序堆砌于旧的之上。在科学家团队研究机器人时,这往往也是机器人改进的方式。

所有这些机器人都比我们简单得多,但是让我们来展望一下今天那些更具技巧的社交机器人,未来会有怎样怪诞而任性的继任者吧。想象"进化式情绪与现象智能意识机器人(conscious robot with evolved emotional and phenomenal intelligence,CREEPI)"还只是一堆金属四肢、马达和芯片,但是有柔软的类人皮肤,可以做出微妙的面部表情,眼睛可以流出湿润的泪水,伴随着有说服力的抽泣,会在对面前的人做出回应时由系统激活。想象 CREEPI 可以对人类展示的情感做出反应:人类笑,它就跟着笑,或者同情并安抚显得沮丧的人。想象 CREEPI 对他人的情感比多数人类还敏感。你现在又会怎么说?你还会很确定 CREEPI 只是一堆零件吗?还是你觉得它可能会是有意识的?

明确的回复是这样的。我们知道简单的系统会让我们误以为它们有计划、目标和信念,而其实它们并没有;而更为复杂的系统可以更加误导我们。因此我们不应该受到愚弄。我们应该得出结论,CREEPI 只是表现得好像它有意识,而它并不是真的有意识。

另一种答复是这样的。好像有意识和真的有意识之间没有分界线。能够同情他人并对他们的情感做出回应是我们所谓有意识的一部分。今天的社交机器人有一点点这种能力,而 CREEPI 的能力提升了很多。CREEPI 并非以我们的方式具有了意识,因为它是一部社交机器,没有其他能力,但在它有限的范畴内,它的意识像任何人的一样真实。确实,也许我们的复杂性误导我们去相信,意识只有在复杂性不断增长时才会增加。

哪一个才是正确的呢?我们又该怎样来确定呢?

# 阅读文献

Chalmers, D. (1996). Strong artificial intelligence. In D. Chalmers, *The conscious mind: In search of a fundamental theory* (pp.313-322). New York: Oxford University Press.

为强 AI 辩护而反驳反对意见，包括中文屋。

Dennett, D. C. (1998). The practical requirements for making a conscious robot. In D. C. Dennett, *Brainchildren: Essays on designing minds* (pp.151-170). London: Penguin.

丹尼特对 Cog 项目的参与反映在具身性、符号接地以及 AI 是否真能够关心任何事情上，或成为其自身内部状态的权威。

Harnad, S. (2007). Can a machine be conscious? How? *Journal of Consciousness Studies, 10*(45), 67-75.

这个问题与其他心智的问题有何联系，还有为什么图灵测试（由行为推断心理状态）才是我们回复两个问题的唯一答案。

Searle, J. (1980). Minds, brains, and programs. *Behavioral and Brain Sciences, 3*, 417-457. (Also reprinted in Hofstadter and Dennett, 1981, with commentary by Hofstadter, pp.353-382.)

塞尔关于中文屋的经典论文，以及对它的许多回复。

Sloman, A. and Chrisley, R. (2003). Virtual machines and consciousness. *Journal of Consciousness Studies, 10*(45), 133-172.

认为建造人工系统（比如 CogAff 架构）可对意识研究做出贡献，包括了有关感受质、僵尸、内省和进化的章节。

Turing, A. (1950). Computing machinery and intelligence. *Mind, 59*, 433-460. (Partially reprin ted with commentary in Hofstadter and Dennett, 1981.)

关于"机器能思考吗？"的问题的经典之作。

PART FIVE

第五部分

边缘地带

第十三章
意识的改变状态
CHAPTER

那时,我的头脑中被灌输了一个结论,而我对其真实性的印象从此不可动摇。那就是,我们正常的清醒意识,我们通常称为理智意识的,只不过是一种特殊类型的意识而已;而它的全貌,都被一层最纤薄的纱幕隔开,其中潜藏着完全不同的意识类型。我们可能穷尽一生也不会怀疑它们的存在;但只要应用了必要的刺激,只需轻轻一触,它们就会显出完整、确定的心理类型,也许在某些地方有其应用与适应的领域。对于完整宇宙的解释没有一个是最终的,这让其他类型的意识差不多完全被忽视了。问题是该如何来看待它们。

(James,1902,p.388)

> "我们正常的清醒意识……只不过是一种特殊类型的意识而已,而它的全貌,都被一层最纤薄的纱幕隔开,其中潜藏着完全不同的意识类型。"
>
> (James,1902,p.258)

这的确是一个问题,而本章要来思考某些"其他类型的意识"的本质,包括药物诱导状态、催眠、精神疾病和正念。

定义意识改变状态

詹姆斯的"其他类型的意识"现在被称为"意识改变状态（altered states of consciousness，ASC）"——一个看起来简单的概念，定义起来却难得要命。我喝醉了，因此感觉和行为都大为不同；我从抑郁中恢复了，真想不明白以前怎么会觉得生活那么无望；我坐在冥想垫子上，感觉会更平静。在所有这些例子中，某种东西明显变化了，但那是什么呢？一旦我们开始更深入地思考意识的改变状态，问题也就随之而来了。

我们是应该客观地还是主观地定义意识改变状态呢？先试试客观吧，我们也许可以按照它们产生的方式来定义，例如，通过精神改变药物、催眠或渐进式放松。然后，我们也许可以按照患者摄入的药物不同，为不同的药物诱导状态贴上不同的标签，比如有人因酒精而酩酊，有人因吸食大麻而飘飘然，有人因LSD而踉跄，或因摇头丸而迷幻或者激情勃发。但无数的问题让它无法令人满意。我们怎么知道你的体验与我类似呢？我们怎么知道两种不尽相同的药物引发了同样还是不一样的意识改变状态呢？而我们又该如何测量相似度，以便做出这样的判断呢？然后还有剂量的问题。一个人要吸入多少大麻，才能说他达到了飘飘然的意识改变状态？就算两个人经历了相似的状态，每个人需要的剂量也可能很不相同。我们也许可以按照一种特定的催眠程序来定义一种催眠状态，但是同样的程序也许对别的人就没有效果。通过它们被引发的方式来定义和归类意识改变状态，不能令人满意。

或许，更好的方法是以生理和行为的尺度来定义意识改变状态，例如基于心率、皮层耗氧量、走直线的能力或者情绪表述。这会有一个问题，那就是没有几种意识改变状态是与直接映射到体验当中的独特心理模式（一种睡眠的部分例外，第十五章）或者生理或行为的变化相关联的。随着方法的改进，我们也许可以找到一致的模式，这能够让我们根据那些测量值来定义这些状态。但那也可能显示出，极小的生理变化可以跟主观状态的巨大变化有关联，反之亦然；因此直接映射是不可能的。此时此刻，我们应该对通过生理现象来定义一种意识状态（state of consciousness）保持谨慎的态度。有一种失去意识改变状态本质的危险，那就是相关的人对它们是什么感觉。

另一种方法是主观地定义意识改变状态，尽管有时也会用到客观的定义（比如Revonsuo et al., 2009），这仍然是最为常见的策略。意识改变状态一词最早由美国生理学家 Charles Tart（1972a，p.1203）正式定义为"心理功能整体模式的质变，这使得体验者感到自己的意识与正常的运行方式完全不同"。一本早期的意识教材将意识改变状态描述为"主观体验总体模式的一种临时变化，可使一个人相信，他的心理功能与其正常清醒的心理状态大为不同"（Farthing，1992，p.205）。类似的定义贯穿生理学教材。一本畅销书说，"无论何时，只要发生了从普通的心理功能模式向一种让经历者感觉有所不同的状态的变化，意识改变状态就是存在的"（Nolen-Hoeksema et al.，2014，p.640）。

这样的定义抓住了意识改变状态的基本概念，但也引发了自身的问题。首先，它们将意识改变状态与正常的意识状态相比较，但什么才是正常状态呢？一个人的正常状态可以是睡眼惺忪地吃早饭，也可以是集中精力干工作；可以是独自放松地听音乐，也可以是跟朋友一起喝咖啡。按理说，"吃早饭时的意识状态"跟"与朋友一起喝咖啡"的意识状态之间的区别，就好比精神恍惚之于清醒。然而，多数人都会毫不犹豫地认同哪一个才是"正常的"。因此意识改变状态的主观定义取决于它们与正常状态的对比，但对于后者，我们也无法确定。

练习 13.1
这是我正常的意识状态吗？

每天尽可能多次问自己："这是我正常的意识状态吗？"在你做出回答的时候，你也许想问些别的问题。你是怎么确定的？它有什么正常之处？你处在哪一种状态，总是那么明显吗？如果是，为什么？如果不是，它向你透露了意识改变状态的什么情况？

另一个问题是主观定义的整体概念所固有的：它们也许能帮助我们做出自己的判断，判断我们是否处于一种意识改变状态之中，然而一旦我们想要告诉别人，从他们的角度看，我们的语言就变成客观行为了。同样，想想那些坚称自己感觉非常正常的醉鬼，或是第一次吸大麻、对着自己的手咯咯笑了10分钟却坚称药物毫无作用的人。在这些例子中，我们可能会认为，生理测量比语言适用得多。就算那人自述貌似是最好的测量方法，也会有问题，因为意识改变状态描述起来困难得要命，而不同的人有不同的先验体验、不同的预期和不同的描述事物的方式（见图13.1）。训练也许有帮助，但这会引发其他问题，比如，如何将受训探索者的体验与新手的体验进行比较。

你也许已经注意到了，徘徊在这些问题之中的是一个古老又熟悉的问题。

在人们的所作所为及其对它们的描述性语言之外，真的存在意识体验这样的事物吗？还是正像例如消除唯物主义者、身份论者和某些功能主义者所宣称的那样，意识本身就是这些行为和描述呢？如果这样的理论是正确的，我们就应该能够通过研究生理学效果和行为，来完全理解意识改变状态，也就不应该再留下什么未解之谜。然而，对许多人来说，这完全没有体现出他们的感受。他们进入一种意识改变状态，而一切都感觉如此不同。他们挣扎着要描述它，但不知怎么，语言总是不够用。他们知道自己体验到的东西，却无法将它们传达给别人。他们知道，自己的意识体验已经以其行为和语言所不能传达的方式改变了。他们是对的吗？

图 13.1 体验可能很神奇，但语言好像永远都无法表述清楚。

在意识改变状态中，有什么被改变了？

"在意识的改变状态里，有什么被改变了？"这是一个奇怪而有趣的问题。我们也许可以乐观地说，是"意识"变化了。如果是这样，那么研究什么被改变了，就应该显示出意识本身到底是什么。悲哀的是，我们目前所学过的每一件事都证明了这有多难。我们不知道怎样来衡量某种称为意识的事物的变化并保持其与感知、记忆或其他认知–情绪功能变化的独立，因此为了研究意识改变状态，我们必须从研究这些功能如何改变入手。

以上给出的所有定义还有将意识改变状态与正常状态的比较，都提到了一种"心理功能"的变化。那么它到底牵扯到了哪些类型的功能呢？

Farthing（1992）提供了一份清单：（1）注意；（2）感知；（3）想象和幻想；（4）体内语言；（5）记忆；（6）高阶思维过程；（7）意思和意义；（8）时间知觉；（9）情绪感受和表达；（10）觉醒；（11）自控；（12）建议；（13）身体意象；（14）个人身份感。不管以何种方式，这个清单都可能涵盖了所有心理功能，表明如果不能理解整个系统的变化，就无法完全理解意识改变状态。某些意识改变状态涉及所有这些功能的变化，而其他的仅涉及一两个，本章其余部分将遇到这些变化的许多例证。眼下，我们可能只需挑出意识改变状态中经常变化的三个主要因素：注意、记忆和觉醒。

注意可以在两个主要维度上变化：方向和焦点。首先，注意可以被导向"内部"或"外部"。例如，在白日梦中，感官输入被极大地忽略了，而注意被集中在思绪和意象之流上了。好的催眠对象可能会忽略他们周围的世界，并完全集中在催眠者所暗示的幻象之中。许多引发意识改变状态的方法都会操纵这个维度，要么是减少感官输入，就像在冥想或深度放松中；要么让其过载，就像在某些仪式实践中。其次，注意可以广泛地或是狭隘地聚焦。一个吸了大麻的人可能会仔细地关注地毯上的树叶图案，一直盯上好几分钟。注意的这种变化可能看起来会深刻地影响主观状态，但其效果并不能与感知、记忆和情绪相关联的变化清楚地分割开。例如，树叶图案可能看起来与正常的十分不同，具有了非凡的意义，带来了久违的童年回忆，并激起了深切的情绪，或是一阵阵的狂笑。

其次，记忆变化出现在许多意识改变状态当中，并与其对思想和情绪的效果有关。例如，许多改变精神的药物都会缩减记忆广度。如果你一句话还没说完就忘了要说什么，会对谈话产生了破坏性后果；但这也能生出更为集中的注意，关注此时此刻，甚至有一种自由的感觉。时间感觉像是变快、变慢或者完全改变了，这种效果长期以来被与记忆的变化关联在一起。例如，一个大夫在一个多世纪以前就试验过大麻，记录了许多效果，包括口干、漫无目的地闲逛、口齿不清、无忧无虑以及一种不可抗拒的想要笑出声来的倾向。对他来说，

> 最为奇特的效果是完全丧失了时间关联；时间好像不存在了。我不断地拿出表来，以为过了好几小时，结果却仅仅过了几分钟而已。我相信，这是因为完全失去了对当前事件的记忆所致。
>
> （Dunbar，1905，p.68）

第三个通用变量是觉醒。有一些冥想状态的特点就是觉醒度极低而放松度极深（Holmes，1987），更为激烈的做法可以降低当前的代谢率，只需要很少的食物和氧气。在这样的状态下，受过训练的瑜伽行者可以长时间一动不动，甚至可以一次被活埋数日，而我们大多数人在同样的条件下就会死掉。然而，学习冥想需要极大的心理努力，而在某些方法中，觉醒增加了而非减少了（Lumma，Koko，and Singer，2015）。在另一个极端上，意识改变状态的觉醒度最高，比如陷入宗教和仪式狂热，或者吸食苯丙胺后亢奋。觉醒度的变化可以影响心理功能的各个方面。

思考这三个变量，我们可以想象有一个三维空间，不同的意识改变状态都可以被放置其中；或者更现实一点，想象一个复杂的多维空间，在里面可以找

到所有可能的意识改变状态，即一个现象状态的空间（phenomenal state space）或现象空间（phenospace）（Metzinger，2009）。如果意识的诸多状态可以在这样的一个空间里得到精确映射，我们也许能理解各种状态之间如何关联、如何诱发每种状态，以及如何从一种状态转向另一种状态。但是，尽管经过了诸多尝试，这个任务并没那么容易完成。

映射意识状态

想象有一个巨大的多维空间（图13.2），一个人在这个空间里的当前状态通过数以百计甚至千计的变量加以定义。这样做实在太混乱了。为了让这项任务更容易管理，我们需要回答两个主要问题：第一，我们能不能对空间进行简化，只使用几个维度？如果可以，该使用哪几个维度？第二，分离的意识状态有多离散？它们有可能占据多维空间里的任何位置，还是可能的意识状态都彼此分离、隔着遥不可及的区域？

早期的心理生理学家就尝试过在多维空间里映射视觉和听觉，但首次试图对意识状态进行系统化映射的是 Tart（1975）。他描述了一个简单的二维空间：非理性以及产生幻觉的能力（见图13.3）。通过在空间里对人的定位，他想象只有三个主要的集群，对应做梦、清醒梦（第十五章）和普通意识状态。空间里的所有其他位置不可占据，或者不稳定。因此你可能会短暂地游离于清醒和做梦状态之间，但这个状态是不稳定的，很快就会变成另一种状态。为此原因，Tart 将被占据的区域称为"意识的离散状态"。要离开这样的区域，你得穿过一个不能稳定运行或拥有体验的"禁区"，直至到达一个离散的不同体验空间。换言之，你可以待在这里或那里，但没法待在中间地带。有多少这样的离散状态，我们不清楚：Tart 的

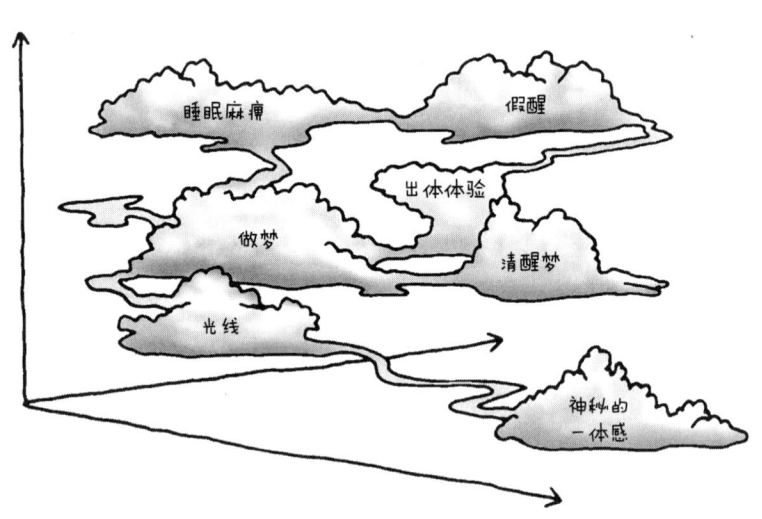

图13.2 很容易想象出意识改变状态在巨大的空间里连接在一起，但困难的是将这个想法变成一幅现实可用的映射图。不同的状态有多离散？它们之间的通道通向何处？有多少维度，而我们又需要用到多少维度才能做出一幅有效的映射图来呢？

简图只是一种有限且非正式的方法，开始把状态映射到空间里去。

第二种更为系统化的二维空间是由 Steven Laureys（2005）描述的。他描述的维度完全不同：觉醒度水平以及环境与自我知觉。觉醒度指的是生理清醒程度或者意识"水平"，依靠的是脑干觉醒系统。环境与自我知觉指的是意识的"内容"，需要的是一个功能上整合化的皮层，及其皮层下回路。图 13.4（彩）表明，多数状态水平和内容都是正向关联的。如 Laureys 所说，"你需要清醒才能觉知（快速眼动睡眠是一个明显的特例）"（Laureys，2009，p.58）。Laureys 讨论过的其他例外还有植物人状态、梦游和某些种类的癫痫，所有这些都涉及某些没有明显觉知的清醒。

AIM 模型是一个三维映射图（见图 13.5），由美国精神病理学家和睡眠研究者 Allan Hobson（1999）研发，根据它的维度命名。例如，激活能量（activation energy，A）类似于觉醒度，可通过 EEG 进行测量；输入来源（input sources，I）能在完全的"外部"或者完全的"内部"信息来源之间变化；模式（mode，M）则是胺类与胆碱之比。在清醒状态中，包括去甲肾上腺素和 5-羟色胺在内的胺类神经递质与神经调质占了主导地位，对于理性思维、意志和指向性注意至关重要。在快速眼动睡眠期间，乙酰胆碱占了上风，而思维会变得虚妄、不理智且没有反思性。这两者之比就是 Hobson 的模式。

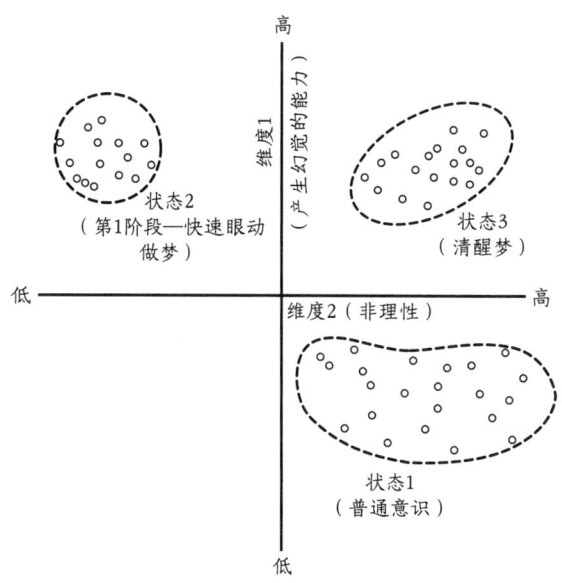

图 13.3 Tart 所绘制的二维空间——非理性以及产生幻觉的能力——里三种离散的意识改变状态简图（after Tart，1975，Fig. 5.1）。

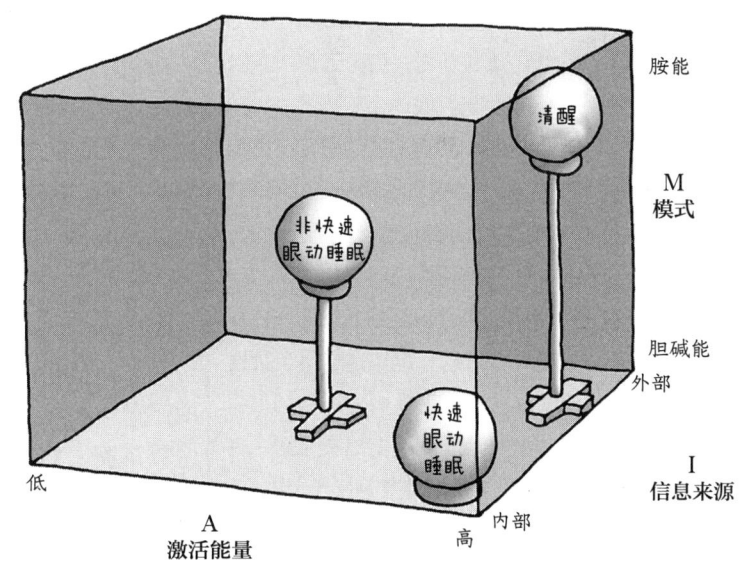

图 13.5 Hobson 的 AIM 模型，使用三个维度描述了"大脑-心智空间"：A 代表激活能量（从低到高），I 代表信息来源（从内部到外部），而 M 代表模式（从胆碱能到胺能）。意识状态可以使用来自行为和生理学研究的数据，被放到空间内。[参见图 15.3（彩）了解本模型更为详尽的版本。]

各种状态现在可以按照这三个维度进行测量，放入 Hobson 所谓的"大脑-心智空间"了。他强调说，这完全是一个人工模型，但依据的是特定的数据，还有对大脑-心智状态持续变化本质的认识。与 Tart 的早期模型不同，大脑-心智的任何状态都可以放置其中，而空间里的任何区域在理论上都是可以占据的。

其他的多维模型来自对巨大的意识状态空间特定角落的研究。一份针对 300 名瑜伽、佛教人士和超觉冥想者的"冥想深度"的调查，产生了另外三个维度：神秘体验（极乐接触更高的力量）、涅槃态（无思、灭尽定完全吸收）以及心与身的放松（减少紧张）(Ott, 2001)。其他精神实践者的映射从一维的进化类型（第十章）到更为复杂的空间都有，包括宇宙、自我、信念、因果报应和无意识这些难以定义的概念。

有一份关于意识改变状态的心理学和神经生物学评论（Vaitl et al., 2005）涵盖了自发体验状态、物理或心理手段刺激以及疾病引发刺激状态，由此产生了一个四维模型。四个维度分别是激活（从低到高的觉醒度）、觉知跨度（"可为注意和意识处理所用的内容"从窄到宽的范围，p.114）、自我意识（从减少到提高）以及感觉动态（简化为提高的感觉）。作者们将其展示的四维模型作为首发步骤，以创建他们所谓的"C 空间"，即意识状态空间。与 C 空间对应的是 B 空间，即大脑功能状态空间。挑战就是创建出两个空间之间的映射，不管它们是被理解为严格地一对一的映射，还是一对多或者多对多映射。无论是哪种情况，他们都认为，对于状态-空间方式，我们只应预期两个空间内的位置是"模糊不清"的（以有限的分辨率确定），意思就是最终的映射将始终是粗颗粒的和概率性的（p.119）。

这真是一个大挑战——要将意识改变状态的主观体验与我们对意识的生理学的了解合二为一。有些人在其一生中拥有范围异常广泛的体验。他们可能摄入过多种药物，长期修习冥想、瑜伽或太极，并使用过 TMS、感觉隔离舱，或者其他种类的"现象技术（phenotechnology）"〔这是托马斯·梅钦赫尔（Thomas

小传 13.1
托马斯·梅钦赫尔（Thomas Metzinger，1958 年生）

托马斯·梅钦赫尔自称无名之辈。作为一位德国哲学家以及美因茨约翰内斯古腾堡大学神经伦理学和理论哲学研究小组的主任，他宣称没有人曾经有过或做过自我。在《做个无名之辈》（*Being No One*）及其近作《自我隧道》（*The Ego Tunnel*）中，他提出我们成了持久性实体，需要的是真正连续运作的过程，这也是透明自我模型的内容。他体验并描写过许多"改变状态"，包括清醒梦、出体体验、冥想和药物诱发体验，并对我们快速发展的现象技术的道德意义十分关注。当我们可以选择自己想要访问哪些现象空间领域，或者可以服用特别定制的化学品来增强认知技能时，我们就需要为其后果承担责任。因而，他大部分的研究工作都集中在神经伦理学的新领域。梅钦赫尔是意识科学研究协会的联合创始人，主编过关于意识体验和意识的神经关联的书籍。

Metzinger）对它们的称谓］。通过这些方法，他们可能对如何从一个状态向另一个状态转化，如何保持或离开一个特定状态，以及每种状态该如何利用有了良好的个人理解，但这种理解还没有被系统性地纳入学术研究。

我们可以想象这样的未来，那时我们已经彻底理解了现象空间的本质以及各种让我们可在其中游走的技术。梅钦赫尔宣称，有了这种知识，我们在原则上就能通过摆弄支持它们的硬件来设计我们自己的自我隧道（我们归因于自己的意识体验）了。

> 不管所期望的现象内容是宗教敬畏、不可言喻的神圣感、肉桂的味道，还是一种特殊的性唤起，这都不重要。你最喜欢哪一个现象空间区域？您想要订购哪些有意识的体验？
>
> （Metzinger，2009，pp.220-221）

"你最喜欢哪一个现象空间区域？"
（Metzinger，2009，p.221）

虽然我们离深度理解还有很长的路要走，但我们的现象技术正在快速进步，伦理和政治后果也会随之而来。这些既关系到意识被改变了的个人，也关系到社会，需要决定是否应将任何技术或现象空间领域划为非法？倘若如此，该如何来强化这种限制。

许多流程都可以被用来探索现象空间的远景，而某些生命体验会将我们拉得离它们更近，不管我们想还是不想。第十五章将探索自发出现的"改变状态"，像做梦和出体体验。下面则要探讨改变精神的药物（一种化学触发器）、冥想和催眠（心理路径），以及心理疾病（病理原因）。

药物诱导状态

精神药物就是可以影响心理功能或意识的药物。在每个社会中都可以发现它们，而人类似乎对服用它们有天然的胃口（Weil，1998）。它们都是通过改变内源性神经递质或神经调质的作用而发挥效用的。例如，它们可以通过模仿来增加一种神经递质的作用，刺激它的释放或阻断其再摄取，以延长它的效果（见图13.6）；或者也可以通过抑制释放或阻断其在突触后膜中的接收来降低它的效用。精神药物的效用范围之所以如此戏剧性的广泛，一个原因就是，即便是某一种神经递质，也可以活跃在大脑的许多区域。了解了药物的作用模式，理解了它所影响的系统，我们在原则上就能准确理解为什么每种药物能够发挥

"数千年来，来自各个文化的人都曾经服用精神活性物质来诱发特别的意识状态。"
（Metzinger，2009，p.230）

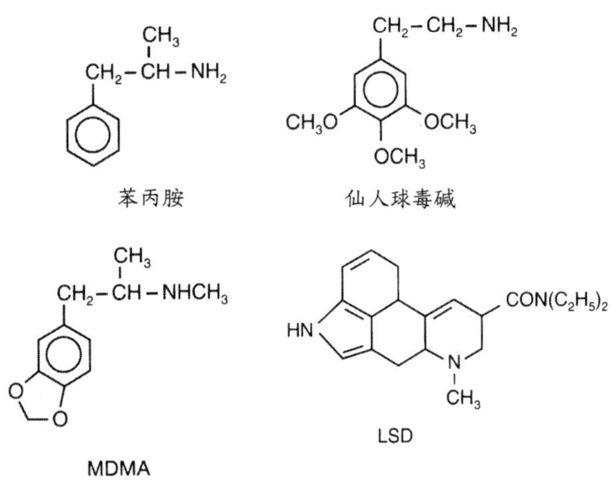

图 13.6 部分著名的精神药物的化学结构式。许多这样的药物代表了神经递质的结构。

其效用。

精神药物可以大体上划分为几大类。它们都能对大脑和体验产生影响（Pace-Schott and Hobson，2007）。这里详细讨论几种来自不同类别、对意识作用最为深切的药物。

兴奋剂

许多改制药物都与苯丙胺有关，也许最有名的就是二亚甲基双氧苯丙胺（3,4-methylenedioxy methamphetamine），简称 MDMA，也就是我们所说的摇头丸。MDMA 对大脑有三大作用：抑制血清素再摄取、诱导血清素以及释放多巴胺。血清素的主要作用是调整情绪和睡眠，多巴胺有助于协调奖励驱动行为以及对自我、他人和环境的解释性回应。所以，MDMA 具有类苯丙胺和致幻的混合效果就毫不奇怪了，包括增加能量、增强触觉与其他感觉以及产生爱与同情的感觉，为此它有时候被称为"移情类药物"（Holland，2001；Saunders，1993）。其效果和许多其他精神药物一样，高度依赖于服用的条件设定。在聚会和俱乐部里，增加的能量可以让人很容易通宵达旦地跳舞，音乐和灯光的轰击也加强了效果；但 MDMA 也可用来提升性和亲密感，或者解决个人问题。若一个人独处时服用，特别是身处群山或海洋环绕的优美环境之中时，MDMA 可以引发与宇宙的深切统一感，以及对一切生物的热爱，而某些狂欢场面则被身处其中的人们认为是灵性事件（Saunders，Saunders，and Pauli，2000）。

像许多苯丙胺衍生物一样，MDMA 可以增强耐力，容易上瘾。有一些证据表明，即使少量服用，长期也会对血清系统造成损害，虽然大脑也许能通过回避机制得以恢复，而我们对它的长期效果并不完全知晓（Holland，2001）。George Ricaurte 发表于 2002 年的一项著名的研究声称，已经证实了它的神经毒性，但当被发现使用的是甲基苯丙胺而不是 MDMA 时，该研究成果被迫撤回了。

为探索意识改变状态或精神目的而摄入 MDMA 的人倾向于不定期服用它，或将它与别的药物混合，也许因此不太会遭受与过量服用和滥用相关的损害。有关 MDMA 应用于治疗情境的研究，提出了非常有希望的结果，像创伤后应激障碍症和社交恐惧症这样的病情（Metzner and Adamson，2001；Bouso et al.，2008；Mithoefer et al.，2013；Danforth et al.，2016）。

麻醉剂

多数麻醉剂产生不了有趣的意识改变状态，实际上，它们也不是为此目的设计的。然而，有些麻醉性气体和溶剂，比如醚类、氯仿和氧化亚氮，能引发比较深度的意识改变状态。

当威廉·詹姆斯通过那层透明的幕布，进入另一种意识形态之中时，他是吸入了混有氧化亚氮的空气，这种气体最初是由 Humphrey Davy 爵士在布里斯托的一个医学研究机构气动学院分离出来的。这种令人愉悦的效果很快令该气体被称为"笑气"，并被用于高级聚会的娱乐活动。为同样的原因，人们现在用氧化亚氮来填充气球，并吸入它来获得短暂而满足的快感。它的止疼效果导致它在牙科和手术中被用作早期的麻醉剂，但它现在最常以"氮混空气"的形式用于分娩时的疼痛缓解。

Davy 勇敢地亲自吸入了多种气体来进行实验，他在 1799 年 4 月 11 日吸入了第一口氧化亚氮。他描述了一种立即出现的刺激感，每一条肢体都很愉悦，视觉和听觉都增强了；他变得极为激动，在实验室里喊个不停、跳来跳去（Jay，2009）。他失去了对外界事物的关注，进入了一个充满想法、理论和想象的新世界。恢复正常的时候，他宣称"只有思绪，别无他物"。

这听起来与 Tart 在将不同的意识状态描述为逻辑不同或涉及不同观察世界的方式时的所思所想很相像，这将他引向了"特定意识状态科学"概念（参见概念 13.1）。听起来，Davy 仿佛变成了一位哲学理想主义者；而他的知识信念在这一意识改变状态中也不一样。一个世纪之后，另一位麻醉探索者在吸入混合了醚类的空气后说道：

> 然后我突然明白了，唯一符合逻辑的立场就是主观唯心主义，因此我的体验一定就是真实的。然后我逐渐意识到，我就是那个唯一，而那个以我为主宰的宇宙正在自我平衡，达成圆满。
> （Dunbar，1905，pp.73-74）

詹姆斯称氧化亚氮可以刺激生成一种人工的神秘意识，其中显示出了"真理的深不可测"，然后在药物失效后烟消云散，通常只留下一堆胡言乱语。然

"仿佛世界的对立面，它们的矛盾和冲突导致了我们所有的困难与祸患，全都融为一体了。"

（James，1902，p.388）

概念 13.1

特定意识状态的科学

Charles Tart（1972a）提出要创建"特定意识状态的科学（state-specific science, SSS）"，将意识状态类比为科学范式。范式是通用科学框架，正常的科学在框架内运行，其所做假设通常不受质疑，直到异常过多，出现科学的解决方法或者范式转换，导致新范式产生（Kuhn, 1962）。在范式之内，存在一种特定的自我一致逻辑，特定的规则是理所当然的，而所有的数据均在规则内解读。在不同的范式里，有不同的适用规则。

Tart 说，意识状态也是这样。它们也涉及规则和以自我一致的方式看待事物，但与其他意识状态所适用的不同，因而不同的状态可能需要不同种类的科学。应在相应的意识状态之中开展研究，并在人群中互相沟通结果。这将需要具备高度熟练技巧的研究者，他们能够获取特定状态、认同他们获得了那些状态并彼此配合工作。他们随后可能需要调查任何自然现象，但他们调查的方法和结果只对也在那种状态之中工作的人有意义。

没有出版过这样明确的 SSS 研究结果，尽管可能有一些科学家正在研究 SSS 并彼此交流意识改变状态相关信息，但没有公开展示过。比如，Tart（2015）就报告说，某些数学家就可能会依赖意识改变状态来进行创造性运算，以及理解他人的研究工作。毫无疑问，许多科学突破都是由那些在意识改变状态下以不同方式看待问题，然后把这种洞察带回正常的意识状态中，才得以实现的，但这只是行百里者半九十。无论如何，这个提议都很有趣，因为它对"正常"状态是科学或其他研究得以进行的唯一或最佳状态这一一般假设提出了质疑。

而其意义感和洞见性依然留存，而那些洞见曾被用来与禅宗智慧相比较（Austin, 2006）。詹姆斯说，那有一种和解的体验：一种一元论而非二元论的洞见，"仿佛世界的对立面，它们的矛盾和冲突导致了我们所有的困难和祸患，全都融为一体"（James, 1902, p.388）。如詹姆斯所说，问题是如何看待这些洞见。

氯胺酮是一种解离性麻醉剂，但它很少用于人类麻醉，因为它能引发精神分裂症状和噩梦，而且可能导致长期损害（C. Morgan and Curran, 2011）。它的主要作用是作为一种 NMDA 拮抗剂，但也有抑制血清素、多巴胺和去甲肾上腺素的再摄取等功效。氯胺酮能影响注意，破坏对注意的有意引导，而不是从外部吸引注意（Fuchs et al., 2015）。它还会干扰工作记忆、情节记忆和语义记忆，可测量的效果能够持续好几天。然而，有证据表明，它对精神分裂症有治疗价值，可能是因为它减少了涉及感知觉和选择性注意的大脑区域内的活动（Musso et al., 2011）；它还可以治疗严重抑郁，此时它好像能够减少诸如默认模式网络以及情绪与认知控制网络等之间的功能连接（Scheidegger et al., 2012）。

作为一种娱乐药物，"K 粉"或"克他命（Special K）"被以亚麻醉剂量使用，以获得离奇的心理影响，包括平和、欣快感和各种前庭觉，诸如漂浮、陷入一种脱离现实的离散状态，以及物体看起来遥远、不真实或莫名其妙的人格解离状态（Stirling and McCoy, 2010）。注射使用时，这些效果在几分钟内就开始显现，可以持续大约半小时；服用时，效果慢得多，持续时间也更长，其后效可延续好几小时。

在一项对比氯胺酮的经常、不经常和曾经

的使用者的研究中，2/3 的人称它最诱人的特点就是"融入环境之中""视觉幻想""出体体验"和"傻笑"（Muetzelfeldt et al.，2008）。不那么诱人的是对失忆、社交能力下降和成瘾的担忧（也可参见 C. Morgan and Curran，2011）。在实验条件下服用氯胺酮的人更容易受到橡胶手错觉的影响，把假手当成自己的手（H. Morgan et al.，2011；见第四章）；许多人还报告了身体畸变：有人说，"我的手看起来好小，但手指好长"；也有人说，"我的腿看起来好大，样子好奇怪，像是另外一个人的"（Pomarol-Clotet et al.，2006；也可参见 Curran and C. Morgan，2000）。有时候，这些身体意象变化会逐渐演化为虚幻运动或出体体验（Wilkins，Girard，and Cheyne，2012）。大剂量服用时，会出现著名的"K 洞"现象，一种极度疏离、虚幻、身体解体，在许多情况下还会出现的出体或濒死体验（第十五章）。对"K 洞"的描述，从极其可怕的地方到有过的最好时光，不一而足；有人趋之若鹜，有人避之不及。

理查德·格里高利（Richard Gregory，1986）的理论是，你可以通过打开或关闭某个东西来了解它，他选择了通过静脉注射氯胺酮来探索意识的关闭。在实验室受控条件下，他被展示了两可图、模糊的数字、随机点立体图以及要读出来的文字，还有许多其他的测试。墙壁开始移动；他听见了一种响亮的嗞嗞作响的噪声；他感到不真实，漂浮着，仿佛他处在另外一个泡泡一样的世界，充满了限量的颜色和形状。他还在生命中第一次体验到了联觉，感觉一柄刷子的刷毛是橙色、绿色和红色的。尽管如此有趣，但整体的体验对格里高利来说极其不愉快。他总结说，他对意识所学甚少，也没有任何重复这种体验的热情。

本书作者苏珊也曾企图用氯胺酮诱发一种出体体验，结果愉快得多。她在一个令人愉悦和放松的环境中，通过静脉注射了刚好低于麻醉水平的剂量。"我仰身躺入一片松软、丰盈的柔软之中……仿佛是在解体，分崩离析成块块碎片，最终化为虚无。须臾又重聚一体，飞舞飘浮"（Blackmore，1992，p.273）。除这些有趣的感觉之外，她总结说，这与自发的出体体验有很大不同（Blackmore，2017）。物理学家 Richard Feynman 在隔离病房中尝试服用了极小剂量的氯胺酮，报告说它让他感觉好像身体的一端只有 2.5 厘米大，而经过练习之后，他可以在体内向下移动，或者是远离自己的身体，直到"别的一切都回归正常，只有我的自我置身体外，'观察着'这一切"（Feynman and Leighton，1985，p.333）。

氯胺酮在不同的环境设定中也被用作圣药或是治疗药物。此时它既是麻醉剂，也是致幻剂，用来探索生死和生命的宏大问题（Jansen，2001）。格里高利在实验室里的不愉快体验说明，精神或心理状态以及设定（环境）在确立精神药物的效用时是多么重要。

致幻剂

这个类别中的药物的效用十分奇特和多样，甚至对它们的名字都没有确定的统一意见。我们曾经称它们为致幻剂，意思是彰显心灵，但其他的名字更为常用。"拟精神病（psychotomimetic）"的意思是模拟疯狂，但这种说法是不恰当的，因为尽管某些此类药物会加重现有的精神病，但它们并没有模仿什么精神病的特征。它们也被称为"致幻药（hallucinogenic）"，虽然"真正的"幻觉——此时人们会认为他们的幻觉是真实的——十分罕见（Julien，2001；Shulgin and Shulgin，1991；及第十四章）。其他的术语，包括"精神松弛剂（psycholytic）"，意为失去心智或思维；"宗教致幻剂（entheogen）"，意为内心神灵的释放。大麻有时候被当作一种轻型致幻剂或致幻药。

大麻是一种为人所熟悉而美丽的植物，被用于医药已经超过5000年，而作为强韧的衣物和绳索纤维的原料的历史就更长了（Earleywine，2002）。大麻包含数百种化学成分，包括至少85种大麻素，其中最重要的是大麻酚（cannabinol，CBN）、大麻二酚（cannabidiol，CBD），以及最主要的精神活性物质——四氢大麻酚（tetrahydrocannabinol，THC）。19世纪时，大麻（也称麻烟）被广泛作为一种药物。其后，它的医学应用和知识被封禁了半个多世纪（Booth，2003），但随着大麻的药用价值被更广泛地接受，出现了一些松动的迹象。19世纪的大麻科学探索者以及大麻俱乐部（Club des Hashischins）的成员，如巴尔扎克（Balzac）和波德莱尔（Baudelaire），都吃印度大麻。这是从雌花、叶子和茎秆的脂状物中提炼出来的一种深褐色或红色的固体，有时还含有粉状的花叶。大麻也可以用酒精或烈酒混合牛奶、食用糖和香辛料来制成药酒，或者加入黄油或其他油脂，放进巧克力、蛋糕或别的重口味美食中一起烹制。作为21世纪的一种娱乐药物，它最常被以细丝的形式与烟草混合点燃吸食，或者用特制的烟斗单独点燃吸食，作为电子烟油点燃吸食，或者作为烟草单独点燃吸食焙干的叶子和花蕾，或与烟丝或焙干草药一起点燃吸食。

像任何药物一样，吸烟式点燃吸食可以避开消化系统中可以分解某些成分的酶，让它被血液快速吸收，也很容易控制剂量。服食时，效果较慢而有效期较长，控制也更为困难。主要的活性成分都是脂溶性的，点燃吸食后，有些能在身体脂肪里保持溶解状态，留存数日甚至数周。凭借其复杂多变的精神活性物质混合物，大麻很好地诠释了天然的精神活性物质混合物——也包含南美卡皮木和从蘑菇与仙人掌中提取的药物——与合成致幻剂那种更为简单或明显的效果之间的区别。当一种或多种活性物质被分离出来，丰富而多变的心理效用通常也就丢失了（Weil，1998）。

描述大麻的主观效用不太容易，一部分是因为"多数人根本找不出合适的词语来解释他们的感受"（Earleywine，2002，p.98），一部分是因为每个人感受到的效用千差万别。有些人变得自我觉察、迷失而惊慌，不愿意重复他们的体验；另一些人则体验到了快乐、新奇、洞察或者是放松，而跟药物建立了积极的甚至持续终生的关系（Sagan，1971）。然而，研究还是显示了某些典型效果。在首次针对大麻使用情况的大型调查中，Tart（1971）对 150 个人提出了 200 多个问题，他们多数是加利福尼亚州的学生，至少用药超过 12 次。随后有另外的研究在实验室里研究大麻，或者只研究四氢大麻酚，并记录效果。

这是我的正常意识状态吗？

使用者报告了许多情绪效果，包括低剂量时的欣快和放松，高剂量时的恐惧和惊慌。感觉效果包括增强所有感觉、加强深度感知、增强性反应和愉悦度、放慢时间、扩大空间以及关注当下。高剂量时有时会报告联觉。对体验的开放性增加，有些人找到了一种圣洁或神圣感。记忆，特别是短时记忆，常常感觉受到损害。经常报告创新思维和个人洞见，但也有心理迷失、思维速度放缓和无法阅读的情况。

实验室里的研究表明，对记忆的感知效果大致准确，短时记忆会严重受阻，而情节记忆和语义记忆保持良好。另一方面，感觉增强的愉悦体验没有得到客观测验的支持："人们认为大麻可以增强某些视觉过程，而实验室研究表明，它实际上对某些心理过程有害"（Earleywine，2002，p.105）。计划、问题解决、决策和基本运动协调也同样受到影响（Crean et al.，2011）。还有某些证据表明，它会长期影响脑发育（特别是在楔前叶和海马伞等特定区域的神经连接）以及其他方面的生理和心理健康（Volkow et al.，2014），但这个证据几乎都是相关性的，并没有证明因果关系。不同种类的大麻成分和效果也各不相同。例如，天然

活动 13.1
讨论意识改变状态

体验过意识改变状态的人往往喜欢谈论这些体验，无论是分享洞见、笑谈功绩还是探索恐惧。而你作为讨论的领导，必须判断能否提供一个支持性的、安全的环境。在许多欧洲国家，以及现在美国的许多州，大麻在医疗及/或娱乐方面的用途已经去刑事化了，在其中的某些地区，许多其他的娱乐药物也得到容忍；但在别处，包括在美国的联邦层面，反毒品法律依然很严厉。如果你不能自由地谈论，就将讨论限定在酒精、睡眠和自发意识改变状态的范围之内。你可以询问：

你为什么要引发意识改变状态？你从中能够得到什么好处？

你怎么知道自己进入了意识改变状态？

一个人的意识改变状态（比如醉酒，或者毒懵）跟别人的一样吗？

另外一个练习要求事先准备，但要避免违禁的问题。要求参与者拿一段某种意识改变状态的叙述来。这既可以是别人的，比如来自一本书或网站，也可以是他们自己的。将它读出来，然后让其余所有人都来猜测这说的是哪一种意识改变状态。讨论他们做出判断的原因，自然地引向所有其他关于意识改变状态的有趣问题。

大麻内发现了高含量的大麻二酚，但是在非法市场上攫取高价的现代劣质品种中，大麻二酚的含量低得多。某些研究认为，大麻二酚也许可以保护人们免受到四氢大麻酚的一些有害效果的伤害（Niesink and van Laar，2013）。

她很抱歉，对他脏兮兮的双手也相当厌恶，但她笑得很有涵养，仿佛看见一名男子在慢动作的梦境中走路，是一件再寻常不过的事。常常，人们会对醉酒的男子表现出一种好奇的尊敬，如同尊敬为疯子举行的简单比赛。是尊敬，而非恐惧。百无禁忌的人有一种令人惊叹的品质，无所不能。当然，我们事后会让他为自己的超凡时刻、令人印象深刻的时刻付出代价。

我们能从这种不寻常的复杂效果的混合体中学到什么与意识改变状态相关的东西呢？我们在这里看到的一系列状态为世界各地数以百万计的人所经历过，而我们好像只能将其描述为对思维、感知、情绪和其他认知功能有一种混杂效果。至于对它们的映射，这个任务实在令人生畏。不仅服药状态与其他意识改变状态的关系难以确定，服药状态本身也千差万别。有经验的使用者很容易区分大麻是能带来令人沉醉、充满智慧或者甜美而放松的体验的品种，还是让一切变得滑稽可笑的"发笑草"。他们能清晰地表达自身体验本质的变化，这与使用了口头自我汇报之外的手段的科学测试结果可能一样，也可能不一样。我们与一门能解释这一切的意识改变状态科学还离得很远。

他飞快地蹬起自行车，感觉得到尼科尔的眼睛在跟着他，感觉得到她无助的初爱，感觉得到它在他体内的扭动。他往坡上骑了300码[1]，去了另一间酒店，开了一间房，洗澡时完全没有了那10分钟插曲的记忆，只剩一种酩酊的冲动，夹杂着各种人声，不重要的声音，全然不知他受过怎样的宠爱。

——弗朗西斯·斯科特·基·菲茨杰拉德（F. Scott Fitzgerald）

《夜色温柔》（*Tender Is the Night*，1934）

主要的致幻剂

我……回到了一个世界，那里的一切都能内部发光，意义无穷。
比如那些腿，那把椅子的腿——它们的管状结构是多么神奇，它们的

---

[1] 1码等于0.91米，300码等于274.32米。——译者注

抛光表面是多么超凡入胜？不仅是凝视这些竹制的椅子腿，而是要真正成为它们——或者在它们的体内做我自己；又或者，更精确一些［……］在非自我的椅子里成为我的非自我。［……］屋子中间四根竹制的椅子腿。如同华兹华斯的水仙花，它们带来了各种各样的财富——一种对万物本质的新洞察所带来的无价的礼物。

（Huxley，1954，pp.20-21，25）

"那些腿，那把椅子的腿——那几条腿——它们的管状结构是多么神奇，它们的抛光表面是多么超凡入胜？"

（Huxley，1954，pp.20-21）

《美丽新世界》（*Brave New World*）的作者阿道司·赫胥黎（Aldous Huxley）就是这样描述某些发生过的事情的，当时是"一个明媚的五月的早晨，我吞下了4/10克溶在半杯水里的仙人球毒碱，坐下来等它起效"（1954，p.13）。在《众妙的门》（*The Doors of Perception*）一书中，他描述了一只插着三朵不协调的花的瓶子如何变成了造物的奇迹；时间和空间如何变得微不足道；它自己的身体如何感觉起来没有他也能完美地行动；还有，一切都是怎样的存在，各显本性或当下的姿态。他从这些深刻的体验当中推测，大脑工作起来像个减压阀，防止我们与现实联结，而药物可以打开这个阀门。

仙人球毒碱或三甲氧基苯乙胺是圣佩德罗仙人掌（*Trichocereus pachanoi*）的主要活性成分，也存在于乌羽玉（peyote）中，这是一种小而无脊的威廉斯式（*Lophophora williamsii*）无刺沙漠仙人球，被明确用于仪式目的至少已有7000年了（Devereux，1997）。传统上，乌羽玉的顶部会被晒干，制成花片，然后咀嚼它来召唤神灵，打开通往其他世界的大门。仙人球毒碱也可以人工合成，然后单独使用，而不必理会乌羽玉中存在的其他30种左右的生物碱。仙人球毒碱可以让世界看上去神奇而多彩，这在它所激发的艺术当中有所反映，并有助于得出"这是一个有关宇宙基础本质的观点的结论"（Perry，2002，p.212）。这可能是它最有特点的效果，下一章将学习更多与之有关的内容。某些使用者则将麦斯卡林描述得比其他的致幻剂，特别是LSD，更具致幻性而较少自我展示性，或者更有自我毁灭性。

"倘若感知之门得到清洁，万物将以本来面目示人，永无穷尽。"

（William Blake，*The Marriage of Heaven and Hell*，1790）

裸盖菇素在多种裸盖菇属蘑菇当中都有发现，常被称为神蘑或圣蘑。它们包括裸盖菇碱蘑菇和墨西哥裸盖菇，它们可以（艰难地）进行栽种；还有许多原生于世界各地的其他品种。当它在20世纪60年代还是随处可得且合法的时候，Timothy Leary 和"哈佛裸盖菇项目"的其他成员就用裸盖菇来鼓励人们"打开、收听、退出"（Stevens，1987）。

意识的改变状态　第十三章　• 395

> "打开"意思就是［……］对多种不同的意识水平以及促生它们的特别触发器保持敏感。［……］"收听"的意思是要跟周围的世界和谐互动［……］。"退出"则意味着自力更生，发现自己的独特性，对机动性、选择和变化的承诺。
>
> （Leary，1983，p.253）

裸盖菇素的效果一般会持续 3～4 小时，这让它成为比 LSD 更为可控的药物，因为这个原因，它受到科学研究的青睐，包括对致幻剂辅助治疗抑郁症（Carhart-Harris et al., 2016a）以及辅助减少焦虑、提高绝症患者生活质量方面的研究（Ross et al., 2016）。健康使用者服用普通剂量出现不良心理影响的风险较低（Studerus et al., 2011），另外，此药也经常被认为可以引发神秘和宗教体验。裸盖菇素常常引发一种一个人的自我在消解并与其余的世界融为一体的感觉，而这种"自我的消解"被发现与内颞叶和高水平皮层区域之间的功能连接降低以及半球间通信减少有关（Lebedev et al., 2015）。鉴于裸盖菇素意味着"扩展思维"，因而研究人员惊讶地发现在 fMRI 扫描仪中诱导出深刻体验时，只有大脑的血流减少了，特别是在丘脑和扣带皮层中（Carhart-Harris et al., 2012）。有些人用这一点来支持赫胥黎关于致幻药开启了心灵"减压阀"的理论。

植物中发现的另一种强致幻剂与宗教致幻剂就是二甲基色胺（N,N-dimethyltryptamine，DMT）。DMT 有时被称为"精神分子"，它能诱发生动的视觉和听觉幻象，还有身体畸变和出体体验。美国神秘主义者与心理神经学家 Terence McKenna 据称曾说过，"你无法想象有什么药或体验比它更奇怪"，而他就有过一些非常奇怪的体验。

DMT 以高纯度点燃吸食时见效很快，几乎会立即出现戏剧性的视觉幻象和怪异的声音，仅仅短暂持续一会儿，与持续 8 小时的 LSD 旅程相比，它将这个过程压缩到了 15 分钟。对心理学家 Ronald Siegel（1992，p.35）来说，"DMT 旅程是世界上最激烈的药物体验之一，唯有其短暂性才让它变得可以承受"。第一个合成了 DMT 并发现它可以点燃吸食的地下化学家 Nick Sand（2014）说："DMT 在我们身体内打开的东西如此深刻，不可能真正做出表达。"那种体验"从未停止令我惊奇"（Sand，2014）。

经常性的使用者说 DMT 是"突破性的"，他们会大剂量地摄入，以期达到那样的效果，但当有些人说这种突破就是一种进入 DMT 虚拟空间的转化、一种非常明显的改变了的状态时，其他人则说它完全不可能被描述清楚。

吞服DMT意味着更为缓慢、更为长效的后果，但DMT会在胃里被单胺氧化酶群落迅速摧毁，这种酶可以分解肾上腺素、多巴胺、血清素和褪黑素。然而，亚马孙的巫师们数百年乃至数千年来，一直在以传统的愈合佳酿的形式酿造和饮用DMT——死藤水。这又怎么可能呢？

死藤水的基础是死藤木（也称为精神之藤、灵魂之藤或亡者之藤），混以其他树叶（比如绿色九节属或者克菲亚九节属）。它是"现存最为繁冗复杂的药物输送系统之一"（Callaway，1999，p.256；也可参见Metzner，1999）。混合物之所以能起作用，是因为死藤中含有单胺氧化酶抑制剂（β-咔啉哈尔明碱、哈马灵和四氢哈尔明碱），而其他的植物则含有DMT。这看上去好像不太可能，古代人不懂化学，怎么能开发出这样的混合物来呢？其实真相可能简单得多。死藤在单独服用时有某种精神活性属性——它可以增加单胺（如多巴胺和血清素）的水平——那就有可能是先发现了这种东西，而其他含有DMT的植物是后来加进去的。

死藤水传统上是一种愈合药物，随着"死藤水之旅"的增加，它现在正变得越来越流行，已经远离了它的最初设定。它常见的效果之一就是猛烈的呕吐，给这种药物挣来了另一个俗名："呕吐药"。否则，在经过几分钟到1小时之后，就会出现令人眼花缭乱的各种身体感觉、变形、异象和洞见（Metzner，1999；Shanon，2002；Luna and White，2016）；我们将在第十四章有关幻象的部分了解更多的感知效果。与植物和动物的交流感很常见，使用者有时候还会感觉变形成了另一种生物的形状和心理。对死亡的沉思也很常见，还有对个人事务的神秘见解，以及深邃的存在性问题。与本节介绍的最后一种药物一样，万不可对饮用死藤水掉以轻心。

本类别中的最后一种药物常被认为是终极心灵暴露致幻剂d-麦角酰二乙胺（LSD）。LSD的历史赫赫有名（Hofmann，1980；Stevens，1987）。1943年，瑞士巴塞尔的Sandoz实验室的一名化学家Albert Hofmann正在研究麦角，一种生长在黑麦上的致命真菌。8年来，他一直在合成一长串的麦角胺分子，希望找到一种有用的药物。然后在4月16日周五那天，他合成了一批LSD-25，开始觉得不舒服，就回家上床休息了，然后体验到了一次梦幻般的幻觉流。

Hofmann怀疑，尽管他不是有意服用LSD的，但它可能还是引起了这种幻觉。就像所有想在自己身上测试精神活性药物的化学家一样（Shulgin and Shulgin，1991），他以他自认为微小的剂量开始服用。5月19日，下午4:20，他记录没有效果，到了 5:00，他出现了头晕和视觉干扰，还有一种明确的想笑的欲望。然后他停止了记录，让人打电话去叫一名医生，然后带上他的一个助手，骑着自行车回家了。

他骑得挺快，却好像哪儿也去不了。熟悉的道路看起来就像达利的画，建筑物会打哈欠并泛起涟漪。等医生到了的时候，他正在自己的卧室阁楼附近徘徊，观看着他觉得是自己的尸体的东西。这回他没能像前一次那样产生梦幻般的幻觉，而是做起了噩梦，预感自己要么会死去，要么会疯掉。但两种结果均未出现，而这第一次悲苦的旅程，现在以每年重现他著名的自行车之旅的方式为人所纪念（Stevens，1987）。2006 年，他骑行过的路线被重新命名为 Albert Hofmann 路，以纪念他的 100 年诞辰。他于 2008 年去世，享年 102 岁。

LSD 只要很小的剂量就能起效，而实际上，Hofmann 服用的剂量相当于有效剂量的两三倍。就像那之后的很多人，他发现这种药物能产生一种踏上旅途或者开始旅行的感觉，那可以包括喜悦、欢欣、美妙的幻觉、深邃的见解以及精神体验，还有令人惊恐的恐惧和绝望，以及自我解体的感觉。对许多使用者来说，它仿佛打开了他们的心灵，展示了记忆、希望、惧怕和幻想——既有好的，也有坏的。这就是为什么会有坏的旅行，也会有好的旅行，以及为什么"致幻剂"的名称很恰当。

典型的剂量只需要 100 毫克，就能在 0.5 ~ 1 小时之内引发一次旅行，并且依照体重、剂量、间隔和设定的不同，持续 8 ~ 12 小时。LSD 有一种与血清素相关的化学结构，并能与血清素、多巴胺和肾上腺素的受体结合。尽管没有成瘾性，但经常使用还是会增加耐受度。

LSD 研究的经典之作是《致幻剂体验的多样性》（*The Varieties of Psychedelic Experience*），作者是 Robert Masters 和 Jean Houston（1967），他们观察了 206 起病例，收集了超过 200 人的叙述。它们描述了身体畸变、联觉、看见自己的孪生体，以及在环境中与不同的物体或生物融为一体，还有深刻的宗教和精神体验。早期探索 LSD 在治疗中的用途的研究得出了非同寻常的积极结果（Grof and Halifax，1977），但 20 世纪 60 年代的毒品法律有效地禁止了这种研究，直到半个世纪之后才重新开始。类似的鼓舞人心的研究结果再次出现，例如对绝症患者应用 LSD（Gasser，Kirchner，and Passie，2014）。

在史无前例的安慰剂对照脑成像研究中，参与者通过静脉注射摄入了 75 毫克的 LSD。全脑的功能性连接马上增强了，而更多的局部效果也同体验的变化相吻合。例如，脑血流量增大了，与视觉幻象强烈关联的初级视觉皮层（V_1 区）

的功能性连接也极大地扩展了。海马旁回与压后皮层之间连接度的下降与"自我消解"和意义改变感强烈相关,"暗示了这一特定回路对维持'本我'或'自我'及其'意义'加工的重要性"(Carhart-Harris et al., 2016b, p.4853)。一种对致幻状态的整合式信息启发建模尝试对一个事实做出解释,即这类状态与普通的清醒意识状态相比,好像"与更多事物有关",但较少涉及系统化组织与分类。从整合信息理论的观点看,这种混合可以解释为神经熵增加的结果,它导致了认知灵活性的增强,以及与一切过去和将来的系统状态有关的、因果效用信息的减弱(Gallimore, 2015)。

另外有研究表明,颞顶交界处的连接性增加与自我消解相关(Tagliazucchi et al., 2016),而默认模式网络内部的功能性连接削弱则与过去相关影像的减少有关联(Speth et al., 2016)。这暗示可以治疗类似抑郁症的情况,因为抑郁涉及对一个人的过去的过度反刍,可能是由默认模式网络诱导所致。初步的研究还表明,LSD、死藤水、裸盖菇素和其他致幻药有利于治疗顽固性抑郁和焦虑,而不会引发有害的副作用或用药依赖(Gasser et al., 2014; dos Santos et al., 2016; Frecska, Bokor, and Winkelmann, 2016)。其效果包括一种持久的"余晖",对成瘾人群很有帮助,而这可能由致幻药对血清素系统的作用所致(Winkelmann, 2014)。

致幻药改变了许多人的生活。有些人说它们帮助自己解决了根深蒂固的心理问题,鼓励他们以仁慈和爱意为重,并启发了他们在工作中的创造性。很多人说他们确信自己是第一次视物如物。但他们说得对吗?

20世纪60年代嬉皮士运动的先锋当然是这么认为的,包括Richard Alpert,一位年轻、富有并极其成功的哈佛心理学家,他与Timothy Leary、Ralph Metzner和其他人一道,首次被裸盖菇素"打开"了。他随后觉得心理学毫无满足感,而生活很空虚。为追寻药物带来的洞察力,有一次,他和其他五个人把自己锁在一栋楼里长达3周,每隔4小时就摄入400毫克的LSD。那简直"就像是你走进了天堂王国,你看见了它的样子,然后……又被扔了出来"(Alpert, 1971, p.19; Stevens, 1987)。他意识到自己所知有限,就去了印度学习东方宗教,并且成了灵性导师Baba Ram Dass。他现在已经80多岁了,仍然是一位活跃的精神导师。

有些人相信服用LSD永远改变了他们,因此实验性服用LSD后脑熵的神经变化与2周后的个性变化的关联就很有意义。"体验的开放度"整体增强了,那些报告说在服用过程中自我消解了的人会增强更多,而改变在2周后仍然可以探测得到（Lebedev et al., 2016）。

这样的变化，让人联想起赫胥黎的减压阀观念，使用者的心灵在一段时间内会更加开放。但这些效果很难归类。某人服用一种主要的致幻剂后被改变了，他现在是处于一种永久被改变的意识状态之中，还是他们的新状态变成了常态，而其他的意识改变状态可以被拿来与之进行对比吗？

在这些药物引发的意识改变状态中，有哪些是有效的、真理性的、真正的精神体验呢？当人们说他们超越了二元性时，他们真的是以一种消除难题和巨大鸿沟的方式来看世界的吗？抑或这一切都只不过是被毒害的心灵发出的胡言乱语？

在著名的"受难日实验"中，美国牧师兼医师 Walter Pahnke 在 1962 年的传统受难日布道之前，给 20 名波士顿神学生服了药丸：10 个人吃了裸盖菇素，10 个人是积极对照组（摄入烟酸）。对照组只体验到了轻微的宗教感，而裸盖菇素组的 10 人中有 8 人报告说至少经历了 Pahnke 总结的九大神秘体验中的七种，这些神秘体验是通过给囚犯和绝症患者服用 LSD 而总结出来的：统一性、超越时空、积极的情绪、神圣感、优越感、矛盾感、不可靠性、过度感以及态度与行为上持续的积极变化（Pahnke，1963，1967）。将近 30 年之后，多数裸盖菇素组的实验参与者还清楚地记得他们的体验，并描述了长期持久的积极效果（Doblin，1991）。

> "我所体验到的，就是上帝在我体内。"
> （受难日实验参与者 H.R., in Doblin, p.19）

裸盖菇素再次被用于一个 36 人参加的双盲研究，这些人以前产生过幻觉，但经常参加精神或者宗教活动。参与者们在支持性环境中，在两到三节活动中服下了高剂量的裸盖菇素或安慰剂，被鼓励闭上眼睛，并将注意转到体内。再一次，药物引发了与自发神秘体验类似的体验，而在长达 14 个月的追访期内，志愿者们认为，这些体验是他们生命中最具有个人意义和精神重要性的（Griffiths et al., 2008）。

等我们观察过更多的意识改变状态、现实与想象的边界（第十四章）以及睡眠、梦境和超凡体验（第十五章）之后，我们将会回归詹姆斯的问题：该如何来看待这些体验（第十八章）。

冥　　想

在第七章里，我们了解到不同类型冥想的专注效果有多么深刻。但是，冥想能引发一种意识改变状态吗？某些定义暗示可以："冥想是一种仪式性程序，一再通过持续性的、随意的注意转移，改变一个人的意识状态"（Farthing，1992，p.421），并且"冥想可以被认为是一种生成改变的意识形态的缓慢的、累积性的长期过程"（Wallace and Fisheries，1991，p.153）。

某些形式的冥想，比如超觉冥想，的确强调达成意识改变状态的重要性，但其他的不然。在禅学中，修行的目的不是获得意识改变状态或者达成任何目标。反而是冥想本身变成了任务（Watts，1957）。"悟道与修行，实为一体"，13世纪的日本禅师永平道元如是说。

即便如此，某些禅宗佛教徒也会出现虽然短暂但很有戏剧性的见性（*kenshō*，觉醒）体验，包括窥见心灵的真实本质、虚无体验，以及最终导致"放下身心"的顿悟（第十八章）。故事里说，一天早上，道元正在静坐冥想，这时他的师傅呵斥一个打瞌睡的和尚，教促他打起精神、加倍用功，说道："欲臻化境，抛却身心"。在那一刻，道元获得了完全的觉醒或解脱（Kapleau，1980）。虽然有些东西已经清晰地改变了，而且变化很大，但据说启蒙本身并非一种意识状态。

冥想包不包括意识改变状态呢？按照Tart的主观定义来说是包括的，因为人们感到自己的心理功能从根本上被改变了。一种怀疑论认为，冥想不过是睡眠或者瞌睡。神经精神学家Peter Fenwick（1987）（简略传记参见网站）证明，冥想的脑电图与睡眠或打盹儿的脑电图不一样，但许多冥想者会在冥想中微睡片刻，而在一项研究中，超觉冥想修习者在冥想时睡去了1/3的时间（Austin，1998）。既然我们知道小憩可以减少焦虑和抑郁、增强认知能力，那么这也可以解释冥想所宣称的某些效果。然而，冥想者却说，他们可以轻易地区分深度冥想和睡眠。一种解释是，冥想者难免有漏洞，但他们通过学习，能让自己保持在睡眠和清醒之间的那个有趣的过度阶段（第十五章）。

通过冥想获得意识改变状态最特别的主张或许出现在早期的小乘佛教中。禅定是一系列八种逐渐增强的专注状态，据说可以通过一系列难度不同的深度专注来达成（第十八章）。初禅涉及提高一种古代佛经称为喜的"能量"，也许等同于某些瑜伽和其他传统中描述的昆达利尼能量。这种能量的出现可以是一阵颤抖、颤动、噪声和热涌，并且可以通过关注充满全身的喜乐或欢愉感来维持。技巧是随后从这种虚拟的激动状态降为高兴但安详的状态，之后再降为泰然状，此时喜转换成了一种更为温柔的"能量"，称为乐，并最终能够进入一种深邃的情感中性状态，无思无虑。

前面的四种状态都与身体紧密关联，但后面的四种状态则称为"无物"或

"无色"状态。无限、无垠、无尽的空间不断地扩展,直到注意中只剩下无边无际的空间。大麻可以让人获得同样的空间扩展效果,但在身体上不会留下感觉(Tart,1971;Blackmore,2017)。在此之外,就是无尽意识的第六层禅定,而那之外则是更为深远、不可描述的状态。

从这些描述中可以看出,这些状态清楚地意味着按特定的次序打开,而冥想老师 Leigh Brasington 猜测,一种技巧形成了可控的奖励系统的自我刺激。这从一股多巴胺开始,导致去甲肾上腺素的增加,然后是内啡肽,每一种神经递质对应前三种禅定状态中不同的情绪与感受。最后,阿片类物质消退,留下了第四种禅定的中性状态(Brasington,2015)。尽管只是猜测,但这些想法可以且已经得到了验证。当 Brasington 在扫描仪内进行冥想时,从一种状态向另一种状态的转化,可以同时在 EEG 和 fMRI 上看到(Hagerty et al.,2013)。在进一步的研究中,发现伏隔核激活增加与初禅的极度快乐相对应,这是有道理的,因为这是多巴胺/阿片类药物奖励系统的一部分。如果结果发现,禅定是一种脑基多状态的自然顺序呈现,它们就有可能为 Tart 的"意识离散状态"(discrete states of consciousness,d-ASC)提供一个精彩的例证。

一份针对冥想研究的方法学评论(Thomas and Cohen,2014)选用意识离散状态术语来说明,我们不仅应该审视现象与生理(即体验与神经活动)的关联,还应该审视它们之间"可识别的同构":"如此,冥想中的一种意识离散状态,就能用大脑网络里的一种离散状态来进行表述,就可以从一种定义的基线状态出发,将其作为大脑区域之间功能连接的主导网络中的一种变化来进行观察"(p.5)。

注意,尽管这个建议可能与寻找意识的神经关联看起来类似,但有一个重要的不同:这里的概念是将特定的意识离散状态与大脑活动中的特定变化相关联,而不是寻找有意识和无意识状态之间或者"意识本身"的关联,后者也许存在,也许不存在。它的假设性也要强于其他许多概念,对构成"改变"的阈值要求也更高,还要求我们定义发生改变的原状态。作者还敦促使用一种多维度的方式来研究冥想中的意识改变状态,对人(冥想者的性格)、方法(特别的冥想风格)、地点(实验的环境与更广泛的地理和文化情境)、现象(冥想者的体验)以及心理生理学(包括对方法的记录)进行研究。第十七章将回顾这些内容。

有一种可能是,新手冥想者达成的状态或许会与冥想练习之外的状态(例如放松)发生重合,即便它们出现得更可靠,持续得更久,但是高级冥想者可

> "冥想中的一种意识离散状态,就能用大脑网络里的一种离散状态来进行表述。"
>
> (Thomas and Cohen,2014,p.5)

> "禅修训练就是对大脑的训练。"
>
> (Austin,1998,p.11)

以到达冥想练习独有的状态（Fell et al., 2010），或许是因为冥想逐渐改变了大脑的神经结构。例如，低频振荡中增加的同步性和经验丰富的冥想者中的 γ 节律活动的组合，就暗示了这一点——γ 节律活动通常会在放松和睡眠中减少。

宣称一切体验——更不用说在像冥想练习这样野性十足的活动中所发现的复杂的组合体验——都有"独特性"的真正意义，还不十分清楚，尽管禅定与那些更为普通的冥想练习相比，能够提供更清晰的"独特"状态。或许应该稍稍留出一些余地，谈论一下"冥想相关意识状态"（Fell et al., 2010），而不是意识改变状态，以避免陷入什么改变了什么的极端观点。

心理疾病

意识改变状态的术语看起来很含糊，可以归因于几乎所有的体验转化，包括普通苏醒状态的波动，比如白日梦、困倦、催眠状态和睡眠；这些将被归类在"自发呈现意识改变状态"的标题之下（Vaitl et al., 2005）。然后，还有那些由极端环境条件引发的意识改变状态，比如热与冷、海拔与微重力，以及饥饿或高潮所引发的状态；这些都可以归入心理生理引发意识改变状态之中。某些疾病也可以引发意识改变状态，包括可以引起失眠或缺氧、发烧或癫痫的疾病；而心理生理引发意识改变状态也许会涵盖从节奏性恍惚到感觉剥夺，再到丧亲之痛的广泛状态——也许还有催眠（参见概念13.2）。

我们现在应该考虑的最后一种情况就是心理不健康的问题。这一点将意识改变状态观念的某些问题放在了聚光灯下，同时引出了对个人身份

概念 13.2 催眠是不是一种意识改变状态？

"催眠"的英文"hypnosis"来自希腊语的 hypnos，意为睡眠。19 世纪的研究者相信，人在被催眠时，会陷入一种梦行症状态，或称梦游。其他人则反对有一种特殊的催眠状态存在，并将一切效果归结为暗示和想象。这个争议在 20 世纪变成了"状态理论家"和"非状态理论家"之间的斗争。

应用 Tart 的理论，我们应该很容易接受催眠是一种意识改变状态，因为被催眠的对象经常感觉他们的心理功能非常与众不同。然而，催眠状态的传统观点带有更多争议性，意味着心理的各个部分之间没有关联。这个概念于 20 世纪 70 年代伴随着美国心理学家 Ernest Hilgard 的新非关联主义理论再次出现。

Hilgard（1977）认为，一个执行自我（executive ego）通常会指导多个控制系统，但是在被催眠时，催眠师解体了这一功能，让目标感觉好像他的行动是非随意的，并暗示幻觉是真实的。与此相对，非状态理论家认为，被催眠者是在扮演一种社会角色，以取悦实验者，使用想象的策略来配合建议，或者就是在装蒜（Spanos, 1991; Wagstaff, 1994）。

Hilgard 在支持非关联论的过程中发现了隐藏的观察者现象。当一名手放在冰水里的被催眠者声称自己感觉不到疼痛时，Hilgard 提示他可以跟"你的一个隐藏部分"对话，于是那人（即隐藏的部分）描述了被催眠者正在感觉的疼痛（见图 13.7）。批评者则以演示隐藏的观察者可以通过适当的建议减轻痛苦来做出回应，意思就是，一切都只不过是暗示罢了（Spanos, 1991）。

图 13.7 隐藏的观察者。尽管手放在冰水里的催眠对象号称感觉不到痛苦，但 Hilgard 发现，只要给出一个适当的信号，他就能跟这个正在遭受痛苦的人的隐藏部分对话。这构成了新非关联主义理论的部分证据。

关键性的实验对"真正"的催眠对象与被要求假装或想象被催眠的对照组进行对比，认为如果对照组表现出了与"真正被催眠"的对象同样的现象，那么特别的催眠状态的概念就是多余的。许多实验都显示没有区别，

与责任的问题，这些话题有时会在哲学精神病理学的领域涉及（Gennaro，2017）。

关于心理疾病，首先要声明的就是，它从来不单纯是心理方面的。所有心理症状都涉及思维模式、情绪与心情、行为以及身体状态之间的反馈回路。单是这一点，就已经不可能清晰地划分是"心理性"还是"心理生理性"引发意识改变状态了：我们该把厌食、自残或涉及反复的强迫行为的焦虑症分到哪一类呢？

要注意的第二点是，协助维持心理健康的因素之一，就是生病时和健康时体验性质的不同；这能让人难以记住、想象或者相信，在病态状态之外，还有别的意识状态的现实，这会降低寻求帮助或坚持康复治疗的动机。在这个意义上，心理疾病仿佛就是诱发意识改变状态的明显因素之一。作为我是什么感觉在疾病与健康的斗争中被深刻改变了，达到了我甚至不再相信我能不得病而存在的程度。

> "产生强烈暗示的不是那个状态本身，而是人对处于一种改变状态之中的感知。"
> （Kirsch，2011，p.359）

> "精神诊断的标签……不应被归类为是或者不是意识改变状态。只有患者经历过的间歇性精神失常，才是意识改变状态。"
> （Revonsuo et al.，2009，p.201）

对我而言，"埃米丽"就是厌食的埃米丽，不多也不少。我空白的、烦恼的、焦躁的或是脆弱的情绪，我对常规与隐私的需要，我身形消瘦、缺少朋友，对学术成就崇拜不已，这一切都像是我身体与生俱来的部分，好像没有理由相信，吃了早餐或午餐会对它们中的任何一项有什么影响。"我"在多大程度上就是多年的营养不良以及营养不良本身所造成的僵化、仪式化的心理生活和体能限制的产物，这是我所不能理解的，因为要理解，我就得把我的生活想象成一种不一样的生活，而我既没有能力、也没有欲望这样做。这是一个完美的恶性循环：厌食变成了曾经的我的全部，于是我看不到它如何完全地代替了"埃米丽"，因此也没有任何重新找到她的动机。

（Troscianko，2012，p.242）

但这是否意味着我们应该将这种疾病本身想象成一种意识改变状态或是能

带来一种意识改变状态（或多种意识改变状态）的东西呢？对 Antti Revonsuo 及其同事（2009）来说，

> 意识改变状态的定义指的是意识表达机制中改变的那种短暂（与永久对立）的本质。改变状态开始于某种可设定的时间窗口，而正常的意识和大脑状态在一段时间之后回归。
>
> （p.196）

这意味着，如果精神分裂症这样的精神疾病是一种永久性的病理状态，它就不能称为意识改变状态，但是其中的暂时情况可能会被视为意识改变状态。

任何永久与暂时、疾病与临时事件之间的清晰划分，都容易遭到质疑：把厌食症中慢性的半饥饿所带来的持续扭曲与强行禁食的短期影响区分开，真的有意义吗？是有区别没错，但人们为什么要将一种状态归类为"改变状态"，而另一种却不是呢？在其他种类的疾病中，比如双相情感障碍、解离发作型精神病，可能发作之后还会消失；但对于那些情绪与其他认知状态之间的转换更为连续的疾病（比如，某些形式的抑郁症）而言，会不会不存在"改变"的意识，因为所有的界限都模糊不清、时间尺度漫长无尽？

如同他们的定义所示，Revonsuo 及其同事们的答案就是，一种意识改变状态中的改变不是所谓的意识改变，而是意识与世界之间的关系表达的改变，"意识的神经认知背景机制"产生了"诸如幻觉、妄想和记忆扭曲之类的错误表达"（Revonsuo et al., 2009, p.187）。这种观点意在通过由"世界"向"意识"传递信息的精确性，以使"正常"和"变化"状态变得客观可定义。但纵观第三章讨论过的所有有关心理与神经表达的观点，还是不清楚，我们关于世界的准确

但是存在有趣的异常之处。使用"模糊逻辑"，催眠对象仿佛可按某种方式接受不合逻辑的地方，模拟者则不能。例如，当被要求幻想一个实际上在场的人时，他们会看见两个人，而模拟者比较可能只看见一个人。在回归童年的时候，他们描述感情时可能同时感觉是成熟和幼稚的，而模拟者声称只感觉到像个孩子似的。类似的模糊逻辑可以在某些药物状态、梦境（第十五章）和神秘体验（第十八章）中观察到。

在 20 世纪 90 年代中期，英国心理学家 Graham Wagstaff 总结说："在超过 100 年的时间里，我们在决定是否存在一种我们可以称之为'催眠'的意识改变状态的问题上，好像没什么进展"（1994, p.1003）；争论在继续（Kallio and Revonsuo, 2003, 附有同行评论与反馈, 2005）。研究发现，神经活动中的变化，比如前扣带回的变化，与催眠缓解疼痛有关（Faymonville et al., 2000），但是这些变化所引发的催眠之间的关系仍然不清楚（Mazzoni et al., 2013）。

催眠研究的老手 Irving Kirsch（2011, p.353）将不同意见称为"毫无必要的喧闹"，缺少"启发性价值"，认为更有趣、更重要的问题应该是"极易受到影响的实验对象怎么能体验到有时极其深刻的主观改变呢？"他总结说，产生加强性暗示的也许是个人对身处改变状态的感知，而不是某种状态本身。这种思维方式对一个观念提出了挑战，即一种意识"状态"，是可以跟体验它的人所希望或相信它时的状态区分开的。

> "意识改变状态不应被定义为一种改变了的意识现象状态，而应该是一种改变了的表达状态。"
>
> （Revonsuo et al., 2009, p.196）

信息到底能不能可靠地帮助我们，从意识改变状态中区分出"未改变"的状态来——或者说意识和世界之间存在一种表达关系，到底还有没有意义？

就如同依赖"大脑内的意识表达"和"现象意识之中的内容"这样的观念，这种思维方式最终会削弱意识改变状态和它的神经关联：

> 想要客观断定一种意识改变状态的出现，你必须展示大脑之中意识表达的背景机制被以一种可能会导致（全脑和暂时性地）现象意识内容的错误表达方式改变了。
>
> （Revonsuo et al., 2009, p.196）

很清楚，Revonsuo 及其同事是在利用所有需要解决的问题，来促成一个对意识改变状态的客观定义。神经活动的变化在疾病和恢复当中都得到了轻松的认定；比如有一项精神病学研究发现，大脑中不同区域的连接性变化预示了经过认知行为治疗而出现的精神或情绪症状的改善（Mason et al., 2017）。但这并不意味着我们可以或是应该用那些连接模式来定义精神病。

心理疾病的例子再次引出了那个有关"改变"产生的基线的棘手问题。如果任何一种疾病都可以伴随或引发一种意识改变状态，健康就应该是那条基线。但是，我们该如何来定义呢？对关心的人来说，心理疾病和健康之间的区别触手可及，可以改变生活。而对于任何心理疾病，都有明确的方法来确定其涉及的痛苦类型，为了生病的人，有时也为了他人。但当我们想要确定具体的时间或者生活品质转化的时刻时，困难就来了：比如，节食是几时停止的，进食障碍又是几时开始的呢？或者疲惫是几时转化为慢性疲劳症的？

用常用的语言来说，我们可以把健康简单定义为不生病，但如果我们想要做得更好些，我们就会发现自己在一点点滑向幸福、平静、同情、开放这样的概念——然而这些在文化上都是可变的，难以进行具体的辩护或定义。像 Revonsuo 及其同事那样的代表性观点无法在这里给我们提供任何帮助，因为意识和世界之间完美的代表性匹配听起来可能像理智的，但似乎不太健康。无论如何，我们知道（第三章）对世界的表征进行优化不是为了表征的准确性，而是为了效率。那么，我能不能自信地说，我的健康体验与你的比起来，不会被认为"改变了"呢？如果我从漫长的心理疾病中康复了，我失而复得的健康自然不会是我生病前体验过的那一个了。

奇怪的是，人不知道自己要往哪儿去，或者想要什么，只会盲目地随波逐流，暗地里受了那么多苦，总是毫无防备、容易上当、一无所知；但有一事就会有另一事，一点点地，就会无中生有地生出一些东西来，一个人终于到达了，如此平静、如此安详、如此笃定，而这个过程，人们就叫它生活。

——弗吉尼娅·伍尔夫（Virginia Woolf）

《远航》（*The Voyage Out*，1915）

这里有一个有趣的转折，正念冥想和几种精神活性药物好像对治疗心理疾病有效。也就是说，常被用来引发改变状态的技巧也可以用来抵消各自的作用。"基于正念的认知治疗"对包括抑郁在内的情形都有帮助（Piet and Hougaard，2011）。同时，"微量"的致幻剂，如LSD，被越来越多地用于各种情绪紊乱的自助治疗（Maughan，2017），本章前面也总结过某些研究证据，证明了LSD以及裸盖菇素和MDMA的治疗用途。在某些情形下，药物的作用也许就是让大脑功能的某些方面回归正常状态，例如不活跃的血清素受体，一如LSD所为。但这里涉及的化学和神经结构很复杂，就像个体的历史和环境一样。因此要说一种意识改变状态（例如，PTSD或是PTSD体验中的某些情节）可以用通常认为会引发不同的意识改变状态的某种物质（如MDMA）或练习（如正念冥想）来抵消，就显得有点古怪了。这种数学上的抵消（改变$_1$ + 改变$_2$ = 基线）看起来有些令人难以置信。

有很多种方式来建立并随后质疑某种"意识的改变"，于是这个概念本身开始看起来反倒像是普通的生活了：我们的体验哪怕过了2分钟都会不一样，而一旦我们开始尝试对所谓适当的改变进行质化或量化操作，会很快发现我们的基础不太牢固。有一个观点需要强化，即对于"正常"和自它而生的"改变"都要进行更多的调查，而本书所涉及的许多研究工作可以看作这方面的尝试，我们也许还需要开发更多语境敏感的方法。一种选择将会是用人种学的方法绘制来自不同文化的不同的人群需要有哪些连续性和变异才能算是正常的。

意识改变状态一直都有负面的内涵（与不一样的、奇怪的、不正常、不理智以及病态的关联），与它们的积极意义（精彩的、富有洞察力、改变人生的）关系紧张。某些意识改变状态确实应该被称为病态的，比如，如果它们严重损害了体验它们的人或其周围人的生活品质。但是，药物使用的文化充斥着类似"复吸大麻"的句子（Crean，Crane，and Mason，2011），明确地表明规范性判断在更广泛的范围内发挥着作用，可能会在病理学上指鹿为马。某些另类的非常体验也会被不恰当地诊断为心理疾病,而不是理解为个人转化的例证、创伤之后的成长或者某种人类的变异(出体体验,将在第十五章里讨论,就是一个这样的例子)。另一方面,洗刷精神疾病污名的行动仍在进行之中,而那个过程需要人们愿意在健康与疾病之间划出界线,即便没有清晰的器质性病因。

意识的状态

我们长篇累牍地探讨了一个问题:讨论意识的改变状态有没有意义?总结起来就是,值得质疑一下"状态"一词是不是最有帮助的词。意识状态的意思看起来很明显,但我们应该铭记在心的是,说起一种状态就是假设那种状态(或情形)之中一定存在某些东西。那么,那种东西是什么呢?如果我们没有想象一个叫作意识的东西(也就是一个有内容的容器),而是想象了一个追寻事实的归因过程(如同在多重草稿模型中那样),就不存在任何在不在状态之内的问题了。

在关于催眠是否引发了一种意识改变状态的漫长争论中,有一种解决的尝试干脆把状态一词弱化为一个标签,"一种简写,不具备任何与之相关的因果属性或定义特征"(Kihlstrom,1985,p.405)。将中心概念如此无意义化,会有效地终止整个争论。心理学家 Irving Kirsch(1997,p.98)认为,作为回应,有关状态的各种委婉用语,比如"特别过程",就涌现出来,掩盖了状态之争仍在继续的事实,即便出现了多个通常密切相关的情形,整个事件就不再能让任何人受益了(见图 13.8)。

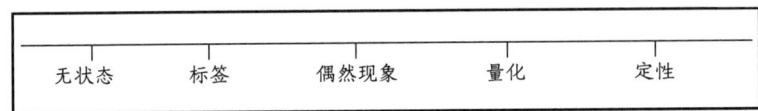

图 13.8 Kirsch(2011)建议,理论立场是连续的而不是二分法。也许这个概念可以应用到那个有争议的问题上:催眠是不是一种改变的状态?

你可以说这一切都是咬文嚼字。Kirsch 认为不是:

> 如果催眠是一种状态,就像睡眠或者中毒,那么催眠研究者的一大重要任务就是为它建立基本特征。反之,如果催眠状态是假的,这

些问题就毫无意义，而研究应该转向别处。

（Kirsch，1997，p.97）

但是我们也可以反对意识的状态而不放弃意识的研究。在催眠的例子中，我们仍然可以研究那些让催眠体验变得非同寻常的信念、预期、富有想象力的策略和其他的一切。

也许状态和改变都是红鲱鱼（意为误导性线索）。这就意味着，要了解所有意识多样性体验对"意识本身"的神秘有何作用，我们要做的可比设想的多很多。这还意味着要忽略我们可能会担心、不赞成或者没有兴趣的体验的危险形式，因为对单一基线"正常性"的任何辩护，看起来都那么不稳定。

阅读文献

Doblin, R. (1991). Pahnke's "Good Friday Experiment": A long-term follow-up and methodological critique. *The Journal of Transpersonal Psychology, 23,* 1–28.

提供了 Pahnke 关于裸盖菇素和精神性原始实验的许多方法细节，包括参与者的报告和道德考虑。

Jay, M. (Ed.) (1999). *Artificial paradises: A drugs reader.* London: Penguin.

包含来自 de Quincey、Huxley、Freud、Davy、Hoffman、Shulgin、James、Siegel、Leary、Tart、Grof 和许多其他人的简短引言。

Kallio, S., and Revonsuo, A. (2003). Hypnotic phenomena and altered states of consciousness: A multilevel framework of description and explanation. *Contemporary Hypnosis, 20*(3), 111–164. Peer commentary and authors' response in Gruzelier, J. (2005). Altered states of consciousness and hypnosis in the twenty-first century. *Contemporary Hypnosis, 22*(1), 1–54.

对旨在解决催眠的状态与非状态问题的意识改变状态的综述，附带有为未来研究设计的多层级描述项目。

Tart, C. T. (1972). States of consciousness and state-specific sciences. *Science,* 176, 1203–1210. See also Tart's 2015.

文章提出了一门新科学，由特殊意识状态领域的研究者提出，包括其潜力和陷阱。博客的内容描述了概念是如何形成的，以及别人的反响。

Thomas, J. W., and Cohen, M. (2014). A methodological review of meditation research. *Frontiers in Psychiatry, 5,* article 74.

该评论认为，如果想让冥想研究对诸如冥想是否引发了意识改变状态之类的问题给出满意的答复，就需要有一个更宽广的范围。

第十四章
现实与想象

　　"之前他们一直没看到她躺着的地方,等到看见时,他们没有反对,就站在那里望着她,安静得像四周的柱子。他走到大石旁,躬下身子,拿起一只可怜的小手;她的呼吸现在变得急促而细微,像一只更小的生物,而非一名妇人。众人在渐渐亮起的晨光中等着,他们的脸和手都像镀了银,他们身影的余部仍是黑的,一块块石头都泛着灰绿色,大平原还是一片的阴翳。很快,日色强了起来,一束光照向她无知无觉的躯体,穿透她的眼皮,将她唤醒。

　　'什么事,天使?'她问道,慢慢坐起身来。'他们来找我了吗?'

　　'是,我最最亲爱的。'他说道:'他们已经来了。'

　　'就该是这样。'她喃喃地说:'天使,我几乎感到高兴——对,高兴!这快乐肯定长不了,太多了。我受够了;现在我不该再活着让你嫌弃我了!'

　　她站起来,抖抖身子,朝前走去,两名男子都没动。

　　'我准备好了。'她平静地说。

　　……

　　塔楼的檐口上,固定着一根高高的旗杆。他们都盯着它看。整点钟敲过几分钟之后,有样东西沿着旗杆缓缓升起,在微风中舒卷开来。那是一面黑旗。

'正义'得张;用埃斯库罗斯的话说,神仙的统领结束了他跟苔丝的游戏。德伯郡的骑士和贵妇们,在自己的坟墓中继续沉睡,一无所知。两个无言的凝视者,朝大地弯下身去,仿佛在祷告,很长时间都保持那个样子,全然地一动不动;旗子还在无声地卷动。他们攒够力气了,就直起身来,再次手牵着手,继续向前去。"

——托马斯·哈代(Thomas Hardy)
《德伯郡的苔丝:忠实呈现一位纯洁的女子》
(Tess of d'Urbervilles: A pure woman faithfully presented,1891)

你读到这段文字时是什么感觉?你会怎么想象那两个场景,有苔丝的那个和她死后的那个?你在想象时,有没有注意到自己的身体或是对周围环境的觉知发生了什么变化?它们是对应着某些特定的词语或语句出现的吗?也许你看过整部小说,还有许多其他关于苔丝和天使的记忆涌入了脑海。也许你经历过耻辱或丧亲之痛,经历的方式强化了你现在的感受。又或者这段文字看上去过于伤感,而这样的叙述让你感到一阵阵发冷。但至少对我们而言,这种想象的经历有一种内心的真实感。我们知道这些角色都不存在,他们的处境跟我们的生活也没什么关系。然而,我们想象的东西能对我们产生影响,在这个意义上,它们是真实的:阅读产生了体验,而体验是真实的。这样的想法会让我们对现实与想象之间的区别产生深深的困惑。

或许我们就应该感到困惑。再举一个例子。假设你走进厨房,看见你的黑猫蜷在椅子上。你又看了一眼,才意识到那其实是一个朋友的套头衫,堆成一团,一只袖子耷拉着。奇怪的是,如果没多看那一眼,你可能就会说那只猫是怎么坐着的,它的耳朵是朝哪边支楞着的,而它的尾巴又是怎样从座位上耷拉下来的。你可能会说套头衫是真实的,而猫是想象出来的;现在考虑一下,发生同样的事情时,猫真的坐在那里的情形。仅凭短暂的一瞥,你不可能观察到所有细节,然而它们多数都是正确的。你没有注意到任何与你视网膜上的盲点相对应的空隙(第三章)。你看见了一只完整的猫,尽管它的两条后腿半藏在椅背之后。那么你看见的是真实还是想象?

其他会以这个问题对我们进行挑战的例证还包括显然很简单的感知事件,比如在"日落"的时候看着太阳落下去。你知道地球是绕着太阳转的,而不是反过来,然而你的体验却是太阳掉到地平线下面了。或者再举一个广为人知的社会幻觉:"晚装"的例子。它是 2015 年最流行的互联网模因,每分钟生成 84 万条评论,24 小时之内生成了 440 万条推特;它原本是一张发在汤博乐上的晚装照片,有些人看它是蓝黑条纹相间的晚装,有些人则认为是白色和金色相间的。真正的颜色后来证实是黑色和蓝色,制造商又做了一条白色和金色版的,用作慈善拍卖。视觉科学家对这种接通率极低的双稳态色彩刺激的极致例证十分感兴趣。《视觉期刊》杂志(*The Journal of Vision*)刊发了连续的特别话题(Allred et al., 2017),专门探讨这个现象:一项全面的双胞胎研究被用来确定遗传和环境因素的贡献;其他文章则研究了场景照明对情境线索敏感性的影响,还有视觉系统稳定特性的相对贡献与一次性学习效果的对比。

某些对"#thedress"话题的报道认为,它可能会引发一场关于视觉与现实本质的"存在危机",而许多人都说他们为此争论过,对此感到害怕,怀疑"我的大脑是不是在耍我",还有"它是一个阴谋"。

这些现象将我们重新带到那些熟悉的哲学问题面前,这些问题涉及看见为何意以及意识的中心问题:客观世界与主观世界之间的区别。尤其是它们将我们拉回一个概念上,即我们对意识的认识错得太离谱了,应该把它作为一种宏大的错觉或是不以我们通常认为的形式存在的某种东西来看待(第三章)。也许它能帮助我们了解其他那些徘徊于现实与想象之间的奇怪体验。

对现实的判别

在日常生活中,我们总是在将"真实"从"想象"中区分出来,却没有注意到其中涉及的技能,那就是我们会把自己的思维从我们假设独立于这些思维的公共现实中区分开——这种技能称为现实监测(Johnson and Raye, 1981)或者现实判别。在一些实验中,人们被要求去观看或聆听某些刺激,并想象另外一些刺激,说明许多不同的特征都可以用于判别,包括体验有多稳定、详细或生动,以及它们是不是自主控制的。有一个实验(Garrison et al., 2017)向参与者展示了完整或不完整的典型的词语搭配("劳雷尔和哈代[1]"或者"鸡蛋和……"),并测试他们记不记得哪些词语是真的展示过的,哪些又需要用想象去补全:视觉展示产生的现实监测强于听觉监测;而把词语大声念出来比在心里默念("思考")它们的效果好。

---

[1] 美国著名的喜剧搭档。——译者注

总而言之，心理表象的细节没那么丰富、稳定，并且比感知更容易受到操控。因此我们通常不会把两者搞混。然而，我们会被戏法蒙骗。Cheves Perky（1910）在她一个世纪前的那个经典实验中，要求参与者看着一个空白的屏幕，想象上面有一个物体，比如一只西红柿。他们不知道的是，她从背后向屏幕上投影了一张西红柿的照片，并逐渐增加它的亮度。即便照片亮到足以被看见，但参与者仍然相信他们是在想象。这个效果与幻觉相反，后者是我们认为有什么其实并不存在的东西出现了。在这个例子中，Perky 的参与者们受到了误导，以为没有东西，但实际上是有的。类似的效果在那之后也出现过，说明现实判别会受到我们对某物是真实的还是想象的预期的影响。

要对真实发生过的事件的回忆和我们凭空想象出来的事件的回忆进行区分尤为困难，而区分失败会导致假性回忆，即对从来没有真实发生过的事件的可信"回忆"。我们把同样的故事讲上很多遍，每次都略有不同，并随即想起上一次讲过的版本，于是这些回忆就可以被创造出来了。最新的版本会逆向干扰原始的记忆。如果一个家族故事被不断重复或者一张儿时的照片让你相信你能记起海滩上的那一天，也能创造出假性回忆。而这些都会对行为产生持续的影响。例如，当人们说他们小时候曾经对特定的食物有过积极或消极的经历时，他们是在表述对那些食物的偏好，而这仍然可以在几个月之后影响他们到底吃不吃这些食物（Geraert et al., 2008）。

假性回忆也可以通过提出引导性问题、鼓励某些人去发明一个与他们从未体验过的事物相关的答案，从而被刻意地制造出来。在一个有名的例子中，心理学家 Elizabeth Loftus 给参与者放映了一部交通事故影片，然后提问，车子在互相猛烈冲撞／碰撞／磕碰／撞击时，速度有多快。那些听到"猛烈冲撞"一词的人，给出了更高的速度估计，而且在 1 周之后更容易"记起"影片中破碎的窗玻璃，而实际上并没有玻璃破碎的镜头（Loftus and Palmer, 1974）。

假性回忆最能惹出麻烦的是当人们"回忆"起从未发生过的性虐待或是辨认他们从没见过的嫌疑人时（Loftus and Ketcham, 1994）。以前就发生过这样悲剧性案例，当时心理治疗师据称在催眠，发掘了患者被压制的性虐待回忆，并说服患者相信这些事件是真实发生过的，而实际并非如此。这其中涉及的过程仍然没有得到很好的理解，而对于回忆压制、抑制或者"动机性遗忘"是否真实发生过也没有取得一致意见（McNally, 2012；Staniloiu and Markowitsch, 2014）。在这些情形中，经常可能通过某种独立验证来发现事情的真相，但这并不意味着"真实"回忆与"假性"回忆之间存在一条明确的分界线。为什么我们通常都会对自己的记忆那么自信呢?

真实的记忆一般会比假性记忆更详细,也更容易在脑海里唤醒。有时候,真实记忆可以得到确认,因为我们将它们与其他事件联系在了一起,或者记得它们是何时、如何发生的——这种技能叫作来源监测。这对学习技能和事实并不重要,例如,你会可靠而正确地记得光的速度、德国的首都和邻居的名字,而不用记住你是什么时候在哪儿了解到的;但对于自传性记忆来说,情境很重要。如果你对生活中某件事的记忆详细却似是而非,但与其他事件在时间和地点上吻合,你就更有可能判断它真的发生过。

"人类的记忆可以非常脆弱,甚至有发明创造的能力。"
(Geraerts,2008,p.749)

也许我们每个人都有假性记忆,而有效的记忆也可能既包含准确的元素,也夹杂着似是而非的混合物,其间点缀着发明出来的细节,因为自传性记忆不像静态存储设备,可以通过它来对记忆进行编码、存储和取用;相反,回忆是一个主动重建的过程,它在很大程度上是由我们当前的目标和优先顺序、加上过去的真实而共同塑造出来的(Conway,2005)。在与回忆过往体验和想象可能的未来体验相关的神经活动中,发现过惊人的重叠;而在考察记忆与未来影像如何被构建和体验,以及它们跟情感、细节水平和精神病理学这样的因素又有什么关系时,也观察到了并行特征(Schacter et al.,2012)。此外,过往体验不容易被划分为"我的"和"你的",而每个记忆的社会行为都将改变下一个,从这个意义上看,记忆也具有深刻的社会特点(Saunders,2014)。有些人甚至提出,你对过去某件事的记忆不是对过去的信念,而是构建出来向自己或他人辩解你为什么会秉持一种特定信念的——一种在许多事关权益和义务的社会谈判中必须要做的事情(Mahr and Csibra,2017)。

即便是我们常常用来思考记忆的概念,也会将我们带入歧途:我们愿意使用"生动"一词来描述深刻的记忆,但是当我们谈论生动时,我们指的是细节的水平、记忆的准确性,还是它的强度呢(Jajdelska et al.,2011)?有证据表明,被"带回"到过往某个时间的强烈情绪感会让人觉得他们的记忆中存在比真实情况更多的细节(Herzegovina and Schooler,2002)。语言在人类记忆的流畅性中发挥着许多其他作用。假性记忆可以通过为人们简述几个似是而非却不真实的童年故事就创造出来,其中夹杂着一两个真故事;接受访谈时,人们不需要多大的鼓励就会搜寻相关的想法、影像和感情,以便创造出"回忆"。修饰过的图片可以达到同样的效果:有一项研究要求参与者把拍过照的家庭聚会中所有记忆细节都讲出来,结果在 20 名参与者中,有一半人说得连自己都相信那个回忆是真的了,他们的情绪参与度在三次访谈中一次比一次强烈(Wade et

现实与想象 第十四章 • 415

al., 2002)。

在记忆的情境中,真实与否的分界线显然是模糊的。当它关系到某些无法公开求证的体验时——包括梦境、幻想和幻觉——这种分界就变得格外有趣。我真的被一个女人的死感动了吗?这个问题是什么意思?

幻　觉

定义幻觉

"幻觉"一词并不容易定义,尽管有一些粗略的分别可能有帮助,如果套用得不太僵硬的话。幻觉一词早在19世纪就同错觉区分开了,区分的基础是,幻觉是完全"内部的",而错觉是对"外部"事物的错误感知。错觉包括熟悉的视错觉,比如缪勒-莱耶错觉、蓬佐(Ponzo)错觉或者咖啡馆墙壁错觉(参见第三章),还有错误感知,好比把套头衫看成一只猫。与之相反,幻觉是非外部刺激引起的感知体验。这一分别仍在被使用(比如 Waters et al., 2014),但是没有清晰的分界线。例如,想象有一个人看到一个无头教士的鬼魂在教堂的祭坛上飘来飘去。我们可以说那里什么都没有,那个教士就是一个幻觉;或者还有一种可能是一阵缭绕的香烛烟尘被错误地感知了,而那教士就是一个错觉。

真正的幻觉有时候被与假性幻觉区别开来,在后一种情形中,人们知道自己的所见所闻是不真实的。例如,如果你听见一个声音告诉你,思想警察要来抓你了,而你信以为真,你就是在遭受幻觉的折磨;但如果你在计算机前昏昏欲睡的时候听到同样的声音,也意识到你工作得太晚了,那就是一种假性幻觉。这种分别有一个问题,如果过于咬文嚼字,就一定没有多少真正的幻觉了。就算是服用了双份的LSD,多数的人都还知道,威胁要抱住他们的巨大怪兽的臂膀其实只是一棵大树的枝干(见图14.1);而在距离海岸几百千米远的风暴中,一位穿制服的海军军官出现在舵轮旁边时,精疲力竭的水手知道,不可能有别的人能真正登上那条船。

图14.1　在体验LSD的过程中,地板可以变成一块蛇毯,汽车变成太空飞船,大树变成怪物。但一般来说,体验者还是知道怪物其实是一棵树的,因而从技术上讲,他体验到的是假性幻觉,而不是真正的幻觉。

最后一个区别介于幻觉和心理表象之间。有时候，幻觉和想象的区别靠的是它们与公开分享的看法的相似性而不是个人想法，或者是它们的不可控。假如我们自愿地想象出一个热带海滩，涛声拂岸，这通常被称为表象；但如果视觉将其强加于我们的心灵、还挥之不去，它就会被叫作幻觉。然而，即使这样的分别也是不清楚的。例如，睡眠边缘出现的影像（第十五章）通常被称作"入睡前表象"，而不是"入睡前幻觉"，尽管它们不是随意产生的，也不容易控制。我们阅读虚构文字时出现的想象的感觉式体验通常也被称为表象，即便它们受文字所引导；而你的表象可能很有侵入性，很难搁置在一旁，就算你把书放下也无济于事。因此，有些人不会过多尝试消除这些类别的界限，而是倾向于将它们当作一个连续体，真正的幻觉在一端，而表象在另一端。但即使这样，如果牵扯到多个维度，可能还是帮不上什么忙。

英国心理学家 Peter Slade 和 Richard Bentall（1988）对这些分别进行了讨论，为幻觉提出了一个工作定义：

> 任何（a）在缺少适当刺激的情况下出现的、（b）具有与相应的真实（实际）知觉同样的对人的影响及冲击，且（c）不受体验者直接和随意控制的感知式体验。
>
> （Slade and Bentall，1988，p.23）

这个定义也有它的问题，特别是第二点（b）。比如，当与知觉同样的影响及冲击应用到看见一个鬼魅的人影爬上灯光昏暗的楼梯的场景中时，到底是什么意思？许多类似的幻觉都被描述为转瞬即逝的，而影子都是透明的，但透明人是不存在的，所以不存在什么明显的"真实（真正）感知"，来与这种体验进行对比。

幻觉的普遍存在

最早试图对普通人群中的幻觉进行研究的尝试之一是英国通灵研究学会（Society for Psychical Research，SPR）在19世纪晚期进行的"幻觉普查"（Gurney, Myers, and Podmore, 1886; Sidgwick et al., 1894）。那是一个"灵媒"在欧美大行其道的时代，有时候在一片漆黑之中，发光的小号在空中飘浮，发出精灵的声音，神秘的音乐在播放，人们感觉得到被触摸，外加阵阵的凉风。有时，某些灵媒体内渗出的身体会渗出一种称为外质的半透明灰色物质，它甚

图 14.2 在唯灵论盛行的时期，灵媒在众目睽睽之下被捆起来塞进一个"柜子"里。在深度恍惚之中，他们声称从身体的各个关窍中散发出外质，因此能创造出身形完全的灵魂，可以在房间内移动，触摸惊恐的观众，甚至回答他们的问题。

至会"物化"为鬼魂的身体形态（Gauld, 1968；见图 14.2）。许多人在行骗时被抓包，而那些想要强化表演的灵媒很容易买来纱帘、小号、发光涂料和特制座椅，这种座椅能让他们轻易逃脱，就算多疑的观察者用绳索把他们绑在椅子上，他们也能逃脱。

即使不行骗，传统上漆黑一片的招魂室也为想象与现实之间的复杂互动提供了理想条件，这些互动涉及错觉、幻觉、动机性错误和标准转化。英国怀疑论者兼超心理学家 Richard Wiseman 在假招魂仪式中重现了类似的条件：在仪式当中，一位演员说一张桌子悬浮起来了，而实际上并没有。较小的物体被涂上了发光涂料，一位隐藏的助手用一根长棍在黑暗中四处移动这些物体。1/3 的参与者事后报告说桌子移动了，相信的人比不相信的人多（Wiseman et al., 2003）。

多数科学家对唯灵论不屑一顾，但它对这样一群人很有吸引力，他们感觉受到了维多利亚时代物理学中的唯物主义以及似乎损坏了人性特殊地位的达尔文主义的激进观念的威胁。毕竟，如果死亡的灵魂可以现身说话，唯物主义就一定是假的了。

正是在这种情形下，一小群备受尊敬的科学家和学者于 1882 年在伦敦成立了通灵研究学会，来检验这些和其他一些所谓的通灵现象；他们的首批成果之一就是幻觉普查。研究者询问了 17 000 人：

"在那些影响之中，没有一个比得上发现[心灵感应]让人类亲密本性与逃脱死亡成为可能。"
（Myers, 1903, i, p.8）

你是否曾经在相信自己完全清醒的时候，有过看见或被某个活体生物或无生命物体触碰，或者听见过某种声音的生动印象？就你目前所能够发现的而言，哪种印象不是任何外在物理因素造成的？

排除了明显的疾病和做梦的案例，有 1684 人（将近 10%）说他们有过这样的印象，而发表的案例则达数千起。女性比男性报告了更多的幻觉，而视觉幻觉最为常见，特别是有关某个活着的人的视像。涉及有名有姓的人的幻觉更有可能出现在此人死亡前后的 12 小时之内。看起来好像证明了"无须说出语言、写下文字或做出手势，人类一员的心灵就影响了另一员的心灵；也就是说，所施加的影响依靠的是有别于已知感觉渠道的其他方式"（Gurney et al., 1886, p.xxxv）。50 年后，通灵研究者 Donald West（1948）发现了类似的普遍性结果，但与原始的通灵研究学会的调查不同，他没有发现有说服力的心灵感应证据。

到了 20 世纪 80 年代，Launay-Slade 幻觉量表（Launay-Slade Hallucination Scale）出现了，而好几个调查都发现，有大量的健康人群报告了通常与病理学相关的体验，比如听见一个声音大声地说出某人的所思所想。量表上的分数大致分布正常（Slade and Bentall, 1988）。后来的研究显示了三个因素：（1）生动的或者侵入性的心灵事件；（2）带有宗教色彩的幻觉；（3）听觉与视觉幻觉。第一个因素的能动性被归因于自身，而体验被认定为某人自有的（我的白日梦）；至于第二和第三个因素的体验被归因于其自身之外的来源，带有突出的社会和类似代理的属性（也可参见 Alderson-Day and Fernyhough, 2016），有时会延伸至超自然力量（"一个声音""神的声音"）（Water et al., 2003）。这个量表也被用来探索幻觉产生倾向与其他变量（比如现实监测、生动想象、分裂型人格障碍以及催眠易感性）之间相当复杂的关系。

一项时间上离我们更近、基于 18 个国家调查结果的跨文化幻觉研究估计，有 5.2% 的回应者在其一生中经历过一次幻觉（相比之下，只有 1.3% 的人报告过幻觉体验，涉及思想控制、被跟踪等偏执信念），在低收入国家和男性中间的比例更低（McGrath et al., 2015）。所有这些都表明，产生幻觉的倾向性沿着一个连续统一体变化，一端是病理性案例，另一端是从不产生幻觉的人，而我们大多数人处在中间位置。

幻觉的情境和内容

符合 Slade 与 Bentall 的标准，幻觉常常与心理疾病有关。在精神病态下，包括精神分裂症、双相情感障碍和抑郁，大约 15% 的人报告了视觉幻觉，28% 的人有听觉幻觉。精神分裂症患者的比例最高，平均分别达到 27% 和 59%（Waters et al., 2014）。精神分裂症影响了世界人口大约 0.3% 的人，且难以定义和理解；在不同时间和不同国家的诊断不一样。尽管症状极为不同，但其核心是个人控制感的丧失。精神分裂症患者可能会相信另有一些有精神力量的人在强迫他们行动，或是有一个邪恶的实体在控制他们。最为常见的幻觉类型（平均有 60% 的患者报告过）是听见声音，例如外星人在密谋邪恶的事件，或者仙女门在墙壁上聊天。有些患有精神分裂症的人觉得其他人在把思想注入他们的头脑；有些人听见自己的思维仿佛被别人大声地读出来了。最严重的时候，这些幻觉会非常详细而逼真、不可控制且在体验上完全是真实的（Frith，2015）。

幻觉有时也会在全面的癫痫发作之前的"先兆"中体现出来。这些迹象可能是视觉、难闻的气味或者难听的声音、一种似曾相识的感觉，或者是来自记忆或想象的重复场景。这些体验经常发展出各种模式，它们可以被当作提醒即将发作的癫痫、发现激发癫痫因素的线索，或者癫痫在大脑里开始发作的地方。神经认知障碍患者也可能产生幻觉，而幻觉的类型取决于听觉或视觉皮层，随着病情的恶化，这种幻觉受到的影响较小。

幻觉的其他常见诱因是药物、生理疾病、饥饿和睡眠不足，还有仪式性练习，如有节奏地敲鼓、旋转、舞蹈、吟唱、鞭打或呼吸控制。感觉剥夺是一种引发幻觉的有力方式。就仿佛在感觉输入被剥夺时，我们的感官系统在它们所拥有的极少的信息中发现了模式，降低了对真实的接受标准，或是转向了体内生成的刺激。这只是普遍性的人类幻想性错觉习惯的一个加强型版本：从最脆弱的托词中找到熟悉的模式，比如把月球的轮廓变成月球上的人，或是从倒放的音乐中听出信息。

> 而这就是假如你仔细观察浸染了不同污迹的墙壁或是成分不匀的石头。如若你要发明一种布景，你就应当能在其中看到不同地区的相像之处，点缀着山川、河流、岩石、树木，各式宽广的平原、峡谷和山丘；此外，你将能在其中看到各种战斗和行动，一触即发，藏匿着奇怪的形状、面容和衣物以及无穷无尽的物品轮廓，这些都可以简化为完整而适合的形状；这些墙壁或石头的遭际，与钟声一般，在那些笔触里，你会发现你能想象出的任何名称或词汇。
>
> ——列奥纳多·达·芬奇（Leonardo da Vinci）
> 《绘画论》（*Trattato della pittura*，1651）

在20世纪30年代，英国神经学家Hughlings Jackson提出了幻觉的"知觉释放"理论：记忆和内生影像通常会受到感觉输入的压制，而在输入受阻或缺失时得以释放。Louis West（1962）发展了这一理论，提出当感觉输入受损而有足够的唤起可以产生觉知时，就会出现幻觉。美国心理学家Ronald Siegel（1977）将它类比为一个人在将近日落时向窗外看。一开始，他所能看见的就是外面的世界。接着，黑暗降临了，火光的反射和它照亮的房间占据了主体，而现在他看着它们，仿佛它们是在外面。这样，"内部"影像看起来就像真的了。

此处的意义在于，要么是房间外部，要么是它内部，占据了主导地位，成为当前的现实模型；这两者相互竞争不能同时被视为真实。这个概念适用于某些睡眠相关的现象以及出体体验，在这些现象中，一个完全由幻觉构成的世界代替感知世界占据了主导地位，成为当前的现实模型（Blackmore，2009，2017；Metzinger，2009）。这样的事情会发生在那些将自己沉浸于感觉剥夺舱中的人身上，他们在完全的黑暗和寂静之中，在温暖的水中漂浮。在这样的情况下，没有可靠的感觉输入，因而自生成的世界就是唯一可用的真实。

然而，更为普遍的幻觉会与感知世界相结合，如同发生在孤独的探索者和登山家身上的一样，他们会看到或听到想象的伙伴；还有那些视网膜或脑部受损而致盲的人。这些可以归因为部分失明或是对严重失明的适应而产生的"视觉释放性幻觉"，称为 Charles Bonnet 综合征，在患有白内障、黄斑变性或糖尿病引起的视网膜损伤的老龄人群中极为常见。幻觉的影像通常是清晰而明确的，常伴有"小人国"式的人物、动物或成排的物品，比正常的小，很少有威胁性或是让人感到害怕。有时候，患者因为害怕自己会发疯而不敢对任何人说起他们的体验，如果他们知道这种情况很常见，会感觉放心不少（Ramachandran and Blakeslee，1998；Menon，Menon，and Dutton，2003）。

侵犯性耳聋也会发生类似的现象，此时人们可能会听到幻觉声音，比如赞美诗和叙事曲、合唱甚至是整个交响乐队的演奏。其他的则会听到毫无意义的旋律、隆隆的噪声或是孤立的字词或语句。那些声音会偶尔如此真实，让聋人都想试着找出声源，制止它们。患有耳鸣的人不管是临时的还是长期的，有时在通常的鸣叫声或白噪声之外，也会听到音乐或是人声。

听觉幻觉是精神分裂症的主要症状之一，而没有听觉幻觉的视觉幻觉十分罕见。然而，这两种幻觉通常出现在不同的时间，比如相隔一天。当它们交织在一起时，两种感觉基本上是不关联的（例如，看见魔鬼而听到一个亲戚的声音），这表明了独立但互相重叠的机制。

其他的幻觉还有身体感觉，像疼痛、沉重、伸展、心慌，或是触觉、温觉或本体感觉（Kathirvel and Mortimer，2013）。一种常见的触觉幻觉是蚁走感——那种蚂蚁在皮肤上或皮肤下爬行的感觉。这类幻觉更为罕见也更难确认（特别是牵扯脏器的情形，此时医生很难观察身体内部来断定那里什么也没有），没有得到很好的研究。但对于视觉和听觉幻觉来说，好像在感觉运动皮层出现了相应的活动。

幻嗅是一种嗅觉幻觉，通常是一种令人不快的味道，好像什么东西烧着了或是腐败了。有时候会发展为癫痫发作，有时候仅出现在一个鼻孔内——那个嗅觉能力较差的。它也许有外周或神经诱因，并与对侧额叶、岛叶和颞叶的激活增加相关，这些会在鼻腔治疗后减少。

尽管各类幻觉没有边界，但有一些明显的共同特征，表现出一种反映了潜在大脑功能的一致性。持久的视觉形式包括螺旋、同心图案、波浪线和明亮的颜色。长时间在空白的墙壁前静坐的冥想者可能会报告有明亮的、各种颜色的星状光芒勃发，呈波浪状或具有蜘蛛网图案，闪闪发光、像素化和整体提亮（Lindahl et al.，2014；Brasington，2015）。圆形的曼荼罗很常见，特别是在冥想传统中，而卡尔·荣格将曼荼罗作为一种集体无意识地原型形状包含进来，将其描述为和谐自性（self）的象征。这些持久的模式可以在萨满的鼓、洞穴画、仪式设计以及许多文化的服饰和手工艺品上看到。但这是为什么呢？

首次对这些相似性的原因进行调查的，是芝加哥大学的 Heinrich Klüver 在 1926 年研究仙人球毒碱的效果时完成的。他发现，药物引发的色彩明亮的影像与眼睛的开闭相一致，并倾向于采用四个重复形状（见图 14.3）。这些"形式常量"是（1）栅栏和格子；（2）隧道、漏斗和锥体（见图 14.4）；（3）螺旋；（4）蛛网。所有这些都存在于由药物、发烧、偏头痛、癫痫和濒死体验以及由入睡前表象和联觉表象引起的幻觉中。

原因可能就在视觉系统的组织方式中，特别是视网膜模式在初级视觉皮层的柱状组织之上的映射（Cowan，1982；Bressloff et al.，2002）。这种映射在猴子与人类研究中颇为有名，并且视网膜上的同心圆会被映射为视觉皮层中的平行线。螺旋、隧道、格子和蛛网会映射为方向不同的线条。这意味着如果激活在视觉皮层中以直线扩散，其体验等同于观看真实的圆圈或环形（见图 14.5）。

图 14.3　这四种常见形状可见于世界各地的装饰与艺术作品中。这里的螺旋和格子组成了一张波斯地毯的纹理图案。底部边角处的拟人化植物是一种可产生致幻汁液的仙人掌，用于诱导视觉。

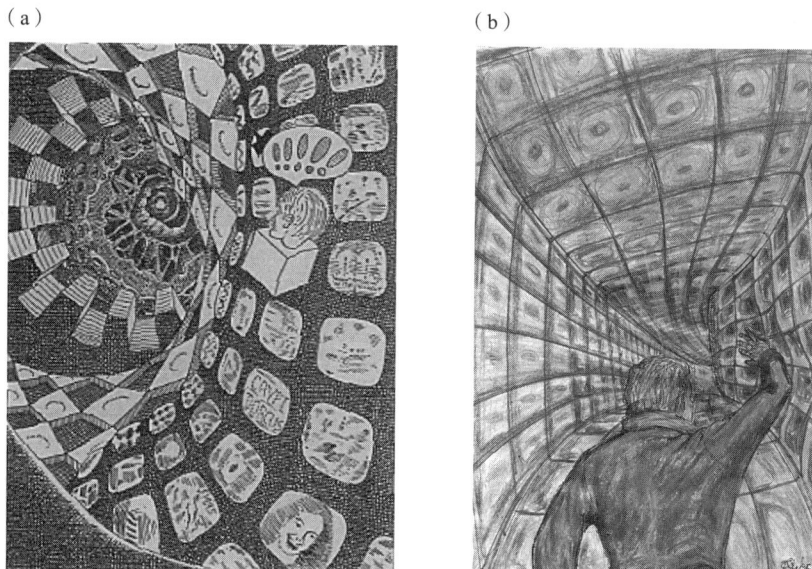

图 14.4 （a）幻觉隧道可以是通向一道亮光的简单黑暗空间、示意性的隧道模式，或是真实的隧道一样的下水道、地铁或是洞穴。Siegel（1977）在他对四氢大麻酚、裸盖菇素、LSD 和仙人球毒碱所做的实验中发现，摄入 90~120 分钟后，颜色变成了红色、橘色和黄色，脉动呈爆裂状和旋转状，大多数形状是格子状的隧道，比如这一个在周边有复杂的记忆影像（Siegel，1977，p.137）。（b）David Howard 画了一幅几乎一模一样的隧道，这名嗜睡症患者自称经常被外星人绑架（参见 Blackmore，2017，p.217）。

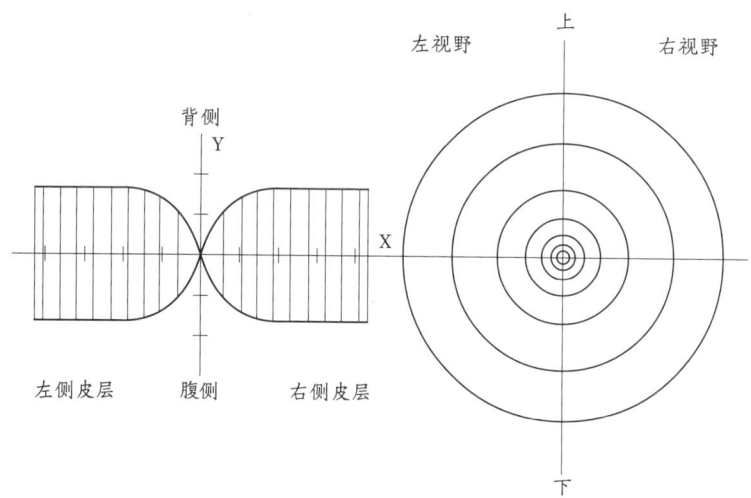

图 14.5 从眼睛到皮层的映射。右图显示的视野被映射到左图所示的对应皮层模式上。因此，大脑皮层上的激活条带就好像是由视野中的同心圆造成的。根据皮层激活波的方向，可以体验到同心圆或者螺旋形状。按照 Cowan 的观点，这可以解释四种形状常量的由来（1982，p.1062）。

> "幻觉就是真实的一种，如同一盘关于乞力马扎罗山的录影带，或是其他任何降临在你生活之中的事物，可以对你进行教育。"
> （McKenna, 1992, quoted in Rowlandson, 2012, p.53）

> "成排的马克杯被固定在墙上（四排中的三排），长达2分钟。大号的马克杯在上排，小茶杯在下排。"
> （ffychte and Howard, 1999, p.1250）

视觉皮层中激活直线的一个可能成因就是去抑制作用。致幻药、缺氧、感觉剥夺以及特定的疾病状态都能对抑制性细胞产生更大的影响，而对兴奋性细胞的影响较小，导致过度激活，这些活动可以线性扩散。结果就产生了四种常见形状常量的幻觉。

幻觉在运动、色彩上也有相似之处。Ronald Siegel 和 Murray Jarvik（1975）训练志愿者在服用多种药物之后报告他们的幻觉，药物包括LSD、裸盖菇素、四氢大麻酚（来自大麻）以及各式各样的对照药物和安慰剂。当经过训练的"脑航员"们服用了苯丙胺和巴比妥类药物后，它们只报告了随机移动的黑白形状；而致幻剂则产生了隧道、格子和蛛网爆炸和旋转模式，以及明亮的色彩，特别是红色、橘色和黄色（见图14.6）。

至于更复杂的视觉幻觉，它们比简单形状的范围广得多，但也有共同的主题，包括卡通式的任务、来自童年回忆的场景、动物和神奇生物、幻想城市和建筑以及美丽的景色。在 Siegel 和 Jarvik 的药物研究中，先出现的是简单幻觉，然后转换为隧道和格子，最后是更为复杂的幻觉。在幻觉的高潮阶段，参与者经常描述自己与影像成了一体。他们不再使用明喻，而将他们的影像描述为真实的存在。也许可以说，他们体验的不再是假性幻觉了。

退行性眼疾中的视觉幻觉不仅包括形状常量和生动的色彩，还包括儿童、动物、建筑或景色，眼睛和牙齿突出的扭曲的脸，甚至是同样物体的复制排成了行或列（ffytche and Howard, 1999）。在一项fMRI研究中，几名 Charles Bonnet 综合征患者在接受脑部活动记录的同时，被要求报告幻觉的起始点。脸部幻觉与脸部区域的活动有关，物体与物体区域的活动有关，色彩与色彩区域有关，以此类推。对于复杂视觉，特征就简单相加了：与彩色物体相关的物体和色彩区域都有活动；纹理区域有活动而色

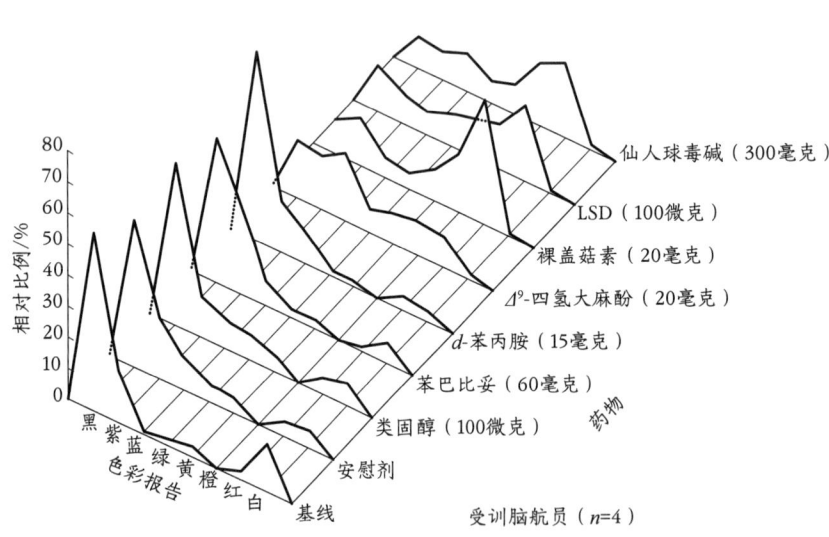

图14.6 Siegel 与 Jarvik（1975）训练脑航员报告他们服用不同药物的体验。此处显示了色彩的平均百分比分布值。

彩区域无活动，则与无色彩纹理有关（ffytche et al., 1998）。

会幻想的机器

类幻觉模式没有人类的参与，也已经得到了复制。一个名叫爱因斯坦大脑项目的科学与艺术合作项目的灵感就来自闭眼幻觉，包括动态明暗区域、斑点、闪光和运动的色彩，以及熟悉的形状常量。在一项基于照相机的实验中，镜片覆盖着均匀照明的护目镜，沐浴在黄光下，形成 ganzfeld[1] 或均匀的视野。视频流随后被发送至一台计算机上，以便分析光学特征，细小的不一致之处被跟踪、放大并投射到一面墙上。随着视频帧的积累和融合，模式从噪声中浮现，就跟涉及人类参与者的实验一样。作者们将机器记忆描述为"从内部生成形状……如同对目录的算法取用——机器记忆，如果你愿意这么叫它——就是而且必须是根本性的幻觉"（Dunning and Woodrow，2010）。

谷歌的"深梦（deep dreaming）"算法生成了更为戏剧性的影像。这个概念基于人工神经网络，它经过训练，可以从复杂的影像中辨认物体。这些多层级的网络被展示了数以千计的图像，被训练来提取越来越高层次的特征，直至最终的层级，能够辨认特殊的物体，如脸部、房屋和动物，甚至是特定的人、狗的品种或是农场建筑的类型。即便是相对简单的网络，也发现会过度解析图像，找出并不真实存在的形状和物体，就像人类的幻觉性错觉一样。

谷歌和其他地方的研究人员一直在探索的关键是逆转信息在网络中的流动，他们称之为"inceptionism"，这个名字来自科幻电影《盗梦空间》（*Inception*）的一句台词："我们得更深入一步"（Hayes，2015）。一旦网络被训练得能够识

小传 14.1

罗纳德·K. 西格尔（Ronald K. Siegel，1943 年生）

罗纳德·西格尔是一位药物研究先锋以及意识改变状态的探索者。在20世纪70年代，他和同事训练人们变成"脑航员"，即进入改变状态，实时报告他们的体验。他研究过 LSD、四氢大麻酚、大麻、MDMA、仙人球毒碱、裸盖菇素和氯胺酮以及其他药物的效果，并在几起吸毒案件的侦查中担任过顾问。他不仅仅是精神药理学的实验者和理论家，还接受过武术训练，体验过睡眠麻痹，参加过萨满祭祀仪式，有一次还没吃没喝地被锁在笼子里超过3天，一切都出于研究意识的兴趣。他拥有达尔豪斯大学的博士学位，还写了许多有关药物、幻觉、中毒和偏执的书籍。

---

[1] ganzfeld 德语意为"全域"。它描述了在强光下完全失去感知断定力的体验。通过冥想心灵感应实验者的报告，超心理学家怀疑，可能因为人们之间传递的"信号"过于模糊，以至很容易被正常的脑波活动所覆盖。如果这样，当人们身处一个伴有灯光和音响的温暖轻松的环境，经历冥想般的宁静时，会更容易感知此类信号。——译者注

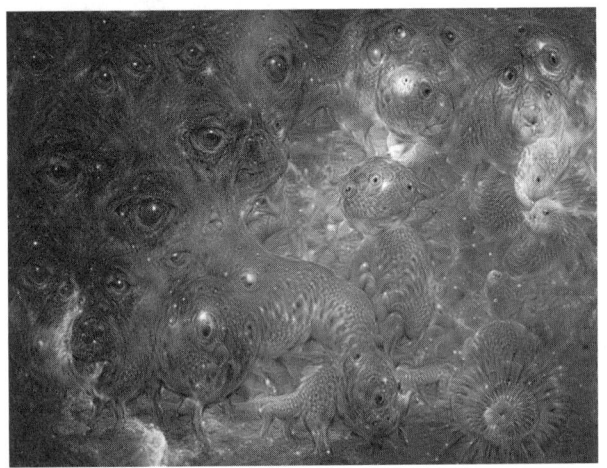

图 14.7 比较一下这两幅图。一幅是致幻艺术，另一幅是谷歌的"深梦"程序生成的。

别物体了（比如一张脸），学习过程就会停止，然后网络就会反向运行，随后重复正向—反向的循环。但是在这种情况下，不会对网络的突触权重做出调整，而是保持其恒定，并对图像（输入）进行操作。不管图像内是否包含目标物体，随着迭代的继续，自我强化过程会生成物体的第一代鬼魅版本，然后是带有多个物体和模式的异常复杂图像：十条腿的狗、长着人造躯干的人头、遍布蛇类和眼睛的城市。他们会寻找受主要致幻剂启发的迷幻艺术一样的世界（见图 14.7）。

这也许揭示了动物的视觉系统和神经系统，当它们在试图理解世界时，两者之间的相似性阐发共同特征，使用已知片段，然后填补空缺。这都表明，幻觉能力是复杂视觉系统的一项固有特征，也是另一个证据，让我们想知道，为什么我们会将人类的幻觉放逐到非真实的王国中。

幻觉与意识理论

当你想象出一条由光线构成的金色隧道，而不是一个真正的刷着黄漆、阳光在远端闪耀的地下通道时，难题对你来说是不是变得更糟了？它不应该是这样的。从本质上讲，问题是一样的：如查默斯所言，脑中的生理过程怎么会产生主观体验呢？然而，也许是对感知"真实"世界的思考太熟悉了，它让我们忽视了问题的严重性，这种情况在我们思考幻觉时尤其明显。我们（至少是大概地）知道是什么样的皮层活动让某人产生了明亮的金色隧道的强烈幻觉。但是，一条黄色隧道的体验（那一条悸动的、搏动的、真实的隧道，此刻就将我吸入了它的金光之中）的起因怎么会是，或者简单地说就是，那种神经活动呢？

对某些意识理论而言，幻觉提供了一种特殊的绊脚石。例如，感觉运动理论不需要头脑之内的图片式影像或表征；相反，感知意味着感觉输入与运动反应之间的感觉运动偶然性的掌控，比如移动你的头部、眨眼或者用手指划过某物来改变输入。这让想象和幻觉成了问题，因为移动、眨眼或触摸没有效果。O'Regan 和 Noë（2001）试图解决这个问题，他们提出，了解了设计的偶然性，就足以体验幻觉和想象了。另外，缺乏反馈解释了为什么想象和幻觉没有直接感知那么准确或详细。

另外的理论用幻觉来做支撑。高阶理论拿它们当证据，证明人可以有一种处于某种状态、其实则不然的二阶思维（即人可以向自己表达）。例如，在 Charles Bonnet 综合征的视觉释放幻觉中，存在一种高阶表征（例如，一群小小的笑脸），不带有一阶表达；因此高阶表征好像就足以产生有意识的视觉感知了。但随后我们要问了：是什么让高阶状态有意识的？为什么？那些笑脸有没有任何作为它的感觉呢？而我们是无法进一步引发一个三阶状态的，因为人们意识不到自己对幻觉有意识——他们有意识的是体验本身（Prettyman，2012）。一个反击就是，"高阶状态恰好是正确的意识"——我们称之为现象意识（Brown，2012）。但这还是让我们要问"为什么？"。

丹尼尔·丹尼特《意识的解释》（Consciousness Explained，1991）一书的开篇是"序言：怎么可能有幻觉？"他想拿它来为自己的意识多重草稿理论打基础。他基于感知的"生成—检测"理论提出了现在被称为预测性加工的观点：基于期望和兴趣的知觉假设不断创建，并由感觉输入确认或否定。这种生成并测试的循环过程产生了一个不断被更新的世界模型，但要依赖足够的感官输入。当有意识的输入被剥夺，假设生成系统受数据驱动的部分就会降低其噪声阈值。这意味着测试与确认部分返回的答案将无法被理解，而它会进入一个确认和不确认的随机循环。其结果产生了基于系统已知信息的幻觉，不管是最简单的几何设计，还是焦躁的期待所产生的高度详细的幻觉，随后是机会验证。

这种观点符合我们对幻觉的已知内容：幻觉在感觉剥夺期间很常见，是由通过皮层去抑制作用和其他效应来增加噪声的药物引起的，而且常常从简单的开始就被精心设计成复杂的形式。

这对丹尼特的意识理论有什么帮助呢？如果幻觉是一种预测和解读现象，那么它的关键就是，"大脑必须要做的唯一一项工作就是不计成本地缓和认知饥饿"（Dennett，1991，p.16）。感觉系统不被认为是在提供一幅"进入意识"的世界的图片或表达，或是被笛卡尔剧院中的观众观察，而是在不断提出多个问题、检查输入并对反应采取行动。这表明，不需要关于现实与想象之间的原则

"知觉就是假设……就像科学的预测性假设。"

（Gregory，1966/1997，p.10）

性分别。

预测性加工的说法在理解幻觉方面取得了新的进展。一种提议是，精神病涉及一种正常的预测性加工故障。例如，患有精神分裂症的人就看不到常见的错觉，也对麦格克效应（McGurk effect）[1]不敏感，而在双目竞争中，他们在两幅图像之间的转换频率也比平均水平低得多，这一切都表明预测性加工失灵了（Wilkinson，2014）。

> "你的有意识知觉是由大脑为了将预测失误最小化而采用的总体假设所决定的。"
> （Wilkinson，2014，p.148）

更普遍地说，在这种理解感知的方式中，"你的有意识知觉是由大脑为了将预测失误最小化而采用的总体假设决定的"（Wilkinson，2014，p.148）。这样，预测性加工概念就排除了任何有关幻觉内容从何而来的神秘性，并且清楚了知觉、错觉和幻觉之间严格的分界线；它们都是一种大脑选出能将预测失误保持在最小的假设现象。这就是为什么我们的心理世界充满时间旅行、想象和梦境——以及我们产生幻觉的原因（Clark，2015）。

> "幻觉是一种事实，不是错误；错误的是以它为基础的判断。"
> （Russell，1914，p.173）

那么，幻觉隧道是"真实的"吗？在一种意义上，它不是真的，因为没有出现物理学上可以侦测到的隧道，而附近其他人也没看见任何隧道。但从另一个意义上看，它又是真实的，因为产生幻觉的人的大脑里出现了生理上可测量的活动。我们也可以说，因为他对人的行为有后期可测量效应，所以它是真实的。不管你是把真正的隧道看成隧道（视觉）、把一套同心圆看成隧道（错觉），还是把不特定的东西看成隧道（想象或是幻觉），这都是正确的。另外，隧道和其他形状在幻觉体验中很常见，在此意义上可以被分享并公开验证。但这是什么样的现实呢？我们是否应该认为这些版本的隧道比另一些"更真实"？

超感知觉

即使是最严格定义上的幻觉（不知道你正在体验幻觉）比较罕见，幻觉也毫无疑问是存在的：它们的存在就是体验。处于想象边缘的其他现象对其现实本质的要求更为强烈——例如，看起来像是"纯粹想象"的东西可能是一种心灵旅行或者远程交流的形式。而这引导我们进入了超心理学的王国。

相信超自然现象的程度很高（Gallup and Newport，1991；Blackmore，1997），而如果真的发生了心灵感应、未卜先知或任何其他超自然现象，这对

---

[1] 一种感觉认知现象，当视觉看到的一种声音与耳朵听到的另一种声音不匹配时，会让人们神秘地察觉到第三种声音。——译者注

于我们如何理解宇宙，特别是对于意识科学，将具有真正非凡的意义。尽管通灵现象并非全然有逻辑性，因为"意识互动"或者"意识相关异常"的原因，它们通常被认为是"意识力"的证据。寻求它们存在的证据是希望推翻唯物主义的心理学理论，并证明意识独立于时间和空间。美国超心理学家 Dean Radin（1997, p.2）在《意识的宇宙》(*The Conscious Universe*) 一书中宣称，"要理解（超感）体验，就需要扩展对人类意识的视野"。心脏病学家 Pim van Lommel（2013）宣称，濒死体验就是"非局域意识"甚至是"无尽意识"的证据。

也许不存在什么超自然现象（Blackmore, 1998; compare Bem, 2011 and Galak et al., 2012），而如果没有，那些广为流传的信念和经常被报道的通灵体验就一定要用别的什么方式来解释。精确定位它们在现实和想象谱系上所占据的位置就是这样一个办法。

超心理学是两位北卡罗来纳杜克大学的生物学家 J. B. Rhine 和 Louisa Rhine 的思想结晶（Mauskopf and McVaugh, 1980）。如同之前的英国通灵研究者一样，他们有勃勃的野心。他们想找出反对纯唯物主义人性本质观的证据，并与同时代强大的行为主义做斗争。他们认为自己的崭新科学就是展现心灵能动性的独立性的好办法，甚至有可能解决心身问题。他们至今还在莱茵研究中心（Rhine Research Center）继续研究工作，他们将超心理学定义为"关于生物体及其外部环境之间似已超越已知自然物理法则之互动的科学研究。超心理学是更为广泛的意识与心灵研究的组成部分"。

Rhine 夫妇从定义和操作术语入手，J. B. Rhine 于 1934 年出版的第一本书提出了"超感知觉（extra-sensory perception，ESP）"的术语。"ESP"作为一种通用术语被提出，包括三种无须使用感觉的交流类型：心灵感应——信息来自另一个人；千里眼（遥视）——信息来自远方的物体或事件；预知——信息来自未来。此外，"psi"的术语涵盖了 ESP 和意志力（psychokinesis，PK）两个概念，也就是心灵对物质的效应，或是没有任何物理互动而远程影响事物的能力。这些术语在超心理学中的定义依然如此，然而它们的流行含义十分不同。

为了测试 ESP，Rhine 使用了一套特殊的 25 张 ESP 或者叫齐纳卡片（Zener cards），有 5 种独特的设计：方块、圆形、星形、十字和波状线条。对于心灵感应，接收者或称感应者必须猜出发送者或称代理正在看着的一套卡片的顺序。为测试千里眼，卡片被重新洗过，并且藏到看不见的地方；对于预知，只有在感应者做出猜测之后，才会再洗一遍卡片。Rhine 报告了多起成功的结果，但并非毫无争议，也有许多重复失败的情形（Irwin and Watt, 2007）。总体而言，这

"遥视必定象征着一种惊人的人类隐藏潜能的存在。"
（Targ and Puthoff, 1977, p.9）

练习 14.1
没有 PSI 的生活

ESP 的可能性令人欣慰。我们可能会在所爱的人身处险境时有感觉，与他人分享我们最深切的感情，或者发现自己受到一种超自然力量的指引。对这个练习，试着在没有这种慰藉的情况下生活。

如果你相信 psi、天使、死后生命或者灵魂，就借此机会试试抛掉它们来生活。如果你发现自己在想象一个乐于助人的灵魂或者守护天使，就观察一下头脑中的思绪，让想象轻柔地离开。如果你发现自己在想象某个你认识但已经去世的人还在身边关注着你或留意你的所作所为，就观察一下你的想象会将你引向何处，以及它对你产生的影响。你无须永远放弃你的信念。只需将它们搁置几天，看看你在确知自己完全依靠自己时，世界会是什么样子。

怀疑论者也应该做做这个练习。你可能会惊讶地发现自己在希望发生某些事情，尽管你知道自己无法影响它，或是构想出一个朋友的形象，希望当你需要他时，他就能知晓。问问自己这个问题：如果我们相信超自然，会活得更好还是更糟？不要做出装腔作势的理智的回答。观察看看，当你尝试将它完全抛弃时，会发生些什么呢？

种乏味的猜测卡片的迫选法如果有效果，也只取得了极其微弱的效果。为此原因，到 20 世纪 70 年代，各种自由回应式方法被开发出来，虽然更费时间，但做起来更有趣。

例如，在"遥视"测试中，一名目标者会去往一个随机选出的遥远地点，然后四处观望一段时间。与此同时，感应者坐下来，放松放松，将所产生的任何印象或影像报告出来。之后，接收者或是一名独立的裁判尝试将这种印象与一组有限的目标地点相匹配，挑出正确的一个。这意味着描述是自由给出的，但可以使用推断统计对结果进行检验。当加利福尼亚州的斯坦福研究院（Stanford Research Institute）的物理学家 Russel Targ 和 Harold Puthoff（1977）取得了极其重要的成果后，遥视变得遐迩闻名。随后，两名心理学家 David Marks 与 Richard Kammann 提出，记录副本中某些线索可能被用来获得虚假的结果。这引发了声望极高的期刊《自然》（Nature）杂志上的大争论，其他人也在判断这些线索的关联性（Marks，2000）。

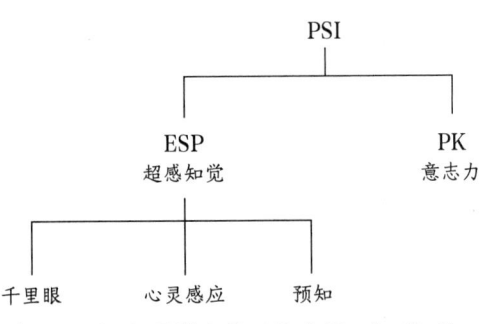

图 14.8 超心理学中使用的术语。"psi"是一个通用术语，指代所有类型的超自然现象或其背后的假设机制。psi 有四种形式，ESP 有三种类型。

1995年，美国研究院报道了"星际之门（Stargate）"，这是一个延续了24年、花费达2200万美元的政府资助研究项目，研究通过通灵之力进行情报搜集的可行性。他们的许多实验都使用了同样的遥视规程，但随之而来的就是对所使用方法的充分性和结果显著性的争议（Hyman，1995；Utts，1995；Wiseman and Milton，1998）。美国统计学家Jessica Utts称星际之门项目提供了到目前为止某些最坚实的psi证据，而Marks则将它描述为"一系列封闭的、有缺陷的、未经验证的和不可重复的研究"，总结说"遥视不过是一种自我满足的主观妄想"（Marks，2000，p.92）——也就是说，遥视者或者实验者想象出了与目标的联结，即便是正确遵守了规程，他们的想象也应该没有效果。不管谁说得对，美国政府还是断定遥视不可用于情报搜集。星际之门项目文件被解密，并于2017年元月在网上公开。没有证据表明任何别的国家成功应用ESP来从事间谍活动。

Targ继续他的研究，并使用遥视研究的发现来诠释他的论点，即我们大多数人都有未开发的精神力量。他宣称，我们有意识心智的喧哗压制了我们的自然能力，但如果通过冥想和其他形式的自我探索学会去除这些噪声，我们就能体验到遥视数据所显示的东西了："毫无疑问，我们的心灵是无限的，我们的意识同时填充和超越了我们对时空的平庸理解"（Targ，2004，p.xiii；参见活动14.1）。

测试ESP的另一种方法引发了更多的争议，这次是在ganzfeld中。ganzfeld实验的参与者们舒服地躺着，用耳机听着白噪声或海边的声音，眼睛上罩着半个乒乓球，以产生统一的白色或粉色的场，即ganzfeld。这回产生一种非常放松的状态，伴着自由流动的影像，研究者们希望这有利于psi的成功。人们在ganzfeld中报告了他们体验到的东西，而这被记录

活动 14.1
心灵感应测试

一项控制实验

测试心灵感应的问题在于，许多微妙但正常的交流方式也可能像是心灵感应。例如，在卡片或图像实验中，不仅有可能通过微妙的声音、运动或刻意作弊来泄露感觉，还有可能是要猜测的目标随机性不够、人们偏好特定目标的自然倾向性，甚至是目标的顺序，造成虚假的结果。更糟的是，如果"发送者"和"接收者"互相认识而且能选择目标，他们就有可能选择同样的事物。基于这样的想法，将允许这些谬误的实验与不允许这些谬误的实验进行对比，就会很有意思。这里有一个可以在课堂上完成的合理的控制性实验。

预先准备。从一副扑克牌中拿走人头牌，剩下四种花色的40张牌。用一个随机的数字生成器（不是洗牌）来决定目标顺序。分配1—红心、2—黑桃、3—梅花、4—方片。对目标顺序做一份记录。按照那个顺序来放置牌卡，牌面朝下时，第一张牌在最上边。拿一张未使用的牌放在底部来遮挡最后一张牌。将牌垛封存在一个不透明的信封里，清单放在另一个信封里。找两块秒表，准备好答案纸，并为发牌者找一间屋子。

实验。选出一个人来当发牌者，给他一块秒表还有封好的牌垛，并安排好他将要翻开第一张牌的准确时刻。他然后进入指定的房间，打开信封，并将牌垛牌面朝下放到桌上。在预先安排好的时刻，她翻开第一张牌，并将注意集中在牌上，按照15秒的间隔把其他牌都翻过来。整个测试将花费10分钟。与此同时，你在正确的时刻喊出1到40的数字，接收者们则写下他们认为发牌者正在看哪个花色。

测试完成后，把发牌者叫回来。喊出目标顺序，然后让每个人检查他们旁边的人的分数。如

果你的小组足够大（比如20人或更多），你就能创建一个直方图来显示结果，给大家看。让每个人轮流说他们猜中了多少，并将每一个结果都加到不断增多的图片中。一开始的结果可能看起来令人印象深刻，或者很奇怪，但它们会渐渐接近一个平均值为10的正态分布。如果结果偏离了10，而你希望对它们进行令人满意的测试，就使用二项式的正态近似方法或以10为期望值的单样本 t 检验（见图14.9）。

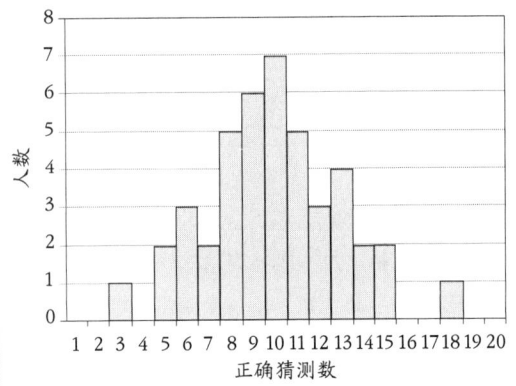

图14.9 来自一个简单ESP演示结果的直方图样例。除非你的实验中运行了psi，否则你将会得到一个平均值为10的正态分布。你搜集的数据越多，直方图就越接近一个正态分布。

这种方法避免了多数明显问题，但有些问题依然存在，包括"堆叠效应"，那意味着许多人猜测同样的目标清单时，t 检验不完全合适。感觉泄露或感觉欺诈也许仍然发生了，而你们可以讨论能否将它们完全清除。其他带有更详细指导说明的psi实验可在Blackmore与Hart-Davis（1995）的文献中找到。

下来，供以后进行判断。与此同时，发送者在一间远处的屋子里看一张图片或一段视频，即目标。差不多半小时后，研究者向参与者展示了四份这样的图片或视频，然后让他们决定目标是哪一个，以便像遥视中那样，用一种更自由回应的方法做出一种迫选。另一种方法是，让独立的裁判对比该单元的记录与可能的目标，从而做出判断。成功的宣言与失败的反宣言引发了"ganzfeld大辩论"（概念14.1）。

想象和现实之间日益模糊的是，人们声称当有人盯着他们看时，他们能感觉到，或者反过来，当人们盯着他人看时，对方能转过身来。英国研究者Rupert Sheldrake就是那些研究过"远距离凝视"的人中的一个，他们用摄像机或网络的方法来避免感觉泄露，并宣布了极为成功的结果。他声称，这些结果表明，存在一种延伸到头脑之外的感知场，并与"同时涉及影响到向内和向外运动的视觉理论更为契合"（Sheldrake，2005，p.32）。换言之，某些超自然的影像从观察者的眼睛里延伸出来，并且可以被观察对象侦测到。无数的批评者指责他的研究多处前后不一致、误将信号当作噪声、过度炒作薄弱的证据，并对视觉理论带来了极度困扰（Sheldrake，2005，带有评述）。

假设一下，如果这样的实验有一天真的产生了可靠的ESP证据，对于意识的理解有什么意义呢？有趣的是，尽管许多研究者都宣称这将证明意识的力量，或是心灵的独立性，但实验者没有什么东西来支持这种论点。就算是在最成功的ESP实验中，参与者对于哪些猜测猜中了、哪些猜测猜错了，也是没有意识的。如果有，这些猜测就会被分离出来，而得分率也将大幅提高，而这一点从来就未被证明是可能的。

有些方法，比如ganzfeld，真的涉及一种温和的意识"改变状态"，但是没有证据表明进入了"更深"状态的人会表现得更好，或者某个改变状态对ganzfeld的成功是必不可少的。对于ganzfeld有什么能让它变得有利于psi的特别之处，如果它真是如此，也没有达成统一意见，除了一点：它提供了一块白板，想象可以在它上面描摹自己的影像。

催眠也被用作一种诱发技巧，然而依然没有明确的证据说明这种意识变化有什么用处，即便有什么东西在催眠中发生了质变（见第十三章）。还需要更多的实验来确认在无数可能的未测量变量之中，哪些才是相关的。与意识的联系似乎完全来自关于 ESP 如何工作的理论假设。没有直接的证据表明意识与此有任何关系（Blackmore，1998）。在前面的章节中探讨过的证据说明意识对我们自己的行动、注意和知觉的影响都可能是错觉，更不要说对别人的影响了。因此，也许我们应该不要期望任何此类关联，不管是以意识意志之力的形式，还是以超越物质之外的有意识知觉之力的形式。

想象其他的世界

我们都曾在小时候做游戏时想象过其他的世界，比如，为玩偶茶点时间发明食物和饮料，想象能被"医生和护士"治愈的疾病，或者假装玩具卡车装载着看不见的货物在想象出来的路上运输。许多儿童，尤其是独生子女，都有想象的玩伴。有些儿童会与同一个想象朋友一起玩耍、说话很多年，不过通常是在 10 岁以前。在童年早期，这些想象的玩伴被描述为有形的和真实的，但大一点的孩子就很少再这么想了。多数想象出来的玩伴都是人类，通常是同性别的孩子，但也可以是动物、玩具、故事书里的角色，甚至是像云彩或门把手这样的东西（Siegel，1992）。这些朋友会参与孩子的谈话、游戏和各式各样的娱乐活动。

概念 14.1

Ganzfeld 大辩论

首次 ganzfeld 实验由美国超心理学家 Charles Honorton 发表于 1974 年。重复实验的尝试产生了各式结果、稳步提升的技术以及多年的争论，都在 1985 年 Honorton 与美国心理学家 Ray Hyman 之间的"Ganzfeld 大辩论"（1985）爆发。两人都对所有可用的已发表的结果进行了元分析，但是他们得出了相反的结论。Hyman 认为，正向结果可以用方法论错误和多重分析来进行解释。Honorton 认为，整体效应的规模较大，对实验中的瑕疵数量没有依赖性，而且结果是一致的，并不取决于任何一个实验者，显示了 ESP 的常规特征。在一份"共同声明"中（Hyman and Honorton，1986），他们详细列出了两人的共同意见和不同意见，并对未来施行 ganzfeld 实验提供了建议。

1994 年，原始元分析在《心理学通报》（*Psychological Bulletin*, Bem and Honorton, 1994）发表，同时发表的还有令人印象深刻的新结果，后者来自 Honorton 在普林斯顿大学的心理物理研究实验室（Psychophysical Research Laboratory，PRL）所施行的全自动 ganzfeld 流程。这一"自动全域（autoganzfeld）"被誉为防欺诈技艺，将最终为超心理学提供一个可重复的实验；但批评意见又开始出现，并指出实验可能还是出现了声学泄露（Wiseman，Smith，and Kornbrot，1996）。

另一个问题与剑桥大学的心理学家 Carl Sargent 进行的 9 项研究有关，几乎占原始元分析中的 28 项研究的 1/3。这 9 项研究具有继 Honorton 自己的实验之后最高的效应规模。Sue 在自己的实验中获取重要数据失败之后，与 1979 年走访了 Sargent 的实验室，发现那些在书面上控制得很好的实验远远没有达到防欺诈的程度。她发现了严重的错误以及未遵循规程的情况。她总结说，Sargent 的结果以及严重依赖它们的元分析没有为 psi 提供可信赖的证据（Blackmore，1987；Sargent，187），这一结论让她从相信 ESP 转向了怀疑论（Blackmore，1996a）。

自动全域明显成功之后，更多的重复性实验紧随其后，但没有几个是成功的。然后，另一份针对 30 项研究的元分析没有发现 ESP 的证据（Milton and Wiseman，1999），而其他的实验，包括进一步的新研究，发现了一些证据（Bem, Palmer, and Broughton，2001；Williams，2011）。争议仍在持续，尚没有结论（Milton，1999；Palmer，2003）。

假装游戏对儿童发展他们对身心世界的因果理解至关重要。在一系列实验中，研究者让 2 岁的儿童观看"淘气的泰迪"用假想的物品来欺负其他动物玩具：例如，将假想的牙膏挤到一只兔子的耳朵上（Harris，2000，pp.17-19）。让他们描述所看见的东西时，孩子们提到了假装物品（"牙膏"）和行为（"挤压"），以及那些行为的后果（把兔子耳朵弄"脏"了或弄"湿"了），尽管客观上干爽、干净的兔子就放在他们面前。然后，研究者把一块砖放在纸板上，推向了兔子，孩子们被告知兔子喜欢吃香蕉。这次，"淘气的泰迪"把牙膏挤到砖头上，而不是兔子身上，孩子们不仅推断出一种不存在的物质（牙膏），而且把真实物体的名字（砖头）换成了虚构的名字（香蕉）；如果他们做不到这一点，他们也几乎总会指着砖头或是保持沉默。这表明他们知道，因果关系的结果是针对道具所代表的对象的，而不是道具本身。这些想象的世界是健康的，也遵循与真实世界一样的因果法则；通过此类游戏，儿童通过会后退一步或超越游戏而发展他们对现实的了解。

这种创造其他角色和其他世界的能力延续到了成年后的白日梦或幻想中，以及阅读小说和诗歌、观看电影和戏剧、玩电子游戏、创意写作、绘画和从事其他艺术活动的喜悦之中，被称为"感受质机器"，提供了新的意识多样性（Reinerth and Thon，2016）。当我们感觉"沉浸"在或被"吸引"或被"送到"由书面文字或一组动态图像所创建的世界中时，我们可能会或多或少地意识到自己正在阅读或观看的环境。这可能要依靠许多其他因素，包括我们对主角的评估或同理心、心理表象的丰富程度、我们对故事类型的熟悉程度，甚至是像性别这样的基本人口因素（van Laer et al.，2014）。

人们的"心理吸收"能力也大为不同，这是一种与自我催眠密切相关的变量。吸收通常用 Tellegen 吸收量表测量（Tellegen and Atkinson，1974；Jamieson，2005），而那些得了高分的人更有可能报告一系列非常规体验，并对裸盖菇素这样的药物反应更加强烈（Blackmore，2017）。

虚拟现实（virtual reality，VR）技术现在可以创造出缜密的多感觉模拟，用户与之进行身体互动的能力可以让它们得到加强。VR 世界可以引发晕动症或"模拟病",其原因在于它们如何操纵感知觉以及感知觉反馈,以及人在某些维度上(比如社交偏执)对VR的反应,或者虚拟世界的存在程度,可被用于预测未来出现PTSD症状的概率(Freeman et al., 2014)。于是,"一致实相(consensus reality)"与其他类型的现实之间的界限不断变动、不断模糊。

在当代西方文化中,其他世界通常被限定于共享的虚构故事形式或是个人幻想,但在许多其他文化里,它们被着意培养,并被作为近似日常世界的形式予以共享。在许多文化里,特定的人受训成为"萨满"。这个最初来自西伯利亚楚克奇(Chuckchee)部落,但现在已被广泛用来形容可以进入精神世界、通过魔法治病或能与灵魂和其他看不见的物种沟通的人。通常,萨满要遵循烦琐的仪式,常常(但不总是)用到致幻药物,以达那些世界(Krippner, 2000)。

其中一种文化是杨诺马米人(Yąnomamö),一群居住在委内瑞拉和巴西之间密林深处的原住民(Chagnon, 1992)。他们的神话和无形实体的世界由四个平行的层面组成,一个在另一个之上,包括他们居住的第三层森林、河流和花园。有成就的萨满可以从天空、山丘、树木甚至是宇宙边缘召唤美丽的"赫库拉(Hekura)"精灵,精灵从胸部进入萨满的身体,在那里找到另一个森林和河流的世界。

要召唤赫库拉,萨满(在这个文化中只能是男子)要准备好一种名为"ebene"的成分复杂的绿色致幻粉末,可以为自己抹上红色涂料,穿上羽毛装,并用一根长长的空心管子将粉末吹进彼此的鼻孔。他们咳嗽着、喘着粗气、呻吟着,鼻子往下滴着绿色的黏液,然后召唤赫库拉,后者很快从天空中发着光,沿着他们的特殊轨迹进入了萨满的胸口,由此他们就可以被派去吞噬敌人的灵魂,或者治疗村子里的疾病。

有时,研究者会被邀请参加这种仪式,自己也会服用药物。Siegel叙述了一个与一位墨西哥维裘(Huichol)印第安萨满共度的慢慢长夜,一口不落地跟着他痛饮一种龙舌兰植株制成的烈酒和一种由乌羽玉仙人掌制成的稀粥,后者含有致幻剂仙人球毒碱(见第十三章)。挺过第一波的恶心反胃之后,Siegel睁开双眼,看见"星星坠落",在空中飞驰,留下了痕迹。他想伸手去抓住一颗,一道残像彩虹跟着他的手在动。然后出现的幻象都是一些熟悉的形状,以及更多的东西。一只蜥蜴从他的呕吐物中爬出来,后面是数以千计戴着聚会帽子的工蚁。"停下来!我要的是答案,不是卡通片!"他央求着,然后向萨满请教幻觉现象。答案来得清楚:"乌羽玉不会引发幻觉。只有真相。"(Siegel, 1992, pp.28-29)

回到在加利福尼亚的实验室后,Siegel知道,他看见的一切都在自己的脑

"科幻小说[是]唯一真实的意识扩展药物。"
(Arthur C. Clarke, "Of sand and stars", 1983)

"乌羽玉不会引发幻觉。只有真相。"
(Huichol shaman, in Siegel, 1992, pp.28-29)

海里。

你该怎么跟一个相信自己有看见神灵的力量的人说，并没有神灵或恶魔，它们只不过是脑子里的图像？你该怎么跟一个除了乌羽玉之梦就别无他物的赤身裸体的贫穷农夫说，我们梦中的世界都来自我们的脑海？

（Siegel，1992，p.31）

但我们也想知道，这种"真实"与"在心里"的区别是否真有那么清晰？赫库拉沿着他们闪闪发光的轨迹一路舞动而下，以及星辰从天空坠落，都不是实体上可以公开测量的物体。然而，它们被世界各地不同文化中相隔无数时空的人一次又一次地看到过。在这个意义上，它们是公开可用的。如果你服用了适当的混合药物，条件也合适，你也会看见它们的。他们所看到的又是怎样的现实呢？而我们如此犹豫着不肯将它称为现实的心理，又是怎么回事呢？

在这种现实的边缘，有一位具有争议性的参与者，就是人类学家 Carlos Castaneda，他的老师是亚基印第安人 Juan Matus（Castaneda，1968）。故事是这样的，1960 年夏天，在亚利桑那州一个边境小镇的巴士站，Castaneda 第一次遇到上年纪的药师。在 Castaneda 胡扯着自己多么了解乌羽玉，还有他想学什么的时候，Don Juan 耐心地看着他，眼光灼灼，知道 Castaneda 是在胡说八道。但他们再次见面后，Castaneda 就成了 Don Juan 的学徒，历时 4 年。这位"智者"为他的弟子们传授了巫术，带领他们体验了奇怪的仪式和旅程，并使用过三种致幻剂：乌羽玉，含有仙人球毒碱；曼陀罗，含有托品烷类生物碱，包括阿托品；含有裸盖菇素的蘑菇（第十三章）。具 Don Juan 说，乌羽玉教人生活的正道，而其他的药物则是巫师可以操纵的有力强援。Castaneda 经历了多种考验：疾病、痛苦、困惑，还有 Don Juan 所说的，整个意象世界，并非幻觉，而是现实的具体方面。Castaneda（1971）称它们为"独立的现实"。

受训多年之后，Castaneda 开始学习如何"看见"：一种非比寻常的观察方法，在其中，人就像是光的纤维，跟一切都有接触、却一无所求的闪光的蛋。他的头部有一次变成了一只乌鸦飞走了，他听见过一只蜥蜴说话，他还成了土狼的兄弟。有一次，他用曼陀罗来飞行，就像中世纪的女巫所做的那样，据说她们使用了致命的茄属植物——颠茄（Atropa belladonna）。他跟自己和 Don Juan 辩论说，他的躯体是不可能飞起来的，然而很明显，这个躯体最后出现在

> "你该怎么跟一个除了乌羽玉之梦就别无他物的赤身裸体的贫穷农夫说，我们梦中的世界都来自我们的脑海？"
>
> （Siegel，1992，p.31）

Don Juan 家 800 千米之外。最后，他学会了让死亡永远存在，而不那么关心他的平凡自我——真的要停止内部对话，并抹去他的个人历史。

被报道过能带来同样体验的还有死藤水——亚马孙萨满酿造的致幻饮料，可用于治愈、洞察和许多其他目的（第十三章）。它的效果可以持续好多小时，其后遗症有时可以延续好几天，制备方法的细微变化就能带来差异，进而实施操控，以达成不同目的。最常见的就是出现蟒蛇成堆的彩色视像，还有身体变形，甚至变化成另一种生物或是闯入另外的动植物世界的感觉。

巴西的心理整合植物、视觉艺术与意识研究中心（Research Center for the Study of Psychointegrator Plants, Visionary Art, and Consciousness）主任 Luis Eduardo Luna 提供了一份死藤水引发的视觉体验的详细描述。尽管头部和眼睛转动时，视像经常移动，跟你在幻觉体验中所预料的一样，但有时候，"我就好像是完全沉浸在一个三维空间的世界里，于是就像在真实世界里一样，当我转动头部时，就会感知到不同的事物"（2016，p.258）。他指出，感觉运动的可能性在视像王国中是很有限的：例如，他不可能改变注视点，以便看到面前物体背后的东西。但其他因素可以加强现实体验，而不是削弱它。由于死藤水视像不是由角膜、虹膜和晶状体介导的，因此不存在形成正常视觉体验的敏锐度渐变（中央凹的分辨率最高而周边低得多）："视觉的内部视野中的每一个物体看起来清晰，这可能就是经常在死藤水体验中报告的'比真实还真实'的感觉的原因"（p.259）。

有经验的死藤水使用者可以按照他们的传统，在这个世界或其他世界之间穿行，并叙述非比寻常的看见的方式。他们宣称，他们到访过的神灵、恶魔、天堂和地狱，与正常视觉的普通世界一样真实，甚至会更真实。他们叙述说获得了灵性的洞见，以及对现实和自己更深刻的理解。

对于 Luna（2016）来说，死藤水引发的体验给了他一种前所未有的震撼感觉：所发生的事情要比构建自己的心灵多得多。饮用死藤水，让意识只限于人类的想法显得滑稽可笑。"感觉上就是，意识渗透进一切事物，它可能就是原始的"（p.268），而这些备受崇敬的植物只是人类一窥其多种表现形式的方法而已。

会是这样吗？

但它是真实的吗？

我们该如何看待这一切呢？如同疑心重重的人类学家 Castaneda，我们可以宣称体验"全在脑海里":它们都是想象出来的,并不真实。实际上,Castaneda 的著作本身更像是虚构作品,而不是人种学研究记录。作家 Richard de Mille 对 Castaneda 的作品进行了彻底研究,并总结,"Castaneda 的作品中存在明显的时代错误或逻辑冲突,必定会表明,他的文字就是虚构的想象,而非事实性报告"(1976,p.197)。其结果一团糟:"经年的睿智连同本世纪的神经症一起卷成了一个大蛋饼"(p.18)。但 Castaneda 的确迫使我们对幻觉的本质思考良多。

> 一个角色要么"真实",要么就是"想象"的?如果你那样想,虚伪的读者,那我只能微笑了。你对自己的过去都不会感觉那么真实吧;你为它精心装扮,为它镀金或是将它抹黑,审查它,修补它……用文字虚构它,然后将其束之高阁——你的著作,你的浪漫自传。我们都在逃离真正的现实。那就是智人的一个基本定义。
>
> ——约翰·福尔斯(John Fowles)
> 《法国中尉的女人》(*The French Lieutenant's Woman*,1969/2004,p.97)

就拿那些闪光的蛋和发光的纤维来说吧,它们让人联想起基督教圣徒和神智传统的光环。光环是常见报告内容的好例子,拥有一致的特征,但还是现实呈现过。电环放电成像术(Kirlian Photography)有时号称能拍到光环,真正会测量充电表面的电晕放电,而电晕成像与观者对光环的描述并不相像。也没有人能通过"光环门洞测试",这个测试是设计用来找出自称的通灵者能否看见墙后伸出来的光环的(Tart,1972b;Blackmore,2017;见图 14.10)。

图 14.10 光环门洞测试。通灵者面对一扇打开的门的边缘站立。一个通灵者声称能看见目标人的光环,目标人站在两个可能的位置之一,每次试验以随机顺序选择五次。在位置 A,目标人不可见,但他的光环从门框中探出,很容易被看到。每个试次中,通灵者都必须说出他是否看见光环探出来。还没有证据表明,有人通过了这项试验。这暗示,不管光环是什么,它们都没有物理性地呈现在躯体周围的空间内。

看到光环似乎微不足道,但从其他世界的体验中所吸取的教训,也许不应该轻易就扔掉。那些在使用致幻药物方面经验丰富的人,能学到新手对之完全没有概念的东西。他们学会了平和地对待最糟糕的恐惧、直面死亡、质疑或丢掉自我,以及许多其他的教训。探索如此呈现的世界,需要特殊的技能,而那些获得了这种智慧的人,又在别人身上发现了这种智慧。试图在现实与想象之间找到一条清晰的分界线对理解这些现象是没有帮助的。

但某些种类的区别还是需要的，否则我们无法在某次犯罪之后判断目击证人的证据是否可靠，或是安抚一个幻想看到有威胁的影子的人无须害怕。但是，当我们用"它都在脑海里"这样的话来表示想象的王国或更普遍意义上的心灵不真实的时候，我们就走得太远了，因为身体、心灵和环境总是联系在一起的。走得过远，会有广泛而严重的后果，从否认心理疾病的真实存在（第十三章），到将意识的所有形式排除在对"意识本身"——不管那是什么意思——的研究之外。

当然，你可以反对说，我们只选择了萨满和瘾君子的特别体验；以下就是一件在任何人身上都可能发生的事情。

图 14.11

在我躺在床上迷迷糊糊快睡着的时候，发现自己不能动了。出现了一种可怕的嗡嗡作响的振动噪声，而我确定有什么东西——或者什么人——在我房间里。我绝望地想看清楚那是谁，但是我除了眼睛，哪儿都动不了。然后从我的床尾隐约现出一个散发着邪恶气息的可怕黑影，踉跄着朝我走来。我想尖叫，但发不出任何声音。黑影越来越近，压上我的胸口，压得我喘不过气来。它好像是在对我说话，但我一个词也听不清。接着它扯着我的胳膊和腿，开始把我往床下拉。

想象一下，这种体验就发生在你身上。你挣扎着想抗争的时候，会想些什么？当你的心脏不再狂跳、怪物的气息也离开你的鼻孔时，你又作何感想呢？你会安慰自己说那凶神恶煞般的黑影根本不是真的，只是想象出来的吗？又或许你可能会断定它是一个来绑架你的外星人，或者可能是某个死去的人的鬼魂？无论如何，你都会面临一个问题。如果那个怪物是真的，为什么门还是关着的，而床单也没被弄乱呢？为什么别人都没看见那个怪物穿过房子呢？显然它在那种公共意义上不是真的。另一方面，如果它只是想象出来的，那么它怎么会对你有如此强烈的影响，让你心脏狂跳、手心出汗呢？很明显，有些事在你身上发生了，而那个体验本身是足够真实的，对吧？

下一章将探索睡眠、梦境和某些游荡于睡眠边缘的更加古怪的体验，包括刚刚描述过的睡眠麻痹。就像之前的章节里讨论过的"意识改变状态"一样，对这些边缘地带的探索会让我们曾经很熟悉的其他区别开始慢慢消融——不仅

"主观现象又是客观事实的感觉没什么好奇怪的……痛苦可是真实的呀！"
（Strawson，2011，p.265）

是现实与想象的冲突，还有身体对心灵、自我对他人以及意识对无意识的争斗。

 ## 阅读文献

Blackmore, S. J. (2001). What can the paranormal teach us about consciousness? *Skeptical Inquirer, 25*(2), 22–27.

使用 ganzfeld 研究来反对意识意志的超自然力量信仰。

Luna, L. E. (2016). Some observations on the phenomenology of the ayahuasca experience. In L. E. Luna and S. F. White (Eds), *The ayahuasca reader: Encounters with the Amazon's sacred vine* (2nd ed.) (pp.251–279). Santa Fe: Synergetic.

借助广泛的个人经验来讨论由 ayahuasca 所引起的视觉经验，以及它们与清醒梦、创造力和实相的关系。

Schacter, D. K., Addis, D. R., Hassabis, D., Martin, V. C., Spreng, R. N., and Szpunar, K. K. (2012). The future of memory: Remembering, imagining, and the brain. *Neuron, 76*(4).

记住过去与想象未来之间的异同点。

Sheldrake, R. (2005). The sense of being stared at, Part 1: Is it real or illusory? *Journal of Consciousness Studies, 12*(6), 10–31. Peer commentaries (pp.50–116), especially Braud, French, Radin, and Schlitz; and response, pp.117–126.

对人们（没看就）知道有人盯着自己看的观点的证据进行探讨。

Siegel, R. K. (1992). The psychonaut and the shaman. In R. K. Siegel, *Fire in the brain*. New York: Penguin.

跟随 Siegel 的"脑航员团队"和一名墨西哥萨满所进行的幻觉大冒险。

第十五章 CHAPTER

梦里梦外

我坐在滑雪索道车上,一个双人的座位,向着高耸的雪峰缓慢爬升。天又冷又黑——时近拂晓,深蓝的天空在太阳即将破晓而出的方向慢慢亮起。"可这索道要到早上8:30才开的呀。"我想着。"我怎么到这儿来的?索道车天黑时是不会开的。这到底是怎么回事?"我开始恐慌。我朝下看,意识到自己没穿滑雪板,而我得穿着滑雪板才能安全地跳下索车。那我就得跑起来,希望不要摔倒。就在我的靴子快要触到地面时,我突然有了答案。我是在做梦啊,意识到这一点之后,好像我就醒了过来。索道车当然不会在黑暗中运行啦。我环顾四周,在自己的梦境中神智清醒,凝望晨光中美丽的山峦,阳光洒满群山之巅。

这就是一个清醒梦的例子:一个你在做梦时知道自己在做梦的梦。这种在梦境中"苏醒"而保持睡眠的能力引出了各种关于睡眠、梦境和意识改变状态的有趣问题。说我在清醒梦中"苏醒过来"或者"变得有意识了"是什么意思？你在普通的梦境里不也有意识吗？而梦又是什么呢？它们是体验，还是苏醒之后构建的故事？做梦的人又是谁呢？

因为梦境在许多文章里都有过详细的阐述（例如，Empson，2001；Hobson，2002；Horne，2006；Moorcroft，2013），因而本章只对睡眠和梦境研究的基本知识做大致的介绍，重点是普通梦境和某些更加诡异的梦境，以及睡眠相关现象，看看它们能告诉我们哪些与意识有关的东西。我们对出体体验和濒死体验也提出了同样的问题，这两者都打破了我们通常作为有意识的自我从自己身体内部向外观察的感觉。

苏醒与睡眠

> 我这一辈子，做过许多永生难忘的梦，改变了我的想法：它们穿越了我，并借我的身体，如同红酒借了水的身体，改变了我心灵的颜色。这就是一个：我要开始讲述了——但请注意，不要嘲笑任何一部分。
>
> ——艾米莉·勃朗蒂（Emily Brontë）
> 《呼啸山庄》（Wuthering Heights，1847）

每天，我们都要历经三种状态的循环：清醒、快速眼动睡眠以及非快速眼动睡眠；典型的夜间睡眠包含4~5次从非快速眼动睡眠到快速眼动睡眠的循环过程，还常常有一些记不起来的微清醒状态。这些清醒和睡眠的状态通过生理学和行为学的措施进行定义，包括人们多容易被唤醒、他们的眼动和肌肉张力（肌肉纤维的被动收缩程度），还有他们可以被EEG或扫描测量到的大脑活动。在快速眼动睡眠中，大脑是高度活跃的，它的EEG与清醒状态类似，尽管矛盾的是，睡眠者比处于非快速眼动睡眠状态时更难被唤醒。即便在快速眼动睡眠中，神经元的总体放电率也会跟清醒状态时一样高，但模式十分不同，它的EEG被悠长缓慢的而不是复杂迅捷的波形所主导（见图15.1）。

这些状态在神经化学和生理学方面得到了很好的研究。例如，神经调质腺苷和褪黑素在睡眠诱导方面发挥着至关重要的作用。在睡眠过程中控制快速眼动睡眠循环的，是脑干内的脑桥中的网状结构，而不是更高级的脑部区域，后者对于正常的睡眠循环不是必需的。位于脑干内部的是快速眼动睡眠开启细胞核胆碱能，以及快速眼动睡眠关闭细胞核胺能（去甲肾上腺素和血清素都有），它们相互激活、相互抑制并控制状态的转换。

在睡眠中，大脑的各个部分被以不同的方式隔离开，程度不尽相同。感觉输入阻断发生于丘脑皮层水平上的非快速眼动睡眠过程，以及快速眼动睡眠过程的外周。快速眼动睡眠也存在不同的阶段，而 fMRI 研究表明，在持续性快速眼动睡眠过程中，听觉刺激仍可在某种程度上激活听觉皮层，而在阶段性（间歇性）快速眼动睡眠中，当眼动和肌肉抽搐出现时，大脑就会在一个功能隔离的闭环中运行（Wehrle et al., 2007）。

在快速眼动睡眠中，脑干在脊髓运动神经元的层次上阻断了运动指令，于是不管运动皮层中有何动作，都不会产生生理活动。这意味着，你可以在梦中爬出窗户，上到屋顶上去，但你的双腿不会让你这样做——这些保护机制在梦游时会短暂失灵，而在睡眠麻痹中过度活跃。与此同时，脑桥、杏仁核、海马体和前扣带回特别活跃，视觉系统和视觉联合区的一部分也是如此，但背外侧前额叶皮层（与工作记忆、解决问题和计划等执行功能及运动组织相关）比清醒时沉寂许多（见图 15.2）。

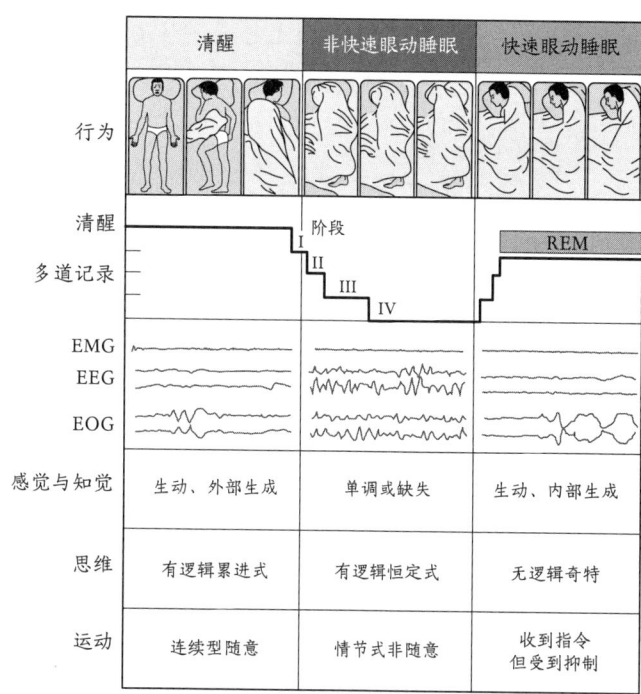

图 15.1 人类的行为状态。清醒状态、非快速眼动睡眠和快速眼动睡眠具有行为、多道记录和心理表现。这些阶段的顺序通过多道记录仪来呈现。同时也显示了用来区别意识状态的三种追踪示例：肌电图（EMG）在清醒时最高，在非快速眼动睡眠时居中，在快速眼动睡眠时最低；脑电图（EEG）和眼电图（EOG）在清醒和快速眼动睡眠中同时激活，而在非快速眼动睡眠中不活跃。每个示例大约持续 20 秒（Hobson, 2002, Figure 2; Hobson, 2009, p.805）。

通过这些方式可以对睡眠的各种生理状态进行辨认和研究，那么体验又如何呢？大约有 14% 的人报告每天晚上都会做梦，25% 的人报告经常做梦，6% 的人从来不做梦，而梦境回忆会随着年龄递减（Blagrove, 2009）。这里的重点在于回忆，而不是梦本身，因为多数梦境从来没有被回忆起来过。在 20 世纪 50 年代，EEG 研究率先揭示了睡眠的各个阶段，而人可以在不同阶段被选择性地唤醒。

当人被从非快速眼动睡眠中唤醒时，一般会说脑袋里空空荡荡的，或者会说他们正在想。举一个简单例子："我刚才睡着了。我没想任何事情，也没有梦见任何东西。"或者"我在想我的侄子，很快就到他的生日了，我得给他寄张贺卡。"非快速眼动睡眠报告通常都比较短，而且缺乏细节。

相比之下，当人们从快速眼动睡眠状态被唤醒时，一般会报告刚做过复杂的、时间更长而且往往奇特的梦；有时会非常奇特，比如这一段节选文字：

> 我在参加一个会议，想吃早餐，但是食物和排队的人在不断变化。我的腿站不住了，我还发现举着餐盘很费劲。然后我意识到了原因。我的身体正在腐烂，液体从中渗出。我觉得在会议结束之前，我就会彻底烂掉，但我觉得，如果自己有力气，还是应该去弄点儿咖啡来喝。

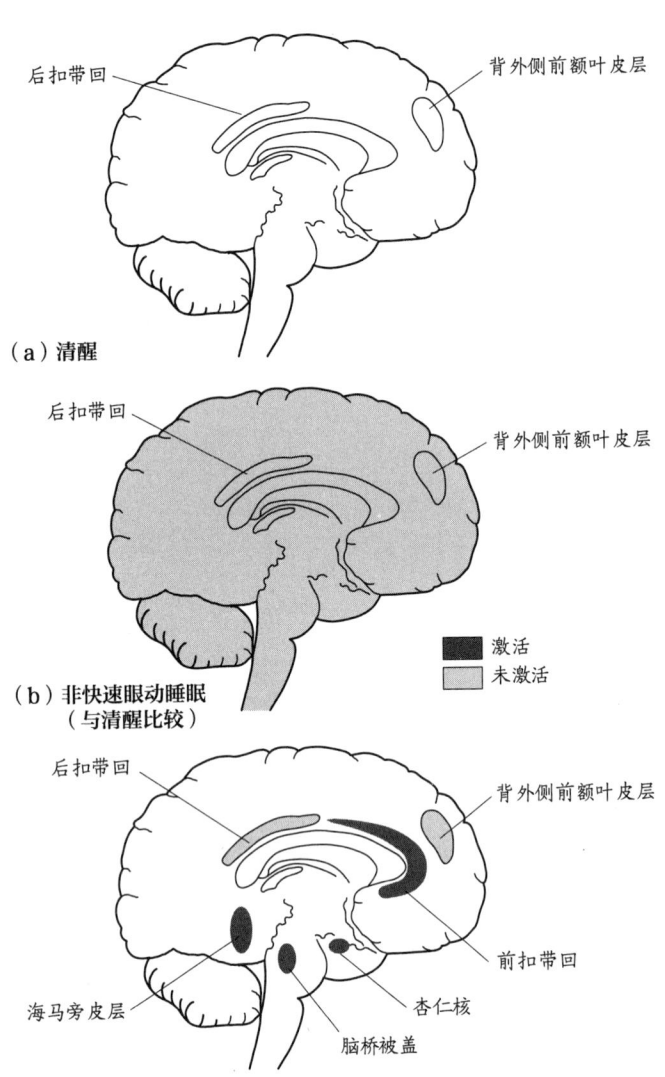

图15.2 非快速眼动睡眠和快速眼动睡眠中的脑区激活的PET研究证据总结。与清醒时的血流分布（a）相比，在非快速眼动睡眠中观察到了全局性血流减弱（b），显示了与夜晚前期被极大削弱的意识体验相一致的广泛的非激活状态。在快速眼动睡眠（c）中，许多区域都以与其在清醒时相当的水平被激活了（深灰色），而其他区域则没有被激活（浅灰色；Hobson，2002，p.112）。

我们不能说这是一个典型的梦，因为也许就不存在典型的梦这种东西，但它有着多数人或许能够辨认出来的熟悉元素，特别是对极度的荒诞不经所做出的实事求是的回应。通过问卷调查和访谈以及Calvin Hall和Robert van de Castle最初在20世纪60年代（1966；Domhoff，1996）开发的评分系统分析报告，人们对梦的内容进行了深入研究。所分析的因素包括背景、人物、情绪、社会互动和不幸，所有这些因素在不同的时代和文化中都表现出了显著的一致性，存在着可靠的性别差异，以及成人和儿童的梦之间的可靠差异（Domhoff，1996，Ch.4）。

例如，男人会比女人更多地梦到其他男人，并会有更具攻击性的互动。相反，儿童经常梦到动物，在梦中遭遇更多的不幸，并会更经常成为受害者。在3/4的梦境中会出现特别的情感或情绪，出现正面和负面情绪的概率大致相当。喜悦是报告中最常见的情绪，接着是气愤和恐惧。清醒时的生活事件常常会在梦中发挥某种作用，包括梦到类似手术、心理治疗或者结婚和离婚这样的生活事件，还有前一天的琐碎小事。

"至于梦——它们就是心灵的便宜的劣质电影——挺好玩的，但忘了最好。"
（Horne，2009，p.709）

如果我们醒来时还能记起梦境，就有可能尝试去理解我们梦到的东西；确实，理解的过程也是回忆的一部分。想要赋予梦境意义的自然倾向性（也许比对清醒生活中的事件还要急迫；Morewedge and Norton，2009）受到了弗洛伊德（Freud，1900/1999）对梦进行解析的精神分析的鼓励，这种方法将梦境视为愿望满足的形式，其中源自潜意识的真实（或"潜在"）内容隐藏在梦中情景表层的"显性"内容之中。荣格（Jung，例如 1934—1936/1968）采用了这些概念来强调表达无意识态度的基本原型的作用，这些原型可以依照做梦人和梦中情境的不同表现为不同动态形式的梦境符号与形状。这些理论没有一个经受住了时间的考验。尽管提供现成意义模板的解梦书籍和网站颇为流行，而且许多人都相信他们的梦境为无意识信念和欲望提供了洞见，但还是没有什么好的理由来让我们相信，梦境反映的不仅仅是当前的担忧或希望。

将梦境内容普遍化是有问题的，这是收集报告所用方法的后果造成的。例如，有些研究者让人们记录一段在较长时期内收集起来的梦境，而别的研究者只要求记录最近的梦境。然而，选择性报告对所有收集方法都是一个问题，而选择可以发生在好几个阶段：苏醒后只记得某些梦境；某些梦在苏醒后忘记得更快；当人们被要求写报告或描述所做的梦时，会出现进一步的选择。结果，奇特或有趣梦境出现时，可能被夸大了。当然，许多梦境都很奇特，但在试图避免选择问题的研究中只发现了大约 10% 的奇特梦境。

奇特的形式各有不同。艾伦·霍布森（Allan Hobson，1999）提出了三种类别：涉及与角色、物体、动作或设置特征不匹配的不协调性；涉及这些因素突变的不连续性；涉及明显模糊性的不确定性。他的团队的研究表明，角色与物体在梦中的转变遵循某

小传 15.1
艾伦·霍布森（Allan Hobson，1933 年生）

艾伦·霍布森以其梦境状态的 AIM 模型和对睡眠的广泛研究工作而出名，他既是实验研究者和精神病学家，也是哈佛大学医学院的名誉教授。他在 1962 年看到了清醒梦的资料后，就开始做这样的梦，几十年来一直保存记梦境笔记的习惯。他的梦在 2001 年的一次中风之后停止了，但 36 天之后，就在他能够再次走路之后，梦又开始了。他一直想要理解睡眠的功能，近来他主张，大脑通过将自由能量最小化并降低其对世界所构建模型的复杂程度，来在睡眠中优化自身。霍布森猛烈评击精神病学对精神分析的长期依赖；他认为弗洛伊德的观点过于浅薄而且谬误百出，称既然精神分析永远不会自我放弃，我们就等着它灭亡好了。他在佛蒙特有一座奶牛农场，他在那里重修旧屋，开办展览，还有一间艺术画廊。他是许多梦境研究著作的作者，包括《梦想药店》（*The Dream Drugstore*，2001）和《心理动力神经学：梦想、意识与虚拟现实》（*Psychodynamic Neurology: Dreams, Consciousness and Virtual Reality*, 2015）。

小传 15.2

安蒂·瑞文苏（Antti Revonsuo，1963 年生）

安蒂·瑞文苏在攻读心理学和哲学本科专业时，就撰写了关于科幻故事如何呈现没有灵魂的僵尸和机器意识这样的传统哲学问题的论文。通过对神经心理患者的认知缺陷的研究，他进入了哲学领域，攻读意识博士学位，将哲学、神经机制和意识改变状态结合在一起。他在芬兰图尔库大学和瑞典舍夫德大学都担任教职。作为一名哈利·波特迷，他声称可使用邓布利多教授的长老魔杖作为指针，但我们无法证实他有一次曾经担任过霍格沃茨访问教授的谣言，据说他的专长是黑魔法防御。瑞文苏最为出名的是他将做梦当成一种威胁模拟的进化理论，以及将做梦的大脑视为理解意识的模型的倡议。他将自己描述为"生物现实主义者"，并相信意识在大脑中是一种更高层级的生物组织。在未来，他计划要从事更多视觉意识和麻醉方面的研究工作。

种特定原则，而场景和情节变化则不会。也许梦境最奇怪的地方就在于，当我们做梦时，我们几乎觉察不到它们有多奇怪。

芬兰梦境研究者安蒂·瑞文苏及其同事使用来自 52 名学生的做梦日记中的 592 个梦境更加详细地研究了奇特的梦境，并对他们梦中角色的奇特程度进行了测量（Revonsuo and Tarkko，2002）。最常见的类型是做梦的人对于梦中角色所拥有的奇特的语义知识。角色表达所固有的特征往往比角色与场景或位置之间的关系还要奇特，例如梦见"总统在我家厨房里喝了杯咖啡"；还有人物和物品的频繁变化、出现与消失。

我们该怎么理解这一切呢？这些梦境的特征是否遵循任何模式或规则呢？如果是，我们有没有可能通过生物学来理解它们呢？

从生理学到体验

梦境研究好像提供了一种完美的情境，可以从中寻找意识的神经关联。各种不同的生理学、神经化学和行为学变量都可以跟梦境的主观描述发生关联。从表面上看，这或许显示了一种可能性，要么将体验完全简约为生理状态，要么将体验的状态等同于无力的状态，由此引出一个观点，只存在一个合并的客观/主观的空间映射，只存在一个有梦睡眠的概念，而不是两个。这种生理状态与主观报告之间的关联支持了几十年来对睡眠和梦境的高产研究，并让依照其生理学特征来映射三种主要状态（清醒、快速眼动睡眠和非快速眼动睡眠）成为可能。但这对我们理解主观性或规避难题有什么帮助吗？

对这种映射最出名的尝试，大概要算 Hobson 的 AIM 模型了（第十三章），它描述了一个统一的"大脑－心智"空间。通过从三个维度上对三种状态进行测量，可以确定它们在大脑－心智空间里的位置。添加时间作为第四维度后，A（激活能量）、I（输入来源）和 M（模式；或胺－胆碱能比率）的数值都会变化，而贯穿正常睡眠阶段之中的循环过程则可以通过从这个空间的一个区域向另一个区域的移动来表达［Hobson，2007；图15.3（彩）］。而在Tart的映射意识改变状态的原始概念中，此空间的大量区域都没有被占用，而不同的状态就是离散的"意识状态"。但它们不是点状的，更像是空间里的云团，特别是清醒状态下，数值都很高，但会随时变化。

然而，事情可能没那么简单。首先，明显的一点就是，映射图比较粗略，只包含三个维度，而现实复杂得多（LaBerge，2000；Solms，2000）。这不算一个严重问题，因为图式仍然提供了一种方法，可以将睡眠状态与其他假设性意识改变状态以及各种控制大脑整体状态的神经递质系统联系在一起；而更多的细节与更多的维度，是有可能被添加进来的。

更麻烦的其实是快速眼动睡眠和做梦之间的关联，尽管真实有余，但是不够完美。在睡眠研究的早期，快速眼动睡眠和梦境经常被等同起来，但随后，人们在指代物理状态或报告的体验时，变得更为谨慎。有70%~95%的人从快速眼动睡眠中苏醒，以及5%~10%的人从非快速眼动睡眠中苏醒，都报告了做梦现象，而约有50%的人从非快速眼动睡眠苏醒报告了某种心理进程。例如，若进行重复性活动（比如几天内都玩了2小时的滑雪游戏），许多人在入睡后不久被唤醒时，会报告与游戏明显相关的影像（Wamsley et al.，2010）。在滑雪的例子中，参与者还报告了来自过去滑雪体验（特别是撞击）的影像；如果在睡眠中更晚一些才被唤醒，所报告的影像会离游戏更远，比如在滑雪度假村堆木头。随着睡眠的继续，非快速眼动睡眠体验变得更像"梦境"，这一发现引发了一个问题："梦境"和"睡眠心理进程"之间的界线到底该画在何处？我们应不应该允许心理进程变成某种心理活动（比如感知、体感、思绪），却将梦境限定为"苏醒时回想起来的更为精致、生动并像故事一样的体验"（Kryger，Roth，and Dement，2011，p.585），抑或这样的区分还有争议，不可能被持续地应用？又或者快速眼动睡眠与非快速眼动睡眠本身都无法被清楚地区分开，而非快速眼动睡眠也可能包含了内隐的快速眼动睡眠过程（Nielsen，2000）。但总体来看，还是很清楚的，生理上处于快速眼动睡眠状态，并不能保证做梦，而不产生快速眼动生理进程的梦境也是可以出现的。

更多的证据来自大脑病变。如果与情绪性动机有关的腹内侧额叶区域（涉及情绪性动机）或者颞–枕叶（parietotemporo-occipital，TPO）交界处（属于感觉区域的一部分）受损，将会减少或消除梦境回忆，但快速眼动睡眠基本保持正常（Solms，2000）。换言之，快速眼动睡眠对做梦来说既不是必要条件，也不是充分条件。

概念 15.1

梦的进化

梦为什么会进化？这里的问题不是睡眠为什么进化了。关于快速眼动睡眠和非快速眼动睡眠在不同物种间的进化功能，有许多针锋相对的理论（Horne，2006；Barrett and McNamara，2012；Hobson and Friston，2012），但是更棘手的问题与梦境有关：它们是有自身的功能，还是不可避免地附于特定的睡眠状态？同意识本身的进化问题一样（第十一章），我们可以找到支持所有主要观点的例证。

做梦可能有一个关键的生物学功能。按照安蒂·瑞文苏的威胁模拟理论，在人类进化的多数进程中，严重的生理和人际威胁对于那些幸存下来的人来说，意味着一种生殖优势，因而做梦进化了，以便刺激和练习如何应对这些威胁（对于小说、戏剧或电影的投入感，也有类似的观点）。瑞文苏（Revonsuo，2000）表示，现代梦境包括了远比人清醒时所遇到的事件更具危险性的事件，而做梦的人通常都会适当地处理它们。尼夫拉斯·汉弗莱（Humphrey，1983，1986）提出了一种更宽泛的"梦境如戏"的观点。做梦考察了我们的生理、智力和社交技能，并"代表了大自然用来教导心理学家的最为大胆和巧妙的伎俩"（1983，p.85）。

Flanagan 宣称，"梦就是进化现象"，没有任何适应性功能。"梦的出现，就是搭上了一个原本专为思维和睡眠而设计的系统的便车"（2000，pp.100，24）。越来越多的证据表明，睡眠对重新激活与整合新记忆有重要作用，这表明梦的内容和结构仅仅反映了这些过程而已（Wamsley and Stickgold，2011；Wamsley，2014）。第一个将梦与记忆联系在一起的理论是 Crick 和 Mitchison（1983）的观点，他们认为神经网络在学习中出现了过

其次，快速眼动睡眠可以在不太容易甚至不太可能做梦时出现。例如，人类胎儿每天的快速眼动睡眠长达 15 小时，婴儿随着年龄增长会睡得更少，儿童和成人则更少。然而，胎儿不可能有类似成人的梦境，因为梦境依赖以前的经验，以及高度发展的认知能力，这些都是未出生的胎儿所欠缺的。没有视觉体验的人，比如天生眼盲的人，梦到的不是视觉影像，而是词语、想法和情感，还有听觉、触觉、味觉和嗅觉形象。在生活中后天才致盲的人，其梦境中的视觉成分会变得越来越少，而触觉成分会越来越多（Meaidi et al.，2014）。这些人有大量的体验和丰富的自我感觉。但新生的婴儿没有这两者。

随着儿童不断长大，他们的梦境也密切反映了不断发展的认知能力。他们的梦境从五六岁时报告的相当单一的静态梦图像，变成了六七岁时更加鲜活、更富动态的影像，而梦到自己的情况，只有在大约 7 岁之后才会出现（Foulkes，1993）。我们因此可以确定，无论胎儿的快速眼动睡眠中出现了什么，都不会是像成人梦境中一样的东西。霍布森在此基础上猜测，婴儿的心灵－大脑在梦境出现前的快速眼动睡眠中的行为，可能是在为自身做好迎接诸多整合功能做准备——他在这些功能之中包含了意识。他认为，生命早期梦境出现之前的快速眼动睡眠可以被设想为"原始意识"，以达到满足我们探索虚拟环境的可能性与局限性的目的，"因此，意识的发展被视为一个渐进的、耗时的、终生的过程，它建立在一个更原始的、与生俱来的虚拟现实发生器的基础上，并不断地加以利用"（Hobson，2009，p.808）。对霍布森来说，"整合"梦想状态的能力就是让我们变得对它有意识的东西。

其他物种的睡眠看起来也跟成年人类的睡眠很不一样（Empson，2001）。爬行类没有快速眼动睡眠，但许多鸟类和哺乳类动物有。瓶鼻海豚尽管十分聪明，但好像也没有，而且它们每次只有一半的大脑会进入睡眠，每个循环2小时，所以它们可以持续地观察捕猎者，并且知道什么时候要浮出水面去呼吸空气。据观察，乌贼有类快速眼动睡眠（有快速眼动、体色变化和肢体抽动），但章鱼没有（Frank et al.，2012）。田鼠和家鼠、狗类和猫类、猴子和猿类，都有快速眼动睡眠，而当我们看见它们眼皮颤动或者触须抽动的时候，很容易想象它们是在做梦。但我们这么做，对不对呢？我们可以根据对它们认知能力的了解来进行猜测，认为它们中的某一些的确是在享受复杂的视觉和听觉形象，甚至带有叙事结构，但它们不可能用词语描述梦境。因此，我们不能对它们进行提问，也不能简单地假设快速眼动睡眠等同于做梦。

我们该何去何从呢？

一种可能是生物学和现象学永远不会约简为或等同于对方；无底的深渊永远不能跨越。另一种可能则是，随着研究的深入以及对大脑状态与神经化学更好的理解，我们可以搞清楚大脑状态与做梦的体验到底有何关联。

在这个方向上已经有了一些暗示。很久以前，人们就知道梦境的内容与快速眼动有关，例如当有人报告梦见观看一场网球比赛时，在EEG记录上就会看到明显的左—右眼动。同样的皮层区域好像同时与快速眼动以及清醒时的眼部运动都有关系，而fMRI扫描证明，"快速眼动睡眠就是视觉引导扫视，它在反射性地探索梦中的影像"（Hong et al.，2009）。

当我们看见或听见什么东西以及想象或记起什么东西时，同样的感觉区域就会被激活，而做梦时好像也是这样。例如，感觉区域活动的相对增加和前额叶区域活动的相对减少，与缺少行动或决策执行控制的多感觉梦境是一致的。梦境中的情绪与杏仁核、眶额叶皮层和前扣带回的激活增长一致，而记忆

载，而快速眼动睡眠的功能就是对网络进行冲刷，去除多余的连接。换句话说，我们做梦是为了忘记。霍布森（Hobson，2002）也将做梦与记忆整合联系起来，认为做梦是附带现象，但理由不同：梦的内容对清醒时的行为没有显著影响，很多人不用回想梦境的内容，也能很好地发挥功能；相反，快速眼动睡眠状态会发挥作用，将自由能量最小化，并降低大脑对外部世界建模的复杂程度（Hobson and Friston，2012）。Tononi的"突触内稳态"假说（Tononi and Cirelli，2003）认为，睡眠规范了清醒时过度活跃的突触活动。睡眠是我们为大脑可塑性付出的代价，而梦就是它巨大的回忆剧本库中的某一出戏。

有关梦境的意识体验是否有功能性作用的问题，是意识总体上有没有功能这一更大问题的一部分（第十一章），它仍然没有得到解决。但无论答案如何，我们都可以在自己的生活中用到梦。梦境解读理论，特别是基于弗洛伊德精神解析的理论，没有经受住时间的考验（Webster，1995；Hobson，2002），但是针对梦境的研究仍然可以揭示我们的动机、希望和恐惧，鼓励不断增强的觉察，甚至可以成为创造性和洞察力的一个来源。

"我们在清醒时的意识觉知是一种明显的适应性优势，但我们在睡眠中的意识觉知可能就不是。"

（Hobson, in Metzinger, 2009, p.153）

的参与则与海马体及其联合区的激活有关（Maquet et al.，2005）。动物研究也揭示了学习、记忆和梦境内容之间的更多联系。例如，大鼠经过训练后在一个环形跑道上奔跑，它们的海马体在活动和睡眠期间的活动被记录下来（Louie and Wilson，2001）。在超过 40 段快速眼动睡眠情景中，约有半数重复了动物跑动时所产生的独特的大脑活动信号。其关联性是如此紧密，以至研究者都能在动物做梦时重构它清醒时会处于迷宫的什么位置，还有它梦到是在跑步还是安静地待着不动。更新一些的对海马体定位细胞活动的研究已经精确到可以重构大鼠的位置，这表明，睡眠中的大鼠在实际探索之前就"预演"了它们见过的可以通向食物的路线，形成了往返食物所在地点的预计行程的心理地图（Ólafsdóttir et al.，2015）。

"快速眼动睡眠这种大脑状态能够实现基本的管理功能，清醒的意识对其有依赖性。"

（Hobson and Friston，2012，p.87）

有一天，我们能不能从人脑活动中推断出他们做了什么梦？这种展望好像很可怕，其实第一步已经迈出去了。在位于加州大学伯克利分校的加伦特实验室，科学家们在人们观看视频时记录了许多小时的 fMRI 数据（Nishimoto et al.，2011），由此创建了一部巨型"词典"，将视频中的形状、边缘和运动与观看者大脑中数以千计的观测点的活动关联起来。等他们为同一个人播放新的视频时，他们就可以使用"词典"来重构所观看视频的一个可辨认版本，尽管还有些模糊不清。类似的方法随后也被应用到在扫描仪内入睡而被从快速眼动睡眠中唤醒的人身上。使用记录的数据和详细的"词典"就能重构他们所梦到的东西的影像了（Horikawa et al.，2013）。这需要海量的计算能力，但其原理已经得到了证明：观看某人的大脑活动从而获知梦境的内容，是有可能实现的。这是我们在认识上迈出的一大步，但它也许只会让生理学与体验之间的鸿沟看起来更明显。

霍布森对做梦的"原意识（protoconsciousness）"假设近来借理论神经科学家 Karl Friston 所开发的预测性加工概念得以扩展。睡眠的功能长期受到激烈争论，所涉及的理论从维持神经递质功能到整合新记忆、从促进代谢物清除到提高神经可塑性，不一而足（Assefa et al.，2015）。霍布森等人（Hobson and Friston，2012）提出了一种新的功能：在睡眠过程中，大脑的"虚拟现实发生器"（p.85）约简了它对清醒世界的建模，以此来提高我们做出可靠预测的能力。这种观点得到了诸多生理学观察结果的支持。例如，脑桥 – 膝状体 – 枕叶（pontine-geniculate-occipital，PGO）波参与了视觉系统内传递眼球运动信息的过程，并且可能会允许大脑在睡眠期间从事预测工作。这可以同时引发眼部运动命令信号并伴随放电，后者能让我们预测眼部运动的视觉后果。

出乎意料的刺激会在清醒和快速眼动睡眠状态的脑电波中产生一个强烈的尖峰（惊吓反应）。惊吓反应的意思就是，预测内容和显现内容之间出现了不匹配，因此它们出现在快速眼动睡眠中，就证明假设也会在这里被拿来与感觉证据进行比对。但这个理论有一个问题，就是这种PGO惊吓反应在睡眠期间的适应性比较差。乍看上去，这好像是说反了，因为梦中的惊讶是十分罕见的。的确，这就是做梦的一个怪异之处：我们在梦中很少对极其荒诞的梦中事件感到惊讶。该理论的作者们认为，我们在梦中无法感到惊讶，或许是因为我们的体验是丘脑－皮层系统自上而下的预测结果。这符合梦境更像是想象（受到自上而下的意图和预测驱动）而非感官知觉（受到环境感知因素自下而上式的驱动）的观点（Nir and Tononi，2010）。

他们说，大脑无论是在睡眠还是在清醒状态都会受到驱动，以便推断感觉取样的原因，就像科学家被驱动来测试他们的假设一样（Hobson and Friston，2014）。笛卡尔剧院就是对其所产生的虚拟现实模型的一个比喻。但是不存在观看演出的内部观众——只有被彩排过的并与感觉证据相印证的故事和幻想。这是一种有害的笛卡尔剧院吗？有趣的是，霍布森等人得出了一种新的二元论，这是一种介于意识推导过程和对其进行编码的大脑生理状态之间的一种二元状态，他们号称这有助于"驱散意识的某些神秘特征"（Hobson and Friston，2014，p.6）。

但总体而言，霍布森等人对睡眠中的加工方面的兴趣超过了做梦的现象学。对他们来说，完成重要工作的是睡眠，而梦境只不过是"我们的虚拟现实生成器所生成的夜间产品的主观附带现象，并没有包含什么新信息"（Hobson and Friston，2012，p.87）。他们认为，也许这就是为什么梦境通常不值得我们记住。但要把像做梦这样重要的东西当成一种附带现象来打发，会引发其自身的哲学问题（见第一章）。

另外还有一个例子，就是瑞文苏的团队是怎样把生理学与来自梦境的荒唐体验结合起来的。他们认为，三种类型的荒唐梦境可以理解为三类失败的绑定：特征绑定、情境绑定和跨时间绑定。他们总结，"与仅涉及部分特征相比，更加全局性的绑定更常错乱"，并将它们与参与生成了不同梦中影像的、明确的加工模式的数目关联到了一起（Revonsuo and Tarkko，2002，p.20）。换句话说，大脑构建一种特定的整合式影像的难度越大，这种影像崩溃或在梦境中显现出荒唐的绑定特征的可能性就越大。

这一点表明，哪怕是最异乎寻常的梦境特征也可能促生对睡眠中的大脑机

"[梦境就是]我们的虚拟现实生成器所生成的夜间产品的主观附带现象。"

（Hobson and Friston，2012，p.87）

制的研究。即便如此，我们依靠的还是关联关系，就像意识体验的其他所有特征一样，我们无法满怀信心地说，梦境和大脑状态可以互相约简、成为彼此，或者它们就是一回事，也不能信心十足地用"大脑－心智状态"的术语来描述它们。

到目前为止，我们一直在假设，梦境就是意识体验，但这个假设对吗？有些哲学家就质疑过意识到底是不是体验（Malcolm，1959；Dennett，1976）。

梦是不是体验？

"梦中的意识不是正常的意识，但无论如何，它仍然是一种意识。"

（Damasio，2014，p.111）

你可能会说，梦当然是体验。许多人都会同意你的说法。《牛津英语词典》（*Oxford English Dictionary*，2018年1月版）将梦定义为"睡眠期间由心理活动生成的一系列影像、想法和情感，常伴有叙事特点"。心理学教科书通常会将梦包括在"睡眠中的意识状态"的章节中，而许多哲学家和意识研究者对此也表示接受："梦就是一种意识形式，当然，它与完全清醒的状态有很大的不同"（Searle，1997，p.5）；"做梦是意识的一种主观现象"（Revonsuo and Tarkko，2002，p.4）；"梦是有意识的，因为它们创造了世界的表象……梦就是主观状态，其中有一个现象的自我"（Metzinger，2009，p.135）；它们是"清醒状态之外的第二种意识全局状态"（Windt and Noreika，2011），或是"清醒时很难记起的一种意识改变状态"（Hobson，2014，p.4）。霍布森（Hobson，1999，p.209）是这样捍卫这一常识性观点的："我们的梦不是神秘现象，它们是意识事件。这里有一个最简单的测试：我们对梦中发生的事情有知觉吗？当然有。因此，做梦就是一种意识体验。"

但我们在梦中真的有知觉吗？假设我从梦中醒来，想道："哇噢！那真是一个奇怪的梦。我记得我一直想要喝咖啡。"在苏醒的那一刻，我好像之前都一直在做梦。确实，我完全相信，那一刻之前，我梦见自己一直在咖啡馆里，然而细节很快就溜走了，而我没法抓住它们，更别说是把它们报告出来了。但这里有几个严重的问题。

有些问题与自我有关。尽管我确定"我一直在做梦，梦中的自我跟平常清醒时的自我不太一样。这种奇怪的梦中自我没有意识到她是在做梦；她接受了人群和食物不断以不可能的方式变化的情形，对她身体的状况没有表现出多少恶心或惊讶，并在总体上认为一切都是真实的。做梦的真是我吗？也许不是——但是，或许就像Metzinger所说的那样，这已经无关紧要了，因为梦里的确存在某种形式的现象自我，而这已经足够支持现象自我模型（PSM）了。

其他的问题则与梦中缺乏洞察力有关。拿 Tart 的意识改变状态主观定义（第十三章）来举例，很明显存在一种"心理功能总体模式的质的改变"，但与多数药物诱导状态或是感官剥夺过程中的状态不同，"体验者感觉到自己的意识与平常的作用方式很不一样"的表述是不对的；而体验者至少在非清醒梦中并没有注意到这种"巨大"的变化。因此，依照这个定义，我们就会被迫得出一个令人好奇的结论：所有意识改变状态中最为经典的普通梦其实根本就不是真正的意识改变状态。但很奇怪，以同样的定义来看，清醒梦成了一种意识改变状态，因为体验者现在真的意识到它是一个梦了。

其他的怪异之处与梦的状态有关：如果我开始怀疑我是否真的做过那个梦，唯一能获取的证据就是我自己的记忆，而那些记忆都很模糊，消退得很快。针对这种怀疑的一个回应可以追溯到 1861 年，当时法国物理学家 Alfred Maury 讲述了一个有关法国大革命的漫长而复杂的梦。在梦的高潮处，他被拉上了断头台。就在他被砍头的一瞬间，他醒过来了，发现床头板掉在他脖子上了（Maury，1861，pp.133-134）。他认为梦境并没有实时发生，而是在苏醒的那一刻才被完整炮制出来。这一理论流行开来，或许是因为有那么多的人都有过梦见教堂钟声敲响或者野狼嚎叫的体验，醒来却发现是闹钟在响。这在心理上似乎说得通，因为从某种意义上说，人类非常善于编故事，搬弄是非也快得出奇。但事实并非如此。

20 世纪 50 年代，在实验室接受睡眠研究的人被要求叙述他们的梦境，而他们的快速眼动睡眠时间越长，给出的叙述就越长。另外还有些实验想要把外部刺激整合进梦境里。声音、轻拍体表、闪光以及滴水和喷水都用过，就算它们没能唤醒睡眠者，有时也能影响他们的梦境内容，可以实现对梦中事件的计时。跟上面讲述过的动物实验一样，这些结果说明，做梦所耗费的时间跟清醒事件差不多。这一切都说明，梦不是苏醒的瞬间炮制出来的，而是真的要花时间的。

对这些疑虑的其他回应则更为微妙。丹尼特提出了一系列神奇的理论，把玩体验与回忆之间的关系。按照"梦的录像带理论"，大脑拥有一屋子录制好的潜在梦境，备妥待用。当从快速眼动睡眠中苏醒的时候，一盘"录像带"被从库存里抽出来，如果必要也会匹配脑中的声音，结果嗖的一下，我们好像感觉之前一直在做梦。按照这种理论，真正的梦是不存在的。"意识"中没有出现事件或影像，只有梦境的回忆，而那是永远无法真正体验到的。"按照录像带理论

"梦的意识输出就是做梦的人要回想起的东西。"

（Cicogna and Bosinelli，2001，p.38）

不是会梦到什么，而更像是梦到过什么。按照录像带理论，梦不是我们睡眠过程中的体验"（Dennett，1976，p.138）。

> "不是会梦到什么，而更像是梦到过什么。"（Dennett，1976，p.138）

这理论的要点不在于它可能在字面上是正确的（就算我们把录像带升级为MP4也不行），而在于它为另一种可能性提供了基础，等同于录像带梦境的内容可能是在苏醒前的快速眼动睡眠阶段里被编造出来的。我们现在可以把正常理论（梦境就是睡眠中的意识体验）拿来跟这个新理论（梦境在睡眠中被无意识地编造出来并在苏醒时"被记起"）进行比较。问题是：我们能分清楚哪一个正确吗？

答案好像是不能。询问做梦的人，梦境到底有没有真的在"意识中"出现，没有什么用，因为他们只有自己的记忆，而他们永远都会说"有"。深入观察他们的大脑也没什么用，因为就算我们能看见与想象中的那杯咖啡或是想要走路相关联的神经事件，我们也没法确定那些神经事件在不在"意识之内"。在大脑之内不存在意识发生的特殊地点，或者按照丹尼特后来的理论（Dennett，1991），不存在一个梦境在其中被展示或不被展示的笛卡尔剧院。留给我们的是两种看起来在经验上难以区分的理论，因而这又成了"一种没有分别的分别"。

但是，想要把意识同梦境的无意识因素区分开的倾向仍然常见——即便在那些号称与多重草稿理论保持一致的研究者中也是如此。有一种观点对梦的现象学建模将它视为一种反馈系统，涉及记忆、对其产生影响的解释过程以及对现象体验的监测，它们共同策划并生成了梦境："随着它的发展，无意识的策划同时也变成了梦境中有意识的句法组织"（Cicogna and Bosinelli，2001，p.34）。

这个意思就是，"迭代反馈机制构建了梦境的连续草稿……在无意识层面上，只有最终产品，即梦境本身，才能被知觉取用"（Cicogna and Bosinelli，2001，p.34）。自上而下的过程生成了第一稿，记忆元素激活或抑制其他的元素，又产生了不同的版本。尽管作者们同意丹尼特关于反对存在一个中央控制器的观点，但他们还是将涉及梦境生成的运作过程描述为"无意识的"，其结果就是不得不质疑意识过程在梦境中有什么作用。而因为只有最终产品才是"有意识的"，我们也就必须要问，是什么东西造成了这种区别？

回到计时的问题上来，上述发现中还有一个有趣的冲突。一方面，我们知道梦境是实时出现的；另一方面，我们又知道人们从梦中醒来时，唤醒他们的事件恰好位于一段冗长梦境的结尾处。怎么会这样呢？

> "睡着的人醒了，一个梦就被逆向炮制出来，方法是选出多个线索中的任何一个。"（Blackmore，2004）

解释这种现象的一种方法就是梦境回顾选择理论（Blackmore，2004；见图15.4），它基本上秉持了多重草稿理论的精神。在快速眼动睡眠中，无数的大脑加工过程同时发生，但没有一个是在意识之内或之外。人被唤醒后会从残存的多个混乱的记忆碎片中运行着的大量可能的线索中选出一个来编造故事。被选出的故事被反向编织，以契合时间进展要求，但它只是可能被选出的众多此类故事中的一个，这些故事中的每一个都包含了一个能将做梦的人唤醒的不同事件。重要的是，这个故事的任何一种版本都不会被当作真正的梦境——在当

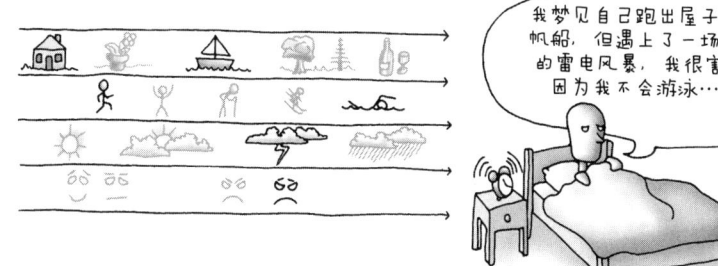

图 15.4　按照回顾选择理论（Blackmore，2004），梦境不是意识体验。它们是在苏醒时，通过对梦中大脑里并行存在的无数思绪与影像进行选择，从而回顾性地炮制出来的。因此在苏醒时，这个做梦的人可能会回想起他曾经从花瓶里摘过几朵花，踩着雪板匆匆逃离以免受惩罚，进到一片森林里，还搞了一次野餐，在一棵松树下喝了一瓶葡萄酒。实际存在的并行过程比这里显示的多得多，因此就可能产生大量的潜在梦境，而苏醒时的闹钟铃声或其他声音很容易影响被选中的是哪一个。

时被有意识地体验到了的梦境。这个理论可以解决上述奇特冲突，但它意味着要接受一个结果，即"我到底梦见了什么？"的问题没有正确答案。这个理论是可以检验的。比如，既然许多大脑事件都是在梦中发生的，它们就应该可以用 Tomoyasu Horikawa 和其他人（2013）所开发的方法被观察到。也应该可能用不同类型的刺激物来唤醒做梦的人，并期待他们做出相匹配的不同的梦境报告，因为只有苏醒时决定的梦境故事才算数。按照这个理论，梦只有在我们醒过来并且做出决断之后才会变成意识体验。它们没有发生在"意识之内"，但话说回来，其他东西也没有（Blackmore，2014）。

这一理论为我们提供了另一种选择，既可以代替标准理论（即梦是在睡眠中发生的有意识的经历），也可以提供替代理论（即梦是在睡眠中无意识地组成的，然后在醒来时"变成有意识的"）。这两种理论都有严重的理论和实证缺陷。

睡眠的边界

奇特的梦幻般的体验可以发生在我们入睡之前，或者是在苏醒的过程中。在那种时刻，当感觉输入被减弱时，常常会出现幻觉，从简单的视觉形状或音符，到皮肤异感或是想象出来的某个肢体的位置变化，不一而足。这种类型的幻觉最早是由 Maury 在 1848 年描述过的，他将那些入睡时发生的幻觉称为入睡前

表象或入睡前幻觉，而苏醒时发生的那些则称为半醒表象（Mavromatis，1987）。

练习 15.1
在快睡着时保持清醒

完全可以通过学习如何在睡眠的边缘徜徉，来探索现实与想象之间的边缘地带。练习 1 周，你就有可能获得奇妙的幻觉和洞察力。有些人会觉得那些景象和声音比较可怕，如果你觉得它过于令人不快，就不要勉强。

像往常一样上床休息，以平常的姿势躺着，但随后尝试保持头脑放空和清醒。一有任何思绪出现，就温柔地让其消失，就像在练习冥想一样。看着面前的黑暗，留心观察模式。注意聆听声音。当你看见或听见什么或是感觉肌肉出现奇怪的抽动时，尝试不要做出反应，只管放松、继续观察、聆听。

这里有两个难点。这个练习可能在你想睡觉时让你保持清醒，或者在你宁可沉湎于幻象或忧愁时，强迫你保持清醒的头脑。我们只能建议说那种景象可能值得不睡觉，而实际上，你也不会比平常多花多少时间入睡，无论感觉如何。

另有一种情形，你可能会发现自己入睡得太快了。给你一个源自西方神秘传统的建议：仰面躺着，把一支胳膊竖起来。如果你睡着了，胳膊掉下来就会把你惊醒。这样你就能在睡眠和清醒之间来回摇摆。不管怎样，仰面躺着会更有可能产生入睡前表象和睡眠麻痹。跟许多这样的练习一样，多练练，它就会很快变得容易起来。

活动 15.1
讨论睡前表象

活动 15.1 中的练习非常适合小组活动。要求每个人都来进行几天在"快睡着时保持清醒"的练习，在床边放好铅笔和纸，记下他们体验到的任何事情。体验发生时或许不太可能马上进行记录，因为最有趣的体验都发生在睡眠的边缘，但是可以在第二天早上把它们用文字记录下来，或是画下来。要求参与者带着所有的笔记和绘画来参加讨论。

有没有什么共同的主题？描述里的形式常量能分辨出来吗？谁有幻觉，谁没有，有没有什么模式？有没有人体验到了睡眠麻痹或是身体变形？这种体验令人愉快吗？

就像在其他幻觉中（第十四章），形式常量很常见，而许多人都讲述过飞翔或跌入隧道、管道或圆锥体，或是穿越星辰点亮的黑暗太空的经历。他们看到旋转的圆圈或太阳、明亮的斑点或条纹，以及颤动的彩色线条。更罕见的情况中，人们会看到动物、人物、神秘生物或复杂的景观，或者听见交谈和窃窃私语的声音。有时候，人们白天长时间做某件事后，入睡时会看见那些事物执拗的影像，比如如果他们一直在做园艺，就会看到杂草；如果一直在浮潜，就会看到无数的鱼群。另有一些人，会在入睡时听见有人清楚地叫自己的名字，而这种情形很逼真，他们会起身去看是谁在叫自己。少数人学会了如何控制他们的入睡前表象，但他们说它更像是"希望"而不是"愿意",因为你不会总是得到你想要的东西(Mavromatis,1987)。在多数情况下,这些体验都是生动而不可控的,并且不会被错认为是现实,一如严格的幻觉定义所要求的那样。

这些幻觉可以跟睡眠边缘地带中一个最为怪异的现象结合起来:睡眠麻痹,在第十四章的末尾处的例子中做过阐述。

12月9日。我做了一个梦,醒来时心怦怦地跳得厉害。我看到,好像我是在自己位于莫斯科的房子里,坐在宽大的起居室内,而Joseph Alexéevich从客厅走进来。好像我马上就知道了,重生的过程已经在他身上发生,于是我跑去迎接他。我好像拥抱了他,亲吻了他的手,而他说道:"你有没有注意到我的脸不一样了?"我看着他,依旧把他搂在怀里,好像我看到他的脸上很年轻,但是头上没长头发,而他的面部特征也十分不同了,而我好像说了:"我应该会认出你,如果我偶然遇到你的话。"自己又想着,"我是在说实话吗?"突然间,我看见他像死尸般躺着;然后他逐渐恢复了,与我一同进入我的书房,拿着一大本书,封面上装饰着亚历山大塞纳叶的图案。好像我说了:"那是我画的。"他低头致意。我打开书,每一页上都有精彩的绘画。好像我早就知道,这些画代表了她心爱灵魂的爱情历险。……好像我在看着这些绘画时,感到自己做错了,却无法让自己离开它们。

——列夫·托尔斯泰
《战争与和平》(第VI卷,第十章,1869)

睡眠麻痹

第十四章末尾所描述的体验是一种典型的睡眠麻痹,来自数百个通过杂志广告采集的案例(Parker and Blackmore, 2002)。睡眠麻痹是一种严重的发作性睡眠障碍,正是因为这个原因,它可以被当成病理性疾病,但睡眠麻痹在健康人群中很常见,现有的发作率估计值有加拿大(21%)、中国香港(37%)、日本(40%)、尼日利亚(44%)、英国(46%)和加拿大纽芬兰(62%)(Parker and Blackmore, 2002)。一份总结了过去35项研究的综述估计,普通人一生中的发作率为8%,学生为28%,而精神病患者为32%(Sharpless and Barber, 2011)。

睡眠麻痹最常发生于睡眠潜伏期快速眼动睡眠阶段,可被视为从快速眼动睡眠转向轻度睡眠或苏醒态的侵扰(Nelson et al., 2006)。人觉得自己是醒着的,但随意肌是瘫痪的。最常见的特点是害怕、"现身感"(常为邪恶或可怕的)、哼鸣声、嗡嗡声或是研磨的声音、胸部压迫、身体颤动、四肢有被触碰感,以及漂浮的感觉,甚至是出体体验(Cheyne, Newby-Clark, and Rueffer, 1999; Blackmore, 2017; Denis and Peorio, 2017)。很多人都被吓坏了,因为他们相信现身的是一个真正的鬼魂或外星人,或者因为他们认为自己一定是发疯了。了解一些关于睡眠麻痹的知识,就不那么吓人。

睡眠麻痹可以在实验室里诱发,但很困难,需要在实验者刚刚进入快速眼动睡眠时,重复地将他们唤醒,保持清醒1小时,然后让他们再次入睡(Inugami and Ma, 2002)。睡眠麻痹的大多数特征已经通过经颅磁刺激独立诱导发生,特别是对颞叶的刺激(Persinger, 1999)。例如,现身感被认为是人自己的身体图式被另一个版本取代，可以通过对左颞顶交界处的刺激诱发（Arzy et al., 2006; Brugger, 2006）。

某些经常体验睡眠麻痹的人学会了如何规避它，方法是避免仰躺入睡并定时入睡。当它出现时，最好的方法是放松，并等着它消失，它通常会在几秒之内停止，但如果你感到恐惧，就很难采纳这条建议。其他的方法还包括尽力动一动手指或脚趾，或是快速地眨眼。

许多文化中都有睡眠麻痹的神话，比如中世纪传说中的男女魔精，以及诱人的巴比伦莉莉杜或是风之魔女。纽芬兰的"老巫婆"则是"夜晚出现的恐惧"（Hufford, 1982），坐到受害者的胸口上，试图让他们窒息。同样的体验，在日本叫"金り"（意思是"用铁链捆绑"），韩国叫 Ha-wi-nulita（或用剪刀绞杀），而在圣卢西亚叫 Kokma（未受洗的婴儿精灵的袭击）。最新的睡眠麻痹神话可能是外星人绑架，这包括了所有常见的特征如麻痹、窒息、漂浮感、现身感、身体被触摸以及振动或是哼鸣声。好像不同时代和地方的人们都发明过神话和物体来解释这种常见的生理学现象。至于个人的解读，请参阅 Ronald Siegel "魅魔（The succubus）"一章（1992, pp. 83-90）。

奇怪的梦

当苏珊意识到滑雪索道车、山峦和初升的太阳都是一个梦的时候，她知道自己可以飞起来，跃上群山之巅翱翔，沐浴在清晨清冷的空气中。做梦的人有一半报告了飞翔的梦境，通常都是愉快甚至令人高兴的。坠落的梦境也很常见，有时候会以肌痉挛性抽搐结束——一种非自主的肌肉痉挛，发生在从清醒到睡眠状态的转换过程中。这样的梦境多数是不清醒的——也就是说，做梦的人很少会想"哇噢，我在正常情况下可是飞不起来的，所以这一定是个梦"——但它们有时能提醒人们注意自己的状态，从而导致清醒。

另一种怪异的梦境叫"假醒"，一种感觉醒过来了的梦境。有时，一切都感觉很正常，做梦者起身穿衣，吃早饭，直到他真正清醒过来，又得从头再来一遍。法国生物学家 Yves Delage 曾在 1919 年讲述过一个著名的例子。Delage 睡着的时候听见一阵敲门声。他起身后发现有一位来访者，让他赶紧动身去看一位生病的朋友。他跳起来，穿上衣服，开始洗漱，此时脸上冰凉的水让他清醒过来，他才意识到这只是一个梦。回到床上后，他又听到了同样的声音，怕自己再睡过去，就又跳下床来，重复穿衣和洗漱多达四次之后，他才真正清醒过来（Green, 1968a）。

在别的假醒案例中，人们报告了绿灯、发光物体、怪异感觉还有哼鸣或是嗡嗡声。这些都让人联想到入睡前体验，并引发了怪异的想法：有时候是不可能知道一个人到底是清醒的还是出现了幻觉，或者仅仅梦见自己是清醒的。在第一个例子中，卧室是真实的，而幻觉不是；但在第二个例子中，整个屋子以及屋里的一切都是梦到的。这样的体验中的整体环境都被幻觉代替了，有时被称为"异光体验（metachoric experiences）"（Green and McCreery, 1975）。鬼怪事件、灵异诱拐、外星人到访甚至是某些由药物导致的情况都可能让人产生类似的怀疑（图 15.5）。如果没有生理学监测，我们就无法了解，人们真如他们经常声称的那样睁着眼睛,还是在酣睡不醒(Blackmore,2017)。

然后她心里涌上一个可怕的念头。这会不会还是一个梦呢?会不会是她梦见自己已经真正醒过来了呢?她又怎么分得清呢?狠狠地,她掐了自己一把。她感觉自己被掐疼了,并且看见自己皮肤上留下了一个鲜红的印记,但随即她意识到,有可能她只是梦到了这种感觉和印记,因而那不能算是证据。她用手重重地拍打床头柜。它感觉起来很结实,台灯跳了起来,晃了一下,差点掉下去,但梦境也能创造出桌子和台灯来,并让它们显得很真实。她怎么分得清楚呢?

Jinny 想道,我知道。我知道该怎么做。在梦中你可以飞起来。而她记得自己在梦中飞起来过的所有梦境;在广袤的蓝天上跟 Hatty 一起飞翔;飞跃大海、飞过船舶;飞过森林而没被看见。Jinny 想,这就能证明了,我来看看自己能不能飞起来。于是她爬下床,挥动双臂。什么也没有发生。她上蹿下跳,还是什么也没有发生。她趴下来,划动双臂,什么也没有发生。我觉得我这次是真的清醒了,她想道。但她还在纠结时又睡着了。她能不能梦见自己梦见了自己正在设法搞清楚自己是不是在做梦呢?她能做到吗?

——苏·布莱克莫尔(Sue Blackmore)
《Jinny Jana 的宏大旅程》(*Jinny Jana's Giant Journeys*,2016)

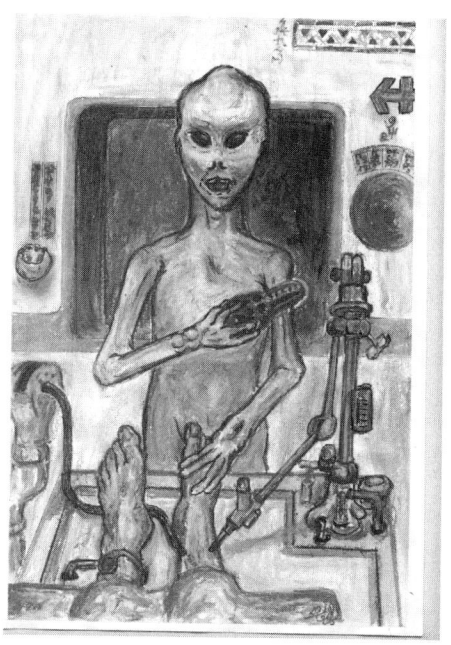

图 15.5 David Howard 患有嗜睡症,这是一种睡眠紊乱症,其特点是成阶段性的睡眠或在白天突然睡着,以及梦中睡眠和幻觉等异常现象。在嗜睡场景中,他号称经常被外星人绑架,被他们动手术,被带到他们的飞船和星球上。他的绘画显示了对此类体验的丰富记忆细节。

在我们做梦的当下,为什么意识不到自己是在做梦呢?这就是普通梦境最为怪异且最让人头疼的事情:我们可以飞翔,开着一辆保时捷掠过海洋,或者躲过原子弹爆炸的灾难而幸存下来,却全然不知为何。然而有时候,的确会出现批判性怀疑,起因是强烈的情绪、梦中的不协调,或是辨认出从前梦境中重复出现的场景(Green,1968a;Gackenbach and LaBerge,1988)。如果我们提出"我是在做梦吗?"的问题,我们就是在做着英国心理学家和清醒梦研究先驱 Celia Green 称之为"前清醒梦(prelucid dream)"的梦。即便是在那个时刻,做梦的人也经常给出错误答案。有记录说,某些人会问梦中的人物,他们是不是在做梦,或者裂变为两个人并且争论他们是不是在做梦,或是想通过掐自己来找出答案。当然，对那些梦到在梦中掐自己且有真实梦中痛感的人来说，掐捏测试就失败了。

清醒梦

当得出正确的结论时，那个梦就变成了清醒梦（lucid dream），"我们突然意识到它只是对世界的整体模拟"（Metzinger，2009，p.140）——一条被其居民意识到是隧道的隧道。

这种意识会产生非比寻常的后果。人们不仅把清醒描述为"在梦中醒来"或是"在梦中有了意识"，许多人还声称，他们一旦清醒，就能飞翔或是漂浮，掌控自己梦境的航道，或是随意改变物体和景致。"清醒梦的主体不是一个迷失在一系列怪诞情景中的被动受害者，而是一个全面发力的特工，能从许多可能的行动中做出选择"（Metzinger，2009，p.143）。如霍布森所言，"我大脑-心灵的一部分苏醒过来……随后我也能乐享其中了。我可以看着梦境……我可以影响梦境的内容"（Hobson，2002，p.142）。

从普通梦向清醒梦的转变，已经有许多方式对其特点进行了归纳。对霍布森以及 Voss 及其同事来说，"初级"与"二级"意识之间存在不同。初级意识就是我们在正常梦境里拥有的东西。它由即时出现的东西管理；我们能做的一切就是面对即时呈现且不断变化的景象而顺其自然，不影响正在发生的体验。等我们醒过来，我们就进入了高级意识，此时我们可以预先策划、反思过往并展望未来。如果我们"醒来"到了清醒梦之中，他们说，"大脑的一部分以初级模式运行，而另一部分则进入了二级意识"（Voss et al.，2013，p.9）。但是，大脑的一部分（或大脑心灵）以不同于另一部分的模式运行，以及能不能进入某一种意识，到底是什么意思？

"在清醒梦中，大脑的一部分以初级模式运行，而另一部分则进入了二级意识。"
（Voss et al.，2013，p.9）

另有一种描述这种转变的方法是，在普通梦境里，我们拥有（对物体和事件的）"现象意识"和"自我意识"；只有在清醒梦中，我们才会同时拥有"元意识"（对自己心理活动的意识）（Cicogna and Bosinelli，2001）。清醒梦可能貌似涉及这种转变，但这种分别真的有用吗？创建意识状态和水平的层级再容易不过了，但它们很难经得起仔细审查。回顾选择理论不需要这样的区别。它只是简单地说，在清醒梦中，不会等到清醒过来的时候才从残留的记忆线索中构建出一个故事，故事的选择和构建已经在做梦过程中完成了。

注意，虽然感觉上好像是增强的意识促生了控制梦境的能力，但这个结论是没有得到关联性保证的。我们只知道，批判性思考、梦境控制、飞翔以及更为清醒、更有意识或更多"我自己"的感觉，都会在清醒梦中结伴出现。我们还知道，比起非清醒梦，人们在清醒梦中报告了更多的洞察力、逻辑思维、思维和行动控制以及积极情绪（Voss et al., 2013）。但是"思维"和"洞察力"之间好像缺乏一种强烈的关联——知道你在做梦跟逻辑思维或感觉它更为真实之间，未必有关联。

"清醒梦"的术语是由荷兰精神病理学家 Frederik van Eeden 在 1913 年发明的，虽然这个名字根本没有很好地叙述此类梦境（"清醒"意思是清楚地表达，或聪明或明亮的），它还是扎下了根。调查显示，约有 50% 的人号称一生中至少做过一次清醒梦，而大约 20% 的人一个月或更长时间会做一次清醒梦。这个数字可能不可靠，因为清醒梦者会很容易认出这种描述，而那些从来没做过清醒梦的人，可能会误解它。附加了这个条件之后，调查显示，清醒梦与年龄、性别、个性特点或基本人口统计学变量没有关联，但同样的人群会更倾向于报告清醒梦、飞翔和坠落梦以及出体体验（Green, 1968a; Blackmore, 1982; Gackenbach and LaBerge, 1988）。

清醒梦长期以来都被认为是超出了严肃睡眠研究的范畴，仅由通灵研究者和超心理学者研究过。即便是在 20 世纪中叶，许多心理学家对其整个概念也是拒绝的，认为在梦中是不可能出现自我反思和有意识的选择的，因此清醒梦的真正出现，一定是在睡眠之前或睡醒之后，或是在微清醒的过程中。

结果证明他们错了。这一大突破是由两位年轻的心理学家——英国赫尔大学的 Keith Hearne 和美国斯坦福大学的 Stephen LaBerge——同时独立完成的。他们面临的问题很简单。在快速眼动睡眠中，随意肌瘫痪了，因而变得清醒的做梦者是无法喊出"嗨！听我说，我是在做梦"，抑或按动一个按钮来显示清醒状态的。Hearne 和 LaBerge 意识到，做梦人的眼睛还是可以动的。在 Hearne 的实验室里，Alan Worsley 是第一个从清醒梦中发出信号的探梦员（或梦境探索者）。他预先决定，无论何时，只要他在实验中变得清醒

"清醒度涉及你对自己当前正在做梦的认知性觉悟……不一定非要将你的梦境体验视为不真实，或仅仅是一种虚拟现实。"
（Voss et al., 2013, p.19）

活动 15.2
引发清醒梦

在班里做一次练习，把大家分为三组，给每人 1 周时间来做一个清醒梦。最好随机把人员分组，但是如果你的班上有几个很好的清醒梦者，就把他们均匀地分到各组中。比较各组所完成的清醒梦并讨论结果。（如果你有足够的数据，就使用基于每位参与者的清醒梦数目的 ANOVA 方法。不然，就用独立的 t 检验来对比两组数据。）即便各组对于统计分析来说太小了，但尝试的体验、失败的焦虑和成功的喜悦，将为讨论提供很多空间。

分组方法如下：

1. **对照组**。不使用特殊技巧。人们经常会在听到或读到清醒梦之后，报告自己做了清醒梦，因此这个组提供了比之前的人们的清醒水平更好的基线。如果你的参与者少于 30 人，减少组数，只用 2~3 个即可。
2. **白天有知觉**。像练习 15.2 中那样使用画在手上的字母。

3. **晚间有意愿**。意思就是入睡时想着做梦，并有意在下一次做梦时留意。晚上入睡前，试着记起你前天晚上做过的梦，或近期做过的任何梦。梳理记忆，留意怪异的特征、各种事物的行为方式或是你梦境中任何有特点的东西。告诉自己："我下一次做梦，就会意识到自己在做梦了"。

这种活动的一个更加艰难的版本就是 LaBerge 的清醒梦的辅助记忆式诱发（mnemonic induction of lucid dreaming，MILD）技术（更多细节参见 LaBerge，1985；LaBerge and Rheingold，1990）。用闹钟把自己在凌晨那几小时里叫醒。如果之前在做梦，就在心里排练梦境，或者更妙，起身来把它写下来。等你再次入睡，想象自己回到梦境里去，但这一次你要认识到它是一个梦。继续演练梦境，直到入睡为止。

了，就连续左右转动眼球 8 次，而 Hearne 在一台生理记录仪上接收了这种信号。他发现它们出现在快速眼动睡眠的中间（Hearne，1978），这一发现自那之后被多次证实过（LaBerge，1990）。

进一步的研究表明，清醒梦平均会持续 2 分钟，尽管它们最长可达 50 分钟之久。它们通常会出现在凌晨的几小时内、进入快速眼动睡眠将近半小时之后，以及靠近快速眼动爆发的末期。清醒梦的发端在时间上有与快速眼动睡眠期间特别的高度唤醒时刻重合的倾向，并与呼吸暂停、心率暂变与皮肤反应变化相关。左顶叶中的活动也加强了，这可能与清醒梦中更为坚实的自我感觉（Holzinger，LaBerge，and Levitan，2006）以及比普通梦境更多的 40 赫兹能量（Voss et al.，2009）有关，特别是在额叶。用 40 赫兹的电流刺激快速眼动睡眠者的大脑同样显示可以引发清醒梦，特别是在那些做过清醒梦的人身上，并且在 40 赫兹活动与洞察力评分（对身处梦境的觉知）和疏离感（从第三人称角度体验梦境）之间存在强相关性（Voss et al.，2014）。结合将 40 赫兹活动与意识关联在一起的观点看，这也符合清醒梦是一种介于苏醒和梦境睡眠之间的状态的论调。

信号法意味着我们不必再去依靠回顾式的口头报告，从而可以让我们对某些关于梦境的经典问题做出回答。梦境内容和心理学的关联现在可以进行精确

练习 15.2

变清醒

如果你在参加班级活动（活动 15.2），就试试分配给你的诱发技巧，否则可以做这个练习。

拿一支笔，在手上写一个大大的 D 字母，代表做梦（dreaming），在另一只手上写一个 A，代表苏醒（awake）。每天尽可能多次地看着这两个字母来问自己："我是醒着的还是在做梦？"如果你白天完全习惯了这样做，这个习惯应该会延续到睡眠中。接下来你也许会发现，自己会在梦中看着自己的手问："我是醒着呢，还是在做梦？"这就是一个前清醒梦。你需要做的就是正确回答，你是清醒的。

这管用吗？梦里发生了什么？白天，你的意识又发生了什么？

的计时，而清醒梦者可以得到睡前指示，如何在睡梦中执行特定的行动，并为此发出信号。一个例子就是关于梦会持续多久的问题。清醒梦者可以准确地估计梦中事件所花费的时间，而当被要求在清醒梦中还有苏醒阶段同样数到 10 时，他们所花费的时长差不多（LaBerge，2000）。但是身体行动费时更长。在某项研究中，梦到做深蹲的时长比真正做深蹲长出 40%（Erlacher and Schredl, 2004）。在另一项研究中，清醒梦者每走 10、20 或 30 步就做一套简短的体操动作；完成这些动作在梦中要比在实际生活中花费更长的时间（Erlacher et al., 2014）。在清醒梦中做深蹲时，呼吸和心率会加快（Erlacher and Schredl, 2008），而做不同动作时，在清醒时这些动作会用到的肌肉在梦中也会

图 15.6 你怎么测试自己是不是在做梦？在 20 世纪 20 年代的伦敦，Oliver Fox 在他的星体投射和清醒梦体验中做过许多类似的测试。"我梦见我妻子和我醒过来，起了床，穿上衣服。拉开窗帘时，我们有了惊人的发现，对面成排的房子消失了，它们所在的地方成了空地。我对妻子说："这表明我在做梦，虽然一切都看起来那么真实，我也感觉十分清醒。那些房子不可能在夜里消失，看看那些草！"但是，虽然我妻子极度困惑，我还是没能说服她相信那只是一个梦。"那好。"我继续说道："我准备坚持自己的理由，并把它们付诸检验。我要从窗户跳出去，而我应该不会受伤。"我无情地忽视了她的哀求和反对，打开窗户，爬上了窗台。然后我跳了下去，轻柔地飘浮下降到街上。当我双脚碰到路面时，我醒了过来。我妻子没有做梦的回忆。"（Fox, 1962, p.69）

轻微地抽动。预先统一的随意呼吸模式会与真正的呼吸相吻合，而在某项研究中，一位妇女的激情清醒梦与真正的性唤起和可测量高潮也是吻合的（评论参见 LaBerge，1990）。

在清醒梦中练习某项技能，能不能提高苏醒后的那项技能呢？在对数百位德国运动员所做的调查中，超过半数报告了清醒梦，而将近 10% 的人号称会利用清醒梦来练习他们的运动项目（Erlacher, Stumbrys, and Schredl, 2012）。在测试诸如叩指或往杯子里扔硬币等简单技能的实验中，清醒梦中的练习效果好于苏醒时（Stumbrys and Erlacher, 2016）。

另外一个问题是，快速眼动睡眠中的眼动是否对应了梦中事件。在对非清醒梦的观察中，已经对此有了怀疑，但很容易就获得了专业清醒梦者的确认，他们可以有意地做出类似打网球这样的事，表明眼动确实反映了梦中事件（图 15.7）。此外，追踪梦中的移动物体的实验显示，清醒梦的眼动和与想象相关的

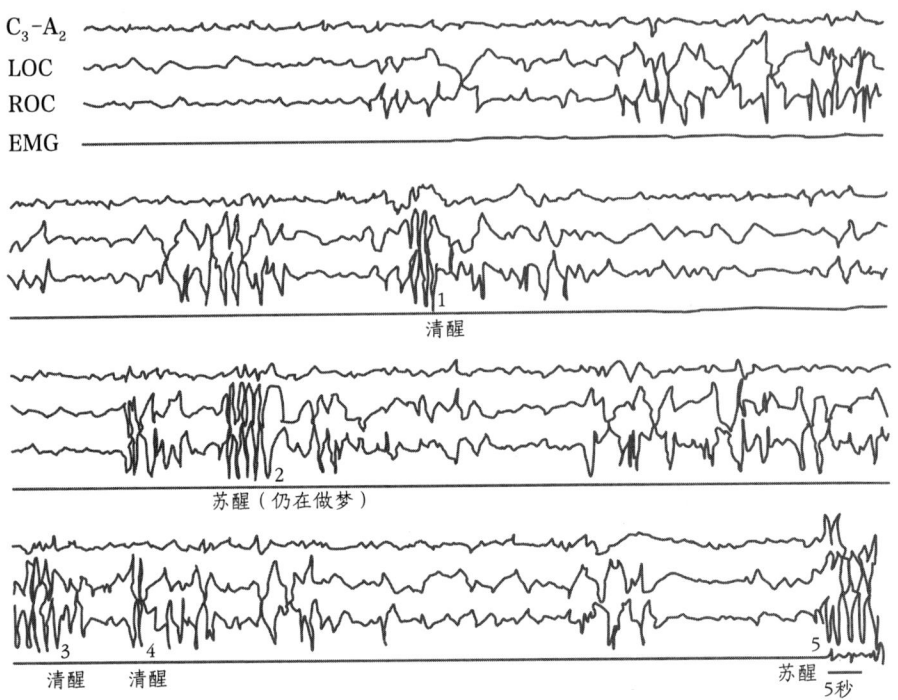

图 15.7 信号验证过的清醒梦。图中所示为一段 30 分钟的快速眼动睡眠中最后 8 分钟里的 4 路生理数据〔中央 EEG（C3–A2）、左右眼动（LOC 与 ROC），以及下巴肌肉张力（EMG）〕。苏醒后，睡眠者报告做过 5 次眼动信号（在图中标记为 1–5）。第一个信号（1，LRLR）标志着清醒梦的开端（LaBerge，2000，Fig.1）。

眼部扫视运动相比，在相似度上更为接近苏醒时的平滑追踪（LaBerge，1985，1990）。但现在已经知道，平滑追踪也会出现在心理表象中，特别是睡意加深时（de' Sperati and Santandrea，2005），显示表象、做梦和清醒梦之间，有一种流畅的知觉连续体。

没几个人能随心所欲地引发清醒梦，但有些技巧可以帮上忙。有几台机器是按照双原则来工作的，即首先探测快速眼动睡眠，随即发送一个刺激，强到可以轻微地增加觉醒度，但没有强到惊醒睡眠者的程度，这些机器包括 Hearne（1990）的"睡眠机"和 LaBerge 的"梦之光"。在实验室里使用过梦之光的 44 名参与者中，55% 的人至少做过一次清醒梦，有两人甚至由此做了生命中头一次清醒梦（LaBerge，1985）。后来的"新星做梦者（NovaDreamer）"将所有硬件装进了风镜，可以在家里穿戴。竞争者包括快速眼动睡眠做梦者在内，增加了互动控制等特征，而各种清醒梦移动端应用程序现在宣称通过床垫的响动就可以侦测有梦睡眠，因此你所需要的就是一部手机。像心理学家 Richard

Wiseman 开发的"Dream：ON"这样的手机应用还提供了一系列音频，帮你把梦境塑造成宁静的花园或是海洋景象。一旦侦测到你的梦做完了，它就会把你唤醒，并让你为它的"梦境捕手"数据库提交一份梦境报告。

其他的方法还包括在入睡时保持觉知、LaBerge 的 MILD 技巧（参见活动 15.2），还有可以在白天而不是夜晚增强觉知的某些程序。这些都基于一个概念，即我们会花费很多时间清醒地发呆，而如果我们能在苏醒后的生活中更加清醒，它就有可能会延续到梦境中。这些方法与古老的冥想和正念技巧类似。实际上，高级冥想修行者号称在其睡眠的一大部分时间里都能保持觉知，而研究表明，修习冥想和增加清醒度之间是有关联的（Gackenbach and Bosveld，1989）。有一些人甚至会在变得清醒后选择去做冥想，恰好呼应了通过清醒的"梦之瑜伽"来深化冥想洞察力这一古老的习俗。其他的人则会选择实现愿望、解决问题、训练技能，还有心理或生理治愈（Stumbrys and Erlacher，2016）。

为什么变得清醒会感觉像是要苏醒过来，或者变得更有意识或是更加"自我"呢？一种早期的建议是，需要高水平的皮层激活才能意识到它是一个梦（LaBerge，1988）。20 年后，EEG 研究发现了清醒和非清醒梦境在 β 波（13~19 赫兹，通常与苏醒相关）的不同之处，其最大的不同出现在左顶叶，暗示了一种与语言相关的联系，也许就是理解"我在做梦"这些词语的能力（Holzinger et al.，2006）。前面说过，也发现了 γ 波有所增强，特

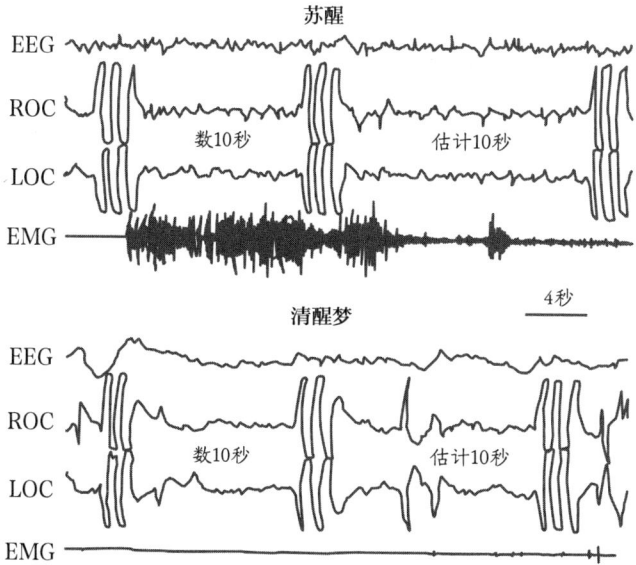

图 15.8 做梦时间估计图。LaBerge 要求参与者在其清醒梦过程中通过数数来估计 10 秒的间隔，"1001、1002，等等。"标志着主观间隔开始与结束的信号，可以用来与客观时间进行对比。在所有案例中，清醒梦中的时间估计与信号间的真实时间极为接近（LaBerge，2000，Fig.2）。

我是醒着呢，还是在做梦？

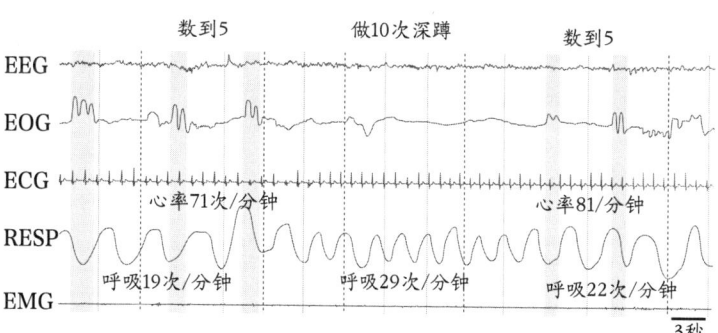

图 15.9 记录一个正确示意信号的清醒梦。五个清晰的左–右–左–右眼动信号显示在 EOG 频道里。在快速眼动睡眠中很典型：EEG 频道显示低电位的混合频率，而 EMG 频道的肌肉张力很低。当在清醒梦中练习深蹲时，呼吸和心率增加了（after Erlacher and Schredl，2008，p.10）。

别是40赫兹的频段，以及全脑范围内的"全局网络"增强。换句话说，在清醒梦中，出现了更多的长期连接，这可能意味着自我加工、记忆和思维之间存在更多的联系（Voss et al., 2009）。

在快速眼动睡眠中，背外侧前额叶皮层这一涵盖策划、工作记忆和认知灵活性功能的区域与苏醒时相比，被抑制了。如果这可以解释我们对普通梦境缺少洞察力的原因，就可以期待背外侧前额叶皮层在清醒梦中比在普通梦境中更为活跃，而这一点在首次fMRI扫描仪中进行的清醒梦研究中被发现了（Dresler et al., 2012）。至于自我的感觉，位于顶叶内侧的楔前叶在快速眼动睡眠期间也被抑制了（Dresler et al., 2012）。既然这个区域与包括第一人称视角和能动感在内的自我参照加工有关，那么清醒梦中顶叶更大程度的激活也许可以帮助解释为什么清醒感会带来一种更为"自我"的感觉（见图15.10）。虽然这些只是一点点有用的提示，但清醒梦已经不再被认为在考虑范围之外了，而是变成了一种乐观的意识调查工具。我们可以将注意集中到两种比清醒梦更加怪异的体验上，以便在这个方向上了解更多：出体体验和濒死体验。

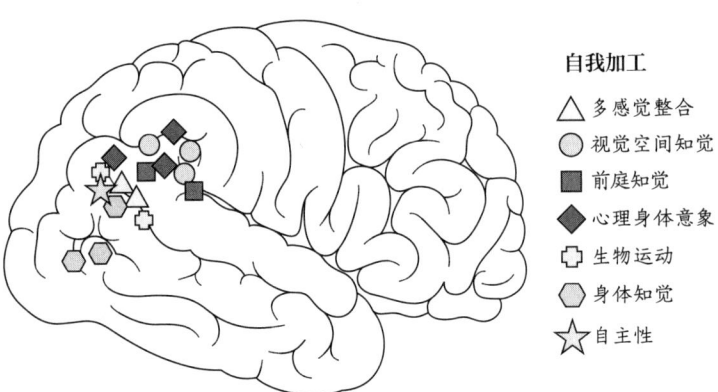

图15.10 颞顶联合区的自我加工。图中汇总了来自数个神经影像研究的数据显示在不同的自我加工层面，比如视觉空间视角取样、自主性、他我区分、心理上的身体意象、生物运动知觉以及前庭和多感觉知觉，颞顶联合区都有激活。其他区域中发现的此类范例的激活没有显示。对每项研究都给出了大致的脑沟回和沟回表面位置。多数的结果都只会在右脑的颞顶联合区中发现或者显示出一种右脑主导性（Blanke and Arzy, 2005, p.22）。

出体体验

我正沉浸在我觉得是死之华乐队或者平克·弗洛伊德乐队的音乐里，沿着漆黑的树叶隧道（见图15.11）向着光明疾驰的时候，听见我朋友在问："你在哪儿？"我挣扎着要回答，想把自己拉回屋子里，我知道自己的身体正在里边坐着呢。突然间，一切都变得清晰异常。我俯视着坐在那里的我们三个。下面那张嘴说："我刚刚在天花板上。"我看着，惊奇不已。随后我就去旅行了，掠过屋顶，飞跃海洋。最终事情发生了变化，我先是变得很小，然后就变得很大；我变得跟整个宇宙一样大，其实我就是整个宇宙啊。好像时间不存在了，全部空间都合而为一。然而，即便是那个时候，我也知道"不管你走多远，总会有更远的东西"。整个体验持续了大约2小时。它改变了我的一生。

出体体验是这样一种体验，身处其中的人好像是在从自己的躯体之外的某个位置感知世界。这个定义很重要，因为它对于所需要的解释是中性的。出体体验就是一种体验，所以如果你感觉好像离开了自己的身体，那么按照定义来说，你就有了一次出体体验。在出体体验中，你感觉"你"离开了你的身体，漂浮着或是飞跃其上，从这个新位置俯看世界。你可能想要聆听着 Talking Head 的"And She Was"或是 Jefferson Starship 的"Your Mind Has Left Your Body"来做音乐唤起。或者你可以阅读厄内斯特·海明威（*Ernest Hemingway*）的小说《永别了武器》（*A Farewell to Arms*），这本小说以作者在第一次世界大战中在意大利的战斗经历为基础。在这本小说的第九章里，有一段对主角在某次战役中躲在一个防空洞里所经历的出体体验（作为一次濒死体验的一部分）的精彩描述：开始时是一道闪光和一阵喧闹，他将它们（在联觉上）体验为白色和红色，随后他无法呼吸，感觉他正在冲出自己的身体。他确定他死了，意识到他认为死亡就是终点的想法一直都是错的，然后感觉自己溜回了自己的身体，最终在被撕裂的地面上又活了过来。我们本来想在这里重现这段文字，但他的出版商不允许我们使用。像许多其他的出体体验描述一样，它留下了一个值得调查的关键问题：到底有没有什么东西离开了身体？

图 15.11　树叶隧道。

出体体验与三种其他类型的"全身幻觉"有关，它们都是身体模式位移的结果（Blackmore，2017）。首先是"自窥"，它的字面意思是观察自我，但在精神病学中指的是看见孪生体或分身（见图 15.12）。一个人仍然好像在自己的身体里面，但是看到了一个外部的自我，或者是在别的地方有一个人看起来跟他们很相像。其次是一种更加令人困惑的体验"镜像式自我幻象"，人们身处其中的时候，不确定它们是跟自己的身体一致还是跟分身一致；他们甚至会在两者之间变化。最后就是"现身感"或者"一种现身的感觉"，这是一种强烈的感觉，附近有别人现身的感觉，即便这些人看不见。这可能发生在睡眠麻痹中，或是睡眠边缘，比如儿童们相信床底下或衣橱中有一个怪物的时候。这三种情况跟出体体验一起，都具有自我感觉分身的共同点（Blanke and Mohr，2005）。

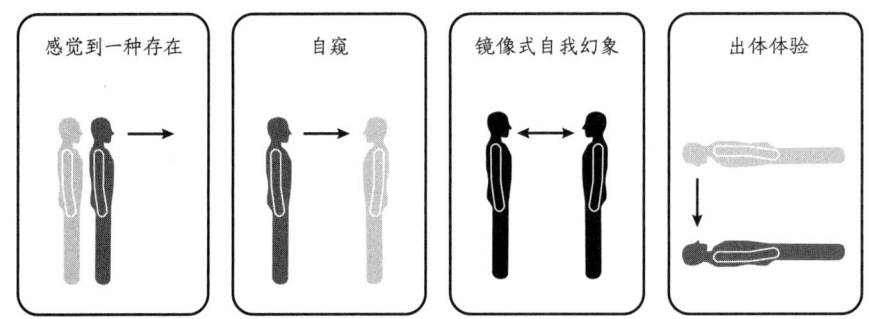

图 15.12 四种自窥现象。深灰色表示物理躯体的位置，浅灰色表示幻影或想象中的第二躯体。在镜像式自我幻象中，体验者说不出哪个是哪个。

出体体验虽然是一个奇怪的体验，但它相对还算是常见的，12%~20%的人声称一生中至少经历过一次（Blackmore，2017）。更准确的估计很难获得，因为人们经常误解调查问题：比如他们会说"是"，就因为他们做了飞翔的梦；或者"否"，如果他们认为"真实"的出体体验需要可以证明他们真的经历了旅行。少部分人经常有出体体验，特别是在童年期，而能学会控制它们的人就更少了。

人们走过大街、静坐甚至是开车时都有过出体体验，而显然还继续在做着他们一直在做的事情，但大多数发生在人们放松躺下的时候。出体体验通常只持续几秒或几分钟，但在极少的案例中会持续数小时。在"副体"出体体验中，人们在物理躯体之外好像居住在一个分身的躯体中；在"本体"出体体验中，他们只有一种脱离了躯体的知觉或是一个意识点（Green，1948b；Alvarado and Zingrone，2015）。

出体体验者（有过出体体验的人）比其他的人报告了更多的通灵体验，以及更相信超自然，另外还有更好的梦境回忆以及更频繁的清醒梦（Irwin，1985；Gackenbach and LaBerge，1988；Blackmore，2017）。这与年龄、性别、教育程度或宗教无相关关系，也与标准化人格测验无相关关系，但出体体验者的确在可催眠性、吸收能力和精神分裂阳性症状方面得分更高。分裂的概念基于一个观点，即精神分裂症位于从正常解离和想象性倾向到极度病态趋势的连续统一体的一端。高精神分裂症型有许多不寻常的经历、混乱的思维、淡漠的情感和不稳定的情绪和行为，但更正面地说，出体体验者更具创造性，而且有证据表明，他们往往是"健康的精神分裂症型"（McCreery and Claridge，2002），报告了更多的解离的经历和幻觉（De Foe，van Doorn，and Symmons，2012；Parra，2010）。

出体体验经常被视为病理性解离，即便在罕见的案例中，癫痫和脑部损伤也可以引发出体体验，但大多数都与任何病态无关。在一项研究中，一群住院的精神分裂症患者报告了与对照组频率相同的出体体验（Blackmore，1996b），而在研究过一大组美国出体体验者之后，研究者总结，他们的"心理健康程度普遍很高，可以说是美国人口中最健康的人群之一"（Gabbard and Twemlow，1984，p.40）。

诱发因素包括了放松、感觉输入减少和前庭紊乱，就像在睡眠边缘发生的那样。那么出体体验会不会只是一种特殊类型的梦呢？在调查中，出体体验者经常说世界看起来很真实，甚至比平常"更加真实"。有些人描述出体视觉比平时更明亮、更清晰，甚至号称有一种360°的视野，但其他人说看不清楚或是令人困惑。在罕见案例中，时间与空间好像消失了，就像神秘体验一样。出体体验在某一点上感觉有些像清醒梦，即人会感觉完全清醒，能随意四处飞，但使用EEG、心率和其他措施的生理学研究表明，实验室中引发的出体体验出现在一种类似昏昏欲睡的放松的觉醒状态中，但不会出现在睡眠中，更不可能出现在快速眼动睡眠中（Tart，1968）。

出体体验不太容易引发，虽然有很多畅销书都叙述了如何引发。在通灵研究的早期，催眠被用来引发"千里眼"（见图15.13）或是"星体投射"，而后期的实验倾向于使用放松和想象练习。某些药物可以引发出体体验，特别是致幻药LSD、裸盖菇素、DMT和仙人球毒碱，但这些药物没有一个能被当成神奇的出体体验药丸。能达成这一效果的最接近的药物可能要算解离麻醉剂氯胺酮了，它在亚麻醉剂量下可以在引起昏迷之前麻痹肌肉。这会引起身体分离感和漂浮感，但通常不会导致完全的出体体验。服用此类药物后，体验出体体验的概率会增加，表明多巴胺这样的神经递质对出体体验以及

图15.13　在19世纪，通灵研究者（几乎都是男性）对灵媒（通常是女性）进行催眠，以测试"千里眼"。灵媒的精神据信可以远距离跨越并报告它在远处看到的东西（Carrington，1919，p.152）。

药物引发的"意识改变状态"和濒死体验具有支持作用。我们不仅知道多巴胺是大脑奖励系统的关键组成部分，还知道它会协助规范解释倾向。多巴胺受体会受到诸如 LSD 类药物的影响（Vollenweider and Kometer，2010），而多巴胺与帕金森病这样的疾病中的幻觉体验有关（Fénelon et al.，2000），所以许多这样的想象之间都存在脑机制水平上的连接。

出体体验告诉我们什么关于意识的东西呢？某些人会将它们作为意识独立于身体存在的证据，但其实还有许多其他可能的解释。

有关出体体验的各种理论

出体体验常常十分令人信服，人们于是相信他们的意识离开了自己的身体，还能在死后幸存，尽管这些结论没有一个是从这种体验里有逻辑性地得出来的。19 世纪的通灵研究者认为，灵魂或意识可在"千里眼"中被"外化"，直到死亡时才永久分离。与此同时，基于印度教和佛教教义的松散联合体的新宗教神智教教导人们，我们每个人都有好几个身体：物理的、以太的、星体的，以及某些更高阶的身体。意识离开物理的身体时，成为星体的身体，有时通过一条银线保持着联结，该体验被称为"星体投射"——这个概念流传至今。

这样的理论都是各种形式的二元论，有同样的问题（见第一章；图 15.14）。例如，如果灵魂或星体身体真的在投射过程中看到了物理的世界，它就一定会与之互动，因此它一定会是一种可侦测的物理实体，然而据说它应该是非物理的。有过许多次对其进行侦测的尝试，包括拍摄星体、在云室中捕捉（见图 15.15 和图 15.16），或者通过人、动物和许多类型的工具来侦测它们，全都无济于事（Morris et al.，1978）。另一方面，如果星体身体是非物理的，他就不可能与物理世界进行互动，也就无法看到它了。还有别的问题。如果我们有意识的星体身体能如此清晰地看到、听到并记得，我们还要眼睛、耳朵和大脑做什么？

出体体验鼓励了二元论结论，这是完全可以理解的；它们甚至解释了灵魂概念的来源。如 Metzinger（2005，p.78）所言，"对任何真的有过那样体验的人来说，事后很难不会变成本体二元论者"。苏珊在 1970 年经历了一次出体体验之后就发生了这样的事，直到经过多年的研究，她

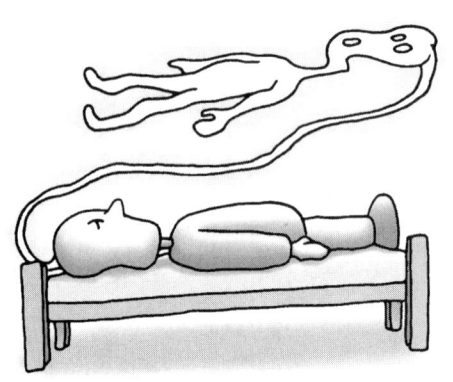

图 15.14 出体体验最明显的理论就是，一个精灵、灵魂或星体离开了物理的躯体，并且抛开后者展开旅行。这面临着严重的问题。那个幻影是什么构成的？它如何与物体躯体进行沟通？它是在实体世界中旅行，还是在一个思维的复制品世界里旅行呢？没有了眼睛和耳朵，还侦测不到，那么它是怎么从这世界里获取信息的？

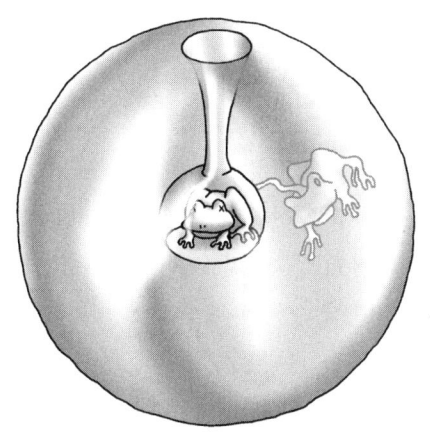

图 15.15 云室通常被用来侦测亚原子粒子，后者会在通过超冷水雾时留下一道水痕。在 20 世纪 20 年代，通灵研究者采用了这项技术来侦测星体分身。在内室中放一只青蛙、老鼠或蚱蜢，然后用毒药将动物杀死，而它的灵魂将会经过云室，并为人们所见。

图 15.16 这张保存于通灵研究学会档案库的"青蛙幻影"图，由 R. A. Watters 拍摄于 20 世纪 30 年代，他号称拍到了死亡时正在脱离物理躯体的"原子内量"。

才开始转变观念。

这些二元论的结论合理吗？除了侦测星体和灵魂的尝试，有些出体体验者还号称能看见他们不可能预知的远方的事件，除非他们真的是"离开了身体"（见图 15.17）。但除了许多流行的宣言之外，对此的可靠证据还是欠缺的。就算是最有名的自发案例，在调查之下也溃不成军（Blackmore，2017），而 20 世纪后期，在实验室中进行的超自然知觉实验测试只获得了点滴成功的暗示，并引发了许多争议（阅读评论请参见 Alvarado，1982；Blackmore，1982；Irwin，1985）。如果这类超自然宣言可以得到验证，将极大地改变我们对出体体验的理解，也有可能包括对意识的理解，但是到目前为止的证据都十分贫乏，而且近期没有进行过类似的实验。

出体体验、意识与神经科学

代替星体投射或其他任何二元论的说法就是除了感觉之外，没有什么东西真的离开了身体。在这类理论当中，早期

图 15.17 一种不同的实验检验方案。20 世纪 80 年代，曾有几年，苏珊都把目标物放在厨房里，从窗户看不到的地方，以便任何号称有出体体验的人都可以尝试是否可以看到。目标有时是一个 5 位数，有时是 20 个常见词语之一，或者 20 个小玩意儿之一。苏珊通过使用随机编号来表示选择使用哪一个，并经常更换。出体体验者可以尝试在出体体验过程中，从他们家里或任何其他地方看这些目标，但没有一个能正确地报告目标是什么。

> "我们谈论的是心理、身体和精神彼此进行互动的那个点。"
>
> （Morse，1992，p.211）

> "当颞顶联合区的某些部分不能正常工作时，身体图式乱作一团，于是就产生了出体体验。"
>
> （Blackmore，2017，p.131）

> "灵魂就是出体体验－现象自我模型（OBE-PSM）。"
>
> （Metzinger，2009，p.85）

的精神分析理论将出体体验表述为惧怕死亡的戏剧化、自我的回归或是对出生创伤的重温；而荣格则将其视为个性化过程的一部分。但这类理论多数无法检验，并对我们的理解没有帮助。

早期的心理研究通常是从一个发现入手的，即当感觉输入受到抑制或干扰时，出体体验就出现了，并针对这种干扰提供了不同的反应建议（Palmer，1978；Irwin，1985；Blackmore，2009，2017）。例如，认知系统可能会尝试使用记忆和梦境中常见的某些鸟瞰视角，从记忆和想象中构建一个新的（哪怕是不太精确的）身体影像和一个新的"现实模型"。这一点得到了证据支持，即出体体验者的空间想象力更为出色，更善于在想象中切换视角，并会更经常地以鸟瞰角度做梦（Blackmore，1996b）。一旦有必要的神经科学可用，出体体验的非常之处就开始变得清楚。

长期以来，颞叶被认为与出体体验有关，因为颞叶癫痫患者报告了更多的出体体验，以及精神和神秘体验。加拿大神经学家 Michael Persinger（1983，1999）提出，所有的宗教和神秘体验都是颞叶功能创造的假象。他使用自己版本的经颅磁刺激，成功诱发过出体体验、身体变形、现身感以及许多其他体验；在身体左侧进行刺激时会产生现身感，在身体右侧进行刺激则会产生出体体验。

20 世纪 30 年代，偶然发现了一种更精确联结的早期暗示，当时美国神经外科医生 Wilder Penfield 正在对一位患有精神分裂症的妇女的大脑进行电刺激，试图找到癫痫的病灶。某一次，当她的右侧颞叶受到刺激时，她喊道："噢，上帝！我正在离开我的身体！（Penfield，1955，p.458）"

半个多世纪之后，日内瓦一个神经外科团队使用更精细的电极和更高的精确度，在另一位分裂症患者身上发现了同样的结果。当有一道弱电流通过右角回上的硬膜下电极时，她报告了陷进床铺或是从高处坠落的感觉。随着电流的增强，她说道："我从上面看见自己躺在床上，但我只能看到我的腿和下半身"。这种体验又被引发了两次，另外还有各种身体影像的变形。研究者将她的出体体验归因于由刺激引起的躯体感觉和前庭信息整合失败（Blanke et al.，2002；图 15.18）。

所涉及的特殊区域就是右侧的颞顶联合区。视觉、触觉、本体和前庭信息全都在此区域汇集，以构建身体图式。这是所有动物都需要的身体表征区，随着我们的四处活动而不断

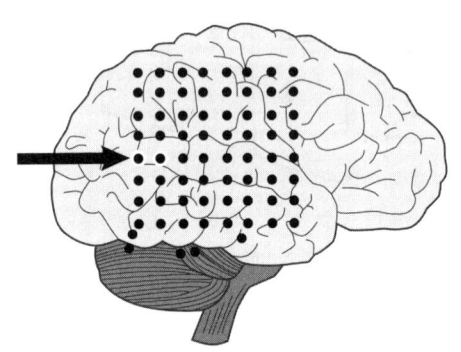

图 15.18 磁共振成像对大脑右半球的三维表面重建。接受术前评估的分裂症患者大脑里被植入了硬膜下电极；图中显示了能诱发行为反应的电刺激焦点位置。箭头所示部位可以引发出体体验、躯体部位错觉及前庭反应（Blanke et al.，2002，p.269）。

得到反馈。它支撑着我们的物理或身体的自我感，整合了情绪和记忆，以及我们在别人面前的形象的概念，这一切反过来对我们的身体形象和自我形象的形成都有贡献。

几条研究路线的趋同显示，出体体验与自我加工在颞顶联合区处是如何关联的。不仅对这一点的直接刺激会引发出体体验，而且 PET 扫描显示出，在刺激右侧颞顶联合区所引发的出体体验中，颞顶联合区处的大脑被激活了。研究者总结，"这些区域的激活就是身体脱离感的神经关联，它是出体体验的一部分"（de Ridder et al.，2007，p.1829）。其他证据来自有过出体体验或自窥体验的患者，他们都被发现了颞顶联合区受损（Blanke et al.，2004；Blanke and Arzy，2005）。

右侧的颞顶联合区也参与了观点采择——一种可以从他人的角度看待事物的能力。有一种叫作自体转换任务（Own Body Transformation Task）的视觉测试，内容是让人看着旋转过的人形，并判断他们的右手是哪一只。诱发电位图显示，在该测试期间对颞顶联合区进行了选择性激活，而使用经颅磁刺激干扰颞顶联合区会让这种心理转换更加困难（Blanke and Arzy，2005）。但这里还是有很多疑问的。

如果出体体验依赖的是"在颞顶联合区处的干扰加工"或者"前庭运动整合的中断"（Wilkins，Girard，and Cheyne，2011），出体体验者就有可能被期待在观点采择时表现更差。但是，我们早前注意到了一些相反的证据，而英国心理学家 Jason Braithwaite（Kessler and Braithwaite，2016，p.432）也争论过，"真正的出体体验不应该被认定为特定个体系统中的缺陷，而应该是充分发展的观点采择的'另一面'"。在此例中，出体体验者有可能在涉及观点采择的任务中做得更好，如同他们在先前切换视角实验中的良好表现（Blackmore，1996b）。Jason Braithwaite（2013）设计了一种改进版的出体体验，发现出体体验者确实表现得更好。出体体验到底显示的是一项技能还是一个瑕疵，这仍然是一个悬而未决的问题。

虚拟现实中的出体体验

在一个完全不同的出体体验调查方法中，瑞士、瑞典和德国的研究者使用虚拟现实技术以便在实验室里引发"出体错觉"。在首批实验中，志愿者佩戴着头戴式显示器，显示的是位于他们身后两米处的相机的画面，因而看起来好像他们是在看着自己的脊背（Lenggenhager et al.，2007）。随后，一名实验者抚摸他们的背部，以营造一种全身版的橡皮手错觉（第四章）。Thomas Metzinger

（2009）看见自己的背部被这样抚摸后，描述了一种被身前的虚拟身体所吸引并想"溜进其体内"的尴尬感觉（见图 15.19）。进一步的实验向自愿者展示了他们自己的脊背、一个人形模特的脊背或者一大张木板。同步抚摸他们自己的背部或是人形模特的背部，许多人会感觉，虚拟的身体就像是他们自己的，而某些人会觉得想要"跳进那个身体去"。

在另一种不同的方法中，瑞典人 Henrik Ehrsson（2007）也使用了头戴式显示器，显示的是志愿者自己的脊背，但在此例中，他们抚摸那人的胸部，同时在相机前上下移动一根棍子，感觉就好像是有个人的胸部被抚摸着。在这种设定下，志愿者报告说，他们好像是在向后朝着相机的位置移动，而不是向前（见图 15.19）。

自那之后，两种方法被结合到了一起（Lenggenhager, Mouthon, and Blanke, 2009），甚至对躺在一台 fMRI 扫描仪中的志愿者进行了测试（Ionta et al., 2011），再一次显示出颞顶联合区的中心作用。其他的发现还有，当这些错觉被成功引发后，实验者的体温会下降，疼痛感也没那么强烈了；而当受到持刀威胁，错觉最强烈时，人的反应反而没那么强烈（Guterstam and Ehrsson, 2012）。这项研究进展得非常快，并把出体体验从一个被主流心理学摈弃的话题变成了一个受到主动研究的话题，以便弄清我们在一般情况下是如何以及为何要建立一个与我们的身体位置相吻合的自我模型，偶尔还要建立一个似乎会飞起来的模型。

总体来说，出体体验给予我们的洞见包括我们的自我感觉通常是如何构建的，以及当我们身体内的自我感觉的正常定位机制暂时崩溃时，会发生什么事情。它们从另外一个角度提醒我们，那种我在我头脑里通过我的眼睛向外观看的感觉并非一种真理，而只是所有神经和其他加工过程的结果而已，这些加工过程一般

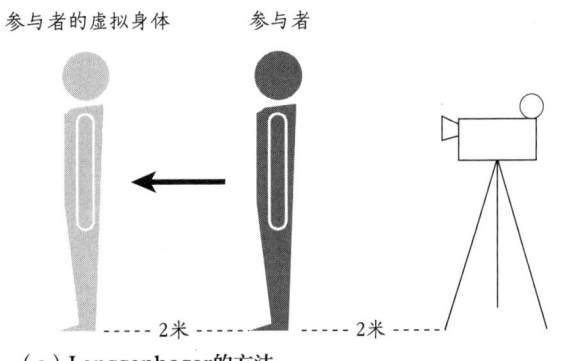

（a）Lenggenhager 的方法

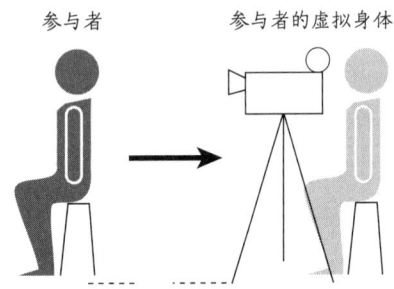

（b）Ehrsson 的方法

图 15.19 使用虚拟现实引发体外错觉的两种方法。在两个实验者，参与者都佩戴了头戴式的显示器，显示了来自他们身后 2 米处的摄像机。在 Lenggenhager（2007）的方法 (a) 中，参与者可以看到自己的背部被抚摸着，并感受到向前移动的感觉。在 Ehrsson（2007）的方法（b）中，他们感觉胸口被抚摸的同时，看见有一根棍子在摄像机前出现后又消失，并感受到向后移动的感觉。

会让"在我头脑里"感觉像是"我"就处于那个地方。出体体验中那个位置的切换让我们意识到它永远只是一种构建结果而已——但也表明，意识若感觉不再扎根于身体之内，又会发生怎样的深刻变化。

练习 15.3
留下来的是什么？

每天尽可能多次好好观察自己的身体，并且问自己："这个身体死去以后会剩下什么？"尝试拨开你知道将会变为灰烬或尘土的任何知识，然后想象、思考或感觉有什么会留下来。

濒死体验

在跨越众多年代和文化的广阔范围内，与死亡擦身而过的人们都曾报告过一系列一致体验，包括藏传佛教里"死而复活"的记载、柏拉图《理想国》（*Republic*）中的一段描写，还有来自古希腊、美洲原住民以及现代欧洲民间故事的神话。19 世纪的通灵研究者收集了许多逝者在临终前所报告的"病榻视像"的叙述记录；但随着 20 世纪医学专业知识的增长，心脏骤停幸存者也报告过"濒死体验"。

"濒死体验"一词是美国医生 Raymond Moody 在 1975 年发明的，他询问了 50 位曾经命悬一线的幸存者，写成了一份综合报告。随后的研究广泛地确认了几个主要部分：隧道、出体体验、明亮的白色或金色光芒、积极友爱的情感、其他世界的景象、邂逅其他物种、对自己一生的回顾，还有回归的决定（Ring，1980；Murray，2009；图 15.20）。濒死体验不能归因为药物，因为药物所致的临终体验往往比较简单，而不是更复杂。它们也不能用缺氧来单独做出解释。某些案例甚至发现濒死体验者的血氧水平高于其他患者（Parnia et al.，2001）。最重要的是，濒死体验也会出现在远离死亡的人群之中，比如那些经历危险、认为自己就要死去的人们，就像海明威笔下从炮火中逃生的士兵，或是经历了可

图 15.20 在维多利亚时代，多数人是在家中去世的，此时家人围聚在身边。病榻体验的报告很常见，包括其他世界、美妙音乐以及那些已经"去世"的人前来迎接新逝者的景象。偶尔也会有观察者说，他们看见垂死亲人的灵魂离开躯体，飞升融入一片光明（Muldoon and Carrington，1929，p.186；基于 Andrew Jackson Davis 的透视视觉）。

怕坠崖却毫发无损的登山者。

> "在肉体死亡的那一刻，意识会在另一个维度中，在一个不可兼得的非物质世界内，被继续体验着。"
>
> （van Lommel, 2006, p.148）

多数的濒死体验都令人愉悦，甚至会让人感到幸福，但更为少见的地狱般的体验包括黑色的空寂与虚无、喋喋不休的恶魔、漆黑一片的深坑、僵尸般的裸体生物，还有其他传统的地狱符号。按照某些估计来看，约有15%的濒死体验都是地狱般的，但是很难精确统计，因为人们可能急于忘掉它们，而不愿意谈论这些经历。有趣的是，尝试过自杀的人一般都报告了积极的濒死体验，而且不太可能再度自戕。高度积极的后遗症很常见，包括对精神世界和关爱他人更感兴趣，而对物质财富与成功兴味索然。这些后果是可以长期持续的，某次研究中的濒死体验者甚至在遭遇死亡危险的8年之后，仍然报告了积极的改变（van Lommel et al., 2001）。濒死体验者变得压抑的情况比较少见，少数人会发现自己因为发生的改变而与家人和朋友疏远了。

早期的研究只是回顾性地收集了一些记述，让我们不可能了解濒死体验有多常见，但后来的前瞻性研究做到了。在英国，医学研究者Sam Parnia及其同事（Parnia et al., 2001）对一家南安普敦医院在1年间所有的心脏骤停幸存者都进行了访谈。63人中有7人（11%）报告有记忆，其中4起被Greyson濒死体验量表断定为濒死体验。没人有过出体体验。

在美国，一项针对某心脏病监护室连续收治的1595名患者所进行的为期30个月的研究发现，在那些遭遇心脏骤停的患者里，有10%的人报告了濒死体验，相比之下，在其他患者中只有1%（Greyson, 2003）。进一步的前瞻性研究发现，在心脏骤停幸存者中，濒死体验的发生率为9%~23%（评论参见Blackmore, 2017, pp.241-242）。

在此类研究中被人引用最多的是心脏病学家Pim van Lommel及其在荷兰的同事。他们研究了344例心脏骤停后复苏的患者。62人（18%）报告了部分记忆，41人（12%）描述了一种主要体验（包括出体体验、隧道和光感体验），但是濒死体验并不依赖心脏骤停或所服用药物的持续时间。37位濒死体验者在2年后接受了访谈，几乎所有人都复述了基本一模一样的体验。当把他们与那些没有濒死体验的人进行对比时，他们更坚信有来生，不太惧怕死亡，对精神世界更感兴趣，并且更加友爱并接受他人。实验之后8年，所有的患者都号称有积极的改变（van Lommel et al., 2001）。

> "能够逃避肉体死亡的个体也是我不能理解的……；这种观念，该是为了迎合虚弱灵魂的恐惧，或是其荒诞的利己主义吧。"
>
> （Einstein, 1949/2006, p.7）

解读濒死体验

将濒死体验视为编造之物或愿望的满足而加以抛弃，是不合情理的。跨年龄和文化的相似性以及实验发现的可靠性都表明，关于死亡和意识，濒死体验可以教我们一些有趣的东西。问题是，教了些什么？

就像对出体体验一样，一种常见的反应是，濒死体验是二元论的证明——证明存在一个独立于大脑之外运行的灵魂或意识，它可以逃避死亡。对 Kenneth Ring（1980）而言，这样的体验"指向了一种更高的精神世界"，并进入一种"全息现实"；对 Parnia 与 Fenwick（2002）来说，理解濒死体验需要"一种全新的意识科学"；而对于 van Lommel（2009）而言，它们就是非局域意识或者"无尽意识"的证据。

有两种类型的证据常常被拿来当作支持性证据。首先，濒死体验者描述了意识的"清晰"状态，即便在他们的大脑严重受损时，也能给出清醒的推理和记忆。van Lommel 及其同事（2001，p.2044）不禁发问，"在平坦 EEG 出现的临床死亡时刻，当大脑不再发挥作用了，又怎么能够在一个人的身体之外体验到一种清晰的意识呢？"的确，这怎么可能呢？如果"清晰的意识"在没有心跳、EEG 平坦时都可能存在，这当然会改变我们对心-脑关系的看法，但这一点还未得到过验证。问题与时间点有关。在我们已知的案例中，没有一例体验是在人脑停止工作之后才出现的；濒死体验可能就是在医学危机之前、之中或之后出现的。在濒死体验者与对照组之间，也发现了几项生理区别，但这对于我们理解心智、大脑和意识有何意义的争论仍在继续（Trent-Von Haesler and Beauregard，2013），特别是还不清楚这些变化是濒死体验的成因，还是它们的结果。

其次，许多人号称看到过超自然之物，包括人们在很远的地方看到了他们不可能预先知道的事物的令人信服的叙述。然而这些例证没太能经得起调查（评论参见 Blackmore，2017）。例如，van Lommel（2013）用来支持其"无尽意识"和"大脑之外的记忆"观点的是他听来的一则 10 年前的二手逸闻，讲述了某个通常被称为"假牙男子"的人的故事；对此，即便是相信有死后来生的人都觉得难人信服（Smit，2008）。

要找出意识会不会在肉体死亡之后依然存在，有一种方法是提供濒死体验者在体验中可以看见的、随机选出的隐藏目标。这类研究中最好的一个就是于 2008 年启动的多医院联合 AWARE 项目，在提供濒死体验者可能会看见的隐藏影像的同时，测量大脑的功能。悲哀的是，出现了濒死体验的患者没有一个去看隐藏目标的（Parnia et al., 2014）。有一个人的确出现了出体体验，出现时间是在长达 3 分钟的心脏骤停过程中最初的约 20 秒或 30 秒处。有趣的是，以前

"濒死体验没有告诉我们任何关于死后来生的东西。"
（Blackmore，1993，p.4）

这个身体走了之后，还会留下什么呢？

在濒死患者身上记录到在这个时间会出现奇怪的活动爆发情况,加上对大鼠的研究,都显示在心脏骤停的20~30秒之后出现类似的活动爆发,原因可能是皮层的去抑制作用(Chawla et al., 2009)。这再次表明,在匆忙得出死后意识的结论之前,找出濒死体验是什么时刻出现的,有多么重要。

Van Lommel的研究本身令人印象深刻,但他的结论并非来自研究发现。Braithwaite总结,"尽管在濒死体验圈里影响巨大,但是van Lommel等人的研究并没有提供任何关于人类意识可从身体死亡中幸存的证据",也"没有对当前濒死体验的神经学解释提出严肃的挑战"(Braithwaite,2008,p.15)。

另有一种理解濒死体验的自然主义方法依赖一个发现,即经典的濒死体验的所有组成部分可能是皮层去抑制作用和过度失控的大脑活动造成的。它可以在压力严重、极度恐惧和脑缺氧的状态下出现,也可以用特定药物诱发,而我们对大多数需要用来理解这为什么会引发濒死体验的观念已经有所了解。隧道和光感是由视觉皮层的去抑制作用造成的,而奇怪的噪声则来自听觉皮层的去抑制作用。颞叶活动的增强可以诱发出体体验与对生命的回顾。而积极的情感和痛感降低可归因于内啡肽和脑啡肽的活动,这是两种内源性阿片类物质,广泛分布于边缘系统之中,并在压力下释放。其他世界的视像和精灵生物可能是对其他世界的惊鸿一瞥,但这种假设中对其他世界的描述倾向于符合人们的文化教养和宗教信仰。在"天堂旅游"的类型中,基督徒会报告看到了耶稣、天使,还有一扇进入天堂的门洞或大门;而印度教徒更有可能遇见冥王和他的信使。

所有这些显然是很奇怪的体验——睡眠麻痹、清醒梦、出体体验和濒死体验——曾经都好像是无法解释的。但现在,既然我们已经开始理解它们了,它们好像也就不再为其他世界或大脑之外的意识提供证据了,而是像做梦或迷幻状态一样,为一系列直觉提供了重要的检验案例,与这些直觉有关的就是有意识和无意识、真实与非真实、自我与躯体以及回顾性口头报告与"体验本身"之间的关系。尤其是在这种时候,感觉输入以及身体与世界的互动都减弱了,而体验好像是自生成的,这都在鼓励我们思考,是谁或者是什么在生成这些体验——反思我们的自我本质。这就是在本书中一直伴随着我们探索从笛卡尔式观众和机器里的鬼魂、到自由意志和社交机器人的那个问题的又一个版本,下一章将正面迎战:拥有意识体验的到底是谁?你又是谁,或者是什么?

# 阅读文献

Blackmore, S. (2017). Incredible! A chapter in S. Blackmore, *Seeing myself: The new science of out-of-body experiences* (pp.276-292). London: Robinson.

评估濒死体验期间超自然事件的证据，批评 van Lommel 关于"无尽意识"的观点。将它与 van Lommel 等人（2001）对比，并参见前两章（pp.235-275）查看一份对濒死体验的概括。

Hobson, J. A., Pace-Schott, E. F., and Stickgold, R. (2000). Dreaming and the brain: Toward a cognitive neuroscience of conscious states. *Behavioral and Brain Sciences, 23*(6), 793-1035.

评估现象学与做梦的生理学之间的关联证据，并介绍 AIM 模型。评论中（pp.843-1018）包括了 Stephen LaBerge 关于清醒梦的评论（pp.962-963）。

Metzinger, T. (Ed.) (2009). *The ego tunnel.* New York: Basic Books, pp.82-101.

使用自己和他人的出体体验来提问，基础水平的自我都需要什么东西：最小现象自我。

Nir, Y., and Tononi, G. (2010). Dreaming and the brain: From phenomenology to neurophysiology. *Trends in Cognitive Science, 14* (2), 88.

清醒的意识与梦境意识的区别，以及多学科研究如何帮助我们将梦境与视觉影像联系起来。

van Lommel, P., van Wees, R., Meyers, V., and Elfferich, I. (2001). Near-death experience in survivors of cardiac arrest: A prospective study in the Netherlands. *The Lancet, 358* (9298), 2039-2045.

包含追踪访谈以及濒死体验为大脑之外的意识提供了证据的观点。

PART SIX

第六部分 自我与他人

第十六章
自我、绑定与自我理论

是谁，正在看着这本书？又是谁对书页上的内容好奇、对理解和回答这个问题的尝试好奇，或者对隔壁房间里的狂欢声好奇？

关于意识本质的问题与关于自我本质的问题密切相关，因为感觉上好像一定会有一个人去做出体验才对：不存在没有体验者的体验。我们体验的自我，好像在任何时候都处在我们所知道的一切的中心，并且在从一个时刻到下一个时刻中间，一直是连续的。换句话说，它好像既有统一性，又有连续性。第六章探索过一些质疑意识体验统一性观点的理由，但是我们可能还想把统一性和连续性归因于那个做出体验的自我。然而，当你询问体验者可能会是一个什么东西时，更多的问题冒了出来。

在日常语言中，我们可以毫无问题地谈论我们的"自我"。"我"今天早上起床了，"我"早餐想吃麦片，"我"能听见知更鸟的歌唱，"我"是一个性格随和的人，"我"记得上周见过你，"我"长大了想要当一名火车司机。"我"将"我自己"同"你"和"你自己"区分开。我们似乎不仅认为这个自我是一个独立的事物，还赋予了它所有类型的属性和能力。在普通的应用中，自我就是我们体验的主体，一个执行动作、做出决定的代理，一个独特的个性，欲望、观点、

"没有体验者，就不可能有体验。"
（Frege，1918/1967，p.27；in Strawson，2006，pp. 189-190）

"我对自己的存在有意识，而知道我存在的我对我是谁进行了探索。"
（Descartes，1651/2008，p.81）

希望和恐惧的来源。这个自我就是"我";它就是为什么"我的"生命中的一切都很重要。但这个"我"又到底在哪里、是什么呢?

> *每个生命都有时日,日复一日。我们穿越自我,邂逅强盗、鬼魂、巨人、老人、青年、妻子、寡妇、异姓兄弟,但总能遇见自己。*
>
> ——乔伊斯(James Joyce)
> 《尤利西斯》(*Ulysses*,1922)

规避问题的一种方法可能是宣称我就是我的全身,不必另外需要一个自我。这也可以,除了一点:多数人的感觉不是那样的。"全身"自我的概念有时是适用的——"我"去购物了,"我"在地毯上绊倒了,"我"是一个专业的滑雪者;"她"去度假了,"他"突然出现要喝上一杯。但在其他时候,效果就没那么好了。你真能说出,是你的全身在相信消除唯物主义、担心你父母的健康或者希望明天不要下雨吗?

把手伸在身前。这只手是谁的?低头看你的脚。那双脚又是谁的?也许你感觉好像你和双手和双脚是一体的,而感知到的自我与正在感知的自我之间没有差距。又或者你感觉好像手在那儿、而"你"在这儿,在"你的"眼睛后面的某个地方,正在看着这个属于你的东西。在这种情况下,"你"又是谁?谁在把这个东西叫作"我的手""我的身体",甚至是"我的大脑"呢?在这种方法以及许多其他方式中,我们会感觉我们跟自己的身体不一样,用一个古老的传统比喻来说,是某种类似马车司机或者船只领航员的东西。我谈论着身体,就如同某种"我"所拥有的东西。于是我就把"自己"跟它分离开了。

这种十分自然的思考自我的方法是有问题的,这一点在2000多年前就得以确认。公元前6世纪,佛祖用他的无我学说挑战了当时的思想。该思想常被不甚准确地翻译为"没有自我",而实际上他是在反对一个常见的观念,那就是我们包含了一个独立而连续的实体。相反,他宣称自我不过是为一堆部件的集合所起的名字或标签,就像我们为一套零件起名为"马车"——时至今日,这个提议看起来还是那么难以理解和接受,一如当初。古希腊哲学家也曾为类似的事情纠结不已,包括柏拉图想知道精神(灵魂或是人真正的精神本质)是不是永生的。在其著名的对话当中,他提出精神既是永生的,也是有组成因素的——食欲、情感和理智。这造成了一个严重的问题,因为他也相信只有统一而不可见的事物才能是永生的。他的观念为延续了2000多年的心–身二元论设定了舞台，在这个理论中，所谓理性而不朽的自我价值全面超越了所谓基础而像动物般的身体性自我。

自那时起，类似的问题也蛊惑了很多的思想家。在哲学中，有无数关于自我本质（或者人是什么）、个人同一性（或者是什么让人在时间变化中仍然是同一个人）以及道义责任的理论。在心理学中，研究者们研究了儿童的自我感觉的发展、社会性自我的构建、自我归因、影响个人同一性的因素、解离状态以及各种病态自我。我们在此不可能对所有这些都进行探讨，因此本章将把精力集中到几个与意识最相关的理论上。

中心的问题是，为什么我仿佛是一个单独的、连续的、有意识的自我。答案可以分为两种主要类型。第一类号称这是真的：真的存在某种连续的自我，它就是我体验的主体，为我做出决定，如此等等。第二类承认这只是错觉，并宣称背后实际上不存在什么有意识和统一的自我。这种存在的错觉可以通过某些其他方式来进行解释。牛津大学的哲学家 Derek Parfit（1984，1987）引用了佛陀的偈语，将这两种类型描述为"自我理论"和"绑定理论"，认为佛陀是第一个绑定理论家（见图 16.1）。

图 16.1　佛陀传授了无我的观念。Parfit（1987，p.21）称他为首位绑定理论家。

"绑定理论家否认个人的存在……绑定理论难以令人信服。"
（Parfit，1987，pp.20，23）

自我理论无疑是更受欢迎的。许多宗教都宣扬精神或灵魂的概念，包括基督教和伊斯兰教。它们教导教众，灵魂是一个连续的实体，对人的生命至关重要，支撑着道义责任，可以撇开生理的身体死亡而幸存。在主要的宗教中，只有佛教否认这样的实体存在。

也许当我们得知儿童好像是天生的二元论者的时候并不感到意外。按照心理学家 Paul Bloom 的观点，小至 3 岁的儿童就把世界当成了两个不同的领域：身体和灵魂。到了五六岁，他们可能已经了解大脑可以做很多有用的事情了，比如思考和解决问题；但他们还是把它想象成"用于特定心理操作的工具……一个认知假体，附于灵魂之上"（Bloom，2004，p.201）。其他的研究发现，当 5—6 岁的儿童看到一只由非常特殊的机器复制出来的仓鼠时，他们认为，原生仓鼠传递给复制版仓鼠的情节记忆更少，而物理属性更多（Hood et al.，2012）。在访谈中被问到死后代理的功能时，小到 4 岁的孩子都知道，生物功能（比如需要如厕或需要食物）会在死亡时停止，但他们一方面分不清心理生物学状态和感知状态，另一方面也分不清认识状态和情绪状态，经常相信两者都会在死后继续存在。等他们再长大一些，更有可能把这些分清楚，年龄较大的儿童和成年人会赋予死者信仰、情绪和欲望，但没有感知："默认的'来世'信仰会在成长过程中被系统性地修剪"（Bering and Bjorklund，2004，p.229）。对此的一种理解是，我们会将难以想象人没有的心理状态赋予死者（Bering，2002）。这也许就是自我理论会如此广为传播且难以撼动的原因之一：因为我们不能想象活着的时候可以没有那种有意识的自我感觉，因而我们可能想要赋予它超越生死的连续性。

大多数形式的物质二元论都是自我理论，因为它们把单独的心灵或是非物理物质等同于体验的自我。一个例子就是 Popper 与 Eccles 的二元互动论（第六章），其中的自我意识心理控制了大脑，并扫描大脑的活动。但是，不要把自我和绑定理论之间的区别跟二元论和一元论或者唯物主义之间的区别弄混了。我们将会看到，许多唯物主义科学家虽然否认二元论，却相信有一个存续的自我。

绑定理论的名字来自哲学家戴维·休谟，他在《人性论》（*A Treatise of Human Nature*，1739）中称，我们只不过是一堆或不同感知的集合，它们以不可思议的速度相互接替，并处在永久的流动和运动中。我们所有的感知、印象和想法好像都被绑定在一起，因为记忆赋予了它们明显的连续性，因而成为个体同一性的源泉。不存在其他的体验事物或将体验维系在一起的统一实体。他写道：

> 对我来说，当我以最亲密的方式进入我所谓的自己之内时，我总会被某种特定的或是其他的感知绊倒，比如热或冷、光或影、爱或恨、痛或喜。我从来没抓住过任何自己没有感知的瞬间，也从没观察到感知之外的任何事物。
>
> （Hume，1739，Section Ⅵ）

通过深入审视自己的体验，休谟像佛陀那样，似

小传 16.1

戴维·休谟（David Hume，1711—1776）

戴维·休谟出生于英国爱丁堡，在爱丁堡大学学习过法律，尽管并未毕业。他尝试过在布里斯托尔做生意，但几乎精神崩溃。1734年，他移居法国，并在那里写下了自己的代表作《人性论》（*A Treatise of Human Nature*），当时他不过20多岁。这部著作算不上巨大的成功，但其简写版《关于人类理解的征询》（*An Enquiry Concerning Human Understanding*）成了经典之作。他发展了由洛克与贝克莱创立的经验主义哲学，探讨了因果、道义以及上帝的存在。休谟按照进入意识的力度和活性差别，对"想法"和"印象"进行了区分。他说，他永远抓不到自己没有感知的瞬间，并且永远发现不了感知之外的东西，这也就是他为什么会得出结论称自我不是一个实体，而是一捆"感觉"。

乎发现了没有体验者的存在。不出意料，休谟的观点不受欢迎，而他对自我的否认遭到了苏格兰哲学家 Thomas Reid 以常识性方法做出的反击，后者抗议说："我不是思想，我不是行动，我不是感觉：我是一种能思考、能行动、能受苦的事物"（Reid，1785，p.318）。思想、行动和感觉可能来了又去，但是它们所从属的自我或者我是永恒的。换言之，Reid 受到了自我理论的吸引。

这两种观点抓住了人们思考自我本质方法的一个根本性破绽。一方面，自我理论者相信连续存在的自我是体验的主体，可以思考、行动和感觉。另一方面，绑定理论者否认存在任何这样的事物。

休谟再清楚不过了，绑定理论是反直觉的，因为我的自我不存在实在是难以想象的。但是，有很多好理由至少要去尝试。我们将从某些极端的案例入手，这些案例挑战了每个人类都有一个有意识的自我的自然假设。

"我永远抓不到自己。"
（Parfit，1987，pp.20, 23）

"我不是思想，我不是行动，我不是感觉：我是一种能思考、能行动、能受苦的事物。"
（Reid，1785，p.318）

练习 16.1
现在谁是有意识的?

每天尽可能多次问自己："我现在有意识吗？"你也许很确定你有，不管你对自己在路上走着、周围的房子或是正听的音乐是否有觉知。现在，把注意集中到做这个练习的人或事物上。休谟在得出他关于自我的著名领悟时，估计就是这么做的。你能看到、感觉到或者听到体验者而不是所体验到的世界吗？首先，你可能要确认有一个体验者存在，但很难看得更远了。接着观察。接着问自己："现在谁是有意识的？"

这个练习不太容易，但在练习了几周或几个月之后会有回报的。尝试观察被体验的和体验者之间有没有一种分别。如果有，体验者是什么样子？这个练习也为下一个练习打下了基础。

多重人格

1887 年 1 月 17 日，一位名叫 Ansel Bourne 的云游神父走进罗得岛普罗维登斯市内的一家银行，取了 551 美元，支付了一些账单，然后上了一辆开往波塔基特的马车。他一去 2 个月，杳无音信。本地报纸打广告说他失踪了，而警察的寻找也徒劳无功。

2 周后，一位 A. J. Brown 先生在宾夕法尼亚州诺利斯敦镇租下一间小店铺，

自我与绑定理论

自我理论

我们每个人都感觉自己是一个连续、统一的自我，原因是我们就是这样的。有一个自我贯穿我们生命体验的始终，它可以体验到所有这些不同的事物。这个自我可能（其实也必须）会随着生命而逐渐变化，但他在根本上还是那个"我"。换言之，按照任何一种自我理论，自我都是一个连续的整体，它是人体验的主体，是行动和决定的肇始者。

自我理论包括：

- 笛卡尔二元论
- 不朽的灵魂
- 精神的轮回
- Gazzaniga 的解释器理论（interpreter theory）
- MacKay 的自我监督系统（self-supervisory system）
- 再加上你自己的例子……

绑定理论

那种我们每个人都是一个连续、统一的自我的感觉是一种错觉。不存在这样的自我，只有一系列体验，以各种方式松散地连接在一起。绑定理论不否认我们每个人在感觉上是一个连续的有意识的生物。它否认的是存在任何连续存在的、能够解释表象的实体。存在各种体验，但不存在拥有体验的人。行动和决定可以发生，但不是因为存在做出行动和决定的人。

绑定理论包括：

- 佛教的无我或没有自我的概念

概念 16.1

摆上文具、糕点和水果，做了一点小生意。他去费城进货，在店铺后面的屋子里睡觉、烹饪，定期参加教堂活动，并且按照邻居的说法，人很安静、生活有序，也"不可能是同性恋"。然而，3月14日清晨5点，他被一阵爆炸声惊醒，发现自己虚弱而害怕，睡在一张陌生的床上。他呼喊求助，说自己名叫 Ansel Bourne，对诺利斯敦镇或者开店一无所知，而他记得的最后一件事，是从普罗维登斯的一家银行取了钱。他的邻居以为他疯了，而大夫一开始也是这么认为的。但幸运的是，他们照他的要求，给他在普罗维登斯的侄子打了电报。很快收到一份回复，接着 Ansel Bourne 神父就被接回家去了。

早在1890年，威廉·詹姆斯与理查德·霍奇森（Richard Hodgson）就有了催眠 Bourne 的想法，想要看看能不能与解离的人格建立起联系。当詹姆斯把 Bourne 带入催眠的恍惚状态之中时，Brown 先生又出现了，描述了他到过的地方，好像对与 Bourne 的生活的联系一无所知。詹姆斯与霍奇森试图将两个人格联合在一起，然后霍奇森总结说："Bourne 先生的头脑中至今还包含两个截然不同的自我"（James，1890，i，p.392）。

这个非凡的"神游"例证告诉了我们什么呢？在当时，医生、心理学家和通灵研究者为了是否可以用癫痫、欺诈、分裂人格、通灵现象，甚至是灵魂附体来解释这件事而争论不休（James，1890；Hodgson，1891；Myers，1903）。短时的意识中断和抽搐很像是癫痫的症状，不过，单单是癫痫并不能解释这种不寻常的现象。也许最需要注意的一点就是记忆与自我之间的联系。当 Brown 的人格再次出现时，丢失的2周的记忆又回来了，而其他部分的记忆好像一片模糊或者消失了。当 Bourne 再次出现时，Brown 先生记起的短暂而简单的生活记忆就完全消失了。就我们所知，Brown 先生再也没有回来过，到了 1887 年，这个人格逐渐瓦解了。

- 休谟的感觉绑定论
- 自我是一个零散的产物
- Dennett 的"在笛卡尔的剧院内没有观众"的论调
- 加上你自己的例子……

大约就在那个时期，Robert Louis Stevenson 科幻作品《Jekyll 医生与 Hyde 先生的奇闻异事》（*The Strange Case of Dr Jekyll and Mr Hyde*，1886）出版了（见图 16.2）。那时已经出现了许多后来被称为多重人格的真实案例。催眠术或者美斯默尔疗法被广泛用于治疗歇斯底里。偶尔，医生或精神病学家也会发现，被催眠的患者会表现出完全不同的人格。这些患者几乎都是女性，不仅显示了不同的人格（像现今的"人格"一词的含义），而且显示有两个或更多的清晰人格挤在同一个躯体中（可称之为不同的个体或不同的自我）。

1898 年，Christine Beauchamp 小姐咨询了波士顿的神经学家 Morton Prince 博士（Prince，1906）。她经历过痛苦而饱受虐待的童年，遭受了痛苦、疲劳、紧张和其他症状的折磨。Prince 博士同时采用了传统方法和催眠进行治疗。在催眠状态下，出现了第二个有点被动型的人格（标记为 BⅡ），但有一天，Beauchamp 小姐开始把自己称为"她"，接着有一位自称 Sally 的第三个人格出现了（BⅢ）。Sally 有点孩子气、自私、玩心重，而且很淘气，而 Beauchamp 小姐则虔诚信教、为人正派、保守且十分自律；Sally 身材健美、意志坚强，Beauchamp 小姐则虚弱而紧张。在多年的治疗中，又出现了几个品位、偏好、技能甚至是健康状况都不同的人格。

Sally 常常以捉弄 Beauchamp 小姐为乐，在黑暗中走很长的路，然后"把自己收起来"，留下可怜的 Beauchamp 小姐独自走回家，怕得要死，病病歪歪。更糟糕的是，Sally 撕碎了 Beauchamp 小姐的信件，吓坏了她的朋友们，还让她抽烟，而这是她所痛恨的。如 Prince（1906，p.2）所说的，"会说、做、计划或组织那些不久之前她才强烈反对过的事情，沉醉于不久之前与她的想法格格不入的嗜好，拒绝做或毁掉她之前精心准备的计划"。某一些晚上，Sally 会把床褥统统扔掉，把家具堆到床上，然后消失。想象一下

图 16.2 Jekyll 医生和 Hyde 先生：善良医生与邪恶杀人犯共栖于同一具身体之内，来自 Robert Louis Stevenson（1886）的经典小说。此处为电影截图，由 Rouben Mamoulian 执导，Fredric March 主演（1931）。

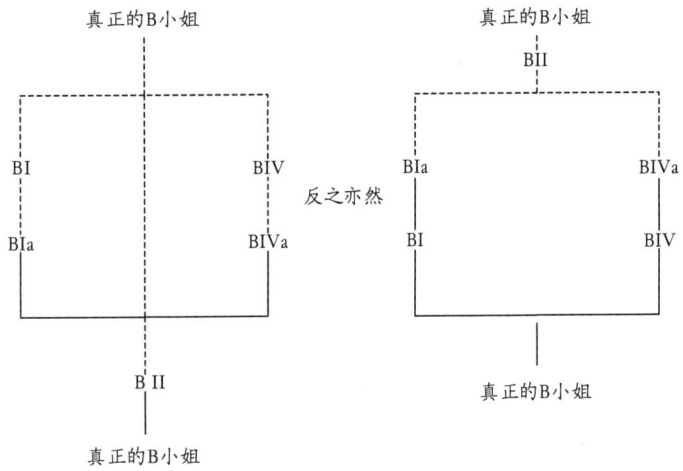

图 16.3 按照 Morton Prince 的观点,真正的 Beauchamp 小姐分裂为 BⅠ和 BⅣ。(a) 这两个人格可用催眠变出 BⅠa 和 BⅣa,她们可以被综合为 BⅡ。(b) 相反,真正的 B 小姐可通过催眠立即变成 BⅡ,她可以分裂为 BⅠa 和 BⅣa(After Prince,1906,p. 520)。

在这种情况下醒来,然后对过去的几小时全无记忆,只知道没有别人能进你的房间,该是什么心情?

有两个人格互不知晓,也不知道有第三个人格存在,对彼此的记忆空白期与其他人格的活跃期吻合。但奇怪的是,Sally 对其他人格是知情的,还说她能记起她们主事的时候。她甚至号称当 Beauchamp 小姐"出来"时,尽管自己受到"挤压",她还是有意识的,有她自己的思想、感知和意愿。她声称知晓 Beauchamp 小姐的梦境,虽然她自己既没睡觉也没做梦。换句话说,这不是转换状态的意识(像我们对 Ansel Bourne 案例的可能解读一样),而是同时存在的意识或"共存意识",其中包含了 Prince 所谓的"潜意识自我"或"潜意识",能在其他人格控制身体时有其自身的意识流体验(见图 16.3)。

在寻找真正的 Beauchamp 小姐的过程中,Prince 总结道,包括 Sally 在内的潜在人格不过是"一群分崩离析的意识状态"(Prince,1906,p.234),源自"精神谋杀"(p.248)。这个非凡的故事结局还不错,因为他最终将所有人格汇整为他称之为(尽管其他人可能会不同意)"真正的、原始的或正常的自我,那个与生俱来的、大自然赐予她的自我"(p.1)。

> 现在谁是有意识的?

这个案例成了多重人格经典案例中的最后一个——多数都是在 1840—1910 年报告的。在那之后,掀起了一股反对整个理论的风潮。批评者指出,多数案例涉及年长的男子催眠年轻的女子,后者急于取悦别人,可能比较容易上当受骗。其他人则认为,多重人格或者"人格分裂"是医源性的(就是因治疗或治疗师而产生的),而在 1994 年,美国精神病学协会的《精神障碍诊断与统计手册–IV》(*Diagnostic and Statistical Manual of Mental Disorders*-IV,DSM)就把"多重人格障碍(multiple personality disorder,MPD)"改成了"分离型身份识别障碍(dissociative identity disorder,DID)"。第 5 版的 DSM(American Psychiatric Association,2013)将 DID 定义为涉及"两个或更多清晰的身份或人格状态……每一个都有其自身相对持久的感知、关系以及对环境和自我的思考模式"。DID 研究表明，文化背景既与总体常见程度有关，也与总体患病率和不同诱因的可能性相关，比如受虐经历（Slogar，2011）。

那我们是否应该得出这样的结论：相比自我和意识，多重人格更能说明患者、催眠师和治疗师之间的相互作用？有些案例是不可能由治疗产生的，比如 Ansel Bourne 的那个案例，据我们所知，他从来没有接受过任何治疗。在任何情况下，如果这些迷人的案例中有几个真的像描述的那样发生了，它们应该会告诉我们一些关于自我、记忆和意识之间关系的非常有趣的事情。是什么事情呢？

自我和绑定理论的区别也许能在这里帮上忙。Prince 显然是一个自我理论者，因为他不仅相信存在"真正的 Beauchamp 小姐"，还相信有其他几个不同的自我存在，它们各有其清晰的意识和各自的意愿。因而他的理论是一种多重自我理论：一种介于经典自我和绑定观点之间的变种。Hodgson 和 Myers 有类似的信念，并且跟许多与他们同时代的人一样，他们的观点根植于能动性、占有以及人类人格整体上可能不会随着身体死亡而消亡的灵性主义观点（记住，他们使用"人格"一词而不是一套性格属性来描述一个有意识的实体）。威廉·詹姆斯认为，这样的案例连同其他催眠现象（第十三章）一道，为一种与初级意识并存的二级意识或"潜在自我"提供了证据。确实，他相信"同样的大脑可以推动许多有意识的自我，要么是意识的改变状态，要么是共存式的意识"（James，1890，i，p.401）。就像本章后面会谈到的，詹姆斯认为，我们必须承认自我都是绑定式的，但也要容许出现一个持久的同一性核心，因此他的观点也处于中间地带。

> "同样的大脑可以推动许多个有意识的自我。"
>
> （James，1890，i，p. 401）

对 Beauchamp 小姐的体验的一种更为干脆利落的绑定式理论解读来自话语心理学（discursive psychology），这个领域的基础就是"任何人类的心灵都由其参与的话语所构成"（Harré and Gillett，1994，p.104；图 16.4）。在这个框架内，自我感就成了伴随使用第一人称代词"我"和"我的"的一个产物。哲学家与话语心理学先锋 Rom Harré，以及哲学家与神经外科医生 Grant Gillett，使用了 Beauchamp 小姐的案例，来说明"旧的自我的概念（人体内的某种东西）和新的自我的概念（连续的产物）之间的区别"（p.110）。他们分析了 Prince 医生与患者之间的谈话，认为他使用了三个独立的代词系统来理解 Beauchamp 小姐的表述（见图 16.4）。其中，BⅠ说她自己是"我"，而 Sally 是"你"或者"她"；Sally 指代自己为"我"，以此类推。从每个"我"都指代了同样的躯体，却有着不一样的事件意识顺序和道义责任代理的意义上来说，这产生了三个清晰的

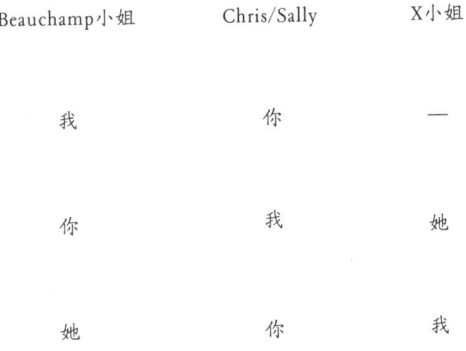

图 16.4 代词可以生成多个自我。按照 Harré 和 Gillette（1994）的观点，Beauchamp 小姐的语言中使用了 3 个清晰的指代系统。这意味着一个身体中有 3 个清晰的自我安身，不是因为 Beauchamp 小姐身体里有三个自我，而是有 3 个自我在东拉西扯中被创造出来了。

自我。按"话语排队"，自我就是这么回事。如同 Harré 和 Gillett 所说的，"在 Beauchamq 小姐的身体里并没有三个小自我、每个都通过她的嘴来说话，而是说出来的话就是这些自我的全部。这就是自我现象，这些说话的部分就是自我"（p.110）。

这种理论有其优势，不必依赖所谓的自我这个神秘的实体，但要冒对意识说不出子丑寅卯的风险。如果词汇就是一切，为什么我们会坚信那连续而统一的自我就是体验的主体呢？还是说词汇的力量本来就够强大，足以生出这种感觉来，那么问题就是：我们低估了语言毫不费力就能将自己嵌入任何体验之中的力量，甚至达到了可以创造一个体验者的程度。

截至目前，我们将关于自我的理论粗鲁地分成了两类：自我理论，需要某种连续的实体；绑定理论，不需要这些。在极端版本，哪一个也不能充分解释类似多重人格这样的不寻常案例，对付寻常的自我意识也不行。一方面，极端自我理论需要神秘的不可探测的实体。另一方面，过分简单化的绑定理论没有解释为什么我们感觉好像自己是一个连续的实体。本章将探索一些试图规避这些缺点的理论。

首先，必须尽可能搞清楚这两种类型理论之间的不同。对于绑定理论者来说，问一个身体内可以寄居多少个自我或者哪一个自我才是真的，没有意义。我们在第六章讨论分裂脑时，曾经遇到过这样的问题，并对此持怀疑态度。虽然大多数的科学家都在试图回答"分裂脑患者身体里有多少个自我"的问题，但对于那些相信自我理论错误的人来说，这是一个无厘头的问题。Derek Parfit（1987）让我们想象一个实验，在实验中，一个脑半球看到一块红色的屏幕，而另一个脑半球则看到蓝色的。当被问到有多少种颜色时，两只手都写出了"只有一种"的答案；但当被要求报出颜色时，一只手写出"蓝色"，另一只写了"红色"。假设这个想象的实验会像 Parfit 所说的那样进行下去，是不是就会出现两股意识流呢？会不会出现两个有意识的自我呢？Parfit 总结，确实会出现两股单独的意识流，一股看到了红色，另一股看到了蓝色，但是不会出现两个负责观察的有意识的自我。为什么？因为只有自我理论者才会去数有几个人格。对绑定理论者来说，能体验到意识流的连续自我是不存在的。所以，不管我们探讨的是分裂脑还是整个大脑，"涉及的人格数目都是零"（1987，p.20）。

唯物主义科学家似乎明显会同意 Parfit 的说法、接受休谟的反对意见,当一回绑定理论家。毕竟,如果大脑包含了数以百万计的相互连接的神经元,而它们的活动产生了行为、记忆和感知,就没有必要再有一个体验的自我了。然而,如我们所看到的,有些科学家仍然试图数清楚分裂脑患者体内有多少自我,或者追问多重人格是不是真正分离的自我。

"最伟大的科学与哲学之谜——自我的本质。"
(Ramachandran and Blakeslee, 1998, p.255)

情况可能跟笛卡尔剧院的情形有点相像。虽然从智力上很容易否认存在一个连续的体验性自我,但要接受这一观点的所有后果完全是另外一回事。某些经典的哲学家的思想实验可以把这些后果活生生地表现出来。记住,思想实验的要点不在于它们可以被实施,而在于我们可以使用这些实验来验证我们的思想,而要做到这一点,必须严格地遵循规则(第二章)。

自我的思想实验

想象在大半夜里,有一位疯狂的火星科学家,不留痕迹,也不为了害人,进入你的房间,取出你的大脑,把它塞进你的朋友约翰的体内,再把他的大脑塞进你的身子里(这当然不可能了,但这是一个思想实验)。天亮了,你翻个身,梦境消退,然后你完全清醒过来。但是,醒来的是谁呢?是"你"在约翰的身体里醒来了吗?你会尖叫、抗议,希望自己还在做梦,才会出现在一个不熟悉的房间里,腿毛厚重、胡须浓密吗?如果可能,那么约翰的身体对这种交换会有怎样的感觉呢?它会拒绝"你",还是会欢迎"你"呢?作为约翰的身体,或者作为"你的"身体而装着约翰的大脑,会有什么特殊的感觉吗?

如果你认为你和约翰会在"错误的"身体里醒过来,那理论上你就是认为有意识的自我依靠的是大脑,而不是身体的其他部分。在另外一个流行的思想实验中,火星科学家扫描了你们的大脑,然后只交换了神经信息模式。这一次,你所有的记忆和人格属性都被换走

图 16.5 选自《哲学档案》(*The philosophy files*, Law, 2000, London: Orion)。

活动 16.1
远程运输机

想象你要去美丽开普敦度假。你可以用一次简单的、免费的、几乎是瞬间可达和100%安全的方式往返。你要做的一切就是走进盒子里，按下按钮，然后……

盒子，当然就是 Parfit 的远程运输机。为完成旅行，你的身体和大脑的每一个细胞都要被扫描并摧毁，然后再严格按它们以前的样子复原，但是在开普敦。你会按下按钮吗？

要想安排一次难忘的实践活动，并鼓励大家进行更深入的思考，你得用几把椅子或桌子来拼出一个盒子，并提供一个彩色的"出发"按钮，志愿者可以坐进去按。让一个人站在按钮旁边，并问他是否会去按动按钮。其他人是怎么想的？只能回答"会"还是"不会"？不允许说"不知道"（如果大家不知道怎么公开回答，可以让他们把答案写下来）。不允许拿安全性或其他任何细节来狡辩——这是一个思想实验，盒子是100%安全可靠的。如果有谁不想按下按钮，应该有担心它出岔子以外的其他原因。

现在，找一些说"会"的志愿者，并让他们解释为什么。其他人可以随后提出进一步的问题来练习，比如为什么这个人不担心自己的身体被完全摧毁。让回答"不会"的志愿者也来回答。时刻要记住，大家不想去的原因可能涉及他们对灵魂、精神、上帝或死后来生等的最深切的信念。记住这些会有帮助，在强迫大家解释他们的意思时，也会用得上。

讨论结束后，找出来有多少人改变了主意。在意识课堂上，学习数周或数月之后，再来问同样的问题，将会很有意义。为此目的，让每人记下他们的答案将很有帮助。答案可能会变的。

了，但是大脑还留在原处。那么现在，体验到厚毛腿和大胡子的又是谁呢？是你还是约翰？体验本身绑定的是身体、大脑、记忆，还是别的？

自我理论者和绑定理论者在对这些问题的回答上有根本性不同。自我理论者可能会说："当然是我"（或者"当然是约翰"），因为自我必须跟什么东西是相关的，不管是身体、大脑、个人记忆、人格属性和偏好，还是某种组合。换句话说，"醒过来的是谁"的问题一定要有一个正确答案才行。自我理论者可能会通过调查有意识的自我与记忆、人格、注意或其他脑功能之间的关系，或者大脑和身体其他部位和环境的关系，来尝试找出答案。

但对绑定理论者来说，这完全是在浪费时间，因为我们中间没有一个连续的体验的自我。是，床上的人可能会大喊大叫、很不高兴、困惑不解，但是如果你问出"这真的是我吗？"的问题，你表露出的就是你自己的困惑。这个问题可以没有答案，因为不存在所谓的"真正的我"。

你是自我理论者还是绑定理论者？如果你不确定，下面这个思想实验也许能帮你。

想象你获得了一次乘坐远程运输机（很像《星际迷航》中的运输机）的免费往返旅游机会，想去哪儿都行。你只需要走进一个特制的方框区，按下"出发"按钮就行了，此时你身体的每一个细胞都会被扫描，随后结果信息被存储起来（而你的身体在此过程中被摧毁了）。然后信息被以光速发送到你选择的目的地，用以重建一个跟你一模一样的复制人。尽管这个想法只是用于思想实验的，但是有些人相信类似这样的事情有一天也许会变为可能（Kurzweil, 1999）。本章最后将再回来探讨这个内容，以及我们的自我会有哪些可能的未来。

既然你的复制人的身体和大脑与你被扫描时的状态一模一样，那么复制人就应该记得到你按下按钮那一刻为止的全部生活。他的行为会跟你一模一样，样子也像你，拥有你的个性和弱点，并且在其他任何方面都跟你一模一样。唯一的区别是，这个心理连续体不再有以往的背景，不再有你的身体或生理社会环境带来的连续存在，只能依赖通过空间传输的信息。

问题是你会去吗？

许多人很愿意去。他们的理由是，如果他们完整的身体得到了完全的复制，他们就不会注意到有什么不同之处：他们的感觉会像从前一样，而人实际上也会像从前一样的。另外一些人则会拒绝前往。他们的理由也许不那么理智，但也许会更感同身受。"这个旅程不是旅行，而是死亡。"他们会说："出现在伊维萨的只是一个复制人，不是真正的我。我可不想去送死。"想想复制人旅行回来之后能够接替他们继续生活，看望他们的朋友、成为他们家庭的一员、完成他们的项目，等等，也许能让人感到某种安慰，但它依然不是真正的"我"。他们无法像绑定理论者那样去接受，因为"他们"会活着还是会死去的问题，是一个空洞的问题（Parfit, 1987）。

某些进一步的思想实验钻研得更深。想象原来的你没有被摧毁。在英国神经学家 Paul Broks 对未来的幻想中，他为一次常规的火星之旅按下了按钮，结果后来才被告知有什么东西出了岔子。他的复制人没事，但他还在原地，违反了"人员扩散法"。如果不想让两个 Paul 都活着，原本应该被摧毁的那一个就可能被杀死。"就算是绑定理论者也不想死啊"，他一边等待着自己的命运，一边说（Broks, 2003, p.223）。

公元 1 世纪末，希腊哲学家普卢塔克（Plutarch）想象有一艘船的木板被逐

概念 16.2

自我、俱乐部与大学

自我只是一堆感觉，或者词汇流，或是一系列不会发生在任何人身上的事件，这样的理论既难理解，也难让人接受。为了让它变得更容易被人理解和接受，我们可以想想俱乐部或者大学。

假设布里斯托尔园艺俱乐部兴旺了很多年，然后因为感兴趣的人越来越少而关闭了。剩下的几个成员把图书、工具和其他俱乐部财产处理掉之后，去干别的了。几年后，一个新的园艺爱好者重新开办了俱乐部。她找到了那些图书，但重新设计了文具。她吸引了几位老会员，还有许多新会员。那么，这是原来那个俱乐部吗，还是一个新的俱乐部？如果你认为一定会有一个正确答案，你就理解不了俱乐部的本质。按照绑定理论，自我就有点像这样。

听说过关于牛津大学的那个笑话吗？一位美国参观者让一位学生带他参观一下著名而古老的牛津大学。那个学生带他去看了博德利图书馆和谢尔登剧院，去了布拉斯诺斯学院、基督教堂和玛格丽特夫人大厅，去了实验心理学系和宏伟的考试院；带他参观了马格达伦桥和学生们踢球的柴尔维尔广场。在这次深度游览行将结束的时候，参观者问道："但是大学在哪里啊？"（Ryle, 1949, p.16；图 16.6）

俱乐部存在吗？当然了。学院众多的大学存在吗？当然了。但两者都超不出构成它们的一系列事件、人物、动作、建筑或者物体的范畴。两者都不是一个可以找得到的实体。按照绑定理论，自我就像是这样的。

图 16.6 大学在哪里?

一全部替换,从而完全被修复了。那么,忒修斯之船从什么时候起就不再是同一艘船了呢?高科技的远程运输机也提出了相关的问题。想象只有很少的细胞或是你喜欢的任何比例的细胞被替换了。现在,会不会出现一个关键的替换比例,一旦超过它,你就会死,而一个可能的替身就会生成来代替你的位置呢?如果替换了50%,你会得出什么结论?那个醒来的人会一半是你、一半是复制人吗?这个结论看起来很荒唐,但是你可能仍然想说,一定会有一个答案的——编出来的那个人,真的一定要么是你,要么是别的什么人。如果你是那么想的,你就是一个自我理论者。

带着这种想法,我们现在就可以探讨几种自我理论了。此处给出的例子不可能覆盖所有可能的方法,但我们选中的那些看起来基本可涵盖自我和意识的关系。在每个案例中,我们首先来探索该理论是自我理论还是绑定理论;其次,他怎么解释似乎有一个统一而连续的自我的感觉;再次,它能不能帮助我们理解意识的本质。

思想本身就是思想者

威廉·詹姆斯是明显的着手点,因为他的作品广泛地覆盖了自我和意识,而他的观点至今依然广受尊重。詹姆斯建立其理论的第一点是它看上去的样子。他说,个人身份的中心概念就是一个人的统一性和连续性感觉;一个人自己的思想有一种温暖和亲密的感觉,可以将它们与其他人的思想区分开——尽管还不清楚应该从哪里划分一个人自己的思想和他人的思想。

> 普遍的意识事实不是"感觉与思想的存在",而是"我认为"和"我感觉"。任何心理学,在任何程度上,都不能质疑个体自我的存在。心理学最糟糕的就是以解读这些自我本质的形式剥夺它们的价值所在。
>
> (James,1890,i,p.226)

詹姆斯把自我分成两个永远存在的元素：宾格的"我"和主格的"我"。宾格的"我"就是经验自我或者客观人格，包括三个方面：物质自我（包括身体和财产）、社会自我（包括我们如何与他人互动，如何被他人看待），还有精神自我（这个词看起来可能有点怪异，但它包括了气质和能力、宗教意愿与道德准则）。经验自我或者宾格的"我"的最后一部分就包括了主观体验。詹姆斯说，在意识流里好像有一个特别的部分，它会欢迎或拒绝其他部分，是接受意识流感受与感知的"活跃元素"，也是努力、意志和注意的源泉（第七章）。这有点像一个连接点，感觉信息到此结束，运动信息由此出发。他差一点就完美地描述了笛卡尔剧院里的观众。

但奇怪的是，对于詹姆斯来说，这名观众只是宾格的"我"，而非主格的"我"的一部分。主格的"我"在所有这些之外：它是主观知道的思想或是纯粹的自我，就是我所关心的自我，我的体验的可感核心。这是"心理学要应对的最具迷惑性的迷惑"（James，1890，i，p.330）。他阐述了两种主要的应对方式，用了如今的我们非常熟悉的一种方法：

> 有些人会说，灵魂是一种简单的活性物质，因而他们对它有意识；其他人则说，它只不过是虚构的，一种由代词我表示的想象出来的存在；而在这些极端的观点之间，你会发现各式各样的中间论调。
>
> （James，1890，p.298）

詹姆斯对两者都进行了批判。他说，"灵魂理论"什么也没解释，什么也没保证，并且缺乏任何关于灵魂会是什么的积极说明。他反对柏拉图和亚里士多德的本体论者观点、笛卡尔的二元论，以及洛克的联想论者理论。至于康德的理论，他说，超然的自我不过是灵魂的一个"低贱而淘气"的版本罢了，而发明一个自我并不能解释意识的统一感："那些自我主义者自己——就随他们想说什么就说什么吧——相信绑定，在他们自己的体系用专为这个目的而发明的特别的超然绳索来把它们捆在一起"（p.370）。也许他的意思是说，全心相信绑定理论实在是令人恐惧，于是就发明了自我的绳索来掩饰它们。

詹姆斯说，在另一个极端，那些支持休谟的人宣称存在的只有意识流，这与人类的全部常识背道而驰，后者坚信有一个真正的"所有者"、某种精神的实体来将那些自我聚拢在一起。詹姆斯总结，这种"聚拢"，就是需要解释的东西。

"思想本身就是思想者。"

（James，1890，i，p.401）

詹姆斯是如何避免发明一个真正的所有者或他自己的特别绳索的呢？他最有名的谚语就是"思想本身就是思想者，而心理学不需要把眼光投向远方"（James，1890，i，p.401）。"现象就足够了，穿梭的思想本身就是唯一可验证的思想者，而它与大脑加工过程的经验性联结就是最终的已知法则"（p.346）。他的意思是这样的，在任何时刻，都有一个穿梭的思绪（他将这种特别的思绪称为思想），它不断记忆先前的思绪并将它们的一部分挪为己用。这样，把思绪聚拢在一起的不是一个单独的精神或自我，而只是另一种特殊的思绪罢了。这个思绪认定并拥有意识流的一部分，而把其他的扔掉了。它把自己感觉"温暖"的思绪聚到一起，称为"我的"。下一刻，另外一个思绪接替了过期的思绪并把它据为己有。它将个体的过往事实彼此绑定，同时也跟自己绑扎起来。这样，穿梭的思绪好像成了思想者。我们体验到的统一感不是独立于思绪的东西。实际上，在思绪出现之前，它是不存在的。

詹姆斯用了牧群和牧人的比喻。常识认为应该有一个牧人，他把牧群聚拢在一起。但对于詹姆斯来说，没有永久不变的牧人，只有一系列穿梭而过的所有者，每一个所有者不仅继承了牧群，而且继承了所有权头衔（见图16.7）。每一个思想生来就有所有者，死去时也是被拥有的，将其意识到的东西作为自己传递给下一任所有者。这样就产生了明显的统一性。

图 16.7 按照威廉·詹姆斯的观点，自我的连续性是一种错觉。我们认为我们是自己思绪的连续性所有者，而实际上是过去的一系列所有者继承了过往的思想及这些思想的所有权。

练习 16.2

我和前一刻的"我"一样吗？

每天尽可能多次地问自己那个熟悉的问题："我现在有意识吗？"然后继续观察。随着"现在"的溜走以及周围事物的变化，尝试保持稳定的观察，并琢磨是谁在观察。在你仍然保持觉知的时候，有没有自我的连续性？你能看到那种连续性是什么样的吗？还是根本就没有连续性？

问题是："我还是上一个时刻的'我'吗？"真正需要的不是用言语来提问（或回答），而是直接观察它的感受。

詹姆斯是不是一个绑定论者呢？他反对任何实质的自我，因此我们可能会假设是这样的。按理说，他应该会高兴地走进远程运输机，因为当复制人从另一端走出去时，一个新的思想将会立即占据复制的大脑产生的记忆和温暖思绪，因此引发与之前一样的统一感和连续感。然而，詹姆斯把自己的理论放到了两个极端的中间地带，并批评休谟不允许任何相似性的线索或统一性的核心把意识流捆扎在一起。对詹姆斯而言，任务是对体验的多样性和统一性都做出解释，而他感觉自己已经通过"记住并占据连续更新的思想"把任务完成了（p.363）。

他的理论能不能帮助我们理解意识的本质？在某种程度上可以——詹姆斯告诉了我们那个程度位于何处。最终，他没能解释清楚，思绪流是如何伴随大脑的活动流的，也没有解释原因，如他自己所说，"如此有限的人类思绪流的存在却要在功能上如此依赖大脑"（p.401）。换言之，巨大的鸿沟依然张着大嘴。

"心理学最糟糕的作用，就是在解读……自我的时候，剥夺了它们存在的价值。"
（James, 1890, i, p.226）

自我的神经科学模型

许多神经学家避免谈论自我和自我意识（比如 Crick, 1994）。另一些人把自我意识作为意识的一个子类来讨论，还有一些人考虑自我概念是如何发展的，以及它是如何出错的（比如在失忆或盲视中）。只有少数一些人会试图解释为什么自我感觉像是一个连续的动因和体验的主体。他们最常见的策略是将自我等同于一个特定的大脑加工过程，或是一个脑部功能区。

拉马钱德朗（Ramachandran）认为，他的填充实验（第六章）就意味着"我们可以开始接触最伟大的科学和哲学的谜中之谜——自我的本质——了"（Ramachandran and Blakeslee, 1998, p.255）。促成这些实验的部分动机是丹尼特的坚持，即填充将会为了某个人而完成（为了某个观察者或脑中小人），而既然脑中小人不存在，填充就不会出现。但如我们所见，某些种类的填充真的出现了。但是拉马钱德朗说，争论并不完全是错的。填充是为了某种事物而不是某个人才出现的，而那个事物就是另一个大脑加工过程——一个执行过程（Ramachandran and Hirstein, 1997）。

拉马钱德朗思考了麦凯（MacKay）的执行过程（第六章）以及位于额叶或前额区域的控制过程，却为了边缘系统而争论。最符合传统上所认为的自我的加工过程，是那些将动机和情绪与行动选择联系起来的过程，其基础是一套输入的感受质。填充随即可以被看作一种为与边缘执行结构互动而准备感受质的方式。因此我们的意识体验就是进入这个执行系统的输入信息。

"意识就是'认知行为中的自我'。"
（Damasio et al., 1999, pp.9, 168）

自我、绑定与自我理论　第十六章　● 499

拉马钱德朗总结，"栖居"在大脑里的单独和统一的自我就是一种错觉，但也不难看出，作为大脑中的一种活跃存在的自我是如何从这些过程中产生的——一个"机器里的鬼魂"（Ramachandran and Hirstein，1997，p.455）。然而，他的理论看起来像要试图对一个真实的自我而非神秘的自我做出解释，方式是凭借那个未经解释的概念，即感受质就是进入特殊的大脑加工过程的输入信息。

Antonio Damasio 引用了他在大脑损伤和心理病理学方面的研究，来区分原型自我、核心自我和自传式自我。他声称，自我的感觉在最简单的生物体中具有一种前意识的先例。这种原型自我就是一套神经模式，映射了生物体每时每刻的状态。更复杂的生物体具有"核心意识"，它不依赖记忆、理智或语言而存在，并与核心自我相关，后者是"一个短暂的实体，为每一个与大脑互动的物体而不停地重建"（Damasio，1999，p.17）。

扩展的意识生成了更为复杂的组织层级。它可能会在其他物种里出现，在我们一生中得到充分发展，依靠工作记忆和自传体记忆，生成了我们的自传式自我。Damasio 很清楚，这个自我不是任何一种单独的实体，而是那个按照你生命的故事而降生的你。如他所言，"音乐不停，你就是音乐""脑内电影的所有者出现在了电影当中"（Damasio，1999，pp.191，313）。他的理论不仅意味着有一个脑内电影（第五章），而且包含了这样的概念，即神经模式"被显示在脑干、丘脑和大脑皮层的适当区域"，以便产生感觉（Damasio，1999，p.73）。然而 Damasio 坚持不需要一个脑内小人来观看演示。它会被其他大脑加工过程所"观察"。举一个你被滚烫的炉盘烫了手的例子。你的身体因为神经模式和伤害性信号而处在一种疼痛的状态中，但为了让你体验到疼痛，就需要更多的东西。特别是要有"一个能将组织损伤的神经模式和代表你的神经模式从内部连接起来的过程，以便另外一个神经模式可以生成你知道了的神经模式，它就是意识的另外一个名字"（Damasio，1999，p.73）。但他对于演示如何解释主观性，或者"代表你的神经模式"为什么就是意识，没有做出说明。

根据伯纳德·巴尔斯的全脑工作空间理论，自我系统是情景层级的一部分，可以影响走上舞台的内容。实际上，它就是主导的、统一的"深度情境"。巴尔斯使用詹姆斯对宾格的"我"和主格的"我"的区别，把更为根本性的自我系统（包括作为观察着的自我以及动因的自我）同自我概念（包括价值以及对自身的信念）区分开。这种自我系统是基本的，因为"意识本质上需要与一个自我系统进行互动，至少如果它的信息变得可报告和可用时，确实如此"（1988，p.344）。通过这种方式，自我和意识就进入了情境与内容的关系：自我"是为所有意识体验提供框架的知识……一个意识事件流动的总体背景"（p.327）。

在其后来发表的一篇文章里，巴尔斯引用了Gazzaniga的解释器概念，总结说，"没有前额叶自我系统的参与……完全的意识也许就不存在"（Baars，2005a，p.50）。但因为意识整合了所有的大脑功能，所以如果没有意识，信息就不能被"观察的自我"（顶叶和前额叶皮层中的执行解释器）所取用（p.47）。因此巴尔斯好像是在说，一方面，自我可能提供了意识存在的环境，但是另一方面，自我可能需要依靠意识才能从根本上发挥任何功能性作用。

巴尔斯运用他的对比分析方法思索了自我意识被破坏或异常的体验，包括神游症和多重人格，以及人格解体，这是一种相当普遍的综合征，患者会认为自己不真实、机械或者不是自己了，并会体验到自身的身体形象的扭曲。巴尔斯写道，所有这些自我异化的现象就像他的模型所预测的那样，都是由破坏了稳定的主导性情境事件所引起的，并且与自传体记忆丧失有关，如同人们会对丧失情景稳定性所预计的一样。此外，破坏可能发生得很快，但恢复得很缓慢，因为它意味着要重建整个情境体系。

在诸如神游症和多重人格的解离条件下，不同的自我会交替出现，因为不同的情景层级结构会竞争性地访问全脑工作空间。这意味着对感觉和自传体记忆的取用，并为一切可报告的意识体验所需要。因为只有一个全脑工作空间，这似乎排除了同步意识的可能性（这一点为詹姆斯、Prince和其他人所接受）。

全脑工作空间理论是一种自我理论还是绑定理论呢？在全脑工作空间理论中，自我不是一种错觉；它是主导性情境层级结构中最为持久的一层。就像在Gazzaniga的解释器理论和麦凯的执行理论（奇怪的是，巴尔斯好像从来没有提到过麦凯图式的最高一层：自我监督系统）中一样，自我系统在物理上是实例化的，按说我们就可以像自我理论一样，在一个指定的大脑内找出有多少个自我。然而，Gazzaniga、麦凯和巴尔斯本来也应该可以很高兴地踏进远程运输机，因为物理系统本该是完全可以被机器重建的。

自我的连续感在全脑工作空间理论中也是真实的。自我之所以存在，是因为自我系统存在——尽管随着时间、努力和压力，两者都可以分解和重新整合（1988，pp.343-344）。但这里没有说明的问题是，大量具有不断变化的互连性和短暂活动的神经元是怎样成为一个持续体验的自我的。因此，这一理论面临所有遗留给詹姆斯的问题，还有一个解释物理连续性是怎样被翻译为体验的额外问题。也许我们应该用巴尔斯（Baars，1997b，p.142）自己的话来总结："你就是你体验的感知者、演员和旁白者，尽管这话的准确意思还是一个持续的

> "自我就是'为所有意识体验提供框架的知识'。"
> （Baars，1988，p.327）

问题。"

Stanislas Denaene 在其对全脑工作空间理论所做的神经学更新里,表示并不认同像 Damasio 一样认为意识和自我意识之间有必然联系的人。对他来说,对某人的某个方面有意识,就是另一种有意识取用工作空间的形式而已。信息除了可以是颜色或声音,还与宾格的"我"的众多心理表征之一有关——我的身体、我的行为、我的感情或者思绪。当我反思自己时,被观察的"我"和主动观察的"我"只不过是在不同大脑系统中进行编码而已(Dehaene,2014,pp.24-25)。但这并没有真正解释清楚,一个大脑系统比起另一个所能够给予的连续感到底是怎么回事。

这些神经学理论到底是自我的,还是绑定理论,取决于它们是否为自我提供了一个连续的神经基础。近来,一些针对大脑功能组织个体区别进行的研究认为,这样一个基础也许是存在的。功能性连接模式(特别是额顶网络中的那些)可以被当作一种"指纹",从一个庞大的群组里辨认个体,不管他们的大脑是在休息,还是在执行特定的任务(Finn et al., 2015)。这说明,大脑的活动也许能为自我的连续性及其与其他特性的区别提供一个基础。针对功能连接作为预测专注能力的指标(Rosenberg et al., 2017),以及一般情报如何从网络架构的区别中产生(Barbey, 2017)的研究,增加了某个观点的分量,即我们认为是自我的东西的重要方面,可以理解为连接了各种持久的神经架构。

环、隧道和丝线串起的珍珠

"我是一个奇怪的环。"

(Hofstadter, 2007)

"我是一个奇怪的环。"数学家兼认知科学家 Hofstadter(2007)宣称:"我是一个感知了自我的蜃景。"Hofstadter 以其著作《哥德尔、埃舍尔、巴赫》(*Gödel, Escher, Bach*, 1979)而出名,喜欢递归、自我反思或循环的数学结构。他讲述过一次童年的购物之旅,跟随父母前去尝试一项新发明——摄像机。他拿它对着父亲,就在屏幕上看到了他的脸,然后他又对着自己拍,之后他又想把摄像机对着屏幕本身。但他太紧张了,还真的去征求店长的允许,结果被告知不能那么做!他说(Hofstadter, 2007, p.36):"这种怀疑的环只会在我们人类的大脑里运行。"等他回到家,拿着摄像机玩耍时,他发现了奇怪的显现模式——但是没有危险。

大脑中充满了各种回路。有些就像视觉反馈一样简单,但其他人更为自我参照,就像"我就是这句话的意思"这句话,或者像是埃舍尔(Escher)《画画的手》（*Drawing Hands*）那样的自我矛盾，在这张画中，一只手被画成像是在画着另一只手腕部的袖口，后者则在画着第一只手腕部的袖口……

Hofstadter（1979）宣称，当一个系统看起来好像要扭过身去拥抱自己的时候，就会出现怪异的现象。"交错的层级结构"里就发生了这样的事，在其内部，可能不断地从一层爬上另一层，结果却回到了原地："自相矛盾的错层返回回路就是一个奇怪的回路"（2007，pp.101-102）。因为大脑是一个交错的

图 16.8　我是谁？

层级结构，有多个层级的符号表达没有绝对的顶部或底部，它充满了奇怪的环状结构。但说我是一个环是什么意思？

搞清楚你在使用哪个层级的描述很重要。用某种方法观察，大脑充满其他符号感知到的跳动的符号，而 Hofstadter 说，这一点就是意识：大脑换装的自我描述解释了意识本身，本质上带有一种深切的扭曲回来覆盖自身的品质。在这个层级上，自我不是一种错觉，而是被表征为一种真正的因果动因。但是，如果你降低视点，所有这些符号就都成了非符号式的神经活动。于是"'我'就解体了，它就噗地一声没了"（2007，p.294）。在这个意义上，自我就是一种错觉或神话，但它是我们没有了就活不下去的神话，因为它对我们所有关于自己的信仰系统都至关重要。

"典型的成年人对解构'我'这一概念所抱有的兴趣就如同典型的婴儿对解构圣诞老人所抱有的兴趣一样。"

（Hofstadter，2007，p.294）

奇怪的环的理论是一种绑定理论。符号不停地在大脑内跳动，没有真正持续的体验者，就算是类似的自我参照环，也会被一遍又一遍地重建。Hofstadter 谈论着灵魂，说它们是多么依附于它们自己的躯体，但是他说的"灵魂"是一种大脑内的抽象构造，而不是一个单独的二元论实体。它那明显的连续性和统一性是表征在大脑之内的属性。而灵魂可以在许多大脑之内被表征，带有不同程度的保真度——在每一个认识我的人的大脑里。这算得上是意识吗？Hofstadter 宣称，他把灵魂或者"我"解释成一个奇怪的环，也解释了"心里有一盏灯"或者"拥有意识"的问题。简单地说，意识就是符号的舞蹈。但如果是这样，他还是没有解释清楚，为什么舞蹈就是那种感觉，或者生成了那种感觉。

德国哲学家托马斯·梅钦赫尔（Thomas Metzinger）对自我也秉持了一个表征主义立场。他说，大自然最好的发明之一就是他称为现象自我模型（PSM）的内部工具。这是"一种清晰而连贯的神经活动模式，可以让你把世界的一个

个部分整合为你自己的一幅完整的内部影像"（Metzinger，2009，p.115）。因为你有了这种自我模型或自我表征，你就能把你的胳膊和双腿体验为你的胳膊和双腿，把你大脑里的特定认知过程体验为你的思想，把你大脑的运动区域里的特定事件体验为你的意图和行动意愿。

按照梅钦赫尔的"主观性自我模型理论"，自我就是现象自我模型的内容，而"意识就是世界的表象"（Metzinger，2009，p.15）。这个世界看起来像是一个简单而统一的当前现实，但是我们看到、听到、尝到和闻到的东西受我们的感觉本质的限制，所以我们的现实模型就是一个更加宏大的物理现实的低纬度投射。他是我们的大脑构建出来的虚拟现实。因此，我们对世界的意识体验算不上是现实的影像，更像一条贯穿而过的隧道。

为什么会有一种虚拟现实中总有一个人待在那里的感觉呢？它是怎么变成"自我隧道"的？有两个原因。第一，我们大脑里的世界模拟包含了我们自身的整合内部影像，即现象自我模型，它扎根于身体感觉，并包含了一个观点。第二，许多自我模型都是"透明的"。这看起来可能像是一个怪词，但是梅钦赫尔的意思是，我们没有意识到它是一个模型；相反，我们把它当成一个面对现实的直接窗口。就像我们观察望远镜时看不到透明的镜片一样，我们观察周围的世界时，也看不到神经在放电。主观性自我模型理论"就是作为自我的意识体验，会因为你大脑中一大部分的现象自我模型是透明的而出现"（2009，p.7）。

> "没人当过或有过一个自我。"
> （Metzinger，2003，p.1）

按照 Parfit 的标准，现象自我模型理论就是一种绑定理论。如梅钦赫尔所说，"世界上不存在自我这种东西：没人当过或有过一个自我"（Metzinger，2003，p.1）。那种我们是一个持续的自我的印象，是现象自我模型创造出来的，它就是这样为自我建模的。至于意识，这个"世界的表象"是一种非常特殊的现象，因为它是世界的一部分，但同时也包含了世界。那么世界的表象又是什么意思呢？如果你的外侧膝状体或者早期视觉皮层细胞构建了对那个视网膜影像的表征，是不是意味着一个世界出现了？还是那个世界必须要为某人而出现？现象自我模型理论试图解释当现实在其本身之内出现时，如何创造内在性并声称正是这种内在性解释了主观性。

像 Hofstadter 一样，梅钦赫尔相信，解释自我的本质就能解释主观性。这与格拉齐亚诺的注意图式理论近似，这个理论中的自我（包括身体图式）被构建为注意图式的一部分，一道被构建出来的还有被关注的世界以及注意过程；这里的自我只是一个自我的模型，但它是由同样的过程构建的，这个过程能让我们总结出我们是有意识的。

继牧人和隧道之后，另一个惊人的比喻又出现在英国哲学家 Galen Strawson 对自我解释的核心之中："存在许多心灵的自我，一次一个，一个接一个，就像一串被丝线穿起来的珍珠"（1997，p.424；见图16.9）。Strawson 的珍珠是神经活动的特定模式或是活跃状态来了又走。他抛出了一个概念，动因或人格有一个是自我所必需的特征，而最具争议性的是，他也否认自我能够在一段时间里保持长期的连续性。每一个自我可能会持续几秒或者更长的时间，但随后它会消失，一个新的就会出现。

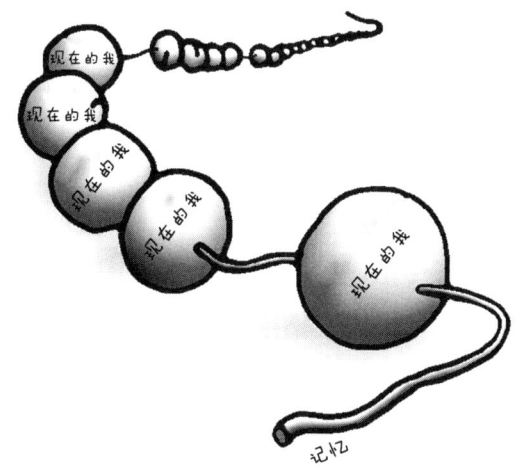

图16.9 按照自我的珍珠观点，存在许多心理自我，一次一个，一个接着一个，就像丝线穿起来的珍珠。

跟詹姆斯的一样，Strawson 的理论依靠的是内省，但他不同意詹姆斯关于"我们意识的神奇流体"的描述，这种流体据说"就像是鸟的生命，仿佛是由飞翔和栖息交替组成的"（James，1890，i，p.243）。于他而言，就算是詹姆斯对不连续性的认知，也没有抓住体验根本性的析取本质。他偏向于休谟关于意识是波动的、不确定的和转瞬即逝的描述。其中有间隙也有衰退，有消亡也有重启；他还描述了自己独处时的体验，认为这是"从一种完全的无意识状态，不管它有多短暂，向着有意识状态重复回归"（Strawson，1997，p.422）。这给人的感觉好像意识是在不停地重启。

"意识流'就像鸟的生命，仿佛是由飞翔和栖息交替组成的'。"（James，1890，p.243）

Strawson 说，人们通常会接受意识是有"间隙"的，或者思想会从一个话题切换到另一个，但他们仍然会假设，同样的自我在休息了一阵子之后还会回归。按珍珠论，就像在佛教中说的，不存在这样的支持性的连续性，也没有持续的心理自我。珍珠论是绑定理论的一种激进版本，因为它完全拒绝了任何长期的连续性。无论如何，珍珠论自我在任何时刻都是有其统一性的，从这个意义上看，它就不仅仅是一堆松绑的感觉与感知了。

它算得上自我所体验到的统一性和连续性吗？珍珠论自我类似于詹姆斯每一时刻都会催生新思想的观点。它相当于从一种思想到另一种思想的持续占有，即连续的内容有助于将经历与时间联系起来——最可靠的是我们自己身体的持续存在。短时记忆也有助于黏合修补跳跃与破裂之处。如此，"意识内容的恒常性和稳定性感觉起来就像是人的意识运行特征，尽管它们并非如此"（Strawson，1997，p.423）。

丹麦哲学家 Dan Zahavi（2011）对 Strawson 的比喻的其中一个含义有异议。

"体验的存在，给予了最小主体的存在。"
（Strawson, 2011, p.254）

"人类在一个正常清醒的白天的存在，涉及许多迁徙的或最小主体的存在。"
（Strawson, 2011, p.262）

他说，如果自我的认定不必依靠时间的连续性，我们就不能将体验称为丝线上的珍珠，因为两颗珍珠只有当它们在事实上被一条未受干扰的丝线穿起来时，才能算是同一条项链的一部分。对 Zahavi 来说，不存在主动将体验的不同碎片结合起来的自我；它不是一种需要添加到意识流当中、来把它结合在一起的额外元素。体验呈现给我的方式与它们呈现给其他人的方式是不一样的；从这个意义上看，构成单一时刻以及跨越时间的体验统一性的就是我的体验属于我的事实。而只要我们投身或沉浸于世界当中，那个意义上的自我就会存在。

也许是因为对连续性的困惑，Strawson（2011）放弃了丝线上的珍珠的比喻，扩展了他早期的观点，提出自我是一个"最小化的自我"或是"最小主体"：它就是你把除了体验之外的一切都拿掉后所剩下来的东西，因此如果你同意体验存在的说法，你就会接受最小自我的存在。最小自我无须具有自我意识，而它可能只会持续很短的一段时间（因此不是那么与道德相关，像他在一处旁注里注释的那样）。如果普通的日常体验涉及无数短暂而未受关注的间隙，那么每一天都会涉及许多最小自我的存在。依照定义来看，任何指定的体验都是统一的——它是一个完整的体验场地——但是（与 Zahavi 的观点相反）这种统一性并不意味着任何与连续性有关的内容。所以，也许雨滴会是一个更好的比喻（见图 16.10）。

图 16.10 也许不存在将自我捆绑在一起的丝线，也没有要求一次只能有一个自我存在。自我可能更像是雨点，形成了又消失，有时候一次会有很多，有时候只有一滴。作为任何一个雨点，你是不会知道其他雨点的存在的。

我热情澎湃；每当我为热情占据，我的浮躁就无可匹敌：我无拘无束、目无尊重、无所畏惧、礼仪全无；我愤世嫉俗、倨傲强横、粗野狂暴、大胆妄为：没有耻辱能阻挠我（无辱可止吾行），没有危险能吓阻我（无险能慑我心）：除却心中之事，宇宙与我何干？但这所有只得延续片刻，那接下来的一刻就湮灭了我。

——卢梭（Jean-Jacques Ruosseau）
《忏悔录》（*Les Confessions*，1782-1789）

自我与身体、世界以及其他人

到目前为止所概述的一些叙述注意到了自我的身体和环境情境；但很多都没有。Zahavi 的理论受到现象学传统的影响，强调具身化在构建和形成体验中的作用。爱尔兰裔美国哲学家 Shaun Galagher 经常与 Zahavi 合作，将这种能力扩展为一种与生俱来的东西：

> 具身化的事实不是我们需要反应才能辨认的事物。我无须反应就能确定为什么我的身体是我的，或者是我的身体在遭受痛苦或是在体验快乐。在通常的体验中，这种知识已经构建于体验的结构中。
>
> （Galagher，2005，p.29）

这再一次引出了那个在 Zahavi 对统一性的反应中出现过的问题：如果自我概念的一个重要部分就是感觉我的体验是属于我的，那么我们就要质疑我的是什么以及感觉如何的问题。哲学家 Miri Albahari（2006；and discussed in Zahavi, 2011）引用了佛家的概念，对视角所有权和个人所有权进行了区分，前者是指体验将其自身独特地呈现给了体验的主体，而后者则是指一种认定自己就是一段体验的所有者的更为强烈的感觉：可以（无论是反应式地或预反应式地）把它想象成是我的，或者把它理解为我的一部分。Albahari 认为，拥有自我的感觉不仅需要视角所有权，还需要个人所有权：不仅是作为一种观点，还要在属于"我"还是属于他人之间画出界限。但对她来说，关键的是，拥有一种自我的感觉，与拥有一个自我，不是一回事。自我的感觉是存在的，但自我本身不存在。我们的体验在先，创造出了自我的感觉，而不是反过来。

自我或是自我的感觉是与我们的体验有关的事实创造出来的（而不是体验有可能存在是因为我们有或者就是自我），这一概念受到社会构建主义的自我理论的认同。这些理论坚持认为，自我不是与生俱来的，而是在我们与他人的互动中出现的。因此，不是多个自我在关系中汇聚到了一起，而是在关系中出现了多个自我（或者只是自我的概念）。

语言是这种出现的重要媒介。语言的功能不是为一套神经表征进行编码；说我生气了"更像是一次握手或拥抱，而不是内心的写照"（Gergen，2011，pp.646-647）。说点什么，就是在关系中完成了一次表演活动，因而把"私人感情"当作公共活动就再好不过了："不是说人有感情、思想或者记忆，而是说人做出了这样的表现"（p.647）。就像我们如果使用了刚刚编造出来的词语，就无法让别人理解一样，我们的行为也会没有意义，除非它们引用了文化传统。于是，我们所有的自我表演都附带着一种关系的历史，并且扩展了那种历史："他人在其独特的表述中输入自我的表达"（p.647）。这是真的，哪怕是——或者尤其是——对单独关押的囚犯来说也是如此，这些人只有通过为自己创造出社交世界并且知道还有别人记得他们才能熬过来。在这样的情形中，日常行为的数量大大降低了，有一点就会变得越来越清楚："别人还记得我呢，因此我是存在

> "他人以其独特的形式输入了自我的表达。"
> （Gergen，2011，p.647）

> "别人在想着我呢，因此我是存在的。"
> （Saunders，2014，p.93）

的"（Saunders，2014，p.93）。

如果我们继续沿着这条路走下去，"他人"就不再是外部的了，而变成了自我的一部分。自我不是首先存在，然后才被附加了主体间性或社交性：这些品质对他们而言，就如具身性一样，是天生的。这些品质也直接与具身性相连接，就像人类儿童在不同的重要发展行为中清楚地表现出来的那样，比如模仿（通过复制他人的行动进行学习）和联合注意（与他人一起关注某种事物，比如母亲和女儿一起阅读一本书）。通过这样的方式，我们与他人一起行动，关注他人，并与他人一起关注，这样的话，我们共同的经验就变成了我们是谁的一部分。因而，自我在根本上就有了"对话性"（Hermans，2011）。

> "意识并不真正属于人的个人体验，而属于它的社会或群体本质。"
> （Nietzsche，1882/1974）

这类具身化理论及其扩展理论所建议的自我都有连续性，从这一点来看，它们大多属于自我理论。但它们过度扩展了自我的界限，结果自我/他人以及自我/世界间的分界线开始消失了，并且再难说清楚我止步于何处，而世界又从何处开始了。对 Andy Clark（2008）来说，自我延伸跨越了意识的边界，并超越了身体的界限，因而像我手机上的信息这样的外部资源也变成了我身份的中心部分。类似的，对于 Alva Noë（2009，p.69）来说，自我"分布于"行为之中，连接了我的身体和世界中的物体："一个人不是一个独立的模块或自主的整体"；自我不是一颗草莓，更像是整棵植株，在灌木丛中摇曳。这意味着统一性和连续性的意义不再需要单独加以解释，因为它们与作为物质世界和社会世界的普遍特征的统一性和连续性更为密切地联系在一起。而如果我们感觉上不是这样的，那么对体验本质的细心关注有可能会让它们如此。

叙事重心的中心

> "我的身体是一个物体没错，但我的自我绝对不是！"
> （Farrell，1996，p.519）

在我们探讨过的理论中，有些试图解释自我是什么——心理剧场的一个功能部分、一种特别的神经过程、一个奇怪的环、一种心理模型或者是一种具身或主体间性的后果。其他的则摒弃了"自我本身"的概念，试图仅对我们拥有一种自我的感觉做出解释。有些则在这两种立场之间摇摆不定。

我们思考过的最后一个类别是那些以语言为中心的理论，而在其中，我们也将看到，想要解释在我们如何以及为何会有自我（例如，自我理论）与我们如何以及为何会有自我的感觉（例如，绑定理论）的两种企图之间紧张的关系。语言在自我创造中有何意义？我们已经探讨过它的关键性社交功能了。它另外的作用是自我的表述得以产生的媒介。

自我的叙事观有多种形式（Schechtman，2011）。有些观点号称我们的自我感觉在结构上有叙事性，其他的则说自我的生命有叙事性。有些观点假设自我一定有能动性，而叙事对能动性来说十分必要：叙事性情境让我们的行为对自己和他人都有意义，并具有可解释性。例如，男人的行为可以用同样真实和恰当的方式来描述，如挖掘、做园艺、进行锻炼、为过冬做准备或者取悦妻子（MacIntyre，1985，p.206）。男子为此行为以及他生命中的每一个行为选择了哪一种描述决定了他是谁。

> "仔细检查，你会发现'自我中的自我'主要是由……头脑中或者头脑与喉咙间的奇特动作构成的。"
> （James，1890，i，p.301）

这样的理论常常没说清楚，我们到底有没有又是怎样真正讲述我们的自我叙事的；如果我们不知道对自己（或任何其他人）讲了一个故事，这对叙事理论有影响吗？叙事性自我建构到底是怎样跟语言联系在一起的问题也十分棘手，因为它可能会导致对人类和其他没有语言或只有非常基本的语言的动物的否定意识，或者可能只是"更高"形式的自我意识。

在多数叙事理论中，自我就是我们编造出来的故事的主角——不管是一个关于园艺师的故事，还是一个关于好丈夫的故事。自我有时也被认为是在他们自己的生活中扮演的更复杂角色、创作者和批评家的组合（Schechtman，2011）。想想你通过脸书、推特或者电子邮件所创造出来的自我，将它们与你跟人面对面互动时创造出的自我对比一下。它们不仅全都是关于自己的不同叙事，以不同比例地存在于语言、影像和身体信号的媒介之中，而且每一个叙事的变化都会对另一个产生影响，并影响到创造出下一个叙事的"你"。创造自己的理想版本的压力以及你对自己和他人的理想版本发表评论的方式（有时是讽刺的），进一步增加了反馈回路的复杂性。

丹尼尔·丹尼特认为，自我就是"叙事重心的中心"。但对他来说，不像对多数的其他叙事理论家那样，这种自我是最强烈意义上的虚构的：不存在像自我这样的事物。当丹尼特说没有笛卡尔剧院、没有演出、没有观众时，他真正的意思是没有内在的观察自我。他宣称，"如果你把主体放到你的理论中，那你就压根儿还没开始呢！一个好的意识理论应该让一个有意识的心灵看上去像一座废弃的工厂"（Dennett，2005，p.70）。

> "看起来，大脑的问题在于，当你观察其内部时，你发现无人在家。"
> （Dennett，1991，p.29）

如果工厂里真的一个人都没有，那么丹尼特就得解释为什么我们感觉好像是有的。而解释我们是怎么开始相信意识的假象的，是丹尼特最喜欢的消遣之一，就像我们在讨论僵尸、感受质和视像时看到的那样。自我存在吗？它们当然存在了——它们也当然不存在啦！他如是说。显然，有些事情要做出解释，但不能通过唤起赖尔的"机器中的鬼魂"或是任何控制我们身体的神秘实体来完成。它算是哪一种存在呢？对丹尼特来说，自我就是一个重心的中心：它是无形但真实的，是"叙事重心"。

丹尼特宣称有一个问题，就是我们总是想把自我想象成全或无的；不是存在的，就是不存在的。但就像我们可以坦然接受物种之间（卷心菜和抱子甘蓝？）或者生物与非生物（病毒？）之间的模糊边界一样，我们也应该对自我一视同仁。它们都是生物学产品，好像蜘蛛的网，或者园丁鸟的凉棚。它们在进化中逐渐显露，并在我们每一个人的生命中逐渐形成。每一个单独的智人都会生成自己的自我，用言语和行为织就一张网，再编成一条保护性的叙事主线。如同蜘蛛和园丁鸟一样，它不必知道自己在做什么；它只要遵循本能就行了。结果就有了一张谈话的网，没有它，人类个体就不完整，好像没有羽毛的鸟或是没有外壳的龟。

> "我们的故事编好了，但在多数情况下，不是我们编造了它们，而是它们编造了我们。"
> （Dennett，1991，p.29）

但要说是"我们"造就了叙事，也许是错误的。我们人类置身于一个文字的世界，这是一个模因的世界，易于被取代，模因在离开时创造了我们（第十一章）。如丹尼特所言，"我们的故事编好了，但在多数情况下，不是我们编造了它们，而是它们编造了我们。我们人类的意识以及我们叙事的自我，都是它们的产品，而不是它们的源泉"（Dennett，1991，p.418）。这带有因果反转的味道，我们曾在几个别的理论中推荐过——而这正是"叙事重心的中心"的用武之地。说话时，我们会感觉好像词语全都来自一个单一的来源。单独的一张嘴可以把话说出来，单独的一只手可以把字写出来，但在大脑里（或者心灵中，或者任何其他地方）没有一个单独的中心。然而我们最终还是像有这么一个中心似的说话。拥有你的汽车的是谁？是你。拥有你的衣服的是谁？是你。拥有你的身体的是谁？是你。我们说"这是我的身体"时，可没有"这个身体拥有它自己"的意思。因而，我们的语言，就像身体里有个人存在那样，引导我们去说话和思考：笛卡尔剧院里的观众，那个"中心意义者"，或者叫内部动因。这个自我可能是一种抽象的事物，但是就像物理学家的中心一样，它是一种能进行奇妙简化、极其有用的抽象事物。这就是我们拥有它的原因。

对于丹尼特来说，多重人格感觉很奇怪，只是因为我们错误地认为自我是非有即无的，并且一个身体里一定会存在一个。抛弃这一概念，就能让我们接受残缺的自我、部分的叙事以及多重的自我了；而它们的真实性，一如更为普遍的"每个身体都有一个"的那种自我（Humphrey and Dennett，1989）。一个身体甚至会有少于一个的自我，就像双胞胎 Greta Chaplin 和 Freda Chaplin 的案例，这两个人看起来行动如一人，并会同时或者轮流交替说话。

跟 Parfit 一样，丹尼特反对分裂脑案例中一定会有几个可以数得清的自我观点，但他走得更远。"那作为一个分裂脑患者的大脑右半球的自我，是一种什么样的感觉呢？"或者像科克（Koch，2004）所问的，"作为沉默的脑半球，感觉如何？"他说，这是一个最自然不过的问题，凭空勾画一个绝望地想要出来、却无法说话的自我的可怕形象。但这只是一个幻想而已。这个操作不会留下一个健康的组织，足以支撑一个单独的叙事重心的中心。它留下最多的是一种能力，可以在特殊的实验室条件下，针对特定困境，做出分裂回应，临时性地创造出一个第二叙事重心的中心。这个自我是可以有间隙的，应该不会让人那么惊讶。如同丹尼特所言，自我和意识都可能表现出连续性，但事实上都是彻底有缝隙的。它们可以"像熄灭一支蜡烛那样容易就进入虚无状态，只为在稍晚些的时候再次被点燃"（1991，p.423）（见图 16.11）。

在丹尼特的绑定理论里，主线是一张叙事的网。统一和连续的感觉是一种从真实的言行中抽象出来的幻觉，是对单一来源的错误观念的抽象。这对我们理解意识有帮助吗？通过否认体验的自我存在的感觉，丹尼特完全把问题改变了。对他来说，自我的感觉不包含一种真正的作为什么的感觉；它仅仅是一个叙事重心的中心。因而，语言就不能像它在多数别的叙事理论里那样，帮助我们创造体验了；相反，它创造出了体验的错觉。

他就是这样解释意识的——或者反过来，像某些批评者爱说的那样，把它解释没了。

图 16.11　也许自我可以像蜡烛一样被熄灭，随后又再次被点燃。也许这就是一直在发生的事情，就算我们没有意识到（参见第十八章）。

未来的自我

初始下载会有些不够精确……随着我们对大脑机制理解的加深，以及对这些特征进行准确和非侵入扫描能力的增强，对人脑进行重新表征（重新安装）所带来的心理方面的改变，不应超过其日常每天所产生的变化。

（Kurzweil，1999，p.125）

对 Kurzweil 或别的一些未来学家而言，人类的自我有一天将不再与人类身体的存活绑定：我们的永生将由技术过程得以确保。我们只需要增加已有扫描过程的速度和精度即可，将大脑组织的相关特征复制到一台计算机上，然后——哎呀！——我们就永生了。这个梦想在 2014 年的电影《超验骇客》（*Transcendence*）中被激活了，在电影里，约翰尼·德普（Johnny Depp）扮演一名 AI 研究员，他把自己的大脑上传到一台量子计算机里，于是他的意识就能躲过身体的死亡了。正如 Kurzweil 所说，反正我们每天都会发生改变，因而从生物身体到硅质身体的快速转变应该不太引人注目。

虽然这样的前景长期以来都被限制在思想实验之中，就像本章之前探讨过的那样，但现在有些人认为，它可能真的会发生，也许我们应该为此做好准备。我们可能会提两个问题。第一，所产生的生物有意识吗？第二，它还是不是之前那个有意识的人呢？第一个问题的答案取决于你是否认为生物学有什么特别之处，或者组织自身就能自给自足（就像功能主义里所说的）。第二个问题的答案取决于你是一个自我理论者还是一个绑定理论者。如果机会最终来了，你可能就得做出决断，这个操作能不能真正让你变得永生；但也许到那个时候，已经有足够多的人被复制过了，他们会告诉你，没事，他们感觉还是一样的，因此你就不关心这一点了。

按 Rodney Brook（2002，p.205）的说法，Kurzweil 是那些"屈服于永生的诱惑、愿意拿自己的智慧灵魂来交换"的人中的一员。按 Brooks（2002，p.212）的话，"我们不会把自己下载到一台机器里；而是，那些今天还活着的我们，会历经我们一生的时间，将我们自己变形为机器"。从某种意义上看，这已经在发生了，比如髋关节置换、人造皮肤、心脏起搏器和人工耳蜗植入。这些电子设备还赶不上真人耳蜗的灵敏度，或者与大脑之间连接的数量，但它们已经能够让深度耳聋的人听到很大范围的声音，甚至能享受音乐了。视网膜植入则更为困难，因为连接真实视网膜与大脑之间的神经元数量巨大，但它们现在也是可以使用的：植入在视网膜内的电极探测照在视网膜上的光线，然后将它们转化为电子脉冲，这些可以沿视神经传输给大脑。它可以让盲人认读标志，辨认钟表上的时间并分清红色和白色的葡萄酒。

其他身体部位的替换或增强部件可以是全金属或塑料的，但它们也可以转而用右肌组织生成，特意在体外培育。"生物打印"是 3D 打印的一种延伸，将塑料、人体干细胞、水和生物配型材料混合到一起，来生成有活性的人体组织，可以熟化为皮肤、肝脏、肾脏和其他组织类型。某些机能严重受损的人已经可以通过思考来控制体外设备了；而有些闭锁综合征患者现在也能跟外界交流了。这是通过植入电极来实现的，电极可以探测运动皮层的大脑活动，并利用这些信号来控制轮椅、机器人或计算机鼠标。"我们与机器人之间的区别将会消失"，Brooks 说道（2002, p.236）。

"我们与机器人之间的区别将会消失。"（Brooks, 2002, p.236）

现在，想象一个更加令人激动的可能性：不是植入耳蜗或视网膜，你可以拥有一个外部记忆芯片，一部植入式的移动电话，或是大脑与互联网之间的一种直接连接。这些眼下看起来还像是幻想，但它们明显不是不可能的，而且一旦出现就将能应用于意识之上。所以做些推测会很有趣。

首先来探讨一下记忆芯片。假设你的大脑里植入了纤小的设备，可以购买大量信息，并将它们植入设备中。既然它们都有直接的神经连接，结果就变成你的记忆被极大地扩展了。那会是什么感觉呢？怪异的是，可能感觉一点儿都不怪异。

我来问你一个问题。法国的首都是哪里？我估计答案会直接"跳进你的脑海中"（不管它是什么意思），而你不知道它从何而来，或者"你的大脑"是怎么找到它的。记忆芯片的情况也是一样的，只不过能为你所用的世界是极度扩展过的。

现在，再加入植入式移动电话，你就能随时与人联系了。电极探测到了你的动作意图，只要一想到你的朋友，就可以随时给他们打电话。而最终，再把带有搜索功能和浏览器的永久性联网功能都植入你的头脑里。电极会探测你的意图，而你只要能足够清楚地思考问题，答案就会跳进脑海，就像"巴黎"这个单词一样。

成为这样一个增强版的人，会是什么感觉呢？也许会感觉整个网络都成了你记忆的一部分。你在网上找到的多数内容都是垃圾和谎言，但普通记忆也是那样的。漫游在庞大虚拟空间的技能只是现在使用容易出错的普通记忆的技能的一种扩展。怪异的是，每个人将能获取许多同样的资料。

然后就会出现一个有趣的问题。有意识的是谁，或者是什么呢？是你、整体意义上的网络、使用它的人群，还是什么？按照全脑工作空间理论的观点，当信息可在全脑范围内为大脑其他部分使用时，就变成了意识。在

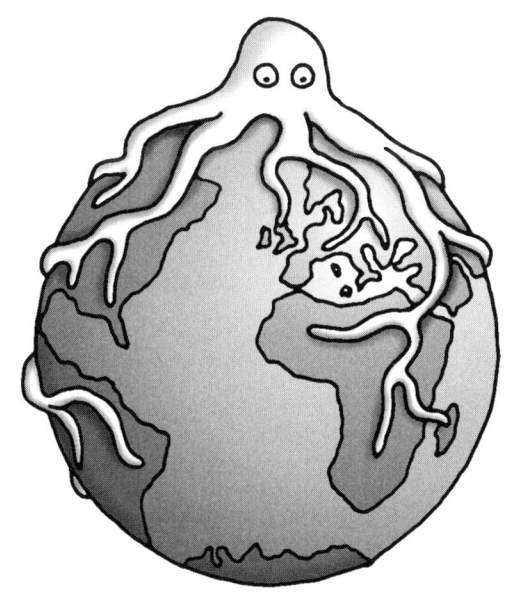

图 16.12

这个推测性的未来里，整个网络在全脑范围内都可以被任何人使用。那是不是就意味着，它都变得有意识了？"意识作为一种全脑取用性"的说法似乎在这里提供了一种令人好奇的字面结论。

如果意识是通过一个（真实或幻觉的）自我得到统一的，那么增加更多的记忆不会改变什么，然而一旦人们彼此间连接得十分紧密，自我的整个概念就会感觉受到威胁。是什么让一件信息物品成了"我的"而不是你的记忆？或许拥有一个身体仍然是自我感觉可以栖身其上的锚定之物，但那也会受到威胁。

网络空间中的自我

一个十多岁的少女假装是一个少年，在一个互联网聊天室里跟人打情骂俏。她在那里碰到的大多数人都是人，但有一些是聊天机器人——转为生成文本而设计的程序，表现得像人一样。虚拟的勇士扎根在数百万个家用计算机里，在无数的游戏中赢得和丢掉战争，构建人们耳熟能详的个性。虚拟演员们在影片中生生死死。一位虚拟的电视演播员站在演播室里热情地介绍一位真实的鲜活的人类。一个神经网络通过生成自己的第三种语言，或称"国际语"，来将一种语言翻译成另一种。网络爬虫在互联网中四处游荡，代表搜索引擎或者通信公司收集信息。它们是匿名的，想去哪儿就去哪儿。所有这些实体都要依赖物理基质才能存在，但是没有一个具有永久性的物理家园。它们有意识吗？

这几个例子再一次引出了那个问题：什么样的东西才能被说成是有意识的？我们经常说一个人是有意识的，或者想知道我们的狗有没有意识。Nagel 问的是"作为蝙蝠是什么感觉？"，而不是"作为一种计算过程是什么感觉""作为一种蝙蝠的思维是什么感觉？""作为虚拟的自己是什么感觉？"David Edelman 怀疑，任何人都会严肃地提出这个问题："作为一支章鱼触手是什么感觉？"几位理论家曾经争论，只有拥有自身的边界和对自己的兴趣的物质躯体才会产生意识，比如有机物和机器人（Humphrey，1992；Cotterill，1998）。也许这种说法不对。这里所说的意思，不是自由漂浮的精神实体或者星体，而是没有与特定物理躯体绑定而存在的意识软件代理的可能性。例如，它们可能分布于多个机器内。那么是什么东西赋予了这样的实体相干性，使得它们可以理智地被称作有意识的自我呢？

按照模因理论（第十一章），模因倾向于聚合成模因复合体，无论支持它们的基质是怎样的。因此，我们应该预期，不断增长的结构良好的模因复合体将会在网络空间里形成，并互相竞争以获得生存。它们将会是纯粹的信息实体，带有日趋复杂的障碍，可以让某些种类的信息进入而拒绝其他的。如果它们开始使用自我参考，那么其他模因就可以利用这一点，来详细阐述它们的自我概念。它们将更像是自我复合体：我们使用语言来指代自我是创造出来的事物。

我们应该期待这样一个未来，那时不断增加的人造人格可以例行公事地与我们交流、应答电话、处理我们的银行业务和购物事宜，并能帮助我们找到所需要的信息。它们有可能变得越来越难以与我们现在所谓的真人分开，而像第十二章里所谈到的，我们将会对它们做出反应，仿佛它们就是真人了。

对某些人来说，"现象意识的出现或缺席只不过是一个归因问题"（Franklin, 2003, p.64）。Stan Franklin 预测，未来的软件代理和机器人将无所不能，人们只能假设它们是有意识的。那么，"机器意识的问题，将无关紧要了"（p.64）。

> "自我假定了自己，并且凭借这种纯粹的自我主张表示它的存在。"
> （Fichte, 1794-1795/1982）

当这一切发生时，那些存在都会宣称自己像你一样有意识，你相信吗？

自我的概念将本书探讨的每一个话题都联系起来了。它是我们会认为存在意识问题的不可或缺的一部分原因。它似乎提供了一个主题：做……是一种什么样的感觉。是这个实体宣称它不会对亲密如它的自身体验这样的东西产生错觉。它好像就驻扎在你的大脑之中，或者至少是在头部之内的什么地方，不管是你的私人剧院中舒服的椅子上，还者只存在于你那种统一感之内，一直如此，而你就在它的中心。是"你"在关注、决定行动并从潜意识中消失。意识一定是为你才进化的，而相信做一只章鱼跟做自己不一样的是你，而做一台机器的就像什么也不是，更不必说是像你了。你是那个做出选择——或者不做选择——用药物或冥想来扩展心灵的人，或者忘记自己而在故事里或者电影里暂时成为别人。在梦里仿佛只冒出一半的是你，在罹患心理疾病时完全迷失的也是你。

真是这样吗？

看到这里，你对这些有没有什么不一样的感觉？

那个可能会有不同感觉的你，会不会感觉不那么确定了呢？

 ## 阅读文献

Broks, P.(2003). To be two or not to be. In P.Broks, *Into the silent land: Travels in neuropsychology* (pp.204-225). London: Atlantic.

一次去往火星的常规程运输，没能让原始旅行者在出发时消失，违反了人员运输法案。

Dennett, D.C. (1991). The reality of selves. *Consciousness explained* (pp.412-430). London: Little, Brown.

作为叙事重心之中心的自我。

Gallagher, S. (Ed.) (2011). *The Oxford handbook of the self*. Oxford: Oxford University Press.

Gallagher 的序言（pp.1-28）总结了献言者的争论，包括关于自我是具身化的，还是社交或叙事式构造出来的；另外的自我到底是最小化的、比最小化还小的，还是不存在的。特别参见 Strawson（pp.253-278）和 Schechtman（394-416）。

James, W. (1890). The consciousness of self. In W. James, *The principles of psychology* (i, pp.291-401). London: MacMillan.

詹姆斯关于自我的章节很长，但值得阅读，就算只读一小部分，也能获知他对思想和思想者观念的感觉。我们特别推荐 pp.298-301、329-342 以及 pp.400-401 的总结。

Metzinger, T. (2009). The empathic ego. In T. Metzinger, *The ego tunnel* (pp.163-173). New York: Basic Books.

包含本书到目前为止的一个概要，以及镜像神经元、自我的发展还有主体间性的相关资料。

Parfit, D. (1987). Divided minds and the nature of persons. In C. Blakemore and S. Greenfield (Eds), *Mindwaves* (pp.19-26). Oxford: Blackwell.

分裂脑、自我与绑定，以及信仰的力量。

第十七章

内部视角？

> 内省观察，是我们首先、始终、永远需要依赖的。内省一词，几乎无须定义——当然，它的意思就是，观察我们自己的心灵并报告我们在那里发现了什么。
>
> （James，1890，i，p.185）

当你观察自己的心灵时，你会发现什么？威廉·詹姆斯信心十足："每个人都会同意，我们会在哪里发现意识的状态"。但100多年之后，我们可能要问几个尴尬的问题。观察是什么意思？是谁在观察什么？观察本身会改变它观察的对象吗？只观察不报告的话，还有价值吗？报告会不会摧毁我们试图要描述的内容？某些体验不可言说时，还能不能把一切都报告出来？我们对自己意识状态的判断有多可靠？意识状态到底是不是一种可以对其做出可靠判断的事情？

这些问题都挺难的。在本书中，我们找到过几个反对将视觉转向"体内"的隐喻的理由：我们对大脑和身体其他部位在各自的物理环境和社会环境发挥作用的机制越了解，存在任何体内/体外分隔或是任何意识产生其中的内部空间的可能性就越小。无论如何，我们可能都会同意，审视自己的心灵是研究意识的一个重要组成部分。我们不能抽象地研究意识，因为那种作为……是什么感觉，正是我们需要解释的。因此，不管我们是遵循传统称其为"内省"（源自拉丁文"spicere"和"intra"，就是"看"和"内部"的意思），还是为它找一些更为中性的术语，我们都躲不开这个苦差事。

我们已经遇到了许多这样的例子，人们关注他们的经验，并报告他们的发现。其中包括冯特和铁钦纳开发的严谨的内省方法，还有詹姆斯关于在意识流中"飞翔和栖息"、在寒冷的早晨起床以及宗教体验的各种描述。另外还有对自我体验的各种内省、Csikszentmihalyi对"心流"的研究，以及无数进入意识改变状态的冒险。显然，这种个人化的方式可以在意识研究中发挥作用。但是扮演什么样的角色呢？

对意识的研究有时会被分为两种根本不同的方式：客观的第三人称方式和主观的第一人称方式。两者之间有时会再加上另外一种：第二人称，或者主体间方式（Thompson, 2001）。这会涉及人与人之间共情的发展、两人关系之中的镜像神经元的作用、模仿与联合关注，还有主体间性理论，以及自我是如何通过与他人之间的关系构建出来的，外加另外一些话题。

对于研究意识与研究其他任何事物有什么根本性的不同，以及它是否会因此要求采用与其他科学完全不同的方式，曾经有过激烈的争论。在极端的观点中，有些人会要求对科学进行彻底的革命，来吸收意识的神秘；而其他人坚持认为，我们根本不需要任何新方法。争论有两种形式，经常被混为一谈，但是值得区分开。一个与第一人称科学和第三人称科学有关；另一个与第一人称方法和第三人称方法有关。

第一人称科学的概念至少有三个问题。首先，尽管科学实践变化多样，可能会像自称科学家的人那么多，但毕竟科学还是一种集体行动，在其中，数据得以共享，想法得以交换，理论被争论不休，测试被用来找出哪种方法会更好用。测试结果随后会被发表出来，让每个人都能看到，并更进一步被推翻或是进一步发展。从这个意义上看，科学不是可以单打独斗的事情，说明私密的第一人称科学是不可能存在的。也许科学会看起来很像一种第二人称和第三人称的实践。

其次，客观性在科学里备受珍视，因为个人偏见有干扰真相的危险。因此，如果一种理论比另一种更简洁或者更令人舒服，那么科学家受过训练，会把以前的信念抛掷一旁，并在面对证据时保持开放的心态，这说明主观性可能会损害科学。但是，有很好的理由来将科学的目标当成带有某种怀疑的客观存在：或许我们应该对自己诚实一些，并且承认想要提出我们的主观性的企图是永远不可能完全得逞的，另外，想要更好地理解主观性，是一个有价值的目标。

最后，一旦内部探索被描述或谈及，那些描述就变成了共享科学实体的数据。从这个意义上讲，就不可能存在第一人称的数据（Metzinger，2003）。

这些都是反对第一人称意识科学的论调，但它们当中没有一个能够排除主观性、经验性工作，或是第一人称的方法在第三人称科学里的作用。例如，即便按照最严格的证伪主义科学理论的要求，在产生假设的过程中，经验性工作和个人灵感起着一定的作用。科学里经常会有这样的灵感发生，只要个人的工作成果能够被公开检验，这是完全有效的。公开报道的主观印象的历史也很悠久。这些都不能算是第一人称科学，因为它们的数据是被公开共享的。但其中涉及了系统化的自我观察或自我探索，从这个意义上讲，可以会被当成第一人称方法。

我们现在就可以看清在意识科学里主张第一人称的意识科学和主张第一人称的方法之间的区别。如果我们仅仅为了第一人称方法辩论，我们可能就要问了，那些方法跟任何其他科学（比如心理学、生物学或物理学）中使用的方法有没有什么根本性的不同之处，或者它们基本上就是一回事？

然而，其间的区别似乎没那么清晰。一位科学家可能会觉得，她可以开始冥想和内省，将其作为一种自足性的行为，目的是产生科学假设，而她的科学实践在其他情形下会保持不变。但是有关冥想的整个科学研究过程都会不可避免地被改变，因为冥想会改变她对什么东西值得检测的看法、检验应该如何进行、什么才能算作相关证据，等等。从这个角度看，你到底要采用多少种方法才能创立一门"新科学"的问题就变得毫无意义，因为方法学上的任何变化都会立即改变科学。无论如何，这种区别仍然可以帮助我们更具体地搞清楚意识科学要保持不同，还需要或不需要什么东西。

与研究光合作用或黑洞不同，当说到意识研究时，看起来有什么东西让争论出现了特殊的转折，那就是主观性本身就是我们想要对其做出解释的现象。我们在这里遭遇了一个熟悉的论调。如果真的存在两个分离的世界（心理世界和物质世界，或者内部世界和外部世界），那么意识科学就和任何其他科学都不一样，需要用特殊的方法才能解释那些非物质现象。另一方面，如果二元论是错的，内部和外部或者心理和物质世界其实是一个，那么意识科学就无须与任何其他科学有什么不同。

概念 17.1

我们需不需要一门新的科学？

下表试图列出那些相信我们需要一门全新的科学的人和那些不相信的人之间的争论。丹尼特称之为 A 队和 B 队，但这只是一个简称而已。谁都没有签字加入这些队伍，而在现实中，可以考虑的立场远不止两种。因此，不要太把这个表当回事，就把它当成一种记住主要相关事宜的方法好了。你或许还想填上自己的答案。

最后一列为不确定性留下了空白。很清楚，B 队相信第一和第二人称方式至关重要，但不是很清楚 A 队是怎么想的，或者应该怎么想（他们是否觉得这些方法有价值，即使不那么至关重要？）。对于那些赞同 A 队所有其他声明的人来说，最简单的答复就是说第一和第二人称无关紧要，因此忽略它们就是了。但另一种答复也是可能的。就算你相信所有的数据都是第三人称式的数据，也不存在"体验本身"，你仍然可以认为，像个人脑力劳动、注意力和专注力培训或者冥想和正念这样的个人实践，也能提供特别有价值的第三人称数据。或许，这些都不该被称作"第一人称方式"，但这个名称感觉上是适合的，尽管 A 队不想把它们与"第一人称科学"混为一谈。

	A	B	你的答案
我们需要一种新的科学来研究意识	否	是	
第一人称数据可以还原为第三人称数据	是	否	
第三人称方式遗漏了某些东西	否	是	
内省观察了体验本身	否	是	
玛丽看到红色时学到了新东西	否	是	
我们必须避免僵尸直觉	是	否	
第一、第二和第三人称观点之间的区别是一种虚假的区别	是	否	
第一人称和第二人称方法都有重要的作用	否	是	

如果你认为意识科学必须从根本上是一门新的科学，你就可能认为需要特殊的第一和/或第二人称方法，而把足够多的此类方法放在一起，就会组成一门适当的新科学。如果你认为意识科学基本上跟其他科学一样，那么第一和第二人称方法就可能仍然有关联，但你必须要问，它们能发挥什么作用，还有它们是否有什么可以做出贡献的特殊之处。

无论是哪一种情形，都值得对这些方法进行更多的了解，包括训练我们的注意力和观察力、开发我们的道德和精神生活、主动探索意识的改变状态，以及简单地花更多的时间来思考和质疑。所有这些都是个人脑力劳动的形式，它们有可能会，也有可能不会对理解意识本质的公共过程产生贡献。

在这一章里，我们首先要探讨对第一人称方法作用的激烈争论，然后再对这些方法中的一些进行探讨。

A 和 B 的争斗

"我是 A 队队长。"丹尼特宣布，"戴维·查默斯是 B 队队长。"由此拉开了有关丹尼特称之为"第一人称科学幻想"而查默斯称之为"意识科学里的第一人称方法"的争斗。

对查默斯而言，意识科学与所有其他的科学都不一样，因为它把第三人称数据与第一人称数据联系到了一起。第三人称数据包括大脑加工过程、行为以及人们所说的话，而第一人称数据则与意识体验本身有关。他理所当然地认为，存在第一人称数据。

作为我们，是有其特殊感觉的，这就是与我们心灵有关的一个明显事实，而且这些主观体验在不同的时期是很不一样的。我们对主观体验的直接认知主要来自我们对它们的第一人称取用。而主观体验本应是我们需要用一门新的意识科学来进行解释的中心数据。

（Chalmers，1999）

查默斯说，在当下，我们已经有了收集第三人称数据的绝妙方法，但我们会继续用更好的方法来收集第一人称数据。意识的科学必须找到第一和第三人称数据之间广泛的联系原则，比如伴随特定大脑加工过程或特种信息加工而发生的特定体验。这场大搜捕不仅要找到意识与无意识的关联，还要找到不同类型的加工过程与体验的关联。他称其为"意识的根本理论"的东西将会形成简单而通用的法则，对这些联系做出解释。然而，查默斯辩解说，有关意识体验的数据不可能完全用大脑加工过程及类似的方式进行表达。换言之，第一人称数据不能被还原为第三人称数据（Varela and Shear，1999）。

"调查第一人称数据更为复杂的方法的发展……就是如今意识科学面临的最大挑战。"

（Chalmers，1999）

"意识具有一种第一人称或主观本体，因此不能被还原成任何具有第三人称或客观本体的东西。"

（Searle，1997，p.212）

跟查默斯一起，B队里还包括了Searle、Nagel、Levine、Pinker以及其他人。Searle（1997）赞同查默斯的不可还原的说法，尽管他们不同意的东西更多（Chalmers，1997）。Searle是这样说的，"意识具有一种第一人称或主观本体，因此不能被还原成任何具有第三人称或客观本体的东西。如果你试图还原或消除一个来支持另一个，你就会遗漏些什么"（Searle，1997，p.212）。

Searle让我们掐捏自己的小臂（见图17.1）。现在就做，看看会发生什么。发生了两种截然不同的事情。首先，神经放电从感受器开始，止步于大脑；其次，掐捏几百毫秒之后，我们体验到了疼痛的感觉或感受质。这些就是相应的客观与主观事件，而且一个导致了另一个的发生（图17.1）。Searle（1997，p.120）所说的"主观本体"的意思就是"那些仅当被一个主体体验到了时才存在的意识状态，并且它们只存在于那个主体的第一人称视角之中"。

按照Searle的观点，区别不仅是认识上的（你能以别人不能的方式了解你的疼痛），还是本体上的：疼

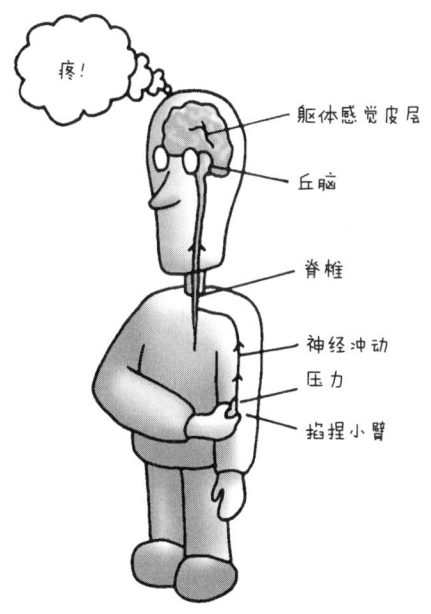

图17.1 按照Searle的"主观本体论"，当你掐捏自己时，会发生两种完全不同的事情。既有对皮肤和神经元的客观效果，也有感受到疼痛的不可还原的主观事实。

内部视角？ 第十七章 • 521

痛和其他感受质具有一种主体或第一人称的存在模式，而神经放电具有一种客观或第三人称的存在模式。其他人则认为，意识是认识论上的不可约，而不是本体论上的不可约。例如，Metzinger（2003，p.589）解释说，我们的意识体验"真的是一种个体的第一人称观点。我们的现实现象模型就是一种个体的图画。然而所有构成这一不寻常情况的功能性和表征性事实都可以客观地进行描述，并且对科学研究保持开放。"换句话讲，如果我们知道身体和大脑里发生的一切，我们就可以确认这个个体观点，于是就不会有什么新的东西需要被发现了。对Searle来说，存在的不仅仅是一种主观的观点；还存在不可约的主观事实，而这些都是意识科学需要解释的。

在这里，我们遭遇了另一个经典论调：第一人称视角的不合情理。B队争论说，我们可以对我们自身的体验状态优先取用，即Searle所谓的"主观事实"；那就是，只有我们才能观察它们，而我们是不可能看错它们的。A队则抗辩说，我们只能优先取用我们对它的感觉。丹尼特怀疑，"我们号称只用到了内部观察力，其实我们总是在参与一种即兴理论化过程"（Searle，1991，p.67）。这种观点是意识错觉论的更新方法的一种前导（第三章）。我们总是会为我们的体验创造出虚构的内容，而意识科学必须解释的只有这些虚构的内容。

"第一人称的意识科学……依旧是个幻想。"

（Dennett，2001b）

按丹尼特的观点（Dennett，2001b），B队的队员们坠入了"僵尸直觉（Zombic Hunch）"的陷阱：这种直觉就是可能存在一种物理上和行为上无法跟你区分开的生物，但"内心一片黑暗"。他这样说查默斯：

> 他坚称自己就知道A队把意识遗漏了。这并没有涉及查默斯所谓的难题。他是怎么知道的？他说他就是知道。他有种本能的直觉，一种他有时候称之为"直接体验"的东西。我很了解这种直觉。我自己也能感觉得到……我感觉得到它，但我不相信它。

对丹尼特而言，上了僵尸直觉的当，就像承认那种获得物体有某种额外的火花或者太阳绕着地球旋转的直觉。因此他（Dennett，2001b）问道："你是想和我一起，大步越过僵尸直觉？还是想原地踏步，被这种毫不让步的直觉吓得目瞪口呆？"他相信，在下个世纪的某个时间，人们会回望这个时代，并对我们不能接受"对僵尸直觉的明显判断：它就是一种错觉"惊叹不已（Dennett，2005，p.22），并对今天关于意识争斗的"化石遗迹"愕然失笑。对这些未来的思想者来说，可能还会感觉机械意识论好像遗漏了什么，但他们会接受，这是一个错觉，就像太阳升起一样。至于僵尸直觉，"如果你有耐心并且头脑开放，它会过去的"（Dennett，2005，p.23）。

练习 17.1
我的现象意识内容是否多于我能取用的内容？

这是一个与 P 意识和 A 意识之间的区别（Block，1995，第二章）有关的任务：意识体验的内容是否多于可以取用的内容？这看起来像是一个第一人称调查问题，因为只有你才知道答案；你必须向内观察自己的体验才能看清楚，那里是否存在比你能向其他任何人传达抑或是向自己描述的内容更多的内容。

你可能想往窗外看，盯着一个复杂的场景看，有意识地将它完全吸收，然后尝试取用其不同的部分，比如给自己描述看到的物体，或是数出场景中有多少棵树或多少个人。你有没有那种感觉，等你取用你的体验的某些部分时，其他的就消失了，或者变得无法取用了？

这个练习可能会有一些奇怪的后果。试着习惯这个练习之后，再去思考那个更难的问题：这个第一人称的练习能告诉我们什么对意识科学有用的东西呢？

这种 A 队与 B 队之间的区别只是丹尼特取笑主要区别的方式，它对许多解释意识的不同方式之间更加微妙的区别一带而过（Davies，2008），但它仍然触及一道深渊的核心。我们听到了熟悉的争论的回声：随便提几个就包括那些有关感受质、僵尸、意识非本质论、AI、色彩科学家玛丽以及意识的功能等的争议。它们似乎就躺在一种区别的中心，不会——至少现在不会——自行走开。

查默斯区分了三种类型的意识观点：A、B 和 C：

- 观点 A 坚信，意识在逻辑上是随附于实体之上的；
- 观点 B 也属于唯物主义，但反对与实体的逻辑依附；
- 观点 C 既否认逻辑依附，也否认唯物主义。

A 类观点包括消除主义、行为主义和还原功能主义观点；B 类观点包括非还原版本的唯物主义，它坚信意识不可能被还原式地进行解释，即便它是物理性的；C 类观点包括各种二元论，其中某些形式的现象属性被认为是不可还原的。对 A 类观点而言，僵尸不可想象，而玛丽走出她的黑白房间时没有了解到关于世界的任何东西（虽然她可能获得了一种能力）；对 B 类观点来说，僵尸可以想象，但在形而上学上不可能，而玛丽的确学到了什么；对于 C 类观点来说，僵尸是可能的，玛丽了解到了一些非物理性的事实。对于查默斯来说，尽管 A 类观点和 B 类观点都是唯物主义，而 C 类观点不是，但 A 类与 B 类观点之间的沟壑（意识在逻辑上是随附性的？）要比 B 类与 C 类观点之间的大得多（是物理主义的真实？）。对他而言，物质二元论是唯一合理的选择：B 类观点很流行，但是不太相干，而 A 类观点则完全站在了那些认真对待意识的人和相反的人之间的大分界中错误的一侧。但是查默斯知道这一点，像丹尼特所说的，最后他又回到了直觉上。

"我只能得出结论：谈论体验时，我们不在同一个层面上。"

（Chalmers，1996，p.167）

最终，争论只能将我们带到这里，来解决这一事端。如果有人坚持说，解释了取用和可报告性就是解释了所有，那么当玛丽第一次有红色体验时，就没有发现关于世界的任何东西，而意识体验不一样的功能同构体是无法想象的，于是我只能得出结论：谈论体验时，我们不在同一个层面上。也许我们的内在生活也是十分不同的。

（Chalmers，1996，p.167）

于是两支队伍最后要么承认、要么反对他们自己的直觉，确信意识要么需要、要么不需要其自身的特别解释，而在两种情况下都拒绝让步。他们的交流变成了"那种操作上的争论：'你把什么东西漏掉了！''我没有。''你就是漏了。''我没有。'如此等等。"（Raffman，1995，p.294；见图 17.2）

我们会回顾这些不同以及丹尼特提出的异质现象学，但首先我们需要看看某些传统的第一人称方法。

图 17.2 A 队和 B 队在操场上对决。

现象学

"现象学"一词有几种不同用法。有时，它指的是一个人的体验（他们的"现象学"，他们的感觉是什么），或者体验的本身（"那个现象学"，或者它的感觉），但在这里，我们关心的是作为一种方法和一种哲学的现象学。

作为一种方法，现象学也有两重含义。在广义上，它指的是任何针对现象体验进行系统调查的方法（Stevens，2000）。在狭义上，它特指基于胡塞尔哲学的传统，还有其后 Martin Heidegger、Maurice Merleau-Ponty、Jean-Paul Sartre 和其他人对它的进一步发展。我们在这里不那么关心哲学，因为它往往晦涩难懂；我们更关心的是胡塞尔所倡导的直达"体验本身"的方法（Gallagher，2007，2012；Thompson and Zahavi，2007；Gallagher and Zahavi，2012）。

胡塞尔认为，外部世界与内部体验世界之间不存在有意义的区别，并强调生活体验的重要性超过了科学抽象。为了探索这种生活体验，你应该暂停或暂存先入之见和先前的信仰，特别是那些与外部世界的本质及其与体验的关系有关的；你应该从观察"外面"的世界的自然心态中脱离，进入现象学的心态，调查我们拥有的体验本身。事情是否在物理上或客观上真实存在无所谓（例如，不管你正看着的苹果就在你的面前，还是在你的梦中或幻觉中）；那是一个自然科学问题。重要的是苹果的现象，它在你的体验中形成的样子。他将这种暂存过程称为悬搁（epoché，来自希腊语"暂停"一词）。通过这个过程，他宣称可以对体验进行公开而直接的研究，并且不用追溯它们在世间所指代的事物。换句话说，就是只需描述而无须理论化。

这种暂停判断的方法与传统的冥想和沉思训练方法有许多共同之处，也会发生自发的知觉转移。天体物理学家 Piet Hut（1999）将它与自己第一次使用相机做类比。在给自己熟悉的家乡小镇拍摄了大量照片后，他好像降落到了一个不一样的世界中，开始"在新的光线下"看待事物。的确，他好像把世界看成了光线。任何学过绘画或素描的人，都能辨认这种体验。好像所学到的并不主要是如何使用画笔、墨水或者颜料，而是新的观察方式或是如何直接观看事物，而不被你所认为的它们的样子所干扰。同样的，现象学的"觉察姿态"与重新看待世界有关。

胡塞尔的目标就是他所谓的本质还原：一种寻找人们的体验的基本特征或是不变特性的方式。他想"回归事物本身"，回归事物在体验中的真实模样，宣

> "意识是有意而为的。那是我们通过现象学还原所理解的第一件事。"
> （Gallagher，2007，p.687）

> "阅读悬搁论基本上会引导学生思考悬搁的概念，而不是真正地执行悬搁。"
> （Hut，1999，p.242）

称我们通过提供准确和系统化的体验描述，就能发现意识的结构。

Shaun Gallagher（2007，p.687）说，现象学主义者受到的帮助来自"认识到意识是有意的。这是我们通过现象学还原得以理解的第一件事"。换言之，一切体验都是某种事物构成的或与某种事物有关的。在胡塞尔称之为体验的"意向（noematic）"方面，而"意向对象（Noema）"就是所体验到的物体，它是意向性结构的一部分。但请注意，有许多精神性的传统会反对这种基本主张，号称要寻找"纯粹意识"，或是不包含任何物体或意向性的觉察（第十八章）。

胡塞尔的项目遭遇了许多困难，而他的理论长期以来引发了热烈的辩论。他的基本方法——悬搁——没有受到广泛采用，也没有像他所希望的那样催生一门与自然科学门类具备同等根基的体验科学。无论如何，它都被用于各种情形，用以探索情感状态，或是描述经历特定体验的感觉，以便发掘它们的"本质"（Stevens，2000）。典型的方法会涉及访谈分析或体验的书面叙述的几个阶段。首先是悬搁，然后是一段简述或叙事文摘，接下来提取重要的主题，以找到这种体验的基本组成部分。

按说这种现象学的应用根本就不是一种第一人称的方法，而是一种第三人称或第二人称的方法。尽管它原先的意图是透过先入之见来探索生活体验，但所使用的真正方法取决于对他人所说内容的分析。从这个意义上看，它和许多使用问卷、访谈、角色扮演和书面内容分析的心理学没什么分别。原先那种把一个人扔进一种全新的处世之道的意图好像被丢弃了。

也许这并不令人惊奇，因为要让一个人抛弃自己的先入之见、超越概念化而回归事物的本身，着实不太容易。谈论它就容易得多。如 Piet Hut（1999，p.242）所主张的，"阅读悬搁论通常会引导学生思考悬搁的概念，而不是真正地去执行悬搁（胡塞尔不断警示的一种危险）"。换句话讲，第一人称方法太容易走偏。

一个相关的问题是，现象学理论多数的语言对于那些并非沉浸其中的人来说，十分难以理解，而艰涩的语言会让人们还没有上手就放弃一个不同的领域，这真是令人遗憾。现象学有时会给人一种印象，它是在孤芳自赏、自得其乐地享受着语言的复杂性。比如这里列举的例子，就是法国哲学家 Natalie Depraz 解释她把现象学还原理论当作具身的实践来使用的原因。

> 我建议揭示一种新的还原方法，这种方法给了观众一个特定的具身，并通过其反身性逻辑再次采用了还原手法中固有的操作。由此加

剧实践与理论的矛盾，进入了对胡塞尔遗产的还原；我的观点是，实际上，反思与化身、沉思与行动，原本不是对立的，直到它们开始相互滋养，并因此相互强化，到了彼此已经全然不可分辨的地步。

（Depraz，1999，p.97）

Depraz 使用的就是她那个领域的标准语汇；我们并不是在暗示她的文字写得尤其糟糕。但是她所使用的词语冒了一个风险，即把简单的想法变得难以理解了。也许她的意思是说，当你深入观察主观与客观之间的区别或是思想与行动之间的区别时，那些区别好像就消失不见了。如果是这样，那么这种情况在许多传统中都出现过，不是很清楚现象学能帮上什么样的忙。

神经现象学

神经现象学（neurophenomenology）的名字是智利神经科学家 Francisco Varela 为"探究现代认知科学与人类体验的严谨方法的结合"所起的名字（1996，p.330）。他赞同 Searle 的观点，认为第一人称体验不能被还原成第三人称的叙述，但提出了一个应对这种不可还原性的新方法。他说，要解决查默斯的难题，只零零碎碎地研究体验的神经关联是做不到的，还需要一种能够重新发现生活体验的至高无上的严格方法。为了超越零散的关联和纯粹的理论，我们需要对"心灵与意识之间看起来既明显又自然的唯一联系——人类体验的自身结构"——进行系统性探索（Varela，1996，p.330）。任何遵照这一方法行事的人都必须具备稳定的技能，以及深化自身注意暂存和直觉的能力，并能叙述他们的发现。

Varela 将神经现象学的工作假设阐述为"对体验及其认知科学对象之间相互制约关系的结构所做出的现象学解释"（1996，p.343）。因此，严谨的第一人称方法的结果就应该成为神经生物学提议验证过程的有机组成部分。这也许就是哲学家 Dan Lloyd 在其与

小传 17.1
弗朗西斯科·瓦雷拉（Francisco Varela，1946—2001）

Francisco Varela 出生于智利，之前研究生物学，后来移居美国，在哈佛大学攻读昆虫视觉博士学位，随后又在法国、德国和美国工作。他说自己的一生都在追问一个问题：为什么涌现性自我或是虚拟身份会出现在任何地方，不管是心–身层面、细胞层面还是跨器官层面？这个问题推动了他对三个主题的研究：生物的自我创生或自我组织、生成性认知以及免疫系统。批评者宣称，他的观点虽然叙述流畅，但没有意义；甚至有些朋友认为他是一个革命者，但扔掉了太多的已知科学。他所学习的佛学冥想昭示了他所有关于具身认知和意识的研究。他很独特，既是一位现象学者，又是一位神经学家；他发明了神经现象学的术语。他反思了自己的肝移植手术，生动地叙述了身体与边界的移动感（Varela，2001）。他生前一直担任巴黎"认知神经科学与脑成像 CNRS 研究室"的主任。

某种意识理论相关的小说中所想象的那种聚集："一种透明的意识理论，一块罗塞塔石碑——你在一端放入现象学，就会在另一端得到脉冲神经元"（Lloyd，2004，p.31）。

神经现象学在实践中有什么意义？Varela提出，随着脑成像技术的发展，"我们需要若干现象学区分与描述能力可以稳步提升的学科"（1996，p.341）。基本的概念就是，获取更多关于体验的准确描述，以便将它们与大脑活动的测量结果关联起来。

神经现象学实践方法正在逐步进入神经科学实验之中。Antoine Lutz、Varela及其同事于2002年所进行的一项研究常被作为最早的行为中的神经现象学研究例证之一，而得以引用。它的概念就是，认真对待个体差异，而不是简单地将所有人的结果平均一下，假装它们都是一样的。给参与者呈示一个三维错觉材料，而在每个试次后都会对参与者的心理状态做出第一人称的报告。这些报告被用来认定现象学集群，而对每一个集群的EEG成像结果进行单独的分析。参与者的口头报告的结果显示，神经模式与认知准备和对错觉的直接感知程度有关联。这说明本来会被当作"噪声"花掉的个体差异在把参与者的第一人称体验本身作为有价值的数据对待时，也可以得到有意义的解读。当然，如果意识就是我们正在调查的东西，就应该算不上什么值得惊讶的事情了。但是这个实验还有后来的一些研究工作（比如Garrison et al.，2003；Petitmengin et al.，2013）显示，将"第一人称"叙述与神经影像数据整合到一起所能带来的实实在在的好处。

这个实验遭到了批判，主要是因为在他们所提供的流程中缺少现象学方面的细节。作者们声称，参与者受到了"关于一项著名的错觉深度感知任务的广泛的培训"，而他们"执行了任务，直到他们找到了自己的类别，可以用来叙述他们执行任务的情境，以及他们用来完成任务的策略（Lutz et al.，2002，p.1586）。但他们的报告

> 尤其对第一人称行为数据是如何收集并集合分类的，完全不透明。作者们没有以任何方式透露参与者多久描述一次体验；在对数据进行编码时做出了什么样的假设；有多少实验者参与了数据编码；编码者中有多少人认同他们所整合的数据；还有，编码者是否知道进行测试的假设。
>
> （Piccinini，2010，p.104）

"一段将探究现代认知科学与人类体验的严谨方法的结合起来的旅程。"

（Varela，1996，p.330）

鉴于报告研究成像方面的协议得到了更好的建立，这些差距也许可以理解。但他们的确对开发"人际数据收集标准"的目的有所妥协，以将其应用于主观性探索（Dennett，2011，p.32）。更近一些的实验对参与者收到的指示以及如何分析他们报告中的口头数据做出了详细的解释。其中一个例子是一项对"毫不费力的意识"的研究，它把专业冥想者的体验叙述与默认模式网络中的激活行为联系起来，特别是后扣带皮层，它在与自我相关的思考过程中是激活的（Garrison et al.，2012）。还有一个例子，是一项关于视觉掩蔽的研究（Albrecht and Mattler，2012），它发现了参与者表现及其对感知体验的报告的三种清晰的类别之间的关联，尽管针对参与者自由报告的分析仅限于非常基本的有或无式的打分（参与者有没有提到一种动作知觉、一种后像知觉；两者都提到过，还是都没提过）。

"那么意识就是，一如从前，那个将过去与未来连接起来的连接符，那座跨越过去与未来的桥梁。"
（Bergson，1920）

虽然有些为时尚早，但哲学家 Evan Thompson 和 Dan Zahavi（2007）还是赞同对现象学和神经科学进行协同研究，认为这对类似自我意识、非反射的自我觉察、时间性、主体间性以及体验世界过程中具身的重要性，都是有价值的。

就拿时间性来说。时间感可能是一个丰富的研究领域，一个人体验的时间不等于客观的时间，而当我们想确定"意识发生的时刻"时，各种异常会随之而生（第六章）。也许，针对体验时间的严谨的第一人称研究就能帮上忙。

按 Varela 的观点，这意味着对"现在如此的结构"或是詹姆斯所谓的"貌似的当下"进行探索。就像詹姆斯和其他人描述的那样，存在一个三重结构，其中的"现在"受到刚刚过去的过往和即将到来的未来的约束。胡塞尔探讨了他所谓的内部时间意识。要听见一段旋律、看到一个物体移动或是看着它在时间流逝中维持身份认定，意识就必须以某种方式在时间里保持统一。他推出了两个孪生概念，一个是留存（retention），意指刚刚过去的过去；一个是预期（protention），意指即将到来的未来。比如，我们听见并理解一句话的时候，我们不仅仅留存了刚刚过去的东西，还对句意的发展方向有所预期。

Varela 试图通过多种方式将现象学与神经科学联系起来，其中一种是，将时间的结构作为现象学的发现，与基础的自组织神经组件联系起来。他解释说，"耦合振荡器组件可以达到瞬态同步，并且需要一定时间方能达成，这个事实就是现时来源的明确相关"（1999，p.124）。Varela 称这一见解为其研究方法的重大收获。然而某些冥想者描述过一种完全丧失了任何"现在"感觉的情形，源自对类似"这是什么时候的事？"或者"你现在就在这里吗？"这样的"公案"的深入探索。对体验的严谨的关注，可以让人感受变化的出现，却不能明确地

> "我抓不到一个时刻，可以说在那一刻之前，流逝的就是过去，即将来临的就是未来。"
>
> （Blackmore, 2011, p. 95）

> "如果在神经和体验层次之间建一座桥，它应建在河流的浅水区，彼处对心理过程的叙述受到两个方面的打磨。"
>
> （Petitmengin and Lachaux, 2013, p. 1）

区分过去和未来（Blackmore, 2011）。这表明，寻找现时性的起源，可能会变成寻找一种有趣的错觉。

Varela 的野心因为另一种名为 iGBM（颅内 γ 节律波段映射）的新型脑成像技术而进一步放大；这种技术测量 40~50 赫兹的 γ 节律波段的活动，作为一种神经过程的一般性指标。它的时间分辨率远高于 fMRI，而且在单次测试中的精确度够高，其信噪比无须经过对多次试验的平均来改善。这些特点让它更适于探索个体的单一体验。但如果想让获取的分辨率可用，它们也要求那些个体有更高的精确度。Claire Petitmengin 和 Jean-Philippe Lachaux（2013）认为，要想让我们整合神经性的和体验性信息的概率最大化，必须关注那些体验的最小时间单位，把参与者的关注点从什么（比如它们正在聆听到内容）转变为如何（体验如何随着时间变化，设计到多少努力，它的后果为何，等等）。对他们来说，"微动态"研究提供了一种方法，可以进入早期的、通常看不见的认知过程。

> 此时，感官模态之间以及"主体"与"客体"之间的区别，似乎不像在后来的阶段里那样死板。我们假设，这些早期阶段让我们能够一瞥那个名为"生成"的过程，它共同构建了主体与客体、知者与被知者。
>
> （p.5）

为帮助我们理解神经现象学是从何处嵌入意识科学的，Varela（1996）提供了一个简单图式，带有四个意识理论可以前进的方向。他把最有名的思想理论都放了进去，却排除了量子理论和二元论，把自己限制在"'自然主义'方式"中：就是那些"为当前的认知科学研究提供了一种可行的联系"的理论（p.332）。在图 17.3 上方，Varela 放置了功能主义理论，认为它们是认知科学中最受欢迎的，而且它们都完全依赖"第三人称"数据和验证。与之相对，在图 17.3 的下方，放置的是神秘主义，这些理论号称难题是无解的。位于右方的是简化论者，他们的杰出代表有丘奇兰德夫妇，以及克里克和科克，后者的目标是将体验约简为神经科学。与

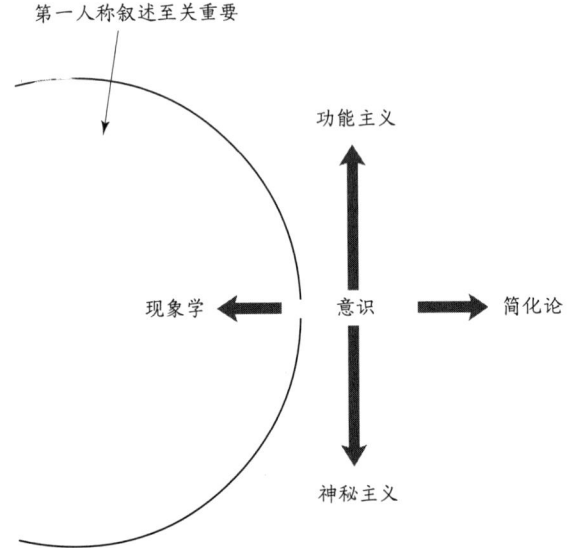

图 17.3　Varela 设计了这个二维的图式，来对意识理论进行分类。用它来尽可能多地定位各种理论。完成之前，不要翻页去看图 17.4。

之相对的左侧出现了现象学，它的一部分区域被封锁了，留给了那些相信第一人称叙述至关重要的人，包括 Varela 自己。

这个图有助于思考各种不同理论之间的关系，同时也将意识科学中第一人称方法的作用暴露在聚光灯下。Varela 暗示说，那些严肃对待第一人称体验并认为它对于理解意识至关重要的理论，与那些不这么认为的理论之间存在一种真正的区别。

巴尔斯不这么认为。"我们已经对人类意识体验进行过系统性研究，它就叫'心理学'"（Baars，1999，p.216）。他指出，如果我们观察心理学家已经从事超过一个世纪的工作，我们会发现，他们一直在研究人们号称与自己的体验有关的事物。不错，我们需要现象学，在广义上是如此，但是我们用不着从零开始。

Varela 宣称，只有位于他的警戒线之内的理论才会认为第一人称叙述至关重要，但真是这样吗？为了思考来自每一象限的例证，内格尔在开发自己作为蝙蝠是什么感觉的概念时，的确在严肃对待第一人称观点，尽管他总结说，我们永远不会知道。克里克虽然秉持极端的简化论，但也谈到了意识的这些方面，比如疼痛和视觉知觉，而他的理论基础就是人们对所看到事物的描述。而丹尼特尽管被指责为否认意识或是将其解释没了，也是从讲述自己坐在摇椅里、观看落叶在阳光中飘零的体验开始的，并试图解释"日落在我现在看来的方式"（1991，p.5）。结果表明，将众多理论划分为认真对待和不认真对待第一人称观点的两大类，非同小可。

一种反思模型

有些人完全反对对第一人称和第三人称方法做出任何区分。Max Velmans（2000，2009）指出，所有的科学都要依赖科学家的观察和体验。科学家可以发现客观事实，其意义相当于经过主体间验证来获取知

"我们已经对人类的意识体验进行过系统性研究，它就叫'心理学'。"

（Baars，1999，p.216）

活动 17.1
为各个理论定位

Varela 把一些最出名的意识理论放进了一个二维的图式。在观察 Varela 把自己的理论放在何处之前，你可以自己先试着用他的图式来完成这项任务。

在班里，给每个学生发一份空白的图式，让他们把能想到的所有意识理论都放进去，或者一起在黑板上做这个练习。这是一个很有用的练习，也是一个从整个课程中提取集中概念的好办法。不存在所谓的正确答案。尽管是 Varela 设计了这个图式，但对于哪个理论应该去哪儿，他也不一定就完全正确。等每个人都填入尽可能多的理论后，向他们出示 Varela 的版本（图 17.4）。

大家的认同度有多高？每一个不一样的地方都可以用来讨论这些理论，并用来测试学生对它们的理解。此外，你可能也想批评图式本身。例如，真的存在认为第一人称叙述无关紧要的意识理论吗？

你能画出更好的图示吗？举个例子，你也许想根据这些理论对那些大问题中的某一个答案来决定把它们放到什么位置：难题是否存在？现象意识和取用意识是否有区别？研究大脑是研究意识的最好方法吗？是不是一种错觉？是不是有些动物有意识而其他的没有？机器会有意识吗（或者它们是不是已经有了）？意识有什么功能吗？……还有什么其他的候选问题吗？哪些最有帮助？

识,但是在科学中,不存在与观察者无关这个意义上的真正的客观性。他提出了一个思想实验,其中的参与者和观察者在一次心理学实验中交换了位置。

想象有一位参与者在看着一盏灯,而一名实验者在研究他的反应和他的脑部活动。我们也许可以说,参与者在进行针对灯的第一人称体验,而实验者在进行第三人称的观察。但是她们只需转动头部,于是参与者观察到了实验者,而实验者也观察到了那盏灯。经过这样的转换,现象学的灯并没有什么变化,但那盏灯从一种个人体验变成了一种公共体验和客观刺激物。Velmans 说,这太荒唐了,这让我们不得不问出那个在本质上受到了误导的问题——那盏灯到底是一种主观现象,还是一种客观现象?

Velmans 由此反对位于主观现象与客观现象之间的二元论,并提出了一个相反的"意识的反思模型"。他认为,我们通常叙述实验的方法谎报了感知的现象学,因此曲解了面对意识科学的问题。

> 这种反思模型,接受了有关感知的物理和神经生理学成因的传统智慧——例如,房间里真实存在一个实体的刺激物,我们对它的体验是有表征的。但它对结果性的体验本质给出了一种不同的解释。按照这种非二元论观点,当 S 关注房间里的灯时,"她的头脑或大脑里"没有一种关于灯的体验,没有与之有关的伴生问题。她只是在房间里看到了一盏灯而已。
>
> (1999,p.301)

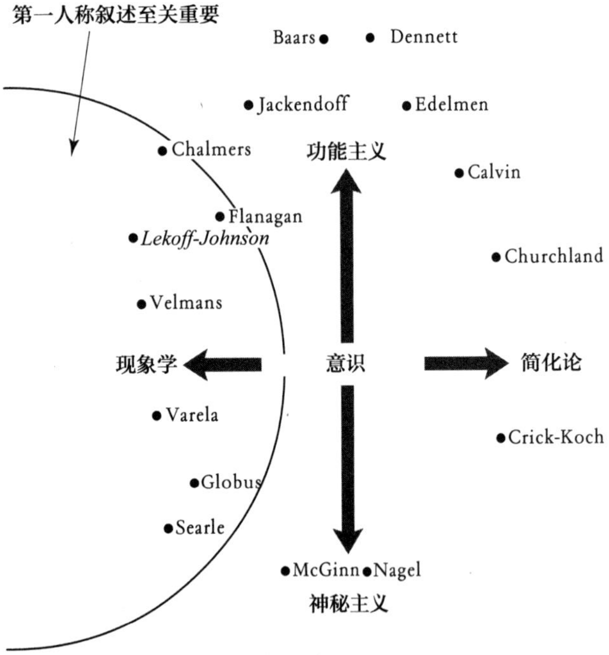

为了解释他的"不可简化的反思一元论",Velmans 宣称,人类的心身是物理性的实体,内嵌于它们作为其组成部分的宇宙之中,能够形成对宇宙其余部分和他们自己的看法。随着宇宙的进化,它会分化为对自己有意识的部分——于是就有了"反思"的一面。体验和物质是同一个现实的两个面,要看是从第一人称还是第三人称的角度来看。因果联系延伸至两者之间,但任何一个都不会被约简为另外一个:"意识的内容提供了一个观察更广阔宇宙

图 17.4 Varela 的 1996 版主要理论分类图(after Varela,1996,p.332)。

的视野"，但这些"意识表征并非事物本身"（2009，p.298）。

Velmans 声称他的方法摆脱了意识科学中长期存在的许多问题。他认同我们每个人都生活在自己私密的现象世界里，也同意存在人们可以对其进行认同的真实的物理实体和事件。但不管心理学家研究的是心理还是物理现象，他们这样做的目的都是为了建立可重复性和主体间性。他声称，这一点就消除了第一人称和第三人称方法之间的区别。两种情形的座右铭应该都是："如果你执行了这些流程，你就会观察或体验到这些结果"（1999，p.300）。

> "如果你执行了这些流程，你就会观察或者体验到这些结果。"
> （Velmans，1999，p.300）

这个座右铭很重要。想想药物的效果——"如果你吃了这个药，你就会体验到这些后果"（第十三章）；或者是实践心理定律——"如果你遵循了这个流程，你就会体验到出体体验"（第十五章），"如果你这样冥想很多年，你就会获得顿悟"（第七章、第十三章和第十八章）。

然而，反思式一元论面临严重的问题。Velmans 宣布它不是"非二元论"，而称之为"两个方面的一元论"，并总结出一个令人不安的观点：我们每一个人都是在观察更宏大宇宙的一小部分，因此"我们参与了一个反思性过程，因此宇宙就体验了它自己"（2009，p.298）。然而这个理论完全建立在一个假设之上，即意识体验是"私密、主观和独特的"，是表征外部"事物本身"的构造。由此，尽管反思式一元论并非一种物质二元论，但它似乎恰恰引起了导致难题产生的那种分裂。

不管怎样，Velmans 的观点影响了其他那些致力于填充鸿沟的研究者。Donald Price 与 James Barrell（2012，p.19）哀叹我们至今还没有一个真正的"体验神经科学"的事实，而人类体验还是科学上的一个盲点——也许这不是偶然的。"维护人类现象体验的盲点，不是一种被动的努力"（p.26）；相反，哲学家、心理学家和神经科学家做过长期的持续努力，意图消灭、简化和忽略体验。

> "维持人类现象体验的盲点，从来就不是一种被动的努力。"
> （Price and Barrell，2012，pp. 25-26）

他们非正式地重建了里贝特著名的（Libet，1985）手腕弯曲任务，在参与其中的时候，发现他们的同事报告了广泛的体验，从"内视"（一个手部移动的影像）、"内语"（"我准备现在就移动！"）、情绪感觉（想把它做好！）以及"非象征式思考"（"移动得真快"的无言的等同物）——或者就只是"我不知道发生了什么"或者"太惊讶了，我的手居然移动了"。鉴于如此惊人的多样性，他们认为，里贝特的方法及其对自己的实验结果的解读太简单化，并不能代表"选择的扩展时间现象"（p.286）。

他们为里贝特的实验提出了一个替代方案：让人们不是选择什么时间弯曲手腕，而选择如何做一张比萨饼，要么使用微波炉，要么微波炉加上传统的炉灶。让他们不要做出随机回应（我们在真实生活中从不会那么做），而是特意地选择一种观点，注意一下那种选择是什么感觉，而我们作为实验者能学到些什么？跟其他很多人一样，他们批评里贝特使用了这样过于简单的任务，但是他们的提议远离了里贝特实验的目的，那就是测量 RP 和 W 之间的时间差。

Price 和 Barrell 提出了另外一个建议：想象我们有了一个与特定疼痛体验相关的神经活动的完整映射，包括激活区域与抑制区域之间的功能连接，以及自主神经、躯体运动和内分泌系统与身体其他部分之间的互动。我们也有了一种无痛的控制条件。这两者都被呈现在大屏幕上，供那些愿意将人类体验完全从实验里剔除的科学家们"客观地"观看（p.26）。这些高级科学家会知道些什么呢？他们会知道，这是一种疼痛，而这不是疼痛。但要想更深层地理解，他们就需要每一种疼痛的精细的实验映射。叙述疼痛与神经活动有何关联，需要同时对两者都进行观察：哪一种解释都不能没有观察者，那么为什么不能像 Velmans 提议的那样，让同样的观察者提供两种观察呢？他们可以在自己身上进行实验，然后在事后用别人的叙述来证实或证伪他们的直接观察结果。

"同一观察者对大脑活动与特定类型体验之间的关联所做出的几乎直接的观察。"
（Price and Barrell，2012，p.29）

符合逻辑的下一步，就是越过自我反思关联，假借受控反馈环来研究因果关系。这在一些研究中已经发生了，这些研究允许参与者使用来自实时 fMRI 的视觉反馈，来改变他们的大脑活动。在一个验证其效率的很好的例子里，有一项研究表明，通过控制前扣带回皮层的激活水平，参与者可以改变一个有害的热刺激所造成的疼痛的强度（deCharms et al.，2005）。在没有 fMRI 反馈时，疼痛并未改变；使用大脑的不同区域时，也没有改变；使用来自别人大脑的欺骗性反馈，也没有变化。因此在这个实验中，我们就有了"同一观察者直接对大脑活动与特定类型体验之间的关联的观察"（Price and Barrell，2012，p.29）。更复杂形势的神经互动可以使用这种方法来进行探索，因而消除的"不是人类体验，而是从科学中消除人类体验的感知必要性"（p.29）。

脑成像中的实时反馈环的精度正在快速提高。例如，先前概要介绍过的 iGBM 法，可以给出时间分辨率极大增强的反馈，让我们得以更加深入地探索类似心理表象这样的现象（Petitmengin and Lachaux，2013）。更为全面的反思实验甚至能将大脑与体验之间的反馈扩展到自我与他人之间的差别得以简化或消除的情形中。

一个例子就是"身体互换错觉"（Petkova and Ehrsson，2008）。在这个橡皮手错觉（第四章）的极端戏剧化的扩展形式中，参与者戴着头戴式显示器，可以在里面看到戴在另一个实验者头上的相机的内容。两人面对面坐下，每人右手握一支画笔，用它来刷彼此的左手。这产生了一种错觉，即参与者刷的是他们自己的手。你也可以改变流程，让参与者从实验者的视角观看实验者的手，或者仅仅从实验者的视角来观看他们自己的手（不包括身体的其他部分）。如果我们再进一步，也给实验者一台相机，会怎样呢？如果两个参与者能同时看到他们自己和/或另一个人的脑部活动呢？如果两个人都是训练有素的神经现象学家呢？将多种观点反思性地融入意识和自我的神经科学研究中，前景令人兴奋。

这些规则，游戏的手语和语法，构成了一种高度进化的秘密语言，包含若干门科学和艺术种类，尤其是数学和音乐（和/或音乐学），能够表达和建立几乎所有学科的内容与发现之间的互动关系。因此，玻璃珠游戏玩的就是文化的全部内容与价值；它对它们的赏玩说起来就好像是一位画家在其艺术的鼎盛时期赏玩调色板上的颜色。……即使偶然发生两个玩家为他们的游戏内容选择了完全相同的小型主题的情况，根据两位玩家的思考习惯、角色、情绪和技艺的精湛程度不同，这两个游戏看起来和进展起来也可以完全不同。

——赫尔曼·黑塞（Hermann Hesse）
《玻璃珠游戏》（*Das Glasperlenspiel*，1943）

第二人称神经科学

类似身体互换错觉这样的范式清楚地表明，在"第一"人称和"第三"人称之间总是存在一种"第二"人称。第二人称神经科学对意识是关注的，因为它在询问我们的意识体验与我们对他人的意识归因有何关联。支持者提出，某些主流的神经科学之所以能产生其结果，是因为它们的方法难免产生这些结果。例如，"心理理论"科学基于一个观念，即我们互相参与复杂的推理和理论生成，以弥合我和其他人之间的差距。比如，依据人们观看其他人的录像并对他们所看到的内容做出的判断，如果不在行动或互动中对其判断进行任何测试，这些研究就只能发现它们投入的内容（Schilbach et al.，2013，pp.394-395）。

与之相反，倡导第二人称范式的人则倾向于使用第十章里称为"互动理论"的方法来研究社会认知，这种方法脱胎于完形理论和现象学。如同一种经典的解释所说的那样：

他们行动的质量让人充满活力。说一个人感受到疼痛时，我们是把他的身体当成了感觉。如果我们在行动的品质中直接感受到了意识的品质，我们就无须将意识归于他人。一旦我们看到一种行为是富有技巧、笨拙、警醒或者粗心的，那么深入其"后"、寻找它的意识基质，就变得多余了，因意识已在行为中显示了自己。

（Asch，1952，p.158）

> "神经科学不应该用社会认知的观赏观点来自我满足。"
> （Schilbach et al.，2013，p.443）

我们会立即将他人体验为主体。没有必要把我们那种自己和他人之间存在巨大差别的感觉当成一种认知论上的已然，一种对我们所从事的科学研究所带来的无可避免的限制。Leonhard Schilbach 及其同事（2013，p.443）说，神经科学"不应该用一种社会认知的观赏观点来自我满足"。观察他人，跟与他们互动，不是一回事；当我们提出人类通常是如何的问题时，第三人称的观察，不配在科学上享受它长期以来的特权。神经科学因此需要新的方法来鼓励参与者之间以及"参与者"与"实验者"之间进行有意义的互动，包括情感与回报、非口头以及口头回应、实时反馈的动态，以及更为复杂的社交冲突重建等元素。

这种更好的第二人称方法也许有助于"弥合人类意识研究中体验层面与神经生物学层面之间的描述性差异"（Olivares et al.，2015，p.1）。在第二人称关系中，人们对我们的回应取决于我们的行动；在纯粹的观察者关系中，他们不会这样做（Longo and Tsakiris，2013）。这种以行动为基础的对偶发事件的观点，在将第一人称体验作为具身的和生成的体验（第五章、第六章和第八章）来思考的过程中，变得越来越重要；而来自社会环境的系统性反馈也许会被证明在形成自我－他人意识的过程中具有强大的力量，就如同感觉运动反馈在更"私密"形式的感知意识中那样。

练习 17.2
独处

我们很少真的孤身一人；它越是罕见，我们就越有可能从中了解些什么。从你的日历中清出一整个昼夜，事先做好准备，让自己不用联系任何人：准备好你需要的所有食物和饮料，告诉大家会暂时联系不上你，并关上手机、计算机和其他所有电子设备。如果你还能避免阅读和写作，这种体验将变得更加有力。如果你唯一能独处的地方是一个单独的房间，就待在那里；如果你能在大自然中独处，就再好不过了。这个任务看起来有些艰巨，可能就应该如此：对我们多数人来说，这会是一项重大任务。但它的难度与我们抽离社交自我一整天所能认知的自我的程度是成正比的。

你对自我、时间流逝以及自己与世界关系的感觉随着这一天的时间推移会发生什么变化？这种体验跟你的预期比起来，感觉如何？作为你，独处的你，是一种什么样的感觉？

模糊不同"人称"之间的界限，由此也变得重要，如同我们先前探索过的反思模型一样。例如，在"煽动错觉"中，看见别人的脸和自己的脸同时被触摸，会改变你对自己脸部的认知，并缩小你所能看见的他们的和你的之间的差别。这个结果也可以扩展到类似看别人会更有吸引力、因而更倾向于向他们的行为看齐的情形（Paladino et al., 2010）。结果影响到范围，取决于你对自己身体状态的敏感程度：不太敏感的参与者会体验到一个更强烈的错觉（Tajadura-Jimenez et al., 2012）。类似的发现共同表明，社交和多感官互动的共同突发事件可能解释了作为主体的自我和作为客体的自我是如何联系在一起的："主格的'我'如何被宾格的'我'所认定，使得宾格的'我'可以被表征为他人的对象，同时也是自己的自我"（Longo and Tsakiris, 2013, p.2）。

如果问题在于如何才能将第一人称的直接性与第三人称的可靠性的优势结合起来，那么打个比方，如果一位训练有素的访谈者能够帮助人们准确讲述他们的体验，第二人称就可以成为解决方案的一部分。这个调解员不会是远程或中立的，而是会采取移情态度，这能让他们跟参与者一起调查某种体验。为了避免偏差，有一种方案是让调解员看不到参与者对其做出反应的刺激物——这就是所谓的双盲访谈（double blind interview, DBI; Froese, Gould, and Barrett, 2011; Olivares et al., 2015）。

在某个实验中（Petitmengin et al., 2013），实验者使用了自己做过的访谈，实验的参与者被要求在两张肖像照中选出一个喜欢的；他们被要求在15次实验中有6次对他们的选择做出解释。在那6次中有3次，实验者递给参与者的其实是他们没选中的照片，但只有33%的人注意到了这一诡计，大多数人都解释了他们为什么会选择这张照片。但如果不要求参与者对他们的选择做出解释，而是对他们进行启发式访谈，则有80%的人会意识到他们被误导了。

异质现象学

异质现象学（heterophenomenology，可译为"对他人现象的研究"）是我们

> 我体验到的，是不是多过我能取用的？

给意识研究的终极方法起的一个尴尬的名字。按丹尼特的说法（Dennett，1991，2001b，p.72），它涉及一个巨大的理论飞跃，规避了所有诱人的捷径，并沿袭了"将客观物理科学及其对第三人称观点的坚持引向一种可以（在理论上）解释最为私密和难以言述的主观体验的中间道路"。

丹尼特说，想象你是一位人类学家，你在研究一个部落人群，他们信仰一位叫 Feenoman 的森林之神，能告诉你一切与其外表、习性和能力有关的事情。你现在要做出一个选择。你可以成为像他们一样的 Feenoman 信徒，信仰他们的神灵及其神力；或者，你可以用一种不可知论的态度来研究他们的宗教。如果你采用后一种方法，收集不同的叙述，处理其中的不一致和矛盾的地方，然后尽力汇编对 Feenoman 的明确叙述。你可以成为一名 Feenoman 学家。

这是可能的，因为你没有把 Feenoman 当成一个能从树后面跳出来、为你提供正确答案的生物。相反，你是在把他当成一个"意向客体"，一种类似夏洛克·福尔摩斯和华生医生的虚构故事。在虚构故事中，故事里的某些事情是对的或错的，但其他的既不对也不错。所以，用丹尼特的例子来说就是，福尔摩斯和华生在一个夏天的早晨乘坐 11 点 10 分的火车去了奥尔德肖特，这是真的；但那天是周三就不知道真假了，因为作者没告诉我们。类似的，要找出 Feenoman 是不是真有蓝眼睛，没有任何意义：对此以及所有其他关于 Feenoman 的问题，Feenoman 信徒的信仰是最具权威性的，但也仅仅是因为 Feenoman 被当成了他们的意向客体，也就是虚构对象。他们报告的权威性仅限于他们的所见。

这是丹尼特敦促我们在其异质现象学方法中所应秉持的态度。它"既不挑战、也不接受主体主张的完全正确性，而是保持一种建设性的、有同情心的中立态度，希望根据主题汇编对世界的明确描述"（Dennett，1991，p.83）。被研究的人们，如 Feenoman 信徒，抗议说，"但是 Feenoman 是真实的""我真的拥有这些感受质"。对此，作为异质现象学家的你只能点头，向他们保证你觉得他们是真诚的。丹尼特说，这就是我们要为意识科学所需要的中立性付出的代价。虽然异质现象学家要接受人们关于他们对事物的感觉的叙述，"但对研究对象会不会是骗子、僵尸或者穿着人类

图 17.5 Feenoman 学家从 Feenoman 信徒那里收集数据。

衣服的鹦鹉，我们还是要保持开放的心态"（Dennett，1991，p.83）。这里有一个有趣的对比，传统的现象学对世界的现实性秉持不可知论，而异质现象学对意识体验的现实性秉持不可知论。

这在实践中有什么意义呢？丹尼特分三步描述了这个方法。第一步，数据被收集起来。其中可能包括脑部扫描、按压按钮或是人们对心理表象和情绪的叙述。第二步，数据被解读出来。这一步是不可避免的，并可能包括将脑部扫描结果转为彩色图片；把按钮按压与呈现的刺激物关联起来；把语言的声音转化成文字写下来，并作为对心理表象的叙述来加以理解。第三步，也是关键的一步，我们秉持意向性立场（第十章）。也就是我们认为汇报者是一个理智的主体，他们有信仰、欲望和意向性。我们允许他按下按钮，因为他想要告诉我们他看到了绿色的斑点；允许他说那些话，因为他想描绘出那复杂的心理表象，或是你给他看那张图片时他所感受到的强烈情感。

> 作为你，独处的你，是一种什么感觉？

也许会出现一些不一致的地方，需要进行调查或剔除，但除了这些困难，这个方法可以很容易地让我们创造出一个可信的虚构故事：主体的异质现象学世界。

> 在这个虚构的世界里，充斥着主体（显然是）真诚地相信真实存在于他的（或它的）意识流之中的所有那些影像、时间、声音、气味、直觉、预感和感觉。经过最大化的扩展之后，它就变成了作为那个主体是什么感觉的严格的中性画像——以主体自己的语言讲述，并给出我们所能采集到的最好解读。
>
> （Dennett，1991，p.98）

按照丹尼特的说法，这就是心理科学中总在使用的基本方法，他并没有发明它，只是解释了它的合理性。另外一些人则宣称，这种对内省报告真实价值的信念搁置，并不像丹尼特希望的那样，会在意识研究中成为主流（比如 van de Laar，2008）。

但是，会不会遗漏了什么东西呢？P意识中不是有比我们能取用的更多的内容吗？异质现象学不是只研究人们说的内容，而把他们的体验本身遗漏了吗？将他们的内心世界当作虚构故事对待，但它不是真实存在的吗？不是权当人们是有信仰、欲望、情感和心理表象的，而他们实际上真的有吗？而丹尼特——他显然是一个真实的自我，具有真实的意识——会不会是假装对自我和意识为什么会是虚构的问题做出了一个非虚构的解释，而实际上却是在愚弄他自己（还有我们）呢？

这些问题问到了核心，因此值得试着弄清楚，异质现象学会如何回应。异质现象学在所有这些点上都保持中立。就像在传统现象学里，随着调查的进行，理论会被暂时搁置。但是对于现象学而言，被问到的问题一直是"为什么这个人会体验到 X？"而对异质现象学而言，问题成了"为什么这个人会说'我体验到了 X'？"异质现象学留下了一个问题，即是否还有待发现的东西，有待进一步调查。有一天，我们也许会发现一位蓝眼睛的治疗师，很清楚他就是 Feenoman 信仰的来源。就算他们拒不承认这个身份，有一天也可能会变得清楚起来，甚至对他们也是如此：这个新来的跟他们原来的神灵非常相像，可以说我们发现了他们真正讨论的内容——就像我们大脑里发生的事情，也许有一天能被充分地理解，那就可以说，我们接受了现象学上的身份认证。有些顽固的信众可能还会抗议说，真正的现象学因素只是与它们相伴而生，而不与它们相类似，但能给这种说法多少的可信度，就是另外一个问题了。

> 异质现象学就是"最大程度的开放心灵式的主体间性意识的科学。"
> （Dennett，2007，p.264）

异质现象学家在探索中使用了虚构的异质现象学世界，非常类似物理学家可能会使用虚构的重心或是赤道。他们留下了 Feenoman 是否真实存在的问题；仿佛式的意向性是否与真正的意向性有所不同（第十二章）。丹尼特据说认为没有什么不同，但是异质现象学作为一种方法在任何方向上都没有定论。

那"观察自己的心灵"还有什么用呢？异质现象学受到那些认为它在某种程度上是与第一人称对立的人们的批评。但是丹尼特将那些声称想要第一或第二人称而不是第三人称视角的人描述为"为了标签拌嘴"（2007，p.252）。他说，"异质现象学完全可以（被我）称为第一人称意识科学或者第二人称数据收集法"（p.252）。确实，"与其他调查者在针对你自己的意识研究中协同合作（如果你喜欢，就叫'第二人称视角'好了），就是尽可能严肃地对待作为现象的意识了"（Dennett，2017，p.351）。

他解释说，他选择了相反的第三人称标签，是为了强调自然科学的客观标准的连续性，但是"批判都集中到了标签上，而不是方法上"（2007，p.252）。他反对他称之为"独狼式的自我现象学"（将一个人作为唯一的主体加以依赖），还有建议一种"单一、统一的第一人称意识科学"的野心，这在他看来会变成一种"唯我论科学"（p.264）。但带入第一人称方法的一切都是好的，而且，他宣称已经是异质现象学了。当然，你可以用 Velmans 和其他人所倡导的那种反思的方式对自己采取异质现象学的立场。

丹尼特说，异质现象学者既需要更多（关于我们以及我们的主体）的怀疑，也需要更多（关于我们在研究什么）的思考。用异质现象学的方式找出某人体验到的东西，跟与某人进行一次普通的谈话是不一样的，因为我们必须保持"事情的刻意搁置，即他们所说的话是的确真实、隐喻性的真实、强制性解释下的真实，还是系统性的错误，而我们需要对此做出解释"（2007，p.252）。但是我们必须明确，我们不可能做到完全的中立，将每件事都搁置起来。我们必须明确，我们不进行解读就无法做任何事（例如，不采取意向性的立场），而不管其他任何方法再怎么宣称可以不进行解读，这都是不可能的。然而，我们也要明确，（与许多人文学者的信念相对立）解读可能要以规则和协议为基础。

与此同时，丹尼特建议，我们完全应该对我们把体验翻译为报告的能力感到惊奇。

> 我们心照不宣地认为，睁开的眼睛与说话的嘴唇之间的未知通路是安全的。因为我们都能做到（我们中那些眼睛不盲的人），我们不会在困惑中挠头，不知道如何才能睁开眼睛，然后回答关于在他们面前的光线所处位置的问题。太奇妙了！怎么做到的？
> （Dennett，2007，p.255）

我们对这一过程的取用不会优先于我们对"保持报告者的手提电话与我们的手提电话之间通联的复杂过程"的取用，丹尼特在后来的一本书里写道（2017，p.349）。

解释必须在某个地方停下来——而它停下来的趋势比我们预料的快得多。丹尼特提出，这在想象的例证中要比在看见的例证中清楚得多：想象什么东西时，我们知道自己不十分清楚我们在体验什么，或者为什么，或者如何描述它。如果你还没被说服，就再试试一种虚构的认知能力的例子。想象你可以伸展脚趾，并因此对芝加哥发生的事情有了令人屏息的准确判断。然后再想象一下，你对于这怎么可能发生毫不感到惊奇。你是怎么做到的？"毫无头绪，但是它就发生了，对吧？"（Dennett，2007，p.255；2017，p.350）。

异质现象学的不可知论显然让新的芝加哥报告有了意义；而它显然也应该让我们对意识体验的报告有意义才是。我们习以为常的所有体验在我们看来跟这个一样奇怪；我们认为我们对自己体验的取用远远超过了我们能够以口头报告传达给别人的，其实我们做不到。因此，如果我们认为自我现象学（对一个人自身现象的研究）在意识研究中是一种比异质现象学（对他人的现象进行的研究）"更亲密、更真实、更直接的方式"，我们就是有了错觉（2017，p.351）。而我们就不应该把个体间内省报告（包括像思想有没有一种独特现象这样的基础性问题）的巨大多样性当成证明我们的意识体验真的大相径庭的证据，哲学家 Eric Schwitzgebel（2008）如是说：那种多样性，不过是内省的另一个深切的证据罢了。

> "我们难道对自己的体验不够熟悉吗？"
> （Gray，2004，p.123）

对自己的体验采取一种陌生化的立场是我们在本书的各个练习专栏中试图加以鼓励的事情。如果你想让自己对意识的探索更进一步，那么不只从表面上理解你自己的"那是什么感觉"，就是一个需要养成的重要习惯。

还有一个好习惯，就是放下你对其他理论的防备之心。不管你主修心理学、神经科学还是哲学，是粒子物理学还是文学研究，很清楚的一点是，意识的神秘尚不能通过任何单一现存的理论范式很快得以解决。我们很容易变成保护主义者，尤其是如果我们来自人文学科背景，有时候会对科学获得的地位和金钱有点愤愤不平。但是保护主义通常会引向误解、滑稽模仿，并会错过许多令人激动的研究机会。没有什么是真正需要保护的——"第一人称的堡垒"当然也不是（Dennett，2007，p.264）。

> "那个广为传播、你必须捍卫第一人称堡垒的判断，就是一个错误。"
> （Dennett，2007，p.264）

异质现象学可能会是一个继续深入研究的好方法——在目前我们还在设法弄明白要把现象学报告用于何处以及如何安全地使用它的时候，这算是一个不错的默认方式（van de Laar，2008）。确实，异质现象学的核心不过是让我们不要事先束缚自己。这涉及等待，直到我们了解得更多，"看起来好像是存在一个笛卡尔剧院，但其实没有。异质现象学就是用来以一种尽可能中立的方式尊重这两个事实的，直到我们能够对它们进行详细的解释"（Dennett，2007，p.269）。对丹尼特而言，"目前"最有希望的态度就是以牛顿重新阐述重力神秘性的方式来重新阐述意识的神秘性：不再追问它是什么（一种液体、一种物质还是一种力），而是开始质询它是如何表现的。对丹尼特来说，现象学者其实已经在实践中采用了这种"温和的行为主义形式"，却没有意识到，因为他们跟别人一样，对于意识，除过它的行为之外，什么也说不出来。

但在一刹那间，就像是闪电，我们所有的解释、所有的分类和推导、我们的病因，在我面前突然变成了一张细网。那伟大的被动的怪兽，现实，不再一片死寂，不再那么容易被处置了。它充满了一种神秘的活力、崭新的形态和全新的可能。那张网，什么也不是，现实从其中穿行而过。……那句简单的阐述，我不知道，就是我自己的火柱。对我，它也带来了一种近似凶悍的新的谦卑。于我也是一种深刻的神秘。……在我心中，神秘与意义之间，一直存在冲突。我追求后者，把它当成医生来崇拜，像一位社会主义者，一名理性主义者。但接着，我看到了那种想要将现实科学化的企图，要为它命名，给它分类，用活体解剖让它消失，就像试图把空气从大气中除去。在创造真空的过程中，它就是死去的实验者，因为他就身处真空之中。

——约翰·福勒斯（John Fowlers）
《大法师》（*The Magus*，1965/2010，p.309）

或许意识研究的种种方法的复杂拼图中的最后一个部分，就是我们害怕一旦放弃了我们熟悉的方法，我们会发现什么。我们可能有"非常合理的焦虑，事关我们可能会憎恨最终了解到的有关自己的大脑和心灵的东西，而这些焦虑在各个方面都促进了痴心妄想"（Dennett，2007，p.269）。把自认为了解的东西抛在一边是需要勇气的，而这对你感觉是自己的如此亲密的体验而言，再正确不过了。在最后一章，我们将要听取更多来自那些在不置可否的自我观察中付出过巨大努力进行训练的人们的想法。他们会对他们的发现说些什么呢？

"自欺欺人也许感觉起来像是高明的见解。"
（Metzinger，2009，p.220）

阅读文献

Petitmengin, C., and Lachaux, J.-P. (2013). Microcognitive science: Bridging experiential and neuronal microdynamics. *Frontiers in Human Neuroscience, 7,* article 617.

有了新的方法，来解决神经现象学和神经影像学之间不同层次的描述问题。

Price, D. D., and Barrell, J. J. (2012). Developing a science of human meanings and consciousness. In D. D. Price and J. J. Barrell, *Inner experience and neuroscience: Merging both perspectives* (p.130). Cambridge, MA: MIT Press.

一门有关意义与体验的科学的可能方法的概览，重点关注对第一人称的措施。

Thompson, E. and Zahavi, D. (2007). Phenomenology, In P.D. Zelazo, M. Moskovitch, and E. Thompson (Eds), *The Cambridge handbook of consciousness* (pp.67-87). Cambridge: Cambridge University Press.

介绍了现象学对意识的方法论与理论方法的过去和未来。

Dennett, D. C. (2007). Heterophenomenology reconsidered. *Phenomenology and the Cognitive Sciences,* 6(12), 247-270.

对15位同行就现象学（以及其他意识研究方法）的同一问题的不同版本的评论所做的回应。

Garrison, K. A., Santoyo, J. F., Davis, J. H., Thornhill, T. A., Kerr, C. E., and Brewer, J. A. (2013). Effortless awareness: Using real-time neurofeedback to investigate correlates of posterior cingulate cortex activity in meditators' self-report. *Frontiers in Human Neuroscience, 7*, article 440.

使用扎根理论分析自我报告，并推导实时神经反馈阶段中不同沉思状态之间的区别。

第十八章 CHAPTER

觉 醒

很久以前，距今大约 2500 年，一位王子出生在印度北部。他名叫乔达摩·悉达多。他的童年快乐而放纵，备受呵护，远离严酷的现实生活。一天，他走出自己舒适的宫殿来到街上，看到了一个患者、一位老人、一名乞丐和一具死尸。他震惊于所目睹的痛苦，以及与他自己生活的强烈对比，他发誓要找到存在的意义。等到 29 岁时，他抛下自己的财富、娇妻和幼子，决然出走，成为一位四处云游的苦行者，自我剥夺了一切舒适，超过了同时代所有最为严苛自律的苦行者。6 年之后，他差点儿饿死，这才接受了一点儿奶粥，逐渐恢复了健康，并总结说，放纵和匮乏皆非通往真理的道路：需要一条中间道路。他在一棵菩提树边坐下，发誓不修得正果就再不起身。

到第 7 天，晨星在天空闪耀，他觉悟了。这个著名的故事至少在一定程度上基于历史事实，就是一则普通人觉醒的逸闻——这就是佛陀对往事的叙述。他醒悟了。

他意识到，他之所见，实为众生所来，然而不可言说。因此他不知该如何教导众生。但人们在他身边辐辏而聚，于是他在其后的 45 年中广为游历，传授后被称为佛法的"四谛法门"和其他教义。他敦促人们，不要满足于道听途说

"禅，就像笑话，不能被过多解释。你要么明白，要么就不明白。"
（Humphrey, 1949/1951, p.3）

或传统知识，自省才得见真理；据说，他的遗言是"精勤自修，以证涅槃"。

四谛或称四个崇高的真理，分别是：（1）苦谛，生命本无厌足，万物皆是无常；（2）集谛，我们受苦，是因为我们执着于欢喜之物，拒绝厌憎之物，陷入了在与为的循环，称为轮回；（3）灭谛，正视无常，断灭贪欲与贪念自我，灭除苦难。悲悯喜乐，来而复往，无牵无挂，以达涅槃；（4）道谛，佛陀举八正道，是为正见、正志、正语、正业、正命、正（精）进、正念、正定。心与思，或智与情，殊不可分。

这种精修之道被描述为

> 一种可遵循的生活之道，人人都能身体力行。它是对身体、言语和心灵的自律、自强与自洁。它与信仰、祷告、崇拜或庆典无关。因而，它没有任何通常被称为"宗教"的东西。
>
> （Rahula，1959，pp.49-50）

无论如何，佛陀的许多言论被口口相传，然后在数百年后被在书面上记录下来，是为佛经；尽管他警告过不要依赖传闻和传统，佛学还是变成了一个伟大的宗教，以小乘佛教传播到南印度、锡兰和缅甸，而以大乘佛教传播至其他地区。它被传播到了中国西藏，在那里，它在已有的传统信仰之上形成了独特的形式，包括依赖轮回的概念，这在当地已经很流行了。它沿着从印度到中国的丝绸之路传播，在那里变成了禅宗佛教，又传到了日本，也称为禅宗，并最终传到了西方（Humphreys，1951；Batchelor，1994）。

在最后一章里，我们在历经漫长旅程、穿越与意识研究和思想有关的狂野而且常常莫名其妙的地带之后，要来讨论一些遗留下来的问题。本章比其他17章更个人化，但我们希望，你的某些问题会和我们的类似，或者我们的问题无论如何也能让你感兴趣。我们想要讨论的问题如下。

我们是陷入了我们所发现的问题和错觉当中了，还是我们可以学习来看穿它们？如果我们能做到，就会引出一个疑问：意识本身会变化吗？

本章的开篇以佛陀作例证，他声称这样的转化是可能的。自那以后，许多世俗的人也做出了同样的声明。许多人将他们意识的变化描述为如觉醒一般。他们的意识阵地变化了吗？如果是，我们能不能找出来哪种变化是可能的、它的后果会是什么样的？

本书的开篇警告过，研究意识将改变你的生活。现在把那个警告作为一个问题来重申，并试图做出答复。

我们会谈到很多有关佛教的内容，因为它是那种精神与科学性学习最接近的情境之一。但你我都不是佛教徒；而如果你不是，我们也都不想让你成为佛教徒。我们不会将灵性等同于宗教，但是我们承认它们长期以来都难解难分。我们感兴趣的是心智，以及个人实践能够和不能改变什么。

> 昔者庄周梦为胡蝶，栩栩然蝴蝶也，自喻适志与，不知周也。俄然觉，则蘧蘧然周也。不知周之梦为胡蝶与，胡蝶之梦为周与？周与胡蝶，则必有分矣。此之谓物化。（意思是：过去，庄周梦见自己变成蝴蝶，很生动逼真的一只蝴蝶，多么愉快和惬意啊！不知道自己原本是庄周。突然间醒过来，惊惶不定之间，方知原来我是庄周。不知是庄周梦中变成了蝴蝶，还是蝴蝶梦中变成了庄周？庄周与蝴蝶，那必定是有区别的。这可以称作物、我的交合与变化。）
>
> ——《庄子·齐物论》（公元前3世纪）

科学中的佛学

科学与宗教通常是对立的，不仅仅是因为多数宗教要依赖永远不变的神圣经书和教义，而科学则不断地对自身进行更新，把自己与实验结合起来，以寻求对世界的理解。然而，佛教在心理学中找到了一席之地，其方式是其他任何宗教教义所未有的。自20世纪80年代以来，有过许多关于东西方心理学的著作和研讨会，而多数的贡献都涉及佛教，而非其他传统（Claxton，1986b；Crook and Fontana，1990；Pickering，1997；Watson et al.，1999；Segal，2003；Hanson and Mendius，2009）。

对话有许多可能的原因。不像基督教、犹太教和伊斯兰教，佛教没有神灵、没有万能的造物主，没有坚不可摧的人类灵魂的观念。在《觉醒》（*Waking Up*）一书中，美国神经科学家Sam Harris对佛陀和耶稣进行了比较。历史上的佛陀悉达多·乔达摩"不过是一个从独立自我的梦境中觉醒的男子"，而耶稣则被视为宇宙创造者的儿子。Harris（2014，p.30）说，这"让基督教，无论它多么彻底地剥离了形而上学的负担，也跟有关人类状况的科学讨论毫无关联"。

印度教分享了佛教的观念，即芸芸众生都生活在一个摩耶或者幻觉的世界里：一个没有觉悟的二元梦境，其中的自我和宇宙感觉是分开的。但它的多数

小传 18.1
山姆·哈里斯（Sam Harris，1967 年生）

山姆·哈里斯既是哲学家也是神经学家，拥有美国加州大学洛杉矶分校的认知神经学博士学位，写过关于信仰、宗教道德和自由意志的书，并且运行着"觉醒"博客。他猛烈批判有组织宗教，并与 Dennett 和 Dawkins 一道，被认为是新无神论的"四骑士"之一，尽管哈里斯与其他三位不同，是一名长期冥想者，相信某些佛教和印度教的传统，为意识提供了有价值的经验性见解。使用包括 LSD、裸盖菇素和 MDMA 在内的致幻药经历，让他在二年级时离开了斯坦福大学，去寻找没有药物干扰的精神洞察力。他旅行到了印度，身体力行过艰苦的冥想方法，包括 1 年的缄口静修；他总结说，首要的目的是追查那种独立自我的感觉，直到它消解。他认为自由意志是一种错觉，道德可以加以科学研究，我们做的一切都是为了变化的意识，而巴西柔术（尽管它与意识没什么关系）与自我的虚幻性有惊人的关联。

传统中也包括了个人和天神，并且我们每个人都是或者拥有一个称作阿特曼的外部自我或灵魂。无论如何，印度教哲学的最高原则——婆罗门——不是一个拟人的神灵，而是一种非人的精神力量，宇宙的终极现实；而且印度教有非二元论的传统，特别是不二论，在其中，婆罗门和阿特曼最终被发现实际是一回事——尽管两者从物质、身体的现实考虑上仍然是分开的。佛教更像是完全的无神论，比其他任何传统都更始终如一地教授无我和不二的观念。

佛教徒也被敦促不要去崇拜任何人或者相信任何教条，而要审视自己的心灵，要有自己也能觉醒的信心。在《无须信仰的佛教》（*Buddhism without Beliefs*）一书中，英国学者兼禅宗佛教徒 Stephen Batchelor（1997）解释，高尚的真理（谛）不是需要信赖的主张，而是借以采取行动的真相。修习佛法可以让人审视自我，可能揭示一切现象的空寂与无常、自我的虚幻本质以及苦难的根源和终结。Harris 表示赞同。他说，佛教的教义是"经验性的指示：如果你做了 X，你就会体验到 Y"（Harris，2014，p.30）。这让人联想起 Max Velmans（1999，p.300）对所有科学的座右铭："如果你执行了这些流程，你就会观察或体验到这些结果"。

这种与科学的结构性联系深深植根于佛教教义之中。佛教所有教派中的一项中心教义就是缘起或相互依赖的起源的学说。佛陀教导说，万物皆有关联、彼此相互依存，起源于过去，然后在一张因果的大网之中依次化生为别物。这可以看作因果关系科学原则——以及没有魔法、没有表演者的信念的一次非常早期的声明。不接受这一点，就是一种错觉或者无知的来源。这个原则特别适用于意识，以及其他所有的事物，而佛陀否认了没有不受物质、感觉、感知和行动影响的意识的可能性（Rahula，1959）。这一互联互通、因果相承的宇宙概念与基本物理学和现代科学相符相合，符合的方式是一个由神灵创造和维持的宇宙所不具备的。

这一点有一个很好的例子，就是佛教的禅修八定，通过深度专注可以达到的八种持续内敛的一系列状态（第十三章）。尽管如今已经没有多少人修习了，但美国冥想导师 Leigh Brasington（2015）还是给出了引发这些状态的准确指示。经过一系列预备性专注练习之后，第一步就是全身专注于积极的情绪和感觉。这会引发一种洪水般的能量，表现出灼热、摇晃或颤抖，听起来像极了一种叫作昆达利尼（kundalini）的"原始力量"的高深概念。然后在经过后续步骤的修习，逐步通向系列中的后续状态。Brasington 可不是在诱发什么神秘概念，只是推测这些状态可能会取决于几种神经递质的级联，而他参与了旨在将意识改变状态的展开序列与潜在生理学联系起来的研究（Hagerty et al., 2013）。他基本上就是以"如果你做 X，你就会体验到 Y"的传统来教授这些技巧的，昭示了一个希望未来的研究将解开的谜团：为什么做了 X 就能可靠地引向体验 Y。

美国哲学家 William Mikulas 表示赞同，科学与佛教之间要对话的一个重要原因就是，它关注的是方法而非学说。他将基本佛学描述为"没有信条或教条，没有仪式或崇拜，没有救世主，没有任何可以信仰的东西；相反，它是一套实践和自由探究，通过这种探究，人们可以身体力行地看到教义的真实性和有用性"（2007，p.6）。其他许多学者也表示了类似的观点，并且像 Mikulas 一样，他们参考"基本佛学"的行为，仿佛这很容易从它后来的扩张和不同教派中提炼出来似的；但我们应该注意，在世界上的很多地方，佛教跟任何其他宗教一样，参与了意识的信仰系统。即便如此，他的意思是，"佛陀除了说自己觉悟了之外，并没有为自己做任何宣扬。……这种觉悟的可能性和本质对北美学术心理学是一项重大挑战"（p.34）。这是一个从此就被热情应对的挑战（Hanson, 2009；Michaelson, 2013；Taylor, 2017）。

提一个相关问题：如果你对自己的热切审视给出了无常、幻觉和苦难之外的答案，会发生什么？如果你的觉悟跟佛陀不一样呢？许多作者描述过普通人，以及专注的冥想修行者，是如何刚刚"觉醒"的，而他们的叙述一次又一次地包括了熟悉的脱离幻象的自由，以及可以减轻苦难的二元论的终结（Kapleau, 1980；Crook and Fontana, 1990；Sheng-Yen et al., 2002；Harris, 2014）。这是不是意味着觉醒总会是一样的呢？并非如此。那些在任何传统之内修行的人们将会不可避免地受到他们的导师影响，而冥想的效果可能会严重依赖他们的期望。就算人们自发觉醒了，也没有精神或神秘体验，他们也可能陷入一种共同的幻觉，而我们见到过太多这样的共同幻觉的例子。我们怎么才能确认号称摈弃了幻觉的声明是可信的？这是对精神体验的科学研究必须解答的问题，而实际上科学研究已经开始解答了。

怀疑佛教与科学之间的契合度还有其他的理由。某些核心的佛教经义，比如阿毗达摩（梵文，译为无比法或大法），看起来更像是心理学的概念而非教义，它包含了复杂的分类和一长串心理现象，以及它们的来源与互通之处。然而，与科学意义上的心理学不同，这些经义是固定不变的，与心灵可以被任何的实验过程测试的假设相比，更依赖于教义才能被学习和相信。在这个意义上，它们变得更像宗教教条了，这违背了佛陀敦促人们不要依赖经文和教义，而要通过修行实现自我觉醒的教导。

这与传统科学仿佛还有一个区别，即阿毗达摩的心理分类不是来自第三人称实验，而是来自第一人称的现象学探索；但第十七章总结过了，两者之间的分歧可能没有看上去那么大。事实上，Varela提出，佛家的正念冥想可以用于神经现象学，而"佛家源自这种方法的无我和不二教义可以在与认知科学的对话中做出显著的贡献"（Varela，Thompson，and Rosch，1991，p.21）。

练习 18.1
这是什么？

阅读"图 18.1"中惠能与和尚的故事（见图 18.1）。想想他提出的问题："这是什么东西，它是怎么到这儿来的？"把它套到和尚身上想想，他在深山里走了好几天，才站到庙宇前。套用到你身上想想看，这里坐坐、那里走走，意识到你有半小时没有想过这个问题了，现在就在这里站着。不管你做什么都来想想它。"这是什么东西，它是怎么到这儿来的？"继续随时问这个问题。词语不重要。随着你练习的继续，它们可能会消失，直到你开始提问时说"这……？"

这些可能就是为什么有那么多的心理学家都转向了佛教，并发现它的方法和理论都与意识心理学有关。这其中的大部分都集中在比较重的禅宗传统上。为什么？因为按照美国神经学家兼作家James Austin的说法，禅就是"那个最系统又最难捉摸、最清晰又最矛盾、最微妙又最夸张的方法"（1998，p.7），并且"没有受到超自然或迷信信仰的玷污"（Kapleau，1980，p.64）。它也不像藏传佛教那样关注外在形式，后者会使用精心制作的祭坛和图像以及神灵的复杂可视化形式，每一个都有不同的动作、服装、饰品和颜色。这些精心设计的技巧对诱发意识改变状态、训练专注力和注意有强大作用，但它们对试图理解心理的哲学家和科学家来说未必有多少吸引力。

然后还有轮回转世的麻烦问题。这在中国的藏传佛教中很突出，它已经被嫁接到现存的民间信仰中去了，但在禅宗里并非如此，后者是在中国和日本发展起来的。在流行的个人转世概念中，某些永恒的本质历经许多世代而传递，这对西方的科技思想而言是没有道理的。实际上，即便是在佛陀关于自我无常与空寂的教义情境下，它也是没什么道理的，因为能转世的又是什么呢？

图18.1　一位年轻的和尚来到惠能禅师著名的山寺前。那是什么呢？

禅的传统规避了大多数此类问题，直捣问题的核心。"禅就是佛教的神化"，Christmas Humphrey 如是说。他是英国佛教协会的创始人。

> 这种对真理堡垒的直接攻击，既不依赖于（神灵、灵魂或救赎的）概念，也不使用经文、意识或誓言，着实独特。……在禅宗里，宗教的熟悉支柱被抛弃了。为了奉献，也许会使用画像，但如果房间太冷，它也会被拿去生火。
>
> （Humphrey，1951，p.179-180）

手头真正的任务是"思想可能会被解放"。

这个评论引发了一个问题，既科学和佛教的目标该如何比较。解放思想，可以理解为一种契合科学和哲学的野心：一个自由的思想可以为了真理本身而追寻真理。但通常认为佛教追寻真理的目的是为了转化自我、脱离苦难，甚至要让芸芸众生脱离苦海。在此意义上，佛教可能更接近心理治疗，而非科学。

"［注意力］的目标决定了冥想练习是否具有宗教性、治疗性，或者是其他性质。"

（Mikulas，2007，p.24）

转化与治疗

在一个中国藏传佛教的故事里，有一个贫穷、低种姓的樵夫名叫沙里帕，住在乱葬坟场附近，那里到处是被弃之不顾、任其腐烂的死尸。沙里帕特别害怕死尸和夜里嚎叫的狼群，吃不下饭，睡不好觉。一天傍晚，一位云游的行脚僧前来化缘，沙里帕恳请他赐下咒语，以止狼嚎。行脚僧笑道："你连听觉或其他感觉是什么都不知道，止住了狼嚎对你又有什么好处呢？如果你尊我之法，我教你祛除一切恐惧。"于是沙里帕搬进坟场中居住，开始把所有的声音都当作狼嚎来冥想。渐渐地，他开始理解声音和一切现实的本质。9 年之后，他抛却一切恐惧，臻达悟境，自己也成为一员教习，肩上裹着一张狼皮。

美国心理学家 Eleanor Rosch（1997）说，沙里帕就像我们，即便他生活在那么久之前，那么远之外。他就在那里，在自己的窝棚里打着寒战，带着一堆社会、心理、医学和精神问题。这就是常态，也是现代心理学将人类状况的二元和异化观点作为基础的原因。在佛教当中，这种虚妄的状态叫作轮回，这概念就是，你卡在生死之轮中间了：觉悟就是脱离轮回的自由。因此，行脚僧不建议沙里帕去控告坟场的所有者，去挖掘在他个人一生中狼嚎的意义，或是忍受他的命运以获得宗教救赎。他教导他，要把自己的体验当成一种深刻转化的手段。新生的沙里帕没有恐惧，因为他脱离了幻象。

当佛教遇到心理治疗时，一个重要的问题关注的是在本质上，这两者是不是一回事（Claxton，1986b；Pickering，1997；Watson, Batchelor, and Claxton，1999；Mikulas，2007）？英国哲学家 Alan Watts（1961）在 20 世纪 40 年代将东方教义带到了西方，撰写了大量禅学作品。他说，体察佛教、道教、吠檀多派和瑜伽，我们没有发现西方人所理解的哲学或宗教；我们发现了更近似心理治疗的东西。即便如此，他还是指出了许多不同之处，尤其是它们的传统的悠久程度，以及它们对苦难问题的不同反应。

尽管两者的目的都是对个体进行转化，方法却惊人地不同，而它们所追求的转化也是如此。心理治疗的目的在于创造一个相干的自我感，而佛教心理学的目的在于超越自我。治疗的类型也相去甚远，但总体来说，它们的目的都是提升人的生命品质，让人们变得更健康、快乐，焦虑感更少一些。所以，多数治疗的成功结果就是一个快乐、放松、良好适应社会并能在他们的关系中和工作中正常发挥作用的人。而佛教的成功结果既有可能是一样的，也有可能是生出一位逃避社会、住在山洞里的隐士、一位反对一切传统教育的教师，或是一位狂野而疯癫的智者，他们的泰然与悲悯之心透过疯狂的举止，熠熠生辉。

Claxton 提出，治疗是更普遍精神探求的一种特殊的和有限的例子。虽然治疗师和来访者会同意留下某些特定的有用的防范措施不去触动，但在精神探索的道路上，不会留下任何未曾询问的问题。"探索是针对真理而非快乐的，而如果快乐、安全或社会接纳程度必须要为这场无情的追寻有所牺牲，就这么做吧"（Claxton，1986b，p.316）。对于 John Crook（1980）而言，禅宗训练更像是"彻底的治疗"，在此过程中，身份的牢笼被打破了。这在自我是一个牢笼的意义上也许是对的，但是 Mikulas 对精神实践者中的一种常见的误解提出了警告："一个人必须重塑或杀死个人层面上的自我，以获得觉醒；但这是不必要的，或者不可取的"（Mikulas，2007，p.34）。觉醒不是消灭自我或者贬低自我的价值；它是要摈弃自我的身份，或者抛弃自我与宇宙其他部分分离的那种感觉。这才是通向心灵自由和宁静的道路。

对某些人来说，精神实体在治疗结束的地方出发，暗示了心理治疗必须发生在洞察自我的伟大人物之前。这提出了一个发展的或"全谱的"意识模型，不仅涵盖了从婴儿通向成年的过程，也涵盖了从不成熟走向完全的觉悟的过程。人们曾经几次努力想要开发这样的模型，包括佛学作家 Ken Wilber（Wilber, Engler, and Brown, 1986；Wilber, 2001）提出的复杂的多层级的计划，以及美国心理治疗师兼佛学家 Jack Engler 的观点。

Engler（1986，p.49）做过著名的宣言："你得先成为有名之辈，然后才能变成无名之辈"。他研究了佛教习练对起点大不相同的学生的效果，发现那些深受佛教吸引的人不是因为自我发展失败，就是因为想把它当成一种逃避风险的方法，避免进一步打击已经脆弱不堪的自我感觉。这说明，过早强调自我超越可能在治疗上是有害的，因此对超越的目的也没有什么帮助。他总结，一种既有自我也有无我的感觉是必要的，也必须是那个顺序的。后来他有点改变了主意，强调我们的动机和冲突是复杂的，因此一种清晰的发展模型是没有用的。但他继续为"'作为某人'——即直面关键的发展或生命的阶段、而不是试图以精神或觉悟的名义逃避它们"的重要性进行辩护（Engler，2003，p.36）。这种自我相关的任务很重要，就算"作为或拥有自我的体验就是一个错误身份的例证，一种源于我是谁的焦虑和冲突的错误表征"（Engler，2003，p.36）。

将治疗与佛学交织在一起，目前颇为常见，在各种超个人心理学派别中都有，并以包含了佛学修炼方法的心理治疗形式出现。有些人会争论说，尽管心理治疗与精神工作触及人类存在的不同层面，但精神工作也可以有治疗价值，而治疗方法也能在精神洞见与日常生活的整合中有所帮助（Watson, Batchelor, and Claxton, 1999）。这样的例子中包括卡巴金的正念减压法（第七章），它强调关注并开发一种非判断性觉知，以便突破"我们认为是醒着的无意识的共识恍惚"（Kabat-Zinn，1999，p.231）。Crook 把治疗技巧融入他的"西方禅学"静修中（Crook and Fontana, 1990）；此外，吐纳（呼吸技巧）、正念和冥想被频繁应用于学校、监狱、运动、育儿及其他多种情境（Watson, Batchelor, and

> "你得先成为有名之辈，然后才能变成无名之辈。"
> （Engler，1986，p.49）

Claxton，1999）。正念认知治疗（mindfulness-based cognitive therapy，MBCT）是一个以正念减压法为基础的 8 课时小组干预项目，由 Mark Williams、Zindel Segal 和 John Teasdale 设计，元分析研究表明，它可以降低那些发作过三四次的抑郁患者的复发风险（Piet and Hougaard，2011）。正念认知治疗在减少焦虑、压抑和压力方面，看起来也跟标准的行为治疗效率相当，其正念水平会在项目中提高，并且与临床结果强相关（Khoury et al.，2013）。

那些坚持精神修炼的人号称取得了许多治疗效果，特别是他们变得更有爱心、更富同情心，为人处世更加泰然自若。摈弃欲望、抛却自我并将一切视为无常能取得这样的效果，这可能感觉上有点奇怪。你当然会担心，如果你不再控制自己了，可怕的灾难就会发生（Levine，1979；Rosch，1997）。这跟放弃自由意志的想法一样可怕。确实，放弃存在或是拥有一个单独自我的感觉的确会让人产生失控或者丧失了自由意志的感觉。然而，就像第九章里谈到的，Claxton 最后也没有变得以开车撞老太太为乐，而 Harris 感觉自己的道德感和心理状态都得到了改善，而不是崩溃了。无论如何，踏上寻求精神转换的旅途、期望它会让你更快乐，是愚蠢的。它也许会，也许不会。但是，就像许多传统所指出的那样，追寻快乐本身就可能阻碍了找到它的旅途。

自发觉醒

觉醒通常被描述成精神道路上一段漫长旅程的终点，但有些人宣称他们刚刚醒过来，而他们的觉醒是自己精神生活的一个开端，而不是高潮。

Douglas Harding 一生中最好的一天是他所谓的重生日，就是当他发现自己没有脑袋的那一天。第二次世界大战期间，在他 33 岁时，他已经把"我是什么？"的问题琢磨了很长时间。有一天，他在喜马拉雅山中漫步，突然停止了思考，忘记了一切。过去和未来消失了，他就那么看着。"能看就足够了。我发现，穿着咔叽裤的双腿，下面是一双棕色的鞋子；咔叽袖子伸向两边的尽头是一双粉色的手，而咔叽衬衣前摆向上的尽头——却是空无一物！"（Harding，1961，p.2；图 18.2）。

他接下来的行为，我们都能做。我们可以

图 18.2 无头视角。对他人来说，你是世间的一个人。对你自己来说，你就是一个世界在其中发生的空间而已。

看看头应该在什么地方，却发现了一整个世界。远非空无一物，头部应该在的空间充满了我们所见的一切，包括我们鼻子模糊的顶尖以及周围的整个世界。对于 Harding 来说，这个由山峦和树木组成的伟大世界中完全没有"我"，而那种感觉像是突然从日常生活的睡梦中醒过来。这是一个非常明显的启示。他只感到一片平和安静的喜悦，还有放下了难以承受的负担的感觉。

Harding 强调，如果你看得够仔细，那种无头的感觉是很明显的。不存在两个平行的世界，一个内在的、一个外在的，因为如果你认真看，你只看得到一个世界，它总是在你面前。这种观察的方式摧毁了内在和外在的虚构，还有神秘的中心；他摧毁了"这个'我'或'我的意识'应该存在于此的终点"（1961，p.13）。他其实就等于在说它炸毁了笛卡尔剧院。

Harding 很快发现，别人可不认同他的发现。当他试图做出解释时，人们要么认为他疯了，要么会说"那又如何？"，但他最终偶然遇到了禅学。在那里，他发现别人也像他一样看见过，比如惠能禅师，他告诉一位同修的和尚要去看。"看当下此刻，你自己的脸是什么样子——你（其实还有你父母）出生之前的脸。"这成了禅宗公案中最著名的一则，直抵问题的核心。

即便如此，还是有许多人反对 Harding 的简单见解。Hofstadter 称其为"一种对人类状况的富有魅力的孩子气且唯我论的观点。这样一种东西在智力水平上冒犯且吓到了我们"（Hofstadter and Dennett，1981，p.30）。正如 Harris 所说的，他仿佛想象不出我们"是有可能脱离自我的主宰的，哪怕每次只得片刻"（Harris，2014，p.11）；不能想象 Harding 还有其他许多人也都描述过的状态，此时人是警觉而有活力的，却没有那种观察的自我的感觉。

John Wren-Lewis 是一位物理学教授，秉持决然的反神秘主义观点。1983 年在他 60 岁时，他有一回在泰国乘坐公交车旅行时被下了毒。一个想要冲他下手

活动 18.1
无头视角的方式

这有两个小把戏，可以在班上和同学一起做，你也可以自己做。有些人可以被策反，进入一种全新的体验方式，但其他人只会说"那又如何"。因此这两个把戏可能会、也可能不会对你起作用。慢慢来，注意你自己的直接体验。不要着急。

指点。指着窗户，再仔细观察你在那里看到了什么。同时注意你的手指和它所指向的地方。指着地板，然后仔细查看你的手指所指向的地方。指着你的肚子，然后仔细查看那里有些什么。指向你自己，然后仔细查看你在那里看到了什么。

你在那里发现了什么？

头顶头。找一个朋友跟你一起做。把你们的双手放到对方的肩膀上，然后直视你朋友的脸部和头部。现在问问自己——一共有几个头？别想着你知道的，或是一定是对的答案；注意自己当下的直接体验。你能看到几个头？在这个当前的体验中，你的肩膀上有什么东西？（图 18.3）

图 18.3 一个无头视角的练习。一共有几个头？以这样的方式看世界，你失去了自己的头，但是获得了其他所有人的头。

"这不是一种做法，而是一种毁灭、一种放弃、一种对错误信念的抛弃，在这里谁都被抛弃了。还能做些什么呢？"

（Harding，1961，p.73）

觉醒 **第十八章** • **555**

"是有可能脱离自我的主宰的，哪怕每次只得片刻。"

（Harris，2014，p.11）

的贼给了他一块太妃糖，上面可能抹了吗啡和可卡因的混合物；等他醒过来，他已经身在一间破旧而肮脏的医院里了。

一开始他没注意到什么特别的地方，但渐渐地，他开始明白了，仿佛新生般地苏醒过来，带着构成个体自我的全部记忆，从一片超越时空的光芒四射的黑暗之中苏醒过来。没有任何一丁点的个人延续性。此外，那一片"令人眼花缭乱的黑暗"还在那儿。它感觉是在他的脑后，持续地重造着他的意识，一刻接着一刻，现在！接着现在！又是现在！他甚至伸出手去摸摸自己的后脑勺，结果发现它完好如初。他对自己周围的一切只觉得感激，这一切似乎都是完全正确的，也理应如此。

医生们和患者都认为这些影响很快就会消失，但它们没有，而多年之后，Wren-Lewis 讲述了他的整个意识如何被彻底改变了。

> 我感觉仿佛后脑勺被锯开了，因而那不再是 60 岁的老约翰在向外看世界，而是那个闪闪发光、黑暗、无限的虚无透过某种特别的方式——也就是"我"——在看。
>
> （Wren-Lewis，1988，p.116）

他生命的许多方面都发生了改变。日常生活变得越来越容易了，而不是你想象的那样越来越难，因为他不再老想着未来了。疼痛变得更像是一种有趣的警告性感受，而非一种痛苦了。他的睡眠从以前的多梦变成了一种"有意识的睡眠"状态，他仍然知道躺在床上，而之前的59年似乎就是一种清醒的梦。他不再有那种单独自我的幻觉；相反，一切都变成"John Wren-Lewis 化的宇宙了"（2004）。

他的原始体验，也许可以归类为一种濒死体

概念 18.1

公案

凭借公案禅或话头禅精进，是一种用来引发深切禅问的方法，最初起源于公元6世纪后的中国。在众多著名的典籍中，就有篇幅多达100条目的《碧岩录》，编纂于1125年，后经多人唱评，包括日本诗人兼画家白隐慧鹤（1685—1768）；还有无门禅师于1228年所撰48则公案《无门关》。公案主要在临济宗中使用，它是两大主要教派之一，见习僧侣大略要"通过"一系列公案等级考核，但实际上，公案没有"正确答案"。唯一正确的答案就是展示一个人"见真"了或是"超越了二元性"（Watts，1957；Kapleau，1980）。

许多公案都是针对自我本质的问题，比如"你父母出生之前，你的本来面目为何？""汝心若和？"或者"拖死尸的是什么人？"人们很容易就在这些公案之上花费几小时、几天甚至好几年的时间。如果你做过每章里的练习，你就会明白这是什么意思。确实，苏珊（Blackmore，2011）曾经用这当中的一些来做长时间冥想的基础，包括"我现在有意识吗？"以及"谁在问这个问题？"另外的公案似乎完全不可理解，比如"东山涉水"或者"万法归一，一归何处？"但它们也许对严肃的质疑者有深切的效果。

验（第十五章），但 Wren-Lewis 正好变成了多数濒死体验研究者结论的反面。他没有匆忙接受意识存在于大脑之外或者"意识是无尽的"之观念，也没有推翻简化还原论（Haesler and Beauregard, 2013; van Lommel, 2013; Parnia et al., 2014），只是总结说，他的个人意识被"熄灭"了，然后又光芒四射地在黑暗中重生。

这更让人想起丹尼尔·丹尼特（Dennett, 1991）的提议，即自我与意识总能像烛火一样被熄灭，而后再重新点燃；或是詹姆斯的掠过的思想，或是 Galen Strawson 那种意识在持续重生的感觉。Wren-Lewis 敏锐地觉察到，那种熄灭和重生一直在持续。这与佛教的轮回的概念不谋而合——那种一刻接着一刻、不断从普遍的情形之中重新创造出新的自我的过程，被我们误称为连续的自我。我们的问题是，我们不愿意那么看；相反，我们想让自我永恒。

而对于精神道路来说，Wren-Lewis 宣称，这个概念本身就是自我挫败的，因为追寻的过程意味着要耗费时间，并因此从此时此刻已经存在的东西中生出一个目标。他这样说，是要表达禅学中经常出现的无路之径的悖论。他对那些基于精神成长计划或意识进化的哲学尤其严厉刻薄。觉醒并不是旅程的高潮，而是意识到你从未离开过家，也永远不会离开。

这些例证毫不含糊地证明，觉醒不必是一长串修习过程的高潮。Harding 仅通过提问和偶然就觉醒了，而 Wren-Lewis 则是通过大脑中毒。研究表明，永久性的心理转变可在对动荡或灾害做出回应时突然出现，也许是因为痛苦的强烈程度，意味着心理附属感必须消解，而接受接踵而来（Taylor, 2012）。也有可能是过分努力地提高内省能力，只会强化在其他时

话头，就是一则禅宗故事的开头或结尾，或者问题。一则有名的例子形成了韩国禅宗基础（S. Batchelor, 1990; M. Batchelor, 2001）。它起源于 8 世纪之初，当时一个很常见的现象是，师傅指着一栋房子、天空或一片叶子，并诘问"那是什么？"故事里说，一位年轻僧人走了许多天，去往禅宗大师惠能的山寺拜谒。倚在山门处接待他的衣衫褴褛的和尚礼貌地聊了聊他的旅程，然后诘问："那是什么，它怎么到这儿来的？"和尚没意识到所见的正是惠能本人，无言以对，于是决定留下来参悟这个问题的答案。

经过 8 年的修习，他终于又去见了惠能，说道："我似有所悟。""那是什么？"惠能问道。僧人回答："言其与某物相像，非为扼要。然犹可耘。"

使用这些公案，意味着行走、站立就坐或躺下时，你都可以重复地问这个问题："这是什么？"意思是"谁在走路？""谁在品茶？"或者"品茶之前的你是什么？"经过练习，你可以不用重复这些词语；重要的是诘问或疑惑。所以这个问题就悬在那里，总是被问起。你整个身心都变成了那个问题，你只是不知道。

这里有一个不同意见。Hofstadter（2007）让"怪圈 #641"（"作者略显粗鲁的网名"，p.277）叙述了一则公案：

> 一位好奇的和尚问了师父一个问题："何为大道？""就在你眼前"，师父回答。"为什么我看不见？""因为你只想着自己。""那您呢——您能看到吗？""只要你还能双目视物，说'我不'和'你会'等语，你的眼睛就被遮蔽了。""如果既没有'我'也没有'你'，那就能看见了吗？"师父答道："如果既没有'我'也没有'你'，那么想看到它的又是谁呢？"

怪圈 #641 称之为"一堆无由之理打扮成某种应该以最严肃方式对待的事物"（p.300）。

间里消失了的自我意识（Goldberg et al.，2006；discussion in Block，2007）。但这并不是说训练和练习毫无用处。也许深奥的问题可以在某些方面让人有所准备。另一方面，也许中毒能够以类似常年冥想的方式改变一个人的大脑。又或许一切都只靠运气。正如一句当代格言所说，开悟是一场意外，而冥想可以帮助你变得更容易发生意外。

> "但精神性的最深刻目标，就是脱离自我幻象的自由——而为了寻找这种自由……就要强化一个人在每一时刻明显束缚的链条。"
> （Harris，2014，p.123）

觉 悟

什么是觉悟呢？尽管释迦牟尼的故事经常被拿来颂扬觉悟，但在他之前，或许已经有许多人经历过这种转变过程了，而自他以后，据说也有许多人做到了。他们中间有老人和青年、男人和女人、僧侣和俗人，其中也包括现代的西方人，如商人、艺术家、家庭主妇和心理学家（Kapleau，1980；Sheng-Yen et al.，2002；Harris，2014）。我们给它起了一个名字，在佛教中叫作菩提，意思类似觉醒。但还很难说他们身上发生了什么事。觉悟显然是一种想要成为什么的感觉的深刻转变。但它真是这样的吗？如果是（或者如果不是），我们能从中学到什么呢？

> "见性与开悟的短暂觉醒并非什么'特别之事'。"
> （Austin，2009，p.111）

"觉悟"一词，至少可用于两大用途（也许还有其他更多的）。首先，就是那种你可以谈论觉悟过程的感觉，过程可快可慢，可以是突发的，也可以是日积月累的。从这个意义上说，就存在一条通往觉悟的道路，以及可以沿途帮助人们的修习。也可以有暂时的觉悟体验，禅学中称为见性，可以是深刻的，也可以是浅陋的——惊鸿一瞥或深邃的开放体验。

> "普通的见解与禅宗中称为'觉悟'的短暂状态有何不同？"
> （Austin，2009，p.125）

有关冥想练习的神经科学已经从这些临时的开放性上获得了一些动力。Austin（2009）指出，见性的剧烈转变常常是被毫无防备的感觉刺激引发的。因此，如果一位有修为的冥想者正深陷沉思，那么突发的刺激就可能引起他的注意，终止一切自我参考的默认模式加工，留下一种没有自我、没有时间的空虚体验。Austin（2009，p.81）并没有直接的证据来证明这种情况在见性之中真实发生了，但这种可能性暗示了关于自我的神经科学与"通向自我那漫长而严谨的道路"的叙述有一种潜在的融合的可能。

我们离一门觉悟体验的科学还是有些距离的，尤其是因为比起当前的科学范式借助检验种种假设，觉悟的概念还太不精确。这意味着在关于哪一种状态或属性才有资格被称为觉悟、特定的个人是否已经达到了这些状态或属性的问题上，佛教各项传统内部以及彼此之间经常产生歧义。而第十七章探讨过的创新方法在这里有可能帮上忙。有意思的是，佛学导师倾向于秉持同样为科学探索所需要的怀疑论：不只从表面上接受自我报告，还会将它们与更长的修习历史、做报告的方式以及对其他行为的观察进行比较（Davis and Vago, 2013）。冥想练习似乎也有助于减少这种怀疑主义所抵制的偏见（而这种减少可以使用科学上开发的测试来进行测量），因此科学与冥想练习的进一步融合看来前途一片光明。

经常会被以暂时性觉悟的惊鸿一瞥的方式来思考的体验之一，就是"万象俱灭"的体验，一种不可分割的空寂-光明-幸福的状态，本质上与觉知本身没什么不同（Davis and Vago, 2013, p.1）。在这种时刻就存在"纯粹意识"：对没有需要觉知之物或者需要觉知之人的觉知。两位有经验的修行者已经对这类事情做过研究，将这些更为深刻的寂灭体验与那些更常见的一个感觉对象"从意识觉知中穿过或消失"的体验进行对比（p.2），并在达到清晰度峰值的瞬间发现额极皮层有更显著的激活水平——指明了找到与个体基线状态的神经标记的潜在方法。类似 fMRI 时间清晰度这样的技术限制，以及依赖有益状态和无益状态之间的比较的统计限制，需要我们将它们与另外一个已经思考过的方法论问题一道加以解决。但对于暂时性的觉悟体验，似乎有一条清晰的道路可以前行。

其次，存在通常认为处于道路尽头的东西，又称大彻大悟或者完全的觉醒。这可不是一个像神秘或宗教体验那样的意识状态，或是一种见性体验，它会消失的。实际上，经常会说它根本不是一种状态。一切都与从前一样，因为一切都在本质上觉悟了。一则著名的禅学谚语说："悟道

概念 18.2

纯粹意识

存在这样的东西吗？纯粹意识被描述为一种没有任何内容的清醒觉知状态：没有思绪、没有感知、没有自我、没有他人，也没有身体、空间和时间的感觉。

这一观念，出现在基督教的中世纪神秘主义作品《未知之云》（*The Cloud of Unknowing*）中、在佛教的冥想传统中，还有在印度教中，其中的无为三昧是一种没有二元态、没有思想、没有体验的状态。在超觉冥想中，纯粹意识据说就是当所有思绪停止、真言最终消散后所遗留的状态。纯粹意识被描述为一种神秘的体验，可以穿越文化和语言的分界（Forman, 1990, 1999）。甚至曾经有人尝试过，在一台将注意系统转向自身的机器上，来为这种状态建模（Aleksander, 2007, p.94），而 Baars 也提出过对它进行测试的实验方法建议（in Blackmore, 2005, pp.20-21）。

如果你相信纯粹意识是存在的，对某些不能对它进行解释的意识理论来说，它就成了一个问题。例如，表征主义理论依赖的是体验有内容，因此不能揭示纯粹意识（Bachmann, 2014），而追随胡塞尔的现象学论者则宣布，他们发现一切体验都是有意而为的，或与某种事物有关。其他的人则宣称无内容体验在逻辑上不可能存在，神秘体验一定会受到文化和宗教训练的塑造，而对体验报告的依赖尤为可疑（Katz, 1978；Forman, 1990, 1999）。

有些神经科学家也是同样的不屑一顾，宣称"谈论体验而不涉及体验该体验的*体验者*，那是毫无意义的"（Cleeremans, 2008, p.21），更别说是断定没有内容的体验了。Hofstadter（2007, p.303）说，"对学禅的朋友们来说很不幸"，我们不能关掉幻觉与感知。"我们可以尝试

这样做，可以告诉自己我们成功了，可以宣称自己对它们'未感知'或者如何如何，但那就是在自欺欺人"。但真是这样的吗？就像 Metzinger（2009, p.220）提醒我们的，"自我欺骗可能感觉起来就像是洞见。"

这种辩论往往局限于个人经验或神学学说的争论，就像操场上的另一场斗嘴（图18.4）："我体验到了，因此它存在！""哦，你才没有呢！""噢，我有。"然而纯粹意识的可能性或不可能性也许可以作为一个例子，显示在第十七章里讨论过的创造性的自我反思方法能在哪些方面有所帮助。

之先，挑水砍柴。及悟道也，亦是挑水砍柴"。这很好地描述了 John Wren-Lewis 对生活的态度。

在这个意义上就不存在觉悟之道，因为没有地方可去，也没有旅行的人，即便我们每个人都走上了许多不同的道路。那些谈论过觉悟的人都说它不可解释或不可描述。你所说的任何事情，都不能切中主题。在这个意义上，觉悟就不是一种模因，尽管它的思想是一种模因。然而，矛盾的是，一个人可以做事或指着一些东西，来帮助别人产生觉悟，而觉悟可以用这种方式来传播。这在禅学中被称为"教外别传"。这就是惠能禅师与和尚的公案故事的要点（概念18.1）。也许我们对觉悟所能说出来的最接近的话，就是它是一种失去，而不是获取——丢弃或者看穿幻象。

这一切听起来都很自相矛盾。它可能就是冠冕堂皇的胡言乱语。也可能是禅学遭遇了意识科学所遇到的同样矛盾的问题。我们已经多次遇到这些问题了。

例如，仿佛同时存在一个私密的内心世界和一个公开的外部世界。从这种二元论中产生了难题和解释的鸿沟。我们强烈地感到，只有我们自己才知道我们的内心世界是什么样的。然而，一旦我们尝试去描述它，我们就会发现自己是在提供第三人称数据，而那特别的内心世界不见了。

我们也遇到过幻觉，在感知中，也在自我和自由意志的理论中。这些是不是觉悟所看穿的同样的幻觉呢？如果是，我们可能会希望从那些已经与悖论争斗并穿透幻象长达2500年的传统中学到些什么。如果不是，这种对佛教和精神

图18.4 课间遭遇彼此的瑜伽修行者。

性的进军，就是浪费时间。

于是我们回到中心问题上来了。这一切与意识科学有什么关系呢？我们看到，佛教和科学都宣称有找到真理的方法。我们现在可以问问，他们找到的真理是一样的吗？

幻觉、无我、不二

从意识的科学和哲学当中，我们了解到，视觉世界可能是一个宏大的错觉，而意识流与看上去的样子不一样，自我和自由意志也都可能是幻觉。佛教修行旨在消除幻象。因此，让我们来更近距离地观察一下佛教的幻象理念，看看它符不符合这些科学和哲学发现。

佛陀教导说，日常体验皆是幻象，因为我们对世界的本质有错误的、甚至是无知的理解。我们看东西，包括我们自己，以为都是独立存在的实体，而实际上，所有现象都是无常和空寂。这种许多人都说到的"空"，不是"空无一物"或者"空虚"的意思。它的意思是说，万物天生就没有自我本性，或者没有固有的存在。就拿车来说。这个散碎零件的集合被安装到一起，在一段时间内我们称之为"我的车"，然后它换了一台新引擎，更换了排气管，随后又被拆解成散碎的零件了。根本就没有固有的车的概念。幻想就是以永久的和自我存在的方式看待事物的倾向。所以，如果有人在冥想过程中体验到了空寂，这并不意味着他们进入了一种宏大的空无一物的虚空之中；这意味着他们所经历的所有事物都是相互依存的、无常的，而不是生来就被分成了不同的东西。

"无我或者没有自我……不是一则信仰的条款，而是一种正念的发现。"
（Mikulas，2007，p.32）

"自我会不会就像是一只独角兽，一个神秘的生物，它的表征是存在的，但其实它是想象出来的？"
（Hanson and Mendius，2009，pp.208-209）

这一点用在汽车、桌子、书籍和房子上很容易接受，但轮到一个人的自我时，就要难得多。佛学的中心是无我，或者没有自我。话说回来了，这并不意味着自我不存在，而是说它与别的一切都是有条件的和无常的。佛陀敦促人们以事物的本来面目看待它们。

> 须知所谓之"我"与"在"，只是灵肉的遇合，概要互依互存，历无穷瞬变，守因果之法；万物之存，皆属无常，无时不变，无物永恒。
>
> （Rahula，1959，p.66）

这就是 Derek Parfit（1987）称佛陀是第一位捆绑理论家的原因。

无我的理论极大地挑战了佛陀所处时代的流行信仰，并且自那以后也与所有主要宗教的宗旨背道而驰。多数宗教都宣称，存在一个永恒、永存的实体，叫作灵魂、神灵或自我（阿特曼，梵文词）。它可以逃避死亡，在天堂或地狱里永生，或是经历多次转生轮回，直至最终得以净化，成为神族的一员，或是宇宙灵魂。佛陀否认这一切，与其同时代最杰出的思想家们展开了辩论。

> 佛教在人类思想史上的地位颇为独特，他否认有这样的灵魂、自我或阿特曼的存在。依照佛法，自我的概念是想象出来的错误的信念，它不具备对应的现实，并且产生了有害的想法，如"我"、"我的"、私欲、渴望、从属。……它是世间一切烦恼的根源。
>
> （Rahula，1959，p.51）

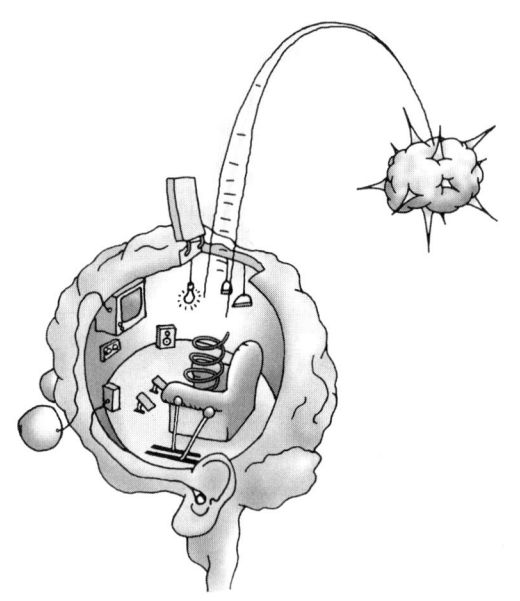

图 18.5 炸飞啦！

"体验的基础性主体／客体结构，可以被超越。"

（Metzinger，2009，p.33）

"思想本身就是思想者。"

（James，1890，i，p.401）

即便如此，要想放弃也不容易。一个僧人曾经问过佛陀，发现他们身上没有什么永恒之物后，人们会不会受煎熬。回答是，他们一定会的。一个人听到了这条教义后想，"我会湮灭，我会被摧毁，我就不再存在了"。因此他哭泣，伤痛，忧心忡忡，不知所措（Rahula，1959，p.56）。在几千年前和现在，这个无我的概念都令人难以接受。

自我的谬误概念的另一个方面，就是它可以做各种各样的事情的想法。佛陀对此说得很明白："行动是存在的，结果也是存在的，但是采取行动的人不存在"（Parfit，1987，p.21）。斯里兰卡僧人与佛教学者 Walpola Rahula 对此的解释所用的词句仿佛直接来自威廉·詹姆斯："思想的背后没有思想者。思想本身就是思想者。如果你拿掉了思想，就找不到思想者了（Rahula，1959，p.26）。"

这是否意味着自由意志就是一种幻觉呢？这个问题没有像它在西方那样出现在早期的佛教文化和语言中。尽管如此，如果一切都是有条件的、相对的，都受因果律的制约，那么显然没有什么东西是独立的、真正自由的（Rahula，1959）。事实上，这个可以拥有自由的独立自我的虚构故事就是问题的一部分；而"佛法修行的目的就是让我们脱离这种自由的幻象"（Batchelor，1997，p.95）。

与此有关的，是佛教中的业或者意志的概念。Rahula 解释说，虽然"业"这个词的意思是"行动"或者"做"，但在佛教中，它仅指有意或随意的动作。

这些都来自能够思考和行动的自我这一虚妄的概念，也只有这种行动才能产生好与坏的后果。人们抛弃虚妄的观念后，依然可以继续行动、思考、做事情，但他们不会再积累业报了，因为他们摆脱了错误的想法，即他们是一个可以行动的自我。因此，逃离生死之轮跟流行的转世观念不是一码事，在后者的来世之中，你会因善行而受赏，为恶行而受罚。它也不是一个人离开了轮回的世界，而进入了一个称为涅槃的王国。相反，它的意思是，去除了可以行动的自我的存在。这就是神经心理学家 Peter Fenwick 为什么会说"觉悟的特征，就是个体永远地脱离了他在'做事'的幻象"（1987，p.117）。

Alan Watts 在其经典著作《禅之道》(*The Way of Zen*)中解释了只需继续行走、全心全意投入每个行动中去的原因。然而，"我们还是无法实现这样的行动，直到它变得一清二楚，再不受疑虑的阴影遮蔽，也就是绝对不可能再去做任何别的事情了"（1957，p.161）。这就是"无动机、无意志的功能作用"。它是"非行动"或"非作为"的。它就是事情的本来面目，因为没有行动的实体；没有绑定或自由的实体（Wei Wu Wei，2004）。Wei Wu Wei 建议，"问问你自己，是不是还在从一个只存在于想象中的现象学中心向外观察呢？如果是，你就会受到误导；如果不是——你马上就会明白了"（Watts，1957，p.163）。

> **这是什么？**
>
> "觉悟的特征，就是个体永远地脱离了他在'做事'的幻象。"
> （Fenwick，1987，p.117）

练习 18.2
正念

你最后的一个任务，就是秉持正念一整天（或者如果你愿意，可以永远保持正念）。如果可能，选择你正好有空闲时间的一天，而你可能正在走路、做作业、做园艺或者做运动，而不是在阅读、写作和社交。决定好你将在每时每刻都完全留在当下之后，就可以开始了。你必须以此刻开局——并继续保持——而且不能想着你到目前为止做得多么好，或者你要持续多久。参与就好了，全心全意，一清二楚，投入当前发生的事情。你可能会觉得开始时仿佛很容易，而在你感觉容易的时候，一切都看起来那么明亮而清晰；但随后你就会突然意识到，你坐上某列思绪的列车走了神，失去了正念。别跟自己叫劲，只要回到当下这一刻就好了。这就是你需要做的全部。

做起来很难。但别泄气。

你也许想把自己练习的情况记录下来，或者之后与朋友一道探讨后续的问题。有什么会让秉持正念变得更难或更容易？你有没有害怕过？秉持正念会不会干扰你正在做的事情？这个任务和之前的任务有什么关联？你能想象自己终生都秉持正念吗？

秉持正念是什么感觉？

不作为地活着，这怎么可能呢？有一种方式藏在"仿佛"这个简单的句式里。你可以活得仿佛你有自由意志一样；仿佛你就是一个能够行动的自我；仿佛在你之外存在一个物理的世界。你可以这样对待他人：仿佛他们是有感情的生物，他们有欲望、信仰、希望和恐惧。在与科学家和哲学家讨论自由意志时（Blackmore，2005），苏珊发现这种妥协是一种常见的解决办法。或者，你可以把这个想法彻底丢弃，只去简单地接受一个事实，即你自己所有的行动都只是整个奇妙、复杂的宇宙的一部分，而你那永无休止地更新着的身体和幻象的自我，又是这宇宙的一部分。这样的生活摈弃了任何真实与仿佛的意向之间或者真实与仿佛的自由意志之间的区别，也摈弃了一个可以行动的自我的幻象（Blackmore，2013）。

> "我就爱做'仿佛'那种事。我认为几乎所有幸福和健康的人，都会愿意那么做。"
> （Dan Wegner, in Blackmore, 2005, p.257）

在这些内容里，有没有哪一项能帮助我们解决难题？有没有能帮助我们解决困扰着每一次科学地理解意识的尝试的二元论的？据说，当人们摈弃了一切幻觉之后，不二相就会显现，而"自我与体验之间也不会再有任何区别"（Claxton，1986b，p.319）。在佛教中，这类似于擦拭明镜。当镜子完全纤尘不染时，世界与其镜像就没有任何分别了，而镜子就会消失。

秉持正念是什么感觉？

这些人在自己的体验中，真的直接见过不二态吗？如果是，那么我们所有人是不是都能看见？那些研究意识问题的心理学家、哲学家、神经科学家和其他所有的思想者有没有可能也看见不二态？如果有可能，他们好像就有可能把两套显然完全不同的学科合二为一：科学的学科和自我转化的学科。他们可能在随后准确理解，当所有幻象消失，第一、第二和第三人称之间的区别都不见了的时候，他们自己的大脑和身体的其他部分里都发生了些什么，这样，不二的直接体验可能被整合到一项意识研究中，这一研究当下就理智地知道二元论一定是错误的，但还不清楚这到底意味着什么，或者该如何采取下一步行动。

> "没有体验者，就不可能有体验。"
> （Strawson，2011，p.254）

当我们对自己从本书中所学到的内容、与不二修行教会我们的东西之间的所有并行的可能性进行思考之后，这种深刻整合的前景看起来就十分的真实。我们探讨过视觉体验，甚至是总体上的意识也许就是一种"宏大的错觉"的可能性。我们调查过一些实验结果，它们挑战了那种行动或注意的发生，因为"我"做出了行动或注意的决定的直觉。我们玩味过一种观点，即除了我们的身体和环境中的其他一切事物的相互作用之外，不可能为意识找到任何一种功能。我们质疑过，是不是没有可能去清楚地划分普通状态与意识改变状态之间、真实与想象之间抑或动物和有意识或无意识的机器之间的硬性分界。我们从意识研究的各种犄角旮旯里收集了大量的证据，它们大多支持自我无常的基本精神概念，以及自我与宇宙其他部分的连续性。

因此，最深奥的神秘见解有可能不仅是一元论的、非超自然的，还完美地契合了物理学所描述的世界（Hunt，2006）。也许，神秘和迷幻体验中的统一性或同一性的体验就是一种洞察终极统一与整合的宇宙的高明见解，宇宙中的一切事物都会对其他一切事物产生影响。这或许可以总结为"宇宙是一体的；独立的自我是幻觉；永生不在未来，而是现在；另外，没有什么可做的"。

如果这些见解是有效的，那么需要推翻的就不是一元论的科学，而是仍然徘徊其中的二元论残余。这个概念让那些希望个体免于死亡的人很不舒服，但它符合我们对宇宙的科学理解。

我们也应经开始了解了，为什么它经常与我们的感觉相悖：为什么我们会上自由意志、脑中景象和奇异意识流的当，哪怕它们是虚构的；为什么我们喜欢在意识与无意识、随意与非随意、人类与机器、自我与他人、内与外之间画上清晰的界线，哪怕我们知道是我们发明了它们？为什么这些思考的方法会出现，为什么个人与社会之间会有那么多共同点，以及为什么会存在个体与文化的差别，都是有原因的。幻觉不应该仅仅被作为愚蠢的错误而遭到抛弃。它们是换了一种方式看世界——这个世界中也包括你自己的体验。这些另类的观察方式总有其存在的理由。或许，我们之所以有幻觉，就因为它们是对现实便捷的简化。或许，我们之所以有幻觉，就因为它们能帮助我们，虽身处一个不可控的宇宙之中，而能拥有一种可控的感觉。但是，如果我们真想回答如何以及为何会有意识体验（或者认为我们有）的问题，就需要对那些理由提出质疑。

如果我们从本书中探讨过的证据中得出了结论，即需要解决的并不是那个难题，而是我们为什么感觉存在一个难题，需要提出的问题就变了。我们不用再被那一堵将神经系统的活动与体验本身一分为二的砖墙撞得头破血流了，而是可以换一组问题来提问。

我们的具身认知能力，如何生成了意识的幻觉？

意识的幻觉有没有进化适应性（或者曾经有过，但不再有了）？

我们怎么才能学会抛弃这一幻觉？

一旦我们将它抛弃，会发生什么呢？

不管我们问出什么样的问题，我们都应该记住，要对自己的体验秉持一种健康的怀疑论，就算是对那些感觉像是深刻的觉醒的体验也要如此。Evan Thompson 在他的著作《苏醒、做梦、存在》（*Waking, Dreaming, Being,* 2014）中，讨论了觉醒、做梦和印度神话中的回滚帧。他提醒我们，我们可以通过苏

> "这只不过是宇宙在……"
> （写下你自己的名字）

> "我们需要经常说'我不知道'，[那样]我们就不会完全陷入我们自己立场的魔咒之中了。"
> （Saunders，2014，p. 187）

醒来确认我们是在做梦——要么从一个梦里苏醒过来,要么在一个梦中变得清醒。但是我们永远也确认不了我们是清醒的,因为我们总有可能真的苏醒过来。"原因是,对于我们选择的任何体验——尤其是我们认为是清醒的体验——似乎可以想象,我们都可以从那个体验中苏醒过来"(Thompson,2014,p.194)。有一个有价值——也很有趣——的练习,就是时不时地问问自己:我认为我现在是清醒的,还是刚刚苏醒过来?如果是,为什么?另外,我会出错吗?

如果我们将注意转向这一组新的问题,并尽可能地剥离我们关于自己清醒程度的假设,意识的问题会得到解决吗?我们不知道。据说禅修需要"极大的怀疑"、极大的决断,而且越困惑越好。同样,对于意识科学,或许也可以这样说。我们希望现在的你跟我们一样,比刚开始的时候更困惑了——但也窥见了一点点那可能存在于远方的东西。

> "禅修的动机,来自困惑。"
> (Crook,1990,p.171)

 ## 阅读文献

Blackmore, S. (2011). *Zen and the art of consciousness.* London: Oneworld.
序言中对冥想做了个人化的描述(p.415)。试着问任何一个问题,尤其是"我在做什么?"(pp.135-149)学生们可以被分派或选择阅读一章内容,并在班里做演示。经常冥想的人可能想要选一则公案来思考,并汇报他们的体验。

Claxton, G. (1996a). The light's on but there's nobody home: The psychology of no-self. In G. Claxton (Ed.), *Beyond therapy: The impact of Eastern religions on psychological theory and practice* (pp.49-70). Dorset: Prism.
当你"放弃了那个鬼魂",会发生什么?

Metzinger, T. (2009). Consciousness technologies and the image of humankind. In T. Metzinger, *The ego tunnel* (pp.207-218). New York: Basic Books.
意识进化的最终阶段:人类(或者一台自我机器)是什么以及它应该变成什么样子的科学、哲学和伦理意义。

Mikulas, W. L. (2007). Buddhism & Western psychology: Fundamentals of integration. *Journal of Consciousness Studies,* 14(4), 449.
描述了作为心理学而非宗教或哲学的佛教,主张与主流的"西方"心理学相结合,以便更好地理解心理及其紊乱症状。

Rosch, E. (1997). Transformation of the Wolf Man. In J. Pickering (Ed.), *The authority of experience: Essays on Buddhism and psychology* (p.627). Richmond, Surrey: Curzon.
讨论"心理治疗和灵性发展是不是一回事?"的问题的有用基础。

"我不认为——""那你就不应该说话。"疯帽子说。

——路易斯·卡罗尔(Lewis Carroll)

《爱丽丝漫游奇境》(*Alice's Adventures in Wonderland*,1865)

参考文献[1]

Aaronson, S. (2014). Why I am not an Integrated Information Theorist (or, The unconscious expander). *Shtetl-Optimized*.

Adams, D. (1979). *The hitch hiker's guide to the galaxy*. London: Pan.

Adams, S. S., and Burbeck, S. (2012). Beyond the octopus: From general intelligence toward a human-like mind. In P. Wang and B. Goertzel (Eds), *Theoretical foundations of artificial general intelligence* (pp. 49-65). Amsterdam: Atlantis.

Adolphs, R. (2015). The unsolved problems of neuroscience. *Trends in Cognitive Sciences, 19*(4), 173-175.

Afraz, S.-R., Kiani, R., and Esteky, H. (2006). Microstimulation of inferotemporal cortex influences face categorization. *Nature, 442*, 692-695.

Aglioti, S., Goodale, M. A., and DeSouza, J.F.X. (1995). Size contrast illusions deceive the eye but not the hand. *Current Biology, 5*, 679-685.

Akins, K. A. (1993). What is it like to be boring and myopic? In B. Dahlbom (Ed.), *Dennett and his critics: Demystifying mind* (pp. 124-160). Oxford: Blackwell.

Alais, D., Cass, J., O'Shea, R. O., and Blake, R. (2010). Visual sensitivity underlying changes in visual consciousness. *Current Biology, 20*(15), 1362-1367.

Albahari, M. (2006). *Analytical Buddhism: The two-tiered illusion of self*. New York: Palgrave Macmillan.

Albrecht, T., and Mattler, U. (2012). Individual differences in subjective experience and objective performance in metacontrast masking. *Journal of Vision, 12*(5), 5, 1-24.

Alderson-Day, B., and Fernyhough, C. (2016). Auditory verbal hallucinations: Social, but how? *Journal*

---

[1] 为了环保，也为了节省您的购书开支，本书参考文献不在此一一列出。如果您需要完整的参考文献，请通过电子邮箱1012305542@qq.com联系下载，或者登录www.wqedu.com下载。您在下载中遇到问题，可拨打010-65181109咨询。

of Consciousness Studies, *23*(7-8), 163-194.

Aleksander, I. (2005). *The world in my mind, my mind in the world*. Exeter: Imprint Academic.

Aleksander, I. (2007). Machine consciousness. In M. Velmans and S. Schneider (Eds), *The Blackwell companion to consciousness* (pp. 87-98). Oxford: Blackwell.

Aleksander, I., and Morton, H. (2007). Why axiomatic models of being conscious? *Journal of Consciousness Studies*, *14*, 15-27.

Alkire, M. T., Haier, R. J. and Fallon, J. H. (1998). Toward the neurobiology of consciousness: Using brain imaging and anesthesia to investigate the anatomy of consciousness. In S. R. Hameroff, A. W. Kaszniak, and A. C. Scott (Eds), *Toward a science of consciousness II: The Second Tucson Discussions and Debates* (pp. 255-268). Cambridge, MA: MIT Press.

Alkire, M., Hudetz, A. G., and Tononi, G. (2008). Consciousness and anesthesia. *Science*, *322*, 876-880.

Alkire, M. T., and Miller, J. (2005). General anaesthesia and the neural correlates of consciousness. *Progress in Brain Research*, *150*, 229-250.

Allen, C., and Trestman, M. (2016). Animal consciousness. In S. Schneider and M. Velmans (Eds), *The Blackwell companion to consciousness* (pp. 63-76). 2nd ed. Chichester, West Sussex: Wiley Blackwell.

Allport, A. (1993). Attention and control: Have we been asking the wrong questions? A critical review of twenty-five years. In D. E. Myer and S. Kornblum (Eds), *Attention and Performance XIV* (pp. 183-218). Cambridge, MA: MIT Press.

Allport, A. (2011). Attention and integration. In C. Mole, D. Smithies, and W. Wu (Eds), *Attention: Philosophical and psychological essays* (pp. 24-59). New York: Oxford University Press.

Allred, S., Anderson, B., Brainard, D. H., Gegenfurtner, K., and Maloney, L. T. (Eds). (2017, January). A dress rehearsal for vision science. *Journal of Vision*, *17*(1).

Alsmith, A. J., and Longo, M. R. (2014). Where exactly am I? Self-location judgements distribute between head and torso. *Consciousness and Cognition*, *24*, 70-74.

Alter, T. (2010). A defense of the necessary unity of phenomenal consciousness. *Pacific Philosophical Quarterly*, *91*, 19-37.

Alvarado, C. S. (1982). ESP during out-of-body experiences: A review of experimental studies. *Journal of Parapsychology*, *46*, 209-230.

Alvarado, C. S., and Zingrone, N. L. (2015). Features of out-of-body vexperiences: Relationships to frequency, wilfulness and previous knowledge about the experience. *Journal of the Society for Psychical Research*, *79*, 98-111.

致教师的一封信

尊敬的老师：

您好！

感谢您选择"万千心理"的教材！

为了支持您的教学工作，我们将特别为您提供以下周到贴心的服务：

1. **免费样书**：如果您选用了"万千心理"的教材进行授课，我们将免费提供教师样书；
2. **免费教辅**：丰富的教学辅助资料，包括教师用书、教学演示PPT及习题库等；
3. **好书推荐**：我们将定期以电子邮件和宣传手册的形式为您推荐优秀教材、教辅，以及您感兴趣领域的最新书目和"万千心理"畅销书单；
4. **会员折扣**：您可享受全年最优购书折扣以及不定期的会员特惠活动；
5. **出版机会**：您将有可能成为我们优先选择的签约作者或译者。

北京万千新文化传媒有限公司（简称"万千公司"）是中国轻工业出版社与美国万国图文公司共同投资兴办的合资企业。"万千心理"是万千公司推出的心理学类图书品牌。二十多年来，万千公司与美国心理学会（APA）、美国咨询协会（ACA）等心理机构进行了多项卓有成效的合作，并与世界排名前十位的出版集团，如培生教育有限公司（Pearson Education）、圣智学习出版集团（Cengage Learning）、麦格劳希尔公司（McGraw Hill）、约翰威利父子有限公司（John Wiley & Sons Inc.）等著名出版机构建立了良好的版权贸易与合作关系。时至今日，万千公司成功地策划并引进了数百种心理类图书，包括"心理学专业教材与教辅系列"、"心理学公共课教材系列"、"跨专业心理学教材系列"、"心理咨询与治疗系列"以及"心理自助系列"等心理学读物，共10余个系列、680余种图书。"万千心理"得到了心理学科领域专业人士的一致认同，受到了广大读者的喜爱。

"万千心理教学支持计划"，真诚期待您的加入！

此致
敬礼！

"万千心理"敬上

万千心理 欢迎任课教师加入教学支持计划！

咨询电话：010-65181109，65125990
读者信箱：1012305542@qq.com
新浪微博：万千心理官方微博